DIANLI ANQUAN JIANDU GUANLI
GONGZUO SHOUCE

电力安全监督管理
工作手册

（2018 年版）上册

《电力安全监督管理工作手册（2018 年版）》编委会　编

中国建材工业出版社　中国电力传媒集团

图书在版编目（ＣＩＰ）数据

电力安全监督管理工作手册：2018 年版 / 《电力安
全监督管理工作手册：2018 年版》编委会编. -- 北京：
中国建材工业出版社, 2018.12
　　ISBN 978-7-5160-2260-3

　　Ⅰ. ①电… Ⅱ. ①电… Ⅲ. ①电力工业－安全生产－
监督管理－手册 Ⅳ. ①TM08-62

　　中国版本图书馆 CIP 数据核字(2018)第 089087 号

电力安全监督管理工作手册（2018 年版）
《电力安全监督管理工作手册（2018 年版）》编委会　编
出版发行：中国建材工业出版社
地　　址：北京市海淀区三里河路 1 号
邮　　编：100044
经　　销：全国各地新华书店
印　　刷：北京鑫正大印刷有限公司
开　　本：787mm×1092mm　1/16
印　　张：82
字　　数：1960 千字
版　　次：2018 年 12 月第 1 版
印　　次：2018 年 12 月第 1 次
定　　价：198.00 元（上、下册）

目 录

上 册

第三部分　部门规章

第四部分　国务院文件

第五部分 规范性文件

（一）综合

第一部分　法　　律

中华人民共和国安全生产法

中华人民共和国主席令第七十号

（2002 年 6 月 29 日第九届全国人民代表大会常务委员会第二十八次会议通过，根据 2009 年 8 月 27 日第十一届全国人民代表大会常务委员会第十次会议关于《关于修改部分法律的决定》第一次修正，根据 2014 年 8 月 31 日第十二届全国人民代表大会常务委员会第十次会议《关于修改〈中华人民共和国安全生产法〉的决定》第二次修正）

第一章　总　　则

第一条　为了加强安全生产工作，防止和减少生产安全事故，保障人民群众生命和财产安全，促进经济社会持续健康发展，制定本法。

第二条　在中华人民共和国领域内从事生产经营活动的单位（以下统称生产经营单位）的安全生产，适用本法；有关法律、行政法规对消防安全和道路交通安全、铁路交通安全、水上交通安全、民用航空安全以及核与辐射安全、特种设备安全另有规定的，适用其规定。

第三条　安全生产工作应当以人为本，坚持安全发展，坚持安全第一、预防为主、综合治理的方针，强化和落实生产经营单位的主体责任，建立生产经营单位负责、职工参与、政府监管、行业自律和社会监督的机制。

第四条　生产经营单位必须遵守本法和其他有关安全生产的法律、法规，加强安全生产管理，建立、健全安全生产责任制和安全生产规章制度，改善安全生产条件，推进安全生产标准化建设，提高安全生产水平，确保安全生产。

第五条　生产经营单位的主要负责人对本单位的安全生产工作全面负责。

第六条　生产经营单位的从业人员有依法获得安全生产保障的权利，并应当依法履行安全生产方面的义务。

第七条　工会依法对安全生产工作进行监督。

生产经营单位的工会依法组织职工参加本单位安全生产工作的民主管理和民主监督，维护职工在安全生产方面的合法权益。生产经营单位制定或者修改有关安全生产的规章制度，应当听取工会的意见。

第八条　国务院和县级以上地方各级人民政府应当根据国民经济和社会发展规划制定安全生产规划，并组织实施。安全生产规划应当与城乡规划相衔接。

国务院和县级以上地方各级人民政府应当加强对安全生产工作的领导，支持、督促各有关部门依法履行安全生产监督管理职责，建立健全安全生产工作协调机制，及时协调、解决安全生产监督管理中存在的重大问题。

乡、镇人民政府以及街道办事处、开发区管理机构等地方人民政府的派出机关应当按照职责，加强对本行政区域内生产经营单位安全生产状况的监督检查，协助上级人民政府有关部门依法履行安全生产监督管理职责。

第九条 国务院安全生产监督管理部门依照本法，对全国安全生产工作实施综合监督管理；县级以上地方各级人民政府安全生产监督管理部门依照本法，对本行政区域内安全生产工作实施综合监督管理。

国务院有关部门依照本法和其他有关法律、行政法规的规定，在各自的职责范围内对有关行业、领域的安全生产工作实施监督管理；县级以上地方各级人民政府有关部门依照本法和其他有关法律、法规的规定，在各自的职责范围内对有关行业、领域的安全生产工作实施监督管理。

安全生产监督管理部门和对有关行业、领域的安全生产工作实施监督管理的部门，统称负有安全生产监督管理职责的部门。

第十条 国务院有关部门应当按照保障安全生产的要求，依法及时制定有关的国家标准或者行业标准，并根据科技进步和经济发展适时修订。

生产经营单位必须执行依法制定的保障安全生产的国家标准或者行业标准。

第十一条 各级人民政府及其有关部门应当采取多种形式，加强对有关安全生产的法律、法规和安全生产知识的宣传，增强全社会的安全生产意识。

第十二条 有关协会组织依照法律、行政法规和章程，为生产经营单位提供安全生产方面的信息、培训等服务，发挥自律作用，促进生产经营单位加强安全生产管理。

第十三条 依法设立的为安全生产提供技术、管理服务的机构，依照法律、行政法规和执业准则，接受生产经营单位的委托为其安全生产工作提供技术、管理服务。

生产经营单位委托前款规定的机构提供安全生产技术、管理服务的，保证安全生产的责任仍由本单位负责。

第十四条 国家实行生产安全事故责任追究制度，依照本法和有关法律、法规的规定，追究生产安全事故责任人员的法律责任。

第十五条 国家鼓励和支持安全生产科学技术研究和安全生产先进技术的推广应用，提高安全生产水平。

第十六条 国家对在改善安全生产条件、防止生产安全事故、参加抢险救护等方面取得显著成绩的单位和个人，给予奖励。

第二章　生产经营单位的安全生产保障

第十七条 生产经营单位应当具备本法和有关法律、行政法规和国家标准或者行业标准规定的安全生产条件；不具备安全生产条件的，不得从事生产经营活动。

第十八条 生产经营单位的主要负责人对本单位安全生产工作负有下列职责：

（一）建立、健全本单位安全生产责任制；

（二）组织制定本单位安全生产规章制度和操作规程；

（三）组织制定并实施本单位安全生产教育和培训计划；

（四）保证本单位安全生产投入的有效实施；

（五）督促、检查本单位的安全生产工作，及时消除生产安全事故隐患；

（六）组织制定并实施本单位的生产安全事故应急救援预案；

（七）及时、如实报告生产安全事故。

第十九条　生产经营单位的安全生产责任制应当明确各岗位的责任人员、责任范围和考核标准等内容。

生产经营单位应当建立相应的机制，加强对安全生产责任制落实情况的监督考核，保证安全生产责任制的落实。

第二十条　生产经营单位应当具备的安全生产条件所必需的资金投入，由生产经营单位的决策机构、主要负责人或者个人经营的投资人予以保证，并对由于安全生产所必需的资金投入不足导致的后果承担责任。

有关生产经营单位应当按照规定提取和使用安全生产费用，专门用于改善安全生产条件。安全生产费用在成本中据实列支。安全生产费用提取、使用和监督管理的具体办法由国务院财政部门会同国务院安全生产监督管理部门征求国务院有关部门意见后制定。

第二十一条　矿山、金属冶炼、建筑施工、道路运输单位和危险物品的生产、经营、储存单位，应当设置安全生产管理机构或者配备专职安全生产管理人员。

前款规定以外的其他生产经营单位，从业人员超过一百人的，应当设置安全生产管理机构或者配备专职安全生产管理人员；从业人员在一百人以下的，应当配备专职或者兼职的安全生产管理人员。

第二十二条　生产经营单位的安全生产管理机构以及安全生产管理人员履行下列职责：

（一）组织或者参与拟订本单位安全生产规章制度、操作规程和生产安全事故应急救援预案；

（二）组织或者参与本单位安全生产教育和培训，如实记录安全生产教育和培训情况；

（三）督促落实本单位重大危险源的安全管理措施；

（四）组织或者参与本单位应急救援演练；

（五）检查本单位的安全生产状况，及时排查生产安全事故隐患，提出改进安全生产管理的建议；

（六）制止和纠正违章指挥、强令冒险作业、违反操作规程的行为；

（七）督促落实本单位安全生产整改措施。

第二十三条　生产经营单位的安全生产管理机构以及安全生产管理人员应当恪尽职守，依法履行职责。

生产经营单位作出涉及安全生产的经营决策，应当听取安全生产管理机构以及安全生产管理人员的意见。

生产经营单位不得因安全生产管理人员依法履行职责而降低其工资、福利等待遇或者解除与其订立的劳动合同。

危险物品的生产、储存单位以及矿山、金属冶炼单位的安全生产管理人员的任免，应当告知主管的负有安全生产监督管理职责的部门。

第二十四条　生产经营单位的主要负责人和安全生产管理人员必须具备与本单位所从事的生产经营活动相应的安全生产知识和管理能力。

危险物品的生产、经营、储存单位以及矿山、金属冶炼、建筑施工、道路运输单位的主要负责人和安全生产管理人员，应当由主管的负有安全生产监督管理职责的部门对其安全生产知识和管理能力考核合格。考核不得收费。

危险物品的生产、储存单位以及矿山、金属冶炼单位应当有注册安全工程师从事安全生产管理工作。鼓励其他生产经营单位聘用注册安全工程师从事安全生产管理工作。注册安全工程师按专业分类管理，具体办法由国务院人力资源和社会保障部门、国务院安全生产监督管理部门会同国务院有关部门制定。

第二十五条 生产经营单位应当对从业人员进行安全生产教育和培训，保证从业人员具备必要的安全生产知识，熟悉有关的安全生产规章制度和安全操作规程，掌握本岗位的安全操作技能，了解事故应急处理措施，知悉自身在安全生产方面的权利和义务。未经安全生产教育和培训合格的从业人员，不得上岗作业。

生产经营单位使用被派遣劳动者的，应当将被派遣劳动者纳入本单位从业人员统一管理，对被派遣劳动者进行岗位安全操作规程和安全操作技能的教育和培训。劳务派遣单位应当对被派遣劳动者进行必要的安全生产教育和培训。

生产经营单位接收中等职业学校、高等学校学生实习的，应当对实习学生进行相应的安全生产教育和培训，提供必要的劳动防护用品。学校应当协助生产经营单位对实习学生进行安全生产教育和培训。

生产经营单位应当建立安全生产教育和培训档案，如实记录安全生产教育和培训的时间、内容、参加人员以及考核结果等情况。

第二十六条 生产经营单位采用新工艺、新技术、新材料或者使用新设备，必须了解、掌握其安全技术特性，采取有效的安全防护措施，并对从业人员进行专门的安全生产教育和培训。

第二十七条 生产经营单位的特种作业人员必须按照国家有关规定经专门的安全作业培训，取得相应资格，方可上岗作业。

特种作业人员的范围由国务院安全生产监督管理部门会同国务院有关部门确定。

第二十八条 生产经营单位新建、改建、扩建工程项目（以下统称建设项目）的安全设施，必须与主体工程同时设计、同时施工、同时投入生产和使用。安全设施投资应当纳入建设项目概算。

第二十九条 矿山、金属冶炼建设项目和用于生产、储存、装卸危险物品的建设项目，应当按照国家有关规定进行安全评价。

第三十条 建设项目安全设施的设计人、设计单位应当对安全设施设计负责。

矿山、金属冶炼建设项目和用于生产、储存、装卸危险物品的建设项目的安全设施设计应当按照国家有关规定报经有关部门审查，审查部门及其负责审查的人员对审查结果负责。

第三十一条 矿山、金属冶炼建设项目和用于生产、储存、装卸危险物品的建设项目的施工单位必须按照批准的安全设施设计施工，并对安全设施的工程质量负责。

矿山、金属冶炼建设项目和用于生产、储存危险物品的建设项目竣工投入生产或者使用前，应当由建设单位负责组织对安全设施进行验收；验收合格后，方可投入生产和使用。安全生产监督管理部门应当加强对建设单位验收活动和验收结果的监督核查。

第三十二条 生产经营单位应当在有较大危险因素的生产经营场所和有关设施、设备上，设置明显的安全警示标志。

第三十三条 安全设备的设计、制造、安装、使用、检测、维修、改造和报废，应当符合国家标准或者行业标准。

生产经营单位必须对安全设备进行经常性维护、保养，并定期检测，保证正常运转。维护、保养、检测应当作好记录，并由有关人员签字。

第三十四条　生产经营单位使用的危险物品的容器、运输工具，以及涉及人身安全、危险性较大的海洋石油开采特种设备和矿山井下特种设备，必须按照国家有关规定，由专业生产单位生产，并经具有专业资质的检测、检验机构检测、检验合格，取得安全使用证或者安全标志，方可投入使用。检测、检验机构对检测、检验结果负责。

第三十五条　国家对严重危及生产安全的工艺、设备实行淘汰制度，具体目录由国务院安全生产监督管理部门会同国务院有关部门制定并公布。法律、行政法规对目录的制定另有规定的，适用其规定。

省、自治区、直辖市人民政府可以根据本地区实际情况制定并公布具体目录，对前款规定以外的危及生产安全的工艺、设备予以淘汰。

生产经营单位不得使用应当淘汰的危及生产安全的工艺、设备。

第三十六条　生产、经营、运输、储存、使用危险物品或者处置废弃危险物品的，由有关主管部门依照有关法律、法规的规定和国家标准或者行业标准审批并实施监督管理。

生产经营单位生产、经营、运输、储存、使用危险物品或者处置废弃危险物品，必须执行有关法律、法规和国家标准或者行业标准，建立专门的安全管理制度，采取可靠的安全措施，接受有关主管部门依法实施的监督管理。

第三十七条　生产经营单位对重大危险源应当登记建档，进行定期检测、评估、监控，并制定应急预案，告知从业人员和相关人员在紧急情况下应当采取的应急措施。

生产经营单位应当按照国家有关规定将本单位重大危险源及有关安全措施、应急措施报有关地方人民政府安全生产监督管理部门和有关部门备案。

第三十八条　生产经营单位应当建立健全生产安全事故隐患排查治理制度，采取技术、管理措施，及时发现并消除事故隐患。事故隐患排查治理情况应当如实记录，并向从业人员通报。

县级以上地方各级人民政府负有安全生产监督管理职责的部门应当建立健全重大事故隐患治理督办制度，督促生产经营单位消除重大事故隐患。

第三十九条　生产、经营、储存、使用危险物品的车间、商店、仓库不得与员工宿舍在同一座建筑物内，并应当与员工宿舍保持安全距离。

生产经营场所和员工宿舍应当设有符合紧急疏散要求、标志明显、保持畅通的出口。禁止锁闭、封堵生产经营场所或者员工宿舍的出口。

第四十条　生产经营单位进行爆破、吊装以及国务院安全生产监督管理部门会同国务院有关部门规定的其他危险作业，应当安排专门人员进行现场安全管理，确保操作规程的遵守和安全措施的落实。

第四十一条　生产经营单位应当教育和督促从业人员严格执行本单位的安全生产规章制度和安全操作规程；并向从业人员如实告知作业场所和工作岗位存在的危险因素、防范措施以及事故应急措施。

第四十二条　生产经营单位必须为从业人员提供符合国家标准或者行业标准的劳动防

护用品，并监督、教育从业人员按照使用规则佩戴、使用。

第四十三条　生产经营单位的安全生产管理人员应当根据本单位的生产经营特点，对安全生产状况进行经常性检查；对检查中发现的安全问题，应当立即处理；不能处理的，应当及时报告本单位有关负责人，有关负责人应当及时处理。检查及处理情况应当如实记录在案。

生产经营单位的安全生产管理人员在检查中发现重大事故隐患，依照前款规定向本单位有关负责人报告，有关负责人不及时处理的，安全生产管理人员可以向主管的负有安全生产监督管理职责的部门报告，接到报告的部门应当依法及时处理。

第四十四条　生产经营单位应当安排用于配备劳动防护用品、进行安全生产培训的经费。

第四十五条　两个以上生产经营单位在同一作业区域内进行生产经营活动，可能危及对方生产安全的，应当签订安全生产管理协议，明确各自的安全生产管理职责和应当采取的安全措施，并指定专职安全生产管理人员进行安全检查与协调。

第四十六条　生产经营单位不得将生产经营项目、场所、设备发包或者出租给不具备安全生产条件或者相应资质的单位或者个人。

生产经营项目、场所发包或者出租给其他单位的，生产经营单位应当与承包单位、承租单位签订专门的安全生产管理协议，或者在承包合同、租赁合同中约定各自的安全生产管理职责；生产经营单位对承包单位、承租单位的安全生产工作统一协调、管理，定期进行安全检查，发现安全问题的，应当及时督促整改。

第四十七条　生产经营单位发生生产安全事故时，单位的主要负责人应当立即组织抢救，并不得在事故调查处理期间擅离职守。

第四十八条　生产经营单位必须依法参加工伤保险，为从业人员缴纳保险费。

国家鼓励生产经营单位投保安全生产责任保险。

第三章　从业人员的安全生产权利义务

第四十九条　生产经营单位与从业人员订立的劳动合同，应当载明有关保障从业人员劳动安全、防止职业危害的事项，以及依法为从业人员办理工伤保险的事项。

生产经营单位不得以任何形式与从业人员订立协议，免除或者减轻其对从业人员因生产安全事故伤亡依法应承担的责任。

第五十条　生产经营单位的从业人员有权了解其作业场所和工作岗位存在的危险因素、防范措施及事故应急措施，有权对本单位的安全生产工作提出建议。

第五十一条　从业人员有权对本单位安全生产工作中存在的问题提出批评、检举、控告；有权拒绝违章指挥和强令冒险作业。

生产经营单位不得因从业人员对本单位安全生产工作提出批评、检举、控告或者拒绝违章指挥、强令冒险作业而降低其工资、福利等待遇或者解除与其订立的劳动合同。

第五十二条　从业人员发现直接危及人身安全的紧急情况时，有权停止作业或者在采取可能的应急措施后撤离作业场所。

生产经营单位不得因从业人员在前款紧急情况下停止作业或者采取紧急撤离措施而降低其工资、福利等待遇或者解除与其订立的劳动合同。

第五十三条　因生产安全事故受到损害的从业人员，除依法享有工伤保险外，依照有关民事法律尚有获得赔偿的权利的，有权向本单位提出赔偿要求。

第五十四条　从业人员在作业过程中，应当严格遵守本单位的安全生产规章制度和操作规程，服从管理，正确佩戴和使用劳动防护用品。

第五十五条　从业人员应当接受安全生产教育和培训，掌握本职工作所需的安全生产知识，提高安全生产技能，增强事故预防和应急处理能力。

第五十六条　从业人员发现事故隐患或者其他不安全因素，应当立即向现场安全生产管理人员或者本单位负责人报告；接到报告的人员应当及时予以处理。

第五十七条　工会有权对建设项目的安全设施与主体工程同时设计、同时施工、同时投入生产和使用进行监督，提出意见。

工会对生产经营单位违反安全生产法律、法规，侵犯从业人员合法权益的行为，有权要求纠正；发现生产经营单位违章指挥、强令冒险作业或者发现事故隐患时，有权提出解决的建议，生产经营单位应当及时研究答复；发现危及从业人员生命安全的情况时，有权向生产经营单位建议组织从业人员撤离危险场所，生产经营单位必须立即作出处理。

工会有权依法参加事故调查，向有关部门提出处理意见，并要求追究有关人员的责任。

第五十八条　生产经营单位使用被派遣劳动者的，被派遣劳动者享有本法规定的从业人员的权利，并应当履行本法规定的从业人员的义务。

第四章　安全生产的监督管理

第五十九条　县级以上地方各级人民政府应当根据本行政区域内的安全生产状况，组织有关部门按照职责分工，对本行政区域内容易发生重大生产安全事故的生产经营单位进行严格检查。

安全生产监督管理部门应当按照分类分级监督管理的要求，制定安全生产年度监督检查计划，并按照年度监督检查计划进行监督检查，发现事故隐患，应当及时处理。

第六十条　负有安全生产监督管理职责的部门依照有关法律、法规的规定，对涉及安全生产的事项需要审查批准（包括批准、核准、许可、注册、认证、颁发证照等，下同）或者验收的，必须严格依照有关法律、法规和国家标准或者行业标准规定的安全生产条件和程序进行审查；不符合有关法律、法规和国家标准或者行业标准规定的安全生产条件的，不得批准或者验收通过。对未依法取得批准或者验收合格的单位擅自从事有关活动的，负责行政审批的部门发现或者接到举报后应当立即予以取缔，并依法予以处理。对已经依法取得批准的单位，负责行政审批的部门发现其不再具备安全生产条件的，应当撤销原批准。

第六十一条　负有安全生产监督管理职责的部门对涉及安全生产的事项进行审查、验收，不得收取费用；不得要求接受审查、验收的单位购买其指定品牌或者指定生产、销售单位的安全设备、器材或者其他产品。

第六十二条　安全生产监督管理部门和其他负有安全生产监督管理职责的部门依法开展安全生产行政执法工作，对生产经营单位执行有关安全生产的法律、法规和国家标准或者行业标准的情况进行监督检查，行使以下职权：

（一）进入生产经营单位进行检查，调阅有关资料，向有关单位和人员了解情况；

（二）对检查中发现的安全生产违法行为，当场予以纠正或者要求限期改正；对依法应当给予行政处罚的行为，依照本法和其他有关法律、行政法规的规定作出行政处罚决定；

（三）对检查中发现的事故隐患，应当责令立即排除；重大事故隐患排除前或者排除过程中无法保证安全的，应当责令从危险区域内撤出作业人员，责令暂时停产停业或者停止使用相关设施、设备；重大事故隐患排除后，经审查同意，方可恢复生产经营和使用；

（四）对有根据认为不符合保障安全生产的国家标准或者行业标准的设施、设备、器材以及违法生产、储存、使用、经营、运输的危险物品予以查封或者扣押，对违法生产、储存、使用、经营危险物品的作业场所予以查封，并依法作出处理决定。

监督检查不得影响被检查单位的正常生产经营活动。

第六十三条　生产经营单位对负有安全生产监督管理职责的部门的监督检查人员（以下统称安全生产监督检查人员）依法履行监督检查职责，应当予以配合，不得拒绝、阻挠。

第六十四条　安全生产监督检查人员应当忠于职守，坚持原则，秉公执法。

安全生产监督检查人员执行监督检查任务时，必须出示有效的监督执法证件；对涉及被检查单位的技术秘密和业务秘密，应当为其保密。

第六十五条　安全生产监督检查人员应当将检查的时间、地点、内容、发现的问题及其处理情况，作出书面记录，并由检查人员和被检查单位的负责人签字；被检查单位的负责人拒绝签字的，检查人员应当将情况记录在案，并向负有安全生产监督管理职责的部门报告。

第六十六条　负有安全生产监督管理职责的部门在监督检查中，应当互相配合，实行联合检查；确需分别进行检查的，应当互通情况，发现存在的安全问题应当由其他有关部门进行处理的，应当及时移送其他有关部门并形成记录备查，接受移送的部门应当及时进行处理。

第六十七条　负有安全生产监督管理职责的部门依法对存在重大事故隐患的生产经营单位作出停产停业、停止施工、停止使用相关设施或者设备的决定，生产经营单位应当依法执行，及时消除事故隐患。生产经营单位拒不执行，有发生生产安全事故的现实危险的，在保证安全的前提下，经本部门主要负责人批准，负有安全生产监督管理职责的部门可以采取通知有关单位停止供电、停止供应民用爆炸物品等措施，强制生产经营单位履行决定。通知应当采用书面形式，有关单位应当予以配合。

负有安全生产监督管理职责的部门依照前款规定采取停止供电措施，除危及生产安全的紧急情形外，应当提前二十四小时通知生产经营单位。生产经营单位依法履行行政决定、采取相应措施消除事故隐患的，负有安全生产监督管理职责的部门应当及时解除前款规定的措施。

第六十八条　监察机关依照行政监察法的规定，对负有安全生产监督管理职责的部门及其工作人员履行安全生产监督管理职责实施监察。

第六十九条　承担安全评价、认证、检测、检验的机构应当具备国家规定的资质条件，并对其作出的安全评价、认证、检测、检验的结果负责。

第七十条　负有安全生产监督管理职责的部门应当建立举报制度，公开举报电话、信箱或者电子邮件地址，受理有关安全生产的举报；受理的举报事项经调查核实后，应当形成书面材料；需要落实整改措施的，报经有关负责人签字并督促落实。

第七十一条　任何单位或者个人对事故隐患或者安全生产违法行为，均有权向负有安全生产监督管理职责的部门报告或者举报。

第七十二条　居民委员会、村民委员会发现其所在区域内的生产经营单位存在事故隐患或者安全生产违法行为时，应当向当地人民政府或者有关部门报告。

第七十三条　县级以上各级人民政府及其有关部门对报告重大事故隐患或者举报安全生产违法行为的有功人员，给予奖励。具体奖励办法由国务院安全生产监督管理部门会同国务院财政部门制定。

第七十四条　新闻、出版、广播、电影、电视等单位有进行安全生产公益宣传教育的义务，有对违反安全生产法律、法规的行为进行舆论监督的权利。

第七十五条　负有安全生产监督管理职责的部门应当建立安全生产违法行为信息库，如实记录生产经营单位的安全生产违法行为信息；对违法行为情节严重的生产经营单位，应当向社会公告，并通报行业主管部门、投资主管部门、国土资源主管部门、证券监督管理机构以及有关金融机构。

第五章　生产安全事故的应急救援与调查处理

第七十六条　国家加强生产安全事故应急能力建设，在重点行业、领域建立应急救援基地和应急救援队伍，鼓励生产经营单位和其他社会力量建立应急救援队伍，配备相应的应急救援装备和物资，提高应急救援的专业化水平。

国务院安全生产监督管理部门建立全国统一的生产安全事故应急救援信息系统，国务院有关部门建立健全相关行业、领域的生产安全事故应急救援信息系统。

第七十七条　县级以上地方各级人民政府应当组织有关部门制定本行政区域内生产安全事故应急救援预案，建立应急救援体系。

第七十八条　生产经营单位应当制定本单位生产安全事故应急救援预案，与所在地县级以上地方人民政府组织制定的生产安全事故应急救援预案相衔接，并定期组织演练。

第七十九条　危险物品的生产、经营、储存单位以及矿山、金属冶炼、城市轨道交通运营、建筑施工单位应当建立应急救援组织；生产经营规模较小的，可以不建立应急救援组织，但应当指定兼职的应急救援人员。

危险物品的生产、经营、储存、运输单位以及矿山、金属冶炼、城市轨道交通运营、建筑施工单位应当配备必要的应急救援器材、设备和物资，并进行经常性维护、保养，保证正常运转。

第八十条　生产经营单位发生生产安全事故后，事故现场有关人员应当立即报告本单位负责人。

单位负责人接到事故报告后，应当迅速采取有效措施，组织抢救，防止事故扩大，减少人员伤亡和财产损失，并按照国家有关规定立即如实报告当地负有安全生产监督管理职责的部门，不得隐瞒不报、谎报或者迟报，不得故意破坏事故现场、毁灭有关证据。

第八十一条　负有安全生产监督管理职责的部门接到事故报告后，应当立即按照国家有关规定上报事故情况。负有安全生产监督管理职责的部门和有关地方人民政府对事故情况不得隐瞒不报、谎报或者迟报。

第八十二条　有关地方人民政府和负有安全生产监督管理职责的部门的负责人接到生

产安全事故报告后，应当按照生产安全事故应急救援预案的要求立即赶到事故现场，组织事故抢救。

参与事故抢救的部门和单位应当服从统一指挥，加强协同联动，采取有效的应急救援措施，并根据事故救援的需要采取警戒、疏散等措施，防止事故扩大和次生灾害的发生，减少人员伤亡和财产损失。

事故抢救过程中应当采取必要措施，避免或者减少对环境造成的危害。

任何单位和个人都应当支持、配合事故抢救，并提供一切便利条件。

第八十三条 事故调查处理应当按照科学严谨、依法依规、实事求是、注重实效的原则，及时、准确地查清事故原因，查明事故性质和责任，总结事故教训，提出整改措施，并对事故责任者提出处理意见。事故调查报告应当依法及时向社会公布。事故调查和处理的具体办法由国务院制定。

事故发生单位应当及时全面落实整改措施，负有安全生产监督管理职责的部门应当加强监督检查。

第八十四条 生产经营单位发生生产安全事故，经调查确定为责任事故的，除了应当查明事故单位的责任并依法予以追究外，还应当查明对安全生产的有关事项负有审查批准和监督职责的行政部门的责任，对有失职、渎职行为的，依照本法第八十七条的规定追究法律责任。

第八十五条 任何单位和个人不得阻挠和干涉对事故的依法调查处理。

第八十六条 县级以上地方各级人民政府安全生产监督管理部门应当定期统计分析本行政区域内发生生产安全事故的情况，并定期向社会公布。

第六章 法 律 责 任

第八十七条 负有安全生产监督管理职责的部门的工作人员，有下列行为之一的，给予降级或者撤职的处分；构成犯罪的，依照刑法有关规定追究刑事责任：

（一）对不符合法定安全生产条件的涉及安全生产的事项予以批准或者验收通过的；

（二）发现未依法取得批准、验收的单位擅自从事有关活动或者接到举报后不予取缔或者不依法予以处理的；

（三）对已经依法取得批准的单位不履行监督管理职责，发现其不再具备安全生产条件而不撤销原批准或者发现安全生产违法行为不予查处的；

（四）在监督检查中发现重大事故隐患，不依法及时处理的。

负有安全生产监督管理职责的部门的工作人员有前款规定以外的滥用职权、玩忽职守、徇私舞弊行为的，依法给予处分；构成犯罪的，依照刑法有关规定追究刑事责任。

第八十八条 负有安全生产监督管理职责的部门，要求被审查、验收的单位购买其指定的安全设备、器材或者其他产品的，在对安全生产事项的审查、验收中收取费用的，由其上级机关或者监察机关责令改正，责令退还收取的费用；情节严重的，对直接负责的主管人员和其他直接责任人员依法给予处分。

第八十九条 承担安全评价、认证、检测、检验工作的机构，出具虚假证明的，没收违法所得；违法所得在十万元以上的，并处违法所得二倍以上五倍以下的罚款；没有违法所得或者违法所得不足十万元的，单处或者并处十万元以上二十万元以下的罚款；对其直接负责的主管人员和其他直接责任人员处二万元以上五万元以下的罚款；给他人造成损害的，与生产经营单位承担连带赔偿责任；构成犯罪的，依照刑法有关规定追究刑事责任。

对有前款违法行为的机构，吊销其相应资质。

第九十条　生产经营单位的决策机构、主要负责人或者个人经营的投资人不依照本法规定保证安全生产所必需的资金投入，致使生产经营单位不具备安全生产条件的，责令限期改正，提供必需的资金；逾期未改正的，责令生产经营单位停产停业整顿。

有前款违法行为，导致发生生产安全事故的，对生产经营单位的主要负责人给予撤职处分，对个人经营的投资人处二万元以上二十万元以下的罚款；构成犯罪的，依照刑法有关规定追究刑事责任。

第九十一条　生产经营单位的主要负责人未履行本法规定的安全生产管理职责的，责令限期改正；逾期未改正的，处二万元以上五万元以下的罚款，责令生产经营单位停产停业整顿。

生产经营单位的主要负责人有前款违法行为，导致发生生产安全事故的，给予撤职处分；构成犯罪的，依照刑法有关规定追究刑事责任。

生产经营单位的主要负责人依照前款规定受刑事处罚或者撤职处分的，自刑罚执行完毕或者受处分之日起，五年内不得担任任何生产经营单位的主要负责人；对重大、特别重大生产安全事故负有责任的，终身不得担任本行业生产经营单位的主要负责人。

第九十二条　生产经营单位的主要负责人未履行本法规定的安全生产管理职责，导致发生生产安全事故的，由安全生产监督管理部门依照下列规定处以罚款：

（一）发生一般事故的，处上一年年收入百分之三十的罚款；

（二）发生较大事故的，处上一年年收入百分之四十的罚款；

（三）发生重大事故的，处上一年年收入百分之六十的罚款；

（四）发生特别重大事故的，处上一年年收入百分之八十的罚款。

第九十三条　生产经营单位的安全生产管理人员未履行本法规定的安全生产管理职责的，责令限期改正；导致发生生产安全事故的，暂停或者撤销其与安全生产有关的资格；构成犯罪的，依照刑法有关规定追究刑事责任。

第九十四条　生产经营单位有下列行为之一的，责令限期改正，可以处五万元以下的罚款；逾期未改正的，责令停产停业整顿，并处五万元以上十万元以下的罚款，对其直接负责的主管人员和其他直接责任人员处一万元以上二万元以下的罚款：

（一）未按照规定设置安全生产管理机构或者配备安全生产管理人员的；

（二）危险物品的生产、经营、储存单位以及矿山、金属冶炼、建筑施工、道路运输单位的主要负责人和安全生产管理人员未按照规定经考核合格的；

（三）未按照规定对从业人员、被派遣劳动者、实习学生进行安全生产教育和培训，或者未按照规定如实告知有关的安全生产事项的；

（四）未如实记录安全生产教育和培训情况的；

（五）未将事故隐患排查治理情况如实记录或者未向从业人员通报的；

（六）未按照规定制定生产安全事故应急救援预案或者未定期组织演练的；

（七）特种作业人员未按照规定经专门的安全作业培训并取得相应资格，上岗作业的。

第九十五条 生产经营单位有下列行为之一的，责令停止建设或者停产停业整顿，限期改正；逾期未改正的，处五十万元以上一百万元以下的罚款，对其直接负责的主管人员和其他直接责任人员处二万元以上五万元以下的罚款；构成犯罪的，依照刑法有关规定追究刑事责任：

（一）未按照规定对矿山、金属冶炼建设项目或者用于生产、储存、装卸危险物品的建设项目进行安全评价的；

（二）矿山、金属冶炼建设项目或者用于生产、储存、装卸危险物品的建设项目没有安全设施设计或者安全设施设计未按照规定报经有关部门审查同意的；

（三）矿山、金属冶炼建设项目或者用于生产、储存、装卸危险物品的建设项目的施工单位未按照批准的安全设施设计施工的；

（四）矿山、金属冶炼建设项目或者用于生产、储存危险物品的建设项目竣工投入生产或者使用前，安全设施未经验收合格的。

第九十六条 生产经营单位有下列行为之一的，责令限期改正，可以处五万元以下的罚款；逾期未改正的，处五万元以上二十万元以下的罚款，对其直接负责的主管人员和其他直接责任人员处一万元以上二万元以下的罚款；情节严重的，责令停产停业整顿；构成犯罪的，依照刑法有关规定追究刑事责任：

（一）未在有较大危险因素的生产经营场所和有关设施、设备上设置明显的安全警示标志的；

（二）安全设备的安装、使用、检测、改造和报废不符合国家标准或者行业标准的；

（三）未对安全设备进行经常性维护、保养和定期检测的；

（四）未为从业人员提供符合国家标准或者行业标准的劳动防护用品的；

（五）危险物品的容器、运输工具，以及涉及人身安全、危险性较大的海洋石油开采特种设备和矿山井下特种设备未经具有专业资质的机构检测、检验合格，取得安全使用证或者安全标志，投入使用的；

（六）使用应当淘汰的危及生产安全的工艺、设备的。

第九十七条 未经依法批准，擅自生产、经营、运输、储存、使用危险物品或者处置废弃危险物品的，依照有关危险物品安全管理的法律、行政法规的规定予以处罚；构成犯罪的，依照刑法有关规定追究刑事责任。

第九十八条 生产经营单位有下列行为之一的，责令限期改正，可以处十万元以下的罚款；逾期未改正的，责令停产停业整顿，并处十万元以上二十万元以下的罚款，对其直接负责的主管人员和其他直接责任人员处二万元以上五万元以下的罚款；构成犯罪的，依照刑法有关规定追究刑事责任：

（一）生产、经营、运输、储存、使用危险物品或者处置废弃危险物品，未建立专门安全管理制度、未采取可靠的安全措施的；

（二）对重大危险源未登记建档，或者未进行评估、监控，或者未制定应急预案的；

（三）进行爆破、吊装以及国务院安全生产监督管理部门会同国务院有关部门规定的其他危险作业，未安排专门人员进行现场安全管理的；

（四）未建立事故隐患排查治理制度的。

第九十九条　生产经营单位未采取措施消除事故隐患的，责令立即消除或者限期消除；生产经营单位拒不执行的，责令停产停业整顿，并处十万元以上五十万元以下的罚款，对其直接负责的主管人员和其他直接责任人员处二万元以上五万元以下的罚款。

第一百条　生产经营单位将生产经营项目、场所、设备发包或者出租给不具备安全生产条件或者相应资质的单位或者个人的，责令限期改正，没收违法所得；违法所得十万元以上的，并处违法所得二倍以上五倍以下的罚款；没有违法所得或者违法所得不足十万元的，单处或者并处十万元以上二十万元以下的罚款；对其直接负责的主管人员和其他直接责任人员处一万元以上二万元以下的罚款；导致发生生产安全事故给他人造成损害的，与承包方、承租方承担连带赔偿责任。

生产经营单位未与承包单位、承租单位签订专门的安全生产管理协议或者未在承包合同、租赁合同中明确各自的安全生产管理职责，或者未对承包单位、承租单位的安全生产统一协调、管理的，责令限期改正，可以处五万元以下的罚款，对其直接负责的主管人员和其他直接责任人员可以处一万元以下的罚款；逾期未改正的，责令停产停业整顿。

第一百零一条　两个以上生产经营单位在同一作业区域内进行可能危及对方安全生产的生产经营活动，未签订安全生产管理协议或者未指定专职安全生产管理人员进行安全检查与协调的，责令限期改正，可以处五万元以下的罚款，对其直接负责的主管人员和其他直接责任人员可以处一万元以下的罚款；逾期未改正的，责令停产停业。

第一百零二条　生产经营单位有下列行为之一的，责令限期改正，可以处五万元以下的罚款，对其直接负责的主管人员和其他直接责任人员可以处一万元以下的罚款；逾期未改正的，责令停产停业整顿；构成犯罪的，依照刑法有关规定追究刑事责任：

（一）生产、经营、储存、使用危险物品的车间、商店、仓库与员工宿舍在同一座建筑内，或者与员工宿舍的距离不符合安全要求的；

（二）生产经营场所和员工宿舍未设有符合紧急疏散需要、标志明显、保持畅通的出口，或者锁闭、封堵生产经营场所或者员工宿舍出口的。

第一百零三条　生产经营单位与从业人员订立协议，免除或者减轻其对从业人员因生产安全事故伤亡依法应承担的责任的，该协议无效；对生产经营单位的主要负责人、个人经营的投资人处二万元以上十万元以下的罚款。

第一百零四条　生产经营单位的从业人员不服从管理，违反安全生产规章制度或者操作规程的，由生产经营单位给予批评教育，依照有关规章制度给予处分；构成犯罪的，依照刑法有关规定追究刑事责任。

第一百零五条　违反本法规定，生产经营单位拒绝、阻碍负有安全生产监督管理职责的部门依法实施监督检查的，责令改正；拒不改正的，处二万元以上二十万元以下的罚款；对其直接负责的主管人员和其他直接责任人员处一万元以上二万元以下的罚款；构成犯罪的，依照刑法有关规定追究刑事责任。

第一百零六条　生产经营单位的主要负责人在本单位发生生产安全事故时，不立即组织抢救或者在事故调查处理期间擅离职守或者逃匿的，给予降级、撤职的处分，并由安全生产监督管理部门处上一年年收入百分之六十至百分之一百的罚款；对逃匿的处十五日以下拘留；

构成犯罪的，依照刑法有关规定追究刑事责任。

生产经营单位的主要负责人对生产安全事故隐瞒不报、谎报或者迟报的，依照前款规定处罚。

第一百零七条　有关地方人民政府、负有安全生产监督管理职责的部门，对生产安全事故隐瞒不报、谎报或者迟报的，对直接负责的主管人员和其他直接责任人员依法给予处分；构成犯罪的，依照刑法有关规定追究刑事责任。

第一百零八条　生产经营单位不具备本法和其他有关法律、行政法规和国家标准或者行业标准规定的安全生产条件，经停产停业整顿仍不具备安全生产条件的，予以关闭；有关部门应当依法吊销其有关证照。

第一百零九条　发生生产安全事故，对负有责任的生产经营单位除要求其依法承担相应的赔偿等责任外，由安全生产监督管理部门依照下列规定处以罚款：

（一）发生一般事故的，处二十万元以上五十万元以下的罚款；

（二）发生较大事故的，处五十万元以上一百万元以下的罚款；

（三）发生重大事故的，处一百万元以上五百万元以下的罚款；

（四）发生特别重大事故的，处五百万元以上一千万元以下的罚款；情节特别严重的，处一千万元以上二千万元以下的罚款。

第一百一十条　本法规定的行政处罚，由安全生产监督管理部门和其他负有安全生产监督管理职责的部门按照职责分工决定。予以关闭的行政处罚由负有安全生产监督管理职责的部门报请县级以上人民政府按照国务院规定的权限决定；给予拘留的行政处罚由公安机关依照治安管理处罚法的规定决定。

第一百一十一条　生产经营单位发生生产安全事故造成人员伤亡、他人财产损失的，应当依法承担赔偿责任；拒不承担或者其负责人逃匿的，由人民法院依法强制执行。

生产安全事故的责任人未依法承担赔偿责任，经人民法院依法采取执行措施后，仍不能对受害人给予足额赔偿的，应当继续履行赔偿义务；受害人发现责任人有其他财产的，可以随时请求人民法院执行。

第七章　附　　则

第一百一十二条　本法下列用语的含义：

危险物品，是指易燃易爆物品、危险化学品、放射性物品等能够危及人身安全和财产安全的物品。

重大危险源，是指长期地或者临时地生产、搬运、使用或者储存危险物品，且危险物品的数量等于或者超过临界量的单元（包括场所和设施）。

第一百一十三条　本法规定的生产安全一般事故、较大事故、重大事故、特别重大事故的划分标准由国务院规定。

国务院安全生产监督管理部门和其他负有安全生产监督管理职责的部门应当根据各自的职责分工，制定相关行业、领域重大事故隐患的判定标准。

第一百一十四条　本法自 2002 年 11 月 1 日起施行。

中华人民共和国电力法

中华人民共和国主席令第二十四号

（1995 年 12 月 28 日第八届全国人民代表大会常务委员会第十七次会议通过，根据 2009 年 8 月 27 日第十一届全国人民代表大会常务委员会第十次会议《关于修改部分法律的决定》第一次修正，根据 2015 年 4 月 24 日第十二届全国人民代表大会常务委员会第十四次会议《关于修改〈中华人民共和国电力法〉等六部法律的决定》第二次修正）

第一章 总　　则

第一条　为了保障和促进电力事业的发展，维护电力投资者、经营者和使用者的合法权益，保障电力安全运行，制定本法。

第二条　本法适用于中华人民共和国境内的电力建设、生产、供应和使用活动。

第三条　电力事业应当适应国民经济和社会发展的需要，适当超前发展。国家鼓励、引导国内外的经济组织和个人依法投资开发电源，兴办电力生产企业。

电力事业投资，实行谁投资、谁收益的原则。

第四条　电力设施受国家保护。

禁止任何单位和个人危害电力设施安全或者非法侵占、使用电能。

第五条　电力建设、生产、供应和使用应当依法保护环境，采用新技术，减少有害物质排放，防治污染和其他公害。

国家鼓励和支持利用可再生能源和清洁能源发电。

第六条　国务院电力管理部门负责全国电力事业的监督管理。国务院有关部门在各自的职责范围内负责电力事业的监督管理。

县级以上地方人民政府经济综合主管部门是本行政区域内的电力管理部门，负责电力事业的监督管理。县级以上地方人民政府有关部门在各自的职责范围内负责电力事业的监督管理。

第七条　电力建设企业、电力生产企业、电网经营企业依法实行自主经营、自负盈亏，并接受电力管理部门的监督。

第八条　国家帮助和扶持少数民族地区、边远地区和贫困地区发展电力事业。

第九条　国家鼓励在电力建设、生产、供应和使用过程中，采用先进的科学技术和管理方法，对在研究、开发、采用先进的科学技术和管理方法等方面作出显著成绩的单位和个人给予奖励。

第二章 电　力　建　设

第十条　电力发展规划应当根据国民经济和社会发展的需要制定，并纳入国民经济和社会发展计划。

电力发展规划，应当体现合理利用能源、电源与电网配套发展、提高经济效益和有利于环境保护的原则。

第十一条 城市电网的建设与改造规划，应当纳入城市总体规划。城市人民政府应当按照规划，安排变电设施用地、输电线路走廊和电缆通道。

任何单位和个人不得非法占用变电设施用地、输电线路走廊和电缆通道。

第十二条 国家通过制定有关政策，支持、促进电力建设。

地方人民政府应当根据电力发展规划，因地制宜，采取多种措施开发电源，发展电力建设。

第十三条 电力投资者对其投资形成的电力，享有法定权益。并网运行的，电力投资者有优先使用权；未并网的自备电厂，电力投资者自行支配使用。

第十四条 电力建设项目应当符合电力发展规划，符合国家电力产业政策。

电力建设项目不得使用国家明令淘汰的电力设备和技术。

第十五条 输变电工程、调度通信自动化工程等电网配套工程和环境保护工程，应当与发电工程项目同时设计、同时建设、同时验收、同时投入使用。

第十六条 电力建设项目使用土地，应当依照有关法律、行政法规的规定办理；依法征收土地的，应当依法支付土地补偿费和安置补偿费，做好迁移居民的安置工作。

电力建设应当贯彻切实保护耕地、节约利用土地的原则。

地方人民政府对电力事业依法使用土地和迁移居民，应当予以支持和协助。

第十七条 地方人民政府应当支持电力企业为发电工程建设勘探水源和依法取水、用水。电力企业应当节约用水。

第三章 电力生产与电网管理

第十八条 电力生产与电网运行应当遵循安全、优质、经济的原则。

电网运行应当连续、稳定，保证供电可靠性。

第十九条 电力企业应当加强安全生产管理，坚持安全第一、预防为主的方针，建立、健全安全生产责任制度。

电力企业应当对电力设施定期进行检修和维护，保证其正常运行。

第二十条 发电燃料供应企业、运输企业和电力生产企业应当依照国务院有关规定或者合同约定供应、运输和接卸燃料。

第二十一条 电网运行实行统一调度、分级管理。任何单位和个人不得非法干预电网调度。

第二十二条 国家提倡电力生产企业与电网、电网与电网并网运行。具有独立法人资格的电力生产企业要求将生产的电力并网运行的，电网经营企业应当接受。

并网运行必须符合国家标准或者电力行业标准。

并网双方应当按照统一调度、分级管理和平等互利、协商一致的原则，签订并网协议，确定双方的权利和义务；并网双方达不成协议的，由省级以上电力管理部门协调决定。

第二十三条 电网调度管理办法，由国务院依照本法的规定制定。

第四章　电力供应与使用

第二十四条　国家对电力供应和使用，实行安全用电、节约用电、计划用电的管理原则。电力供应与使用办法由国务院依照本法的规定制定。

第二十五条　供电企业在批准的供电营业区内向用户供电。

供电营业区的划分，应当考虑电网的结构和供电合理性等因素。一个供电营业区内只设立一个供电营业机构。

省、自治区、直辖市范围内的供电营业区的设立、变更，由供电企业提出申请，经省、自治区、直辖市人民政府电力管理部门会同同级有关部门审查批准后，由省、自治区、直辖市人民政府电力管理部门发给《供电营业许可证》。跨省、自治区、直辖市的供电营业区的设立、变更，由国务院电力管理部门审查批准并发给《供电营业许可证》。

第二十六条　供电营业区内的供电营业机构，对本营业区内的用户有按照国家规定供电的义务；不得违反国家规定对其营业区内申请用电的单位和个人拒绝供电。

申请新装用电、临时用电、增加用电容量、变更用电和终止用电，应当依照规定的程序办理手续。

供电企业应当在其营业场所公告用电的程序、制度和收费标准，并提供用户须知资料。

第二十七条　电力供应与使用双方应当根据平等自愿、协商一致的原则，按照国务院制定的电力供应与使用办法签订供用电合同，确定双方的权利和义务。

第二十八条　供电企业应当保证供给用户的供电质量符合国家标准。对公用供电设施引起的供电质量问题，应当及时处理。

用户对供电质量有特殊要求的，供电企业应当根据其必要性和电网的可能，提供相应的电力。

第二十九条　供电企业在发电、供电系统正常的情况下，应当连续向用户供电，不得中断。因供电设施检修、依法限电或者用户违法用电等原因，需要中断供电时，供电企业应当按照国家有关规定事先通知用户。

用户对供电企业中断供电有异议的，可以向电力管理部门投诉；受理投诉的电力管理部门应当依法处理。

第三十条　因抢险救灾需要紧急供电时，供电企业必须尽速安排供电，所需供电工程费用和应付电费依照国家有关规定执行。

第三十一条　用户应当安装用电计量装置。用户使用的电力电量，以计量检定机构依法认可的用电计量装置的记录为准。

用户受电装置的设计、施工安装和运行管理，应当符合国家标准或者电力行业标准。

第三十二条　用户用电不得危害供电、用电安全和扰乱供电、用电秩序。

对危害供电、用电安全和扰乱供电、用电秩序的，供电企业有权制止。

第三十三条　供电企业应当按照国家核准的电价和用电计量装置的记录，向用户计收电费。

供电企业查电人员和抄表收费人员进入用户，进行用电安全检查或者抄表收费时，应当出示有关证件。

用户应当按照国家核准的电价和用电计量装置的记录，按时交纳电费；对供电企业查电人员和抄表收费人员依法履行职责，应当提供方便。

第三十四条 供电企业和用户应当遵守国家有关规定，采取有效措施，做好安全用电、节约用电和计划用电工作。

第五章 电价与电费

第三十五条 本法所称电价，是指电力生产企业的上网电价、电网间的互供电价、电网销售电价。

电价实行统一政策，统一定价原则，分级管理。

第三十六条 制定电价，应当合理补偿成本，合理确定收益，依法计入税金，坚持公平负担，促进电力建设。

第三十七条 上网电价实行同网同质同价。具体办法和实施步骤由国务院规定。

电力生产企业有特殊情况需另行制定上网电价的，具体办法由国务院规定。

第三十八条 跨省、自治区、直辖市电网和省级电网内的上网电价，由电力生产企业和电网经营企业协商提出方案，报国务院物价行政主管部门核准。

独立电网内的上网电价，由电力生产企业和电网经营企业协商提出方案，报有管理权的物价行政主管部门核准。

地方投资的电力生产企业所生产的电力，属于在省内各地区形成独立电网的或者自发自用的，其电价可以由省、自治区、直辖市人民政府管理。

第三十九条 跨省、自治区、直辖市电网和独立电网之间、省级电网和独立电网之间的互供电价，由双方协商提出方案，报国务院物价行政主管部门或者其授权的部门核准。

独立电网与独立电网之间的互供电价，由双方协商提出方案，报有管理权的物价行政主管部门核准。

第四十条 跨省、自治区、直辖市电网和省级电网的销售电价，由电网经营企业提出方案，报国务院物价行政主管部门或者其授权的部门核准。

独立电网的销售电价，由电网经营企业提出方案，报有管理权的物价行政主管部门核准。

第四十一条 国家实行分类电价和分时电价。分类标准和分时办法由国务院确定。

对同一电网内的同一电压等级、同一用电类别的用户，执行相同的电价标准。

第四十二条 用户用电增容收费标准，由国务院物价行政主管部门会同国务院电力管理部门制定。

第四十三条 任何单位不得超越电价管理权限制定电价。供电企业不得擅自变更电价。

第四十四条 禁止任何单位和个人在电费中加收其他费用；但是，法律、行政法规另有规定的，按照规定执行。

地方集资办电在电费中加收费用的，由省、自治区、直辖市人民政府依照国务院有关规定制定办法。

禁止供电企业在收取电费时，代收其他费用。

第四十五条 电价的管理办法，由国务院依照本法的规定制定。

第六章 农村电力建设和农业用电

第四十六条 省、自治区、直辖市人民政府应当制定农村电气化发展规划，并将其纳入当地电力发展规划及国民经济和社会发展计划。

第四十七条 国家对农村电气化实行优惠政策，对少数民族地区、边远地区和贫困地区的农村电力建设给予重点扶持。

第四十八条 国家提倡农村开发水能资源，建设中、小型水电站，促进农村电气化。

国家鼓励和支持农村利用太阳能、风能、地热能、生物质能和其他能源进行农村电源建设，增加农村电力供应。

第四十九条 县级以上地方人民政府及其经济综合主管部门在安排用电指标时，应当保证农业和农村用电的适当比例，优先保证农村排涝、抗旱和农业季节性生产用电。

电力企业应当执行前款的用电安排，不得减少农业和农村用电指标。

第五十条 农业用电价格按照保本、微利的原则确定。

农民生活用电与当地城镇居民生活用电应当逐步实行相同的电价。

第五十一条 农业和农村用电管理办法，由国务院依照本法的规定制定。

第七章 电 力 设 施 保 护

第五十二条 任何单位和个人不得危害发电设施、变电设施和电力线路设施及其有关辅助设施。

在电力设施周围进行爆破及其他可能危及电力设施安全的作业的，应当按照国务院有关电力设施保护的规定，经批准并采取确保电力设施安全的措施后，方可进行作业。

第五十三条 电力管理部门应当按照国务院有关电力设施保护的规定，对电力设施保护区设立标志。

任何单位和个人不得在依法划定的电力设施保护区内修建可能危及电力设施安全的建筑物、构筑物，不得种植可能危及电力设施安全的植物，不得堆放可能危及电力设施安全的物品。

在依法划定电力设施保护区前已经种植的植物妨碍电力设施安全的，应当修剪或者砍伐。

第五十四条 任何单位和个人需要在依法划定的电力设施保护区内进行可能危及电力设施安全的作业时，应当经电力管理部门批准并采取安全措施后，方可进行作业。

第五十五条 电力设施与公用工程、绿化工程和其他工程在新建、改建或者扩建中相互妨碍时，有关单位应当按照国家有关规定协商，达成协议后方可施工。

第八章 监 督 检 查

第五十六条 电力管理部门依法对电力企业和用户执行电力法律、行政法规的情况进行监督检查。

第五十七条 电力管理部门根据工作需要，可以配备电力监督检查人员。

电力监督检查人员应当公正廉洁，秉公执法，熟悉电力法律、法规，掌握有关电力专业技术。

第五十八条　电力监督检查人员进行监督检查时，有权向电力企业或者用户了解有关执行电力法律、行政法规的情况，查阅有关资料，并有权进入现场进行检查。

电力企业和用户对执行监督检查任务的电力监督检查人员应当提供方便。

电力监督检查人员进行监督检查时，应当出示证件。

第九章　法　律　责　任

第五十九条　电力企业或者用户违反供用电合同，给对方造成损失的，应当依法承担赔偿责任。

电力企业违反本法第二十八条、第二十九条第一款的规定，未保证供电质量或者未事先通知用户中断供电，给用户造成损失的，应当依法承担赔偿责任。

第六十条　因电力运行事故给用户或者第三人造成损害的，电力企业应当依法承担赔偿责任。

电力运行事故由下列原因之一造成的，电力企业不承担赔偿责任：

（一）不可抗力；

（二）用户自身的过错。

因用户或者第三人的过错给电力企业或者其他用户造成损害的，该用户或者第三人应当依法承担赔偿责任。

第六十一条　违反本法第十一条第二款的规定，非法占用变电设施用地、输电线路走廊或者电缆通道的，由县级以上地方人民政府责令限期改正；逾期不改正的，强制清除障碍。

第六十二条　违反本法第十四条规定，电力建设项目不符合电力发展规划、产业政策的，由电力管理部门责令停止建设。

违反本法第十四条规定，电力建设项目使用国家明令淘汰的电力设备和技术的，由电力管理部门责令停止使用，没收国家明令淘汰的电力设备，并处五万元以下的罚款。

第六十三条　违反本法第二十五条规定，未经许可，从事供电或者变更供电营业区的，由电力管理部门责令改正，没收违法所得，可以并处违法所得五倍以下的罚款。

第六十四条　违反本法第二十六条、第二十九条规定，拒绝供电或者中断供电的，由电力管理部门责令改正，给予警告；情节严重的，对有关主管人员和直接责任人员给予行政处分。

第六十五条　违反本法第三十二条规定，危害供电、用电安全或者扰乱供电、用电秩序的，由电力管理部门责令改正，给予警告；情节严重或者拒绝改正的，可以中止供电，可以并处五万元以下的罚款。

第六十六条　违反本法第三十三条、第四十三条、第四十四条规定，未按照国家核准的电价和用电计量装置的记录向用户计收电费、超越权限制定电价或者在电费中加收其他费用的，由物价行政主管部门给予警告，责令返还违法收取的费用，可以并处违法收取费用五倍以下的罚款；情节严重的，对有关主管人员和直接责任人员给予行政处分。

第六十七条　违反本法第四十九条第二款规定，减少农业和农村用电指标的，由电力管理部门责令改正；情节严重的，对有关主管人员和直接责任人员给予行政处分；造成损失的，责令赔偿损失。

第六十八条　违反本法第五十二条第二款和第五十四条规定，未经批准或者未采取安全措施在电力设施周围或者在依法划定的电力设施保护区内进行作业，危及电力设施安全的，由电力管理部门责令停止作业、恢复原状并赔偿损失。

第六十九条　违反本法第五十三条规定，在依法划定的电力设施保护区内修建建筑物、构筑物或者种植植物、堆放物品，危及电力设施安全的，由当地人民政府责令强制拆除、砍伐或者清除。

第七十条　有下列行为之一，应当给予治安管理处罚的，由公安机关依照治安管理处罚法的有关规定予以处罚；构成犯罪的，依法追究刑事责任：

（一）阻碍电力建设或者电力设施抢修，致使电力建设或者电力设施抢修不能正常进行的；

（二）扰乱电力生产企业、变电所、电力调度机构和供电企业的秩序，致使生产、工作和营业不能正常进行的；

（三）殴打、公然侮辱履行职务的查电人员或者抄表收费人员的；

（四）拒绝、阻碍电力监督检查人员依法执行职务的。

第七十一条　盗窃电能的，由电力管理部门责令停止违法行为，追缴电费并处应交电费五倍以下的罚款；构成犯罪的，依照刑法有关规定追究刑事责任。

第七十二条　盗窃电力设施或者以其他方法破坏电力设施，危害公共安全的，依照刑法有关规定追究刑事责任。

第七十三条　电力管理部门的工作人员滥用职权、玩忽职守、徇私舞弊，构成犯罪的，依法追究刑事责任；尚不构成犯罪的，依法给予行政处分。

第七十四条　电力企业职工违反规章制度、违章调度或者不服从调度指令，造成重大事故的，依照刑法有关规定追究刑事责任。

电力企业职工故意延误电力设施抢修或者抢险救灾供电，造成严重后果的，依照刑法有关规定追究刑事责任。

电力企业的管理人员和查电人员、抄表收费人员勒索用户、以电谋私，构成犯罪的，依法追究刑事责任；尚不构成犯罪的，依法给予行政处分。

第十章　附　　　则

第七十五条　本法自 1996 年 4 月 1 日起施行。

中华人民共和国网络安全法

中华人民共和国主席令第五十三号

（2016年11月7日第十二届全国人民代表大会常务委员会第二十四次会议通过）

第一章　总　　则

第一条　为了保障网络安全，维护网络空间主权和国家安全、社会公共利益，保护公民、法人和其他组织的合法权益，促进经济社会信息化健康发展，制定本法。

第二条　在中华人民共和国境内建设、运营、维护和使用网络，以及网络安全的监督管理，适用本法。

第三条　国家坚持网络安全与信息化发展并重，遵循积极利用、科学发展、依法管理、确保安全的方针，推进网络基础设施建设和互联互通，鼓励网络技术创新和应用，支持培养网络安全人才，建立健全网络安全保障体系，提高网络安全保护能力。

第四条　国家制定并不断完善网络安全战略，明确保障网络安全的基本要求和主要目标，提出重点领域的网络安全政策、工作任务和措施。

第五条　国家采取措施，监测、防御、处置来源于中华人民共和国境内外的网络安全风险和威胁，保护关键信息基础设施免受攻击、侵入、干扰和破坏，依法惩治网络违法犯罪活动，维护网络空间安全和秩序。

第六条　国家倡导诚实守信、健康文明的网络行为，推动传播社会主义核心价值观，采取措施提高全社会的网络安全意识和水平，形成全社会共同参与促进网络安全的良好环境。

第七条　国家积极开展网络空间治理、网络技术研发和标准制定、打击网络违法犯罪等方面的国际交流与合作，推动构建和平、安全、开放、合作的网络空间，建立多边、民主、透明的网络治理体系。

第八条　国家网信部门负责统筹协调网络安全工作和相关监督管理工作。国务院电信主管部门、公安部门和其他有关机关依照本法和有关法律、行政法规的规定，在各自职责范围内负责网络安全保护和监督管理工作。

县级以上地方人民政府有关部门的网络安全保护和监督管理职责，按照国家有关规定确定。

第九条　网络运营者开展经营和服务活动，必须遵守法律、行政法规，尊重社会公德，遵守商业道德，诚实信用，履行网络安全保护义务，接受政府和社会的监督，承担社会责任。

第十条　建设、运营网络或者通过网络提供服务，应当依照法律、行政法规的规定和国家标准的强制性要求，采取技术措施和其他必要措施，保障网络安全、稳定运行，有效应对网络安全事件，防范网络违法犯罪活动，维护网络数据的完整性、保密性和可用性。

第十一条　网络相关行业组织按照章程，加强行业自律，制定网络安全行为规范，指导会员加强网络安全保护，提高网络安全保护水平，促进行业健康发展。

　　第十二条　国家保护公民、法人和其他组织依法使用网络的权利，促进网络接入普及，提升网络服务水平，为社会提供安全、便利的网络服务，保障网络信息依法有序自由流动。

　　任何个人和组织使用网络应当遵守宪法法律，遵守公共秩序，尊重社会公德，不得危害网络安全，不得利用网络从事危害国家安全、荣誉和利益，煽动颠覆国家政权、推翻社会主义制度，煽动分裂国家、破坏国家统一，宣扬恐怖主义、极端主义，宣扬民族仇恨、民族歧视，传播暴力、淫秽色情信息，编造、传播虚假信息扰乱经济秩序和社会秩序，以及侵害他人名誉、隐私、知识产权和其他合法权益等活动。

　　第十三条　国家支持研究开发有利于未成年人健康成长的网络产品和服务，依法惩治利用网络从事危害未成年人身心健康的活动，为未成年人提供安全、健康的网络环境。

　　第十四条　任何个人和组织有权对危害网络安全的行为向网信、电信、公安等部门举报。收到举报的部门应当及时依法作出处理；不属于本部门职责的，应当及时移送有权处理的部门。

　　有关部门应当对举报人的相关信息予以保密，保护举报人的合法权益。

第二章　网络安全支持与促进

　　第十五条　国家建立和完善网络安全标准体系。国务院标准化行政主管部门和国务院其他有关部门根据各自的职责，组织制定并适时修订有关网络安全管理以及网络产品、服务和运行安全的国家标准、行业标准。

　　国家支持企业、研究机构、高等学校、网络相关行业组织参与网络安全国家标准、行业标准的制定。

　　第十六条　国务院和省、自治区、直辖市人民政府应当统筹规划，加大投入，扶持重点网络安全技术产业和项目，支持网络安全技术的研究开发和应用，推广安全可信的网络产品和服务，保护网络技术知识产权，支持企业、研究机构和高等学校等参与国家网络安全技术创新项目。

　　第十七条　国家推进网络安全社会化服务体系建设，鼓励有关企业、机构开展网络安全认证、检测和风险评估等安全服务。

　　第十八条　国家鼓励开发网络数据安全保护和利用技术，促进公共数据资源开放，推动技术创新和经济社会发展。

　　国家支持创新网络安全管理方式，运用网络新技术，提升网络安全保护水平。

　　第十九条　各级人民政府及其有关部门应当组织开展经常性的网络安全宣传教育，并指导、督促有关单位做好网络安全宣传教育工作。

　　大众传播媒介应当有针对性地面向社会进行网络安全宣传教育。

　　第二十条　国家支持企业和高等学校、职业学校等教育培训机构开展网络安全相关教育与培训，采取多种方式培养网络安全人才，促进网络安全人才交流。

第三章　网络运行安全

第一节　一般规定

　　第二十一条　国家实行网络安全等级保护制度。网络运营者应当按照网络安全等级保护制度的要求，履行下列安全保护义务，保障网络免受干扰、破坏或者未经授权的访问，防止网络数据泄露或者被窃取、篡改：

（一）制定内部安全管理制度和操作规程，确定网络安全负责人，落实网络安全保护责任；

（二）采取防范计算机病毒和网络攻击、网络侵入等危害网络安全行为的技术措施；

（三）采取监测、记录网络运行状态、网络安全事件的技术措施，并按照规定留存相关的网络日志不少于六个月；

（四）采取数据分类、重要数据备份和加密等措施；

（五）法律、行政法规规定的其他义务。

第二十二条　网络产品、服务应当符合相关国家标准的强制性要求。网络产品、服务的提供者不得设置恶意程序；发现其网络产品、服务存在安全缺陷、漏洞等风险时，应当立即采取补救措施，按照规定及时告知用户并向有关主管部门报告。

网络产品、服务的提供者应当为其产品、服务持续提供安全维护；在规定或者当事人约定的期限内，不得终止提供安全维护。

网络产品、服务具有收集用户信息功能的，其提供者应当向用户明示并取得同意；涉及用户个人信息的，还应当遵守本法和有关法律、行政法规关于个人信息保护的规定。

第二十三条　网络关键设备和网络安全专用产品应当按照相关国家标准的强制性要求，由具备资格的机构安全认证合格或者安全检测符合要求后，方可销售或者提供。国家网信部门会同国务院有关部门制定、公布网络关键设备和网络安全专用产品目录，并推动安全认证和安全检测结果互认，避免重复认证、检测。

第二十四条　网络运营者为用户办理网络接入、域名注册服务，办理固定电话、移动电话等入网手续，或者为用户提供信息发布、即时通信等服务，在与用户签订协议或者确认提供服务时，应当要求用户提供真实身份信息。用户不提供真实身份信息的，网络运营者不得为其提供相关服务。

国家实施网络可信身份战略，支持研究开发安全、方便的电子身份认证技术，推动不同电子身份认证之间的互认。

第二十五条　网络运营者应当制定网络安全事件应急预案，及时处置系统漏洞、计算机病毒、网络攻击、网络侵入等安全风险；在发生危害网络安全的事件时，立即启动应急预案，采取相应的补救措施，并按照规定向有关主管部门报告。

第二十六条　开展网络安全认证、检测、风险评估等活动，向社会发布系统漏洞、计算机病毒、网络攻击、网络侵入等网络安全信息，应当遵守国家有关规定。

第二十七条　任何个人和组织不得从事非法侵入他人网络、干扰他人网络正常功能、窃取网络数据等危害网络安全的活动；不得提供专门用于从事侵入网络、干扰网络正常功能及防护措施、窃取网络数据等危害网络安全活动的程序、工具；明知他人从事危害网络安全的活动的，不得为其提供技术支持、广告推广、支付结算等帮助。

第二十八条　网络运营者应当为公安机关、国家安全机关依法维护国家安全和侦查犯罪的活动提供技术支持和协助。

第二十九条　国家支持网络运营者之间在网络安全信息收集、分析、通报和应急处置等方面进行合作，提高网络运营者的安全保障能力。

有关行业组织建立健全本行业的网络安全保护规范和协作机制，加强对网络安全风险的分析评估，定期向会员进行风险警示，支持、协助会员应对网络安全风险。

第三十条　网信部门和有关部门在履行网络安全保护职责中获取的信息，只能用于维护网络安全的需要，不得用于其他用途。

第二节　关键信息基础设施的运行安全

第三十一条　国家对公共通信和信息服务、能源、交通、水利、金融、公共服务、电子政务等重要行业和领域，以及其他一旦遭到破坏、丧失功能或者数据泄露，可能严重危害国家安全、国计民生、公共利益的关键信息基础设施，在网络安全等级保护制度的基础上，实行重点保护。关键信息基础设施的具体范围和安全保护办法由国务院制定。

国家鼓励关键信息基础设施以外的网络运营者自愿参与关键信息基础设施保护体系。

第三十二条　按照国务院规定的职责分工，负责关键信息基础设施安全保护工作的部门分别编制并组织实施本行业、本领域的关键信息基础设施安全规划，指导和监督关键信息基础设施运行安全保护工作。

第三十三条　建设关键信息基础设施应当确保其具有支持业务稳定、持续运行的性能，并保证安全技术措施同步规划、同步建设、同步使用。

第三十四条　除本法第二十一条的规定外，关键信息基础设施的运营者还应当履行下列安全保护义务：

（一）设置专门安全管理机构和安全管理负责人，并对该负责人和关键岗位的人员进行安全背景审查；

（二）定期对从业人员进行网络安全教育、技术培训和技能考核；

（三）对重要系统和数据库进行容灾备份；

（四）制定网络安全事件应急预案，并定期进行演练；

（五）法律、行政法规规定的其他义务。

第三十五条　关键信息基础设施的运营者采购网络产品和服务，可能影响国家安全的，应当通过国家网信部门会同国务院有关部门组织的国家安全审查。

第三十六条　关键信息基础设施的运营者采购网络产品和服务，应当按照规定与提供者签订安全保密协议，明确安全和保密义务与责任。

第三十七条　关键信息基础设施的运营者在中华人民共和国境内运营中收集和产生的个人信息和重要数据应当在境内存储。因业务需要，确需向境外提供的，应当按照国家网信部门会同国务院有关部门制定的办法进行安全评估；法律、行政法规另有规定的，依照其规定。

第三十八条　关键信息基础设施的运营者应当自行或者委托网络安全服务机构对其网络的安全性和可能存在的风险每年至少进行一次检测评估，并将检测评估情况和改进措施报送相关负责关键信息基础设施安全保护工作的部门。

第三十九条　国家网信部门应当统筹协调有关部门对关键信息基础设施的安全保护采取下列措施：

（一）对关键信息基础设施的安全风险进行抽查检测，提出改进措施，必要时可以委托网络安全服务机构对网络存在的安全风险进行检测评估；

（二）定期组织关键信息基础设施的运营者进行网络安全应急演练，提高应对网络安全事件的水平和协同配合能力；

（三）促进有关部门、关键信息基础设施的运营者以及有关研究机构、网络安全服务机构等之间的网络安全信息共享；

（四）对网络安全事件的应急处置与网络功能的恢复等，提供技术支持和协助。

第四章　网络信息安全

第四十条　网络运营者应当对其收集的用户信息严格保密，并建立健全用户信息保护制度。

第四十一条　网络运营者收集、使用个人信息，应当遵循合法、正当、必要的原则，公开收集、使用规则，明示收集、使用信息的目的、方式和范围，并经被收集者同意。

网络运营者不得收集与其提供的服务无关的个人信息，不得违反法律、行政法规的规定和双方的约定收集、使用个人信息，并应当依照法律、行政法规的规定和与用户的约定，处理其保存的个人信息。

第四十二条　网络运营者不得泄露、篡改、毁损其收集的个人信息；未经被收集者同意，不得向他人提供个人信息。但是，经过处理无法识别特定个人且不能复原的除外。

网络运营者应当采取技术措施和其他必要措施，确保其收集的个人信息安全，防止信息泄露、毁损、丢失。在发生或者可能发生个人信息泄露、毁损、丢失的情况时，应当立即采取补救措施，按照规定及时告知用户并向有关主管部门报告。

第四十三条　个人发现网络运营者违反法律、行政法规的规定或者双方的约定收集、使用其个人信息的，有权要求网络运营者删除其个人信息；发现网络运营者收集、存储的其个人信息有错误的，有权要求网络运营者予以更正。网络运营者应当采取措施予以删除或者更正。

第四十四条　任何个人和组织不得窃取或者以其他非法方式获取个人信息，不得非法出售或者非法向他人提供个人信息。

第四十五条　依法负有网络安全监督管理职责的部门及其工作人员，必须对在履行职责中知悉的个人信息、隐私和商业秘密严格保密，不得泄露、出售或者非法向他人提供。

第四十六条　任何个人和组织应当对其使用网络的行为负责，不得设立用于实施诈骗，传授犯罪方法、制作或者销售违禁物品、管制物品等违法犯罪活动的网站、通信群组，不得利用网络发布涉及实施诈骗，制作或者销售违禁物品、管制物品以及其他违法犯罪活动的信息。

第四十七条　网络运营者应当加强对其用户发布的信息的管理，发现法律、行政法规禁止发布或者传输的信息的，应当立即停止传输该信息，采取消除等处置措施，防止信息扩散，保存有关记录，并向有关主管部门报告。

第四十八条　任何个人和组织发送的电子信息、提供的应用软件，不得设置恶意程序，不得含有法律、行政法规禁止发布或者传输的信息。

电子信息发送服务提供者和应用软件下载服务提供者,应当履行安全管理义务,知道其用户有前款规定行为的,应当停止提供服务,采取消除等处置措施,保存有关记录,并向有关主管部门报告。

第四十九条　网络运营者应当建立网络信息安全投诉、举报制度,公布投诉、举报方式等信息,及时受理并处理有关网络信息安全的投诉和举报。

网络运营者对网信部门和有关部门依法实施的监督检查,应当予以配合。

第五十条　国家网信部门和有关部门依法履行网络信息安全监督管理职责,发现法律、行政法规禁止发布或者传输的信息的,应当要求网络运营者停止传输,采取消除等处置措施,保存有关记录;对来源于中华人民共和国境外的上述信息,应当通知有关机构采取技术措施和其他必要措施阻断传播。

第五章　监测预警与应急处置

第五十一条　国家建立网络安全监测预警和信息通报制度。国家网信部门应当统筹协调有关部门加强网络安全信息收集、分析和通报工作,按照规定统一发布网络安全监测预警信息。

第五十二条　负责关键信息基础设施安全保护工作的部门,应当建立健全本行业、本领域的网络安全监测预警和信息通报制度,并按照规定报送网络安全监测预警信息。

第五十三条　国家网信部门协调有关部门建立健全网络安全风险评估和应急工作机制,制定网络安全事件应急预案,并定期组织演练。

负责关键信息基础设施安全保护工作的部门应当制定本行业、本领域的网络安全事件应急预案,并定期组织演练。

网络安全事件应急预案应当按照事件发生后的危害程度、影响范围等因素对网络安全事件进行分级,并规定相应的应急处置措施。

第五十四条　网络安全事件发生的风险增大时,省级以上人民政府有关部门应当按照规定的权限和程序,并根据网络安全风险的特点和可能造成的危害,采取下列措施:

(一)要求有关部门、机构和人员及时收集、报告有关信息,加强对网络安全风险的监测;

(二)组织有关部门、机构和专业人员,对网络安全风险信息进行分析评估,预测事件发生的可能性、影响范围和危害程度;

(三)向社会发布网络安全风险预警,发布避免、减轻危害的措施。

第五十五条　发生网络安全事件,应当立即启动网络安全事件应急预案,对网络安全事件进行调查和评估,要求网络运营者采取技术措施和其他必要措施,消除安全隐患,防止危害扩大,并及时向社会发布与公众有关的警示信息。

第五十六条　省级以上人民政府有关部门在履行网络安全监督管理职责中,发现网络存在较大安全风险或者发生安全事件的,可以按照规定的权限和程序对该网络的运营者的法定代表人或者主要负责人进行约谈。网络运营者应当按照要求采取措施,进行整改,消除隐患。

第五十七条　因网络安全事件,发生突发事件或者生产安全事故的,应当依照《中华人民共和国突发事件应对法》《中华人民共和国安全生产法》等有关法律、行政法规的规定处置。

第五十八条　因维护国家安全和社会公共秩序，处置重大突发社会安全事件的需要，经国务院决定或者批准，可以在特定区域对网络通信采取限制等临时措施。

第六章　法　律　责　任

第五十九条　网络运营者不履行本法第二十一条、第二十五条规定的网络安全保护义务的，由有关主管部门责令改正，给予警告；拒不改正或者导致危害网络安全等后果的，处一万元以上十万元以下罚款，对直接负责的主管人员处五千元以上五万元以下罚款。

关键信息基础设施的运营者不履行本法第三十三条、第三十四条、第三十六条、第三十八条规定的网络安全保护义务的，由有关主管部门责令改正，给予警告；拒不改正或者导致危害网络安全等后果的，处十万元以上一百万元以下罚款，对直接负责的主管人员处一万元以上十万元以下罚款。

第六十条　违反本法第二十二条第一款、第二款和第四十八条第一款规定，有下列行为之一的，由有关主管部门责令改正，给予警告；拒不改正或者导致危害网络安全等后果的，处五万元以上五十万元以下罚款，对直接负责的主管人员处一万元以上十万元以下罚款：

（一）设置恶意程序的；

（二）对其产品、服务存在的安全缺陷、漏洞等风险未立即采取补救措施，或者未按照规定及时告知用户并向有关主管部门报告的；

（三）擅自终止为其产品、服务提供安全维护的。

第六十一条　网络运营者违反本法第二十四条第一款规定，未要求用户提供真实身份信息，或者对不提供真实身份信息的用户提供相关服务的，由有关主管部门责令改正；拒不改正或者情节严重的，处五万元以上五十万元以下罚款，并可以由有关主管部门责令暂停相关业务、停业整顿、关闭网站、吊销相关业务许可证或者吊销营业执照，对直接负责的主管人员和其他直接责任人员处一万元以上十万元以下罚款。

第六十二条　违反本法第二十六条规定，开展网络安全认证、检测、风险评估等活动，或者向社会发布系统漏洞、计算机病毒、网络攻击、网络侵入等网络安全信息的，由有关主管部门责令改正，给予警告；拒不改正或者情节严重的，处一万元以上十万元以下罚款，并可以由有关主管部门责令暂停相关业务、停业整顿、关闭网站、吊销相关业务许可证或者吊销营业执照，对直接负责的主管人员和其他直接责任人员处五千元以上五万元以下罚款。

第六十三条　违反本法第二十七条规定，从事危害网络安全的活动，或者提供专门用于从事危害网络安全活动的程序、工具，或者为他人从事危害网络安全的活动提供技术支持、广告推广、支付结算等帮助，尚不构成犯罪的，由公安机关没收违法所得，处五日以下拘留，可以并处五万元以上五十万元以下罚款；情节较重的，处五日以上十五日以下拘留，可以并处十万元以上一百万元以下罚款。

单位有前款行为的，由公安机关没收违法所得，处十万元以上一百万元以下罚款，并对直接负责的主管人员和其他直接责任人员依照前款规定处罚。

违反本法第二十七条规定，受到治安管理处罚的人员，五年内不得从事网络安全管理和网络运营关键岗位的工作；受到刑事处罚的人员，终身不得从事网络安全管理和网络运营关键岗位的工作。

　　第六十四条　网络运营者、网络产品或者服务的提供者违反本法第二十二条第三款、第四十一条至第四十三条规定，侵害个人信息依法得到保护的权利的，由有关主管部门责令改正，可以根据情节单处或者并处警告、没收违法所得、处违法所得一倍以上十倍以下罚款，没有违法所得的，处一百万元以下罚款，对直接负责的主管人员和其他直接责任人员处一万元以上十万元以下罚款；情节严重的，并可以责令暂停相关业务、停业整顿、关闭网站、吊销相关业务许可证或者吊销营业执照。

　　违反本法第四十四条规定，窃取或者以其他非法方式获取、非法出售或者非法向他人提供个人信息，尚不构成犯罪的，由公安机关没收违法所得，并处违法所得一倍以上十倍以下罚款，没有违法所得的，处一百万元以下罚款。

　　第六十五条　关键信息基础设施的运营者违反本法第三十五条规定，使用未经安全审查或者安全审查未通过的网络产品或者服务的，由有关主管部门责令停止使用，处采购金额一倍以上十倍以下罚款；对直接负责的主管人员和其他直接责任人员处一万元以上十万元以下罚款。

　　第六十六条　关键信息基础设施的运营者违反本法第三十七条规定，在境外存储网络数据，或者向境外提供网络数据的，由有关主管部门责令改正，给予警告，没收违法所得，处五万元以上五十万元以下罚款，并可以责令暂停相关业务、停业整顿、关闭网站、吊销相关业务许可证或者吊销营业执照；对直接负责的主管人员和其他直接责任人员处一万元以上十万元以下罚款。

　　第六十七条　违反本法第四十六条规定，设立用于实施违法犯罪活动的网站、通信群组，或者利用网络发布涉及实施违法犯罪活动的信息，尚不构成犯罪的，由公安机关处五日以下拘留，可以并处一万元以上十万元以下罚款；情节较重的，处五日以上十五日以下拘留，可以并处五万元以上五十万元以下罚款。关闭用于实施违法犯罪活动的网站、通信群组。

　　单位有前款行为的，由公安机关处十万元以上五十万元以下罚款，并对直接负责的主管人员和其他直接责任人员依照前款规定处罚。

　　第六十八条　网络运营者违反本法第四十七条规定，对法律、行政法规禁止发布或者传输的信息未停止传输、采取消除等处置措施、保存有关记录的，由有关主管部门责令改正，给予警告，没收违法所得；拒不改正或者情节严重的，处十万元以上五十万元以下罚款，并可以责令暂停相关业务、停业整顿、关闭网站、吊销相关业务许可证或者吊销营业执照，对直接负责的主管人员和其他直接责任人员处一万元以上十万元以下罚款。

　　电子信息发送服务提供者、应用软件下载服务提供者，不履行本法第四十八条第二款规定的安全管理义务的，依照前款规定处罚。

　　第六十九条　网络运营者违反本法规定，有下列行为之一的，由有关主管部门责令改正；拒不改正或者情节严重的，处五万元以上五十万元以下罚款，对直接负责的主管人员和其他直接责任人员，处一万元以上十万元以下罚款：

　　（一）不按照有关部门的要求对法律、行政法规禁止发布或者传输的信息，采取停止传输、消除等处置措施的；

　　（二）拒绝、阻碍有关部门依法实施的监督检查的；

　　（三）拒不向公安机关、国家安全机关提供技术支持和协助的。

第七十条　发布或者传输本法第十二条第二款和其他法律、行政法规禁止发布或者传输的信息的，依照有关法律、行政法规的规定处罚。

第七十一条　有本法规定的违法行为的，依照有关法律、行政法规的规定记入信用档案，并予以公示。

第七十二条　国家机关政务网络的运营者不履行本法规定的网络安全保护义务的，由其上级机关或者有关机关责令改正；对直接负责的主管人员和其他直接责任人员依法给予处分。

第七十三条　网信部门和有关部门违反本法第三十条规定，将在履行网络安全保护职责中获取的信息用于其他用途的，对直接负责的主管人员和其他直接责任人员依法给予处分。

网信部门和有关部门的工作人员玩忽职守、滥用职权、徇私舞弊，尚不构成犯罪的，依法给予处分。

第七十四条　违反本法规定，给他人造成损害的，依法承担民事责任。

违反本法规定，构成违反治安管理行为的，依法给予治安管理处罚；构成犯罪的，依法追究刑事责任。

第七十五条　境外的机构、组织、个人从事攻击、侵入、干扰、破坏等危害中华人民共和国的关键信息基础设施的活动，造成严重后果的，依法追究法律责任；国务院公安部门和有关部门并可以决定对该机构、组织、个人采取冻结财产或者其他必要的制裁措施。

第七章　附　　则

第七十六条　本法下列用语的含义：

（一）网络，是指由计算机或者其他信息终端及相关设备组成的按照一定的规则和程序对信息进行收集、存储、传输、交换、处理的系统。

（二）网络安全，是指通过采取必要措施，防范对网络的攻击、侵入、干扰、破坏和非法使用以及意外事故，使网络处于稳定可靠运行的状态，以及保障网络数据的完整性、保密性、可用性的能力。

（三）网络运营者，是指网络的所有者、管理者和网络服务提供者。

（四）网络数据，是指通过网络收集、存储、传输、处理和产生的各种电子数据。

（五）个人信息，是指以电子或者其他方式记录的能够单独或者与其他信息结合识别自然人个人身份的各种信息，包括但不限于自然人的姓名、出生日期、身份证件号码、个人生物识别信息、住址、电话号码等。

第七十七条　存储、处理涉及国家秘密信息的网络的运行安全保护，除应当遵守本法外，还应当遵守保密法律、行政法规的规定。

第七十八条　军事网络的安全保护，由中央军事委员会另行规定。

第七十九条　本法自 2017 年 6 月 1 日起施行。

中华人民共和国突发事件应对法

中华人民共和国主席令第六十九号

（2007 年 8 月 30 日第十届全国人民代表大会常务委员会第二十九次会议通过，2007 年 8 月 30 日中华人民共和国主席令第六十九号公布，自 2007 年 11 月 1 日起施行）

第一章　总　　则

第一条　为了预防和减少突发事件的发生，控制、减轻和消除突发事件引起的严重社会危害，规范突发事件应对活动，保护人民生命财产安全，维护国家安全、公共安全、环境安全和社会秩序，制定本法。

第二条　突发事件的预防与应急准备、监测与预警、应急处置与救援、事后恢复与重建等应对活动，适用本法。

第三条　本法所称突发事件，是指突然发生，造成或者可能造成严重社会危害，需要采取应急处置措施予以应对的自然灾害、事故灾难、公共卫生事件和社会安全事件。

按照社会危害程度、影响范围等因素，自然灾害、事故灾难、公共卫生事件分为特别重大、重大、较大和一般四级。法律、行政法规或者国务院另有规定的，从其规定。

突发事件的分级标准由国务院或者国务院确定的部门制定。

第四条　国家建立统一领导、综合协调、分类管理、分级负责、属地管理为主的应急管理体制。

第五条　突发事件应对工作实行预防为主、预防与应急相结合的原则。国家建立重大突发事件风险评估体系，对可能发生的突发事件进行综合性评估，减少重大突发事件的发生，最大限度地减轻重大突发事件的影响。

第六条　国家建立有效的社会动员机制，增强全民的公共安全和防范风险的意识，提高全社会的避险救助能力。

第七条　县级人民政府对本行政区域内突发事件的应对工作负责；涉及两个以上行政区域的，由有关行政区域共同的上一级人民政府负责，或者由各有关行政区域的上一级人民政府共同负责。

突发事件发生后，发生地县级人民政府应当立即采取措施控制事态发展，组织开展应急救援和处置工作，并立即向上一级人民政府报告，必要时可以越级上报。

突发事件发生地县级人民政府不能消除或者不能有效控制突发事件引起的严重社会危害的，应当及时向上级人民政府报告。上级人民政府应当及时采取措施，统一领导应急处置工作。

法律、行政法规规定由国务院有关部门对突发事件的应对工作负责的，从其规定；地方人民政府应当积极配合并提供必要的支持。

第八条　国务院在总理领导下研究、决定和部署特别重大突发事件的应对工作；根据实际需要，设立国家突发事件应急指挥机构，负责突发事件应对工作；必要时，国务院可以派出工作组指导有关工作。

县级以上地方各级人民政府设立由本级人民政府主要负责人、相关部门负责人、驻当地中国人民解放军和中国人民武装警察部队有关负责人组成的突发事件应急指挥机构，统一领导、协调本级人民政府各有关部门和下级人民政府开展突发事件应对工作；根据实际需要，设立相关类别突发事件应急指挥机构，组织、协调、指挥突发事件应对工作。

上级人民政府主管部门应当在各自职责范围内，指导、协助下级人民政府及其相应部门做好有关突发事件的应对工作。

第九条 国务院和县级以上地方各级人民政府是突发事件应对工作的行政领导机关，其办事机构及具体职责由国务院规定。

第十条 有关人民政府及其部门作出的应对突发事件的决定、命令，应当及时公布。

第十一条 有关人民政府及其部门采取的应对突发事件的措施，应当与突发事件可能造成的社会危害的性质、程度和范围相适应；有多种措施可供选择的，应当选择有利于最大程度地保护公民、法人和其他组织权益的措施。

公民、法人和其他组织有义务参与突发事件应对工作。

第十二条 有关人民政府及其部门为应对突发事件，可以征用单位和个人的财产。被征用的财产在使用完毕或者突发事件应急处置工作结束后，应当及时返还。财产被征用或者征用后毁损、灭失的，应当给予补偿。

第十三条 因采取突发事件应对措施，诉讼、行政复议、仲裁活动不能正常进行的，适用有关时效中止和程序中止的规定，但法律另有规定的除外。

第十四条 中国人民解放军、中国人民武装警察部队和民兵组织依照本法和其他有关法律、行政法规、军事法规的规定以及国务院、中央军事委员会的命令，参加突发事件的应急救援和处置工作。

第十五条 中华人民共和国政府在突发事件的预防、监测与预警、应急处置与救援、事后恢复与重建等方面，同外国政府和有关国际组织开展合作与交流。

第十六条 县级以上人民政府作出应对突发事件的决定、命令，应当报本级人民代表大会常务委员会备案；突发事件应急处置工作结束后，应当向本级人民代表大会常务委员会作出专项工作报告。

第二章 预防与应急准备

第十七条 国家建立健全突发事件应急预案体系。

国务院制定国家突发事件总体应急预案，组织制定国家突发事件专项应急预案；国务院有关部门根据各自的职责和国务院相关应急预案，制定国家突发事件部门应急预案。

地方各级人民政府和县级以上地方各级人民政府有关部门根据有关法律、法规、规章、上级人民政府及其有关部门的应急预案以及本地区的实际情况，制定相应的突发事件应急预案。

应急预案制定机关应当根据实际需要和情势变化，适时修订应急预案。应急预案的制定、修订程序由国务院规定。

第十八条 应急预案应当根据本法和其他有关法律、法规的规定，针对突发事件的性质、特点和可能造成的社会危害，具体规定突发事件应急管理工作的组织指挥体系与职责和突发事件的预防与预警机制、处置程序、应急保障措施以及事后恢复与重建措施等内容。

第十九条 城乡规划应当符合预防、处置突发事件的需要，统筹安排应对突发事件所必需的设备和基础设施建设，合理确定应急避难场所。

第二十条 县级人民政府应当对本行政区域内容易引发自然灾害、事故灾难和公共卫生事件的危险源、危险区域进行调查、登记、风险评估，定期进行检查、监控，并责令有关单位采取安全防范措施。

省级和设区的市级人民政府应当对本行政区域内容易引发特别重大、重大突发事件的危险源、危险区域进行调查、登记、风险评估，组织进行检查、监控，并责令有关单位采取安全防范措施。

县级以上地方各级人民政府按照本法规定登记的危险源、危险区域，应当按照国家规定及时向社会公布。

第二十一条 县级人民政府及其有关部门、乡级人民政府、街道办事处、居民委员会、村民委员会应当及时调解处理可能引发社会安全事件的矛盾纠纷。

第二十二条 所有单位应当建立健全安全管理制度，定期检查本单位各项安全防范措施的落实情况，及时消除事故隐患；掌握并及时处理本单位存在的可能引发社会安全事件的问题，防止矛盾激化和事态扩大；对本单位可能发生的突发事件和采取安全防范措施的情况，应当按照规定及时向所在地人民政府或者人民政府有关部门报告。

第二十三条 矿山、建筑施工单位和易燃易爆物品、危险化学品、放射性物品等危险物品的生产、经营、储运、使用单位，应当制定具体应急预案，并对生产经营场所、有危险物品的建筑物、构筑物及周边环境开展隐患排查，及时采取措施消除隐患，防止发生突发事件。

第二十四条 公共交通工具、公共场所和其他人员密集场所的经营单位或者管理单位应当制定具体应急预案，为交通工具和有关场所配备报警装置和必要的应急救援设备、设施，注明其使用方法，并显著标明安全撤离的通道、路线，保证安全通道、出口的畅通。

有关单位应当定期检测、维护其报警装置和应急救援设备、设施，使其处于良好状态，确保正常使用。

第二十五条 县级以上人民政府应当建立健全突发事件应急管理培训制度，对人民政府及其有关部门负有处置突发事件职责的工作人员定期进行培训。

第二十六条 县级以上人民政府应当整合应急资源，建立或者确定综合性应急救援队伍。人民政府有关部门可以根据实际需要设立专业应急救援队伍。

县级以上人民政府及其有关部门可以建立由成年志愿者组成的应急救援队伍。单位应当建立由本单位职工组成的专职或者兼职应急救援队伍。

县级以上人民政府应当加强专业应急救援队伍与非专业应急救援队伍的合作，联合培训、联合演练，提高合成应急、协同应急的能力。

第二十七条 国务院有关部门、县级以上地方各级人民政府及其有关部门、有关单位应当为专业应急救援人员购买人身意外伤害保险，配备必要的防护装备和器材，减少应急救援人员的人身风险。

第二十八条 中国人民解放军、中国人民武装警察部队和民兵组织应当有计划地组织开展应急救援的专门训练。

第二十九条 县级人民政府及其有关部门、乡级人民政府、街道办事处应当组织开展应急知识的宣传普及活动和必要的应急演练。

居民委员会、村民委员会、企业事业单位应当根据所在地人民政府的要求，结合各自的实际情况，开展有关突发事件应急知识的宣传普及活动和必要的应急演练。

新闻媒体应当无偿开展突发事件预防与应急、自救与互救知识的公益宣传。

第三十条 各级各类学校应当把应急知识教育纳入教学内容，对学生进行应急知识教育，培养学生的安全意识和自救与互救能力。

教育主管部门应当对学校开展应急知识教育进行指导和监督。

第三十一条 国务院和县级以上地方各级人民政府应当采取财政措施，保障突发事件应对工作所需经费。

第三十二条 国家建立健全应急物资储备保障制度，完善重要应急物资的监管、生产、储备、调拨和紧急配送体系。

设区的市级以上人民政府和突发事件易发、多发地区的县级人民政府应当建立应急救援物资、生活必需品和应急处置装备的储备制度。

县级以上地方各级人民政府应当根据本地区的实际情况，与有关企业签订协议，保障应急救援物资、生活必需品和应急处置装备的生产、供给。

第三十三条 国家建立健全应急通信保障体系，完善公用通信网，建立有线与无线相结合、基础电信网络与机动通信系统相配套的应急通信系统，确保突发事件应对工作的通信畅通。

第三十四条 国家鼓励公民、法人和其他组织为人民政府应对突发事件工作提供物资、资金、技术支持和捐赠。

第三十五条 国家发展保险事业，建立国家财政支持的巨灾风险保险体系，并鼓励单位和公民参加保险。

第三十六条 国家鼓励、扶持具备相应条件的教学科研机构培养应急管理专门人才，鼓励、扶持教学科研机构和有关企业研究开发用于突发事件预防、监测、预警、应急处置与救援的新技术、新设备和新工具。

第三章 监测与预警

第三十七条 国务院建立全国统一的突发事件信息系统。

县级以上地方各级人民政府应当建立或者确定本地区统一的突发事件信息系统，汇集、储存、分析、传输有关突发事件的信息，并与上级人民政府及其有关部门、下级人民政府及其有关部门、专业机构和监测网点的突发事件信息系统实现互联互通，加强跨部门、跨地区的信息交流与情报合作。

第三十八条 县级以上人民政府及其有关部门、专业机构应当通过多种途径收集突发事件信息。

县级人民政府应当在居民委员会、村民委员会和有关单位建立专职或者兼职信息报告员制度。

获悉突发事件信息的公民、法人或者其他组织，应当立即向所在地人民政府、有关主管部门或者指定的专业机构报告。

第三十九条　地方各级人民政府应当按照国家有关规定向上级人民政府报送突发事件信息。县级以上人民政府有关主管部门应当向本级人民政府相关部门通报突发事件信息。专业机构、监测网点和信息报告员应当及时向所在地人民政府及其有关主管部门报告突发事件信息。

有关单位和人员报送、报告突发事件信息，应当做到及时、客观、真实，不得迟报、谎报、瞒报、漏报。

第四十条　县级以上地方各级人民政府应当及时汇总分析突发事件隐患和预警信息，必要时组织相关部门、专业技术人员、专家学者进行会商，对发生突发事件的可能性及其可能造成的影响进行评估；认为可能发生重大或者特别重大突发事件的，应当立即向上级人民政府报告，并向上级人民政府有关部门、当地驻军和可能受到危害的毗邻或者相关地区的人民政府通报。

第四十一条　国家建立健全突发事件监测制度。

县级以上人民政府及其有关部门应当根据自然灾害、事故灾难和公共卫生事件的种类和特点，建立健全基础信息数据库，完善监测网络，划分监测区域，确定监测点，明确监测项目，提供必要的设备、设施，配备专职或者兼职人员，对可能发生的突发事件进行监测。

第四十二条　国家建立健全突发事件预警制度。

可以预警的自然灾害、事故灾难和公共卫生事件的预警级别，按照突发事件发生的紧急程度、发展势态和可能造成的危害程度分为一级、二级、三级和四级，分别用红色、橙色、黄色和蓝色标示，一级为最高级别。

预警级别的划分标准由国务院或者国务院确定的部门制定。

第四十三条　可以预警的自然灾害、事故灾难或者公共卫生事件即将发生或者发生的可能性增大时，县级以上地方各级人民政府应当根据有关法律、行政法规和国务院规定的权限和程序，发布相应级别的警报，决定并宣布有关地区进入预警期，同时向上一级人民政府报告，必要时可以越级上报，并向当地驻军和可能受到危害的毗邻或者相关地区的人民政府通报。

第四十四条　发布三级、四级警报，宣布进入预警期后，县级以上地方各级人民政府应当根据即将发生的突发事件的特点和可能造成的危害，采取下列措施：

（一）启动应急预案；

（二）责令有关部门、专业机构、监测网点和负有特定职责的人员及时收集、报告有关信息，向社会公布反映突发事件信息的渠道，加强对突发事件发生、发展情况的监测、预报和预警工作；

（三）组织有关部门和机构、专业技术人员、有关专家学者，随时对突发事件信息进行分析评估，预测发生突发事件可能性的大小、影响范围和强度以及可能发生的突发事件的级别；

（四）定时向社会发布与公众有关的突发事件预测信息和分析评估结果，并对相关信息的报道工作进行管理；

（五）及时按照有关规定向社会发布可能受到突发事件危害的警告，宣传避免、减轻危害的常识，公布咨询电话。

第四十五条 发布一级、二级警报，宣布进入预警期后，县级以上地方各级人民政府除采取本法第四十四条规定的措施外，还应当针对即将发生的突发事件的特点和可能造成的危害，采取下列一项或者多项措施：

（一）责令应急救援队伍、负有特定职责的人员进入待命状态，并动员后备人员做好参加应急救援和处置工作的准备；

（二）调集应急救援所需物资、设备、工具，准备应急设施和避难场所，并确保其处于良好状态、随时可以投入正常使用；

（三）加强对重点单位、重要部位和重要基础设施的安全保卫，维护社会治安秩序；

（四）采取必要措施，确保交通、通信、供水、排水、供电、供气、供热等公共设施的安全和正常运行；

（五）及时向社会发布有关采取特定措施避免或者减轻危害的建议、劝告；

（六）转移、疏散或者撤离易受突发事件危害的人员并予以妥善安置，转移重要财产；

（七）关闭或者限制使用易受突发事件危害的场所，控制或者限制容易导致危害扩大的公共场所的活动；

（八）法律、法规、规章规定的其他必要的防范性、保护性措施。

第四十六条 对即将发生或者已经发生的社会安全事件，县级以上地方各级人民政府及其有关主管部门应当按照规定向上一级人民政府及其有关主管部门报告，必要时可以越级上报。

第四十七条 发布突发事件警报的人民政府应当根据事态的发展，按照有关规定适时调整预警级别并重新发布。

有事实证明不可能发生突发事件或者危险已经解除的，发布警报的人民政府应当立即宣布解除警报，终止预警期，并解除已经采取的有关措施。

第四章 应急处置与救援

第四十八条 突发事件发生后，履行统一领导职责或者组织处置突发事件的人民政府应当针对其性质、特点和危害程度，立即组织有关部门，调动应急救援队伍和社会力量，依照本章的规定和有关法律、法规、规章的规定采取应急处置措施。

第四十九条 自然灾害、事故灾难或者公共卫生事件发生后，履行统一领导职责的人民政府可以采取下列一项或者多项应急处置措施：

（一）组织营救和救治受害人员，疏散、撤离并妥善安置受到威胁的人员以及采取其他救助措施；

（二）迅速控制危险源，标明危险区域，封锁危险场所，划定警戒区，实行交通管制以及其他控制措施；

（三）立即抢修被损坏的交通、通信、供水、排水、供电、供气、供热等公共设施，向受到危害的人员提供避难场所和生活必需品，实施医疗救护和卫生防疫以及其他保障措施；

（四）禁止或者限制使用有关设备、设施，关闭或者限制使用有关场所，中止人员密集的活动或者可能导致危害扩大的生产经营活动以及采取其他保护措施；

（五）启用本级人民政府设置的财政预备费和储备的应急救援物资，必要时调用其他急需物资、设备、设施、工具；

（六）组织公民参加应急救援和处置工作，要求具有特定专长的人员提供服务；

（七）保障食品、饮用水、燃料等基本生活必需品的供应；

（八）依法从严惩处囤积居奇、哄抬物价、制假售假等扰乱市场秩序的行为，稳定市场价格，维护市场秩序；

（九）依法从严惩处哄抢财物、干扰破坏应急处置工作等扰乱社会秩序的行为，维护社会治安；

（十）采取防止发生次生、衍生事件的必要措施。

第五十条　社会安全事件发生后，组织处置工作的人民政府应当立即组织有关部门并由公安机关针对事件的性质和特点，依照有关法律、行政法规和国家其他有关规定，采取下列一项或者多项应急处置措施：

（一）强制隔离使用器械相互对抗或者以暴力行为参与冲突的当事人，妥善解决现场纠纷和争端，控制事态发展；

（二）对特定区域内的建筑物、交通工具、设备、设施以及燃料、燃气、电力、水的供应进行控制；

（三）封锁有关场所、道路，查验现场人员的身份证件，限制有关公共场所内的活动；

（四）加强对易受冲击的核心机关和单位的警卫，在国家机关、军事机关、国家通讯社、广播电台、电视台、外国驻华使领馆等单位附近设置临时警戒线；

（五）法律、行政法规和国务院规定的其他必要措施。

严重危害社会治安秩序的事件发生时，公安机关应当立即依法出动警力，根据现场情况依法采取相应的强制性措施，尽快使社会秩序恢复正常。

第五十一条　发生突发事件，严重影响国民经济正常运行时，国务院或者国务院授权的有关主管部门可以采取保障、控制等必要的应急措施，保障人民群众的基本生活需要，最大限度地减轻突发事件的影响。

第五十二条　履行统一领导职责或者组织处置突发事件的人民政府，必要时可以向单位和个人征用应急救援所需设备、设施、场地、交通工具和其他物资，请求其他地方人民政府提供人力、物力、财力或者技术支援，要求生产、供应生活必需品和应急救援物资的企业组织生产、保证供给，要求提供医疗、交通等公共服务的组织提供相应的服务。

履行统一领导职责或者组织处置突发事件的人民政府，应当组织协调运输经营单位，优先运送处置突发事件所需物资、设备、工具、应急救援人员和受到突发事件危害的人员。

第五十三条　履行统一领导职责或者组织处置突发事件的人民政府，应当按照有关规定统一、准确、及时发布有关突发事件事态发展和应急处置工作的信息。

第五十四条　任何单位和个人不得编造、传播有关突发事件事态发展或者应急处置工作的虚假信息。

第五十五条　突发事件发生地的居民委员会、村民委员会和其他组织应当按照当地人民政府的决定、命令，进行宣传动员，组织群众开展自救和互救，协助维护社会秩序。

第五十六条 受到自然灾害危害或者发生事故灾难、公共卫生事件的单位，应当立即组织本单位应急救援队伍和工作人员营救受害人员，疏散、撤离、安置受到威胁的人员，控制危险源，标明危险区域，封锁危险场所，并采取其他防止危害扩大的必要措施，同时向所在地县级人民政府报告；对因本单位的问题引发的或者主体是本单位人员的社会安全事件，有关单位应当按照规定上报情况，并迅速派出负责人赶赴现场开展劝解、疏导工作。

突发事件发生地的其他单位应当服从人民政府发布的决定、命令，配合人民政府采取的应急处置措施，做好本单位的应急救援工作，并积极组织人员参加所在地的应急救援和处置工作。

第五十七条 突发事件发生地的公民应当服从人民政府、居民委员会、村民委员会或者所属单位的指挥和安排，配合人民政府采取的应急处置措施，积极参加应急救援工作，协助维护社会秩序。

第五章 事 后 恢 复 与 重 建

第五十八条 突发事件的威胁和危害得到控制或者消除后，履行统一领导职责或者组织处置突发事件的人民政府应当停止执行依照本法规定采取的应急处置措施，同时采取或者继续实施必要措施，防止发生自然灾害、事故灾难、公共卫生事件的次生、衍生事件或者重新引发社会安全事件。

第五十九条 突发事件应急处置工作结束后，履行统一领导职责的人民政府应当立即组织对突发事件造成的损失进行评估，组织受影响地区尽快恢复生产、生活、工作和社会秩序，制定恢复重建计划，并向上一级人民政府报告。

受突发事件影响地区的人民政府应当及时组织和协调公安、交通、铁路、民航、邮电、建设等有关部门恢复社会治安秩序，尽快修复被损坏的交通、通信、供水、排水、供电、供气、供热等公共设施。

第六十条 受突发事件影响地区的人民政府开展恢复重建工作需要上一级人民政府支持的，可以向上一级人民政府提出请求。上一级人民政府应当根据受影响地区遭受的损失和实际情况，提供资金、物资支持和技术指导，组织其他地区提供资金、物资和人力支援。

第六十一条 国务院根据受突发事件影响地区遭受损失的情况，制定扶持该地区有关行业发展的优惠政策。

受突发事件影响地区的人民政府应当根据本地区遭受损失的情况，制定救助、补偿、抚慰、抚恤、安置等善后工作计划并组织实施，妥善解决因处置突发事件引发的矛盾和纠纷。

公民参加应急救援工作或者协助维护社会秩序期间，其在本单位的工资待遇和福利不变；表现突出、成绩显著的，由县级以上人民政府给予表彰或者奖励。

县级以上人民政府对在应急救援工作中伤亡的人员依法给予抚恤。

第六十二条 履行统一领导职责的人民政府应当及时查明突发事件的发生经过和原因，总结突发事件应急处置工作的经验教训，制定改进措施，并向上一级人民政府提出报告。

第六章 法 律 责 任

第六十三条 地方各级人民政府和县级以上各级人民政府有关部门违反本法规定，不履行法定职责的，由其上级行政机关或者监察机关责令改正；有下列情形之一的，根据情节对直接负责的主管人员和其他直接责任人员依法给予处分：

（一）未按规定采取预防措施，导致发生突发事件，或者未采取必要的防范措施，导致发生次生、衍生事件的；

（二）迟报、谎报、瞒报、漏报有关突发事件的信息，或者通报、报送、公布虚假信息，造成后果的；

（三）未按规定及时发布突发事件警报、采取预警期的措施，导致损害发生的；

（四）未按规定及时采取措施处置突发事件或者处置不当，造成后果的；

（五）不服从上级人民政府对突发事件应急处置工作的统一领导、指挥和协调的；

（六）未及时组织开展生产自救、恢复重建等善后工作的；

（七）截留、挪用、私分或者变相私分应急救援资金、物资的；

（八）不及时归还征用的单位和个人的财产，或者对被征用财产的单位和个人不按规定给予补偿的。

第六十四条　有关单位有下列情形之一的，由所在地履行统一领导职责的人民政府责令停产停业，暂扣或者吊销许可证或者营业执照，并处五万元以上二十万元以下的罚款；构成违反治安管理行为的，由公安机关依法给予处罚：

（一）未按规定采取预防措施，导致发生严重突发事件的；

（二）未及时消除已发现的可能引发突发事件的隐患，导致发生严重突发事件的；

（三）未做好应急设备、设施日常维护、检测工作，导致发生严重突发事件或者突发事件危害扩大的；

（四）突发事件发生后，不及时组织开展应急救援工作，造成严重后果的。

前款规定的行为，其他法律、行政法规规定由人民政府有关部门依法决定处罚的，从其规定。

第六十五条　违反本法规定，编造并传播有关突发事件事态发展或者应急处置工作的虚假信息，或者明知是有关突发事件事态发展或者应急处置工作的虚假信息而进行传播的，责令改正，给予警告；造成严重后果的，依法暂停其业务活动或者吊销其执业许可证；负有直接责任的人员是国家工作人员的，还应当对其依法给予处分；构成违反治安管理行为的，由公安机关依法给予处罚。

第六十六条　单位或者个人违反本法规定，不服从所在地人民政府及其有关部门发布的决定、命令或者不配合其依法采取的措施，构成违反治安管理行为的，由公安机关依法给予处罚。

第六十七条　单位或者个人违反本法规定，导致突发事件发生或者危害扩大，给他人人身、财产造成损害的，应当依法承担民事责任。

第六十八条　违反本法规定，构成犯罪的，依法追究刑事责任。

第七章　附　　则

第六十九条　发生特别重大突发事件，对人民生命财产安全、国家安全、公共安全、环境安全或者社会秩序构成重大威胁，采取本法和其他有关法律、法规、规章规定的应急处置措施不能消除或者有效控制、减轻其严重社会危害，需要进入紧急状态的，由全国人民代表大会常务委员会或者国务院依照宪法和其他有关法律规定的权限和程序决定。

紧急状态期间采取的非常措施，依照有关法律规定执行或者由全国人民代表大会常务委员会另行规定。

第七十条　本法自 2007 年 11 月 1 日起施行。

中华人民共和国防洪法

中华人民共和国主席令第八十八号

（1997 年 8 月 29 日第八届全国人民代表大会常务委员会第二十七次会议通过，1997 年 8 月 29 日中华人民共和国主席令第八十八号公布，自 1998 年 1 月 1 日起施行）

第一章 总 则

第一条 为了防治洪水，防御、减轻洪涝灾害，维护人民的生命和财产安全，保障社会主义现代化建设顺利进行，制定本法。

第二条 防洪工作实行全面规划、统筹兼顾、预防为主、综合治理、局部利益服从全局利益的原则。

第三条 防洪工程设施建设，应当纳入国民经济和社会发展计划。

防洪费用按照政府投入同受益者合理承担相结合的原则筹集。

第四条 开发利用和保护水资源，应当服从防洪总体安排，实行兴利与除害相结合的原则。

江河、湖泊治理以及防洪工程设施建设，应当符合流域综合规划，与流域水资源的综合开发相结合。

本法所称综合规划是指开发利用水资源和防治水害的综合规划。

第五条 防洪工作按照流域或者区域实行统一规划、分级实施和流域管理与行政区域管理相结合的制度。

第六条 任何单位和个人都有保护防洪工程设施和依法参加防汛抗洪的义务。

第七条 各级人民政府应当加强对防洪工作的统一领导，组织有关部门、单位，动员社会力量，依靠科技进步，有计划地进行江河、湖泊治理，采取措施加强防洪工程设施建设，巩固、提高防洪能力。

各级人民政府应当组织有关部门、单位，动员社会力量，做好防汛抗洪和洪涝灾害后的恢复与救济工作。

各级人民政府应当对蓄滞洪区予以扶持；蓄滞洪后，应当依照国家规定予以补偿或者救助。

第八条 国务院水行政主管部门在国务院的领导下，负责全国防洪的组织、协调、监督、指导等日常工作。国务院水行政主管部门在国家确定的重要江河、湖泊设立的流域管理机构，在所管辖的范围内行使法律、行政法规规定和国务院水行政主管部门授权的防洪协调和监督管理职责。

国务院建设行政主管部门和其他有关部门在国务院的领导下，按照各自的职责，负责有关的防洪工作。

县级以上地方人民政府水行政主管部门在本级人民政府的领导下，负责本行政区域内防洪的组织、协调、监督、指导等日常工作。县级以上地方人民政府建设行政主管部门和其他有关部门在本级人民政府的领导下，按照各自的职责，负责有关的防洪工作。

第二章 防 洪 规 划

第九条 防洪规划是指为防治某一流域、河段或者区域的洪涝灾害而制定的总体部署，包括国家确定的重要江河、湖泊的流域防洪规划，其他江河、河段、湖泊的防洪规划以及区域防洪规划。

防洪规划应当服从所在流域、区域的综合规划；区域防洪规划应当服从所在流域的流域防洪规划。

防洪规划是江河、湖泊治理和防洪工程设施建设的基本依据。

第十条 国家确定的重要江河、湖泊的防洪规划，由国务院水行政主管部门依据该江河、湖泊的流域综合规划，会同有关部门和有关省、自治区、直辖市人民政府编制，报国务院批准。

其他江河、河段、湖泊的防洪规划或者区域防洪规划，由县级以上地方人民政府水行政主管部门分别依据流域综合规划、区域综合规划，会同有关部门和有关地区编制，报本级人民政府批准，并报上一级人民政府水行政主管部门备案；跨省、自治区、直辖市的江河、河段、湖泊的防洪规划由有关流域管理机构会同江河、河段、湖泊所在地的省、自治区、直辖市人民政府水行政主管部门、有关主管部门拟定，分别经有关省、自治区、直辖市人民政府审查提出意见后，报国务院水行政主管部门批准。

城市防洪规划，由城市人民政府组织水行政主管部门、建设行政主管部门和其他有关部门依据流域防洪规划、上一级人民政府区域防洪规划编制，按照国务院规定的审批程序批准后纳入城市总体规划。

修改防洪规划，应当报经原批准机关批准。

第十一条 编制防洪规划，应当遵循确保重点、兼顾一般，以及防汛和抗旱相结合、工程措施和非工程措施相结合的原则，充分考虑洪涝规律和上下游、左右岸的关系以及国民经济对防洪的要求，并与国土规划和土地利用总体规划相协调。

防洪规划应当确定防护对象、治理目标和任务、防洪措施和实施方案，划定洪泛区、蓄滞洪区和防洪保护区的范围，规定蓄滞洪区的使用原则。

第十二条 受风暴潮威胁的沿海地区的县级以上地方人民政府，应当把防御风暴潮纳入本地区的防洪规划，加强海堤（海塘）、挡潮闸和沿海防护林等防御风暴潮工程体系建设，监督建筑物、构筑物的设计和施工符合防御风暴潮的需要。

第十三条 山洪可能诱发山体滑坡、崩塌和泥石流的地区以及其他山洪多发地区的县级以上地方人民政府，应当组织负责地质矿产管理工作的部门、水行政主管部门和其他有关部门对山体滑坡、崩塌和泥石流隐患进行全面调查，划定重点防治区，采取防治措施。

城市、村镇和其他居民点以及工厂、矿山、铁路和公路干线的布局，应当避开山洪威胁；已经建在受山洪威胁的地方的，应当采取防御措施。

第十四条 平原、洼地、水网圩区、山谷、盆地等易涝地区的有关地方人民政府，应当制定除涝治涝规划，组织有关部门、单位采取相应的治理措施，完善排水系统，发展耐涝农作物种类和品种，开展洪涝、干旱、盐碱综合治理。

城市人民政府应当加强对城区排涝管网、泵站的建设和管理。

第十五条　国务院水行政主管部门应当会同有关部门和省、自治区、直辖市人民政府制定长江、黄河、珠江、辽河、淮河、海河入海河口的整治规划。

在前款入海河口围海造地，应当符合河口整治规划。

第十六条　防洪规划确定的河道整治计划用地和规划建设的堤防用地范围内的土地，经土地管理部门和水行政主管部门会同有关地区核定，报经县级以上人民政府按照国务院规定的权限批准后，可以划定为规划保留区；该规划保留区范围内的土地涉及其他项目用地的，有关土地管理部门和水行政主管部门核定时，应当征求有关部门的意见。

规划保留区依照前款规定划定后，应当公告。

前款规划保留区内不得建设与防洪无关的工矿工程设施；在特殊情况下，国家工矿建设项目确需占用前款规划保留区内的土地的，应当按照国家规定的基本建设程序报请批准，并征求有关水行政主管部门的意见。

防洪规划确定的扩大或者开辟的人工排洪道用地范围内的土地，经省级以上人民政府土地管理部门和水行政主管部门会同有关部门、有关地区核定，报省级以上人民政府按照国务院规定的权限批准后，可以划定为规划保留区，适用前款规定。

第十七条　在江河、湖泊上建设防洪工程和其他水工程、水电站等，应当符合防洪规划的要求；水库应当按照防洪规划的要求留足防洪库容。

前款规定的防洪工程和其他水工程、水电站的可行性研究报告按照国家规定的基本建设程序报请批准时，应当附具有关水行政主管部门签署的符合防洪规划要求的规划同意书。

第三章　治理与防护

第十八条　防治江河洪水，应当蓄泄兼施，充分发挥河道行洪能力和水库、洼淀、湖泊调蓄洪水的功能，加强河道防护，因地制宜地采取定期清淤疏浚等措施，保持行洪畅通。

防治江河洪水，应当保护、扩大流域林草植被，涵养水源，加强流域水土保持综合治理。

第十九条　整治河道和修建控制引导河水流向、保护堤岸等工程，应当兼顾上下游、左右岸的关系，按照规划治导线实施，不得任意改变河水流向。

国家确定的重要江河的规划治导线由流域管理机构拟定，报国务院水行政主管部门批准。

其他江河、河段的规划治导线由县级以上地方人民政府水行政主管部门拟定，报本级人民政府批准；跨省、自治区、直辖市的江河、河段和省、自治区、直辖市之间的省界河道的规划治导线由有关流域管理机构组织江河、河段所在地的省、自治区、直辖市人民政府水行政主管部门拟定，经有关省、自治区、直辖市人民政府审查提出意见后，报国务院水行政主管部门批准。

第二十条　整治河道、湖泊，涉及航道的，应当兼顾航运需要，并事先征求交通主管部门的意见。整治航道，应当符合江河、湖泊防洪安全要求，并事先征求水行政主管部门的意见。

在竹木流放的河流和渔业水域整治河道的，应当兼顾竹木水运和渔业发展的需要，并事先征求林业、渔业行政主管部门的意见。在河道中流放竹木，不得影响行洪和防洪工程设施的安全。

第二十一条　河道、湖泊管理实行按水系统一管理和分级管理相结合的原则，加强防护，确保畅通。

国家确定的重要江河、湖泊的主要河段，跨省、自治区、直辖市的重要河段、湖泊，省、自治区、直辖市之间的省界河道、湖泊以及国（边）界河道、湖泊，由流域管理机构和江河、湖泊所在地的省、自治区、直辖市人民政府水行政主管部门按照国务院水行政主管部门的划定依法实施管理。其他河道、湖泊，由县级以上地方人民政府水行政主管部门按照国务院水行政主管部门或者国务院水行政主管部门授权的机构的划定依法实施管理。

有堤防的河道、湖泊，其管理范围为两岸堤防之间的水域、沙洲、滩地、行洪区和堤防及护堤地；无堤防的河道、湖泊，其管理范围为历史最高洪水位或者设计洪水位之间的水域、沙洲、滩地和行洪区。

流域管理机构直接管理的河道、湖泊管理范围，由流域管理机构会同有关县级以上地方人民政府依照前款规定界定；其他河道、湖泊管理范围，由有关县级以上地方人民政府依照前款规定界定。

第二十二条　河道、湖泊管理范围内的土地和岸线的利用，应当符合行洪、输水的要求。

禁止在河道、湖泊管理范围内建设妨碍行洪的建筑物、构筑物，倾倒垃圾、渣土，从事影响河势稳定、危害河岸堤防安全和其他妨碍河道行洪的活动。

禁止在行洪河道内种植阻碍行洪的林木和高秆作物。

在船舶航行可能危及堤岸安全的河段，应当限定航速。限定航速的标志，由交通主管部门与水行政主管部门商定后设置。

第二十三条　禁止围湖造地。已经围垦的，应当按照国家规定的防洪标准进行治理，有计划地退地还湖。

禁止围垦河道。确需围垦的，应当进行科学论证，经水行政主管部门确认不妨碍行洪、输水后，报省级以上人民政府批准。

第二十四条　对居住在行洪河道内的居民，当地人民政府应当有计划地组织外迁。

第二十五条　护堤护岸的林木，由河道、湖泊管理机构组织营造和管理。护堤护岸林木，不得任意砍伐。采伐护堤护岸林木的，须经河道、湖泊管理机构同意后，依法办理采伐许可手续，并完成规定的更新补种任务。

第二十六条　对壅水、阻水严重的桥梁、引道、码头和其他跨河工程设施，根据防洪标准，有关水行政主管部门可以报请县级以上人民政府按照国务院规定的权限责令建设单位限期改建或者拆除。

第二十七条　建设跨河、穿河、穿堤、临河的桥梁、码头、道路、渡口、管道、缆线、取水、排水等工程设施，应当符合防洪标准、岸线规划、航运要求和其他技术要求，不得危害堤防安全，影响河势稳定、妨碍行洪畅通；其可行性研究报告按照国家规定的基本建设程序报请批准前,其中的工程建设方案应当经有关水行政主管部门根据前述防洪要求审查同意。

前款工程设施需要占用河道、湖泊管理范围内土地，跨越河道、湖泊空间或者穿越河床的，建设单位应当经有关水行政主管部门对该工程设施建设的位置和界限审查批准后，方可依法办理开工手续；安排施工时，应当按照水行政主管部门审查批准的位置和界限进行。

第二十八条　对于河道、湖泊管理范围内依照本法规定建设的工程设施，水行政主管部门有权依法检查；水行政主管部门检查时，被检查者应当如实提供有关的情况和资料。

前款规定的工程设施竣工验收时，应当有水行政主管部门参加。

第四章　防洪区和防洪工程设施的管理

第二十九条　防洪区是指洪水泛滥可能淹及的地区，分为洪泛区、蓄滞洪区和防洪保护区。

洪泛区是指尚无工程设施保护的洪水泛滥所及的地区。

蓄滞洪区是指包括分洪口在内的河堤背水面以外临时贮存洪水的低洼地区及湖泊等。

防洪保护区是指在防洪标准内受防洪工程设施保护的地区。

洪泛区、蓄滞洪区和防洪保护区的范围，在防洪规划或者防御洪水方案中划定，并报请省级以上人民政府按照国务院规定的权限批准后予以公告。

第三十条　各级人民政府应当按照防洪规划对防洪区内的土地利用实行分区管理。

第三十一条　地方各级人民政府应当加强对防洪区安全建设工作的领导，组织有关部门、单位对防洪区内的单位和居民进行防洪教育，普及防洪知识，提高水患意识；按照防洪规划和防御洪水方案建立并完善防洪体系和水文、气象、通信、预警以及洪涝灾害监测系统，提高防御洪水能力；组织防洪区内的单位和居民积极参加防洪工作，因地制宜地采取防洪避洪措施。

第三十二条　洪泛区、蓄滞洪区所在地的省、自治区、直辖市人民政府应当组织有关地区和部门，按照防洪规划的要求，制定洪泛区、蓄滞洪区安全建设计划，控制蓄滞洪区人口增长，对居住在经常使用的蓄滞洪区的居民，有计划地组织外迁，并采取其他必要的安全保护措施。

因蓄滞洪区而直接受益的地区和单位，应当对蓄滞洪区承担国家规定的补偿、救助义务。国务院和有关的省、自治区、直辖市人民政府应当建立对蓄滞洪区的扶持和补偿、救助制度。

国务院和有关的省、自治区、直辖市人民政府可以制定洪泛区、蓄滞洪区安全建设管理办法以及对蓄滞洪区的扶持和补偿、救助办法。

第三十三条　在洪泛区、蓄滞洪区内建设非防洪建设项目，应当就洪水对建设项目可能产生的影响和建设项目对防洪可能产生的影响作出评价，编制洪水影响评价报告，提出防御措施。建设项目可行性研究报告按照国家规定的基本建设程序报请批准时，应当附具有关水行政主管部门审查批准的洪水影响评价报告。

在蓄滞洪区内建设的油田、铁路、公路、矿山、电厂、电信设施和管道，其洪水影响评价报告应当包括建设单位自行安排的防洪避洪方案。建设项目投入生产或者使用时，其防洪工程设施应当经水行政主管部门验收。

在蓄滞洪区内建造房屋应当采用平顶式结构。

第三十四条　大中城市，重要的铁路、公路干线，大型骨干企业，应当列为防洪重点，确保安全。

受洪水威胁的城市、经济开发区、工矿区和国家重要的农业生产基地等，应当重点保护，建设必要的防洪工程设施。

城市建设不得擅自填堵原有河道沟叉、贮水湖塘洼淀和废除原有防洪围堤；确需填堵或者废除的，应当经水行政主管部门审查同意，并报城市人民政府批准。

第三十五条　属于国家所有的防洪工程设施，应当按照经批准的设计，在竣工验收前由县级以上人民政府按照国家规定，划定管理和保护范围。

属于集体所有的防洪工程设施，应当按照省、自治区、直辖市人民政府的规定，划定保护范围。

在防洪工程设施保护范围内，禁止进行爆破、打井、采石、取土等危害防洪工程设施安全的活动。

第三十六条　各级人民政府应当组织有关部门加强对水库大坝的定期检查和监督管理。对未达到设计洪水标准、抗震设防要求或者有严重质量缺陷的险坝，大坝主管部门应当组织有关单位采取除险加固措施，限期消除危险或者重建，有关人民政府应当优先安排所需资金。对可能出现垮坝的水库，应当事先制定应急抢险和居民临时撤离方案。

各级人民政府和有关主管部门应当加强对尾矿坝的监督管理，采取措施，避免因洪水导致垮坝。

第三十七条　任何单位和个人不得破坏、侵占、毁损水库大坝、堤防、水闸、护岸、抽水站、排水渠系等防洪工程和水文、通信设施以及防汛备用的器材、物料等。

第五章　防　汛　抗　洪

第三十八条　防汛抗洪工作实行各级人民政府行政首长负责制，统一指挥、分级分部门负责。

第三十九条　国务院设立国家防汛指挥机构，负责领导、组织全国的防汛抗洪工作，其办事机构设在国务院水行政主管部门。

在国家确定的重要江河、湖泊可以设立由有关省、自治区、直辖市人民政府和该江河、湖泊的流域管理机构负责人等组成的防汛指挥机构，指挥所管辖范围内的防汛抗洪工作，其办事机构设在流域管理机构。

有防汛抗洪任务的县级以上地方人民政府设立由有关部门、当地驻军、人民武装部负责人等组成的防汛指挥机构，在上级防汛指挥机构和本级人民政府的领导下，指挥本地区的防汛抗洪工作，其办事机构设在同级水行政主管部门；必要时，经城市人民政府决定，防汛指挥机构也可以在建设行政主管部门设城市市区办事机构，在防汛指挥机构的统一领导下，负责城市市区的防汛抗洪日常工作。

第四十条　有防汛抗洪任务的县级以上地方人民政府根据流域综合规划、防洪工程实际状况和国家规定的防洪标准，制定防御洪水方案（包括对特大洪水的处置措施）。

长江、黄河、淮河、海河的防御洪水方案，由国家防汛指挥机构制定，报国务院批准；跨省、自治区、直辖市的其他江河的防御洪水方案，由有关流域管理机构会同有关省、自治区、直辖市人民政府制定，报国务院或者国务院授权的有关部门批准。防御洪水方案经批准后，有关地方人民政府必须执行。

各级防汛指挥机构和承担防汛抗洪任务的部门和单位，必须根据防御洪水方案做好防汛抗洪准备工作。

第四十一条　省、自治区、直辖市人民政府防汛指挥机构根据当地的洪水规律，规定汛期起止日期。

当江河、湖泊的水情接近保证水位或者安全流量，水库水位接近设计洪水位，或者防洪工程设施发生重大险情时，有关县级以上人民政府防汛指挥机构可以宣布进入紧急防汛期。

第四十二条　对河道、湖泊范围内阻碍行洪的障碍物，按照谁设障、谁清除的原则，由防汛指挥机构责令限期清除；逾期不清除的，由防汛指挥机构组织强行清除，所需费用由设障者承担。

在紧急防汛期，国家防汛指挥机构或者其授权的流域、省、自治区、直辖市防汛指挥机构有权对壅水、阻水严重的桥梁、引道、码头和其他跨河工程设施作出紧急处置。

第四十三条　在汛期，气象、水文、海洋等有关部门应当按照各自的职责，及时向有关防汛指挥机构提供天气、水文等实时信息和风暴潮预报；电信部门应当优先提供防汛抗洪通信的服务；运输、电力、物资材料供应等有关部门应当优先为防汛抗洪服务。

中国人民解放军、中国人民武装警察部队和民兵应当执行国家赋予的抗洪抢险任务。

第四十四条　在汛期，水库、闸坝和其他水工程设施的运用，必须服从有关的防汛指挥机构的调度指挥和监督。

在汛期，水库不得擅自在汛期限制水位以上蓄水，其汛期限制水位以上的防洪库容的运用，必须服从防汛指挥机构的调度指挥和监督。

在凌汛期，有防凌汛任务的江河的上游水库的下泄水量必须征得有关的防汛指挥机构的同意，并接受其监督。

第四十五条　在紧急防汛期，防汛指挥机构根据防汛抗洪的需要，有权在其管辖范围内调用物资、设备、交通运输工具和人力，决定采取取土占地、砍伐林木、清除阻水障碍物和其他必要的紧急措施；必要时，公安、交通等有关部门按照防汛指挥机构的决定，依法实施陆地和水面交通管制。

依照前款规定调用的物资、设备、交通运输工具等，在汛期结束后应当及时归还；造成损坏或者无法归还的，按照国务院有关规定给予适当补偿或者作其他处理。取土占地、砍伐林木的，在汛期结束后依法向有关部门补办手续；有关地方人民政府对取土后的土地组织复垦，对砍伐的林木组织补种。

第四十六条　江河、湖泊水位或者流量达到国家规定的分洪标准，需要启用蓄滞洪区时，国务院，国家防汛指挥机构，流域防汛指挥机构，省、自治区、直辖市人民政府，省、自治区、直辖市防汛指挥机构，按照依法经批准的防御洪水方案中规定的启用条件和批准程序，决定启用蓄滞洪区。依法启用蓄滞洪区，任何单位和个人不得阻拦、拖延；遇到阻拦、拖延时，由有关县级以上地方人民政府强制实施。

第四十七条　发生洪涝灾害后，有关人民政府应当组织有关部门、单位做好灾区的生活供给、卫生防疫、救灾物资供应、治安管理、学校复课、恢复生产和重建家园等救灾工作以及所管辖地区的各项水毁工程设施修复工作。水毁防洪工程设施的修复，应当优先列入有关部门的年度建设计划。

国家鼓励、扶持开展洪水保险。

第六章　保　障　措　施

第四十八条　各级人民政府应当采取措施，提高防洪投入的总体水平。

第四十九条　江河、湖泊的治理和防洪工程设施的建设和维护所需投资，按照事权和财权相统一的原则，分级负责，由中央和地方财政承担。城市防洪工程设施的建设和维护所需投资，由城市人民政府承担。

受洪水威胁地区的油田、管道、铁路、公路、矿山、电力、电信等企业、事业单位应当自筹资金，兴建必要的防洪自保工程。

第五十条　中央财政应当安排资金，用于国家确定的重要江河、湖泊的堤坝遭受特大洪涝灾害时的抗洪抢险和水毁防洪工程修复。省、自治区、直辖市人民政府应当在本级财政预算中安排资金，用于本行政区域内遭受特大洪涝灾害地区的抗洪抢险和水毁防洪工程修复。

第五十一条　国家设立水利建设基金，用于防洪工程和水利工程的维护和建设。具体办法由国务院规定。

受洪水威胁的省、自治区、直辖市为加强本行政区域内防洪工程设施建设，提高防御洪水能力，按照国务院的有关规定，可以规定在防洪保护区范围内征收河道工程修建维护管理费。

第五十二条　有防洪任务的地方各级人民政府应当根据国务院的有关规定，安排一定比例的农村义务工和劳动积累工，用于防洪工程设施的建设、维护。

第五十三条　任何单位和个人不得截留、挪用防洪、救灾资金和物资。

各级人民政府审计机关应当加强对防洪、救灾资金使用情况的审计监督。

第七章　法　律　责　任

第五十四条　违反本法第十七条规定，未经水行政主管部门签署规划同意书，擅自在江河、湖泊上建设防洪工程和其他水工程、水电站的，责令停止违法行为，补办规划同意书手续；违反规划同意书的要求，严重影响防洪的，责令限期拆除；违反规划同意书的要求，影响防洪但尚可采取补救措施的，责令限期采取补救措施，可以处一万元以上十万元以下的罚款。

第五十五条　违反本法第十九条规定，未按照规划治导线整治河道和修建控制引导河水流向、保护堤岸等工程，影响防洪的，责令停止违法行为，恢复原状或者采取其他补救措施，可以处一万元以上十万元以下的罚款。

第五十六条　违反本法第二十二条第二款、第三款规定，有下列行为之一的，责令停止违法行为，排除阻碍或者采取其他补救措施，可以处五万元以下的罚款：

（一）在河道、湖泊管理范围内建设妨碍行洪的建筑物、构筑物的；

（二）在河道、湖泊管理范围内倾倒垃圾、渣土，从事影响河势稳定、危害河岸堤防安全和其他妨碍河道行洪的活动的；

（三）在行洪河道内种植阻碍行洪的林木和高秆作物的。

第五十七条　违反本法第十五条第二款、第二十三条规定，围海造地、围湖造地、围垦河道的，责令停止违法行为，恢复原状或者采取其他补救措施，可以处五万元以下的罚款；

既不恢复原状也不采取其他补救措施的，代为恢复原状或者采取其他补救措施，所需费用由违法者承担。

第五十八条　违反本法第二十七条规定，未经水行政主管部门对其工程建设方案审查同意或者未按照有关水行政主管部门审查批准的位置、界限，在河道、湖泊管理范围内从事工程设施建设活动的，责令停止违法行为，补办审查同意或者审查批准手续；工程设施建设严重影响防洪的，责令限期拆除，逾期不拆除的，强行拆除，所需费用由建设单位承担；影响行洪但尚可采取补救措施的，责令限期采取补救措施，可以处一万元以上十万元以下的罚款。

第五十九条　违反本法第三十三条第一款规定，在洪泛区、蓄滞洪区内建设非防洪建设项目，未编制洪水影响评价报告的，责令限期改正；逾期不改正的，处五万元以下的罚款。

违反本法第三十三条第二款规定，防洪工程设施未经验收，即将建设项目投入生产或者使用的，责令停止生产或者使用，限期验收防洪工程设施，可以处五万元以下的罚款。

第六十条　违反本法第三十四条规定，因城市建设擅自填堵原有河道沟叉、贮水湖塘洼淀和废除原有防洪围堤的，城市人民政府应当责令停止违法行为，限期恢复原状或者采取其他补救措施。

第六十一条　违反本法规定，破坏、侵占、毁损堤防、水闸、护岸、抽水站、排水渠系等防洪工程和水文、通信设施以及防汛备用的器材、物料的，责令停止违法行为，采取补救措施，可以处五万元以下的罚款；造成损坏的，依法承担民事责任；应当给予治安管理处罚的，依照治安管理处罚条例的规定处罚；构成犯罪的，依法追究刑事责任。

第六十二条　阻碍、威胁防汛指挥机构、水行政主管部门或者流域管理机构的工作人员依法执行职务，构成犯罪的，依法追究刑事责任；尚不构成犯罪，应当给予治安管理处罚的，依照治安管理处罚条例的规定处罚。

第六十三条　截留、挪用防洪、救灾资金和物资，构成犯罪的，依法追究刑事责任；尚不构成犯罪的，给予行政处分。

第六十四条　除本法第六十条的规定外，本章规定的行政处罚和行政措施，由县级以上人民政府水行政主管部门决定，或者由流域管理机构按照国务院水行政主管部门规定的权限决定。但是，本法第六十一条、第六十二条规定的治安管理处罚的决定机关，按照治安管理处罚条例的规定执行。

第六十五条　国家工作人员，有下列行为之一，构成犯罪的，依法追究刑事责任；尚不构成犯罪的，给予行政处分：

（一）违反本法第十七条、第十九条、第二十二条第二款、第二十二条第三款、第二十七条或者第三十四条规定，严重影响防洪的；

（二）滥用职权，玩忽职守，徇私舞弊，致使防汛抗洪工作遭受重大损失的；

（三）拒不执行防御洪水方案、防汛抢险指令或者蓄滞洪方案、措施、汛期调度运用计划等防汛调度方案的；

（四）违反本法规定，导致或者加重毗邻地区或者其他单位洪灾损失的。

第八章　附　　则

第六十六条　本法自 1998 年 1 月 1 日起施行。（国家防办提供）

中华人民共和国行政处罚法

中华人民共和国主席令第七十六号

（1996 年 3 月 17 日第八届全国人民代表大会第四次会议通过，根据 2009 年 8 月 27 日第十一届全国人民代表大会常务委员会第十次会议《关于修改部分法律的决定》第一次修正，根据 2017 年 9 月 1 日第十二届全国人民代表大会常务委员会第二十九次会议《关于修改〈中华人民共和国法官法〉等八部法律的决定》第二次修正）

第一章　总　　则

第一条　为了规范行政处罚的设定和实施，保障和监督行政机关有效实施行政管理，维护公共利益和社会秩序，保护公民、法人或者其他组织的合法权益，根据宪法，制定本法。

第二条　行政处罚的设定和实施，适用本法。

第三条　公民、法人或者其他组织违反行政管理秩序的行为，应当给予行政处罚的，依照本法由法律、法规或者规章规定，并由行政机关依照本法规定的程序实施。

没有法定依据或者不遵守法定程序的，行政处罚无效。

第四条　行政处罚遵循公正、公开的原则。

设定和实施行政处罚必须以事实为依据，与违法行为的事实、性质、情节以及社会危害程度相当。

对违法行为给予行政处罚的规定必须公布；未经公布的，不得作为行政处罚的依据。

第五条　实施行政处罚，纠正违法行为，应当坚持处罚与教育相结合，教育公民、法人或者其他组织自觉守法。

第六条　公民、法人或者其他组织对行政机关所给予的行政处罚，享有陈述权、申辩权；对行政处罚不服的，有权依法申请行政复议或者提起行政诉讼。

公民、法人或者其他组织因行政机关违法给予行政处罚受到损害的，有权依法提出赔偿要求。

第七条　公民、法人或者其他组织因违法受到行政处罚，其违法行为对他人造成损害的，应当依法承担民事责任。

违法行为构成犯罪，应当依法追究刑事责任，不得以行政处罚代替刑事处罚。

第二章　行政处罚的种类和设定

第八条　行政处罚的种类：

（一）警告；

（二）罚款；

（三）没收违法所得、没收非法财物；

（四）责令停产停业；

（五）暂扣或者吊销许可证、暂扣或者吊销执照；

（六）行政拘留；

（七）法律、行政法规规定的其他行政处罚。

第九条　法律可以设定各种行政处罚。

限制人身自由的行政处罚，只能由法律设定。

第十条　行政法规可以设定除限制人身自由以外的行政处罚。

法律对违法行为已经作出行政处罚规定，行政法规需要作出具体规定的，必须在法律规定的给予行政处罚的行为、种类和幅度的范围内规定。

第十一条　地方性法规可以设定除限制人身自由、吊销企业营业执照以外的行政处罚。

法律、行政法规对违法行为已经作出行政处罚规定，地方性法规需要作出具体规定的，必须在法律、行政法规规定的给予行政处罚的行为、种类和幅度的范围内规定。

第十二条　国务院部、委员会制定的规章可以在法律、行政法规规定的给予行政处罚的行为、种类和幅度的范围内作出具体规定。

尚未制定法律、行政法规的，前款规定的国务院部、委员会制定的规章对违反行政管理秩序的行为，可以设定警告或者一定数量罚款的行政处罚。罚款的限额由国务院规定。

国务院可以授权具有行政处罚权的直属机构依照本条第一款、第二款的规定，规定行政处罚。

第十三条　省、自治区、直辖市人民政府和省、自治区人民政府所在地的市人民政府以及经国务院批准的较大的市人民政府制定的规章可以在法律、法规规定的给予行政处罚的行为、种类和幅度的范围内作出具体规定。

尚未制定法律、法规的，前款规定的人民政府制定的规章对违反行政管理秩序的行为，可以设定警告或者一定数量罚款的行政处罚。罚款的限额由省、自治区、直辖市人民代表大会常务委员会规定。

第十四条　除本法第九条、第十条、第十一条、第十二条以及第十三条的规定外，其他规范性文件不得设定行政处罚。

第三章　行政处罚的实施机关

第十五条　行政处罚由具有行政处罚权的行政机关在法定职权范围内实施。

第十六条　国务院或者经国务院授权的省、自治区、直辖市人民政府可以决定一个行政机关行使有关行政机关的行政处罚权，但限制人身自由的行政处罚权只能由公安机关行使。

第十七条　法律、法规授权的具有管理公共事务职能的组织可以在法定授权范围内实施行政处罚。

第十八条　行政机关依照法律、法规或者规章的规定，可以在其法定权限内委托符合本法第十九条规定条件的组织实施行政处罚。行政机关不得委托其他组织或者个人实施行政处罚。

委托行政机关对受委托的组织实施行政处罚的行为应当负责监督，并对该行为的后果承担法律责任。

受委托组织在委托范围内，以委托行政机关名义实施行政处罚；不得再委托其他任何组织或者个人实施行政处罚。

第十九条　受委托组织必须符合以下条件：

（一）依法成立的管理公共事务的事业组织；

（二）具有熟悉有关法律、法规、规章和业务的工作人员；

（三）对违法行为需要进行技术检查或者技术鉴定的，应当有条件组织进行相应的技术检查或者技术鉴定。

第四章　行政处罚的管辖和适用

第二十条　行政处罚由违法行为发生地的县级以上地方人民政府具有行政处罚权的行政机关管辖。法律、行政法规另有规定的除外。

第二十一条　对管辖发生争议的，报请共同的上一级行政机关指定管辖。

第二十二条　违法行为构成犯罪的，行政机关必须将案件移送司法机关，依法追究刑事责任。

第二十三条　行政机关实施行政处罚时，应当责令当事人改正或者限期改正违法行为。

第二十四条　对当事人的同一个违法行为，不得给予两次以上罚款的行政处罚。

第二十五条　不满十四周岁的人有违法行为的，不予行政处罚，责令监护人加以管教；已满十四周岁不满十八周岁的人有违法行为的，从轻或者减轻行政处罚。

第二十六条　精神病人在不能辨认或者不能控制自己行为时有违法行为的，不予行政处罚，但应当责令其监护人严加看管和治疗。间歇性精神病人在精神正常时有违法行为的，应当给予行政处罚。

第二十七条　当事人有下列情形之一的，应当依法从轻或者减轻行政处罚：

（一）主动消除或者减轻违法行为危害后果的；

（二）受他人胁迫有违法行为的；

（三）配合行政机关查处违法行为有立功表现的；

（四）其他依法从轻或者减轻行政处罚的。

违法行为轻微并及时纠正，没有造成危害后果的，不予行政处罚。

第二十八条　违法行为构成犯罪，人民法院判处拘役或者有期徒刑时，行政机关已经给予当事人行政拘留的，应当依法折抵相应刑期。

违法行为构成犯罪，人民法院判处罚金时，行政机关已经给予当事人罚款的，应当折抵相应罚金。

第二十九条　违法行为在二年内未被发现的，不再给予行政处罚。法律另有规定的除外。

前款规定的期限，从违法行为发生之日起计算；违法行为有连续或者继续状态的，从行为终了之日起计算。

第五章　行政处罚的决定

第三十条　公民、法人或者其他组织违反行政管理秩序的行为，依法应当给予行政处罚的，行政机关必须查明事实；违法事实不清的，不得给予行政处罚。

第三十一条　行政机关在作出行政处罚决定之前，应当告知当事人作出行政处罚决定的事实、理由及依据，并告知当事人依法享有的权利。

第三十二条 当事人有权进行陈述和申辩。行政机关必须充分听取当事人的意见，对当事人提出的事实、理由和证据，应当进行复核；当事人提出的事实、理由或者证据成立的，行政机关应当采纳。

行政机关不得因当事人申辩而加重处罚。

第一节　简　易　程　序

第三十三条 违法事实确凿并有法定依据，对公民处以五十元以下、对法人或者其他组织处以一千元以下罚款或者警告的行政处罚的，可以当场作出行政处罚决定。当事人应当依照本法第四十六条、第四十七条、第四十八条的规定履行行政处罚决定。

第三十四条 执法人员当场作出行政处罚决定的，应当向当事人出示执法身份证件，填写预定格式、编有号码的行政处罚决定书。行政处罚决定书应当当场交付当事人。

前款规定的行政处罚决定书应当载明当事人的违法行为、行政处罚依据、罚款数额、时间、地点以及行政机关名称，并由执法人员签名或者盖章。

执法人员当场作出的行政处罚决定，必须报所属行政机关备案。

第三十五条 当事人对当场作出的行政处罚决定不服的，可以依法申请行政复议或者提起行政诉讼。

第二节　一　般　程　序

第三十六条 除本法第三十三条规定的可以当场作出的行政处罚外，行政机关发现公民、法人或者其他组织有依法应当给予行政处罚的行为的，必须全面、客观、公正地调查，收集有关证据；必要时，依照法律、法规的规定，可以进行检查。

第三十七条 行政机关在调查或者进行检查时，执法人员不得少于两人，并应当向当事人或者有关人员出示证件。当事人或者有关人员应当如实回答询问，并协助调查或者检查，不得阻挠。询问或者检查应当制作笔录。

行政机关在收集证据时，可以采取抽样取证的方法；在证据可能灭失或者以后难以取得的情况下，经行政机关负责人批准，可以先行登记保存，并应当在七日内及时作出处理决定，在此期间，当事人或者有关人员不得销毁或者转移证据。

执法人员与当事人有直接利害关系的，应当回避。

第三十八条 调查终结，行政机关负责人应当对调查结果进行审查，根据不同情况，分别作出如下决定：

（一）确有应受行政处罚的违法行为的，根据情节轻重及具体情况，作出行政处罚决定；

（二）违法行为轻微，依法可以不予行政处罚的，不予行政处罚；

（三）违法事实不能成立的，不得给予行政处罚；

（四）违法行为已构成犯罪的，移送司法机关。

对情节复杂或者重大违法行为给予较重的行政处罚，行政机关的负责人应当集体讨论决定。

在行政机关负责人作出决定之前，应当由从事行政处罚决定审核的人员进行审核。行政机关中初次从事行政处罚决定审核的人员，应当通过国家统一法律职业资格考试取得法律职业资格。

第三十九条 行政机关依照本法第三十八条的规定给予行政处罚，应当制作行政处罚决定书。行政处罚决定书应当载明下列事项：

（一）当事人的姓名或者名称、地址；

（二）违反法律、法规或者规章的事实和证据；

（三）行政处罚的种类和依据；

（四）行政处罚的履行方式和期限；

（五）不服行政处罚决定，申请行政复议或者提起行政诉讼的途径和期限；

（六）作出行政处罚决定的行政机关名称和作出决定的日期。

行政处罚决定书必须盖有作出行政处罚决定的行政机关的印章。

第四十条 行政处罚决定书应当在宣告后当场交付当事人；当事人不在场的，行政机关应当在七日内依照民事诉讼法的有关规定，将行政处罚决定书送达当事人。

第四十一条 行政机关及其执法人员在作出行政处罚决定之前，不依照本法第三十一条、第三十二条的规定向当事人告知给予行政处罚的事实、理由和依据，或者拒绝听取当事人的陈述、申辩，行政处罚决定不能成立；当事人放弃陈述或者申辩权利的除外。

第三节 听 证 程 序

第四十二条 行政机关作出责令停产停业、吊销许可证或者执照、较大数额罚款等行政处罚决定之前，应当告知当事人有要求举行听证的权利；当事人要求听证的，行政机关应当组织听证。当事人不承担行政机关组织听证的费用。听证依照以下程序组织：

（一）当事人要求听证的，应当在行政机关告知后二日内提出；

（二）行政机关应当在听证的七日前，通知当事人举行听证的时间、地点；

（三）除涉及国家秘密、商业秘密或者个人隐私外，听证公开举行；

（四）听证由行政机关指定的非本案调查人员主持；当事人认为主持人与本案有直接利害关系的，有权申请回避；

（五）当事人可以亲自参加听证，也可以委托一至二人代理；

（六）举行听证时，调查人员提出当事人违法的事实、证据和行政处罚建议；当事人进行申辩和质证；

（七）听证应当制作笔录；笔录应当交当事人审核无误后签字或者盖章。

当事人对限制人身自由的行政处罚有异议的，依照治安管理处罚法有关规定执行。

第四十三条 听证结束后，行政机关依照本法第三十八条的规定，作出决定。

第六章 行政处罚的执行

第四十四条 行政处罚决定依法作出后，当事人应当在行政处罚决定的期限内，予以履行。

第四十五条 当事人对行政处罚决定不服申请行政复议或者提起行政诉讼的，行政处罚不停止执行，法律另有规定的除外。

第四十六条 作出罚款决定的行政机关应当与收缴罚款的机构分离。

除依照本法第四十七条、第四十八条的规定当场收缴的罚款外，作出行政处罚决定的行政机关及其执法人员不得自行收缴罚款。

当事人应当自收到行政处罚决定书之日起十五日内，到指定的银行缴纳罚款。银行应当收受罚款，并将罚款直接上缴国库。

第四十七条 依照本法第三十三条的规定当场作出行政处罚决定，有下列情形之一的，执法人员可以当场收缴罚款：

（一）依法给予二十元以下的罚款的；

（二）不当场收缴事后难以执行的。

第四十八条 在边远、水上、交通不便地区，行政机关及其执法人员依照本法第三十三条、第三十八条的规定作出罚款决定后，当事人向指定的银行缴纳罚款确有困难，经当事人提出，行政机关及其执法人员可以当场收缴罚款。

第四十九条 行政机关及其执法人员当场收缴罚款的，必须向当事人出具省、自治区、直辖市财政部门统一制发的罚款收据；不出具财政部门统一制发的罚款收据的，当事人有权拒绝缴纳罚款。

第五十条 执法人员当场收缴的罚款，应当自收缴罚款之日起二日内，交至行政机关；在水上当场收缴的罚款，应当自抵岸之日起二日内交至行政机关；行政机关应当在二日内将罚款缴付指定的银行。

第五十一条 当事人逾期不履行行政处罚决定的，作出行政处罚决定的行政机关可以采取下列措施：

（一）到期不缴纳罚款的，每日按罚款数额的百分之三加处罚款；

（二）根据法律规定，将查封、扣押的财物拍卖或者将冻结的存款划拨抵缴罚款；

（三）申请人民法院强制执行。

第五十二条 当事人确有经济困难，需要延期或者分期缴纳罚款的，经当事人申请和行政机关批准，可以暂缓或者分期缴纳。

第五十三条 除依法应当予以销毁的物品外，依法没收的非法财物必须按照国家规定公开拍卖或者按照国家有关规定处理。

罚款、没收违法所得或者没收非法财物拍卖的款项，必须全部上缴国库，任何行政机关或者个人不得以任何形式截留、私分或者变相私分；财政部门不得以任何形式向作出行政处罚决定的行政机关返还罚款、没收的违法所得或者返还没收非法财物的拍卖款项。

第五十四条 行政机关应当建立健全对行政处罚的监督制度。县级以上人民政府应当加强对行政处罚的监督检查。

公民、法人或者其他组织对行政机关作出的行政处罚，有权申诉或者检举；行政机关应当认真审查，发现行政处罚有错误的，应当主动改正。

第七章 法 律 责 任

第五十五条 行政机关实施行政处罚，有下列情形之一的，由上级行政机关或者有关部门责令改正，可以对直接负责的主管人员和其他直接责任人员依法给予行政处分：

（一）没有法定的行政处罚依据的；

（二）擅自改变行政处罚种类、幅度的；

（三）违反法定的行政处罚程序的；

（四）违反本法第十八条关于委托处罚的规定的。

第五十六条 行政机关对当事人进行处罚不使用罚款、没收财物单据或者使用非法定部门制发的罚款、没收财物单据的，当事人有权拒绝处罚，并有权予以检举。上级行政机关或者有关部门对使用的非法单据予以收缴销毁，对直接负责的主管人员和其他直接责任人员依法给予行政处分。

第五十七条 行政机关违反本法第四十六条的规定自行收缴罚款的，财政部门违反本法第五十三条的规定向行政机关返还罚款或者拍卖款项的，由上级行政机关或者有关部门责令改正，对直接负责的主管人员和其他直接责任人员依法给予行政处分。

第五十八条 行政机关将罚款、没收的违法所得或者财物截留、私分或者变相私分的，由财政部门或者有关部门予以追缴，对直接负责的主管人员和其他直接责任人员依法给予行政处分；情节严重构成犯罪的，依法追究刑事责任。

执法人员利用职务上的便利，索取或者收受他人财物、收缴罚款据为己有，构成犯罪的，依法追究刑事责任；情节轻微不构成犯罪的，依法给予行政处分。

第五十九条 行政机关使用或者损毁扣押的财物，对当事人造成损失的，应当依法予以赔偿，对直接负责的主管人员和其他直接责任人员依法给予行政处分。

第六十条 行政机关违法实行检查措施或者执行措施，给公民人身或者财产造成损害、给法人或者其他组织造成损失的，应当依法予以赔偿，对直接负责的主管人员和其他直接责任人员依法给予行政处分；情节严重构成犯罪的，依法追究刑事责任。

第六十一条 行政机关为牟取本单位私利，对应当依法移交司法机关追究刑事责任的不移交，以行政处罚代替刑罚，由上级行政机关或者有关部门责令纠正；拒不纠正的，对直接负责的主管人员给予行政处分；徇私舞弊、包庇纵容违法行为的，依照刑法有关规定追究刑事责任。

第六十二条 执法人员玩忽职守，对应当予以制止和处罚的违法行为不予制止、处罚，致使公民、法人或者其他组织的合法权益、公共利益和社会秩序遭受损害的，对直接负责的主管人员和其他直接责任人员依法给予行政处分；情节严重构成犯罪的，依法追究刑事责任。

第八章 附 则

第六十三条 本法第四十六条罚款决定与罚款收缴分离的规定，由国务院制定具体实施办法。

第六十四条 本法自 1996 年 10 月 1 日起施行。

本法公布前制定的法规和规章关于行政处罚的规定与本法不符合的，应当自本法公布之日起，依照本法规定予以修订，在 1997 年 12 月 31 日前修订完毕。

中华人民共和国行政强制法

中华人民共和国主席令第四十九号

（2011 年 6 月 30 日第十一届全国人民代表大会常务委员会第二十一次会议通过，自 2012 年 1 月 1 日起施行）

第一章 总 则

第一条 为了规范行政强制的设定和实施，保障和监督行政机关依法履行职责，维护公共利益和社会秩序，保护公民、法人和其他组织的合法权益，根据宪法，制定本法。

第二条 本法所称行政强制，包括行政强制措施和行政强制执行。

行政强制措施，是指行政机关在行政管理过程中，为制止违法行为、防止证据损毁、避免危害发生、控制危险扩大等情形，依法对公民的人身自由实施暂时性限制，或者对公民、法人或者其他组织的财物实施暂时性控制的行为。

行政强制执行，是指行政机关或者行政机关申请人民法院，对不履行行政决定的公民、法人或者其他组织，依法强制履行义务的行为。

第三条 行政强制的设定和实施，适用本法。

发生或者即将发生自然灾害、事故灾难、公共卫生事件或者社会安全事件等突发事件，行政机关采取应急措施或者临时措施，依照有关法律、行政法规的规定执行。

行政机关采取金融业审慎监管措施、进出境货物强制性技术监控措施，依照有关法律、行政法规的规定执行。

第四条 行政强制的设定和实施，应当依照法定的权限、范围、条件和程序。

第五条 行政强制的设定和实施，应当适当。采用非强制手段可以达到行政管理目的的，不得设定和实施行政强制。

第六条 实施行政强制，应当坚持教育与强制相结合。

第七条 行政机关及其工作人员不得利用行政强制权为单位或者个人谋取利益。

第八条 公民、法人或者其他组织对行政机关实施行政强制，享有陈述权、申辩权；有权依法申请行政复议或者提起行政诉讼；因行政机关违法实施行政强制受到损害的，有权依法要求赔偿。

公民、法人或者其他组织因人民法院在强制执行中有违法行为或者扩大强制执行范围受到损害的，有权依法要求赔偿。

第二章 行政强制的种类和设定

第九条 行政强制措施的种类：

（一）限制公民人身自由；

（二）查封场所、设施或者财物；

（三）扣押财物；

（四）冻结存款、汇款；

（五）其他行政强制措施。

第十条 行政强制措施由法律设定。

尚未制定法律，且属于国务院行政管理职权事项的，行政法规可以设定除本法第九条第一项、第四项和应当由法律规定的行政强制措施以外的其他行政强制措施。

尚未制定法律、行政法规，且属于地方性事务的，地方性法规可以设定本法第九条第二项、第三项的行政强制措施。

法律、法规以外的其他规范性文件不得设定行政强制措施。

第十一条 法律对行政强制措施的对象、条件、种类做了规定的，行政法规、地方性法规不得作出扩大规定。

法律中未设定行政强制措施的，行政法规、地方性法规不得设定行政强制措施。但是，法律规定特定事项由行政法规规定具体管理措施的，行政法规可以设定除本法第九条第一项、第四项和应当由法律规定的行政强制措施以外的其他行政强制措施。

第十二条 行政强制执行的方式：

（一）加处罚款或者滞纳金；

（二）划拨存款、汇款；

（三）拍卖或者依法处理查封、扣押的场所、设施或者财物；

（四）排除妨碍、恢复原状；

（五）代履行；

（六）其他强制执行方式。

第十三条 行政强制执行由法律设定。

法律没有规定行政机关强制执行的，作出行政决定的行政机关应当申请人民法院强制执行。

第十四条 起草法律草案、法规草案，拟设定行政强制的，起草单位应当采取听证会、论证会等形式听取意见，并向制定机关说明设定该行政强制的必要性、可能产生的影响以及听取和采纳意见的情况。

第十五条 行政强制的设定机关应当定期对其设定的行政强制进行评价，并对不适当的行政强制及时予以修改或者废止。

行政强制的实施机关可以对已设定的行政强制的实施情况及存在的必要性适时进行评价，并将意见报告该行政强制的设定机关。

公民、法人或者其他组织可以向行政强制的设定机关和实施机关就行政强制的设定和实施提出意见和建议。有关机关应当认真研究论证，并以适当方式予以反馈。

第三章　行政强制措施实施程序

第一节　一　般　规　定

第十六条 行政机关履行行政管理职责，依照法律、法规的规定，实施行政强制措施。

违法行为情节显著轻微或者没有明显社会危害的，可以不采取行政强制措施。

第十七条　行政强制措施由法律、法规规定的行政机关在法定职权范围内实施。行政强制措施权不得委托。

依据《中华人民共和国行政处罚法》的规定行使相对集中行政处罚权的行政机关，可以实施法律、法规规定的与行政处罚权有关的行政强制措施。

行政强制措施应当由行政机关具备资格的行政执法人员实施，其他人员不得实施。

第十八条　行政机关实施行政强制措施应当遵守下列规定：

（一）实施前须向行政机关负责人报告并经批准；

（二）由两名以上行政执法人员实施；

（三）出示执法身份证件；

（四）通知当事人到场；

（五）当场告知当事人采取行政强制措施的理由、依据以及当事人依法享有的权利、救济途径；

（六）听取当事人的陈述和申辩；

（七）制作现场笔录；

（八）现场笔录由当事人和行政执法人员签名或者盖章，当事人拒绝的，在笔录中予以注明；

（九）当事人不到场的，邀请见证人到场，由见证人和行政执法人员在现场笔录上签名或者盖章；

（十）法律、法规规定的其他程序。

第十九条　情况紧急，需要当场实施行政强制措施的，行政执法人员应当在二十四小时内向行政机关负责人报告，并补办批准手续。行政机关负责人认为不应当采取行政强制措施的，应当立即解除。

第二十条　依照法律规定实施限制公民人身自由的行政强制措施，除应当履行本法第十八条规定的程序外，还应当遵守下列规定：

（一）当场告知或者实施行政强制措施后立即通知当事人家属实施行政强制措施的行政机关、地点和期限；

（二）在紧急情况下当场实施行政强制措施的，在返回行政机关后，立即向行政机关负责人报告并补办批准手续；

（三）法律规定的其他程序。

实施限制人身自由的行政强制措施不得超过法定期限。实施行政强制措施的目的已经达到或者条件已经消失，应当立即解除。

第二十一条　违法行为涉嫌犯罪应当移送司法机关的，行政机关应当将查封、扣押、冻结的财物一并移送，并书面告知当事人。

第二节　查　封、扣　押

第二十二条　查封、扣押应当由法律、法规规定的行政机关实施，其他任何行政机关或者组织不得实施。

第二十三条　查封、扣押限于涉案的场所、设施或者财物，不得查封、扣押与违法行为无关的场所、设施或者财物；不得查封、扣押公民个人及其所扶养家属的生活必需品。

当事人的场所、设施或者财物已被其他国家机关依法查封的，不得重复查封。

第二十四条　行政机关决定实施查封、扣押的，应当履行本法第十八条规定的程序，制作并当场交付查封、扣押决定书和清单。

查封、扣押决定书应当载明下列事项：

（一）当事人的姓名或者名称、地址；

（二）查封、扣押的理由、依据和期限；

（三）查封、扣押场所、设施或者财物的名称、数量等；

（四）申请行政复议或者提起行政诉讼的途径和期限；

（五）行政机关的名称、印章和日期。

查封、扣押清单一式二份，由当事人和行政机关分别保存。

第二十五条　查封、扣押的期限不得超过三十日；情况复杂的，经行政机关负责人批准，可以延长，但是延长期限不得超过三十日。法律、行政法规另有规定的除外。

延长查封、扣押的决定应当及时书面告知当事人，并说明理由。

对物品需要进行检测、检验、检疫或者技术鉴定的，查封、扣押的期间不包括检测、检验、检疫或者技术鉴定的期间。检测、检验、检疫或者技术鉴定的期间应当明确，并书面告知当事人。检测、检验、检疫或者技术鉴定的费用由行政机关承担。

第二十六条　对查封、扣押的场所、设施或者财物，行政机关应当妥善保管，不得使用或者损毁；造成损失的，应当承担赔偿责任。

对查封的场所、设施或者财物，行政机关可以委托第三人保管，第三人不得损毁或者擅自转移、处置。因第三人的原因造成的损失，行政机关先行赔付后，有权向第三人追偿。

因查封、扣押发生的保管费用由行政机关承担。

第二十七条　行政机关采取查封、扣押措施后，应当及时查清事实，在本法第二十五条规定的期限内作出处理决定。对违法事实清楚，依法应当没收的非法财物予以没收；法律、行政法规规定应当销毁的，依法销毁；应当解除查封、扣押的，作出解除查封、扣押的决定。

第二十八条　有下列情形之一的，行政机关应当及时作出解除查封、扣押决定：

（一）当事人没有违法行为；

（二）查封、扣押的场所、设施或者财物与违法行为无关；

（三）行政机关对违法行为已经作出处理决定，不再需要查封、扣押；

（四）查封、扣押期限已经届满；

（五）其他不再需要采取查封、扣押措施的情形。

解除查封、扣押应当立即退还财物；已将鲜活物品或者其他不易保管的财物拍卖或者变卖的，退还拍卖或者变卖所得款项。变卖价格明显低于市场价格，给当事人造成损失的，应当给予补偿。

第三节　冻　　结

第二十九条　冻结存款、汇款应当由法律规定的行政机关实施，不得委托给其他行政机关或者组织；其他任何行政机关或者组织不得冻结存款、汇款。

冻结存款、汇款的数额应当与违法行为涉及的金额相当；已被其他国家机关依法冻结的，不得重复冻结。

第三十条 行政机关依照法律规定决定实施冻结存款、汇款的，应当履行本法第十八条第一项、第二项、第三项、第七项规定的程序，并向金融机构交付冻结通知书。

金融机构接到行政机关依法作出的冻结通知书后，应当立即予以冻结，不得拖延，不得在冻结前向当事人泄露信息。

法律规定以外的行政机关或者组织要求冻结当事人存款、汇款的，金融机构应当拒绝。

第三十一条 依照法律规定冻结存款、汇款的，作出决定的行政机关应当在三日内向当事人交付冻结决定书。冻结决定书应当载明下列事项：

（一）当事人的姓名或者名称、地址；

（二）冻结的理由、依据和期限；

（三）冻结的账号和数额；

（四）申请行政复议或者提起行政诉讼的途径和期限；

（五）行政机关的名称、印章和日期。

第三十二条 自冻结存款、汇款之日起三十日内，行政机关应当作出处理决定或者作出解除冻结决定；情况复杂的，经行政机关负责人批准，可以延长，但是延长期限不得超过三十日。法律另有规定的除外。

延长冻结的决定应当及时书面告知当事人，并说明理由。

第三十三条 有下列情形之一的，行政机关应当及时作出解除冻结决定：

（一）当事人没有违法行为；

（二）冻结的存款、汇款与违法行为无关；

（三）行政机关对违法行为已经作出处理决定，不再需要冻结；

（四）冻结期限已经届满；

（五）其他不再需要采取冻结措施的情形。

行政机关作出解除冻结决定的，应当及时通知金融机构和当事人。金融机构接到通知后，应当立即解除冻结。

行政机关逾期未作出处理决定或者解除冻结决定的，金融机构应当自冻结期满之日起解除冻结。

第四章 行政机关强制执行程序

第一节 一 般 规 定

第三十四条 行政机关依法作出行政决定后，当事人在行政机关决定的期限内不履行义务的，具有行政强制执行权的行政机关依照本章规定强制执行。

第三十五条 行政机关作出强制执行决定前，应当事先催告当事人履行义务。催告应当以书面形式作出，并载明下列事项：

（一）履行义务的期限；

（二）履行义务的方式；

（三）涉及金钱给付的，应当有明确的金额和给付方式；

（四）当事人依法享有的陈述权和申辩权。

第三十六条　当事人收到催告书后有权进行陈述和申辩。行政机关应当充分听取当事人的意见，对当事人提出的事实、理由和证据，应当进行记录、复核。当事人提出的事实、理由或者证据成立的，行政机关应当采纳。

第三十七条　经催告，当事人逾期仍不履行行政决定，且无正当理由的，行政机关可以作出强制执行决定。

强制执行决定应当以书面形式作出，并载明下列事项：

（一）当事人的姓名或者名称、地址；

（二）强制执行的理由和依据；

（三）强制执行的方式和时间；

（四）申请行政复议或者提起行政诉讼的途径和期限；

（五）行政机关的名称、印章和日期。

在催告期间，对有证据证明有转移或者隐匿财物迹象的，行政机关可以作出立即强制执行决定。

第三十八条　催告书、行政强制执行决定书应当直接送达当事人。当事人拒绝接收或者无法直接送达当事人的，应当依照《中华人民共和国民事诉讼法》的有关规定送达。

第三十九条　有下列情形之一的，中止执行：

（一）当事人履行行政决定确有困难或者暂无履行能力的；

（二）第三人对执行标的主张权利，确有理由的；

（三）执行可能造成难以弥补的损失，且中止执行不损害公共利益的；

（四）行政机关认为需要中止执行的其他情形。

中止执行的情形消失后，行政机关应当恢复执行。对没有明显社会危害，当事人确无能力履行，中止执行满三年未恢复执行的，行政机关不再执行。

第四十条　有下列情形之一的，终结执行：

（一）公民死亡，无遗产可供执行，又无义务承受人的；

（二）法人或者其他组织终止，无财产可供执行，又无义务承受人的；

（三）执行标的灭失的；

（四）据以执行的行政决定被撤销的；

（五）行政机关认为需要终结执行的其他情形。

第四十一条　在执行中或者执行完毕后，据以执行的行政决定被撤销、变更，或者执行错误的，应当恢复原状或者退还财物；不能恢复原状或者退还财物的，依法给予赔偿。

第四十二条　实施行政强制执行，行政机关可以在不损害公共利益和他人合法权益的情况下，与当事人达成执行协议。执行协议可以约定分阶段履行；当事人采取补救措施的，可以减免加处的罚款或者滞纳金。

执行协议应当履行。当事人不履行执行协议的，行政机关应当恢复强制执行。

第四十三条　行政机关不得在夜间或者法定节假日实施行政强制执行。但是，情况紧急的除外。

行政机关不得对居民生活采取停止供水、供电、供热、供燃气等方式迫使当事人履行相关行政决定。

第四十四条　对违法的建筑物、构筑物、设施等需要强制拆除的，应当由行政机关予以公告，限期当事人自行拆除。当事人在法定期限内不申请行政复议或者提起行政诉讼，又不拆除的，行政机关可以依法强制拆除。

第二节　金钱给付义务的执行

第四十五条　行政机关依法作出金钱给付义务的行政决定，当事人逾期不履行的，行政机关可以依法加处罚款或者滞纳金。加处罚款或者滞纳金的标准应当告知当事人。

加处罚款或者滞纳金的数额不得超出金钱给付义务的数额。

第四十六条　行政机关依照本法第四十五条规定实施加处罚款或者滞纳金超过三十日，经催告当事人仍不履行的，具有行政强制执行权的行政机关可以强制执行。

行政机关实施强制执行前，需要采取查封、扣押、冻结措施的，依照本法第三章规定办理。

没有行政强制执行权的行政机关应当申请人民法院强制执行。但是，当事人在法定期限内不申请行政复议或者提起行政诉讼，经催告仍不履行的，在实施行政管理过程中已经采取查封、扣押措施的行政机关，可以将查封、扣押的财物依法拍卖抵缴罚款。

第四十七条　划拨存款、汇款应当由法律规定的行政机关决定，并书面通知金融机构。金融机构接到行政机关依法作出划拨存款、汇款的决定后，应当立即划拨。

法律规定以外的行政机关或者组织要求划拨当事人存款、汇款的，金融机构应当拒绝。

第四十八条　依法拍卖财物，由行政机关委托拍卖机构依照《中华人民共和国拍卖法》的规定办理。

第四十九条　划拨的存款、汇款以及拍卖和依法处理所得的款项应当上缴国库或者划入财政专户。任何行政机关或者个人不得以任何形式截留、私分或者变相私分。

第三节　代　履　行

第五十条　行政机关依法作出要求当事人履行排除妨碍、恢复原状等义务的行政决定，当事人逾期不履行，经催告仍不履行，其后果已经或者将危害交通安全、造成环境污染或者破坏自然资源的，行政机关可以代履行，或者委托没有利害关系的第三人代履行。

第五十一条　代履行应当遵守下列规定：

（一）代履行前送达决定书，代履行决定书应当载明当事人的姓名或者名称、地址，代履行的理由和依据、方式和时间、标的、费用预算以及代履行人；

（二）代履行三日前，催告当事人履行，当事人履行的，停止代履行；

（三）代履行时，作出决定的行政机关应当派员到场监督；

（四）代履行完毕，行政机关到场监督的工作人员、代履行人和当事人或者见证人应当在执行文书上签名或者盖章。

代履行的费用按照成本合理确定，由当事人承担。但是，法律另有规定的除外。

代履行不得采用暴力、胁迫以及其他非法方式。

第五十二条　需要立即清除道路、河道、航道或者公共场所的遗洒物、障碍物或者污染物，当事人不能清除的，行政机关可以决定立即实施代履行；当事人不在场的，行政机关应当在事后立即通知当事人，并依法作出处理。

第五章　申请人民法院强制执行

第五十三条　当事人在法定期限内不申请行政复议或者提起行政诉讼，又不履行行政决定的，没有行政强制执行权的行政机关可以自期限届满之日起三个月内，依照本章规定申请人民法院强制执行。

第五十四条　行政机关申请人民法院强制执行前，应当催告当事人履行义务。催告书送达十日后当事人仍未履行义务的，行政机关可以向所在地有管辖权的人民法院申请强制执行；执行对象是不动产的，向不动产所在地有管辖权的人民法院申请强制执行。

第五十五条　行政机关向人民法院申请强制执行，应当提供下列材料：

（一）强制执行申请书；

（二）行政决定书及作出决定的事实、理由和依据；

（三）当事人的意见及行政机关催告情况；

（四）申请强制执行标的情况；

（五）法律、行政法规规定的其他材料。

强制执行申请书应当由行政机关负责人签名，加盖行政机关的印章，并注明日期。

第五十六条　人民法院接到行政机关强制执行的申请，应当在五日内受理。

行政机关对人民法院不予受理的裁定有异议的，可以在十五日内向上一级人民法院申请复议，上一级人民法院应当自收到复议申请之日起十五日内作出是否受理的裁定。

第五十七条　人民法院对行政机关强制执行的申请进行书面审查，对符合本法第五十五条规定，且行政决定具备法定执行效力的，除本法第五十八条规定的情形外，人民法院应当自受理之日起七日内作出执行裁定。

第五十八条　人民法院发现有下列情形之一的，在作出裁定前可以听取被执行人和行政机关的意见：

（一）明显缺乏事实根据的；

（二）明显缺乏法律、法规依据的；

（三）其他明显违法并损害被执行人合法权益的。

人民法院应当自受理之日起三十日内作出是否执行的裁定。裁定不予执行的，应当说明理由，并在五日内将不予执行的裁定送达行政机关。

行政机关对人民法院不予执行的裁定有异议的，可以自收到裁定之日起十五日内向上一级人民法院申请复议，上一级人民法院应当自收到复议申请之日起三十日内作出是否执行的裁定。

第五十九条　因情况紧急，为保障公共安全，行政机关可以申请人民法院立即执行。经人民法院院长批准，人民法院应当自作出执行裁定之日起五日内执行。

第六十条　行政机关申请人民法院强制执行，不缴纳申请费。强制执行的费用由被执行人承担。

人民法院以划拨、拍卖方式强制执行的，可以在划拨、拍卖后将强制执行的费用扣除。

依法拍卖财物，由人民法院委托拍卖机构依照《中华人民共和国拍卖法》的规定办理。

划拨的存款、汇款以及拍卖和依法处理所得的款项应当上缴国库或者划入财政专户，不得以任何形式截留、私分或者变相私分。

第六章　法　律　责　任

第六十一条　行政机关实施行政强制，有下列情形之一的，由上级行政机关或者有关部门责令改正，对直接负责的主管人员和其他直接责任人员依法给予处分：

（一）没有法律、法规依据的；

（二）改变行政强制对象、条件、方式的；

（三）违反法定程序实施行政强制的；

（四）违反本法规定，在夜间或者法定节假日实施行政强制执行的；

（五）对居民生活采取停止供水、供电、供热、供燃气等方式迫使当事人履行相关行政决定的；

（六）有其他违法实施行政强制情形的。

第六十二条　违反本法规定，行政机关有下列情形之一的，由上级行政机关或者有关部门责令改正，对直接负责的主管人员和其他直接责任人员依法给予处分：

（一）扩大查封、扣押、冻结范围的；

（二）使用或者损毁查封、扣押场所、设施或者财物的；

（三）在查封、扣押法定期间不作出处理决定或者未依法及时解除查封、扣押的；

（四）在冻结存款、汇款法定期间不作出处理决定或者未依法及时解除冻结的。

第六十三条　行政机关将查封、扣押的财物或者划拨的存款、汇款以及拍卖和依法处理所得的款项，截留、私分或者变相私分的，由财政部门或者有关部门予以追缴；对直接负责的主管人员和其他直接责任人员依法给予记大过、降级、撤职或者开除的处分。

行政机关工作人员利用职务上的便利，将查封、扣押的场所、设施或者财物据为己有的，由上级行政机关或者有关部门责令改正，依法给予记大过、降级、撤职或者开除的处分。

第六十四条　行政机关及其工作人员利用行政强制权为单位或者个人谋取利益的，由上级行政机关或者有关部门责令改正，对直接负责的主管人员和其他直接责任人员依法给予处分。

第六十五条　违反本法规定，金融机构有下列行为之一的，由金融业监督管理机构责令改正，对直接负责的主管人员和其他直接责任人员依法给予处分：

（一）在冻结前向当事人泄露信息的；

（二）对应当立即冻结、划拨的存款、汇款不冻结或者不划拨，致使存款、汇款转移的；

（三）将不应当冻结、划拨的存款、汇款予以冻结或者划拨的；

（四）未及时解除冻结存款、汇款的。

第六十六条　违反本法规定，金融机构将款项划入国库或者财政专户以外的其他账户的，由金融业监督管理机构责令改正，并处以违法划拨款项二倍的罚款；对直接负责的主管人员和其他直接责任人员依法给予处分。

违反本法规定，行政机关、人民法院指令金融机构将款项划入国库或者财政专户以外的其他账户的，对直接负责的主管人员和其他直接责任人员依法给予处分。

第六十七条　人民法院及其工作人员在强制执行中有违法行为或者扩大强制执行范围的，对直接负责的主管人员和其他直接责任人员依法给予处分。

第六十八条　违反本法规定，给公民、法人或者其他组织造成损失的，依法给予赔偿。

违反本法规定，构成犯罪的，依法追究刑事责任。

第七章　附　　则

第六十九条　本法中十日以内期限的规定是指工作日，不含法定节假日。

第七十条　法律、行政法规授权的具有管理公共事务职能的组织在法定授权范围内，以自己的名义实施行政强制，适用本法有关行政机关的规定。

第七十一条　本法自 2012 年 1 月 1 日起施行。

中华人民共和国特种设备安全法

中华人民共和国主席令第四号

（2013 年 6 月 29 日第十二届全国人民代表大会常务委员会第三次会议通过）

第一章 总 则

第一条 为了加强特种设备安全工作，预防特种设备事故，保障人身和财产安全，促进经济社会发展，制定本法。

第二条 特种设备的生产（包括设计、制造、安装、改造、修理）、经营、使用、检验、检测和特种设备安全的监督管理，适用本法。

本法所称特种设备，是指对人身和财产安全有较大危险性的锅炉、压力容器（含气瓶）、压力管道、电梯、起重机械、客运索道、大型游乐设施、场（厂）内专用机动车辆，以及法律、行政法规规定适用本法的其他特种设备。

国家对特种设备实行目录管理。特种设备目录由国务院负责特种设备安全监督管理的部门制定，报国务院批准后执行。

第三条 特种设备安全工作应当坚持安全第一、预防为主、节能环保、综合治理的原则。

第四条 国家对特种设备的生产、经营、使用，实施分类的、全过程的安全监督管理。

第五条 国务院负责特种设备安全监督管理的部门对全国特种设备安全实施监督管理。县级以上地方各级人民政府负责特种设备安全监督管理的部门对本行政区域内特种设备安全实施监督管理。

第六条 国务院和地方各级人民政府应当加强对特种设备安全工作的领导，督促各有关部门依法履行监督管理职责。

县级以上地方各级人民政府应当建立协调机制，及时协调、解决特种设备安全监督管理中存在的问题。

第七条 特种设备生产、经营、使用单位应当遵守本法和其他有关法律、法规，建立、健全特种设备安全和节能责任制度，加强特种设备安全和节能管理，确保特种设备生产、经营、使用安全，符合节能要求。

第八条 特种设备生产、经营、使用、检验、检测应当遵守有关特种设备安全技术规范及相关标准。

特种设备安全技术规范由国务院负责特种设备安全监督管理的部门制定。

第九条 特种设备行业协会应当加强行业自律，推进行业诚信体系建设，提高特种设备安全管理水平。

第十条 国家支持有关特种设备安全的科学技术研究，鼓励先进技术和先进管理方法的推广应用，对做出突出贡献的单位和个人给予奖励。

第十一条 负责特种设备安全监督管理的部门应当加强特种设备安全宣传教育，普及特种设备安全知识，增强社会公众的特种设备安全意识。

第十二条 任何单位和个人有权向负责特种设备安全监督管理的部门和有关部门举报涉及特种设备安全的违法行为，接到举报的部门应当及时处理。

第二章 生产、经营、使用

第一节 一般规定

第十三条 特种设备生产、经营、使用单位及其主要负责人对其生产、经营、使用的特种设备安全负责。

特种设备生产、经营、使用单位应当按照国家有关规定配备特种设备安全管理人员、检测人员和作业人员，并对其进行必要的安全教育和技能培训。

第十四条 特种设备安全管理人员、检测人员和作业人员应当按照国家有关规定取得相应资格，方可从事相关工作。特种设备安全管理人员、检测人员和作业人员应当严格执行安全技术规范和管理制度，保证特种设备安全。

第十五条 特种设备生产、经营、使用单位对其生产、经营、使用的特种设备应当进行自行检测和维护保养，对国家规定实行检验的特种设备应当及时申报并接受检验。

第十六条 特种设备采用新材料、新技术、新工艺，与安全技术规范的要求不一致，或者安全技术规范未作要求、可能对安全性能有重大影响的，应当向国务院负责特种设备安全监督管理的部门申报，由国务院负责特种设备安全监督管理的部门及时委托安全技术咨询机构或者相关专业机构进行技术评审，评审结果经国务院负责特种设备安全监督管理的部门批准，方可投入生产、使用。

国务院负责特种设备安全监督管理的部门应当将允许使用的新材料、新技术、新工艺的有关技术要求，及时纳入安全技术规范。

第十七条 国家鼓励投保特种设备安全责任保险。

第二节 生产

第十八条 国家按照分类监督管理的原则对特种设备生产实行许可制度。特种设备生产单位应当具备下列条件，并经负责特种设备安全监督管理的部门许可，方可从事生产活动：

（一）有与生产相适应的专业技术人员；

（二）有与生产相适应的设备、设施和工作场所；

（三）有健全的质量保证、安全管理和岗位责任等制度。

第十九条 特种设备生产单位应当保证特种设备生产符合安全技术规范及相关标准的要求，对其生产的特种设备的安全性能负责。不得生产不符合安全性能要求和能效指标以及国家明令淘汰的特种设备。

第二十条 锅炉、气瓶、氧舱、客运索道、大型游乐设施的设计文件，应当经负责特种设备安全监督管理的部门核准的检验机构鉴定，方可用于制造。

特种设备产品、部件或者试制的特种设备新产品、新部件以及特种设备采用的新材料，按照安全技术规范的要求需要通过型式试验进行安全性验证的，应当经负责特种设备安全监督管理的部门核准的检验机构进行型式试验。

　　第二十一条　特种设备出厂时，应当随附安全技术规范要求的设计文件、产品质量合格证明、安装及使用维护保养说明、监督检验证明等相关技术资料和文件，并在特种设备显著位置设置产品铭牌、安全警示标志及其说明。

　　第二十二条　电梯的安装、改造、修理，必须由电梯制造单位或者其委托的依照本法取得相应许可的单位进行。电梯制造单位委托其他单位进行电梯安装、改造、修理的，应当对其安装、改造、修理进行安全指导和监控，并按照安全技术规范的要求进行校验和调试。电梯制造单位对电梯安全性能负责。

　　第二十三条　特种设备安装、改造、修理的施工单位应当在施工前将拟进行的特种设备安装、改造、修理情况书面告知直辖市或者设区的市级人民政府负责特种设备安全监督管理的部门。

　　第二十四条　特种设备安装、改造、修理竣工后，安装、改造、修理的施工单位应当在验收后三十日内将相关技术资料和文件移交特种设备使用单位。特种设备使用单位应当将其存入该特种设备的安全技术档案。

　　第二十五条　锅炉、压力容器、压力管道元件等特种设备的制造过程和锅炉、压力容器、压力管道、电梯、起重机械、客运索道、大型游乐设施的安装、改造、重大修理过程，应当经特种设备检验机构按照安全技术规范的要求进行监督检验；未经监督检验或者监督检验不合格的，不得出厂或者交付使用。

　　第二十六条　国家建立缺陷特种设备召回制度。因生产原因造成特种设备存在危及安全的同一性缺陷的，特种设备生产单位应当立即停止生产，主动召回。

　　国务院负责特种设备安全监督管理的部门发现特种设备存在应当召回而未召回的情形时，应当责令特种设备生产单位召回。

第三节　经　　营

　　第二十七条　特种设备销售单位销售的特种设备，应当符合安全技术规范及相关标准的要求，其设计文件、产品质量合格证明、安装及使用维护保养说明、监督检验证明等相关技术资料和文件应当齐全。

　　特种设备销售单位应当建立特种设备检查验收和销售记录制度。

　　禁止销售未取得许可生产的特种设备，未经检验和检验不合格的特种设备，或者国家明令淘汰和已经报废的特种设备。

　　第二十八条　特种设备出租单位不得出租未取得许可生产的特种设备或者国家明令淘汰和已经报废的特种设备，以及未按照安全技术规范的要求进行维护保养和未经检验或者检验不合格的特种设备。

　　第二十九条　特种设备在出租期间的使用管理和维护保养义务由特种设备出租单位承担，法律另有规定或者当事人另有约定的除外。

　　第三十条　进口的特种设备应当符合我国安全技术规范的要求，并经检验合格；需要取得我国特种设备生产许可的，应当取得许可。

　　进口特种设备随附的技术资料和文件应当符合本法第二十一条的规定，其安装及使用维护保养说明、产品铭牌、安全警示标志及其说明应当采用中文。

特种设备的进出口检验，应当遵守有关进出口商品检验的法律、行政法规。

第三十一条 进口特种设备，应当向进口地负责特种设备安全监督管理的部门履行提前告知义务。

第四节 使 用

第三十二条 特种设备使用单位应当使用取得许可生产并经检验合格的特种设备。

禁止使用国家明令淘汰和已经报废的特种设备。

第三十三条 特种设备使用单位应当在特种设备投入使用前或者投入使用后三十日内，向负责特种设备安全监督管理的部门办理使用登记，取得使用登记证书。登记标志应当置于该特种设备的显著位置。

第三十四条 特种设备使用单位应当建立岗位责任、隐患治理、应急救援等安全管理制度，制定操作规程，保证特种设备安全运行。

第三十五条 特种设备使用单位应当建立特种设备安全技术档案。安全技术档案应当包括以下内容：

（一）特种设备的设计文件、产品质量合格证明、安装及使用维护保养说明、监督检验证明等相关技术资料和文件；

（二）特种设备的定期检验和定期自行检查记录；

（三）特种设备的日常使用状况记录；

（四）特种设备及其附属仪器仪表的维护保养记录；

（五）特种设备的运行故障和事故记录。

第三十六条 电梯、客运索道、大型游乐设施等为公众提供服务的特种设备的运营使用单位，应当对特种设备的使用安全负责，设置特种设备安全管理机构或者配备专职的特种设备安全管理人员；其他特种设备使用单位，应当根据情况设置特种设备安全管理机构或者配备专职、兼职的特种设备安全管理人员。

第三十七条 特种设备的使用应当具有规定的安全距离、安全防护措施。

与特种设备安全相关的建筑物、附属设施，应当符合有关法律、行政法规的规定。

第三十八条 特种设备属于共有的，共有人可以委托物业服务单位或者其他管理人管理特种设备，受托人履行本法规定的特种设备使用单位的义务，承担相应责任。共有人未委托的，由共有人或者实际管理人履行管理义务，承担相应责任。

第三十九条 特种设备使用单位应当对其使用的特种设备进行经常性维护保养和定期自行检查，并作出记录。

特种设备使用单位应当对其使用的特种设备的安全附件、安全保护装置进行定期校验、检修，并作出记录。

第四十条 特种设备使用单位应当按照安全技术规范的要求，在检验合格有效期届满前一个月向特种设备检验机构提出定期检验要求。

特种设备检验机构接到定期检验要求后，应当按照安全技术规范的要求及时进行安全性能检验。特种设备使用单位应当将定期检验标志置于该特种设备的显著位置。

未经定期检验或者检验不合格的特种设备，不得继续使用。

第四十一条 特种设备安全管理人员应当对特种设备使用状况进行经常性检查，发现问题应当立即处理；情况紧急时，可以决定停止使用特种设备并及时报告本单位有关负责人。

特种设备作业人员在作业过程中发现事故隐患或者其他不安全因素，应当立即向特种设备安全管理人员和单位有关负责人报告；特种设备运行不正常时，特种设备作业人员应当按照操作规程采取有效措施保证安全。

第四十二条 特种设备出现故障或者发生异常情况，特种设备使用单位应当对其进行全面检查，消除事故隐患，方可继续使用。

第四十三条 客运索道、大型游乐设施在每日投入使用前，其运营使用单位应当进行试运行和例行安全检查，并对安全附件和安全保护装置进行检查确认。

电梯、客运索道、大型游乐设施的运营使用单位应当将电梯、客运索道、大型游乐设施的安全使用说明、安全注意事项和警示标志置于易于为乘客注意的显著位置。

公众乘坐或者操作电梯、客运索道、大型游乐设施，应当遵守安全使用说明和安全注意事项的要求，服从有关工作人员的管理和指挥；遇有运行不正常时，应当按照安全指引，有序撤离。

第四十四条 锅炉使用单位应当按照安全技术规范的要求进行锅炉水（介）质处理，并接受特种设备检验机构的定期检验。

从事锅炉清洗，应当按照安全技术规范的要求进行，并接受特种设备检验机构的监督检验。

第四十五条 电梯的维护保养应当由电梯制造单位或者依照本法取得许可的安装、改造、修理单位进行。

电梯的维护保养单位应当在维护保养中严格执行安全技术规范的要求，保证其维护保养的电梯的安全性能，并负责落实现场安全防护措施，保证施工安全。

电梯的维护保养单位应当对其维护保养的电梯的安全性能负责；接到故障通知后，应当立即赶赴现场，并采取必要的应急救援措施。

第四十六条 电梯投入使用后，电梯制造单位应当对其制造的电梯的安全运行情况进行跟踪调查和了解，对电梯的维护保养单位或者使用单位在维护保养和安全运行方面存在的问题，提出改进建议，并提供必要的技术帮助；发现电梯存在严重事故隐患时，应当及时告知电梯使用单位，并向负责特种设备安全监督管理的部门报告。电梯制造单位对调查和了解的情况，应当作出记录。

第四十七条 特种设备进行改造、修理，按照规定需要变更使用登记的，应当办理变更登记，方可继续使用。

第四十八条 特种设备存在严重事故隐患，无改造、修理价值，或者达到安全技术规范规定的其他报废条件的，特种设备使用单位应当依法履行报废义务，采取必要措施消除该特种设备的使用功能，并向原登记的负责特种设备安全监督管理的部门办理使用登记证书注销手续。

前款规定报废条件以外的特种设备，达到设计使用年限可以继续使用的，应当按照安全技术规范的要求通过检验或者安全评估，并办理使用登记证书变更，方可继续使用。允许继续使用的，应当采取加强检验、检测和维护保养等措施，确保使用安全。

第四十九条　移动式压力容器、气瓶充装单位，应当具备下列条件，并经负责特种设备安全监督管理的部门许可，方可从事充装活动：

（一）有与充装和管理相适应的管理人员和技术人员；

（二）有与充装和管理相适应的充装设备、检测手段、场地厂房、器具、安全设施；

（三）有健全的充装管理制度、责任制度、处理措施。

充装单位应当建立充装前后的检查、记录制度，禁止对不符合安全技术规范要求的移动式压力容器和气瓶进行充装。

气瓶充装单位应当向气体使用者提供符合安全技术规范要求的气瓶，对气体使用者进行气瓶安全使用指导，并按照安全技术规范的要求办理气瓶使用登记，及时申报定期检验。

第三章　检　验、检　测

第五十条　从事本法规定的监督检验、定期检验的特种设备检验机构，以及为特种设备生产、经营、使用提供检测服务的特种设备检测机构，应当具备下列条件，并经负责特种设备安全监督管理的部门核准，方可从事检验、检测工作：

（一）有与检验、检测工作相适应的检验、检测人员；

（二）有与检验、检测工作相适应的检验、检测仪器和设备；

（三）有健全的检验、检测管理制度和责任制度。

第五十一条　特种设备检验、检测机构的检验、检测人员应当经考核，取得检验、检测人员资格，方可从事检验、检测工作。

特种设备检验、检测机构的检验、检测人员不得同时在两个以上检验、检测机构中执业；变更执业机构的，应当依法办理变更手续。

第五十二条　特种设备检验、检测工作应当遵守法律、行政法规的规定，并按照安全技术规范的要求进行。

特种设备检验、检测机构及其检验、检测人员应当依法为特种设备生产、经营、使用单位提供安全、可靠、便捷、诚信的检验、检测服务。

第五十三条　特种设备检验、检测机构及其检验、检测人员应当客观、公正、及时地出具检验、检测报告，并对检验、检测结果和鉴定结论负责。

特种设备检验、检测机构及其检验、检测人员在检验、检测中发现特种设备存在严重事故隐患时，应当及时告知相关单位，并立即向负责特种设备安全监督管理的部门报告。

负责特种设备安全监督管理的部门应当组织对特种设备检验、检测机构的检验、检测结果和鉴定结论进行监督抽查，但应当防止重复抽查。监督抽查结果应当向社会公布。

第五十四条　特种设备生产、经营、使用单位应当按照安全技术规范的要求向特种设备检验、检测机构及其检验、检测人员提供特种设备相关资料和必要的检验、检测条件，并对资料的真实性负责。

第五十五条　特种设备检验、检测机构及其检验、检测人员对检验、检测过程中知悉的商业秘密，负有保密义务。

特种设备检验、检测机构及其检验、检测人员不得从事有关特种设备的生产、经营活动，不得推荐或者监制、监销特种设备。

第五十六条 特种设备检验机构及其检验人员利用检验工作故意刁难特种设备生产、经营、使用单位的，特种设备生产、经营、使用单位有权向负责特种设备安全监督管理的部门投诉，接到投诉的部门应当及时进行调查处理。

第四章 监 督 管 理

第五十七条 负责特种设备安全监督管理的部门依照本法规定，对特种设备生产、经营、使用单位和检验、检测机构实施监督检查。

负责特种设备安全监督管理的部门应当对学校、幼儿园以及医院、车站、客运码头、商场、体育场馆、展览馆、公园等公众聚集场所的特种设备，实施重点安全监督检查。

第五十八条 负责特种设备安全监督管理的部门实施本法规定的许可工作，应当依照本法和其他有关法律、行政法规规定的条件和程序以及安全技术规范的要求进行审查；不符合规定的，不得许可。

第五十九条 负责特种设备安全监督管理的部门在办理本法规定的许可时，其受理、审查、许可的程序必须公开，并应当自受理申请之日起三十日内，作出许可或者不予许可的决定；不予许可的，应当书面向申请人说明理由。

第六十条 负责特种设备安全监督管理的部门对依法办理使用登记的特种设备应当建立完整的监督管理档案和信息查询系统；对达到报废条件的特种设备，应当及时督促特种设备使用单位依法履行报废义务。

第六十一条 负责特种设备安全监督管理的部门在依法履行监督检查职责时，可以行使下列职权：

（一）进入现场进行检查，向特种设备生产、经营、使用单位和检验、检测机构的主要负责人和其他有关人员调查、了解有关情况；

（二）根据举报或者取得的涉嫌违法证据，查阅、复制特种设备生产、经营、使用单位和检验、检测机构的有关合同、发票、账簿以及其他有关资料；

（三）对有证据表明不符合安全技术规范要求或者存在严重事故隐患的特种设备实施查封、扣押；

（四）对流入市场的达到报废条件或者已经报废的特种设备实施查封、扣押；

（五）对违反本法规定的行为作出行政处罚决定。

第六十二条 负责特种设备安全监督管理的部门在依法履行职责过程中，发现违反本法规定和安全技术规范要求的行为或者特种设备存在事故隐患时，应当以书面形式发出特种设备安全监察指令，责令有关单位及时采取措施予以改正或者消除事故隐患。紧急情况下要求有关单位采取紧急处置措施的，应当随后补发特种设备安全监察指令。

第六十三条 负责特种设备安全监督管理的部门在依法履行职责过程中，发现重大违法行为或者特种设备存在严重事故隐患时，应当责令有关单位立即停止违法行为、采取措施消除事故隐患，并及时向上级负责特种设备安全监督管理的部门报告。接到报告的负责特种设备安全监督管理的部门应当采取必要措施，及时予以处理。

对违法行为、严重事故隐患的处理需要当地人民政府和有关部门的支持、配合时，负责特种设备安全监督管理的部门应当报告当地人民政府，并通知其他有关部门。当地人民政府和其他有关部门应当采取必要措施，及时予以处理。

第六十四条 　地方各级人民政府负责特种设备安全监督管理的部门不得要求已经依照本法规定在其他地方取得许可的特种设备生产单位重复取得许可，不得要求对已经依照本法规定在其他地方检验合格的特种设备重复进行检验。

第六十五条 　负责特种设备安全监督管理的部门的安全监察人员应当熟悉相关法律、法规，具有相应的专业知识和工作经验，取得特种设备安全行政执法证件。

特种设备安全监察人员应当忠于职守、坚持原则、秉公执法。

负责特种设备安全监督管理的部门实施安全监督检查时，应当有二名以上特种设备安全监察人员参加，并出示有效的特种设备安全行政执法证件。

第六十六条 　负责特种设备安全监督管理的部门对特种设备生产、经营、使用单位和检验、检测机构实施监督检查，应当对每次监督检查的内容、发现的问题及处理情况作出记录，并由参加监督检查的特种设备安全监察人员和被检查单位的有关负责人签字后归档。被检查单位的有关负责人拒绝签字的，特种设备安全监察人员应当将情况记录在案。

第六十七条 　负责特种设备安全监督管理的部门及其工作人员不得推荐或者监制、监销特种设备；对履行职责过程中知悉的商业秘密负有保密义务。

第六十八条 　国务院负责特种设备安全监督管理的部门和省、自治区、直辖市人民政府负责特种设备安全监督管理的部门应当定期向社会公布特种设备安全总体状况。

第五章　事故应急救援与调查处理

第六十九条 　国务院负责特种设备安全监督管理的部门应当依法组织制定特种设备重特大事故应急预案，报国务院批准后纳入国家突发事件应急预案体系。

县级以上地方各级人民政府及其负责特种设备安全监督管理的部门应当依法组织制定本行政区域内特种设备事故应急预案，建立或者纳入相应的应急处置与救援体系。

特种设备使用单位应当制定特种设备事故应急专项预案，并定期进行应急演练。

第七十条 　特种设备发生事故后，事故发生单位应当按照应急预案采取措施，组织抢救，防止事故扩大，减少人员伤亡和财产损失，保护事故现场和有关证据，并及时向事故发生地县级以上人民政府负责特种设备安全监督管理的部门和有关部门报告。

县级以上人民政府负责特种设备安全监督管理的部门接到事故报告，应当尽快核实情况，立即向本级人民政府报告，并按照规定逐级上报。必要时，负责特种设备安全监督管理的部门可以越级上报事故情况。对特别重大事故、重大事故，国务院负责特种设备安全监督管理的部门应当立即报告国务院并通报国务院安全生产监督管理部门等有关部门。

与事故相关的单位和人员不得迟报、谎报或者瞒报事故情况，不得隐匿、毁灭有关证据或者故意破坏事故现场。

第七十一条 　事故发生地人民政府接到事故报告，应当依法启动应急预案，采取应急处置措施，组织应急救援。

第七十二条 　特种设备发生特别重大事故，由国务院或者国务院授权有关部门组织事故调查组进行调查。

发生重大事故，由国务院负责特种设备安全监督管理的部门会同有关部门组织事故调查组进行调查。

发生较大事故，由省、自治区、直辖市人民政府负责特种设备安全监督管理的部门会同有关部门组织事故调查组进行调查。

发生一般事故，由设区的市级人民政府负责特种设备安全监督管理的部门会同有关部门组织事故调查组进行调查。

事故调查组应当依法、独立、公正开展调查，提出事故调查报告。

第七十三条　组织事故调查的部门应当将事故调查报告报本级人民政府，并报上一级人民政府负责特种设备安全监督管理的部门备案。有关部门和单位应当依照法律、行政法规的规定，追究事故责任单位和人员的责任。

事故责任单位应当依法落实整改措施，预防同类事故发生。事故造成损害的，事故责任单位应当依法承担赔偿责任。

第六章　法　律　责　任

第七十四条　违反本法规定，未经许可从事特种设备生产活动的，责令停止生产，没收违法制造的特种设备，处十万元以上五十万元以下罚款；有违法所得的，没收违法所得；已经实施安装、改造、修理的，责令恢复原状或者责令限期由取得许可的单位重新安装、改造、修理。

第七十五条　违反本法规定，特种设备的设计文件未经鉴定，擅自用于制造的，责令改正，没收违法制造的特种设备，处五万元以上五十万元以下罚款。

第七十六条　违反本法规定，未进行型式试验的，责令限期改正；逾期未改正的，处三万元以上三十万元以下罚款。

第七十七条　违反本法规定，特种设备出厂时，未按照安全技术规范的要求随附相关技术资料和文件的，责令限期改正；逾期未改正的，责令停止制造、销售，处二万元以上二十万元以下罚款；有违法所得的，没收违法所得。

第七十八条　违反本法规定，特种设备安装、改造、修理的施工单位在施工前未书面告知负责特种设备安全监督管理的部门即行施工的，或者在验收后三十日内未将相关技术资料和文件移交特种设备使用单位的，责令限期改正；逾期未改正的，处一万元以上十万元以下罚款。

第七十九条　违反本法规定，特种设备的制造、安装、改造、重大修理以及锅炉清洗过程，未经监督检验的，责令限期改正；逾期未改正的，处五万元以上二十万元以下罚款；有违法所得的，没收违法所得；情节严重的，吊销生产许可证。

第八十条　违反本法规定，电梯制造单位有下列情形之一的，责令限期改正；逾期未改正的，处一万元以上十万元以下罚款：

（一）未按照安全技术规范的要求对电梯进行校验、调试的；

（二）对电梯的安全运行情况进行跟踪调查和了解时，发现存在严重事故隐患，未及时告知电梯使用单位并向负责特种设备安全监督管理的部门报告的。

第八十一条　违反本法规定，特种设备生产单位有下列行为之一的，责令限期改正；逾期未改正的，责令停止生产，处五万元以上五十万元以下罚款；情节严重的，吊销生产许可证：

（一）不再具备生产条件、生产许可证已经过期或者超出许可范围生产的；

（二）明知特种设备存在同一性缺陷，未立即停止生产并召回的。

违反本法规定，特种设备生产单位生产、销售、交付国家明令淘汰的特种设备的，责令停止生产、销售，没收违法生产、销售、交付的特种设备，处三万元以上三十万元以下罚款；有违法所得的，没收违法所得。

特种设备生产单位涂改、倒卖、出租、出借生产许可证的，责令停止生产，处五万元以上五十万元以下罚款；情节严重的，吊销生产许可证。

第八十二条　违反本法规定，特种设备经营单位有下列行为之一的，责令停止经营，没收违法经营的特种设备，处三万元以上三十万元以下罚款；有违法所得的，没收违法所得：

（一）销售、出租未取得许可生产，未经检验或者检验不合格的特种设备的；

（二）销售、出租国家明令淘汰、已经报废的特种设备，或者未按照安全技术规范的要求进行维护保养的特种设备的。

违反本法规定，特种设备销售单位未建立检查验收和销售记录制度，或者进口特种设备未履行提前告知义务的，责令改正，处一万元以上十万元以下罚款。

特种设备生产单位销售、交付未经检验或者检验不合格的特种设备的，依照本条第一款规定处罚；情节严重的，吊销生产许可证。

第八十三条　违反本法规定，特种设备使用单位有下列行为之一的，责令限期改正；逾期未改正的，责令停止使用有关特种设备，处一万元以上十万元以下罚款：

（一）使用特种设备未按照规定办理使用登记的；

（二）未建立特种设备安全技术档案或者安全技术档案不符合规定要求，或者未依法设置使用登记标志、定期检验标志的；

（三）未对其使用的特种设备进行经常性维护保养和定期自行检查，或者未对其使用的特种设备的安全附件、安全保护装置进行定期校验、检修，并作出记录的；

（四）未按照安全技术规范的要求及时申报并接受检验的；

（五）未按照安全技术规范的要求进行锅炉水（介）质处理的；

（六）未制定特种设备事故应急专项预案的。

第八十四条　违反本法规定，特种设备使用单位有下列行为之一的，责令停止使用有关特种设备，处三万元以上三十万元以下罚款：

（一）使用未取得许可生产，未经检验或者检验不合格的特种设备，或者国家明令淘汰、已经报废的特种设备的；

（二）特种设备出现故障或者发生异常情况，未对其进行全面检查、消除事故隐患，继续使用的；

（三）特种设备存在严重事故隐患，无改造、修理价值，或者达到安全技术规范规定的其他报废条件，未依法履行报废义务，并办理使用登记证书注销手续的。

第八十五条　违反本法规定，移动式压力容器、气瓶充装单位有下列行为之一的，责令改正，处二万元以上二十万元以下罚款；情节严重的，吊销充装许可证：

（一）未按照规定实施充装前后的检查、记录制度的；

（二）对不符合安全技术规范要求的移动式压力容器和气瓶进行充装的。

违反本法规定，未经许可，擅自从事移动式压力容器或者气瓶充装活动的，予以取缔，没收违法充装的气瓶，处十万元以上五十万元以下罚款；有违法所得的，没收违法所得。

第八十六条 违反本法规定，特种设备生产、经营、使用单位有下列情形之一的，责令限期改正；逾期未改正的，责令停止使用有关特种设备或者停产停业整顿，处一万元以上五万元以下罚款：

（一）未配备具有相应资格的特种设备安全管理人员、检测人员和作业人员的；

（二）使用未取得相应资格的人员从事特种设备安全管理、检测和作业的；

（三）未对特种设备安全管理人员、检测人员和作业人员进行安全教育和技能培训的。

第八十七条 违反本法规定，电梯、客运索道、大型游乐设施的运营使用单位有下列情形之一的，责令限期改正；逾期未改正的，责令停止使用有关特种设备或者停产停业整顿，处二万元以上十万元以下罚款：

（一）未设置特种设备安全管理机构或者配备专职的特种设备安全管理人员的；

（二）客运索道、大型游乐设施每日投入使用前，未进行试运行和例行安全检查，未对安全附件和安全保护装置进行检查确认的；

（三）未将电梯、客运索道、大型游乐设施的安全使用说明、安全注意事项和警示标志置于易于为乘客注意的显著位置的。

第八十八条 违反本法规定，未经许可，擅自从事电梯维护保养的，责令停止违法行为，处一万元以上十万元以下罚款；有违法所得的，没收违法所得。

电梯的维护保养单位未按照本法规定以及安全技术规范的要求，进行电梯维护保养的，依照前款规定处罚。

第八十九条 发生特种设备事故，有下列情形之一的，对单位处五万元以上二十万元以下罚款；对主要负责人处一万元以上五万元以下罚款；主要负责人属于国家工作人员的，并依法给予处分：

（一）发生特种设备事故时，不立即组织抢救或者在事故调查处理期间擅离职守或者逃匿的；

（二）对特种设备事故迟报、谎报或者瞒报的。

第九十条 发生事故，对负有责任的单位除要求其依法承担相应的赔偿等责任外，依照下列规定处以罚款：

（一）发生一般事故，处十万元以上二十万元以下罚款；

（二）发生较大事故，处二十万元以上五十万元以下罚款；

（三）发生重大事故，处五十万元以上二百万元以下罚款。

第九十一条 对事故发生负有责任的单位的主要负责人未依法履行职责或者负有领导责任的，依照下列规定处以罚款；属于国家工作人员的，并依法给予处分：

（一）发生一般事故，处上一年年收入百分之三十的罚款；

（二）发生较大事故，处上一年年收入百分之四十的罚款；

（三）发生重大事故，处上一年年收入百分之六十的罚款。

第九十二条 违反本法规定，特种设备安全管理人员、检测人员和作业人员不履行岗位职责，违反操作规程和有关安全规章制度，造成事故的，吊销相关人员的资格。

第九十三条　违反本法规定，特种设备检验、检测机构及其检验、检测人员有下列行为之一的，责令改正，对机构处五万元以上二十万元以下罚款，对直接负责的主管人员和其他直接责任人员处五千元以上五万元以下罚款；情节严重的，吊销机构资质和有关人员的资格：

（一）未经核准或者超出核准范围、使用未取得相应资格的人员从事检验、检测的；

（二）未按照安全技术规范的要求进行检验、检测的；

（三）出具虚假的检验、检测结果和鉴定结论或者检验、检测结果和鉴定结论严重失实的；

（四）发现特种设备存在严重事故隐患，未及时告知相关单位，并立即向负责特种设备安全监督管理的部门报告的；

（五）泄露检验、检测过程中知悉的商业秘密的；

（六）从事有关特种设备的生产、经营活动的；

（七）推荐或者监制、监销特种设备的；

（八）利用检验工作故意刁难相关单位的。

违反本法规定，特种设备检验、检测机构的检验、检测人员同时在两个以上检验、检测机构中执业的，处五千元以上五万元以下罚款；情节严重的，吊销其资格。

第九十四条　违反本法规定，负责特种设备安全监督管理的部门及其工作人员有下列行为之一的，由上级机关责令改正；对直接负责的主管人员和其他直接责任人员，依法给予处分：

（一）未依照法律、行政法规规定的条件、程序实施许可的；

（二）发现未经许可擅自从事特种设备的生产、使用或者检验、检测活动不予取缔或者不依法予以处理的；

（三）发现特种设备生产单位不再具备本法规定的条件而不吊销其许可证，或者发现特种设备生产、经营、使用违法行为不予查处的；

（四）发现特种设备检验、检测机构不再具备本法规定的条件而不撤销其核准，或者对其出具虚假的检验、检测结果和鉴定结论或者检验、检测结果和鉴定结论严重失实的行为不予查处的；

（五）发现违反本法规定和安全技术规范要求的行为或者特种设备存在事故隐患，不立即处理的；

（六）发现重大违法行为或者特种设备存在严重事故隐患，未及时向上级负责特种设备安全监督管理的部门报告，或者接到报告的负责特种设备安全监督管理的部门不立即处理的；

（七）要求已经依照本法规定在其他地方取得许可的特种设备生产单位重复取得许可，或者要求对已经依照本法规定在其他地方检验合格的特种设备重复进行检验的；

（八）推荐或者监制、监销特种设备的；

（九）泄露履行职责过程中知悉的商业秘密的；

（十）接到特种设备事故报告未立即向本级人民政府报告，并按照规定上报的；

（十一）迟报、漏报、谎报或者瞒报事故的；

（十二）妨碍事故救援或者事故调查处理的；

（十三）其他滥用职权、玩忽职守、徇私舞弊的行为。

第九十五条　违反本法规定，特种设备生产、经营、使用单位或者检验、检测机构拒不接受负责特种设备安全监督管理的部门依法实施的监督检查的，责令限期改正；逾期未改正的，责令停产停业整顿，处二万元以上二十万元以下罚款。

特种设备生产、经营、使用单位擅自动用、调换、转移、损毁被查封、扣押的特种设备或者其主要部件的，责令改正，处五万元以上二十万元以下罚款；情节严重的，吊销生产许可证，注销特种设备使用登记证书。

第九十六条 违反本法规定，被依法吊销许可证的，自吊销许可证之日起三年内，负责特种设备安全监督管理的部门不予受理其新的许可申请。

第九十七条 违反本法规定，造成人身、财产损害的，依法承担民事责任。

违反本法规定，应当承担民事赔偿责任和缴纳罚款、罚金，其财产不足以同时支付时，先承担民事赔偿责任。

第九十八条 违反本法规定，构成违反治安管理行为的，依法给予治安管理处罚；构成犯罪的，依法追究刑事责任。

第七章 附 则

第九十九条 特种设备行政许可、检验的收费，依照法律、行政法规的规定执行。

第一百条 军事装备、核设施、航空航天器使用的特种设备安全的监督管理不适用本法。

铁路机车、海上设施和船舶、矿山井下使用的特种设备以及民用机场专用设备安全的监督管理，房屋建筑工地、市政工程工地用起重机械和场（厂）内专用机动车辆的安装、使用的监督管理，由有关部门依照本法和其他有关法律的规定实施。

第一百零一条 本法自 2014 年 1 月 1 日起施行。

中华人民共和国建筑法

中华人民共和国主席令第四十六号

（1997 年 11 月 1 日第八届全国人民代表大会常务委员会第二十八次会议通过，根据 2011 年 4 月 22 日第十一届全国人民代表大会常务委员会第二十次会议《关于修改〈中华人民共和国建筑法〉的决定》修正）

第一章 总 则

第一条 为了加强对建筑活动的监督管理，维护建筑市场秩序，保证建筑工程的质量和安全，促进建筑业健康发展，制定本法。

第二条 在中华人民共和国境内从事建筑活动，实施对建筑活动的监督管理，应当遵守本法。

本法所称建筑活动，是指各类房屋建筑及其附属设施的建造和与其配套的线路、管道、设备的安装活动。

第三条 建筑活动应当确保建筑工程质量和安全，符合国家的建筑工程安全标准。

第四条 国家扶持建筑业的发展，支持建筑科学技术研究，提高房屋建筑设计水平，鼓励节约能源和保护环境，提倡采用先进技术、先进设备、先进工艺、新型建筑材料和现代管理方式。

第五条 从事建筑活动应当遵守法律、法规，不得损害社会公共利益和他人的合法权益。

任何单位和个人都不得妨碍和阻挠依法进行的建筑活动。

第六条 国务院建设行政主管部门对全国的建筑活动实施统一监督管理。

第二章 建 筑 许 可

第一节 建筑工程施工许可

第七条 建筑工程开工前，建设单位应当按照国家有关规定向工程所在地县级以上人民政府建设行政主管部门申请领取施工许可证；但是，国务院建设行政主管部门确定的限额以下的小型工程除外。

按照国务院规定的权限和程序批准开工报告的建筑工程，不再领取施工许可证。

第八条 申请领取施工许可证，应当具备下列条件：

（一）已经办理该建筑工程用地批准手续；

（二）在城市规划区的建筑工程，已经取得规划许可证；

（三）需要拆迁的，其拆迁进度符合施工要求；

（四）已经确定建筑施工企业；

（五）有满足施工需要的施工图纸及技术资料；

（六）有保证工程质量和安全的具体措施；

（七）建设资金已经落实；

（八）法律、行政法规规定的其他条件。

建设行政主管部门应当自收到申请之日起十五日内，对符合条件的申请颁发施工许可证。

第九条　建设单位应当自领取施工许可证之日起三个月内开工。因故不能按期开工的，应当向发证机关申请延期；延期以两次为限，每次不超过三个月。既不开工又不申请延期或者超过延期时限的，施工许可证自行废止。

第十条　在建的建筑工程因故中止施工的，建设单位应当自中止施工之日起一个月内，向发证机关报告，并按照规定做好建筑工程的维护管理工作。

建筑工程恢复施工时，应当向发证机关报告；中止施工满一年的工程恢复施工前，建设单位应当报发证机关核验施工许可证。

第十一条　按照国务院有关规定批准开工报告的建筑工程，因故不能按期开工或者中止施工的，应当及时向批准机关报告情况。因故不能按期开工超过六个月的，应当重新办理开工报告的批准手续。

第二节　从　业　资　格

第十二条　从事建筑活动的建筑施工企业、勘察单位、设计单位和工程监理单位，应当具备下列条件：

（一）有符合国家规定的注册资本；

（二）有与其从事的建筑活动相适应的具有法定执业资格的专业技术人员；

（三）有从事相关建筑活动所应有的技术装备；

（四）法律、行政法规规定的其他条件。

第十三条　从事建筑活动的建筑施工企业、勘察单位、设计单位和工程监理单位，按照其拥有的注册资本、专业技术人员、技术装备和已完成的建筑工程业绩等资质条件，划分为不同的资质等级，经资质审查合格，取得相应等级的资质证书后，方可在其资质等级许可的范围内从事建筑活动。

第十四条　从事建筑活动的专业技术人员，应当依法取得相应的执业资格证书，并在执业资格证书许可的范围内从事建筑活动。

第三章　建筑工程发包与承包

第一节　一　般　规　定

第十五条　建筑工程的发包单位与承包单位应当依法订立书面合同，明确双方的权利和义务。

发包单位和承包单位应当全面履行合同约定的义务。不按照合同约定履行义务的，依法承担违约责任。

第十六条　建筑工程发包与承包的招标投标活动，应当遵循公开、公正、平等竞争的原则，择优选择承包单位。

建筑工程的招标投标，本法没有规定的，适用有关招标投标法律的规定。

第十七条 发包单位及其工作人员在建筑工程发包中不得收受贿赂、回扣或者索取其他好处。

承包单位及其工作人员不得利用向发包单位及其工作人员行贿、提供回扣或者给予其他好处等不正当手段承揽工程。

第十八条 建筑工程造价应当按照国家有关规定，由发包单位与承包单位在合同中约定。公开招标发包的，其造价的约定，须遵守招标投标法律的规定。

发包单位应当按照合同的约定，及时拨付工程款项。

第二节 发 包

第十九条 建筑工程依法实行招标发包，对不适于招标发包的可以直接发包。

第二十条 建筑工程实行公开招标的，发包单位应当依照法定程序和方式，发布招标公告，提供载有招标工程的主要技术要求、主要的合同条款、评标的标准和方法以及开标、评标、定标的程序等内容的招标文件。

开标应当在招标文件规定的时间、地点公开进行。开标后应当按照招标文件规定的评标标准和程序对标书进行评价、比较，在具备相应资质条件的投标者中，择优选定中标者。

第二十一条 建筑工程招标的开标、评标、定标由建设单位依法组织实施，并接受有关行政主管部门的监督。

第二十二条 建筑工程实行招标发包的，发包单位应当将建筑工程发包给依法中标的承包单位。建筑工程实行直接发包的，发包单位应当将建筑工程发包给具有相应资质条件的承包单位。

第二十三条 政府及其所属部门不得滥用行政权力，限定发包单位将招标发包的建筑工程发包给指定的承包单位。

第二十四条 提倡对建筑工程实行总承包，禁止将建筑工程肢解发包。

建筑工程的发包单位可以将建筑工程的勘察、设计、施工、设备采购一并发包给一个工程总承包单位，也可以将建筑工程勘察、设计、施工、设备采购的一项或者多项发包给一个工程总承包单位；但是，不得将应当由一个承包单位完成的建筑工程肢解成若干部分发包给几个承包单位。

第二十五条 按照合同约定，建筑材料、建筑构配件和设备由工程承包单位采购的，发包单位不得指定承包单位购入用于工程的建筑材料、建筑构配件和设备或者指定生产厂、供应商。

第三节 承 包

第二十六条 承包建筑工程的单位应当持有依法取得的资质证书，并在其资质等级许可的业务范围内承揽工程。

禁止建筑施工企业超越本企业资质等级许可的业务范围或者以任何形式用其他建筑施工企业的名义承揽工程。禁止建筑施工企业以任何形式允许其他单位或者个人使用本企业的资质证书、营业执照，以本企业的名义承揽工程。

第二十七条 大型建筑工程或者结构复杂的建筑工程，可以由两个以上的承包单位联合共同承包。共同承包的各方对承包合同的履行承担连带责任。

两个以上不同资质等级的单位实行联合共同承包的，应当按照资质等级低的单位的业务许可范围承揽工程。

第二十八条 禁止承包单位将其承包的全部建筑工程转包给他人，禁止承包单位将其承包的全部建筑工程肢解以后以分包的名义分别转包给他人。

第二十九条 建筑工程总承包单位可以将承包工程中的部分工程发包给具有相应资质条件的分包单位；但是，除总承包合同中约定的分包外，必须经建设单位认可。施工总承包的，建筑工程主体结构的施工必须由总承包单位自行完成。

建筑工程总承包单位按照总承包合同的约定对建设单位负责；分包单位按照分包合同的约定对总承包单位负责。总承包单位和分包单位就分包工程对建设单位承担连带责任。

禁止总承包单位将工程分包给不具备相应资质条件的单位。禁止分包单位将其承包的工程再分包。

第四章 建筑工程监理

第三十条 国家推行建筑工程监理制度。

国务院可以规定实行强制监理的建筑工程的范围。

第三十一条 实行监理的建筑工程，由建设单位委托具有相应资质条件的工程监理单位监理。建设单位与其委托的工程监理单位应当订立书面委托监理合同。

第三十二条 建筑工程监理应当依照法律、行政法规及有关的技术标准、设计文件和建筑工程承包合同，对承包单位在施工质量、建设工期和建设资金使用等方面，代表建设单位实施监督。

工程监理人员认为工程施工不符合工程设计要求、施工技术标准和合同约定的，有权要求建筑施工企业改正。

工程监理人员发现工程设计不符合建筑工程质量标准或者合同约定的质量要求的，应当报告建设单位要求设计单位改正。

第三十三条 实施建筑工程监理前，建设单位应当将委托的工程监理单位、监理的内容及监理权限，书面通知被监理的建筑施工企业。

第三十四条 工程监理单位应当在其资质等级许可的监理范围内，承担工程监理业务。

工程监理单位应当根据建设单位的委托，客观、公正地执行监理任务。

工程监理单位与被监理工程的承包单位以及建筑材料、建筑构配件和设备供应单位不得有隶属关系或者其他利害关系。

工程监理单位不得转让工程监理业务。

第三十五条 工程监理单位不按照委托监理合同的约定履行监理义务，对应当监督检查的项目不检查或者不按照规定检查，给建设单位造成损失的，应当承担相应的赔偿责任。

工程监理单位与承包单位串通，为承包单位谋取非法利益，给建设单位造成损失的，应当与承包单位承担连带赔偿责任。

第五章　建筑安全生产管理

第三十六条　建筑工程安全生产管理必须坚持安全第一、预防为主的方针，建立健全安全生产的责任制度和群防群治制度。

第三十七条　建筑工程设计应当符合按照国家规定制定的建筑安全规程和技术规范，保证工程的安全性能。

第三十八条　建筑施工企业在编制施工组织设计时，应当根据建筑工程的特点制定相应的安全技术措施；对专业性较强的工程项目，应当编制专项安全施工组织设计，并采取安全技术措施。

第三十九条　建筑施工企业应当在施工现场采取维护安全、防范危险、预防火灾等措施；有条件的，应当对施工现场实行封闭管理。

施工现场对毗邻的建筑物、构筑物和特殊作业环境可能造成损害的，建筑施工企业应当采取安全防护措施。

第四十条　建设单位应当向建筑施工企业提供与施工现场相关的地下管线资料，建筑施工企业应当采取措施加以保护。

第四十一条　建筑施工企业应当遵守有关环境保护和安全生产的法律、法规的规定，采取控制和处理施工现场的各种粉尘、废气、废水、固体废物以及噪声、振动对环境的污染和危害的措施。

第四十二条　有下列情形之一的，建设单位应当按照国家有关规定办理申请批准手续：

（一）需要临时占用规划批准范围以外场地的；

（二）可能损坏道路、管线、电力、邮电通信等公共设施的；

（三）需要临时停水、停电、中断道路交通的；

（四）需要进行爆破作业的；

（五）法律、法规规定需要办理报批手续的其他情形。

第四十三条　建设行政主管部门负责建筑安全生产的管理，并依法接受劳动行政主管部门对建筑安全生产的指导和监督。

第四十四条　建筑施工企业必须依法加强对建筑安全生产的管理，执行安全生产责任制度，采取有效措施，防止伤亡和其他安全生产事故的发生。

建筑施工企业的法定代表人对本企业的安全生产负责。

第四十五条　施工现场安全由建筑施工企业负责。实行施工总承包的，由总承包单位负责。分包单位向总承包单位负责，服从总承包单位对施工现场的安全生产管理。

第四十六条　建筑施工企业应当建立健全劳动安全生产教育培训制度，加强对职工安全生产的教育培训；未经安全生产教育培训的人员，不得上岗作业。

第四十七条　建筑施工企业和作业人员在施工过程中，应当遵守有关安全生产的法律、法规和建筑行业安全规章、规程，不得违章指挥或者违章作业。作业人员有权对影响人身健康的作业程序和作业条件提出改进意见，有权获得安全生产所需的防护用品。作业人员对危及生命安全和人身健康的行为有权提出批评、检举和控告。

第四十八条　建筑施工企业应当依法为职工参加工伤保险缴纳工伤保险费。鼓励企业为从事危险作业的职工办理意外伤害保险，支付保险费。

第四十九条 涉及建筑主体和承重结构变动的装修工程，建设单位应当在施工前委托原设计单位或者具有相应资质条件的设计单位提出设计方案；没有设计方案的，不得施工。

第五十条 房屋拆除应当由具备保证安全条件的建筑施工单位承担，由建筑施工单位负责人对安全负责。

第五十一条 施工中发生事故时，建筑施工企业应当采取紧急措施减少人员伤亡和事故损失，并按照国家有关规定及时向有关部门报告。

第六章 建 筑 工 程 质 量 管 理

第五十二条 建筑工程勘察、设计、施工的质量必须符合国家有关建筑工程安全标准的要求，具体管理办法由国务院规定。

有关建筑工程安全的国家标准不能适应确保建筑安全的要求时，应当及时修订。

第五十三条 国家对从事建筑活动的单位推行质量体系认证制度。从事建筑活动的单位根据自愿原则可以向国务院产品质量监督管理部门或者国务院产品质量监督管理部门授权的部门认可的认证机构申请质量体系认证。经认证合格的，由认证机构颁发质量体系认证证书。

第五十四条 建设单位不得以任何理由，要求建筑设计单位或者建筑施工企业在工程设计或者施工作业中，违反法律、行政法规和建筑工程质量、安全标准，降低工程质量。

建筑设计单位和建筑施工企业对建设单位违反前款规定提出的降低工程质量的要求，应当予以拒绝。

第五十五条 建筑工程实行总承包的，工程质量由工程总承包单位负责，总承包单位将建筑工程分包给其他单位的，应当对分包工程的质量与分包单位承担连带责任。分包单位应当接受总承包单位的质量管理。

第五十六条 建筑工程的勘察、设计单位必须对其勘察、设计的质量负责。勘察、设计文件应当符合有关法律、行政法规的规定和建筑工程质量、安全标准、建筑工程勘察、设计技术规范以及合同的约定。设计文件选用的建筑材料、建筑构配件和设备，应当注明其规格、型号、性能等技术指标，其质量要求必须符合国家规定的标准。

第五十七条 建筑设计单位对设计文件选用的建筑材料、建筑构配件和设备，不得指定生产厂、供应商。

第五十八条 建筑施工企业对工程的施工质量负责。

建筑施工企业必须按照工程设计图纸和施工技术标准施工，不得偷工减料。工程设计的修改由原设计单位负责，建筑施工企业不得擅自修改工程设计。

第五十九条 建筑施工企业必须按照工程设计要求、施工技术标准和合同的约定，对建筑材料、建筑构配件和设备进行检验，不合格的不得使用。

第六十条 建筑物在合理使用寿命内，必须确保地基基础工程和主体结构的质量。

建筑工程竣工时，屋顶、墙面不得留有渗漏、开裂等质量缺陷；对已发现的质量缺陷，建筑施工企业应当修复。

第六十一条 交付竣工验收的建筑工程，必须符合规定的建筑工程质量标准，有完整的工程技术经济资料和经签署的工程保修书，并具备国家规定的其他竣工条件。

建筑工程竣工经验收合格后，方可交付使用；未经验收或者验收不合格的，不得交付使用。

第六十二条 建筑工程实行质量保修制度。

建筑工程的保修范围应当包括地基基础工程、主体结构工程、屋面防水工程和其他土建工程，以及电气管线、上下水管线的安装工程，供热、供冷系统工程等项目；保修的期限应当按照保证建筑物合理寿命年限内正常使用，维护使用者合法权益的原则确定。具体的保修范围和最低保修期限由国务院规定。

第六十三条 任何单位和个人对建筑工程的质量事故、质量缺陷都有权向建设行政主管部门或者其他有关部门进行检举、控告、投诉。

第七章 法 律 责 任

第六十四条 违反本法规定，未取得施工许可证或者开工报告未经批准擅自施工的，责令改正，对不符合开工条件的责令停止施工，可以处以罚款。

第六十五条 发包单位将工程发包给不具有相应资质条件的承包单位的，或者违反本法规定将建筑工程肢解发包的，责令改正，处以罚款。

超越本单位资质等级承揽工程的，责令停止违法行为，处以罚款，可以责令停业整顿，降低资质等级；情节严重的，吊销资质证书；有违法所得的，予以没收。

未取得资质证书承揽工程的，予以取缔，并处罚款；有违法所得的，予以没收。

以欺骗手段取得资质证书的，吊销资质证书，处以罚款；构成犯罪的，依法追究刑事责任。

第六十六条 建筑施工企业转让、出借资质证书或者以其他方式允许他人以本企业的名义承揽工程的，责令改正，没收违法所得，并处罚款，可以责令停业整顿，降低资质等级；情节严重的，吊销资质证书。对因该项承揽工程不符合规定的质量标准造成的损失，建筑施工企业与使用本企业名义的单位或者个人承担连带赔偿责任。

第六十七条 承包单位将承包的工程转包的，或者违反本法规定进行分包的，责令改正，没收违法所得，并处罚款，可以责令停业整顿，降低资质等级；情节严重的，吊销资质证书。

承包单位有前款规定的违法行为的，对因转包工程或者违法分包的工程不符合规定的质量标准造成的损失，与接受转包或者分包的单位承担连带赔偿责任。

第六十八条 在工程发包与承包中索贿、受贿、行贿，构成犯罪的，依法追究刑事责任；不构成犯罪的，分别处以罚款，没收贿赂的财物，对直接负责的主管人员和其他直接责任人员给予处分。

对在工程承包中行贿的承包单位，除依照前款规定处罚外，可以责令停业整顿，降低资质等级或者吊销资质证书。

第六十九条 工程监理单位与建设单位或者建筑施工企业串通，弄虚作假、降低工程质量的，责令改正，处以罚款，降低资质等级或者吊销资质证书；有违法所得的，予以没收；造成损失的，承担连带赔偿责任；构成犯罪的，依法追究刑事责任。

工程监理单位转让监理业务的，责令改正，没收违法所得，可以责令停业整顿，降低资质等级；情节严重的，吊销资质证书。

第七十条 违反本法规定，涉及建筑主体或者承重结构变动的装修工程擅自施工的，责令改正，处以罚款；造成损失的，承担赔偿责任；构成犯罪的，依法追究刑事责任。

第七十一条　建筑施工企业违反本法规定，对建筑安全事故隐患不采取措施予以消除的，责令改正，可以处以罚款；情节严重的，责令停业整顿，降低资质等级或者吊销资质证书；构成犯罪的，依法追究刑事责任。

建筑施工企业的管理人员违章指挥、强令职工冒险作业，因而发生重大伤亡事故或者造成其他严重后果的，依法追究刑事责任。

第七十二条　建设单位违反本法规定，要求建筑设计单位或者建筑施工企业违反建筑工程质量、安全标准，降低工程质量的，责令改正，可以处以罚款；构成犯罪的，依法追究刑事责任。

第七十三条　建筑设计单位不按照建筑工程质量、安全标准进行设计的，责令改正，处以罚款；造成工程质量事故的，责令停业整顿，降低资质等级或者吊销资质证书，没收违法所得，并处罚款；造成损失的，承担赔偿责任；构成犯罪的，依法追究刑事责任。

第七十四条　建筑施工企业在施工中偷工减料的，使用不合格的建筑材料、建筑构配件和设备的，或者有其他不按照工程设计图纸或者施工技术标准施工的行为的，责令改正，处以罚款；情节严重的，责令停业整顿，降低资质等级或者吊销资质证书；造成建筑工程质量不符合规定的质量标准的，负责返工、修理，并赔偿因此造成的损失；构成犯罪的，依法追究刑事责任。

第七十五条　建筑施工企业违反本法规定，不履行保修义务或者拖延履行保修义务的，责令改正，可以处以罚款，并对在保修期内因屋顶、墙面渗漏、开裂等质量缺陷造成的损失，承担赔偿责任。

第七十六条　本法规定的责令停业整顿、降低资质等级和吊销资质证书的行政处罚，由颁发资质证书的机关决定；其他行政处罚，由建设行政主管部门或者有关部门依照法律和国务院规定的职权范围决定。

依照本法规定被吊销资质证书的，由工商行政管理部门吊销其营业执照。

第七十七条　违反本法规定，对不具备相应资质等级条件的单位颁发该等级资质证书的，由其上级机关责令收回所发的资质证书，对直接负责的主管人员和其他直接责任人员给予行政处分；构成犯罪的，依法追究刑事责任。

第七十八条　政府及其所属部门的工作人员违反本法规定，限定发包单位将招标发包的工程发包给指定的承包单位的，由上级机关责令改正；构成犯罪的，依法追究刑事责任。

第七十九条　负责颁发建筑工程施工许可证的部门及其工作人员对不符合施工条件的建筑工程颁发施工许可证的，负责工程质量监督检查或者竣工验收的部门及其工作人员对不合格的建筑工程出具质量合格文件或者按合格工程验收的，由上级机关责令改正，对责任人员给予行政处分；构成犯罪的，依法追究刑事责任；造成损失的，由该部门承担相应的赔偿责任。

第八十条　在建筑物的合理使用寿命内，因建筑工程质量不合格受到损害的，有权向责任者要求赔偿。

第八章　附　　则

第八十一条　本法关于施工许可、建筑施工企业资质审查和建筑工程发包、承包、禁止转包，以及建筑工程监理、建筑工程安全和质量管理的规定，适用于其他专业建筑工程的建筑活动，具体办法由国务院规定。

第八十二条　建设行政主管部门和其他有关部门在对建筑活动实施监督管理中，除按照国务院有关规定收取费用外，不得收取其他费用。

第八十三条　省、自治区、直辖市人民政府确定的小型房屋建筑工程的建筑活动，参照本法执行。

依法核定作为文物保护的纪念建筑物和古建筑等的修缮，依照文物保护的有关法律规定执行。

抢险救灾及其他临时性房屋建筑和农民自建低层住宅的建筑活动，不适用本法。

第八十四条　军用房屋建筑工程建筑活动的具体管理办法，由国务院、中央军事委员会依据本法制定。

第八十五条　本法自 1998 年 3 月 1 日起施行。

第二部分　行　政　法　规

电力监管条例

国务院令第 432 号

（2005 年 2 月 2 日国务院第 80 次常务会议通过，自 2005 年 5 月 1 日起施行）

第一章 总 则

第一条 为了加强电力监管，规范电力监管行为，完善电力监管制度，制定本条例。

第二条 电力监管的任务是维护电力市场秩序，依法保护电力投资者、经营者、使用者的合法权益和社会公共利益，保障电力系统安全稳定运行，促进电力事业健康发展。

第三条 电力监管应当依法进行，并遵循公开、公正和效率的原则。

第四条 国务院电力监管机构依照本条例和国务院有关规定，履行电力监管和行政执法职能；国务院有关部门依照有关法律、行政法规和国务院有关规定，履行相关的监管职能和行政执法职能。

第五条 任何单位和个人对违反本条例和国家有关电力监管规定的行为有权向电力监管机构和政府有关部门举报，电力监管机构和政府有关部门应当及时处理，并依照有关规定对举报有功人员给予奖励。

第二章 监 管 机 构

第六条 国务院电力监管机构根据履行职责的需要，经国务院批准，设立派出机构。国务院电力监管机构对派出机构实行统一领导和管理。

国务院电力监管机构的派出机构在国务院电力监管机构的授权范围内，履行电力监管职责。

第七条 电力监管机构从事监管工作的人员，应当具备与电力监管工作相适应的专业知识和业务工作经验。

第八条 电力监管机构从事监管工作的人员，应当忠于职守，依法办事，公正廉洁，不得利用职务便利谋取不正当利益，不得在电力企业、电力调度交易机构兼任职务。

第九条 电力监管机构应当建立监管责任制度和监管信息公开制度。

第十条 电力监管机构及其从事监管工作的人员依法履行电力监管职责，有关单位和人员应当予以配合和协助。

第十一条 电力监管机构应当接受国务院财政、监察、审计等部门依法实施的监督。

第三章 监 管 职 责

第十二条 国务院电力监管机构依照有关法律、行政法规和本条例的规定，在其职责范围内制定并发布电力监管规章、规则。

第十三条 电力监管机构依照有关法律和国务院有关规定，颁发和管理电力业务许可证。

第十四条　电力监管机构按照国家有关规定，对发电企业在各电力市场中所占份额的比例实施监管。

第十五条　电力监管机构对发电厂并网、电网互联以及发电厂与电网协调运行中执行有关规章、规则的情况实施监管。

第十六条　电力监管机构对电力市场向从事电力交易的主体公平、无歧视开放的情况以及输电企业公平开放电网的情况依法实施监管。

第十七条　电力监管机构对电力企业、电力调度交易机构执行电力市场运行规则的情况，以及电力调度交易机构执行电力调度规则的情况实施监管。

第十八条　电力监管机构对供电企业按照国家规定的电能质量和供电服务质量标准向用户提供供电服务的情况实施监管。

第十九条　电力监管机构具体负责电力安全监督管理工作。

国务院电力监管机构经商国务院发展改革部门、国务院安全生产监督管理部门等有关部门后，制定重大电力生产安全事故处置预案，建立重大电力生产安全事故应急处置制度。

第二十条　国务院价格主管部门、国务院电力监管机构依照法律、行政法规和国务院的规定，对电价实施监管。

第四章　监　管　措　施

第二十一条　电力监管机构根据履行监管职责的需要，有权要求电力企业、电力调度交易机构报送与监管事项相关的文件、资料。

电力企业、电力调度交易机构应当如实提供有关文件、资料。

第二十二条　国务院电力监管机构应当建立电力监管信息系统。

电力企业、电力调度交易机构应当按照国务院电力监管机构的规定将与监管相关的信息系统接入电力监管信息系统。

第二十三条　电力监管机构有权责令电力企业、电力调度交易机构按照国家有关电力监管规章、规则的规定如实披露有关信息。

第二十四条　电力监管机构依法履行职责，可以采取下列措施，进行现场检查：

（一）进入电力企业、电力调度交易机构进行检查；

（二）询问电力企业、电力调度交易机构的工作人员，要求其对有关检查事项作出说明；

（三）查阅、复制与检查事项有关的文件、资料，对可能被转移、隐匿、损毁的文件、资料予以封存；

（四）对检查中发现的违法行为，有权当场予以纠正或者要求限期改正。

第二十五条　依法从事电力监管工作的人员在进行现场检查时，应当出示有效执法证件；未出示有效执法证件的，电力企业、电力调度交易机构有权拒绝检查。

第二十六条　发电厂与电网并网、电网与电网互联，并网双方或者互联双方达不成协议，影响电力交易正常进行的，电力监管机构应当进行协调；经协调仍不能达成协议的，由电力监管机构作出裁决。

第二十七条　电力企业发生电力生产安全事故，应当及时采取措施，防止事故扩大，并向电力监管机构和其他有关部门报告。电力监管机构接到发生重大电力生产安全事故报告后，应当按照重大电力生产安全事故处置预案，及时采取处置措施。

电力监管机构按照国家有关规定组织或者参加电力生产安全事故的调查处理。

第二十八条 电力监管机构对电力企业、电力调度交易机构违反有关电力监管的法律、行政法规或者有关电力监管规章、规则，损害社会公共利益的行为及其处理情况，可以向社会公布。

第五章 法 律 责 任

第二十九条 电力监管机构从事监管工作的人员有下列情形之一的，依法给予行政处分；构成犯罪的，依法追究刑事责任：

（一）违反有关法律和国务院有关规定颁发电力业务许可证的；

（二）发现未经许可擅自经营电力业务的行为，不依法进行处理的；

（三）发现违法行为或者接到对违法行为的举报后，不及时进行处理的；

（四）利用职务便利谋取不正当利益的。

电力监管机构从事监管工作的人员在电力企业、电力调度交易机构兼任职务的，由电力监管机构责令改正，没收兼职所得；拒不改正的，予以辞退或者开除。

第三十条 违反规定未取得电力业务许可证擅自经营电力业务的，由电力监管机构责令改正，没收违法所得，可以并处违法所得 5 倍以下的罚款；构成犯罪的，依法追究刑事责任。

第三十一条 电力企业违反本条例规定，有下列情形之一的，由电力监管机构责令改正；拒不改正的，处 10 万元以上 100 万元以下的罚款；对直接负责的主管人员和其他直接责任人员，依法给予处分；情节严重的，可以吊销电力业务许可证：

（一）不遵守电力市场运行规则的；

（二）发电厂并网、电网互联不遵守有关规章、规则的；

（三）不向从事电力交易的主体公平、无歧视开放电力市场或者不按照规定公平开放电网的。

第三十二条 供电企业未按照国家规定的电能质量和供电服务质量标准向用户提供供电服务的，由电力监管机构责令改正，给予警告；情节严重的，对直接负责的主管人员和其他直接责任人员，依法给予处分。

第三十三条 电力调度交易机构违反本条例规定，不按照电力市场运行规则组织交易的，由电力监管机构责令改正；拒不改正的，处 10 万元以上 100 万元以下的罚款；对直接负责的主管人员和其他直接责任人员，依法给予处分。

电力调度交易机构工作人员泄露电力交易内幕信息的，由电力监管机构责令改正，并依法给予处分。

第三十四条 电力企业、电力调度交易机构有下列情形之一的，由电力监管机构责令改正；拒不改正的，处 5 万元以上 50 万元以下的罚款，对直接负责的主管人员和其他直接责任人员，依法给予处分；构成犯罪的，依法追究刑事责任：

（一）拒绝或者阻碍电力监管机构及其从事监管工作的人员依法履行监管职责的；

（二）提供虚假或者隐瞒重要事实的文件、资料的；

（三）未按照国家有关电力监管规章、规则的规定披露有关信息的。

第三十五条　本条例规定的罚款和没收的违法所得，按照国家有关规定上缴国库。

第六章　附　　则

第三十六条　电力企业应当按照国务院价格主管部门、财政部门的有关规定缴纳电力监管费。

第三十七条　本条例自 2005 年 5 月 1 日起施行。

电力安全事故应急处置和调查处理条例

国务院令第 599 号

（2011 年 6 月 15 日国务院第 159 次常务会议通过，自 2011 年 9 月 1 日起施行）

第一章 总 则

第一条 为了加强电力安全事故的应急处置工作，规范电力安全事故的调查处理，控制、减轻和消除电力安全事故损害，制定本条例。

第二条 本条例所称电力安全事故，是指电力生产或者电网运行过程中发生的影响电力系统安全稳定运行或者影响电力正常供应的事故（包括热电厂发生的影响热力正常供应的事故）。

第三条 根据电力安全事故（以下简称事故）影响电力系统安全稳定运行或者影响电力（热力）正常供应的程度，事故分为特别重大事故、重大事故、较大事故和一般事故。事故等级划分标准由本条例附表列示。事故等级划分标准的部分项目需要调整的，由国务院电力监管机构提出方案，报国务院批准。

由独立的或者通过单一输电线路与外省连接的省级电网供电的省级人民政府所在地城市，以及由单一输电线路或者单一变电站供电的其他设区的市、县级市，其电网减供负荷或者造成供电用户停电的事故等级划分标准，由国务院电力监管机构另行制定，报国务院批准。

第四条 国务院电力监管机构应当加强电力安全监督管理，依法建立健全事故应急处置和调查处理的各项制度，组织或者参与事故的调查处理。

国务院电力监管机构、国务院能源主管部门和国务院其他有关部门、地方人民政府及有关部门按照国家规定的权限和程序，组织、协调、参与事故的应急处置工作。

第五条 电力企业、电力用户以及其他有关单位和个人，应当遵守电力安全管理规定，落实事故预防措施，防止和避免事故发生。

县级以上地方人民政府有关部门确定的重要电力用户，应当按照国务院电力监管机构的规定配置自备应急电源，并加强安全使用管理。

第六条 事故发生后，电力企业和其他有关单位应当按照规定及时、准确报告事故情况，开展应急处置工作，防止事故扩大，减轻事故损害。电力企业应当尽快恢复电力生产、电网运行和电力（热力）正常供应。

第七条 任何单位和个人不得阻挠和干涉对事故的报告、应急处置和依法调查处理。

第二章 事 故 报 告

第八条 事故发生后，事故现场有关人员应当立即向发电厂、变电站运行值班人员、电力调度机构值班人员或者本企业现场负责人报告。有关人员接到报告后，应当立即向上一级电力调度机构和本企业负责人报告。本企业负责人接到报告后，应当立即向国务院电力监管机构设在当地的派出机构（以下称事故发生地电力监管机构）、县级以上人民政府安全生产监督管理部门报告；热电厂事故影响热力正常供应的，还应当向供热管理部门报告；事故涉及水电厂（站）大坝安全的，还应当同时向有管辖权的水行政主管部门或者流域管理机构报告。

电力企业及其有关人员不得迟报、漏报或者瞒报、谎报事故情况。

第九条 事故发生地电力监管机构接到事故报告后，应当立即核实有关情况，向国务院电力监管机构报告；事故造成供电用户停电的，应当同时通报事故发生地县级以上地方人民政府。

对特别重大事故、重大事故，国务院电力监管机构接到事故报告后应当立即报告国务院，并通报国务院安全生产监督管理部门、国务院能源主管部门等有关部门。

第十条 事故报告应当包括下列内容：

（一）事故发生的时间、地点（区域）以及事故发生单位；

（二）已知的电力设备、设施损坏情况，停运的发电（供热）机组数量、电网减供负荷或者发电厂减少出力的数值、停电（停热）范围；

（三）事故原因的初步判断；

（四）事故发生后采取的措施、电网运行方式、发电机组运行状况以及事故控制情况；

（五）其他应当报告的情况。

事故报告后出现新情况的，应当及时补报。

第十一条 事故发生后，有关单位和人员应当妥善保护事故现场以及工作日志、工作票、操作票等相关材料，及时保存故障录波图、电力调度数据、发电机组运行数据和输变电设备运行数据等相关资料，并在事故调查组成立后将相关材料、资料移交事故调查组。

因抢救人员或者采取恢复电力生产、电网运行和电力供应等紧急措施，需要改变事故现场、移动电力设备的，应当作出标记、绘制现场简图，妥善保存重要痕迹、物证，并作出书面记录。

任何单位和个人不得故意破坏事故现场，不得伪造、隐匿或者毁灭相关证据。

第三章　事故应急处置

第十二条 国务院电力监管机构依照《中华人民共和国突发事件应对法》和《国家突发公共事件总体应急预案》，组织编制国家处置电网大面积停电事件应急预案，报国务院批准。

有关地方人民政府应当依照法律、行政法规和国家处置电网大面积停电事件应急预案，组织制定本行政区域处置电网大面积停电事件应急预案。

处置电网大面积停电事件应急预案应当对应急组织指挥体系及职责，应急处置的各项措施，以及人员、资金、物资、技术等应急保障作出具体规定。

第十三条 电力企业应当按照国家有关规定，制定本企业事故应急预案。

电力监管机构应当指导电力企业加强电力应急救援队伍建设，完善应急物资储备制度。

第十四条 事故发生后，有关电力企业应当立即采取相应的紧急处置措施，控制事故范围，防止发生电网系统性崩溃和瓦解；事故危及人身和设备安全的，发电厂、变电站运行值班人员可以按照有关规定，立即采取停运发电机组和输变电设备等紧急处置措施。

事故造成电力设备、设施损坏的，有关电力企业应当立即组织抢修。

第十五条 根据事故的具体情况，电力调度机构可以发布开启或者关停发电机组、调整发电机组有功和无功负荷、调整电网运行方式、调整供电调度计划等电力调度命令，发电企业、电力用户应当执行。

事故可能导致破坏电力系统稳定和电网大面积停电的，电力调度机构有权决定采取拉限负荷、解列电网、解列发电机组等必要措施。

第十六条 事故造成电网大面积停电的，国务院电力监管机构和国务院其他有关部门、有关地方人民政府、电力企业应当按照国家有关规定，启动相应的应急预案，成立应急指挥机构，尽快恢复电网运行和电力供应，防止各种次生灾害的发生。

第十七条 事故造成电网大面积停电的，有关地方人民政府及有关部门应当立即组织开展下列应急处置工作：

（一）加强对停电地区关系国计民生、国家安全和公共安全的重点单位的安全保卫，防范破坏社会秩序的行为，维护社会稳定；

（二）及时排除因停电发生的各种险情；

（三）事故造成重大人员伤亡或者需要紧急转移、安置受困人员的，及时组织实施救治、转移、安置工作；

（四）加强停电地区道路交通指挥和疏导，做好铁路、民航运输以及通信保障工作；

（五）组织应急物资的紧急生产和调用，保证电网恢复运行所需物资和居民基本生活资料的供给。

第十八条 事故造成重要电力用户供电中断的，重要电力用户应当按照有关技术要求迅速启动自备应急电源；启动自备应急电源无效的，电网企业应当提供必要的支援。

事故造成地铁、机场、高层建筑、商场、影剧院、体育场馆等人员聚集场所停电的，应当迅速启用应急照明，组织人员有序疏散。

第十九条 恢复电网运行和电力供应，应当优先保证重要电厂厂用电源、重要输变电设备、电力主干网架的恢复，优先恢复重要电力用户、重要城市、重点地区的电力供应。

第二十条 事故应急指挥机构或者电力监管机构应当按照有关规定，统一、准确、及时发布有关事故影响范围、处置工作进度、预计恢复供电时间等信息。

第四章 事 故 调 查 处 理

第二十一条 特别重大事故由国务院或者国务院授权的部门组织事故调查组进行调查。

重大事故由国务院电力监管机构组织事故调查组进行调查。

较大事故、一般事故由事故发生地电力监管机构组织事故调查组进行调查。国务院电力监管机构认为必要的，可以组织事故调查组对较大事故进行调查。

未造成供电用户停电的一般事故，事故发生地电力监管机构也可以委托事故发生单位调查处理。

第二十二条　根据事故的具体情况，事故调查组由电力监管机构、有关地方人民政府、安全生产监督管理部门、负有安全生产监督管理职责的有关部门派人组成；有关人员涉嫌失职、渎职或者涉嫌犯罪的，应当邀请监察机关、公安机关、人民检察院派人参加。

根据事故调查工作的需要，事故调查组可以聘请有关专家协助调查。

事故调查组组长由组织事故调查组的机关指定。

第二十三条　事故调查组应当按照国家有关规定开展事故调查，并在下列期限内向组织事故调查组的机关提交事故调查报告：

（一）特别重大事故和重大事故的调查期限为60日；特殊情况下，经组织事故调查组的机关批准，可以适当延长，但延长的期限不得超过60日。

（二）较大事故和一般事故的调查期限为45日；特殊情况下，经组织事故调查组的机关批准，可以适当延长，但延长的期限不得超过45日。

事故调查期限自事故发生之日起计算。

第二十四条　事故调查报告应当包括下列内容：

（一）事故发生单位概况和事故发生经过；

（二）事故造成的直接经济损失和事故对电网运行、电力（热力）正常供应的影响情况；

（三）事故发生的原因和事故性质；

（四）事故应急处置和恢复电力生产、电网运行的情况；

（五）事故责任认定和对事故责任单位、责任人的处理建议；

（六）事故防范和整改措施。

事故调查报告应当附具有关证据材料和技术分析报告。事故调查组成员应当在事故调查报告上签字。

第二十五条　事故调查报告报经组织事故调查组的机关同意，事故调查工作即告结束；委托事故发生单位调查的一般事故，事故调查报告应当报经事故发生地电力监管机构同意。

有关机关应当依法对事故发生单位和有关人员进行处罚，对负有事故责任的国家工作人员给予处分。

事故发生单位应当对本单位负有事故责任的人员进行处理。

第二十六条　事故发生单位和有关人员应当认真吸取事故教训，落实事故防范和整改措施，防止事故再次发生。

电力监管机构、安全生产监督管理部门和负有安全生产监督管理职责的有关部门应当对事故发生单位和有关人员落实事故防范和整改措施的情况进行监督检查。

第五章　法律责任

第二十七条　发生事故的电力企业主要负责人有下列行为之一的，由电力监管机构处其上一年年收入40%至80%的罚款；属于国家工作人员的，并依法给予处分；构成犯罪的，依法追究刑事责任：

（一）不立即组织事故抢救的；

（二）迟报或者漏报事故的；

（三）在事故调查处理期间擅离职守的。

第二十八条 发生事故的电力企业及其有关人员有下列行为之一的，由电力监管机构对电力企业处 100 万元以上 500 万元以下的罚款；对主要负责人、直接负责的主管人员和其他直接责任人员处其上一年年收入 60%至 100%的罚款，属于国家工作人员的，并依法给予处分；构成违反治安管理行为的，由公安机关依法给予治安管理处罚；构成犯罪的，依法追究刑事责任：

（一）谎报或者瞒报事故的；

（二）伪造或者故意破坏事故现场的；

（三）转移、隐匿资金、财产，或者销毁有关证据、资料的；

（四）拒绝接受调查或者拒绝提供有关情况和资料的；

（五）在事故调查中作伪证或者指使他人作伪证的；

（六）事故发生后逃匿的。

第二十九条 电力企业对事故发生负有责任的，由电力监管机构依照下列规定处以罚款：

（一）发生一般事故的，处 10 万元以上 20 万元以下的罚款；

（二）发生较大事故的，处 20 万元以上 50 万元以下的罚款；

（三）发生重大事故的，处 50 万元以上 200 万元以下的罚款；

（四）发生特别重大事故的，处 200 万元以上 500 万元以下的罚款。

第三十条 电力企业主要负责人未依法履行安全生产管理职责，导致事故发生的，由电力监管机构依照下列规定处以罚款；属于国家工作人员的，并依法给予处分；构成犯罪的，依法追究刑事责任：

（一）发生一般事故的，处其上一年年收入 30%的罚款；

（二）发生较大事故的，处其上一年年收入 40%的罚款；

（三）发生重大事故的，处其上一年年收入 60%的罚款；

（四）发生特别重大事故的，处其上一年年收入 80%的罚款。

第三十一条 电力企业主要负责人依照本条例第二十七条、第二十八条、第三十条规定受到撤职处分或者刑事处罚的，自受处分之日或者刑罚执行完毕之日起 5 年内，不得担任任何生产经营单位主要负责人。

第三十二条 电力监管机构、有关地方人民政府以及其他负有安全生产监督管理职责的有关部门有下列行为之一的，对直接负责的主管人员和其他直接责任人员依法给予处分；直接负责的主管人员和其他直接责任人员构成犯罪的，依法追究刑事责任：

（一）不立即组织事故抢救的；

（二）迟报、漏报或者瞒报、谎报事故的；

（三）阻碍、干涉事故调查工作的；

（四）在事故调查中作伪证或者指使他人作伪证的。

第三十三条 参与事故调查的人员在事故调查中有下列行为之一的，依法给予处分；构成犯罪的，依法追究刑事责任：

（一）对事故调查工作不负责任，致使事故调查工作有重大疏漏的；

（二）包庇、袒护负有事故责任的人员或者借机打击报复的。

第六章　附　　则

第三十四条　发生本条例规定的事故，同时造成人员伤亡或者直接经济损失，依照本条例确定的事故等级与依照《生产安全事故报告和调查处理条例》确定的事故等级不相同的，按事故等级较高者确定事故等级，依照本条例的规定调查处理；事故造成人员伤亡，构成《生产安全事故报告和调查处理条例》规定的重大事故或者特别重大事故的，依照《生产安全事故报告和调查处理条例》的规定调查处理。

电力生产或者电网运行过程中发生发电设备或者输变电设备损坏，造成直接经济损失的事故，未影响电力系统安全稳定运行以及电力正常供应的，由电力监管机构依照《生产安全事故报告和调查处理条例》的规定组成事故调查组对重大事故、较大事故、一般事故进行调查处理。

第三十五条　本条例对事故报告和调查处理未作规定的，适用《生产安全事故报告和调查处理条例》的规定。

第三十六条　核电厂核事故的应急处置和调查处理，依照《核电厂核事故应急管理条例》的规定执行。

第三十七条　本条例自 2011 年 9 月 1 日起施行。

附：

电力安全事故等级划分标准

判定项／事故等级	造成电网减供负荷的比例	造成城市供电用户停电的比例	发电厂或者变电站因安全故障造成全厂（站）对外停电的影响和持续时间	发电机组因安全故障停运的时间和后果	供热机组对外停止供热的时间
特别重大事故	区域性电网减供负荷30%以上　电网负荷 20000 兆瓦以上的省、自治区电网，减供负荷 30%以上　电网负荷 5000 兆瓦以上 20000 兆瓦以下的省、自治区电网，减供负荷 40%以上　直辖市电网减供负荷 50%以上　电网负荷 2000 兆瓦以上的省、自治区人民政府所在地城市电网减供负荷 60%以上	直辖市 60%以上供电用户停电　电网负荷 2000 兆瓦以上的省、自治区人民政府所在地城市 70%以上供电用户停电			

续表

事故等级＼判定项	造成电网减供负荷的比例	造成城市供电用户停电的比例	发电厂或者变电站因安全故障造成全厂（站）对外停电的影响和持续时间	发电机组因安全故障停运的时间和后果	供热机组对外停止供热的时间
重大事故	区域性电网减供负荷10%以上30%以下　电网负荷20000兆瓦以上的省、自治区电网，减供负荷13%以上30%以下　电网负荷5000兆瓦以上20000兆瓦以下的省、自治区电网，减供负荷16%以上40%以下　电网负荷1000兆瓦以上5000兆瓦以下的省、自治区电网，减供负荷50%以上　直辖市电网减供负荷20%以上50%以下　省、自治区人民政府所在地城市电网减供负荷40%以上（电网负荷2000兆瓦以上的，减供负荷40%以上60%以下）　电网负荷600兆瓦以上的其他设区的市电网减供负荷60%以上	直辖市30%以上60%以下供电用户停电　省、自治区人民政府所在地城市50%以上供电用户停电（电网负荷2000兆瓦以上的，50%以上70%以下）　电网负荷600兆瓦以上的其他设区的市70%以上供电用户停电			
较大事故	区域性电网减供负荷7%以上10%以下　电网负荷20000兆瓦以上的省、自治区电网，减供负荷10%以上13%以下　电网负荷5000兆瓦以上20000兆瓦以下的省、自治区电网，减供负荷12%以上16%以下　电网负荷1000兆瓦以上5000兆瓦以下的省、自治区电网，减供负荷20%以上50%以下　电网负荷1000兆瓦以下的省、自治区电网，减供负荷40%以上　直辖市电网减供负荷10%以上20%以下　省、自治区人民政府所在地城市电网减供负荷20%以上40%以下　其他设区的市电网减供负荷40%以上（电网负荷600兆瓦以上的，减供负荷40%以上60%以下）　电网负荷150兆瓦以上的县级市电网减供负荷60%以上	直辖市15%以上30%以下供电用户停电　省、自治区人民政府所在地城市30%以上50%以下供电用户停电　其他设区的市50%以上供电用户停电（电网负荷600兆瓦以上的，50%以上70%以下）　电网负荷150兆瓦以上的县级市70%以上供电用户停电	发电厂或者220千伏以上变电站因安全故障造成全厂（站）对外停电，导致周边电压监视控制点电压低于调度机构规定的电压曲线值20%并且持续时间30分钟以上，或者导致周边电压监视控制点电压低于调度机构规定的电压曲线值10%并且持续时间1小时以上	发电机组因安全故障停止运行超过行业标准规定的大修时间两周，并导致电网减供负荷	供热机组装机容量200兆瓦以上的热电厂，在当地人民政府规定的采暖期内同时发生2台以上供热机组因安全故障停止运行，造成全厂对外停止供热并且持续时间48小时以上

续表

事故等级 ＼ 判定项	造成电网减供负荷的比例	造成城市供电用户停电的比例	发电厂或者变电站因安全故障造成全厂（站）对外停电的影响和持续时间	发电机组因安全故障停运的时间和后果	供热机组对外停止供热的时间
一般事故	区域性电网减供负荷 4%以上 7%以下 电网负荷 20000 兆瓦以上的省、自治区电网，减供负荷 5%以上 10%以下 电网负荷 5000 兆瓦以上 20000 兆瓦以下的省、自治区电网，减供负荷 6%以上 12%以下 电网负荷 1000 兆瓦以上 5000 兆瓦以下的省、自治区电网，减供负荷 10%以上 20%以下 电网负荷 1000 兆瓦以下的省、自治区电网，减供负荷 25%以上 40%以下 直辖市电网减供负荷 5%以上 10%以下 省、自治区人民政府所在地城市电网减供负荷 10%以上 20%以下 其他设区的市电网减供负荷 20%以上 40%以下 县级市减供负荷 40%以上（电网负荷 150 兆瓦以上的，减供负荷 40%以上 60%以下）	直辖市 10%以上 15%以下供电用户停电 省、自治区人民政府所在地城市 15%以上 30%以下供电用户停电 其他设区的市 30%以上 50%以下供电用户停电 县级市 50%以上供电用户停电（电网负荷 150 兆瓦以上的，50%以上 70%以下）	发电厂或者 220 千伏以上变电站因安全故障造成全厂（站）对外停电，导致周边电压监视控制点电压低于调度机构规定的电压曲线值 5%以上 10%以下并且持续时间 2 小时以上	发电机组因安全故障停止运行超过行业标准规定的小修时间两周，并导致电网减供负荷	供热机组装机容量 200 兆瓦以上的热电厂，在当地人民政府规定的采暖期内同时发生 2 台以上供热机组因安全故障停止运行，造成全厂对外停止供热并且持续时间 24 小时以上

注：1. 符合本表所列情形之一的，即构成相应等级的电力安全事故。

2. 本表中所称的"以上"包含本数，"以下"不包括本数。

3. 本表下列用语的含义：

（1）电网负荷，是指电力调度机构统一调度的电网在事故发生起始时刻的实际负荷；

（2）电网减供负荷，是指电力调度机构统一调度的电网在事故发生期间的实际负荷最大减少量；

（3）全厂对外停电，是指发电厂对外有功负荷降到零（虽电网经发电厂母线传送的负荷没有停止，仍视为全厂对外停电）；

（4）发电机组因安全故障停止运行，是指并网运行的发电机组（包括各种类型的电站锅炉、汽轮机、燃气轮机、水轮机、发电机和主变压器等主要发电设备），在未经电力调度机构允许的情况下，因安全故障需要停止运行的状态。

生产安全事故报告和调查处理条例

国务院令第 493 号

（2007 年 3 月 28 日国务院第 172 次常务会议通过，自 2007 年 6 月 1 日起施行）

第一章 总　　则

第一条　为了规范生产安全事故的报告和调查处理，落实生产安全事故责任追究制度，防止和减少生产安全事故，根据《中华人民共和国安全生产法》和有关法律，制定本条例。

第二条　生产经营活动中发生的造成人身伤亡或者直接经济损失的生产安全事故的报告和调查处理，适用本条例；环境污染事故、核设施事故、国防科研生产事故的报告和调查处理不适用本条例。

第三条　根据生产安全事故（以下简称事故）造成的人员伤亡或者直接经济损失，事故一般分为以下等级：

（一）特别重大事故，是指造成 30 人以上死亡，或者 100 人以上重伤（包括急性工业中毒，下同），或者 1 亿元以上直接经济损失的事故；

（二）重大事故，是指造成 10 人以上 30 人以下死亡，或者 50 人以上 100 人以下重伤，或者 5000 万元以上 1 亿元以下直接经济损失的事故；

（三）较大事故，是指造成 3 人以上 10 人以下死亡，或者 10 人以上 50 人以下重伤，或者 1000 万元以上 5000 万元以下直接经济损失的事故；

（四）一般事故，是指造成 3 人以下死亡，或者 10 人以下重伤，或者 1000 万元以下直接经济损失的事故。

国务院安全生产监督管理部门可以会同国务院有关部门，制定事故等级划分的补充性规定。

本条第一款所称的"以上"包括本数，所称的"以下"不包括本数。

第四条　事故报告应当及时、准确、完整，任何单位和个人对事故不得迟报、漏报、谎报或者瞒报。

事故调查处理应当坚持实事求是、尊重科学的原则，及时、准确地查清事故经过、事故原因和事故损失，查明事故性质，认定事故责任，总结事故教训，提出整改措施，并对事故责任者依法追究责任。

第五条　县级以上人民政府应当依照本条例的规定，严格履行职责，及时、准确地完成事故调查处理工作。

事故发生地有关地方人民政府应当支持、配合上级人民政府或者有关部门的事故调查处理工作，并提供必要的便利条件。

参加事故调查处理的部门和单位应当互相配合，提高事故调查处理工作的效率。

第六条　工会依法参加事故调查处理，有权向有关部门提出处理意见。

第七条 任何单位和个人不得阻挠和干涉对事故的报告和依法调查处理。

第八条 对事故报告和调查处理中的违法行为，任何单位和个人有权向安全生产监督管理部门、监察机关或者其他有关部门举报，接到举报的部门应当依法及时处理。

第二章 事 故 报 告

第九条 事故发生后，事故现场有关人员应当立即向本单位负责人报告；单位负责人接到报告后，应当于 1 小时内向事故发生地县级以上人民政府安全生产监督管理部门和负有安全生产监督管理职责的有关部门报告。

情况紧急时，事故现场有关人员可以直接向事故发生地县级以上人民政府安全生产监督管理部门和负有安全生产监督管理职责的有关部门报告。

第十条 安全生产监督管理部门和负有安全生产监督管理职责的有关部门接到事故报告后，应当依照下列规定上报事故情况，并通知公安机关、劳动保障行政部门、工会和人民检察院：

（一）特别重大事故、重大事故逐级上报至国务院安全生产监督管理部门和负有安全生产监督管理职责的有关部门；

（二）较大事故逐级上报至省、自治区、直辖市人民政府安全生产监督管理部门和负有安全生产监督管理职责的有关部门；

（三）一般事故上报至设区的市级人民政府安全生产监督管理部门和负有安全生产监督管理职责的有关部门。

安全生产监督管理部门和负有安全生产监督管理职责的有关部门依照前款规定上报事故情况，应当同时报告本级人民政府。国务院安全生产监督管理部门和负有安全生产监督管理职责的有关部门以及省级人民政府接到发生特别重大事故、重大事故的报告后，应当立即报告国务院。

必要时，安全生产监督管理部门和负有安全生产监督管理职责的有关部门可以越级上报事故情况。

第十一条 安全生产监督管理部门和负有安全生产监督管理职责的有关部门逐级上报事故情况，每级上报的时间不得超过 2 小时。

第十二条 报告事故应当包括下列内容：

（一）事故发生单位概况；

（二）事故发生的时间、地点以及事故现场情况；

（三）事故的简要经过；

（四）事故已经造成或者可能造成的伤亡人数（包括下落不明的人数）和初步估计的直接经济损失；

（五）已经采取的措施；

（六）其他应当报告的情况。

第十三条 事故报告后出现新情况的，应当及时补报。

自事故发生之日起 30 日内，事故造成的伤亡人数发生变化的，应当及时补报。道路交通事故、火灾事故自发生之日起 7 日内，事故造成的伤亡人数发生变化的，应当及时补报。

第十四条　事故发生单位负责人接到事故报告后，应当立即启动事故相应应急预案，或者采取有效措施，组织抢救，防止事故扩大，减少人员伤亡和财产损失。

第十五条　事故发生地有关地方人民政府、安全生产监督管理部门和负有安全生产监督管理职责的有关部门接到事故报告后，其负责人应当立即赶赴事故现场，组织事故救援。

第十六条　事故发生后，有关单位和人员应当妥善保护事故现场以及相关证据，任何单位和个人不得破坏事故现场、毁灭相关证据。

因抢救人员、防止事故扩大以及疏通交通等原因，需要移动事故现场物件的，应当做出标志，绘制现场简图并做出书面记录，妥善保存现场重要痕迹、物证。

第十七条　事故发生地公安机关根据事故的情况，对涉嫌犯罪的，应当依法立案侦查，采取强制措施和侦查措施。犯罪嫌疑人逃匿的，公安机关应当迅速追捕归案。

第十八条　安全生产监督管理部门和负有安全生产监督管理职责的有关部门应当建立值班制度，并向社会公布值班电话，受理事故报告和举报。

第三章　事 故 调 查

第十九条　特别重大事故由国务院或者国务院授权有关部门组织事故调查组进行调查。

重大事故、较大事故、一般事故分别由事故发生地省级人民政府、设区的市级人民政府、县级人民政府负责调查。省级人民政府、设区的市级人民政府、县级人民政府可以直接组织事故调查组进行调查，也可以授权或者委托有关部门组织事故调查组进行调查。

未造成人员伤亡的一般事故，县级人民政府也可以委托事故发生单位组织事故调查组进行调查。

第二十条　上级人民政府认为必要时，可以调查由下级人民政府负责调查的事故。

自事故发生之日起30日内（道路交通事故、火灾事故自发生之日起7日内），因事故伤亡人数变化导致事故等级发生变化，依照本条例规定应当由上级人民政府负责调查的，上级人民政府可以另行组织事故调查组进行调查。

第二十一条　特别重大事故以下等级事故，事故发生地与事故发生单位不在同一个县级以上行政区域的，由事故发生地人民政府负责调查，事故发生单位所在地人民政府应当派人参加。

第二十二条　事故调查组的组成应当遵循精简、效能的原则。

根据事故的具体情况，事故调查组由有关人民政府、安全生产监督管理部门、负有安全生产监督管理职责的有关部门、监察机关、公安机关以及工会派人组成，并应当邀请人民检察院派人参加。

事故调查组可以聘请有关专家参与调查。

第二十三条　事故调查组成员应当具有事故调查所需要的知识和专长，并与所调查的事故没有直接利害关系。

第二十四条　事故调查组组长由负责事故调查的人民政府指定。事故调查组组长主持事故调查组的工作。

第二十五条　事故调查组履行下列职责：

（一）查明事故发生的经过、原因、人员伤亡情况及直接经济损失；

（二）认定事故的性质和事故责任；

（三）提出对事故责任者的处理建议；

（四）总结事故教训，提出防范和整改措施；

（五）提交事故调查报告。

第二十六条　事故调查组有权向有关单位和个人了解与事故有关的情况，并要求其提供相关文件、资料，有关单位和个人不得拒绝。

事故发生单位的负责人和有关人员在事故调查期间不得擅离职守，并应当随时接受事故调查组的询问，如实提供有关情况。

事故调查中发现涉嫌犯罪的，事故调查组应当及时将有关材料或者其复印件移交司法机关处理。

第二十七条　事故调查中需要进行技术鉴定的，事故调查组应当委托具有国家规定资质的单位进行技术鉴定。必要时，事故调查组可以直接组织专家进行技术鉴定。技术鉴定所需时间不计入事故调查期限。

第二十八条　事故调查组成员在事故调查工作中应当诚信公正、恪尽职守，遵守事故调查组的纪律，保守事故调查的秘密。

未经事故调查组组长允许，事故调查组成员不得擅自发布有关事故的信息。

第二十九条　事故调查组应当自事故发生之日起 60 日内提交事故调查报告；特殊情况下，经负责事故调查的人民政府批准，提交事故调查报告的期限可以适当延长，但延长的期限最长不超过 60 日。

第三十条　事故调查报告应当包括下列内容：

（一）事故发生单位概况；

（二）事故发生经过和事故救援情况；

（三）事故造成的人员伤亡和直接经济损失；

（四）事故发生的原因和事故性质；

（五）事故责任的认定以及对事故责任者的处理建议；

（六）事故防范和整改措施。

事故调查报告应当附具有关证据材料。事故调查组成员应当在事故调查报告上签名。

第三十一条　事故调查报告报送负责事故调查的人民政府后，事故调查工作即告结束。事故调查的有关资料应当归档保存。

第四章　事　故　处　理

第三十二条　重大事故、较大事故、一般事故，负责事故调查的人民政府应当自收到事故调查报告之日起 15 日内做出批复；特别重大事故，30 日内做出批复，特殊情况下，批复时间可以适当延长，但延长的时间最长不超过 30 日。

有关机关应当按照人民政府的批复，依照法律、行政法规规定的权限和程序，对事故发生单位和有关人员进行行政处罚，对负有事故责任的国家工作人员进行处分。

事故发生单位应当按照负责事故调查的人民政府的批复，对本单位负有事故责任的人员进行处理。

负有事故责任的人员涉嫌犯罪的，依法追究刑事责任。

第三十三条 事故发生单位应当认真吸取事故教训，落实防范和整改措施，防止事故再次发生。防范和整改措施的落实情况应当接受工会和职工的监督。

安全生产监督管理部门和负有安全生产监督管理职责的有关部门应当对事故发生单位落实防范和整改措施的情况进行监督检查。

第三十四条 事故处理的情况由负责事故调查的人民政府或者其授权的有关部门、机构向社会公布，依法应当保密的除外。

第五章 法 律 责 任

第三十五条 事故发生单位主要负责人有下列行为之一的，处上一年年收入 40%至 80%的罚款；属于国家工作人员的，并依法给予处分；构成犯罪的，依法追究刑事责任：

（一）不立即组织事故抢救的；

（二）迟报或者漏报事故的；

（三）在事故调查处理期间擅离职守的。

第三十六条 事故发生单位及其有关人员有下列行为之一的，对事故发生单位处 100 万元以上 500 万元以下的罚款；对主要负责人、直接负责的主管人员和其他直接责任人员处上一年年收入 60%至 100%的罚款；属于国家工作人员的，并依法给予处分；构成违反治安管理行为的，由公安机关依法给予治安管理处罚；构成犯罪的，依法追究刑事责任：

（一）谎报或者瞒报事故的；

（二）伪造或者故意破坏事故现场的；

（三）转移、隐匿资金、财产，或者销毁有关证据、资料的；

（四）拒绝接受调查或者拒绝提供有关情况和资料的；

（五）在事故调查中作伪证或者指使他人作伪证的；

（六）事故发生后逃匿的。

第三十七条 事故发生单位对事故发生负有责任的，依照下列规定处以罚款：

（一）发生一般事故的，处 10 万元以上 20 万元以下的罚款；

（二）发生较大事故的，处 20 万元以上 50 万元以下的罚款；

（三）发生重大事故的，处 50 万元以上 200 万元以下的罚款；

（四）发生特别重大事故的，处 200 万元以上 500 万元以下的罚款。

第三十八条 事故发生单位主要负责人未依法履行安全生产管理职责，导致事故发生的，依照下列规定处以罚款；属于国家工作人员的，并依法给予处分；构成犯罪的，依法追究刑事责任：

（一）发生一般事故的，处上一年年收入 30%的罚款；

（二）发生较大事故的，处上一年年收入 40%的罚款；

（三）发生重大事故的，处上一年年收入 60%的罚款；

（四）发生特别重大事故的，处上一年年收入 80%的罚款。

第三十九条 有关地方人民政府、安全生产监督管理部门和负有安全生产监督管理职责的有关部门有下列行为之一的，对直接负责的主管人员和其他直接责任人员依法给予处分；

构成犯罪的，依法追究刑事责任：

（一）不立即组织事故抢救的；

（二）迟报、漏报、谎报或者瞒报事故的；

（三）阻碍、干涉事故调查工作的；

（四）在事故调查中作伪证或者指使他人作伪证的。

第四十条 事故发生单位对事故发生负有责任的，由有关部门依法暂扣或者吊销其有关证照；对事故发生单位负有事故责任的有关人员，依法暂停或者撤销其与安全生产有关的执业资格、岗位证书；事故发生单位主要负责人受到刑事处罚或者撤职处分的，自刑罚执行完毕或者受处分之日起，5 年内不得担任任何生产经营单位的主要负责人。

为发生事故的单位提供虚假证明的中介机构，由有关部门依法暂扣或者吊销其有关证照及其相关人员的执业资格；构成犯罪的，依法追究刑事责任。

第四十一条 参与事故调查的人员在事故调查中有下列行为之一的，依法给予处分；构成犯罪的，依法追究刑事责任：

（一）对事故调查工作不负责任，致使事故调查工作有重大疏漏的；

（二）包庇、袒护负有事故责任的人员或者借机打击报复的。

第四十二条 违反本条例规定，有关地方人民政府或者有关部门故意拖延或者拒绝落实经批复的对事故责任人的处理意见的，由监察机关对有关责任人员依法给予处分。

第四十三条 本条例规定的罚款的行政处罚，由安全生产监督管理部门决定。

法律、行政法规对行政处罚的种类、幅度和决定机关另有规定的，依照其规定。

第六章　附　　则

第四十四条 没有造成人员伤亡，但是社会影响恶劣的事故，国务院或者有关地方人民政府认为需要调查处理的，依照本条例的有关规定执行。

国家机关、事业单位、人民团体发生的事故的报告和调查处理，参照本条例的规定执行。

第四十五条 特别重大事故以下等级事故的报告和调查处理，有关法律、行政法规或者国务院另有规定的，依照其规定。

第四十六条 本条例自 2007 年 6 月 1 日起施行。国务院 1989 年 3 月 29 日公布的《特别重大事故调查程序暂行规定》和 1991 年 2 月 22 日公布的《企业职工伤亡事故报告和处理规定》同时废止。

建设工程质量管理条例

国务院令第 279 号

（2000 年 1 月 30 日国务院令第 279 号发布，根据 2017 年 10 月 7 日国务院令第 687 号《国务院关于修改部分行政法规的决定》修订）

第一章 总 则

第一条 为了加强对建设工程质量的管理，保证建设工程质量，保护人民生命和财产安全，根据《中华人民共和国建筑法》，制定本条例。

第二条 凡在中华人民共和国境内从事建设工程的新建、扩建、改建等有关活动及实施对建设工程质量监督管理的，必须遵守本条例。

本条例所称建设工程，是指土木工程、建筑工程、线路管道和设备安装工程及装修工程。

第三条 建设单位、勘察单位、设计单位、施工单位、工程监理单位依法对建设工程质量负责。

第四条 县级以上人民政府建设行政主管部门和其他有关部门应当加强对建设工程质量的监督管理。

第五条 从事建设工程活动，必须严格执行基本建设程序，坚持先勘察、后设计、再施工的原则。

县级以上人民政府及其有关部门不得超越权限审批建设项目或者擅自简化基本建设程序。

第六条 国家鼓励采用先进的科学技术和管理方法，提高建设工程质量。

第二章 建设单位的质量责任和义务

第七条 建设单位应当将工程发包给具有相应资质等级的单位。

建设单位不得将建设工程肢解发包。

第八条 建设单位应当依法对工程建设项目的勘察、设计、施工、监理以及与工程建设有关的重要设备、材料等的采购进行招标。

第九条 建设单位必须向有关的勘察、设计、施工、工程监理等单位提供与建设工程有关的原始资料。

原始资料必须真实、准确、齐全。

第十条 建设工程发包单位不得迫使承包方以低于成本的价格竞标，不得任意压缩合理工期。

建设单位不得明示或者暗示设计单位或者施工单位违反工程建设强制性标准，降低建设工程质量。

第十一条 施工图设计文件审查的具体办法，由国务院建设行政主管部门、国务院其他有关部门制定。

施工图设计文件未经审查批准的，不得使用。

第十二条　实行监理的建设工程，建设单位应当委托具有相应资质等级的工程监理单位进行监理，也可以委托具有工程监理相应资质等级并与被监理工程的施工承包单位没有隶属关系或者其他利害关系的该工程的设计单位进行监理。

下列建设工程必须实行监理：

（一）国家重点建设工程；

（二）大中型公用事业工程；

（三）成片开发建设的住宅小区工程；

（四）利用外国政府或者国际组织贷款、援助资金的工程；

（五）国家规定必须实行监理的其他工程。

第十三条　建设单位在领取施工许可证或者开工报告前，应当按照国家有关规定办理工程质量监督手续。

第十四条　按照合同约定，由建设单位采购建筑材料、建筑构配件和设备的，建设单位应当保证建筑材料、建筑构配件和设备符合设计文件和合同要求。

建设单位不得明示或者暗示施工单位使用不合格的建筑材料、建筑构配件和设备。

第十五条　涉及建筑主体和承重结构变动的装修工程，建设单位应当在施工前委托原设计单位或者具有相应资质等级的设计单位提出设计方案；没有设计方案的，不得施工。

房屋建筑使用者在装修过程中，不得擅自变动房屋建筑主体和承重结构。

第十六条　建设单位收到建设工程竣工报告后，应当组织设计、施工、工程监理等有关单位进行竣工验收。

建设工程竣工验收应当具备下列条件：

（一）完成建设工程设计和合同约定的各项内容；

（二）有完整的技术档案和施工管理资料；

（三）有工程使用的主要建筑材料、建筑构配件和设备的进场试验报告；

（四）有勘察、设计、施工、工程监理等单位分别签署的质量合格文件；

（五）有施工单位签署的工程保修书。

建设工程经验收合格的，方可交付使用。

第十七条　建设单位应当严格按照国家有关档案管理的规定，及时收集、整理建设项目各环节的文件资料，建立、健全建设项目档案，并在建设工程竣工验收后，及时向建设行政主管部门或者其他有关部门移交建设项目档案。

第三章　勘察、设计单位的质量责任和义务

第十八条　从事建设工程勘察、设计的单位应当依法取得相应等级的资质证书，并在其资质等级许可的范围内承揽工程。

禁止勘察、设计单位超越其资质等级许可的范围或者以其他勘察、设计单位的名义承揽工程。禁止勘察、设计单位允许其他单位或者个人以本单位的名义承揽工程。

勘察、设计单位不得转包或者违法分包所承揽的工程。

第十九条 勘察、设计单位必须按照工程建设强制性标准进行勘察、设计，并对其勘察、设计的质量负责。

注册建筑师、注册结构工程师等注册执业人员应当在设计文件上签字，对设计文件负责。

第二十条 勘察单位提供的地质、测量、水文等勘察成果必须真实、准确。

第二十一条 设计单位应当根据勘察成果文件进行建设工程设计。

设计文件应当符合国家规定的设计深度要求，注明工程合理使用年限。

第二十二条 设计单位在设计文件中选用的建筑材料、建筑构配件和设备，应当注明规格、型号、性能等技术指标，其质量要求必须符合国家规定的标准。

除有特殊要求的建筑材料、专用设备、工艺生产线等外，设计单位不得指定生产厂、供应商。

第二十三条 设计单位应当就审查合格的施工图设计文件向施工单位作出详细说明。

第二十四条 设计单位应当参与建设工程质量事故分析，并对因设计造成的质量事故，提出相应的技术处理方案。

第四章 施工单位的质量责任和义务

第二十五条 施工单位应当依法取得相应等级的资质证书，并在其资质等级许可的范围内承揽工程。

禁止施工单位超越本单位资质等级许可的业务范围或者以其他施工单位的名义承揽工程。禁止施工单位允许其他单位或者个人以本单位的名义承揽工程。

施工单位不得转包或者违法分包工程。

第二十六条 施工单位对建设工程的施工质量负责。

施工单位应当建立质量责任制，确定工程项目的项目经理、技术负责人和施工管理负责人。

建设工程实行总承包的，总承包单位应当对全部建设工程质量负责；建设工程勘察、设计、施工、设备采购的一项或者多项实行总承包的，总承包单位应当对其承包的建设工程或者采购的设备的质量负责。

第二十七条 总承包单位依法将建设工程分包给其他单位的，分包单位应当按照分包合同的约定对其分包工程的质量向总承包单位负责，总承包单位与分包单位对分包工程的质量承担连带责任。

第二十八条 施工单位必须按照工程设计图纸和施工技术标准施工，不得擅自修改工程设计，不得偷工减料。

施工单位在施工过程中发现设计文件和图纸有差错的，应当及时提出意见和建议。

第二十九条 施工单位必须按照工程设计要求、施工技术标准和合同约定，对建筑材料、建筑构配件、设备和商品混凝土进行检验，检验应当有书面记录和专人签字；未经检验或者检验不合格的，不得使用。

第三十条 施工单位必须建立、健全施工质量的检验制度，严格工序管理，作好隐蔽工程的质量检查和记录。隐蔽工程在隐蔽前，施工单位应当通知建设单位和建设工程质量监督机构。

第三十一条　施工人员对涉及结构安全的试块、试件以及有关材料，应当在建设单位或者工程监理单位监督下现场取样，并送具有相应资质等级的质量检测单位进行检测。

第三十二条　施工单位对施工中出现质量问题的建设工程或者竣工验收不合格的建设工程，应当负责返修。

第三十三条　施工单位应当建立、健全教育培训制度，加强对职工的教育培训；未经教育培训或者考核不合格的人员，不得上岗作业。

第五章　工程监理单位的质量责任和义务

第三十四条　工程监理单位应当依法取得相应等级的资质证书，并在其资质等级许可的范围内承担工程监理业务。

禁止工程监理单位超越本单位资质等级许可的范围或者以其他工程监理单位的名义承担工程监理业务。禁止工程监理单位允许其他单位或者个人以本单位的名义承担工程监理业务。

工程监理单位不得转让工程监理业务。

第三十五条　工程监理单位与被监理工程的施工承包单位以及建筑材料、建筑构配件和设备供应单位有隶属关系或者其他利害关系的，不得承担该项建设工程的监理业务。

第三十六条　工程监理单位应当依照法律、法规以及有关技术标准、设计文件和建设工程承包合同，代表建设单位对施工质量实施监理，并对施工质量承担监理责任。

第三十七条　工程监理单位应当选派具备相应资格的总监理工程师和监理工程师进驻施工现场。

未经监理工程师签字，建筑材料、建筑构配件和设备不得在工程上使用或者安装，施工单位不得进行下一道工序的施工。未经总监理工程师签字，建设单位不拨付工程款，不进行竣工验收。

第三十八条　监理工程师应当按照工程监理规范的要求，采取旁站、巡视和平行检验等形式，对建设工程实施监理。

第 六 章　建 设 工 程 质 量 保 修

第三十九条　建设工程实行质量保修制度。

建设工程承包单位在向建设单位提交工程竣工验收报告时，应当向建设单位出具质量保修书。质量保修书中应当明确建设工程的保修范围、保修期限和保修责任等。

第四十条　在正常使用条件下，建设工程的最低保修期限为：

（一）基础设施工程、房屋建筑的地基基础工程和主体结构工程，为设计文件规定的该工程的合理使用年限；

（二）屋面防水工程、有防水要求的卫生间、房间和外墙面的防渗漏，为5年；

（三）供热与供冷系统，为2个采暖期、供冷期；

（四）电气管线、给排水管道、设备安装和装修工程，为2年。

其他项目的保修期限由发包方与承包方约定。

建设工程的保修期，自竣工验收合格之日起计算。

第四十一条 建设工程在保修范围和保修期限内发生质量问题的，施工单位应当履行保修义务，并对造成的损失承担赔偿责任。

第四十二条 建设工程在超过合理使用年限后需要继续使用的，产权所有人应当委托具有相应资质等级的勘察、设计单位鉴定，并根据鉴定结果采取加固、维修等措施，重新界定使用期。

第七章 监 督 管 理

第四十三条 国家实行建设工程质量监督管理制度。

国务院建设行政主管部门对全国的建设工程质量实施统一监督管理。国务院铁路、交通、水利等有关部门按照国务院规定的职责分工，负责对全国的有关专业建设工程质量的监督管理。

县级以上地方人民政府建设行政主管部门对本行政区域内的建设工程质量实施监督管理。县级以上地方人民政府交通、水利等有关部门在各自的职责范围内，负责对本行政区域内的专业建设工程质量的监督管理。

第四十四条 国务院建设行政主管部门和国务院铁路、交通、水利等有关部门应当加强对有关建设工程质量的法律、法规和强制性标准执行情况的监督检查。

第四十五条 国务院发展计划部门按照国务院规定的职责，组织稽察特派员，对国家出资的重大建设项目实施监督检查。

国务院经济贸易主管部门按照国务院规定的职责，对国家重大技术改造项目实施监督检查。

第四十六条 建设工程质量监督管理，可以由建设行政主管部门或者其他有关部门委托的建设工程质量监督机构具体实施。

从事房屋建筑工程和市政基础设施工程质量监督的机构，必须按照国家有关规定经国务院建设行政主管部门或者省、自治区、直辖市人民政府建设行政主管部门考核；从事专业建设工程质量监督的机构，必须按照国家有关规定经国务院有关部门或者省、自治区、直辖市人民政府有关部门考核。经考核合格后，方可实施质量监督。

第四十七条 县级以上地方人民政府建设行政主管部门和其他有关部门应当加强对有关建设工程质量的法律、法规和强制性标准执行情况的监督检查。

第四十八条 县级以上人民政府建设行政主管部门和其他有关部门履行监督检查职责时，有权采取下列措施：

（一）要求被检查的单位提供有关工程质量的文件和资料；

（二）进入被检查单位的施工现场进行检查；

（三）发现有影响工程质量的问题时，责令改正。

第四十九条 建设单位应当自建设工程竣工验收合格之日起 15 日内，将建设工程竣工验收报告和规划、公安消防、环保等部门出具的认可文件或者准许使用文件报建设行政主管部门或者其他有关部门备案。

建设行政主管部门或者其他有关部门发现建设单位在竣工验收过程中有违反国家有关建设工程质量管理规定行为的，责令停止使用，重新组织竣工验收。

第五十条　有关单位和个人对县级以上人民政府建设行政主管部门和其他有关部门进行的监督检查应当支持与配合，不得拒绝或者阻碍建设工程质量监督检查人员依法执行职务。

第五十一条　供水、供电、供气、公安消防等部门或者单位不得明示或者暗示建设单位、施工单位购买其指定的生产供应单位的建筑材料、建筑构配件和设备。

第五十二条　建设工程发生质量事故，有关单位应当在 24 小时内向当地建设行政主管部门和其他有关部门报告。对重大质量事故，事故发生地的建设行政主管部门和其他有关部门应当按照事故类别和等级向当地人民政府和上级建设行政主管部门和其他有关部门报告。

特别重大质量事故的调查程序按照国务院有关规定办理。

第五十三条　任何单位和个人对建设工程的质量事故、质量缺陷都有权检举、控告、投诉。

第八章　罚　　则

第五十四条　违反本条例规定，建设单位将建设工程发包给不具有相应资质等级的勘察、设计、施工单位或者委托给不具有相应资质等级的工程监理单位的，责令改正，处 50 万元以上 100 万元以下的罚款。

第五十五条　违反本条例规定，建设单位将建设工程肢解发包的，责令改正，处工程合同价款百分之零点五以上百分之一以下的罚款；对全部或者部分使用国有资金的项目，并可以暂停项目执行或者暂停资金拨付。

第五十六条　违反本条例规定，建设单位有下列行为之一的，责令改正，处 20 万元以上 50 万元以下的罚款：

（一）迫使承包方以低于成本的价格竞标的；

（二）任意压缩合理工期的；

（三）明示或者暗示设计单位或者施工单位违反工程建设强制性标准，降低工程质量的；

（四）施工图设计文件未经审查或者审查不合格，擅自施工的；

（五）建设项目必须实行工程监理而未实行工程监理的；

（六）未按照国家规定办理工程质量监督手续的；

（七）明示或者暗示施工单位使用不合格的建筑材料、建筑构配件和设备的；

（八）未按照国家规定将竣工验收报告、有关认可文件或者准许使用文件报送备案的。

第五十七条　违反本条例规定，建设单位未取得施工许可证或者开工报告未经批准，擅自施工的，责令停止施工，限期改正，处工程合同价款百分之一以上百分之二以下的罚款。

第五十八条　违反本条例规定，建设单位有下列行为之一的，责令改正，处工程合同价款百分之二以上百分之四以下的罚款；造成损失的，依法承担赔偿责任；

（一）未组织竣工验收，擅自交付使用的；

（二）验收不合格，擅自交付使用的；

（三）对不合格的建设工程按照合格工程验收的。

第五十九条　违反本条例规定，建设工程竣工验收后，建设单位未向建设行政主管部门或者其他有关部门移交建设项目档案的，责令改正，处 1 万元以上 10 万元以下的罚款。

第六十条　违反本条例规定，勘察、设计、施工、工程监理单位超越本单位资质等级承揽工程的，责令停止违法行为，对勘察、设计单位或者工程监理单位处合同约定的勘察费、设计费或者监理酬金 1 倍以上 2 倍以下的罚款；对施工单位处工程合同价款百分之二以上百分之四以下的罚款，可以责令停业整顿，降低资质等级；情节严重的，吊销资质证书；有违法所得的，予以没收。

未取得资质证书承揽工程的，予以取缔，依照前款规定处以罚款；有违法所得的，予以没收。

以欺骗手段取得资质证书承揽工程的，吊销资质证书，依照本条第一款规定处以罚款；有违法所得的，予以没收。

第六十一条　违反本条例规定，勘察、设计、施工、工程监理单位允许其他单位或者个人以本单位名义承揽工程的，责令改正，没收违法所得，对勘察、设计单位和工程监理单位处合同约定的勘察费、设计费和监理酬金 1 倍以上 2 倍以下的罚款；对施工单位处工程合同价款百分之二以上百分之四以下的罚款；可以责令停业整顿，降低资质等级；情节严重的，吊销资质证书。

第六十二条　违反本条例规定，承包单位将承包的工程转包或者违法分包的，责令改正，没收违法所得，对勘察、设计单位处合同约定的勘察费、设计费百分之二十五以上百分之五十以下的罚款；对施工单位处工程合同价款百分之零点五以上百分之一以下的罚款；可以责令停业整顿，降低资质等级；情节严重的，吊销资质证书。

工程监理单位转让工程监理业务的，责令改正，没收违法所得，处合同约定的监理酬金百分之二十五以上百分之五十以下的罚款；可以责令停业整顿，降低资质等级；情节严重的，吊销资质证书。

第六十三条　违反本条例规定，有下列行为之一的，责令改正，处 10 万元以上 30 万元以下的罚款：

（一）勘察单位未按照工程建设强制性标准进行勘察的；

（二）设计单位未根据勘察成果文件进行工程设计的；

（三）设计单位指定建筑材料、建筑构配件的生产厂、供应商的；

（四）设计单位未按照工程建设强制性标准进行设计的。

有前款所列行为，造成工程质量事故的，责令停业整顿，降低资质等级；情节严重的，吊销资质证书；造成损失的，依法承担赔偿责任。

第六十四条　违反本条例规定，施工单位在施工中偷工减料的，使用不合格的建筑材料、建筑构配件和设备的，或者有不按照工程设计图纸或者施工技术标准施工的其他行为的，责令改正，处工程合同价款百分之二以上百分之四以下的罚款；造成建设工程质量不符合规定的质量标准的，负责返工、修理，并赔偿因此造成的损失；情节严重的，责令停业整顿，降低资质等级或者吊销资质证书。

第六十五条　违反本条例规定，施工单位未对建筑材料、建筑构配件、设备和商品混凝土进行检验，或者未对涉及结构安全的试块、试件以及有关材料取样检测的，责令改正，处 10 万元以上 20 万元以下的罚款；情节严重的，责令停业整顿，降低资质等级或者吊销资质证书；造成损失的，依法承担赔偿责任。

第六十六条　违反本条例规定，施工单位不履行保修义务或者拖延履行保修义务的，责令改正，处 10 万元以上 20 万元以下的罚款，并对在保修期内因质量缺陷造成的损失承担赔偿责任。

第六十七条　工程监理单位有下列行为之一的，责令改正，处 50 万元以上 100 万元以下的罚款，降低资质等级或者吊销资质证书；有违法所得的，予以没收；造成损失的，承担连带赔偿责任：

（一）与建设单位或者施工单位串通，弄虚作假、降低工程质量的；

（二）将不合格的建设工程、建筑材料、建筑构配件和设备按照合格签字的。

第六十八条　违反本条例规定，工程监理单位与被监理工程的施工承包单位以及建筑材料、建筑构配件和设备供应单位有隶属关系或者其他利害关系承担该项建设工程的监理业务的，责令改正，处 5 万元以上 10 万元以下的罚款，降低资质等级或者吊销资质证书；有违法所得的，予以没收。

第六十九条　违反本条例规定，涉及建筑主体或者承重结构变动的装修工程，没有设计方案擅自施工的，责令改正，处 50 万元以上 100 万元以下的罚款；房屋建筑使用者在装修过程中擅自变动房屋建筑主体和承重结构的，责令改正，处 5 万元以上 10 万元以下的罚款。

有前款所列行为，造成损失的，依法承担赔偿责任。

第七十条　发生重大工程质量事故隐瞒不报、谎报或者拖延报告期限的，对直接负责的主管人员和其他责任人员依法给予行政处分。

第七十一条　违反本条例规定，供水、供电、供气、公安消防等部门或者单位明示或者暗示建设单位或者施工单位购买其指定的生产供应单位的建筑材料、建筑构配件和设备的，责令改正。

第七十二条　违反本条例规定，注册建筑师、注册结构工程师、监理工程师等注册执业人员因过错造成质量事故的，责令停止执业 1 年；造成重大质量事故的，吊销执业资格证书，5 年以内不予注册；情节特别恶劣的，终身不予注册。

第七十三条　依照本条例规定，给予单位罚款处罚的，对单位直接负责的主管人员和其他直接责任人员处单位罚款数额百分之五以上百分之十以下的罚款。

第七十四条　建设单位、设计单位、施工单位、工程监理单位违反国家规定，降低工程质量标准，造成重大安全事故，构成犯罪的，对直接责任人员依法追究刑事责任。

第七十五条　本条例规定的责令停业整顿，降低资质等级和吊销资质证书的行政处罚，由颁发资质证书的机关决定；其他行政处罚，由建设行政主管部门或者其他有关部门依照法定职权决定。

依照本条例规定被吊销资质证书的，由工商行政管理部门吊销其营业执照。

第七十六条　国家机关工作人员在建设工程质量监督管理工作中玩忽职守、滥用职权、徇私舞弊，构成犯罪的，依法追究刑事责任；尚不构成犯罪的，依法给予行政处分。

第七十七条　建设、勘察、设计、施工、工程监理单位的工作人员因调动工作、退休等原因离开该单位后，被发现在该单位工作期间违反国家有关建设工程质量管理规定，造成重大工程质量事故的，仍应当依法追究法律责任。

第九章 附 则

第七十八条 本条例所称肢解发包，是指建设单位将应当由一个承包单位完成的建设工程分解成若干部分发包给不同的承包单位的行为。

本条例所称违法分包，是指下列行为：

（一）总承包单位将建设工程分包给不具备相应资质条件的单位的；

（二）建设工程总承包合同中未有约定，又未经建设单位认可，承包单位将其承包的部分建设工程交由其他单位完成的；

（三）施工总承包单位将建设工程主体结构的施工分包给其他单位的；

（四）分包单位将其承包的建设工程再分包的。

本条例所称转包，是指承包单位承包建设工程后，不履行合同约定的责任和义务，将其承包的全部建设工程转给他人或者将其承包的全部建设工程肢解以后以分包的名义分别转给其他单位承包的行为。

第七十九条 本条例规定的罚款和没收的违法所得，必须全部上缴国库。

第八十条 抢险救灾及其他临时性房屋建筑和农民自建低层住宅的建设活动，不适用本条例。

第八十一条 军事建设工程的管理，按照中央军事委员会的有关规定执行。

第八十二条 本条例自发布之日起施行。

建设工程安全生产管理条例

国务院令第 393 号

（2003 年 11 月 12 日国务院第 28 次常务会议通过，自 2004 年 2 月 1 日起施行）

第一章　总　　则

第一条　为了加强建设工程安全生产监督管理，保障人民群众生命和财产安全，根据《中华人民共和国建筑法》《中华人民共和国安全生产法》，制定本条例。

第二条　在中华人民共和国境内从事建设工程的新建、扩建、改建和拆除等有关活动及实施对建设工程安全生产的监督管理，必须遵守本条例。

本条例所称建设工程，是指土木工程、建筑工程、线路管道和设备安装工程及装修工程。

第三条　建设工程安全生产管理，坚持安全第一、预防为主的方针。

第四条　建设单位、勘察单位、设计单位、施工单位、工程监理单位及其他与建设工程安全生产有关的单位，必须遵守安全生产法律、法规的规定，保证建设工程安全生产，依法承担建设工程安全生产责任。

第五条　国家鼓励建设工程安全生产的科学技术研究和先进技术的推广应用，推进建设工程安全生产的科学管理。

第二章　建设单位的安全责任

第六条　建设单位应当向施工单位提供施工现场及毗邻区域内供水、排水、供电、供气、供热、通信、广播电视等地下管线资料，气象和水文观测资料，相邻建筑物和构筑物、地下工程的有关资料，并保证资料的真实、准确、完整。

建设单位因建设工程需要，向有关部门或者单位查询前款规定的资料时，有关部门或者单位应当及时提供。

第七条　建设单位不得对勘察、设计、施工、工程监理等单位提出不符合建设工程安全生产法律、法规和强制性标准规定的要求，不得压缩合同约定的工期。

第八条　建设单位在编制工程概算时，应当确定建设工程安全作业环境及安全施工措施所需费用。

第九条　建设单位不得明示或者暗示施工单位购买、租赁、使用不符合安全施工要求的安全防护用具、机械设备、施工机具及配件、消防设施和器材。

第十条　建设单位在申请领取施工许可证时，应当提供建设工程有关安全施工措施的资料。

依法批准开工报告的建设工程，建设单位应当自开工报告批准之日起 15 日内，将保证安全施工的措施报送建设工程所在地的县级以上地方人民政府建设行政主管部门或者其他有关部门备案。

第十一条 建设单位应当将拆除工程发包给具有相应资质等级的施工单位。

建设单位应当在拆除工程施工 15 日前，将下列资料报送建设工程所在地的县级以上地方人民政府建设行政主管部门或者其他有关部门备案：

（一）施工单位资质等级证明；

（二）拟拆除建筑物、构筑物及可能危及毗邻建筑的说明；

（三）拆除施工组织方案；

（四）堆放、清除废弃物的措施。

实施爆破作业的，应当遵守国家有关民用爆炸物品管理的规定。

第三章 勘察、设计、工程监理及其他有关单位的安全责任

第十二条 勘察单位应当按照法律、法规和工程建设强制性标准进行勘察，提供的勘察文件应当真实、准确，满足建设工程安全生产的需要。

勘察单位在勘察作业时，应当严格执行操作规程，采取措施保证各类管线、设施和周边建筑物、构筑物的安全。

第十三条 设计单位应当按照法律、法规和工程建设强制性标准进行设计，防止因设计不合理导致生产安全事故的发生。

设计单位应当考虑施工安全操作和防护的需要，对涉及施工安全的重点部位和环节在设计文件中注明，并对防范生产安全事故提出指导意见。

采用新结构、新材料、新工艺的建设工程和特殊结构的建设工程，设计单位应当在设计中提出保障施工作业人员安全和预防生产安全事故的措施建议。

设计单位和注册建筑师等注册执业人员应当对其设计负责。

第十四条 工程监理单位应当审查施工组织设计中的安全技术措施或者专项施工方案是否符合工程建设强制性标准。

工程监理单位在实施监理过程中，发现存在安全事故隐患的，应当要求施工单位整改；情况严重的，应当要求施工单位暂时停止施工，并及时报告建设单位。施工单位拒不整改或者不停止施工的，工程监理单位应当及时向有关主管部门报告。

工程监理单位和监理工程师应当按照法律、法规和工程建设强制性标准实施监理，并对建设工程安全生产承担监理责任。

第十五条 为建设工程提供机械设备和配件的单位，应当按照安全施工的要求配备齐全有效的保险、限位等安全设施和装置。

第十六条 出租的机械设备和施工机具及配件，应当具有生产（制造）许可证、产品合格证。

出租单位应当对出租的机械设备和施工机具及配件的安全性能进行检测，在签订租赁协议时，应当出具检测合格证明。

禁止出租检测不合格的机械设备和施工机具及配件。

第十七条 在施工现场安装、拆卸施工起重机械和整体提升脚手架、模板等自升式架设设施，必须由具有相应资质的单位承担。

安装、拆卸施工起重机械和整体提升脚手架、模板等自升式架设设施，应当编制拆装方

案、制定安全施工措施，并由专业技术人员现场监督。

施工起重机械和整体提升脚手架、模板等自升式架设设施安装完毕后，安装单位应当自检，出具自检合格证明，并向施工单位进行安全使用说明，办理验收手续并签字。

第十八条　施工起重机械和整体提升脚手架、模板等自升式架设设施的使用达到国家规定的检验检测期限的，必须经具有专业资质的检验检测机构检测。经检测不合格的，不得继续使用。

第十九条　检验检测机构对检测合格的施工起重机械和整体提升脚手架、模板等自升式架设设施，应当出具安全合格证明文件，并对检测结果负责。

第四章　施工单位的安全责任

第二十条　施工单位从事建设工程的新建、扩建、改建和拆除等活动，应当具备国家规定的注册资本、专业技术人员、技术装备和安全生产等条件，依法取得相应等级的资质证书，并在其资质等级许可的范围内承揽工程。

第二十一条　施工单位主要负责人依法对本单位的安全生产工作全面负责。施工单位应当建立健全安全生产责任制度和安全生产教育培训制度，制定安全生产规章制度和操作规程，保证本单位安全生产条件所需资金的投入，对所承担的建设工程进行定期和专项安全检查，并做好安全检查记录。

施工单位的项目负责人应当由取得相应执业资格的人员担任，对建设工程项目的安全施工负责，落实安全生产责任制度、安全生产规章制度和操作规程，确保安全生产费用的有效使用，并根据工程的特点组织制定安全施工措施，消除安全事故隐患，及时、如实报告生产安全事故。

第二十二条　施工单位对列入建设工程概算的安全作业环境及安全施工措施所需费用，应当用于施工安全防护用具及设施的采购和更新、安全施工措施的落实、安全生产条件的改善，不得挪作他用。

第二十三条　施工单位应当设立安全生产管理机构，配备专职安全生产管理人员。

专职安全生产管理人员负责对安全生产进行现场监督检查。发现安全事故隐患，应当及时向项目负责人和安全生产管理机构报告；对违章指挥、违章操作的，应当立即制止。

专职安全生产管理人员的配备办法由国务院建设行政主管部门会同国务院其他有关部门制定。

第二十四条　建设工程实行施工总承包的，由总承包单位对施工现场的安全生产负总责。

总承包单位应当自行完成建设工程主体结构的施工。

总承包单位依法将建设工程分包给其他单位的，分包合同中应当明确各自的安全生产方面的权利、义务。总承包单位和分包单位对分包工程的安全生产承担连带责任。

分包单位应当服从总承包单位的安全生产管理，分包单位不服从管理导致生产安全事故的，由分包单位承担主要责任。

第二十五条　垂直运输机械作业人员、安装拆卸工、爆破作业人员、起重信号工、登高架设作业人员等特种作业人员，必须按照国家有关规定经过专门的安全作业培训，并取得特种作业操作资格证书后，方可上岗作业。

第二十六条 施工单位应当在施工组织设计中编制安全技术措施和施工现场临时用电方案，对下列达到一定规模的危险性较大的分部分项工程编制专项施工方案，并附具安全验算结果，经施工单位技术负责人、总监理工程师签字后实施，由专职安全生产管理人员进行现场监督：

（一）基坑支护与降水工程；

（二）土方开挖工程；

（三）模板工程；

（四）起重吊装工程；

（五）脚手架工程；

（六）拆除、爆破工程；

（七）国务院建设行政主管部门或者其他有关部门规定的其他危险性较大的工程。

对前款所列工程中涉及深基坑、地下暗挖工程、高大模板工程的专项施工方案，施工单位还应当组织专家进行论证、审查。

本条第一款规定的达到一定规模的危险性较大工程的标准，由国务院建设行政主管部门会同国务院其他有关部门制定。

第二十七条 建设工程施工前，施工单位负责项目管理的技术人员应当对有关安全施工的技术要求向施工作业班组、作业人员作出详细说明，并由双方签字确认。

第二十八条 施工单位应当在施工现场入口处、施工起重机械、临时用电设施、脚手架、出入通道口、楼梯口、电梯井口、孔洞口、桥梁口、隧道口、基坑边沿、爆破物及有害危险气体和液体存放处等危险部位，设置明显的安全警示标志。安全警示标志必须符合国家标准。

施工单位应当根据不同施工阶段和周围环境及季节、气候的变化，在施工现场采取相应的安全施工措施。施工现场暂时停止施工的，施工单位应当做好现场防护，所需费用由责任方承担，或者按照合同约定执行。

第二十九条 施工单位应当将施工现场的办公、生活区与作业区分开设置，并保持安全距离；办公、生活区的选址应当符合安全性要求。职工的膳食、饮水、休息场所等应当符合卫生标准。施工单位不得在尚未竣工的建筑物内设置员工集体宿舍。

施工现场临时搭建的建筑物应当符合安全使用要求。施工现场使用的装配式活动房屋应当具有产品合格证。

第三十条 施工单位对因建设工程施工可能造成损害的毗邻建筑物、构筑物和地下管线等，应当采取专项防护措施。

施工单位应当遵守有关环境保护法律、法规的规定，在施工现场采取措施，防止或者减少粉尘、废气、废水、固体废物、噪声、振动和施工照明对人和环境的危害和污染。

在城市市区内的建设工程，施工单位应当对施工现场实行封闭围挡。

第三十一条 施工单位应当在施工现场建立消防安全责任制度，确定消防安全责任人，制定用火、用电、使用易燃易爆材料等各项消防安全管理制度和操作规程，设置消防通道、消防水源，配备消防设施和灭火器材，并在施工现场入口处设置明显标志。

第三十二条 施工单位应当向作业人员提供安全防护用具和安全防护服装，并书面告知危险岗位的操作规程和违章操作的危害。

作业人员有权对施工现场的作业条件、作业程序和作业方式中存在的安全问题提出批评、检举和控告，有权拒绝违章指挥和强令冒险作业。

在施工中发生危及人身安全的紧急情况时，作业人员有权立即停止作业或者在采取必要的应急措施后撤离危险区域。

第三十三条 作业人员应当遵守安全施工的强制性标准、规章制度和操作规程，正确使用安全防护用具、机械设备等。

第三十四条 施工单位采购、租赁的安全防护用具、机械设备、施工机具及配件，应当具有生产（制造）许可证、产品合格证，并在进入施工现场前进行查验。

施工现场的安全防护用具、机械设备、施工机具及配件必须由专人管理，定期进行检查、维修和保养，建立相应的资料档案，并按照国家有关规定及时报废。

第三十五条 施工单位在使用施工起重机械和整体提升脚手架、模板等自升式架设设施前，应当组织有关单位进行验收，也可以委托具有相应资质的检验检测机构进行验收；使用承租的机械设备和施工机具及配件的，由施工总承包单位、分包单位、出租单位和安装单位共同进行验收。验收合格的方可使用。

《特种设备安全监察条例》规定的施工起重机械，在验收前应当经有相应资质的检验检测机构监督检验合格。

施工单位应当自施工起重机械和整体提升脚手架、模板等自升式架设设施验收合格之日起 30 日内，向建设行政主管部门或者其他有关部门登记。登记标志应当置于或者附着于该设备的显著位置。

第三十六条 施工单位的主要负责人、项目负责人、专职安全生产管理人员应当经建设行政主管部门或者其他有关部门考核合格后方可任职。

施工单位应当对管理人员和作业人员每年至少进行一次安全生产教育培训，其教育培训情况记入个人工作档案。安全生产教育培训考核不合格的人员，不得上岗。

第三十七条 作业人员进入新的岗位或者新的施工现场前，应当接受安全生产教育培训。未经教育培训或者教育培训考核不合格的人员，不得上岗作业。

施工单位在采用新技术、新工艺、新设备、新材料时，应当对作业人员进行相应的安全生产教育培训。

第三十八条 施工单位应当为施工现场从事危险作业的人员办理意外伤害保险。

意外伤害保险费由施工单位支付。实行施工总承包的，由总承包单位支付意外伤害保险费。意外伤害保险期限自建设工程开工之日起至竣工验收合格止。

第五章 监 督 管 理

第三十九条 国务院负责安全生产监督管理的部门依照《中华人民共和国安全生产法》的规定，对全国建设工程安全生产工作实施综合监督管理。

县级以上地方人民政府负责安全生产监督管理的部门依照《中华人民共和国安全生产法》的规定，对本行政区域内建设工程安全生产工作实施综合监督管理。

第四十条 国务院建设行政主管部门对全国的建设工程安全生产实施监督管理。国务院铁路、交通、水利等有关部门按照国务院规定的职责分工，负责有关专业建设工程安全生产的监督管理。

县级以上地方人民政府建设行政主管部门对本行政区域内的建设工程安全生产实施监督管理。县级以上地方人民政府交通、水利等有关部门在各自的职责范围内，负责本行政区域内的专业建设工程安全生产的监督管理。

第四十一条 建设行政主管部门和其他有关部门应当将本条例第十条、第十一条规定的有关资料的主要内容抄送同级负责安全生产监督管理的部门。

第四十二条 建设行政主管部门在审核发放施工许可证时，应当对建设工程是否有安全施工措施进行审查，对没有安全施工措施的，不得颁发施工许可证。

建设行政主管部门或者其他有关部门对建设工程是否有安全施工措施进行审查时，不得收取费用。

第四十三条 县级以上人民政府负有建设工程安全生产监督管理职责的部门在各自的职责范围内履行安全监督检查职责时，有权采取下列措施：

（一）要求被检查单位提供有关建设工程安全生产的文件和资料；

（二）进入被检查单位施工现场进行检查；

（三）纠正施工中违反安全生产要求的行为；

（四）对检查中发现的安全事故隐患，责令立即排除；重大安全事故隐患排除前或者排除过程中无法保证安全的，责令从危险区域内撤出作业人员或者暂时停止施工。

第四十四条 建设行政主管部门或者其他有关部门可以将施工现场的监督检查委托给建设工程安全监督机构具体实施。

第四十五条 国家对严重危及施工安全的工艺、设备、材料实行淘汰制度。具体目录由国务院建设行政主管部门会同国务院其他有关部门制定并公布。

第四十六条 县级以上人民政府建设行政主管部门和其他有关部门应当及时受理对建设工程生产安全事故及安全事故隐患的检举、控告和投诉。

第六章 生产安全事故的应急救援和调查处理

第四十七条 县级以上地方人民政府建设行政主管部门应当根据本级人民政府的要求，制定本行政区域内建设工程特大生产安全事故应急救援预案。

第四十八条 施工单位应当制定本单位生产安全事故应急救援预案，建立应急救援组织或者配备应急救援人员，配备必要的应急救援器材、设备，并定期组织演练。

第四十九条 施工单位应当根据建设工程施工的特点、范围，对施工现场易发生重大事故的部位、环节进行监控，制定施工现场生产安全事故应急救援预案。实行施工总承包的，由总承包单位统一组织编制建设工程生产安全事故应急救援预案，工程总承包单位和分包单位按照应急救援预案，各自建立应急救援组织或者配备应急救援人员，配备救援器材、设备，并定期组织演练。

第五十条 施工单位发生生产安全事故，应当按照国家有关伤亡事故报告和调查处理的规定，及时、如实地向负责安全生产监督管理的部门、建设行政主管部门或者其他有关部门报告；特种设备发生事故的，还应当同时向特种设备安全监督管理部门报告。接到报告的部门应当按照国家有关规定，如实上报。

实行施工总承包的建设工程，由总承包单位负责上报事故。

第五十一条 发生生产安全事故后，施工单位应当采取措施防止事故扩大，保护事故现场。需要移动现场物品时，应当做出标记和书面记录，妥善保管有关证物。

第五十二条 建设工程生产安全事故的调查、对事故责任单位和责任人的处罚与处理，按照有关法律、法规的规定执行。

第七章 法 律 责 任

第五十三条 违反本条例的规定，县级以上人民政府建设行政主管部门或者其他有关行政管理部门的工作人员，有下列行为之一的，给予降级或者撤职的行政处分；构成犯罪的，依照刑法有关规定追究刑事责任：

（一）对不具备安全生产条件的施工单位颁发资质证书的；

（二）对没有安全施工措施的建设工程颁发施工许可证的；

（三）发现违法行为不予查处的；

（四）不依法履行监督管理职责的其他行为。

第五十四条 违反本条例的规定，建设单位未提供建设工程安全生产作业环境及安全施工措施所需费用的，责令限期改正；逾期未改正的，责令该建设工程停止施工。

建设单位未将保证安全施工的措施或者拆除工程的有关资料报送有关部门备案的，责令限期改正，给予警告。

第五十五条 违反本条例的规定，建设单位有下列行为之一的，责令限期改正，处 20 万元以上 50 万元以下的罚款；造成重大安全事故，构成犯罪的，对直接责任人员，依照刑法有关规定追究刑事责任；造成损失的，依法承担赔偿责任：

（一）对勘察、设计、施工、工程监理等单位提出不符合安全生产法律、法规和强制性标准规定的要求的；

（二）要求施工单位压缩合同约定的工期的；

（三）将拆除工程发包给不具有相应资质等级的施工单位的。

第五十六条 违反本条例的规定，勘察单位、设计单位有下列行为之一的，责令限期改正，处 10 万元以上 30 万元以下的罚款；情节严重的，责令停业整顿，降低资质等级，直至吊销资质证书；造成重大安全事故，构成犯罪的，对直接责任人员，依照刑法有关规定追究刑事责任；造成损失的，依法承担赔偿责任：

（一）未按照法律、法规和工程建设强制性标准进行勘察、设计的；

（二）采用新结构、新材料、新工艺的建设工程和特殊结构的建设工程，设计单位未在设计中提出保障施工作业人员安全和预防生产安全事故的措施建议的。

第五十七条 违反本条例的规定，工程监理单位有下列行为之一的，责令限期改正；逾期未改正的，责令停业整顿，并处 10 万元以上 30 万元以下的罚款；情节严重的，降低资质等级，直至吊销资质证书；造成重大安全事故，构成犯罪的，对直接责任人员，依照刑法有关规定追究刑事责任；造成损失的，依法承担赔偿责任：

（一）未对施工组织设计中的安全技术措施或者专项施工方案进行审查的；

（二）发现安全事故隐患未及时要求施工单位整改或者暂时停止施工的；

（三）施工单位拒不整改或者不停止施工，未及时向有关主管部门报告的；

（四）未依照法律、法规和工程建设强制性标准实施监理的。

第五十八条 注册执业人员未执行法律、法规和工程建设强制性标准的，责令停止执业3个月以上1年以下；情节严重的，吊销执业资格证书，5年内不予注册；造成重大安全事故的，终身不予注册；构成犯罪的，依照刑法有关规定追究刑事责任。

第五十九条 违反本条例的规定，为建设工程提供机械设备和配件的单位，未按照安全施工的要求配备齐全有效的保险、限位等安全设施和装置的，责令限期改正，处合同价款 1 倍以上 3 倍以下的罚款；造成损失的，依法承担赔偿责任。

第六十条 违反本条例的规定，出租单位出租未经安全性能检测或者经检测不合格的机械设备和施工机具及配件的，责令停业整顿，并处 5 万元以上 10 万元以下的罚款；造成损失的，依法承担赔偿责任。

第六十一条 违反本条例的规定，施工起重机械和整体提升脚手架、模板等自升式架设设施安装、拆卸单位有下列行为之一的，责令限期改正，处 5 万元以上 10 万元以下的罚款；情节严重的，责令停业整顿，降低资质等级，直至吊销资质证书；造成损失的，依法承担赔偿责任：

（一）未编制拆装方案、制定安全施工措施的；

（二）未由专业技术人员现场监督的；

（三）未出具自检合格证明或者出具虚假证明的；

（四）未向施工单位进行安全使用说明，办理移交手续的。

施工起重机械和整体提升脚手架、模板等自升式架设设施安装、拆卸单位有前款规定的第（一）项、第（三）项行为，经有关部门或者单位职工提出后，对事故隐患仍不采取措施，因而发生重大伤亡事故或者造成其他严重后果，构成犯罪的，对直接责任人员，依照刑法有关规定追究刑事责任。

第六十二条 违反本条例的规定，施工单位有下列行为之一的，责令限期改正；逾期未改正的，责令停业整顿，依照《中华人民共和国安全生产法》的有关规定处以罚款；造成重大安全事故，构成犯罪的，对直接责任人员，依照刑法有关规定追究刑事责任：

（一）未设立安全生产管理机构、配备专职安全生产管理人员或者分部分项工程施工时无专职安全生产管理人员现场监督的；

（二）施工单位的主要负责人、项目负责人、专职安全生产管理人员、作业人员或者特种作业人员，未经安全教育培训或者经考核不合格即从事相关工作的；

（三）未在施工现场的危险部位设置明显的安全警示标志，或者未按照国家有关规定在施工现场设置消防通道、消防水源、配备消防设施和灭火器材的；

（四）未向作业人员提供安全防护用具和安全防护服装的；

（五）未按照规定在施工起重机械和整体提升脚手架、模板等自升式架设设施验收合格后登记的；

（六）使用国家明令淘汰、禁止使用的危及施工安全的工艺、设备、材料的。

第六十三条 违反本条例的规定，施工单位挪用列入建设工程概算的安全生产作业环境及安全施工措施所需费用的，责令限期改正，处挪用费用20%以上50%以下的罚款；造成损失的，依法承担赔偿责任。

第六十四条 违反本条例的规定，施工单位有下列行为之一的，责令限期改正；逾期未改正的，责令停业整顿，并处 5 万元以上 10 万元以下的罚款；造成重大安全事故，构成犯罪的，对直接责任人员，依照刑法有关规定追究刑事责任：

（一）施工前未对有关安全施工的技术要求作出详细说明的；

（二）未根据不同施工阶段和周围环境及季节、气候的变化，在施工现场采取相应的安全施工措施，或者在城市市区内的建设工程的施工现场未实行封闭围挡的；

（三）在尚未竣工的建筑物内设置员工集体宿舍的；

（四）施工现场临时搭建的建筑物不符合安全使用要求的；

（五）未对因建设工程施工可能造成损害的毗邻建筑物、构筑物和地下管线等采取专项防护措施的。

施工单位有前款规定第（四）项、第（五）项行为，造成损失的，依法承担赔偿责任。

第六十五条 违反本条例的规定，施工单位有下列行为之一的，责令限期改正；逾期未改正的，责令停业整顿，并处 10 万元以上 30 万元以下的罚款；情节严重的，降低资质等级，直至吊销资质证书；造成重大安全事故，构成犯罪的，对直接责任人员，依照刑法有关规定追究刑事责任；造成损失的，依法承担赔偿责任：

（一）安全防护用具、机械设备、施工机具及配件在进入施工现场前未经查验或者查验不合格即投入使用的；

（二）使用未经验收或者验收不合格的施工起重机械和整体提升脚手架、模板等自升式架设设施的；

（三）委托不具有相应资质的单位承担施工现场安装、拆卸施工起重机械和整体提升脚手架、模板等自升式架设设施的；

（四）在施工组织设计中未编制安全技术措施、施工现场临时用电方案或者专项施工方案的。

第六十六条 违反本条例的规定，施工单位的主要负责人、项目负责人未履行安全生产管理职责的，责令限期改正；逾期未改正的，责令施工单位停业整顿；造成重大安全事故、重大伤亡事故或者其他严重后果，构成犯罪的，依照刑法有关规定追究刑事责任。

作业人员不服管理、违反规章制度和操作规程冒险作业造成重大伤亡事故或者其他严重后果，构成犯罪的，依照刑法有关规定追究刑事责任。

施工单位的主要负责人、项目负责人有前款违法行为，尚不够刑事处罚的，处 2 万元以上 20 万元以下的罚款或者按照管理权限给予撤职处分；自刑罚执行完毕或者受处分之日起，5 年内不得担任任何施工单位的主要负责人、项目负责人。

第六十七条 施工单位取得资质证书后，降低安全生产条件的，责令限期改正；经整改仍未达到与其资质等级相适应的安全生产条件的，责令停业整顿，降低其资质等级直至吊销资质证书。

第六十八条 本条例规定的行政处罚，由建设行政主管部门或者其他有关部门依照法定职权决定。

违反消防安全管理规定的行为，由公安消防机构依法处罚。

有关法律、行政法规对建设工程安全生产违法行为的行政处罚决定机关另有规定的，从其规定。

第八章 附 则

第六十九条 抢险救灾和农民自建低层住宅的安全生产管理，不适用本条例。

第七十条 军事建设工程的安全生产管理，按照中央军事委员会的有关规定执行。

第七十一条 本条例自 2004 年 2 月 1 日起施行。

水库大坝安全管理条例

国务院令第 588 号

（1991 年 3 月 22 日中华人民共和国国务院令第 77 号发布，根据 2011 年 1 月 8 日国务院令第 588 号《国务院关于废止和修改部分行政法规的决定》修订）

第一章 总 则

第一条 为加强水库大坝安全管理，保障人民生命财产和社会主义建设的安全，根据《中华人民共和国水法》，制定本条例。

第二条 本条例适用于中华人民共和国境内坝高 15 米以上或者库容 100 万立方米以上的水库大坝（以下简称大坝）。大坝包括永久性挡水建筑物以及与其配合运用的泄洪、输水和过船建筑物等。

坝高 15 米以下、10 米以上或者库容 100 万立方米以下、10 万立方米以上，对重要城镇、交通干线、重要军事设施、工矿区安全有潜在危险的大坝，其安全管理参照本条例执行。

第三条 国务院水行政主管部门会同国务院有关主管部门对全国的大坝安全实施监督。县级以上地方人民政府水行政主管部门会同有关主管部门对本行政区域内的大坝安全实施监督。

各级水利、能源、建设、交通、农业等有关部门，是其所管辖的大坝的主管部门。

第四条 各级人民政府及其大坝主管部门对其所管辖的大坝的安全实行行政领导负责制。

第五条 大坝的建设和管理应当贯彻安全第一的方针。

第六条 任何单位和个人都有保护大坝安全的义务。

第二章 大 坝 建 设

第七条 兴建大坝必须符合由国务院水行政主管部门会同有关大坝主管部门制定的大坝安全技术标准。

第八条 兴建大坝必须进行工程设计。大坝的工程设计必须由具有相应资格证书的单位承担。

大坝的工程设计应当包括工程观测、通信、动力、照明、交通、消防等管理设施的设计。

第九条 大坝施工必须由具有相应资格证书的单位承担。大坝施工单位必须按照施工承包合同规定的设计文件、图纸要求和有关技术标准进行施工。

建设单位和设计单位应当派驻代表，对施工质量进行监督检查。质量不符合设计要求的，必须返工或者采取补救措施。

第十条 兴建大坝时，建设单位应当按照批准的设计，提请县级以上人民政府依照国家规定划定管理和保护范围，树立标志。

已建大坝尚未划定管理和保护范围的，大坝主管部门应当根据安全管理的需要，提请县级以上人民政府划定。

第十一条 大坝开工后，大坝主管部门应当组建大坝管理单位，由其按照工程基本建设验收规程参与质量检查以及大坝分部、分项验收和蓄水验收工作。

大坝竣工后，建设单位应当申请大坝主管部门组织验收。

第三章 大 坝 管 理

第十二条 大坝及其设施受国家保护，任何单位和个人不得侵占、毁坏。大坝管理单位应当加强大坝的安全保卫工作。

第十三条 禁止在大坝管理和保护范围内进行爆破、打井、采石、采矿、挖沙、取土、修坟等危害大坝安全的活动。

第十四条 非大坝管理人员不得操作大坝的泄洪闸门、输水闸门以及其他设施，大坝管理人员操作时应当遵守有关的规章制度。禁止任何单位和个人干扰大坝的正常管理工作。

第十五条 禁止在大坝的集水区域内乱伐林木、陡坡开荒等导致水库淤积的活动。禁止在库区内围垦和进行采石、取土等危及山体的活动。

第十六条 大坝坝顶确需兼做公路的，须经科学论证和大坝主管部门批准，并采取相应的安全维护措施。

第十七条 禁止在坝体修建码头、渠道、堆放杂物、晾晒粮草。在大坝管理和保护范围内修建码头、鱼塘的，须经大坝主管部门批准，并与坝脚和泄水、输水建筑物保持一定距离，不得影响大坝安全、工程管理和抢险工作。

第十八条 大坝主管部门应当配备具有相应业务水平的大坝安全管理人员。

大坝管理单位应当建立、健全安全管理规章制度。

第十九条 大坝管理单位必须按照有关技术标准，对大坝进行安全监测和检查；对监测资料应当及时整理分析，随时掌握大坝运行状况。发现异常现象和不安全因素时，大坝管理单位应当立即报告大坝主管部门，及时采取措施。

第二十条 大坝管理单位必须做好大坝的养护修理工作，保证大坝和闸门启闭设备完好。

第二十一条 大坝的运行，必须在保证安全的前提下，发挥综合效益。大坝管理单位应当根据批准的计划和大坝主管部门的指令进行水库的调度运用。

在汛期，综合利用的水库，其调度运用必须服从防汛指挥机构的统一指挥；以发电为主的水库，其汛限水位以上的防洪库容及其洪水调度运用，必须服从防汛指挥机构的统一指挥。

任何单位和个人不得非法干预水库的调度运用。

第二十二条 大坝主管部门应当建立大坝定期安全检查、鉴定制度。

汛前、汛后，以及暴风、暴雨、特大洪水或者强烈地震发生后，大坝主管部门应当组织对其所管辖的大坝的安全进行检查。

第二十三条 大坝主管部门对其所管辖的大坝应当按期注册登记，建立技术档案。大坝注册登记办法由国务院水行政主管部门会同有关主管部门制定。

第二十四条　大坝管理单位和有关部门应当做好防汛抢险物料的准备和气象水情预报，并保证水情传递、报警以及大坝管理单位与大坝主管部门、上级防汛指挥机构之间联系通畅。

第二十五条　大坝出现险情征兆时，大坝管理单位应当立即报告大坝主管部门和上级防汛指挥机构，并采取抢救措施；有垮坝危险时，应当采取一切措施向预计的垮坝淹没地区发出警报，做好转移工作。

第四章　险　坝　处　理

第二十六条　对尚未达到设计洪水标准、抗震设防标准或者有严重质量缺陷的险坝，大坝主管部门应当组织有关单位进行分类，采取除险加固等措施，或者废弃重建。

在险坝加固前，大坝管理单位应当制定保坝应急措施；经论证必须改变原设计运行方式的，应当报请大坝主管部门审批。

第二十七条　大坝主管部门应当对其所管辖的需要加固的险坝制定加固计划，限期消除危险；有关人民政府应当优先安排所需资金和物料。

险坝加固必须由具有相应设计资格证书的单位作出加固设计，经审批后组织实施。险坝加固竣工后，由大坝主管部门组织验收。

第二十八条　大坝主管部门应当组织有关单位，对险坝可能出现的垮坝方式、淹没范围作出预估，并制定应急方案，报防汛指挥机构批准。

第五章　罚　　则

第二十九条　违反本条例规定，有下列行为之一的，由大坝主管部门责令其停止违法行为，赔偿损失，采取补救措施，可以并处罚款；应当给予治安管理处罚的，由公安机关依照《中华人民共和国治安管理处罚法》的规定处罚；构成犯罪的，依法追究刑事责任：

（一）毁坏大坝或者其观测、通信、动力、照明、交通、消防等管理设施的；

（二）在大坝管理和保护范围内进行爆破、打井、采石、采矿、取土、挖沙、修坟等危害大坝安全活动的；

（三）擅自操作大坝的泄洪闸门、输水闸门以及其他设施，破坏大坝正常运行的；

（四）在库区内围垦的；

（五）在坝体修建码头、渠道或者堆放杂物、晾晒粮草的；

（六）擅自在大坝管理和保护范围内修建码头、鱼塘的。

第三十条　盗窃或者抢夺大坝工程设施、器材的，依照刑法规定追究刑事责任。

第三十一条　由于勘测设计失误、施工质量低劣、调度运用不当以及滥用职权，玩忽职守，导致大坝事故的，由其所在单位或者上级主管机关对责任人员给予行政处分；构成犯罪的，依法追究刑事责任。

第三十二条　当事人对行政处罚决定不服的，可以在接到处罚通知之日起 15 日内，向作出处罚决定机关的上一级机关申请复议；对复议决定不服的，可以在接到复议决定之日起 15 日内，向人民法院起诉。当事人也可以在接到处罚通知之日起 15 日内，直接向人民法院起诉。当事人逾期不申请复议或者不向人民法院起诉又不履行处罚决定的，由作出处罚决定的机关申请人民法院强制执行。

对治安管理处罚不服的，依照《中华人民共和国治安管理处罚法》的规定办理。

第六章　附　　则

第三十三条　国务院有关部门和各省、自治区、直辖市人民政府可以根据本条例制定实施细则。

第三十四条　本条例自发布之日起施行。

中华人民共和国防汛条例

国务院令第 86 号

（1991 年 7 月 2 日中华人民共和国国务院令第 86 号发布，根据 2005 年 7 月 15 日《国务院关于修订〈中华人民共和国防汛条例〉的决定》修订）

第一章　总　　则

第一条　为了做好防汛抗洪工作，保障人民生命财产安全和经济建设的顺利进行，根据《中华人民共和国水法》，制定本条例。

第二条　在中华人民共和国境内进行防汛抗洪活动，适用本条例。

第三条　防汛工作实行"安全第一，常备不懈，以防为主，全力抢险"的方针，遵循团结协作和局部利益服从全局利益的原则。

第四条　防汛工作实行各级人民政府行政首长负责制，实行统一指挥，分级分部门负责。各有关部门实行防汛岗位责任制。

第五条　任何单位和个人都有参加防汛抗洪的义务。

中国人民解放军和武装警察部队是防汛抗洪的重要力量。

第二章　防　汛　组　织

第六条　国务院设立国家防汛总指挥部，负责组织领导全国的防汛抗洪工作，其办事机构设在国务院水行政主管部门。

长江和黄河，可以设立由有关省、自治区、直辖市人民政府和该江河的流域管理机构（以下简称流域机构）负责人等组成的防汛指挥机构，负责指挥所辖范围的防汛抗洪工作，其办事机构设在流域机构。长江和黄河的重大防汛抗洪事项须经国家防汛总指挥部批准后执行。

国务院水行政主管部门所属的淮河、海河、珠江、松花江、辽河、太湖等流域机构，设立防汛办事机构，负责协调本流域的防汛日常工作。

第七条　有防汛任务的县级以上地方人民政府设立防汛指挥部，由有关部门、当地驻军、人民武装部负责人组成，由各级人民政府首长担任指挥。各级人民政府防汛指挥部在上级人民政府防汛指挥部和同级人民政府的领导下，执行上级防汛指令，制定各项防汛抗洪措施，统一指挥本地区的防汛抗洪工作。

各级人民政府防汛指挥部办事机构设在同级水行政主管部门；城市市区的防汛指挥部办事机构也可以设在城建主管部门，负责管理所辖范围的防汛日常工作。

第八条　石油、电力、邮电、铁路、公路、航运、工矿以及商业、物资等有防汛任务的部门和单位，汛期应当设立防汛机构，在有管辖权的人民政府防汛指挥部统一领导下，负责做好本行业和本单位的防汛工作。

第九条　河道管理机构、水利水电工程管理单位和江河沿岸在建工程的建设单位，必须加强对所辖水工程设施的管理维护，保证其安全正常运行，组织和参加防汛抗洪工作。

第十条 有防汛任务的地方人民政府应当组织以民兵为骨干的群众性防汛队伍，并责成有关部门将防汛队伍组成人员登记造册，明确各自的任务和责任。

河道管理机构和其他防洪工程管理单位可以结合平时的管理任务，组织本单位的防汛抢险队伍，作为紧急抢险的骨干力量。

第三章 防 汛 准 备

第十一条 有防汛任务的县级以上人民政府，应当根据流域综合规划、防洪工程实际状况和国家规定的防洪标准，制定防御洪水方案（包括对特大洪水的处置措施）。

长江、黄河、淮河、海河的防御洪水方案，由国家防汛总指挥部制定，报国务院批准后施行；跨省、自治区、直辖市的其他江河的防御洪水方案，有关省、自治区、直辖市人民政府制定后，经有管辖权的流域机构审查同意，由省、自治区、直辖市人民政府报国务院或其授权的机构批准后施行。

有防汛抗洪任务的城市人民政府，应当根据流域综合规划和江河的防御洪水方案，制定本城市的防御洪水方案，报上级人民政府或其授权的机构批准后施行。

防御洪水方案经批准后，有关地方人民政府必须执行。

第十二条 有防汛任务的地方，应当根据经批准的防御洪水方案制定洪水调度方案。长江、黄河、淮河、海河（海河流域的永定河、大清河、漳卫南运河和北三河）、松花江、辽河、珠江和太湖流域的洪水调度方案，由有关流域机构会同有关省、自治区、直辖市人民政府制定，报国家防汛总指挥部批准。跨省、自治区、直辖市的其他江河的洪水调度方案，由有关流域机构会同有关省、自治区、直辖市人民政府制定，报流域防汛指挥机构批准；没有设立流域防汛指挥机构的，报国家防汛总指挥部批准。其他江河的洪水调度方案，由有管辖权的水行政主管部门会同有关地方人民政府制定，报有管辖权的防汛指挥机构批准。

洪水调度方案经批准后，有关地方人民政府必须执行。修改洪水调度方案，应当报经原批准机关批准。

第十三条 有防汛抗洪任务的企业应当根据所在流域或者地区经批准的防御洪水方案和洪水调度方案，规定本企业的防汛抗洪措施，在征得其所在地县级人民政府水行政主管部门同意后，由有管辖权的防汛指挥机构监督实施。

第十四条 水库、水电站、拦河闸坝等工程的管理部门，应当根据工程规划设计、经批准的防御洪水方案和洪水调度方案以及工程实际状况，在兴利服从防洪，保证安全的前提下，制定汛期调度运用计划，经上级主管部门审查批准后，报有管辖权的人民政府防汛指挥部备案，并接受其监督。

经国家防汛总指挥部认定的对防汛抗洪关系重大的水电站，其防洪库容的汛期调度运用计划经上级主管部门审查同意后，须经有管辖权的人民政府防汛指挥部批准。

汛期调度运用计划经批准后，由水库、水电站、拦河闸坝等工程的管理部门负责执行。

有防凌任务的江河，其上游水库在凌汛期间的下泄水量，必须征得有管辖权的人民政府防汛指挥部的同意，并接受其监督。

第十五条 各级防汛指挥部应当在汛前对各类防洪设施组织检查，发现影响防洪安全的问题，责成责任单位在规定的期限内处理，不得贻误防汛抗洪工作。

各有关部门和单位按照防汛指挥部的统一部署，对所管辖的防洪工程设施进行汛前检查后，必须将影响防洪安全的问题和处理措施报有管辖权的防汛指挥部和上级主管部门，并按照该防汛指挥部的要求予以处理。

第十六条　关于河道清障和对壅水、阻水严重的桥梁、引道、码头和其他跨河工程设施的改建或者拆除，按照《中华人民共和国河道管理条例》的规定执行。

第十七条　蓄滞洪区所在地的省级人民政府应当按照国务院的有关规定，组织有关部门和市、县，制定所管辖的蓄滞洪区的安全与建设规划，并予实施。

各级地方人民政府必须对所管辖的蓄滞洪区的通信、预报警报、避洪、撤退道路等安全设施，以及紧急撤离和救生的准备工作进行汛前检查，发现影响安全的问题，及时处理。

第十八条　山洪、泥石流易发地区，当地有关部门应当指定预防监测员及时监测。雨季到来之前，当地人民政府防汛指挥部应当组织有关单位进行安全检查，对险情征兆明显的地区，应当及时把群众撤离险区。

风暴潮易发地区，当地有关部门应当加强对水库、海堤、闸坝、高压电线等设施和房屋的安全检查，发现影响安全的问题，及时处理。

第十九条　地区之间在防汛抗洪方面发生的水事纠纷，由发生纠纷地区共同的上一级人民政府或其授权的主管部门处理。

前款所指人民政府或者部门在处理防汛抗洪方面的水事纠纷时，有权采取临时紧急处置措施，有关当事各方必须服从并贯彻执行。

第二十条　有防汛任务的地方人民政府应当建设和完善江河堤防、水库、蓄滞洪区等防洪设施，以及该地区的防汛通信、预报警报系统。

第二十一条　各级防汛指挥部应当储备一定数量的防汛抢险物资，由商业、供销、物资部门代储的，可以支付适当的保管费。受洪水威胁的单位和群众应当储备一定的防汛抢险物料。

防汛抢险所需的主要物资，由计划主管部门在年度计划中予以安排。

第二十二条　各级人民政府防汛指挥部汛前应当向有关单位和当地驻军介绍防御洪水方案，组织交流防汛抢险经验。有关方面汛期应当及时通报水情。

第四章　防　汛　与　抢　险

第二十三条　省级人民政府防汛指挥部，可以根据当地的洪水规律，规定汛期起止日期。当江河、湖泊、水库的水情接近保证水位或者安全流量时，或者防洪工程设施发生重大险情，情况紧急时，县级以上地方人民政府可以宣布进入紧急防汛期，并报告上级人民政府防汛指挥部。

第二十四条　防汛期内，各级防汛指挥部必须有负责人主持工作。有关责任人员必须坚守岗位，及时掌握汛情，并按照防御洪水方案和汛期调度运用计划进行调度。

第二十五条　在汛期，水利、电力、气象、海洋、农林等部门的水文站、雨量站，必须及时准确地向各级防汛指挥部提供实时水文信息；气象部门必须及时向各级防汛指挥部提供有关天气预报和实时气象信息；水文部门必须及时向各级防汛指挥部提供有关水文预报；海洋部门必须及时向沿海地区防汛指挥部提供风暴潮预报。

第二十六条 在汛期，河道、水库、闸坝、水运设施等水工程管理单位及其主管部门在执行汛期调度运用计划时，必须服从有管辖权的人民政府防汛指挥部的统一调度指挥或者监督。

在汛期，以发电为主的水库，其汛限水位以上的防洪库容以及洪水调度运用必须服从有管辖权的人民政府防汛指挥部的统一调度指挥。

第二十七条 在汛期，河道、水库、水电站、闸坝等水工程管理单位必须按照规定对水工程进行巡查，发现险情，必须立即采取抢护措施，并及时向防汛指挥部和上级主管部门报告。其他任何单位和个人发现水工程设施出现险情，应当立即向防汛指挥部和水工程管理单位报告。

第二十八条 在汛期，公路、铁路、航运、民航等部门应当及时运送防汛抢险人员和物资；电力部门应当保证防汛用电。

第二十九条 在汛期，电力调度通信设施必须服从防汛工作需要；邮电部门必须保证汛情和防汛指令的及时、准确传递，电视、广播、公路、铁路、航运、民航、公安、林业、石油等部门应当运用本部门的通信工具优先为防汛抗洪服务。

电视、广播、新闻单位应当根据人民政府防汛指挥部提供的汛情，及时向公众发布防汛信息。

第三十条 在紧急防汛期，地方人民政府防汛指挥部必须由人民政府负责人主持工作，组织动员本地区各有关单位和个人投入抗洪抢险。所有单位和个人必须听从指挥，承担人民政府防汛指挥部分配的抗洪抢险任务。

第三十一条 在紧急防汛期，公安部门应当按照人民政府防汛指挥部的要求，加强治安管理和安全保卫工作。必要时须由有关部门依法实行陆地和水面交通管制。

第三十二条 在紧急防汛期，为了防汛抢险需要，防汛指挥部有权在其管辖范围内，调用物资、设备、交通运输工具和人力，事后应当及时归还或者给予适当补偿。因抢险需要取土占地、砍伐林木、清除阻水障碍物的，任何单位和个人不得阻拦。

前款所指取土占地、砍伐林木的，事后应当依法向有关部门补办手续。

第三十三条 当河道水位或者流量达到规定的分洪、滞洪标准时，有管辖权的人民政府防汛指挥部有权根据经批准的分洪、滞洪方案，采取分洪、滞洪措施。采取上述措施对毗邻地区有危害的，须经有管辖权的上级防汛指挥机构批准，并事先通知有关地区。

在非常情况下，为保护国家确定的重点地区和大局安全，必须作出局部牺牲时，在报经有管辖权的上级人民政府防汛指挥部批准后，当地人民政府防汛指挥部可以采取非常紧急措施。

实施上述措施时，任何单位和个人不得阻拦，如遇到阻拦和拖延时，有管辖权的人民政府有权组织强制实施。

第三十四条 当洪水威胁群众安全时，当地人民政府应当及时组织群众撤离至安全地带，并做好生活安排。

第三十五条 按照水的天然流势或者防洪、排涝工程的设计标准，或者经批准的运行方案下泄的洪水，下游地区不得设障阻水或者缩小河道的过水能力；上游地区不得擅自增大下泄流量。

未经有管辖权的人民政府或其授权的部门批准，任何单位和个人不得改变江河河势的自然控制点。

第五章 善 后 工 作

第三十六条 在发生洪水灾害的地区，物资、商业、供销、农业、公路、铁路、航运、民航等部门应当做好抢险救灾物资的供应和运输；民政、卫生、教育等部门应当做好灾区群众的生活供给、医疗防疫、学校复课以及恢复生产等救灾工作；水利、电力、邮电、公路等部门应当做好所管辖的水毁工程的修复工作。

第三十七条 地方各级人民政府防汛指挥部，应当按照国家统计部门批准的洪涝灾害统计报表的要求，核实和统计所管辖范围的洪涝灾情，报上级主管部门和同级统计部门，有关单位和个人不得虚报、瞒报、伪造、篡改。

第三十八条 洪水灾害发生后，各级人民政府防汛指挥部应当积极组织和帮助灾区群众恢复和发展生产。修复水毁工程所需费用，应当优先列入有关主管部门年度建设计划。

第六章 防 汛 经 费

第三十九条 由财政部门安排的防汛经费，按照分级管理的原则，分别列入中央财政和地方财政预算。

在汛期，有防汛任务的地区的单位和个人应当承担一定的防汛抢险的劳务和费用，具体办法由省、自治区、直辖市人民政府制定。

第四十条 防御特大洪水的经费管理，按照有关规定执行。

第四十一条 对蓄滞洪区，逐步推行洪水保险制度，具体办法另行制定。

第七章 奖 励 与 处 罚

第四十二条 有下列事迹之一的单位和个人，可以由县级以上人民政府给予表彰或者奖励：

（一）在执行抗洪抢险任务时，组织严密，指挥得当，防守得力，奋力抢险，出色完成任务者；

（二）坚持巡堤查险，遇到险情及时报告，奋力抗洪抢险，成绩显著者；

（三）在危险关头，组织群众保护国家和人民财产，抢救群众有功者；

（四）为防汛调度、抗洪抢险献计献策，效益显著者；

（五）气象、雨情、水情测报和预报准确及时，情报传递迅速，克服困难，抢测洪水，因而减轻重大洪水灾害者；

（六）及时供应防汛物料和工具，爱护防汛器材，节约经费开支，完成防汛抢险任务成绩显著者；

（七）有其他特殊贡献，成绩显著者。

第四十三条 有下列行为之一者，视情节和危害后果，由其所在单位或者上级主管机关给予行政处分；应当给予治安管理处罚的，依照《中华人民共和国治安管理处罚条例》的规定处罚；构成犯罪的，依法追究刑事责任：

（一）拒不执行经批准的防御洪水方案、洪水调度方案，或者拒不执行有管辖权的防汛指挥机构的防汛调度方案或者防汛抢险指令的；

（二）玩忽职守，或者在防汛抢险的紧要关头临阵逃脱的；

（三）非法扒口决堤或者开闸的；

（四）挪用、盗窃、贪污防汛或者救灾的钱款或者物资的；

（五）阻碍防汛指挥机构工作人员依法执行职务的；

（六）盗窃、毁损或者破坏堤防、护岸、闸坝等水工程建筑物和防汛工程设施以及水文监测、测量设施、气象测报设施、河岸地质监测设施、通信照明设施的；

（七）其他危害防汛抢险工作的。

第四十四条 违反河道和水库大坝的安全管理，依照《中华人民共和国河道管理条例》和《水库大坝安全管理条例》的有关规定处理。

第四十五条 虚报、瞒报洪涝灾情，或者伪造、篡改洪涝灾害统计资料的，依照《中华人民共和国统计法》及其实施细则的有关规定处理。

第四十六条 当事人对行政处罚不服的，可以在接到处罚通知之日起十五日内，向作出处罚决定机关的上一级机关申请复议；对复议决定不服的，可以在接到复议决定之日起十五日内，向人民法院起诉。当事人也可以在接到处罚通知之日起十五日内，直接向人民法院起诉。

当事人逾期不申请复议或者不向人民法院起诉，又不履行处罚决定的，由作出处罚决定的机关申请人民法院强制执行；在汛期，也可以由作出处罚决定的机关强制执行；对治安管理处罚不服的，依照《中华人民共和国治安管理处罚条例》的规定办理。

当事人在申请复议或者诉讼期间，不停止行政处罚决定的执行。

第八章 附　　则

第四十七条 省、自治区、直辖市人民政府，可以根据本条例的规定，结合本地区的实际情况，制定实施细则。

第四十八条 本条例由国务院水行政主管部门负责解释。

第四十九条 本条例自发布之日起施行。

规章制定程序条例

国务院令第 322 号

（2001 年 11 月 16 日中华人民共和国国务院令第 322 号公布，根据 2017 年 12 月 22 日《国务院关于修改〈规章制定程序条例〉的决定》修订，自 2018 年 5 月 1 日起施行）

第一章　总　　则

第一条　为了规范规章制定程序，保证规章质量，根据立法法的有关规定，制定本条例。

第二条　规章的立项、起草、审查、决定、公布、解释，适用本条例。

违反本条例规定制定的规章无效。

第三条　制定规章，应当贯彻落实党的路线方针政策和决策部署，遵循立法法确定的立法原则，符合宪法、法律、行政法规和其他上位法的规定。

没有法律或者国务院的行政法规、决定、命令的依据，部门规章不得设定减损公民、法人和其他组织权利或者增加其义务的规范，不得增加本部门的权力或者减少本部门的法定职责。没有法律、行政法规、地方性法规的依据，地方政府规章不得设定减损公民、法人和其他组织权利或者增加其义务的规范。

第四条　制定政治方面法律的配套规章，应当按照有关规定及时报告党中央或者同级党委（党组）。

制定重大经济社会方面的规章，应当按照有关规定及时报告同级党委（党组）。

第五条　制定规章，应当切实保障公民、法人和其他组织的合法权益，在规定其应当履行的义务的同时，应当规定其相应的权利和保障权利实现的途径。

制定规章，应当体现行政机关的职权与责任相统一的原则，在赋予有关行政机关必要的职权的同时，应当规定其行使职权的条件、程序和应承担的责任。

第六条　制定规章，应当体现全面深化改革精神，科学规范行政行为，促进政府职能向宏观调控、市场监管、社会管理、公共服务、环境保护等方面转变。

制定规章，应当符合精简、统一、效能的原则，相同或者相近的职能应当规定由一个行政机关承担，简化行政管理手续。

第七条　规章的名称一般称"规定""办法"，但不得称"条例"。

第八条　规章用语应当准确、简洁，条文内容应当明确、具体，具有可操作性。

法律、法规已经明确规定的内容，规章原则上不作重复规定。

除内容复杂的外，规章一般不分章、节。

第九条　涉及国务院两个以上部门职权范围的事项，制定行政法规条件尚不成熟，需要制定规章的，国务院有关部门应当联合制定规章。

有前款规定情形的，国务院有关部门单独制定的规章无效。

第二章 立 项

第十条 国务院部门内设机构或者其他机构认为需要制定部门规章的，应当向该部门报请立项。

省、自治区、直辖市和设区的市、自治州的人民政府所属工作部门或者下级人民政府认为需要制定地方政府规章的，应当向该省、自治区、直辖市或者设区的市、自治州的人民政府报请立项。

国务院部门，省、自治区、直辖市和设区的市、自治州的人民政府，可以向社会公开征集规章制定项目建议。

第十一条 报送制定规章的立项申请，应当对制定规章的必要性、所要解决的主要问题、拟确立的主要制度等作出说明。

第十二条 国务院部门法制机构，省、自治区、直辖市和设区的市、自治州的人民政府法制机构（以下简称法制机构），应当对制定规章的立项申请和公开征集的规章制定项目建议进行评估论证，拟订本部门、本级人民政府年度规章制定工作计划，报本部门、本级人民政府批准后向社会公布。

年度规章制定工作计划应当明确规章的名称、起草单位、完成时间等。

第十三条 国务院部门，省、自治区、直辖市和设区的市、自治州的人民政府，应当加强对执行年度规章制定工作计划的领导。对列入年度规章制定工作计划的项目，承担起草工作的单位应当抓紧工作，按照要求上报本部门或者本级人民政府决定。

法制机构应当及时跟踪了解本部门、本级人民政府年度规章制定工作计划执行情况，加强组织协调和督促指导。

年度规章制定工作计划在执行中，可以根据实际情况予以调整，对拟增加的规章项目应当进行补充论证。

第三章 起 草

第十四条 部门规章由国务院部门组织起草，地方政府规章由省、自治区、直辖市和设区的市、自治州的人民政府组织起草。

国务院部门可以确定规章由其一个或者几个内设机构或者其他机构具体负责起草工作，也可以确定由其法制机构起草或者组织起草。

省、自治区、直辖市和设区的市、自治州的人民政府可以确定规章由其一个部门或者几个部门具体负责起草工作，也可以确定由其法制机构起草或者组织起草。

第十五条 起草规章，应当深入调查研究，总结实践经验，广泛听取有关机关、组织和公民的意见。听取意见可以采取书面征求意见、座谈会、论证会、听证会等多种形式。

起草规章，除依法需要保密的外，应当将规章草案及其说明等向社会公布，征求意见。向社会公布征求意见的期限一般不少于 30 日。

起草专业性较强的规章，可以吸收相关领域的专家参与起草工作，或者委托有关专家、教学科研单位、社会组织起草。

第十六条 起草规章，涉及社会公众普遍关注的热点难点问题和经济社会发展遇到的突出矛盾，减损公民、法人和其他组织权利或者增加其义务，对社会公众有重要影响等重大利益调整事项的，起草单位应当进行论证咨询，广泛听取有关方面的意见。

起草的规章涉及重大利益调整或者存在重大意见分歧，对公民、法人或者其他组织的权利义务有较大影响，人民群众普遍关注，需要进行听证的，起草单位应当举行听证会听取意见。听证会依照下列程序组织：

（一）听证会公开举行，起草单位应当在举行听证会的30日前公布听证会的时间、地点和内容；

（二）参加听证会的有关机关、组织和公民对起草的规章，有权提问和发表意见；

（三）听证会应当制作笔录，如实记录发言人的主要观点和理由；

（四）起草单位应当认真研究听证会反映的各种意见，起草的规章在报送审查时，应当说明对听证会意见的处理情况及其理由。

第十七条 起草部门规章，涉及国务院其他部门的职责或者与国务院其他部门关系紧密的，起草单位应当充分征求国务院其他部门的意见。

起草地方政府规章，涉及本级人民政府其他部门的职责或者与其他部门关系紧密的，起草单位应当充分征求其他部门的意见。起草单位与其他部门有不同意见的，应当充分协商；经过充分协商不能取得一致意见的，起草单位应当在上报规章草案送审稿（以下简称规章送审稿）时说明情况和理由。

第十八条 起草单位应当将规章送审稿及其说明、对规章送审稿主要问题的不同意见和其他有关材料按规定报送审查。

报送审查的规章送审稿，应当由起草单位主要负责人签署；几个起草单位共同起草的规章送审稿，应当由该几个起草单位主要负责人共同签署。

规章送审稿的说明应当对制定规章的必要性、规定的主要措施、有关方面的意见及其协调处理情况等作出说明。

有关材料主要包括所规范领域的实际情况和相关数据、实践中存在的主要问题、汇总的意见、听证会笔录、调研报告、国内外有关立法资料等。

第四章 审 查

第十九条 规章送审稿由法制机构负责统一审查。法制机构主要从以下方面对送审稿进行审查：

（一）是否符合本条例第三条、第四条、第五条、第六条的规定；

（二）是否符合社会主义核心价值观的要求；

（三）是否与有关规章协调、衔接；

（四）是否正确处理有关机关、组织和公民对规章送审稿主要问题的意见；

（五）是否符合立法技术要求；

（六）需要审查的其他内容。

第二十条 规章送审稿有下列情形之一的，法制机构可以缓办或者退回起草单位：

（一）制定规章的基本条件尚不成熟或者发生重大变化的；

（二）有关机构或者部门对规章送审稿规定的主要制度存在较大争议，起草单位未与有关机构或者部门充分协商的；

（三）未按照本条例有关规定公开征求意见的；

（四）上报送审稿不符合本条例第十八条规定的。

第二十一条　法制机构应当将规章送审稿或者规章送审稿涉及的主要问题发送有关机关、组织和专家征求意见。

法制机构可以将规章送审稿或者修改稿及其说明等向社会公布，征求意见。向社会公布征求意见的期限一般不少于 30 日。

第二十二条　法制机构应当就规章送审稿涉及的主要问题，深入基层进行实地调查研究，听取基层有关机关、组织和公民的意见。

第二十三条　规章送审稿涉及重大利益调整的，法制机构应当进行论证咨询，广泛听取有关方面的意见。论证咨询可以采取座谈会、论证会、听证会、委托研究等多种形式。

规章送审稿涉及重大利益调整或者存在重大意见分歧，对公民、法人或者其他组织的权利义务有较大影响，人民群众普遍关注，起草单位在起草过程中未举行听证会的，法制机构经本部门或者本级人民政府批准，可以举行听证会。举行听证会的，应当依照本条例第十六条规定的程序组织。

第二十四条　有关机构或者部门对规章送审稿涉及的主要措施、管理体制、权限分工等问题有不同意见的，法制机构应当进行协调，力求达成一致意见。对有较大争议的重要立法事项，法制机构可以委托有关专家、教学科研单位、社会组织进行评估。

经过充分协调不能达成一致意见的，法制机构应当将主要问题、有关机构或者部门的意见和法制机构的意见及时报本部门或者本级人民政府领导协调，或者报本部门或者本级人民政府决定。

第二十五条　法制机构应当认真研究各方面的意见，与起草单位协商后，对规章送审稿进行修改，形成规章草案和对草案的说明。说明应当包括制定规章拟解决的主要问题、确立的主要措施以及与有关部门的协调情况等。

规章草案和说明由法制机构主要负责人签署，提出提请本部门或者本级人民政府有关会议审议的建议。

第二十六条　法制机构起草或者组织起草的规章草案，由法制机构主要负责人签署，提出提请本部门或者本级人民政府有关会议审议的建议。

第五章　决 定 和 公 布

第二十七条　部门规章应当经部务会议或者委员会会议决定。

地方政府规章应当经政府常务会议或者全体会议决定。

第二十八条　审议规章草案时，由法制机构作说明，也可以由起草单位作说明。

第二十九条　法制机构应当根据有关会议审议意见对规章草案进行修改，形成草案修改稿，报请本部门首长或者省长、自治区主席、市长、自治州州长签署命令予以公布。

第三十条　公布规章的命令应当载明该规章的制定机关、序号、规章名称、通过日期、施行日期、部门首长或者省长、自治区主席、市长、自治州州长署名以及公布日期。

部门联合规章由联合制定的部门首长共同署名公布，使用主办机关的命令序号。

第三十一条　部门规章签署公布后，及时在国务院公报或者部门公报和中国政府法制信息网以及在全国范围内发行的报纸上刊载。

地方政府规章签署公布后，及时在本级人民政府公报和中国政府法制信息网以及在本行政区域范围内发行的报纸上刊载。

在国务院公报或者部门公报和地方人民政府公报上刊登的规章文本为标准文本。

第三十二条 规章应当自公布之日起 30 日后施行；但是，涉及国家安全、外汇汇率、货币政策的确定以及公布后不立即施行将有碍规章施行的，可以自公布之日起施行。

第六章 解 释 与 备 案

第三十三条 规章解释权属于规章制定机关。

规章有下列情形之一的，由制定机关解释：

（一）规章的规定需要进一步明确具体含义的；

（二）规章制定后出现新的情况，需要明确适用规章依据的。

规章解释由规章制定机关的法制机构参照规章送审稿审查程序提出意见，报请制定机关批准后公布。

规章的解释同规章具有同等效力。

第三十四条 规章应当自公布之日起 30 日内，由法制机构依照立法法和《法规规章备案条例》的规定向有关机关备案。

第三十五条 国家机关、社会团体、企业事业组织、公民认为规章同法律、行政法规相抵触的，可以向国务院书面提出审查的建议，由国务院法制机构研究并提出处理意见，按照规定程序处理。

国家机关、社会团体、企业事业组织、公民认为设区的市、自治州的人民政府规章同法律、行政法规相抵触或者违反其他上位法的规定的，也可以向本省、自治区人民政府书面提出审查的建议，由省、自治区人民政府法制机构研究并提出处理意见，按照规定程序处理。

第七章 附 则

第三十六条 依法不具有规章制定权的县级以上地方人民政府制定、发布具有普遍约束力的决定、命令，参照本条例规定的程序执行。

第三十七条 国务院部门，省、自治区、直辖市和设区的市、自治州的人民政府，应当根据全面深化改革、经济社会发展需要以及上位法规定，及时组织开展规章清理工作。对不适应全面深化改革和经济社会发展要求、不符合上位法规定的规章，应当及时修改或者废止。

第三十八条 国务院部门，省、自治区、直辖市和设区的市、自治州的人民政府，可以组织对有关规章或者规章中的有关规定进行立法后评估，并把评估结果作为修改、废止有关规章的重要参考。

第三十九条 规章的修改、废止程序适用本条例的有关规定。

规章修改、废止后，应当及时公布。

第四十条 编辑出版正式版本、民族文版、外文版本的规章汇编，由法制机构依照《法规汇编编辑出版管理规定》的有关规定执行。

第四十一条 本条例自 2002 年 1 月 1 日起施行。

第三部分　部　门　规　章

电力监管信息公开办法

电监会令第 12 号

（2005 年 11 月 9 日国家电力监管委员会第八次主席办公会议通过，自 2006 年 1 月 1 日起施行）

第一章 总 则

第一条 为了保障电力投资者、经营者、使用者和社会公众的知情权，规范电力监管信息公开行为，根据《电力监管条例》和国家有关规定，制定本办法。

第二条 本办法所称电力监管信息，是指国家电力监管委员会及其派出机构（以下简称电力监管机构）在履行电力监管职责过程中制作、获得或者拥有的文件、数据、图表等。

第三条 国家电力监管委员会负责全国电力监管信息的公开。国家电力监管委员会派出机构负责辖区内电力监管信息的公开。

第四条 电力监管信息公开遵循合法、及时、真实、便民的原则。

第五条 任何公民、法人或者其他组织不得非法阻挠或者限制电力监管信息公开的活动。

第二章 公 开 的 内 容

第六条 电力监管机构应当公开下列电力监管信息：

（一）电力监管机构的设置、职能和联系方式；

（二）电力监管的有关法律、行政法规、规章和其他规范性文件；

（三）电力监管各项业务的依据、程序、条件、时限和要求；

（四）电力监管机构依法履行电力监管职责的情况；

（五）其他应当公开的电力监管信息。

第七条 电力监管机构在制定规章、规则或者其他规范性文件等的过程中，涉及公民、法人或者其他组织的重大利益，或者有重大社会影响的，应当将草案向社会公开，充分听取意见。

第八条 公民、法人或者其他组织可以向电力监管机构提出公开电力监管信息的建议。

电力监管机构认定公民、法人或者其他组织建议公开的监管信息符合公开条件的，应当予以公开。

第九条 除电力监管机构向社会公开的电力监管信息外，公民、法人或者其他组织可以申请电力监管机构向其提供与自身有关的电力监管信息。

第十条 电力监管信息涉及国家秘密、商业秘密或者个人隐私的，不予公开；但法律、行政法规另有规定的除外。

第十一条 电力监管机构应当保证所公开信息的真实性、及时性，并方便公民、法人或者其他组织获取。

第三章　公开的形式和程序

第十二条　电力监管机构公开电力监管信息，可以采取下列方式：

（一）国家电力监管委员会门户网站及其子网站；

（二）报刊、广播、电视等媒体；

（三）新闻发布会；

（四）政策法规文件汇编；

（五）其他方便获取信息的方式。

重大电力监管信息应当通过新闻发言人及时向社会发布。

第十三条　电力监管机构公开电力监管信息，按照规定的程序进行。

第十四条　公民、法人或者其他组织按照本办法第九条的规定向电力监管机构申请提供有关电力监管信息的，可以采取信函、传真、电子邮件等形式提出。

对于要求提供电力监管信息的申请，电力监管机构应当按照规定予以答复。可以当场答复的，应当当场答复；不能当场答复的，应当自接到申请之日起 10 日内予以答复。答复不予提供有关信息的，应当告知理由。

第四章　监督管理

第十五条　国家电力监管委员会对派出机构实施电力监管信息公开的情况进行监督检查。

电力监管机构建立电力监管信息公开的内部管理制度，明确电力监管信息公开的工作程序、职责分工和责任。

第十六条　电力监管机构违反本办法，有下列情形之一的，对直接负责的主管人员和其他直接责任人员，给予批评教育；情节严重，造成严重后果的，依法给予行政处分；构成犯罪的，依法追究刑事责任：

（一）未公开有关电力监管信息的；

（二）公开的电力监管信息不完整、不真实的；

（三）未及时更新已公开的有关电力监管信息的；

（四）泄露国家秘密、商业秘密、个人隐私的；

（五）违反规定擅自公开有关信息的；

（六）违反规定收费的。

第十七条　公民、法人或者其他组织认为电力监管机构没有履行电力监管信息公开义务的，可以向有关部门举报。

第五章　附　　则

第十八条　国家电力监管委员会区域监管局可以根据本办法制定实施办法，报国家电力监管委员会批准后施行。

第十九条　本办法自 2006 年 1 月 1 日起施行。

电力企业信息报送规定

电监会令第 13 号

（2005 年 11 月 9 日国家电力监管委员会第八次主席办公会议通过，自 2006 年 1 月 1 日起施行）

第一章　总　　则

第一条　为了加强电力监管，规范电力企业、电力调度交易机构信息报送行为，维护电力市场秩序，根据《电力监管条例》，制定本规定。

第二条　电力企业、电力调度交易机构向国家电力监管委员会及其派出机构（以下简称电力监管机构）报送与监管事项相关的文件、资料，适用本规定。

第三条　电力企业、电力调度交易机构报送信息遵循真实、及时、完整的原则。

第四条　电力监管机构根据电力企业、电力调度交易机构报送的信息，对电力企业、电力调度交易机构依法从事电力业务的情况实施监管。

第二章　报　送　内　容

第五条　从事发电业务的企业应当报送下列信息：

（一）企业基本情况；

（二）签订和履行并网调度协议、购售电合同的情况；

（三）上网电价情况；

（四）电力安全生产情况；

（五）电力监管机构要求报送的其他信息。

第六条　从事输电业务的企业应当报送下列信息：

（一）电网结构情况，网内发电装机分布和容量情况；

（二）签订和履行购售电合同的情况；

（三）执行输电电价情况；

（四）输电成本构成及其变动情况；

（五）电力安全生产情况；

（六）电力监管机构要求报送的其他信息。

第七条　从事供电业务的企业应当报送下列信息：

（一）提供供电服务的情况；

（二）提供电力社会普遍服务的情况；

（三）执行配电电价、销售电价的情况；

（四）供电成本构成及其变动情况；

（五）电力安全生产情况；

（六）电力监管机构要求报送的其他信息。

第八条 电力调度交易机构应当报送下列信息：

（一）电力系统运行基本情况；

（二）执行电力市场运行规则、电力调度规则和电网运行规则的情况；

（三）跨区域或者跨省、自治区、直辖市送电情况和电能交易情况；

（四）签订和履行并网调度协议的情况；

（五）电力安全生产情况；

（六）电力监管机构要求报送的其他信息。

第三章　报　送　程　序

第九条 国家电力监管委员会区域监管局城市监管办公室（以下简称城市电监办）辖区内的电力企业、省级电力调度机构向城市电监办报送信息。城市电监办汇总后报国家电力监管委员会区域监管局（以下简称区域电监局）。

未设立城市电监办的省、自治区、直辖市范围内的电力企业、省级电力调度机构，直接向所在区域电监局报送信息。

第十条 中国南方电网有限责任公司、国家电网公司所属区域电网公司、区域电力调度交易机构向区域电监局报送信息。

第十一条 区域电监局汇总本辖区内的信息，报国家电力监管委员会（以下简称电监会）。

第十二条 中央电力企业、国家电力调度机构向电监会报送信息。

第十三条 电力企业、电力调度交易机构应当指定具体负责信息报送的机构和人员，并报电力监管机构备案。

第十四条 电力企业、电力调度交易机构报送信息，应当经本单位负责的主管人员审核、签发，重要信息应当经主要负责人签发。

第四章　报　送　方　式

第十五条 电力监管机构根据电力企业、电力调度交易机构报送信息的内容，确定具体的报送形式和期限。

第十六条 电力企业、电力调度交易机构应当按照有关规定，通过信函、电报、电传、传真、电子数据交换和电子邮件等方式报送信息。

第十七条 电力企业、电力调度交易机构报送信息应当按照有关规定，填报报表、提交报告或者提供有关材料。

第十八条 电力企业、电力调度交易机构报送信息应当符合下列期限要求：

（一）日报应当在下一日 12 时前报出；

（二）周报或者旬报应当在下一周或者下一旬的第 2 日前报出；

（三）月报应当在下一月的 8 日前报出；

（四）季报应当在下一季度的第 12 日前报出；

（五）年报快报应当在下一年的 1 月 20 日前报出；

（六）年报应当在下一年的 3 月 20 日前报出。

电力企业、电力调度交易机构应当按照电监会的有关规定将与监管相关的信息系统接入电力监管信息系统，报送有关实时信息。

电力安全生产信息、企业财务信息的报送期限，法律、法规、规章另有规定的，从其规定。

第十九条 电力监管机构根据履行监管职责的需要，要求电力企业、电力调度交易机构即时报送有关信息的，电力企业、电力调度交易机构应当按照要求报送。

第二十条 电力企业、电力调度交易机构未能按照规定期限报送信息的，应当及时向电力监管机构报告，并在电力监管机构批准的期限内补报。

第五章 信 息 使 用

第二十一条 电力监管机构审查电力企业、电力调度交易机构报送的信息，发现有违反电力监管法规、规章情形的，应当责令其改正并按照有关规定做出处理。

第二十二条 电力监管机构审查电力企业、电力调度交易机构报送的信息，发现电力企业、电力调度交易机构在安全生产、成本管理和服务质量等方面存在问题的，应当对其提出整改建议。

第二十三条 电力监管机构整理、分析电力企业、电力调度交易机构报送的信息，适时向社会公开。

第六章 监 督 管 理

第二十四条 电力监管机构建立电力企业报送信息的内部管理制度，明确工作程序、职责分工和责任。

电力监管机构工作人员应当严格遵守保密纪律，保守在监管工作中知悉的国家秘密、商业秘密。

第二十五条 电力监管机构对电力企业、电力调度交易机构报送信息的情况进行监督检查。

第二十六条 电力监管机构通过网站等媒介定期通报电力企业、电力调度交易机构信息报送情况，对在信息报送工作中表现突出的单位和人员给予表彰。

第二十七条 电力企业、电力调度交易机构未按照本规定报送信息的，由电力监管机构责令其改正；情节严重的，给予通报批评。

第二十八条 电力企业、电力调度交易机构提供虚假信息或者隐瞒重要事实的，由电力监管机构责令其改正；拒不改正的，处 5 万元以上 50 万元以下的罚款，对直接负责的主管人员和其他直接责任人员，依法给予处分；构成犯罪的，依法追究刑事责任。

第七章 附 则

第二十九条 区域电监局根据本规定制定实施办法，报电监会批准后施行。

第三十条 本规定自 2006 年 1 月 1 日起施行。

电力企业信息披露规定

电监会令第 14 号

（2005 年 11 月 9 日国家电力监管委员会第八次主席办公会议通过，自 2006 年 1 月 1 日起施行）

第一章 总 则

第一条 为了加强电力监管，规范电力企业、电力调度交易机构的信息披露行为，维护电力市场秩序，根据《电力监管条例》，制定本规定。

第二条 电力企业、电力调度交易机构披露有关电力建设、生产、经营、价格和服务等方面的信息，适用本规定。

第三条 电力企业、电力调度交易机构披露信息遵循真实、及时、透明的原则。

第四条 国家电力监管委员会及其派出机构（以下简称电力监管机构）对电力企业、电力调度交易机构如实披露有关信息的情况实施监管。

第二章 披 露 内 容

第五条 从事发电业务的企业应当向电力调度交易机构披露下列信息：

（一）发电机组基础参数；

（二）新增或者退役发电机组、装机容量；

（三）机组运行检修情况；

（四）机组设备改造情况；

（五）火电厂燃料情况或者水电厂来水情况；

（六）电力市场运行规则要求披露的信息；

（七）电力监管机构要求披露的其他信息。

第六条 从事输电业务的企业应当向从事发电业务的企业披露下列信息：

（一）输电网结构情况，输电线路和变电站规划、建设、投产的情况；

（二）电网内发电装机情况；

（三）网内负荷和大用户负荷的情况；

（四）电力供需情况；

（五）主要输电通道的构成和关键断面的输电能力，网内发电厂送出线的输电能力；

（六）输变电设备检修计划和检修执行情况；

（七）电力安全生产情况；

（八）输电损耗情况；

（九）国家批准的输电电价；跨区域、跨省（自治区、直辖市）电能交易输电电价；大用户直购电输配电价；国家批准的收费标准；

（十）发电机组、直接供电用户并网接入情况，电网互联情况；

（十一）电力监管机构要求披露的其他信息。

第七条　从事供电业务的企业应当向电力用户披露下列信息：

（一）国家规定的供电质量标准；

（二）国家批准的配电电价、销售电价和收费标准；

（三）用电业务的办理程序；

（四）停电、限电和事故抢修处理情况；

（五）用电投诉处理情况；

（六）电力监管机构要求披露的其他信息。

第八条　电力调度交易机构应当向从事发电业务的企业披露下列信息：

（一）电网结构情况，并网运行机组技术性能等基础资料，新建或者改建发电设备、输电设备投产运行情况；

（二）电网安全运行的主要约束条件，电网重要运行方式的变化情况；

（三）发电设备、重要输变电设备的检修计划和执行情况；

（四）年度电力电量需求预测和电网中长期运行方式，电网年度分月负荷预测；电网总发电量、最高最低负荷和负荷变化情况；年、季、月发电量计划安排和执行情况；

（五）跨区域、跨省（自治区、直辖市）电力电量交换情况；

（六）并网发电厂机组的上网电量、年度合同电量和其他电量完成情况，发电利用小时数；实行峰谷分时电价的，各机组峰、谷、平段发电量情况；

（七）并网发电厂执行调度指令、调度纪律情况，发电机组非计划停运情况，提供调峰、调频、无功调节、备用等辅助服务的情况；

（八）并网发电厂运行考核情况，考核所得电量、资金的使用情况；

（九）电力市场运行规则要求披露的有关信息；

（十）电力监管机构要求披露的其他信息。

第九条　电力监管机构根据监管工作的需要适时调整电力企业、电力调度交易机构披露信息的范围和内容。

第三章　披　露　方　式

第十条　电力监管机构根据电力企业、电力调度交易机构披露信息的范围和内容，确定相应的披露方式和期限。

第十一条　电力企业、电力调度交易机构披露信息可以采取下列方式：

（一）电力企业的门户网站及其子网站；

（二）报刊、广播、电视等媒体；

（三）信息发布会；

（四）简报、公告；

（五）便于及时披露信息的其他方式。

第十二条　电力企业、电力调度交易机构披露信息应当保证所披露信息的真实性、及时性，并方便相关电力企业和用户获取。

第十三条　电力企业、电力调度交易机构应当指定具体负责信息披露的机构和人员，公开咨询电话和电子咨询邮箱，并报电力监管机构备案。

第四章　监　督　管　理

第十四条　电力监管机构对电力企业、电力调度交易机构披露信息的情况进行监督检查。

电力监管机构根据工作需要，对电力企业、电力调度交易机构披露信息的情况进行不定期抽查，并将抽查情况向社会公布。

第十五条　电力监管机构每年对在信息披露工作中取得突出成绩的单位和个人给予表彰。

第十六条　电力企业、电力调度交易机构未按照本规定披露有关信息或者披露虚假信息的，由电力监管机构给予批评，责令改正；拒不改正的，处 5 万元以上 50 万元以下的罚款，对直接负责的主管人员和其他直接责任人员，依法给予处分。

第五章　附　　则

第十七条　国家电力监管委员会区域监管局根据本规定制定实施办法，报国家电力监管委员会批准后施行。

第十八条　本规定自 2006 年 1 月 1 日起施行。

电力监管机构行政处罚程序规定

电监会令第 16 号

（2006 年 1 月 17 日国家电力监管委员会主席办公会议通过，自 2006 年 4 月 1 日起施行）

第一章 总 则

第一条 为了加强电力监管，规范电力监管行政处罚工作，维护电力投资者、经营者、使用者的合法权益和社会公共利益，根据《中华人民共和国行政处罚法》《电力监管条例》和国家有关规定，制定本规定。

第二条 国家电力监管委员会及其派出机构（以下简称电力监管机构）在其职责范围内对违反电力监管法律、法规和规章的行为（以下简称违法行为），实施行政处罚，适用本规定。

第三条 电力监管机构实施行政处罚，以法律、法规和规章为依据。

没有法定依据或者不遵守法定程序的，行政处罚无效。

第四条 当事人对电力监管机构给予的行政处罚，享有陈述权、申辩权；对行政处罚不服的，有权依法申请行政复议或者提起行政诉讼。

当事人因电力监管机构违法给予行政处罚受到损害的，有权依法提出赔偿要求。

第二章 管 辖

第五条 行政处罚由违法行为发生地的国家电力监管委员会区域监管局城市监管办公室（以下简称城市电监办）管辖。未设立城市电监办的，由所在区域的国家电力监管委员会区域监管局（以下简称区域电监局）管辖。

区域电监局负责对本区域内跨省、自治区、直辖市的违法行为的行政处罚。

国家电力监管委员会（以下简称电监会）负责对跨区域的或者在全国范围内有重大影响的违法行为的行政处罚。吊销电力业务许可证的行政处罚，由电监会实施。

第六条 区域电监局、城市电监办对行政处罚管辖权发生争议的，由电监会指定管辖。

电力监管机构发现违法案件不属于自己管辖时，应当移送有管辖权的电力监管机构。受移送的电力监管机构认为移送案件不属于自己管辖的，不得再自行移送，由电监会指定管辖。

第七条 电监会认为有必要时，可以直接查处区域电监局、城市电监办辖区内的有重大影响的违法行为，或者指定区域电监局、城市电监办查处应当由电监会查处的违法行为。

区域电监局、城市电监办认为应当由其查处的违法行为情节严重、有重大影响的，可以请求电监会进行查处。

第三章 简 易 程 序

第八条 违法事实确凿并有法定依据，对个人处以 50 元以下罚款、对从事电力业务的企业或者电力调度交易机构处以 1000 元以下罚款或者警告的行政处罚的，电力监管机构从事现场执法的人员（以下简称执法人员）可以当场作出行政处罚决定。

当场作出行政处罚决定，有下列情形之一的，执法人员可以当场收缴罚款：

（一）依法给予 20 元以下的罚款的；

（二）不当场收缴事后难以执行的。

第九条 执法人员当场作出行政处罚决定的，应当向当事人出示电力监管执法证，填写行政处罚决定书。行政处罚决定书应当当场交付当事人。

前款规定的行政处罚决定书应当载明当事人的违法行为、行政处罚依据、罚款数额、时间、地点以及电力监管机构名称，并由执法人员签名或者盖章。

执法人员当场作出行政处罚决定，必须最迟在 5 日内报所属电力监管机构备案。

第十条 执法人员在当场作出行政处罚之前，应当告知当事人违法的事实、给予行政处罚的理由及依据，并告知当事人依法享有的权利。

第一节 立案和调查

第十一条 除按照本规定当场作出行政处罚外，电力监管机构发现涉嫌违法行为，符合下列条件的，应当予以立案：

（一）有明确的违法嫌疑人；

（二）有违法事实；

（三）依法应当给予行政处罚；

（四）属于本机构管辖。

第十二条 电力监管机构有关监管部门在进行日常监督检查或者处理其他机关移送案件的过程中，发现涉嫌违法行为，应当进行初步核查。经初步核查后认为涉嫌违法行为符合本规定第十一条规定条件的，应当提出立案建议，送电力监管机构稽查工作部门（以下简称稽查工作部门）审核，经电力监管机构负责人批准，予以立案。

稽查工作部门发现符合本规定第十一条规定条件的涉嫌违法行为，应当进行核查，经电力监管机构负责人批准，予以立案。

立案日期为电力监管机构负责人批准日期。

第十三条 稽查工作部门对已经立案的涉嫌违法行为，应当组织调查。

调查应全面、客观、公正，做到事实清楚，证据确凿、充分。

第十四条 调查应当收集有关证据的原件或者原物。因客观原因不能收集原件或者原物，或者收集原件、原物确有困难的，可以收集与原件、原物核对无误的复印件、复制品、抄录件、部分样品或者证明该原件、原物的照片、录像等其他证据。

第十五条 在调查过程中，稽查工作部门发现立案事由以外的涉嫌违法行为的，应当及时报请电力监管机构负责人决定是否对新发现的涉嫌违法行为一并进行调查。

第十六条 调查终结，稽查工作部门应当提出调查报告。调查报告应当包括被调查当事人的基本情况、经调查核实的事实和证据、对涉嫌违法行为的定性意见、处理建议及其法律依据等内容。

第十七条 调查应当自批准立案之日起 60 日内终结。案情复杂，60 日内不能终结的，经电力监管机构负责人批准，可以延长 30 日。

第十八条　稽查工作部门应当自调查终结之日起 10 日内，将调查报告、相关证据和其他有关材料送电力监管机构法制工作部门（以下简称法制工作部门）审查。

第十九条　已经移送法制工作部门审查的案件，法制工作部门要求补充调查或者重新调查的，稽查工作部门应当及时组织补充调查或者重新调查。补充调查或者重新调查应当自法制工作部门要求调查之日起 30 日内终结。

第二节　审查和决定

第二十条　法制工作部门应当对稽查工作部门移送的调查报告、相关证据和其他有关材料进行审查。审查包括下列内容：

（一）事实是否清楚；

（二）证据是否确凿、充分；

（三）定性是否准确；

（四）调查程序是否合法；

（五）适用法律、法规、规章是否正确；

（六）处理建议是否适当。

第二十一条　法制工作部门审查完毕，应当出具审查报告。审查报告应当按照下列规定提出审查意见：

（一）事实清楚，证据确凿、充分，定性准确，程序合法，适用法律、法规和规章正确，处罚种类、幅度适当的，提出审查同意意见，送行政处罚委员会决定；

（二）事实清楚，证据确凿、充分，程序合法，但定性不准，适用法律、法规和规章错误，处罚种类或者幅度不当的，提出审查修改意见，送行政处罚委员会决定；

（三）事实不清，证据不足，程序不合法的，提出纠正意见，退回稽查工作部门重新调查或者补充调查。

第二十二条　审查应当自稽查工作部门移送案件之日起 30 日内完毕。30 日内不能审查完毕的，经电力监管机构负责人批准，可以延长 30 日。

第二十三条　电力监管机构设立行政处罚委员会，负责作出行政处罚决定。

行政处罚委员会由电力监管机构负责人、稽查工作部门负责人、法制工作部门负责人和其他有关监管部门的负责人组成。

行政处罚委员会设立办事机构，负责行政处罚委员会的日常事务。

第二十四条　行政处罚委员会审查稽查工作部门提交的调查报告、法制工作部门提交的审查报告和其他材料，根据不同情况，分别作出下列决定：

（一）确有应受行政处罚的违法行为的，根据情节轻重及具体情况，作出行政处罚决定；

（二）违法行为轻微，依法可以不予行政处罚的，不予行政处罚；

（三）违法事实不能成立的，不得给予行政处罚；

（四）违法行为已构成犯罪的，移送司法机关。

第二十五条　行政处罚委员会作出行政处罚决定的，经电力监管机构负责人签署，制作行政处罚决定书。行政处罚决定书应当载明下列事项：

（一）当事人的姓名或者名称、地址；

（二）违反法律、法规或者规章的事实和证据；

（三）行政处罚的种类和依据；

（四）行政处罚的履行方式和期限；

（五）不服行政处罚决定，申请行政复议或者提起行政诉讼的途径和期限；

（六）作出行政处罚决定的电力监管机构的名称和作出决定的日期。

行政处罚决定书必须盖有作出行政处罚决定的电力监管机构的印章。

第二十六条　电力监管机构在作出行政处罚决定之前，未依法向当事人告知其违法的事实、给予行政处罚的理由及依据，或者拒绝听取当事人的陈述、申辩，行政处罚决定不能成立；当事人放弃陈述或者申辩权利的除外。

第二十七条　电力监管机构作出的行政处罚决定，可以向社会公告。

第三节　听　　证

第二十八条　行政处罚委员会作出吊销电力业务许可证、较大数额罚款等行政处罚决定之前，应当告知当事人有要求举行听证的权利；当事人要求听证的，电力监管机构应当组织听证。

前款所称较大数额罚款，是指对个人作出 5000 元以上罚款，对从事电力业务的企业和电力调度交易机构作出 50 万元以上罚款。

第二十九条　听证应当在当事人提出听证要求后 20 日内组织。行政处罚委员会举行听证会，应当指定一名非本案调查人员的行政处罚委员会委员主持。

第三十条　听证结束后，行政处罚委员会依据本规定第二十四条的规定，作出决定。

第五章　附　　则

第三十一条　本规定未尽事宜，按照国家有关规定执行。

第三十二条　本规定自 2006 年 4 月 1 日起施行。

电力监管执法证管理办法

电监会令第 19 号

（2006 年 4 月 4 日国家电力监管委员会主席办公会议通过，自 2006 年 5 月 15 日起施行）

第一条 为了加强电力监管，规范电力监管执法证的管理，维护电力投资者、经营者、使用者的合法权益和社会公共利益，根据《电力监管条例》和有关法律、行政法规的规定，制定本办法。

第二条 电力监管执法证（以下简称执法证）是国家电力监管委员会及其派出机构（以下简称电力监管机构）从事监管业务的人员进行行政执法的有效证件。

电力监管机构从事监管业务的人员，应当按照本办法取得和使用执法证。

第三条 国家电力监管委员会（以下简称电监会）负责执法证的颁发和管理。

电力监管机构对本单位人员使用执法证的情况实施监督管理。

第四条 申请执法证应当符合下列条件：

（一）是电力监管机构的工作人员，从事与电力监管相关工作一年以上；

（二）熟悉电力监管政策法规和专业知识，经过电力监管执法培训并考试合格；

（三）忠于职守，依法办事，公正廉洁。

第五条 电力监管执法培训和考试，由电监会人事部门组织实施。

第六条 申请执法证应当按照隶属关系向电监会各部门、各派出机构提出。电监会各部门、各派出机构应当对申请人员的资格条件进行初审，并向电监会人事部门提交符合条件人员的名册和相关证明材料。

电监会人事部门审查申请人员的资格条件，向符合条件的人员颁发执法证。

第七条 电力监管机构从事监管业务的人员，在进行现场检查、现场核查、现场处罚、案件调查、事故调查处理或者执行监管决定等现场执法工作时，必须向当事人出示执法证。

第八条 执法证限本人使用，不得转借他人，不得毁损、涂改。

第九条 持证人有下列情形之一的，由所在单位批评教育；情节严重的，暂扣其执法证：

（一）超越法定权限执法或者违反法定程序执法，尚未造成严重后果的；

（二）拒绝或者拖延履行法定职责，尚未造成严重后果的；

（三）现场执法时未按照要求出示执法证的；

（四）执法态度蛮横或者故意刁难当事人的；

（五）参加执法专门业务培训考核不合格的。

执法证暂扣期限为 30 日。暂扣期间，持证人不得从事行政执法工作。

第十条 持证人有下列情形之一的，经电监会审查，吊销其执法证：

（一）超越法定权限执法或者违反法定程序执法，造成严重后果的；

（二）拒绝或者拖延履行法定职责，造成严重后果的；

（三）故意毁损、涂改执法证或者转借他人使用执法证的；

（四）滥用执法证或者利用执法证谋取私利、违法乱纪的；

（五）徇私舞弊、玩忽职守的。

被吊销执法证的，不得从事行政执法工作。

第十一条　电力监管机构每年第一季度对本单位持证人员上年度的行政执法情况进行审验，对不符合本办法第四条第（二）项、第（三）项规定的，由所在单位收回其执法证。

执法证被收回的，本年度不得从事行政执法工作，重新接受电力监管执法培训及考试。

电监会派出机构持证人员的年度审验结果，应当报电监会人事部门备案。

第十二条　持证人对暂扣、吊销或者收回执法证的决定不服的，可自收到书面决定之日起 10 日内，向电监会人事部门提出申诉；电监会人事部门应当按照有关规定进行复核，发现确有错误的，应当及时纠正。

第十三条　执法证丢失的，应当立即向所在单位和电监会人事部门报告，在电监会网站和中国电力报上公告声明作废，由电监会人事部门按照有关规定补发。

第十四条　持证人因调动、退休、辞职、被辞退或者被开除等原因，不再从事电力监管工作的，所在单位收回执法证，由电监会人事部门注销。

第十五条　执法证由电监会统一印制，统一编号，加盖电监会印章。

第十六条　本办法自 2006 年 5 月 15 日起施行。

电力监管机构现场检查规定

电监会令第 20 号

（2006 年 4 月 4 日国家电力监管委员会主席办公会议通过，自 2006 年 5 月 15 日起施行）

第一条 为了加强电力监管，规范电力监管机构现场检查行为，维护电力投资者、经营者、使用者的合法权益和社会公共利益，根据《电力监管条例》和有关法律、行政法规的规定，制定本规定。

第二条 本规定适用于国家电力监管委员会及其派出机构（以下简称电力监管机构）进入电力企业或者电力调度交易机构的工作场所、用户的用电场所或者其他有关场所，对电力企业、电力调度交易机构、用户或者其他有关单位（以下简称被检查单位）遵守国家有关电力监管规定的情况进行检查。

电力监管机构进行电力事故调查、对涉嫌违法行为的立案调查、对有关事实或者行为的核查，法律、法规、规章另有规定的，从其规定。

国务院决定或者批准进行的专项检查，其范围、内容、时限和程序另有规定的，从其规定。

第三条 电力监管机构进行现场检查应当统筹安排、注重实效。

第四条 电力监管机构进行现场检查应当事先拟定现场检查方案，经电力监管机构负责人审核批准后，制作现场检查通知书。

现场检查方案应当包括检查依据、检查时间、检查对象、检查事项等内容。

现场检查通知书应当包括检查依据、检查时间安排、检查事项、检查人员名单、被检查单位配合和协助的事项等内容。

第五条 电力监管机构应当事先将现场检查通知书的内容告知被检查单位。必要时，可以持现场检查通知书直接进行现场检查。

电力监管机构进行现场检查时，应当出具现场检查通知书。

第六条 电力监管机构进行现场检查时，检查人员不得少于 2 人。

检查人员进行现场检查时，应当出示电力监管执法证；未出示电力监管执法证的，被检查单位有权拒绝检查。

第七条 电力监管机构可以根据需要聘请具有相关专业知识的人员协助检查。

第八条 被检查单位及其工作人员应当配合和协助电力监管机构进行现场检查。

第九条 检查人员可以根据需要，询问被检查单位的工作人员，要求其对有关事项作出说明。询问时，检查人员不得少于 2 人。

被询问人应当客观、如实地向检查人员作出说明，不得隐瞒、捏造事实。

检查人员应当做好询问笔录。询问结束时，被询问人应当当场校核询问笔录并签字。

第十条 检查人员根据需要可以查阅、复制与检查事项有关的文件、资料，对可能被转移、隐匿、损毁的文件、资料予以封存。

被检查单位应当按照检查人员的要求提供有关资料、文件。

检查人员查阅、复制有关文件、资料，应当办理相关手续并妥善保存。

第十一条 检查人员进行现场检查时，发现被检查单位有违反国家有关电力监管规定的行为的，应当责令其当场改正或者限期改正，并制作笔录，由检查人员和被检查单位负责人签字确认。

责令限期改正的，被检查单位应当在规定的期限内提交限期改正的情况报告。逾期未改正的，电力监管机构可以继续进行现场检查。

第十二条 现场检查结束后，检查人员应当向电力监管机构提交现场检查报告。现场检查报告应当包括现场检查的基本情况、基本结论以及有关问题的处理情况等内容。

第十三条 现场检查结束后，电力监管机构应当及时向被检查单位反馈检查结果；必要时，可以按照有关规定向社会公开检查结果。

第十四条 电力监管机构对现场检查中发现的违法行为，依法应当给予行政处罚的，按照有关规定给予行政处罚。

第十五条 检查人员应当严肃执法、廉洁奉公。

检查人员有下列情形之一的，根据情节轻重，给予批评教育或者行政处分；构成犯罪的，依法追究刑事责任：

（一）违反规定的程序进行现场检查的；

（二）干预被检查单位正常的生产经营活动的；

（三）利用检查工作为本人、亲友或者他人谋取利益的；

（四）泄露检查工作中知悉的国家秘密、商业秘密、个人隐私的；

（五）其他违反现场检查规定的行为。

第十六条 被检查单位及其工作人员有下列情形之一的，按照《电力监管条例》第三十四条和国家有关规定处理：

（一）拒绝或者阻碍检查人员依法履行监管职责的；

（二）提供虚假或者隐瞒重要事实的文件、资料的。

第十七条 本规定自 2006 年 5 月 15 日起施行。

电网运行规则（试行）

电监会令第 22 号

（2006 年 10 月 26 日国家电力监管委员会主席办公会议通过，自 2007 年 1 月 1 日起施行）

第一章 总 则

第一条 为了保障电力系统安全、优质、经济运行，维护社会公共利益和电力投资者、经营者、使用者的合法权益，根据《中华人民共和国电力法》《电力监管条例》和《电网调度管理条例》，制定本规则。

第二条 电网运行坚持安全第一、预防为主的方针。电网企业及其电力调度机构、电网使用者和相关单位应当共同维护电网的安全稳定运行。

第三条 电网运行实行统一调度、分级管理。

电力调度应当公开、公平、公正。

本规则所称电力调度，是指电力调度机构（以下简称调度机构）对电网运行进行的组织、指挥、指导和协调。

第四条 国家电力监管委员会及其派出机构（以下简称电力监管机构）依法对电网运行实施监管。

第五条 本规则适用于省级以上调度机构及其调度管辖范围内的电网企业、电网使用者和相关规划设计、施工建设、安装调试、研究开发等单位。

第二章 规划、设计与建设

第六条 电力系统的规划、设计和建设应当遵守国家有关规定和有关国家标准、行业标准。

第七条 电网与电源建设应当统筹考虑，合理布局，协调发展。

电网结构应当安全可靠、经济合理、技术先进、运行灵活，符合《电力系统安全稳定导则》和《电力系统技术导则》的要求。

第八条 经政府有关部门依法批准或者核准的拟并网机组，电网企业应当按期完成相应的电网一次设备、二次设备的建设、调试、验收和投入使用，保证并网机组电力送出的必要网络条件。

第九条 电力二次系统应当统一规划、统一设计，并与电力一次系统的规划、设计和建设同步进行。电网使用者的二次设备和系统应当符合电网二次系统技术规范。

第十条 涉及电网运行的接口技术规范，由调度机构组织制定，并报电力监管机构备案后施行。拟并网设备应当符合接口技术规范。

第十一条 电网企业和电网使用者应当采用符合国家标准、行业标准和相关国际标准，并经政府有关部门核准资质的检验机构检验合格的产品。

第十二条　在采购与电网运行相关或者可能影响电网运行特性的设备前，业主方应当组织包括调度机构在内的有关机构和专家对技术规范书进行评审。

第十三条　电网企业、电网使用者和受业主委托工作的相关单位，应当交换规划设计、施工调试等工作所需资料。

第三章　并　网　与　互　联

第十四条　新建、改建、扩建的发电工程、输电工程和变电工程投入运行前，拟并网方应当按照要求向调度机构提交并网调度所必需的资料。资料齐备的，调度机构应当按照规定程序向拟并网方提供继电保护、安全自动装置的定值和调度自动化、电力通信等设备的技术参数。

第十五条　新建、改建、扩建的发电工程、输电工程和变电工程投入运行前，调度机构应当对拟并网方的新设备启动并网提供有关技术指导和服务，适时编制新设备启动并网调度方案和有关技术要求，并协调组织实施。拟并网方应当按照新设备启动并网调度方案完成启动准备工作。

第十六条　新建、改建、扩建的发电工程、输电工程和变电工程投入运行前，拟并网方的二次系统应当完成与调度机构的联合调试、定值和数据核对等工作，并交换并网调试和运行所必需的数据资料。

第十七条　新建、改建、扩建的发电工程、输电工程和变电工程投入运行前，调度机构应当根据国家有关规定、技术标准和规程，组织认定拟并网方的并网基本条件。拟并网方不符合并网基本条件的，调度机构应当向拟并网方提出改进意见。

第十八条　发电厂需要并网运行的，并网双方应当在并网前签订并网调度协议。

电网与电网需要互联运行的，互联双方应当在互联前签订互联调度协议。

并网双方或者互联双方应当根据平等互利、协商一致和确保电力系统安全运行的原则签订协议并严格执行。

第十九条　发电厂、电网不得擅自并网或者互联，不得擅自解网。

第二十条　新建、改建、扩建的发电机组并网应当具备下列基本条件：

（一）新投产的电气一次设备的交接试验项目完整，符合有关标准和规程；

（二）发电机组装设符合国家标准或者行业标准的连续式自动电压调节器；100 兆瓦以上火电机组、核电机组，50 兆瓦以上水电机组的励磁系统原则上配备电力系统稳定器或者具备电力系统稳定器功能；

（三）发电机组参与一次调频；

（四）参与二次调频的 100 兆瓦以上的火电机组，40 兆瓦以上非灯泡贯流式水电机组和抽水蓄能机组原则上具备自动发电控制功能，参与电网闭环自动发电控制；特殊机组根据其特性确定调频要求；

（五）发电机组具备进相运行的能力，机组实际进相运行能力根据机组参数和进相试验结果确定；

（六）拟并网方在调度机构的统一协调下完成发电机励磁系统、调速系统、电力系统稳定器、发电机进相能力、自动发电控制、自动电压控制、一次调频等调试，其性能和参数符合电网安全稳定运行需要；调试由具有资质的机构进行，调试报告应当提交调度机构，调度机构应当为完成调试提供必要的条件；

（七）发电厂至调度机构具备两个以上可用的独立路由的通信通道；

（八）发电机组具备电量采集装置并能够通过调度数据专网将关口数据传送至调度机构；

（九）发电厂调度自动化设备能够通过专线或者网络方式将实时数据传送至调度机构。

新建、改建、扩建的发电机组并网前应当进行并网安全性评价。并网安全性评价工作由电力监管机构组织实施。

第二十一条 发电厂与电网连接处应当装设断路器。断路器的遮断容量、故障清除时间和继电保护配置应当符合所在电网的技术要求。

分、合操作频繁的抽水蓄能电厂的主断路器，其开断容量和开断次数应当具有比常规电厂的主断路器更大的设计裕量。

第二十二条 主网直供用户并网应当具备下列基本条件：

（一）主网直供用户向电网企业及其调度机构提供必要的数据，并能够向调度机构传送必要的实时信息；

（二）主网直供用户的电能量计量点设在并网线路的产权分界处，电能量计量点处安装计量上网电量和受网电量的具有双向、分时功能的有功、无功电能表，并能将电能量信息传输至调度机构；

（三）主网直供用户合理装设无功补偿装置、谐波抑制装置、自动电压控制装置、自动低频低压减负荷装置和负荷控制装置，并根据调度机构的要求整定参数和投入运行；主网直供用户的生产负荷与生活负荷在配电上分开，以满足负荷控制需要。

第二十三条 继电保护、安全自动装置、调度自动化、电力通信等电力二次系统设备应当符合调度机构组织制定的技术体制和接口规范。电力二次系统设备的技术体制和接口规范报电力监管机构备案后施行。

第二十四条 接入电网运行的电力二次系统应当符合《电力二次系统安全防护规定》和其他有关规定。

第二十五条 电网互联双方应当联合进行频率控制、联络线控制、无功电压控制；根据联网后的变化，制定或者修正黑启动方案，修正本网的自动低频、低压减负荷方案；按照电网稳定运行需要协商确定安全自动装置配置方案。

第二十六条 除发生事故或者实行特殊运行方式外，电力系统频率、并网点电压的运行偏差应当符合国家标准和电力行业标准。

在发生事故的情况下，发电机组和其他相关设备运行特性对频率变化的适应能力仍应当符合国家标准。

第二十七条 电网使用者向电网注入的谐波应当不超过国家标准和电力行业标准。并入电网运行的电气设备应当能够承受国家标准允许的因谐波和三相不平衡导致的电压波形畸变。

第二十八条 电网企业与电网使用者的设备产权和维护分界点应当根据有关电力法律、法规确定，并在有关协议中详细划分并网或者互联设备的所有权和安全责任。

第二十九条 接入电网运行的设备调度管辖权，不受设备所有权或者资产管理权等的限制。

第四章　电　网　运　行

第三十条　电网企业及其调度机构有责任保障电网频率电压稳定和可靠供电；调度机构应当合理安排运行方式，优化调度，维持电力平衡，保障电力系统的安全、优质、经济运行。

调度机构应当向电力监管机构报送年度运行方式。

第三十一条　调度机构依照国家有关规定组织制定电力调度管理规程，并报电力监管机构备案。电网企业及其调度机构、电网使用者和相关单位应当执行电力调度管理规程。

第三十二条　电网企业及其调度机构应当加强负荷预测，做好长期、中期、短期和超短期负荷预测工作，提高负荷预测准确率。

第三十三条　主网直供用户应当根据有关规定，按时向所属调度机构报送其主要接装容量和年用电量预测，按时申报年度、月度用电计划。

第三十四条　调度机构应当编制和下达发电调度计划、供（用）电调度计划和检修计划。

第三十五条　编制发电调度计划、供（用）电调度计划应当依据省级人民政府下达的调控目标和市场形成的电力交易计划，综合考虑社会用电需求、检修计划和电力系统设备能力等因素，并保留必要、合理的备用容量。调度计划应当经过安全校核。

第三十六条　水电调度运行应当充分利用水能资源，严格执行经审批的水库综合利用方案，确保大坝安全，防止发生洪水漫坝、水淹厂房事故。

水电厂应当及时、准确、可靠地向调度机构传输水库运行相关信息。

实施联合运行的梯级水库群，发电企业应当向调度机构提出优化调度方案。

第三十七条　发电企业应当按照发电调度计划和调度指令发电；主网直供用户应当按照供（用）电调度计划和调度指令用电。

对于不按照调度计划和调度指令发电的，调度机构应当予以警告；经警告拒不改正的，调度机构可以暂时停止其并网运行。

对于不按照调度计划和调度指令用电的，调度机构应当予以警告；经警告拒不改正的，调度机构可以暂时部分或者全部停止向其供电。

第三十八条　电网企业、电网使用者应当根据本单位电力设备的健康状况，向调度机构提出年度、月度检修预安排申请；调度机构应当在检修预安排申请的基础上根据电力系统设备的健康水平和运行能力，与申请单位协商，统筹兼顾，编制年度、月度检修计划。

第三十九条　电网企业、电网使用者应当按照检修计划安排检修工作，加强设备运行维护，减少非计划停运和事故。

电网企业、电网使用者可以提出临时检修申请，调度机构应当及时答复，并在电网运行允许的情况下予以安排。

第四十条　电网企业和电网使用者应当提供用于维护电压、频率稳定和电网故障后恢复等方面的辅助服务。辅助服务的调度由调度机构负责。

第四十一条　电网的无功补偿实行分层分区、就地平衡的原则。调度机构负责电网无功的平衡和调整，必要时制定改进措施，由电网企业和电网使用者组织实施。调度机构按照调度管辖范围分级负责电网各级电压的调整、控制和管理。接入电网运行的发电厂、变电站等应当按照调度机构确定的电压运行范围进行调节。

第四十二条　调度机构在电网出现有功功率不能满足需求、超稳定极限、电力系统故障、持续的频率降低或者电压超下限、备用容量不足等情况时，可以按照有关地方人民政府批准的事故限电序位表和保障电力系统安全的限电序位表进行限电操作。电网使用者应当按照负荷控制方案在电网企业及其调度机构的指导下实施负荷控制。

第四十三条　发生威胁电力系统安全运行的紧急情况时，调度机构值班人员应当立即采取措施，避免事故发生和防止事故扩大。必要时，可以根据电力市场运营规则，通过调整系统运行方式等手段对电力市场实施干预，并按照规定向电力监管机构报告。

第四十四条　调度机构负责电网的高频切机、低频自启动机组容量的管理，统一编制自动低频、低压减负荷方案并组织实施，定期进行系统实测。

第四十五条　继电保护、安全自动装置、调度自动化、电力通信等二次系统设备的运行维护、统计分析、整定配合，按照所在电网的调度管理规程和现场运行管理规程进行。

第四十六条　电网企业及其调度机构应当根据国家有关规定和有关国家标准、行业标准，制定和完善电网反事故措施、系统黑启动方案、系统应急机制和反事故预案。

电网使用者应当按照电网稳定运行要求编制反事故预案，并网发电厂应当制定全厂停电事故处理预案，并报调度机构备案。

电网企业、电网使用者应当按照设备产权和运行维护责任划分，落实反事故措施。

调度机构应当定期组织联合反事故演习，电网企业和电网使用者应当按照要求参加联合反事故演习。

第四十七条　电网企业和电网使用者应当开展电力可靠性管理工作、安全性评价工作和技术监督工作，提高安全运行水平。

第五章　附　　则

第四十八条　地（市）级以下调度机构及其调度管辖范围内的电网企业、电网使用者和相关单位参照本规则执行。

第四十九条　本规则所称电网使用者是指通过电网完成电力生产和消费的单位，包括发电企业（含自备发电厂）、主网直供用户等。

本规则所称主网直供用户是指与省（直辖市、自治区）级以上电网企业签订购售电合同的用户或者通过电网直接向发电企业购电的用户。

第五十条　本规则自 2007 年 1 月 1 日起施行。

电力监管报告编制发布规定

电监会令第 23 号

（2007 年 4 月 10 日国家电力监管委员会主席办公会议通过，自 2007 年 5 月 10 日起施行）

第一条 为了完善电力监管制度，加强电力监管，规范电力监管报告编制和发布行为，根据《电力监管条例》和国家有关规定，制定本规定。

第二条 本规定所称电力监管报告，是指国家电力监管委员会及其派出机构（以下简称电力监管机构）履行电力监管职责向社会公开发布的文书。

电力监管报告适用于电力监管机构公布电力企业、电力调度交易机构和其他有关单位（以下统称监管相对人）执行有关电力监管法律、法规、规章和其他规范性文件的情况，违反有关电力监管法律、法规、规章和其他规范性文件的行为以及电力监管机构的处理结果。

第三条 编制电力监管报告应当依法进行，坚持实事求是、客观公正的原则。

第四条 编制和发布电力监管报告，应当依法保守国家秘密和企业商业秘密，并充分考虑可能产生的社会影响。

第五条 电力监管机构根据年度监管工作重点，制定电力监管报告年度计划。

电力监管报告年度计划由电力监管机构主席（局长、专员）办公会议决定。

电力监管报告年度计划应当明确电力监管报告的名称、起草单位、资料来源、完成时间等。

根据监管工作需要，经电力监管机构主席（局长、专员）批准，可以增加电力监管报告年度计划项目。

第六条 电力监管报告包括下列基本内容：

（一）标题，统一称为"××××××监管报告"；

（二）监管依据，即实施监管所依据的有关电力监管法律、法规、规章和其他规范性文件的具体规定；

（三）基本情况，包括监管相对人的基本情况和监管相对人执行有关电力监管法律、法规、规章和其他规范性文件具体规定的基本情况；

（四）监管评价，即电力监管机构对监管相对人执行有关电力监管法律、法规、规章和其他规范性文件具体规定情况的评价意见；

（五）存在的违法违规问题，监管机构的处理结果和整改要求；

（六）监管建议，即对不属于电力监管机构直接处理的事项，可以向监管相对人或者政府有关部门提出建议。

第七条 电力监管报告由具体实施监管的部门、单位起草。

起草单位起草电力监管报告，应当如实反映监管相对人执行有关电力监管法律、法规、规章和其他规范性文件具体规定的情况，不得隐瞒实施监管中发现的监管相对人违反有关电力监管法律、法规、规章和其他规范性文件具体规定的行为。

起草单位引用监管相对人有关具体事实的，应当与监管相对人核实；发现相关信息事实不清或者相互矛盾的，应当进行调查。

第八条　监管相对人应当按照国家有关规定和电力监管机构的要求，及时提供有关文件、资料，并对有关文件、资料的真实性、完整性负责；配合和协助电力监管机构进行现场检查、电力事故调查、违法行为立案调查以及有关事实或者行为核查。

第九条　电力监管报告内容涉及其他单位或者部门职责的，起草单位应当征求相关单位或者部门的意见。

第十条　电力监管报告由电力监管机构主席（局长、专员）办公会议决定。

国家电力监管委员会派出机构编制的电力监管报告，涉及跨区域或者在全国有重大影响的事项的，应当报国家电力监管委员会批准。

第十一条　电力监管报告以监管公告发布。

监管公告由电力监管机构主席（局长、专员）签署。

监管公告应当载明序号、编制单位、电力监管报告名称、发布日期。

第十二条　电力监管报告可以通过下列形式向社会公开发布：

（一）广播、电视；

（二）报纸、杂志等出版物；

（三）政府门户网站；

（四）新闻发布会；

（五）其他形式。

第十三条　电力监管机构向社会公开发布电力监管报告形成的有关材料，应当按照有关规定整理归档。

第十四条　电力监管机构工作人员在编制发布电力监管报告工作中有下列情形之一的，依法追究其责任：

（一）有意隐瞒或者夸大事实的；

（二）玩忽职守造成信息、数据严重失实的；

（三）违反规定擅自对外公布报告内容的；

（四）违反国家有关保密规定的。

第十五条　监管相对人有下列情形之一的，依法追究其责任：

（一）拒绝或者阻碍电力监管机构依法履行监管职责的；

（二）提供虚假或者隐瞒重要事实的文件、资料的。

第十六条　国家电力监管委员会派出机构发布监管报告，报国家电力监管委员会备案。

第十七条　本规定自 2007 年 5 月 10 日起施行。

电力可靠性监督管理办法

电监会令第 24 号

（2007 年 4 月 10 日国家电力监管委员会主席办公会议通过，自 2007 年 5 月 10 日起施行）

第一条 为了加强电力可靠性监督管理，保障电力系统安全稳定运行，根据《电力监管条例》，制定本办法。

第二条 国家电力监管委员会（以下简称电监会）负责全国电力可靠性的监督管理；电监会电力可靠性管理中心（以下简称可靠性中心）负责全国电力可靠性监督管理的日常工作，并承担电力可靠性管理行业服务工作；电监会派出机构负责辖区内电力可靠性监督管理。

第三条 发电企业、输电企业、供电企业以及从事电力生产的其他企业（以下统称电力企业）应当依照本办法开展电力可靠性管理工作。

第四条 电力可靠性监督管理包括下列内容：

（一）制定电力可靠性监督管理规章和电力可靠性技术标准；

（二）建立电力可靠性监督管理工作体系；

（三）组织建立电力可靠性信息管理系统，统计分析电力可靠性信息；

（四）组织电力可靠性管理工作检查；

（五）组织实施电力可靠性评价、评估工作；

（六）发布电力可靠性指标和电力可靠性监管报告；

（七）推动电力可靠性理论研究和技术应用；

（八）组织电力可靠性培训；

（九）开展电力可靠性国际交流与合作。

第五条 电力企业作为电力可靠性管理工作的责任主体，应当按照下列要求开展本企业电力可靠性管理工作：

（一）贯彻执行有关电力可靠性监督管理的国家规定、技术标准，制定本企业电力可靠性管理工作规范；

（二）建立电力可靠性管理工作体系，落实电力可靠性管理岗位责任；

（三）建立电力可靠性信息管理系统，采集分析电力可靠性信息；

（四）准确、及时、完整地报送电力可靠性信息；

（五）开展电力可靠性成果应用，提高电力系统和电力设施可靠性水平；

（六）开展电力可靠性技术培训。

第六条 电力可靠性信息管理实行统一管理、分级负责，建立全国统一的电力可靠性信息管理系统。

第七条 电力企业应当报送下列信息：

（一）发电设备可靠性信息，包括发电主机、发电辅助设备基本情况和运行情况；

（二）输变电设施可靠性信息，包括发电侧、电网侧输变电设施基本情况和运行情况；

（三）直流输电系统可靠性信息，包括直流输电系统基本情况和运行情况；

（四）供电系统可靠性信息，包括供电系统基本情况和运行情况；

（五）电力可靠性管理工作报告和技术分析报告；

（六）重大非计划停运、停电事件的分析报告。

第八条 电力可靠性信息报送按照下列规定办理：

（一）电监会区域监管局城市监管办公室（以下简称城市电监办）辖区内的电力企业向城市电监办报送；城市电监办汇总核实后报电监会区域监管局（以下简称区域电监局）。区域电网公司，未设立城市电监办的省、自治区、直辖市范围内的电力企业，直接向所在区域电监局报送。区域电监局汇总后报可靠性中心。

（二）中央电力企业、其他资产跨区域的电力企业向可靠性中心报送。其中，中国南方电网有限责任公司应当同时向所在区域电监局报送。

第九条 电力企业报送电力可靠性信息应当符合下列期限要求：

（一）每月 10 日前报送上一月发电主机可靠性信息；

（二）每季度的第 15 日前报送上一季度发电辅助设备、输变电设施、直流输电系统以及供电系统可靠性信息；

（三）每年 1 月 20 日前报送上一年度电力可靠性管理工作报告和电力可靠性技术分析报告；

（四）重大非计划停运、停电事件发生后一个月内报送事件分析报告。

第十条 城市电监办应当自电力企业信息报送期限截止之日起 3 日内向区域电监局报送本省的汇总信息。区域电监局应当自城市电监办信息报送期限截止之日起 5 日内向可靠性中心报送本区域的汇总信息。

第十一条 电监会对电力系统可靠性水平进行评价。电力可靠性评价工作由可靠性中心具体实施。电力可靠性评价实施办法另行制定。

第十二条 电力可靠性评价应当遵循客观、公平、公正的原则。

第十三条 实施电力可靠性评价，可以对电力企业报送的有关信息进行调查核实。

第十四条 年度电力可靠性评价结果经电监会审核后统一发布。

第十五条 电监会及其派出机构实施电力可靠性监督检查，可以采取下列现场检查措施：

（一）进入电力企业进行检查并询问相关人员，要求其对检查事项做出说明；

（二）查阅、复制与检查事项有关的文件、资料。

第十六条 电力企业及其工作人员应当配合、协助电监会及其派出机构进行现场检查，按照有关规定提供有关资料和数据。

第十七条 电监会及其派出机构的工作人员未按照本办法实施电力可靠性监督管理有关工作的，依法追究其责任。

第十八条 电力企业有下列行为之一的，依法追究其责任：

（一）虚报、瞒报电力可靠性信息的；

（二）伪造、篡改电力可靠性信息的；

（三）拒报或者屡次迟报电力可靠性信息的；

（四）拒绝或者阻碍电力监管机构及其工作人员依法进行检查、核查的。

第十九条 本办法自 2007 年 5 月 10 日起施行。原国家经济贸易委员会 2000 年 10 月 13 日发布的《电力可靠性管理暂行办法》（国经贸电力〔2000〕970 号）同时废止。

电力安全事故调查程序规定

电监会令第 31 号

（2012 年 6 月 5 日国家电力监管委员会主席办公会议审议通过，自 2012 年 8 月 1 日起施行）

第一条　为了规范电力安全事故调查工作，根据《电力安全事故应急处置和调查处理条例》和《生产安全事故报告和调查处理条例》，制定本规定。

第二条　国家电力监管委员会及其派出机构（以下简称电力监管机构）组织调查电力安全事故（以下简称事故），适用本规定。

国务院授权国家电力监管委员会（以下简称电监会）组织调查特别重大事故，国家另有规定的，从其规定。

第三条　事故调查应当按照依法依规、实事求是、科学严谨、注重实效的原则，及时、准确地查清事故原因，查明事故性质和责任，总结事故教训，提出整改措施和处理意见。

第四条　任何单位和个人不得阻挠和干涉对事故的依法调查。

第五条　电力监管机构调查事故，应当及时组织事故调查组。

第六条　下列事故由电监会组织事故调查组：

（一）国务院授权组织调查的特别重大事故；

（二）重大事故；

（三）电监会认为有必要调查的较大事故。

第七条　较大事故、一般事故由事故发生地派出机构组织事故调查组。

较大事故、一般事故跨省（自治区、直辖市）的，由事故发生地电监会区域监管局组织事故调查组；较大事故、一般事故跨区域的，由电监会指定派出机构组织事故调查组。

电监会认为必要的，可以指令派出机构组织事故调查组调查一般事故。

第八条　组织事故调查组应当遵循精简、高效的原则。根据事故的具体情况，事故调查组由电力监管机构、有关地方人民政府、安全生产监督管理部门、负有安全生产监督管理职责的有关部门派人组成。

事故有关人员涉嫌失职、渎职或者涉嫌犯罪的，电力监管机构应当邀请监察机关、公安机关、人民检察院派人参加。

电力监管机构可以聘请有关专家参加事故调查组，协助事故调查。

第九条　事故有关单位、人员涉嫌违法，电力监管机构依法予以立案的，电力监管机构稽查工作部门应当派人参加事故调查组。

第十条　事故调查组成员应当具有事故调查所需要的知识和专长，与所调查的事故、事故发生单位及其主要负责人、主管人员、有关责任人员没有直接利害关系。

第十一条　事故调查组成员名单和组长建议人选由电力监管机构安全监管部门提出，报电力监管机构负责人批准。

事故调查组组长主持事故调查组的工作。

第十二条 根据事故调查需要，电力监管机构可以重新组织事故调查组或者调整事故调查组成员。

第十三条 事故调查组应当制定事故调查方案。事故调查方案包括事故调查的职责分工、方法步骤、时间安排等内容。

第十四条 事故调查组进行事故调查，应当制作事故调查通知书。事故调查通知书应当向事故发生单位、事故涉及单位出示。

第十五条 事故调查组勘查事故现场，可以采取照相、录像、绘制现场图、采集电子数据、制作现场勘查笔录等方法记录现场情况，提取与事故有关的痕迹、物品等证据材料。事故调查组应当要求事故发生单位移交事故应急处置形成的有关资料、材料。

第十六条 事故调查组可以进入事故发生单位、事故涉及单位的工作场所或者其他有关场所，查阅、复制与事故有关的工作日志、工作票、操作票等文件、资料，对可能被转移、隐匿、销毁的文件、资料予以封存。

第十七条 事故调查组应当根据事故调查需要，对事故发生单位有关人员、应急处置人员等知情人员进行询问。询问应当制作询问笔录。

事故发生单位负责人和有关人员在事故调查期间不得擅离职守，并随时接受事故调查组的询问，如实提供有关情况。

第十八条 事故调查组进行现场勘查、检查或者询问知情人员，调查人员不得少于 2 人。

第十九条 事故调查需要进行技术鉴定的，事故调查组应当委托具有国家规定资质的单位进行。必要时，事故调查组可以直接组织专家进行。技术鉴定所需时间不计入事故调查期限。

第二十条 事故调查组应当收集与事故有关的原始资料、材料。因客观原因不能收集原始资料、材料，或者收集原始资料、材料有困难的，可以收集与原始资料、材料核对无误的复印件、复制品、抄录件、部分样品或者证明该原件、原物的照片、录像等其他证据。

现场勘查笔录、检查笔录、询问笔录和鉴定意见应当由调查人员、勘查现场有关人员、被询问人员和鉴定人签名。

事故调查组应当依照法定程序收集与事故有关的资料、材料，并妥善保存。

第二十一条 事故调查组成员在事故调查工作中应当诚信公正，恪尽职守，遵守纪律，保守秘密。

未经事故调查组组长允许，事故调查组成员不得擅自发布有关事故的信息。

第二十二条 事故调查组应当查明下列情况：

（一）事故发生单位的基本情况；

（二）事故发生的时间、地点、现场环境、气象等情况，事故发生前电力系统的运行情况；

（三）事故经过、事故应急处置情况，事故现场有关人员的工作内容、作业时间、作业程序、从业资格等情况；

（四）与事故有关的仪表、自动装置、断路器、继电保护装置、故障录波器、调整装置

等设备和监控系统、调度自动化系统的记录、动作情况;

（五）事故影响范围，电网减供负荷比例、城市供电用户停电比例、停电持续时间、停止供热持续时间、发电机组停运时间、设施设备损坏等情况;

（六）事故涉及设施设备的规划、设计、选型、制造、加工、采购、施工安装、调试、运行、检修等方面的情况;

（七）电力监管机构认为应当查明的其他情况。

第二十三条 事故调查组应当查明事故发生单位执行国家有关安全生产规定，加强安全生产管理，建立健全安全生产责任制度，完善安全生产条件等情况。

第二十四条 涉及人身伤亡的事故，事故调查组除应查明本规定第二十二条、第二十三条规定的情况外，还应当查明:

（一）人员伤亡数量、人身伤害程度等情况;

（二）伤亡人员的单位、姓名、文化程度、工种等基本情况;

（三）事故发生前伤亡人员的技术水平、安全教育记录、从业资格、健康状况等情况;

（四）事故发生时采取安全防护措施的情况和伤亡人员使用个人防护用品的情况;

（五）电力监管机构认为应当查明的其他情况。

第二十五条 事故调查组应当在查明事故情况的基础上，确定事故发生的直接原因、间接原因和其他原因，判断事故性质并做出责任认定。

第二十六条 事故调查组应当根据现场调查、原因分析、性质判断和责任认定等情况，撰写事故调查报告。

事故调查报告的内容应当符合《电力安全事故应急处置和调查处理条例》的规定，并附具有关证据材料和技术分析报告。

第二十七条 事故调查组成员应当在事故调查报告上签名。事故调查组成员对事故调查报告的内容有不同意见的，应当在事故调查报告中注明。

第二十八条 事故调查报告经电力监管机构负责人办公会议审查同意，事故调查工作即告结束。事故发生地派出机构组织调查的较大事故，事故调查报告应当先经电监会安全监管部门审核。

由事故发生地派出机构组织调查的一般事故和较大事故，事故调查报告应当报电监会安全监管部门备案。

第二十九条 事故调查应当按照《电力安全事故应急处置和调查处理条例》规定的期限进行。

第三十条 事故调查涉及行政处罚的，应当符合行政处罚案件立案、调查、审查和决定的有关规定。

第三十一条 电力监管机构应当依据事故调查报告，对事故发生单位及其有关人员依法给予行政处罚。

第三十二条 电力监管机构应当依据事故调查报告，制作监管意见书，对有关人员提出给予处分或者其他处理的意见，送达有关单位。有关单位应当依据监管意见书依法处理，并将处理情况报告电力监管机构。

第三十三条 事故调查过程中发现违法行为和安全隐患，电力监管机构有权予以纠正或者要求限期整改。要求限期整改的，电力监管机构应当及时制作整改通知书。

被责令整改的单位应当按照电力监管机构的要求进行整改，并将整改情况以书面形式报电力监管机构。

第三十四条 电力监管机构应当加强监督检查，督促事故发生单位和有关人员落实事故防范和整改措施，必要时进行专项督办。

第三十五条 电力生产或者电网运行过程中发生发电设备或者输变电设备损坏，造成直接经济损失的事故，未影响电力系统安全稳定运行以及电力正常供应的，由电力监管机构依照本规定组织事故调查组对重大事故、较大事故和一般事故进行调查。

第三十六条 未造成供电用户停电的一般事故，电力监管机构委托事故发生单位组织事故调查的，电力监管机构应当制作事故调查委托书，确定事故调查组组长，审查事故调查报告。事故发生单位组织事故调查，参照本规定执行。

第三十七条 本规定自 2012 年 8 月 1 日起施行。

电力监控系统安全防护规定

国家发展和改革委员会令第 14 号

（国家发展和改革委员会主任办公会审议通过，自 2014 年 9 月 1 日起施行）

第一章 总 则

第一条 为了加强电力监控系统的信息安全管理，防范黑客及恶意代码等对电力监控系统的攻击及侵害，保障电力系统的安全稳定运行，根据《电力监管条例》《中华人民共和国计算机信息系统安全保护条例》和国家有关规定，结合电力监控系统的实际情况，制定本规定。

第二条 电力监控系统安全防护工作应当落实国家信息安全等级保护制度，按照国家信息安全等级保护的有关要求，坚持"安全分区、网络专用、横向隔离、纵向认证"的原则，保障电力监控系统的安全。

第三条 本规定所称电力监控系统，是指用于监视和控制电力生产及供应过程的、基于计算机及网络技术的业务系统及智能设备，以及做为基础支撑的通信及数据网络等。

第四条 本规定适用于发电企业、电网企业以及相关规划设计、施工建设、安装调试、研究开发等单位。

第五条 国家能源局及其派出机构依法对电力监控系统安全防护工作进行监督管理。

第二章 技 术 管 理

第六条 发电企业、电网企业内部基于计算机和网络技术的业务系统，应当划分为生产控制大区和管理信息大区。

生产控制大区可以分为控制区（安全区 I）和非控制区（安全区 II）；管理信息大区内部在不影响生产控制大区安全的前提下，可以根据各企业不同安全要求划分安全区。

根据应用系统实际情况，在满足总体安全要求的前提下，可以简化安全区的设置，但是应当避免形成不同安全区的纵向交叉联接。

第七条 电力调度数据网应当在专用通道上使用独立的网络设备组网，在物理层面上实现与电力企业其他数据网及外部公用数据网的安全隔离。

电力调度数据网划分为逻辑隔离的实时子网和非实时子网，分别连接控制区和非控制区。

第八条 生产控制大区的业务系统在与其终端的纵向联接中使用无线通信网、电力企业其他数据网（非电力调度数据网）或者外部公用数据网的虚拟专用网络方式（VPN）等进行通信的，应当设立安全接入区。

第九条 在生产控制大区与管理信息大区之间必须设置经国家指定部门检测认证的电力专用横向单向安全隔离装置。

生产控制大区内部的安全区之间应当采用具有访问控制功能的设备、防火墙或者相当功能的设施，实现逻辑隔离。

安全接入区与生产控制大区中其他部分的联接处必须设置经国家指定部门检测认证的电力专用横向单向安全隔离装置。

第十条 在生产控制大区与广域网的纵向联接处应当设置经过国家指定部门检测认证的电力专用纵向加密认证装置或者加密认证网关及相应设施。

第十一条 安全区边界应当采取必要的安全防护措施，禁止任何穿越生产控制大区和管理信息大区之间边界的通用网络服务。

生产控制大区中的业务系统应当具有高安全性和高可靠性，禁止采用安全风险高的通用网络服务功能。

第十二条 依照电力调度管理体制建立基于公钥技术的分布式电力调度数字证书及安全标签，生产控制大区中的重要业务系统应当采用认证加密机制。

第十三条 电力监控系统在设备选型及配置时，应当禁止选用经国家相关管理部门检测认定并经国家能源局通报存在漏洞和风险的系统及设备；对于已经投入运行的系统及设备，应当按照国家能源局及其派出机构的要求及时进行整改，同时应当加强相关系统及设备的运行管理和安全防护。生产控制大区中除安全接入区外，应当禁止选用具有无线通信功能的设备。

第三章 安 全 管 理

第十四条 电力监控系统安全防护是电力安全生产管理体系的有机组成部分。电力企业应当按照"谁主管谁负责，谁运营谁负责"的原则，建立健全电力监控系统安全防护管理制度，将电力监控系统安全防护工作及其信息报送纳入日常安全生产管理体系，落实分级负责的责任制。

电力调度机构负责直接调度范围内的下一级电力调度机构、变电站、发电厂涉网部分的电力监控系统安全防护的技术监督，发电厂内其他监控系统的安全防护可以由其上级主管单位实施技术监督。

第十五条 电力调度机构、发电厂、变电站等运行单位的电力监控系统安全防护实施方案必须经本企业的上级专业管理部门和信息安全管理部门以及相应电力调度机构的审核，方案实施完成后应当由上述机构验收。

接入电力调度数据网络的设备和应用系统，其接入技术方案和安全防护措施必须经直接负责的电力调度机构同意。

第十六条 建立健全电力监控系统安全防护评估制度，采取以自评估为主、检查评估为辅的方式，将电力监控系统安全防护评估纳入电力系统安全评价体系。

第十七条 建立健全电力监控系统安全的联合防护和应急机制，制定应急预案。电力调度机构负责统一指挥调度范围内的电力监控系统安全应急处理。

当遭受网络攻击，生产控制大区的电力监控系统出现异常或者故障时，应当立即向其上级电力调度机构以及当地国家能源局派出机构报告，并联合采取紧急防护措施，防止事态扩大，同时应当注意保护现场，以便进行调查取证。

第四章 保 密 管 理

第十八条 电力监控系统相关设备及系统的开发单位、供应商应当以合同条款或者保密协议的方式保证其所提供的设备及系统符合本规定的要求，并在设备及系统的全生命周期内对其负责。

电力监控系统专用安全产品的开发单位、使用单位及供应商，应当按国家有关要求做好保密工作，禁止关键技术和设备的扩散。

第十九条 对生产控制大区安全评估的所有评估资料和评估结果，应当按国家有关要求做好保密工作。

第五章 监 督 管 理

第二十条 国家能源局及其派出机构负责制定电力监控系统安全防护相关管理和技术规范，并监督实施。

第二十一条 对于不符合本规定要求的，相关单位应当在规定的期限内整改；逾期未整改的，由国家能源局及其派出机构依据国家有关规定予以处罚。

第二十二条 对于因违反本规定，造成电力监控系统故障的，由其上级单位按相关规程规定进行处理；发生电力设备事故或者造成电力安全事故（事件）的，按国家有关事故（事件）调查规定进行处理。

第六章 附 则

第二十三条 本规定下列用语的含义或范围：

（一）电力监控系统具体包括电力数据采集与监控系统、能量管理系统、变电站自动化系统、换流站计算机监控系统、发电厂计算机监控系统、配电自动化系统、微机继电保护和安全自动装置、广域相量测量系统、负荷控制系统、水调自动化系统和水电梯级调度自动化系统、电能量计量系统、实时电力市场的辅助控制系统、电力调度数据网络等。

（二）电力调度数据网络，是指各级电力调度专用广域数据网络、电力生产专用拨号网络等。

（三）控制区，是指由具有实时监控功能、纵向联接使用电力调度数据网的实时子网或者专用通道的各业务系统构成的安全区域。

（四）非控制区，是指在生产控制范围内由在线运行但不直接参与控制、是电力生产过程的必要环节、纵向联接使用电力调度数据网的非实时子网的各业务系统构成的安全区域。

第二十四条 本规定自 2014 年 9 月 1 日起施行。2004 年 12 月 20 日原国家电力监管委员会发布的《电力二次系统安全防护规定》（国家电力监管委员会令第 5 号）同时废止。

电力安全生产监督管理办法

国家发展和改革委员会令第 21 号

（国家发展和改革委员会主任办公会审议通过，自 2015 年 3 月 1 日起施行）

第一章　总　　则

第一条　为了有效实施电力安全生产监督管理，预防和减少电力事故，保障电力系统安全稳定运行和电力可靠供应，依据《中华人民共和国安全生产法》《中华人民共和国突发事件应对法》《电力监管条例》《生产安全事故报告和调查处理条例》《电力安全事故应急处置和调查处理条例》等法律法规，制定本办法。

第二条　本办法适用于中华人民共和国境内以发电、输电、供电、电力建设为主营业务并取得相关业务许可或按规定豁免电力业务许可的电力企业。

第三条　国家能源局及其派出机构依照本办法，对电力企业的电力运行安全（不包括核安全）、电力建设施工安全、电力工程质量安全、电力应急、水电站大坝运行安全和电力可靠性工作等方面实施监督管理。

第四条　电力安全生产工作应当坚持"安全第一、预防为主、综合治理"的方针，建立电力企业具体负责、政府监管、行业自律和社会监督的工作机制。

第五条　电力企业是电力安全生产的责任主体，应当遵照国家有关安全生产的法律法规、制度和标准，建立健全电力安全生产责任制，加强电力安全生产管理，完善电力安全生产条件，确保电力安全生产。

第六条　任何单位和个人对违反本办法和国家有关电力安全生产监督管理规定的行为，有权向国家能源局及其派出机构投诉和举报，国家能源局及其派出机构应当依法处理。

第二章　电力企业的安全生产责任

第七条　电力企业的主要负责人对本单位的安全生产工作全面负责。电力企业从业人员应当依法履行安全生产方面的义务。

第八条　电力企业应当履行下列电力安全生产管理基本职责：

（一）依照国家安全生产法律法规、制度和标准，制定并落实本单位电力安全生产管理制度和规程；

（二）建立健全电力安全生产保证体系和监督体系，落实安全生产责任；

（三）按照国家有关法律法规设置安全生产管理机构、配备专职安全管理人员；

（四）按照规定提取和使用电力安全生产费用，专门用于改善安全生产条件；

（五）按照有关规定建立健全电力安全生产隐患排查治理制度和风险预控体系，开展隐患排查及风险辨识、评估和监控工作，并对安全隐患和风险进行治理、管控；

（六）开展电力安全生产标准化建设；

（七）开展电力安全生产培训宣传教育工作，负责以班组长、新工人、农民工为重点的从业人员安全培训；

（八）开展电力可靠性管理工作，建立健全电力可靠性管理工作体系，准确、及时、完整报送电力可靠性信息；

（九）建立电力应急管理体系，健全协调联动机制，制定各级各类应急预案并开展应急演练，建设应急救援队伍，完善应急物资储备制度；

（十）按照规定报告电力事故和电力安全事件信息并及时开展应急处置，对电力安全事件进行调查处理。

第九条 发电企业应当按照规定对水电站大坝进行安全注册，开展大坝安全定期检查和信息化建设工作；对燃煤发电厂贮灰场进行安全备案，开展安全巡查和定期安全评估工作。

第十条 电力建设单位应当对电力建设工程施工安全和工程质量安全负全面管理责任，履行工程组织、协调和监督职责，并按照规定将电力工程项目的安全生产管理情况向当地派出机构备案，向相关电力工程质监机构进行工程项目质量监督注册申请。

第十一条 供电企业应当配合地方政府对电力用户安全用电提供技术指导。

第三章　电力系统安全

第十二条 电力企业应当共同维护电力系统安全稳定运行。在电网互联、发电机组并网过程中应严格履行安全责任，并在双方的联（并）网调度协议中具体明确，不得擅自联（并）网和解网。

第十三条 各级电力调度机构是涉及电力系统安全的电力安全事故（事件）处置的指挥机构，发生电力安全事故（事件）或遇有危及电力系统安全的情况时，电力调度机构有权采取必要的应急处置措施，相关电力企业应当严格执行调度指令。

第十四条 电力调度机构应当加强电力系统安全稳定运行管理，科学合理安排系统运行方式，开展电力系统安全分析评估，统筹协调电网安全和并网运行机组安全。

第十五条 电力企业应当加强发电设备设施和输变配电设备设施安全管理和技术管理，强化电力监控系统（或设备）专业管理，完善电力系统调频、调峰、调压、调相、事故备用等性能，满足电力系统安全稳定运行的需要。

第十六条 发电机组、风电场以及光伏电站等并入电网运行，应当满足相关技术标准，符合电网运行的有关安全要求。

第十七条 电力企业应当根据国家有关规定和标准，制定、完善和落实预防电网大面积停电的安全技术措施、反事故措施和应急预案，建立完善与国家能源局及其派出机构、地方人民政府及电力用户等的应急协调联动机制。

第四章　电力安全生产的监督管理

第十八条 国家能源局依法负责全国电力安全生产监督管理工作。国家能源局派出机构（以下简称"派出机构"）按照属地化管理的原则，负责辖区内电力安全生产监督管理工作。

涉及跨区域的电力安全生产监督管理工作，由国家能源局负责或者协调确定具体负责的区域派出机构；同一区域内涉及跨省的电力安全生产监督管理工作，由当地区域派出机构负责或者协调确定具体负责的省级派出机构。

50 兆瓦以下小水电站的安全生产监督管理工作，按照相关规定执行。50 兆瓦以下小水电站的涉网安全由派出机构负责监督管理。

第十九条 国家能源局及其派出机构应当采取多种形式，加强有关安全生产的法律法规、制度和标准的宣传，向电力企业传达国家有关安全生产工作各项要求，提高从业人员的安全生产意识。

第二十条 国家能源局及其派出机构应当建立健全电力行业安全生产工作协调机制，及时协调、解决安全生产监督管理中存在的重大问题。

第二十一条 国家能源局及其派出机构应当依法对电力企业执行有关安全生产法规、标准和规范情况进行监督检查。

国家能源局组织开展全国范围的电力安全生产大检查，制定检查工作方案，并对重点地区、重要电力企业、关键环节开展重点督查。派出机构组织开展辖区内的电力安全生产大检查，对部分电力企业进行抽查。

第二十二条 国家能源局及其派出机构对现场检查中发现的安全生产违法、违规行为，应当责令电力企业当场予以纠正或者限期整改。对现场检查中发现的重大安全隐患，应当责令其立即整改；安全隐患危及人身安全时，应当责令其立即从危险区域内撤离人员。

第二十三条 国家能源局及其派出机构应当监督指导电力企业隐患排查治理工作，按照有关规定对重大安全隐患挂牌督办。

第二十四条 国家能源局及其派出机构应当统计分析电力安全生产信息，并定期向社会公布。根据工作需要，可以要求电力企业报送与电力安全生产相关的文件、资料、图纸、音频或视频记录和有关数据。

国家能源局及其派出机构发现电力企业在报送资料中存在弄虚作假及其他违规行为的，应当及时纠正和处理。

第二十五条 国家能源局及其派出机构应当依法组织或参与电力事故调查处理。

国家能源局组织或参与重大和特别重大电力事故调查处理；督办有重大社会影响的电力安全事件。派出机构组织或参与较大和一般电力事故调查处理，对电力系统安全稳定运行或对社会造成较大影响的电力安全事件组织专项督查。

第二十六条 国家能源局及其派出机构应当依法组织开展电力应急管理工作。

国家能源局负责制定电力应急体系发展规划和国家大面积停电事件专项应急预案，开展重大电力突发安全事件应急处置和分析评估工作。派出机构应当按照规定权限和程序，组织、协调、指导电力突发安全事件应急处置工作。

第二十七条 国家能源局及其派出机构应当组织开展电力安全培训和宣传教育工作。

第二十八条 国家能源局及其派出机构配合地方政府有关部门、相关行业管理部门，对重要电力用户安全用电、供电电源配置、自备应急电源配置和使用实施监督管理。

第二十九条 国家能源局及其派出机构应当建立安全生产举报制度，公开举报电话、信箱和电子邮件地址，受理有关电力安全生产的举报；受理的举报事项经核实后，对违法行为严重的电力企业，应当向社会公告。

第五章 罚 则

第三十条 电力企业造成电力事故的，依照《生产安全事故报告和调查处理条例》和《电力安全事故应急处置和调查处理条例》，承担相应的法律责任。

第三十一条 国家能源局及其派出机构从事电力安全生产监督管理工作的人员滥用职权、玩忽职守或者徇私舞弊的，依法给予行政处分；构成犯罪的，由司法机关依法追究刑事责任。

第三十二条 国家能源局及其派出机构通过现场检查发现电力企业有违反本办法规定的行为时，可以对电力企业主要负责人或安全生产分管负责人进行约谈，情节严重的，依据《安全生产法》第九十条，可以要求其停工整顿，对发电企业要求其暂停并网运行。

第三十三条 电力企业有违反本办法规定的行为时，国家能源局及其派出机构可以对其违规情况向行业进行通报，对影响电力用户安全可靠供电行为的处理情况，向社会公布。

第三十四条 电力企业发生电力安全事件后，存在下列情况之一的，国家能源局及其派出机构可以责令限期改正，逾期不改正的应当将其列入安全生产不良信用记录和安全生产诚信"黑名单"，并处以1万元以下的罚款：

（一）迟报、漏报、谎报、瞒报电力安全事件信息的；

（二）不及时组织应急处置的；

（三）未按规定对电力安全事件进行调查处理的。

第三十五条 电力企业未履行本办法第八条规定的，由国家能源局及其派出机构责令限期整改，逾期不整改的，对电力企业主要负责人予以警告；情节严重的，由国家能源局及其派出机构对电力企业主要负责人处以1万元以下的罚款。

第三十六条 电力企业有下列情形之一的，由国家能源局及其派出机构责令限期改正；逾期不改正的，由国家能源局及其派出机构依据《电力监管条例》第三十四条，对其处以5万元以上、50万元以下的罚款，并将其列入安全生产不良信用记录和安全生产诚信"黑名单"：

（一）拒绝或阻挠国家能源局及其派出机构从事监督管理工作的人员依法履行电力安全生产监督管理职责的；

（二）向国家能源局及其派出机构提供虚假或隐瞒重要事实的文件、资料的。

第六章 附 则

第三十七条 本办法下列用语的含义：

（一）电力系统，是指由发电、输电、变电、配电以及电力调度等环节组成的电能生产、传输和分配的系统。

（二）电力事故，是指电力生产、建设过程中发生的电力安全事故、电力人身伤亡事故、发电设备或输变电设备设施损坏造成直接经济损失的事故。

（三）电力安全事件，是指未构成电力安全事故，但影响电力（热力）正常供应，或对电力系统安全稳定运行构成威胁，可能引发电力安全事故或造成较大社会影响的事件。

（四）重大安全隐患，是指可能造成一般以上人身伤亡事故、电力安全事故、直接经济损失 100 万元以上的电力设备事故和其他对社会造成较大影响的隐患。

第三十八条　本办法自二〇一五年三月一日起施行。原国家电力监管委员会《电力安全生产监管办法》同时废止。

水电站大坝运行安全监督管理规定

国家发展和改革委员会令第 23 号

（国家发展和改革委员会主任办公会审议通过，自 2015 年 4 月 1 日起施行）

第一章 总 则

第一条 为了加强水电站大坝运行安全监督管理，保障人民生命财产安全，促进经济社会持续健康安全发展，根据《中华人民共和国安全生产法》《水库大坝安全管理条例》《电力监管条例》《生产安全事故报告和调查处理条例》《电力安全事故应急处置和调查处理条例》等法律法规，制定本规定。

第二条 水电站大坝运行安全管理应当坚持安全第一、预防为主、综合治理的方针。

第三条 本规定适用于以发电为主、总装机容量五万千瓦及以上的大、中型水电站大坝（以下简称大坝）。

本规定所称大坝，是指包括横跨河床和水库周围垭口的所有永久性挡水建筑物、泄洪建筑物、输水和过船建筑物的挡水结构以及这些建筑物与结构的地基、近坝库岸、边坡和附属设施。

第四条 电力企业是大坝运行安全的责任主体，应当遵守国家有关法律法规和标准规范，建立健全大坝运行安全组织体系和应急工作机制，加强大坝运行全过程安全管理，确保大坝运行安全。

第五条 国家能源局负责大坝运行安全综合监督管理。

国家能源局派出机构（以下简称派出机构）具体负责本辖区大坝运行安全监督管理。

国家能源局大坝安全监察中心（以下简称大坝中心）负责大坝运行安全技术监督管理服务，为国家能源局及其派出机构开展大坝运行安全监督管理提供技术支持。

第二章 运 行 管 理

第六条 电力企业应当保证大坝安全监测系统、泄洪消能和防护设施、应急电源等安全设施与大坝主体工程同时设计、同时施工、同时投入运行。

大坝蓄水验收和枢纽工程专项验收前应当分别经过蓄水安全鉴定和竣工安全鉴定。

第七条 电力企业应当加强大坝安全检查、运行维护与除险加固等工作，保证大坝主体结构完好，大坝安全设施运行可靠。

第八条 电力企业应当加强大坝安全监测与信息化建设工作，及时整理分析监测成果，监控大坝运行安全状态，并且按照要求向大坝中心报送大坝运行安全信息。对坝高一百米以上的大坝、库容一亿立方米以上的大坝和病险坝，电力企业应当建立大坝安全在线监控系统，并且接受大坝中心的监督。

第九条 电力企业应当对大坝进行日常巡视检查。

每年汛期及汛前、汛后，枯水期、冰冻期，遭遇大洪水、发生有感地震或者极端气象等特殊情况，电力企业应当对大坝进行详细检查。

电力企业应当及时处理发现的大坝缺陷和隐患。

第十条　电力企业应当每年年底开展大坝安全年度详查，总结本年度大坝安全管理工作，整编分析大坝监测资料，分析水库、水工建筑物、闸门及启闭机、监测系统和应急电源的运行情况，提出大坝安全年度详查报告并且报送大坝中心。

第十一条　电力企业应当按照国家规定做好水电站防洪度汛工作。

水库调度和发电运行应当以确保大坝运行安全为前提，严格遵循批准的汛期调度运用计划和水库运用与电站运行调度规程。汛期水库汛限水位以上防洪库容的运用，必须服从防汛指挥机构的调度指挥。

汛期发生影响正常泄洪的情况时，电力企业应当及时处置并且报告大坝中心。

第十二条　电力企业应当建立大坝安全应急管理体系，制定大坝安全应急预案，建立与地方政府、相关单位的应急联动机制。

遇有超标准洪水、地震、地质灾害、大体积漂浮物等险情，电力企业应当按照规定启动大坝安全应急机制，采取必要措施保障大坝安全，并且报告派出机构和大坝中心。

第十三条　任何单位、部门不得擅自改变或者调整水电站原批准的功能。任何改变或者调整水电站功能的方案，应当依法报有关项目核准（或者审批）部门批准。

第十四条　水电站进行工程改造或者扩建，应当依法报有关项目核准（或者审批）部门批准。

大坝枢纽范围内新建、改建或者扩建建筑物，应当按照规定进行大坝安全影响专项论证并且经过大坝安全技术监督单位评审。

第十五条　工程降低等别以及大坝退役（包括大坝报废、拆除或者拆除重建）应当充分论证，经过有关项目核准（或者审批）部门同意后方可以实施。

第十六条　电力企业负责人及相关管理人员应当具备大坝安全专业知识和管理能力，定期培训。

从事大坝运行安全监测、维护及闸门启闭操作的作业人员应当经过相关技术培训，持证上岗。

第十七条　电力企业应当按照国家规定及时收集、整理和保存大坝建设工程档案、运行维护资料及相应原始记录。

第十八条　电力企业委托大坝运行安全专业技术服务单位承担大坝运行安全分析、监测、测试、检验、检查、维护等具体工作的，大坝运行安全责任仍由委托方承担。

国家对专业技术服务有资质要求的，承担技术服务的单位应当具有相应资质。

第三章　定　期　检　查

第十九条　大坝中心应当定期检查大坝安全状况，评定大坝安全等级。

定期检查一般每五年进行一次，检查时间一般不超过一年半。首次定期检查后，定期检查间隔可以根据大坝安全风险情况动态调整，但不得少于三年或者超过十年。

第二十条　大坝遭受超标准洪水或者破坏性地震等自然灾害以及其他严重事件后，大坝中心应当对大坝进行特种检查，重新评定大坝安全等级。

第二十一条 大坝安全等级分为正常坝、病坝和险坝三级。

符合下列条件的大坝，评定为正常坝：

（一）防洪能力符合规范要求；或者非常运用情况下的防洪能力略有不足，但大坝安全风险低且可控；

（二）坝基良好；或者虽然存在局部缺陷但无趋势性恶化，大坝整体安全；

（三）大坝结构安全度符合规范要求；或者略有不足，但大坝安全风险低且可控；

（四）大坝运行性态总体正常；

（五）近坝库岸和工程边坡稳定或者基本稳定。

具有下列情形之一的大坝，评定为病坝：

（一）正常运用情况下的防洪能力略有不足，但风险较低；或者非常运用情况下的防洪能力不足，风险较高；

（二）坝基存在局部缺陷，且有趋势性恶化，可能危及大坝整体安全；

（三）大坝结构安全度不符合规范要求，存在安全风险，可能危及大坝整体安全；

（四）大坝运行性态异常，存在安全风险，可能危及大坝安全；

（五）近坝库岸和工程边坡有失稳征兆，失稳后影响工程正常运用。

具有下列情形之一的大坝，评定为险坝：

（一）正常运用情况下防洪能力不足，风险较高；或者非常运用情况下防洪能力不足，风险很高；

（二）坝基存在的缺陷持续恶化，已危及大坝安全；

（三）大坝结构安全度严重不符合规范要求，已危及大坝安全；

（四）大坝存在事故征兆；

（五）近坝库岸或者工程边坡有失稳征兆，失稳后危及大坝安全。

第二十二条 电力企业应当限期完成对病坝、险坝的处理。

病坝、险坝以及正常坝的重大工程缺陷和隐患的处理应当专项设计、专项审查、专项施工和专项验收。

第二十三条 大坝评定为险坝后，电力企业应当立即降低水库运行水位，直至放空水库。病坝消缺前或者消缺过程中，如情况恶化或者发生重大险情，应当降低水库运行水位，极端情况下可以放空水库。

第四章 注 册 登 记

第二十四条 大坝运行实行安全注册登记制度。电力企业应当在规定期限内申请办理大坝安全注册登记。

在规定期限内不申请办理安全注册登记的大坝，不得投入运行，其发电机组不得并网发电。

第二十五条 大坝安全注册应当符合下列条件：

（一）依法取得核准（或者审批）手续；

（二）新建大坝具有竣工安全鉴定报告及其专题报告；已运行大坝具有近期的定期检查

报告和定期检查审查意见；

（三）有完整的大坝勘测、设计、施工、监理资料和运行资料；

（四）有职责明确的管理机构、符合岗位要求的专业运行人员、健全的大坝安全管理规章制度和操作规程。

第二十六条　大坝中心具体受理大坝安全注册登记申请，组织注册现场检查并且提出注册检查意见，经国家能源局批准后向电力企业颁发大坝安全注册登记证。

第二十七条　大坝安全注册等级分为甲、乙、丙三级。

（一）通过竣工安全鉴定或者安全等级评定为正常坝的，根据管理实绩考核结果，颁发甲级注册登记证或者乙级注册登记证；

（二）安全等级评定为病坝的，管理实绩考核结果满足要求的，颁发丙级注册登记证；

（三）安全等级评定为险坝的，在完成除险加固后颁发相应注册登记证。

不满足注册条件或者未取得注册登记证的大坝，电力企业应当在大坝中心登记备案，并且限期完成大坝安全注册。

第二十八条　大坝安全注册实行动态管理。甲级注册登记证有效期为五年，乙级、丙级注册登记证有效期为三年。

注册事项发生变化，电力企业应当及时办理注册变更。

注册登记证有效期满前，电力企业应当申请大坝安全换证注册。期满后逾期六个月仍未申请换证的，注销注册登记证。

工程降低等别应当办理大坝安全注册变更手续；大坝退役应当办理大坝安全注册注销手续。

第二十九条　新建大坝通过蓄水安全鉴定后，在其发电机组转入商业运营前，应当将工程蓄水安全鉴定报告和蓄水验收鉴定书以及有关安全管理情况等报大坝中心备案。

第五章　监　督　管　理

第三十条　国家能源局应当定期公布大坝安全注册登记和定期检查情况。

派出机构应当督促电力企业开展安全注册登记和定期检查工作，并且结合注册现场检查、定期检查等工作对电力企业执行国家有关安全法律法规和标准规范的情况进行监督检查，发现违法违规行为，依法处理；发现重大安全隐患，责令电力企业及时整改。

派出机构应当会同大坝中心对电力企业病坝治理、险坝除险加固等重大安全隐患治理和风险管控工作进行安全督查，督促电力企业按照要求开展相关工作。

第三十一条　大坝中心应当对电力企业大坝安全监测、检查、维护、信息化建设及信息报送等工作进行监督、检查和指导，对大坝安全监测系统进行评价鉴定，对电力企业报送的大坝运行安全信息进行分析处理，对注册（备案）登记的大坝运行安全进行远程在线技术监督。

第三十二条　国家能源局及其派出机构、大坝中心应当依法对大坝退役安全进行监督管理。

国家能源局及其派出机构、大坝中心应当依法组织或者参与大坝溃坝、库水漫坝等运行安全事故的调查处理。

第三十三条 电力企业应当积极配合国家能源局及其派出机构、大坝中心做好大坝安全监督管理工作。

第六章 法 律 责 任

第三十四条 电力企业有下列情形之一的，依据《安全生产法》第九十五条，由派出机构责令停止建设或者停产停业整顿，限期改正；逾期未改正的，将其列入安全生产不良信用记录和安全生产诚信"黑名单"，处以五十万元以上一百万元以下的罚款，对其直接负责的主管人员和其他直接责任人员处以二万元以上五万元以下的罚款：

（一）大坝安全设施未与主体工程同时设计、同时施工、同时投入运行的；

（二）未按照规定组织蓄水安全鉴定和竣工安全鉴定的；

（三）未按照规定开展大坝安全定期检查的；

（四）擅自改变、调整水电站原批准功能的，擅自进行工程改造或者扩建的，擅自降低工程等别或者实施大坝退役的。

第三十五条 电力企业未按照规定及时开展病坝治理、险坝除险加固等重大安全隐患治理和风险管控工作的，依据《安全生产法》第九十九条，由派出机构给予警告并且责令限期整改；拒不整改的，责令停产停业整顿，将其列入安全生产不良信用记录和安全生产诚信"黑名单"，并且处以十万元以上五十万元以下的罚款，对其直接负责的主管人员和其他直接责任人员处以二万元以上五万元以下的罚款。

第三十六条 电力企业有下列情形之一的，依据《安全生产法》第九十八条，由派出机构责令限期改正，可以处以十万元以下的罚款；逾期未改正的，责令停产停业整顿，将其列入安全生产不良信用记录和安全生产诚信"黑名单"，并且处以十万元以上二十万元以下的罚款，对其直接负责的主管人员和其他直接责任人员处以二万元以上五万元以下的罚款：

（一）未在规定期限内办理大坝安全注册登记和备案的；

（二）未按照规定制定大坝安全应急预案的。

第三十七条 电力企业未按照规定及时报告大坝险情或者提供虚假报告的，依据《安全生产法》第九十一条，由派出机构对其主要负责人处以二万元以上五万元以下的罚款，将其列入安全生产不良信用记录和安全生产诚信"黑名单"。

第三十八条 电力企业有下列情形之一的，由派出机构给予警告并且责令限期改正；逾期未改正的，可以处以一万元的罚款，并且对其主要负责人处以一万元的罚款：

（一）未按照规定开展大坝安全监测、检查、运行维护、年度详查、信息报送和信息化建设的；

（二）未按照规定收集、整理、分析和保存大坝运行资料的。

第三十九条 从事大坝安全分析、监测、测试、检验等专业技术服务的单位，出具虚假材料或者造成事故的，依法追究责任，并且将其列入安全生产不良信用记录和安全生产诚信"黑名单"。

第四十条 大坝中心违反本规定，有下列情形之一的，由国家能源局责令限期改正；逾期未改正的，对直接负责的主管人员和其他直接责任人员，依法给予行政处分：

（一）没有正当理由，拒不受理大坝安全注册登记申请和备案的；

（二）未经批准，擅自颁发大坝安全注册登记证的；

（三）不按照要求开展定期检查和特种检查的。

第四十一条 大坝安全监督管理工作人员未按照本规定履行大坝安全监督管理职责的，由所在单位责令限期改正；存在徇私舞弊、滥用职权、玩忽职守行为的，由所在单位或者上级行政机关依法给予行政处分；构成犯罪的，依法追究刑事责任。

第七章 附 则

第四十二条 水电站输水隧洞、压力钢管、调压井、发电厂房、尾水隧洞等输水发电建筑物及过坝建筑物及其附属设施应当参照本规定相关要求开展安全检查，发现缺陷及时处理。

第四十三条 对运行大坝进行安全评价等技术服务，依照国家有关规定，实行公示基准价格的有偿服务。

第四十四条 以发电为主、总装机容量小于五万千瓦的大坝运行安全监督管理，参照本规定执行。

第四十五条 大坝安全注册登记、备案、定期检查、除险加固、安全监测、信息报送、信息化建设以及应急管理等方面的具体要求由国家能源局另行制定。

第四十六条 本规定自 2015 年 4 月 1 日起施行。原国家电力监管委员会《水电站大坝运行安全管理规定》同时废止。

电力建设工程施工安全监督管理办法

国家发展和改革委员会令第 28 号

（国家发展和改革委员会审议通过，自 2015 年 10 月 1 日起施行）

第一章 总　　则

第一条 为了加强电力建设工程施工安全监督管理，保障人民群众生命和财产安全，根据《中华人民共和国安全生产法》《中华人民共和国特种设备安全法》《建设工程安全生产管理条例》《电力监管条例》《生产安全事故报告和调查处理条例》，制定本办法。

第二条 本办法适用于电力建设工程的新建、扩建、改建、拆除等有关活动，以及国家能源局及其派出机构对电力建设工程施工安全实施监督管理。

本办法所称电力建设工程，包括火电、水电、核电（除核岛外）、风电、太阳能发电等发电建设工程，输电、配电等电网建设工程，及其他电力设施建设工程。

本办法所称电力建设工程施工安全包括电力建设、勘察设计、施工、监理单位等涉及施工安全的生产活动。

第三条 电力建设工程施工安全坚持"安全第一、预防为主、综合治理"的方针，建立"企业负责、职工参与、行业自律、政府监管、社会监督"的管理机制。

第四条 电力建设单位、勘察设计单位、施工单位、监理单位及其他与电力建设工程施工安全有关的单位，必须遵守安全生产法律法规和标准规范，建立健全安全生产保证体系和监督体系，建立安全生产责任制和安全生产规章制度，保证电力建设工程施工安全，依法承担安全生产责任。

第五条 开展电力建设工程施工安全的科学技术研究和先进技术的推广应用，推进企业和工程建设项目实施安全生产标准化建设，推进电力建设工程安全生产科学管理，提高电力建设工程施工安全水平。

第二章 建设单位安全责任

第六条 建设单位对电力建设工程施工安全负全面管理责任，具体内容包括：

（一）建立健全安全生产组织和管理机制，负责电力建设工程安全生产组织、协调、监督职责；

（二）建立健全安全生产监督检查和隐患排查治理机制，实施施工现场全过程安全生产管理；

（三）建立健全安全生产应急响应和事故处置机制，实施突发事件应急抢险和事故救援；

（四）建立电力建设工程项目应急管理体系，编制应急综合预案，组织勘察设计、施工、监理等单位制定各类安全事故应急预案，落实应急组织、程序、资源及措施，定期组织演练，建立与国家有关部门、地方政府应急体系的协调联动机制，确保应急工作有效实施；

（五）及时协调和解决影响安全生产重大问题。

建设工程实行工程总承包的，总承包单位应当按照合同约定，履行建设单位对工程的安全生产责任；建设单位应当监督工程总承包单位履行对工程的安全生产责任。

第七条　建设单位应当按照国家有关规定实施电力建设工程招投标管理，具体包括：

（一）应当将电力建设工程发包给具有相应资质等级的单位，禁止中标单位将中标项目的主体和关键性工作分包给他人完成；

（二）应当在电力建设工程招标文件中对投标单位的资质、安全生产条件、安全生产费用使用、安全生产保障措施等提出明确要求；

（三）应当审查投标单位主要负责人、项目负责人、专职安全生产管理人员是否满足国家规定的资格要求；

（四）应当与勘察设计、施工、监理等中标单位签订安全生产协议。

第八条　按照国家有关安全生产费用投入和使用管理规定，电力建设工程概算应当单独计列安全生产费用，不得在电力建设工程投标中列入竞争性报价。根据电力建设工程进展情况，及时、足额向参建单位支付安全生产费用。

第九条　建设单位应当向参建单位提供满足安全生产的要求的施工现场及毗邻区域内各种地下管线、气象、水文、地质等相关资料，提供相邻建筑物和构筑物、地下工程等有关资料。

第十条　建设单位应当组织参建单位落实防灾减灾责任，建立健全自然灾害预测预警和应急响应机制，对重点区域、重要部位地质灾害情况进行评估检查。

应当对施工营地选址布置方案进行风险分析和评估，合理选址。组织施工单位对易发生泥石流、山体滑坡等地质灾害工程项目的生活办公营地、生产设备设施、施工现场及周边环境开展地质灾害隐患排查，制定和落实防范措施。

第十一条　建设单位应当执行定额工期，不得压缩合同约定的工期。如工期确需调整，应当对安全影响进行论证和评估。论证和评估应当提出相应的施工组织措施和安全保障措施。

第十二条　建设单位应当履行工程分包管理责任，严禁施工单位转包和违法分包，将分包单位纳入工程安全管理体系，严禁以包代管。

第十三条　建设单位应在电力建设工程开工报告批准之日起 15 日内，将保证安全施工的措施，包括电力建设工程基本情况、参建单位基本情况、安全组织及管理措施、安全投入计划、施工组织方案、应急预案等内容向建设工程所在地国家能源局派出机构备案。

第三章　勘察设计单位安全责任

第十四条　勘察设计单位应当按照法律法规和工程建设强制性标准进行电力建设工程的勘察设计，提供的勘察设计文件应当真实、准确、完整，满足工程施工安全的需要。

在编制设计计划书时应当识别设计适用的工程建设强制性标准并编制条文清单。

第十五条　勘察单位在勘察作业过程中，应当制定并落实安全生产技术措施，保证作业人员安全，保障勘察区域各类管线、设施和周边建筑物、构筑物安全。

第十六条　电力建设工程所在区域存在自然灾害或电力建设活动可能引发地质灾害风

险时，勘察设计单位应当制定相应专项安全技术措施，并向建设单位提出灾害防治方案建议。

应当监控基础开挖、洞室开挖、水下作业等重大危险作业的地质条件变化情况，及时调整设计方案和安全技术措施。

第十七条 设计单位在规划阶段应当开展安全风险、地质灾害分析和评估，优化工程选线、选址方案；可行性研究阶段应当对涉及电力建设工程安全的重大问题进行分析和评价；初步设计应当提出相应施工方案和安全防护措施。

第十八条 对于采用新技术、新工艺、新流程、新设备、新材料和特殊结构的电力建设工程，勘察设计单位应当在设计文件中提出保障施工作业人员安全和预防生产安全事故的措施建议；不符合现行相关安全技术规范或标准规定的，应当提请建设单位组织专题技术论证，报送相应主管部门同意。

第十九条 勘察设计单位应当根据施工安全操作和防护的需要，在设计文件中注明涉及施工安全的重点部位和环节，提出防范安全生产事故的指导意见；工程开工前，应当向参建单位进行技术和安全交底，说明设计意图；施工过程中，对不能满足安全生产要求的设计，应当及时变更。

第四章 施工单位安全责任

第二十条 施工单位应当具备相应的资质等级，具备国家规定的安全生产条件，取得安全生产许可证，在许可的范围内从事电力建设工程施工活动。

第二十一条 施工单位应当按照国家法律法规和标准规范组织施工，对其施工现场的安全生产负责。应当设立安全生产管理机构，按规定配备专（兼）职安全生产管理人员，制定安全管理制度和操作规程。

第二十二条 施工单位应当按照国家有关规定计列和使用安全生产费用。应当编制安全生产费用使用计划，专款专用。

第二十三条 电力建设工程实行施工总承包的，由施工总承包单位对施工现场的安全生产负总责，具体包括：

（一）施工单位或施工总承包单位应当自行完成主体工程的施工，除可依法对劳务作业进行劳务分包外，不得对主体工程进行其他形式的施工分包；禁止任何形式的转包和违法分包；

（二）施工单位或施工总承包单位依法将主体工程以外项目进行专业分包的，分包单位必须具有相应资质和安全生产许可证，合同中应当明确双方在安全生产方面的权利和义务。施工单位或施工总承包单位履行电力建设工程安全生产监督管理职责，承担工程安全生产连带管理责任，分包单位对其承包的施工现场安全生产负责；

（三）施工单位或施工总承包单位和专业承包单位实行劳务分包的，应当分包给具有相应资质的单位，并对施工现场的安全生产承担主体责任。

第二十四条 施工单位应当履行劳务分包安全管理责任，将劳务派遣人员、临时用工人员纳入其安全管理体系，落实安全措施，加强作业现场管理和控制。

第二十五条 电力建设工程开工前，施工单位应当开展现场查勘，编制施工组织设计、施工方案和安全技术措施并按技术管理相关规定报建设单位、监理单位同意。

分部分项工程施工前，施工单位负责项目管理的技术人员应当向作业人员进行安全技术交底，如实告知作业场所和工作岗位可能存在的风险因素、防范措施以及现场应急处置方案，并由双方签字确认；对复杂自然条件、复杂结构、技术难度大及危险性较大的分部分项工程需编制专项施工方案并附安全验算结果，必要时召开专家会议论证确认。

第二十六条 施工单位应当定期组织施工现场安全检查和隐患排查治理，严格落实施工现场安全措施，杜绝违章指挥、违章作业、违反劳动纪律行为发生。

第二十七条 施工单位应当对因电力建设工程施工可能造成损害和影响的毗邻建筑物、构筑物、地下管线、架空线缆、设施及周边环境采取专项防护措施。对施工现场出入口、通道口、孔洞口、邻近带电区、易燃易爆及危险化学品存放处等危险区域和部位采取防护措施并设置明显的安全警示标志。

第二十八条 施工单位应当制定用火、用电、易燃易爆材料使用等消防安全管理制度，确定消防安全责任人，按规定设置消防通道、消防水源，配备消防设施和灭火器材。

第二十九条 施工单位应当按照国家有关规定采购、租赁、验收、检测、发放、使用、维护和管理施工机械、特种设备，建立施工设备安全管理制度、安全操作规程及相应的管理台账和维保记录档案。

施工单位使用的特种设备应当是取得许可生产并经检验合格的特种设备。特种设备的登记标志、检测合格标志应当置于该特种设备的显著位置。

安装、改造、修理特种设备的单位，应当具有国家规定的相应资质，在施工前按规定履行告知手续，施工过程按照相关规定接受监督检验。

第三十条 施工单位应当按照相关规定组织开展安全生产教育培训工作。企业主要负责人、项目负责人、专职安全生产管理人员、特种作业人员需经培训合格后持证上岗，新入场人员应当按规定经过三级安全教育。

第三十一条 施工单位对电力建设工程进行调试、试运行前，应当按照法律法规和工程建设强制性标准，编制调试大纲、试验方案，对各项试验方案制定安全技术措施并严格实施。

第三十二条 施工单位应当根据电力建设工程施工特点、范围，制定应急救援预案、现场处置方案，对施工现场易发生事故的部位、环节进行监控。实行施工总承包的，由施工总承包单位组织分包单位开展应急管理工作。

第五章 监理单位安全责任

第三十三条 监理单位应当按照法律法规和工程建设强制性标准实施监理，履行电力建设工程安全生产管理的监理职责。监理单位资源配置应当满足工程监理要求，依据合同约定履行电力建设工程施工安全监理职责，确保安全生产监理与工程质量控制、工期控制、投资控制的同步实施。

第三十四条 监理单位应当建立健全安全监理工作制度，编制含有安全监理内容的监理规划和监理实施细则，明确监理人员安全职责以及相关工作安全监理措施和目标。

第三十五条 监理单位应当组织或参加各类安全检查活动，掌握现场安全生产动态，建立安全管理台账。重点审查、监督下列工作：

（一）按照工程建设强制性标准和安全生产标准及时审查施工组织设计中的安全技术措

施和专项施工方案；

（二）审查和验证分包单位的资质文件和拟签订的分包合同、人员资质、安全协议；

（三）审查安全管理人员、特种作业人员、特种设备操作人员资格证明文件和主要施工机械、工器具、安全用具的安全性能证明文件是否符合国家有关标准；检查现场作业人员及设备配置是否满足安全施工的要求；

（四）对大中型起重机械、脚手架、跨越架、施工用电、危险品库房等重要施工设施投入使用前进行安全检查签证。土建交付安装、安装交付调试及整套启动等重大工序交接前进行安全检查签证；

（五）对工程关键部位、关键工序、特殊作业和危险作业进行旁站监理；对复杂自然条件、复杂结构、技术难度大及危险性较大分部分项工程专项施工方案的实施进行现场监理；监督交叉作业和工序交接中的安全施工措施的落实；

（六）监督施工单位安全生产费的使用、安全教育培训情况。

第三十六条　在实施监理过程中，发现存在生产安全事故隐患的，应当要求施工单位及时整改；情节严重的，应当要求施工单位暂时或部分停止施工，并及时报告建设单位。施工单位拒不整改或者不停止施工的，监理单位应当及时向国家能源局派出机构和政府有关部门报告。

第六章　监　督　管　理

第三十七条　国家能源局依法实施电力建设工程施工安全的监督管理，具体内容包括：

（一）建立健全电力建设工程安全生产监管机制，制定电力建设工程施工安全行业标准；

（二）建立电力建设工程施工安全生产事故和重大事故隐患约谈、诫勉制度；

（三）加强层级监督指导，对事故多发地区、安全管理薄弱的企业和安全隐患突出的项目、部位实施重点监督检查。

第三十八条　国家能源局派出机构按照国家能源局授权实施辖区内电力建设工程施工安全监督管理，具体内容如下：

（一）部署和组织开展辖区内电力建设工程施工安全监督检查；

（二）建立电力建设工程施工安全生产事故和重大事故隐患约谈、诫勉制度；

（三）依法组织或参加辖区内电力建设工程施工安全事故的调查与处理，做好事故分析和上报工作。

第三十九条　国家能源局及其派出机构履行电力建设工程施工安全监督管理职责时，可以采取下列监管措施：

（一）要求被检查单位提供有关安全生产的文件和资料（含相关照片、录像及电子文本等），按照国家规定如实公开有关信息；

（二）进入被检查单位施工现场进行监督检查，纠正施工中违反安全生产要求的行为；

（三）对检查中发现的生产安全事故隐患，责令整改；对重大生产安全事故隐患实施挂牌督办，重大生产安全事故隐患整改前或整改过程中无法保证安全的，责令其从危险区域撤出作业人员或者暂时停止施工；

（四）约谈存在生产安全事故隐患整改不到位的单位，受理和查处有关安全生产违法行为的举报和投诉，披露违反本办法有关规定的行为和单位，并向社会公布；

（五）法律法规规定的其他措施。

第四十条　国家能源局及其派出机构应建立电力建设工程施工安全领域相关单位和人员的信用记录，并将其纳入国家统一的信用信息平台，依法公开严重违法失信信息，并对相关责任单位和人员采取一定期限内市场禁入等惩戒措施。

第四十一条　生产安全事故或自然灾害发生后，有关单位应当及时启动相关应急预案，采取有效措施，最大程度减少人员伤亡、财产损失，防止事故扩大和衍生事故发生。建设、勘察设计、施工、监理等单位应当按规定报告事故信息。

第七章　罚　　则

第四十二条　国家能源局及其派出机构有下列行为之一的，对直接负责的主管人员和其他直接责任人员依法给予处分；构成犯罪的，依法追究刑事责任：

（一）迟报、漏报、瞒报、谎报事故的；

（二）阻碍、干涉事故调查工作的；

（三）在事故调查中营私舞弊、作伪证或者指使他人作伪证的；

（四）不依法履行监管职责或者监督不力，造成严重后果的；

（五）在实施监管过程中索取或者收受他人财物或者谋取其他利益；

（六）其他违反国家法律法规的行为。

第四十三条　建设单位未按规定提取和使用安全生产费用的，责令限期改正；逾期未改正的，责令该建设工程停止施工。

第四十四条　电力建设工程参建单位有下列情形之一的，责令改正；拒不改正的，处 5 万元以上 50 万元以下的罚款；造成严重后果，构成犯罪的，依法追究刑事责任：

（一）拒绝或者阻碍国家能源局及其派出机构及其从事监管工作的人员依法履行监管职责的；

（二）提供虚假或者隐瞒重要事实的文件、资料；

（三）未按照国家有关监管规章、规则的规定披露有关信息的。

第四十五条　建设单位有下列行为之一的，责令限期改正，并处 20 万元以上 50 万元以下的罚款；造成重大安全事故，构成犯罪的，对直接责任人员，依照刑法有关规定追究刑事责任；造成损失的，依法承担赔偿责任：

（一）对电力勘察、设计、施工、调试、监理等单位提出不符合安全生产法律、法规和强制性标准规定的要求的；

（二）违规压缩合同约定工期的；

（三）将工程发包给不具有相应资质等级的施工单位的。

第四十六条　电力勘察设计单位有下列行为之一的，责令限期改正，并处 10 万元以上 30 万元以下的罚款；情节严重的，责令停业整顿，提请相关部门降低资质等级，直至吊销资质证书；造成重大安全事故，构成犯罪的，对直接责任人员，依照刑法有关规定追究刑事责任；造成损失的，依法承担赔偿责任：

（一）未按照法律、法规和工程建设强制性标准进行勘察、设计的；

（二）采用新技术、新工艺、新流程、新设备、新材料的电力建设工程和特殊结构的电力建设工程，设计单位未在设计中提出保障施工作业人员安全和预防生产安全事故的措施建议的。

第四十七条 施工单位有下列行为之一的，责令限期改正；逾期未改正的，责令停业整顿，并处 10 万元以上 30 万元以下的罚款；情节严重的，提请相关部门降低资质等级，直至吊销资质证书；造成重大安全事故，构成犯罪的，对直接责任人员，依照刑法有关规定追究刑事责任；造成损失的，依法承担赔偿责任：

（一）未按本办法设立安全生产管理机构、配备专（兼）职安全生产管理人员或者分部分项工程施工时无专（兼）职安全生产管理人员现场监督的；

（二）主要负责人、项目负责人、专职安全生产管理人员、特种（殊）作业人员未持证上岗的；

（三）使用国家明令淘汰、禁止使用的危及电力施工安全的工艺、设备、材料的；

（四）未按照规定在施工起重机械和整体提升脚手架、模板等自升式架设设施验收合格后取得使用登记证书的；

（五）未向作业人员提供安全防护用品、用具的；

（六）未在施工现场的危险部位设置明显的安全警示标志，或者未按照国家有关规定在施工现场设置消防通道、消防水源、配备消防设施和灭火器材的。

第四十八条 挪用安全生产费用的，责令限期改正，并处挪用费用 20%以上 50%以下的罚款；造成重大安全事故，构成犯罪的，依法追究刑事责任。

第四十九条 监理单位有下列行为之一的，责令限期改正；逾期未改正的，责令停业整顿，并处 10 万元以上 30 万元以下的罚款；情节严重的，提请相关部门降低资质等级，直至吊销资质证书；造成重大安全事故，构成犯罪的，对直接责任人员，依照刑法有关规定追究刑事责任；造成损失的，依法承担赔偿责任：

（一）未对重大安全技术措施或者专项施工方案进行审查的；

（二）发现安全事故隐患未及时要求施工单位整改或者暂时停止施工的；

（三）施工单位拒不整改或者不停止施工，未及时向有关主管部门报告的；

（四）未依照法律、法规和工程建设强制性标准实施监理的。

第五十条 违反本办法的规定，施工单位的主要负责人、项目负责人未履行安全生产管理职责的，责令限期改正；逾期未改正的，责令施工单位停业整顿；造成重大安全事故、重大伤亡事故或者其他严重后果，构成犯罪的，依照刑法有关规定追究刑事责任。

作业人员不服管理、违反规章制度和操作规程冒险作业造成重大伤亡事故或者其他严重后果，构成犯罪的，依照刑法有关规定追究刑事责任。

施工单位的主要负责人、项目负责人有前款违法行为，尚不够刑事处罚的，处 2 万元以上 20 万元以下的罚款或者按照管理权限给予撤职处分；自刑罚执行完毕或者受处分之日起，5 年内不得担任任何施工单位的主要负责人、项目负责人。

第五十一条 本办法规定的行政处罚，由国家能源局及其派出机构或者其他有关部门依照法定职权决定。有关法律、行政法规对电力建设工程安全生产违法行为的行政处罚决定机关另有规定的，从其规定。

第八章 附　　则

第五十二条　本办法自公布之日起 30 日后施行，原电监会发布的《电力建设安全生产监督管理办法》（电监安全〔2007〕38 号）同时废止。

第五十三条　本办法由国家发展和改革委员会负责解释。

第四部分　国　务　院　文　件

国家突发公共事件总体应急预案

1 总则

1.1 编制目的

提高政府保障公共安全和处置突发公共事件的能力，最大程度地预防和减少突发公共事件及其造成的损害，保障公众的生命财产安全，维护国家安全和社会稳定，促进经济社会全面、协调、可持续发展。

1.2 编制依据

依据宪法及有关法律、行政法规，制定本预案。

1.3 分类分级

本预案所称突发公共事件是指突然发生，造成或者可能造成重大人员伤亡、财产损失、生态环境破坏和严重社会危害，危及公共安全的紧急事件。

根据突发公共事件的发生过程、性质和机理，突发公共事件主要分为以下四类：

（1）自然灾害。主要包括水旱灾害，气象灾害，地震灾害，地质灾害，海洋灾害，生物灾害和森林草原火灾等。

（2）事故灾难。主要包括工矿商贸等企业的各类安全事故，交通运输事故，公共设施和设备事故，环境污染和生态破坏事件等。

（3）公共卫生事件。主要包括传染病疫情，群体性不明原因疾病，食品安全和职业危害，动物疫情，以及其他严重影响公众健康和生命安全的事件。

（4）社会安全事件。主要包括恐怖袭击事件，经济安全事件和涉外突发事件等。

各类突发公共事件按照其性质、严重程度、可控性和影响范围等因素，一般分为四级：Ⅰ级（特别重大）、Ⅱ级（重大）、Ⅲ级（较大）和Ⅳ级（一般）。

1.4 适用范围

本预案适用于涉及跨省级行政区划的，或超出事发地省级人民政府处置能力的特别重大突发公共事件应对工作。

本预案指导全国的突发公共事件应对工作。

1.5 工作原则

（1）以人为本，减少危害。切实履行政府的社会管理和公共服务职能，把保障公众健康和生命财产安全作为首要任务，最大程度地减少突发公共事件及其造成的人员伤亡和危害。

（2）居安思危，预防为主。高度重视公共安全工作，常抓不懈，防患于未然。增强忧患意识，坚持预防与应急相结合，常态与非常态相结合，做好应对突发公共事件的各项准备工作。

（3）统一领导，分级负责。在党中央、国务院的统一领导下，建立健全分类管理、分级负责，条块结合、属地管理为主的应急管理体制，在各级党委领导下，实行行政领导责任制，充分发挥专业应急指挥机构的作用。

（4）依法规范，加强管理。依据有关法律和行政法规，加强应急管理，维护公众的合法权益，使应对突发公共事件的工作规范化、制度化、法制化。

（5）快速反应，协同应对。加强以属地管理为主的应急处置队伍建设，建立联动协调制度，充分动员和发挥乡镇、社区、企事业单位、社会团体和志愿者队伍的作用，依靠公众力量，形成统一指挥、反应灵敏、功能齐全、协调有序、运转高效的应急管理机制。

（6）依靠科技，提高素质。加强公共安全科学研究和技术开发，采用先进的监测、预测、预警、预防和应急处置技术及设施，充分发挥专家队伍和专业人员的作用，提高应对突发公共事件的科技水平和指挥能力，避免发生次生、衍生事件；加强宣传和培训教育工作，提高公众自救、互救和应对各类突发公共事件的综合素质。

1.6　应急预案体系

全国突发公共事件应急预案体系包括：

（1）突发公共事件总体应急预案。总体应急预案是全国应急预案体系的总纲，是国务院应对特别重大突发公共事件的规范性文件。

（2）突发公共事件专项应急预案。专项应急预案主要是国务院及其有关部门为应对某一类型或某几种类型突发公共事件而制定的应急预案。

（3）突发公共事件部门应急预案。部门应急预案是国务院有关部门根据总体应急预案、专项应急预案和部门职责为应对突发公共事件制定的预案。

（4）突发公共事件地方应急预案。具体包括：省级人民政府的突发公共事件总体应急预案、专项应急预案和部门应急预案；各市（地）、县（市）人民政府及其基层政权组织的突发公共事件应急预案。上述预案在省级人民政府的领导下，按照分类管理、分级负责的原则，由地方人民政府及其有关部门分别制定。

（5）企事业单位根据有关法律法规制定的应急预案。

（6）举办大型会展和文化体育等重大活动，主办单位应当制定应急预案。

各类预案将根据实际情况变化不断补充、完善。

2　组织体系

2.1　领导机构

国务院是突发公共事件应急管理工作的最高行政领导机构。在国务院总理领导下，由国务院常务会议和国家相关突发公共事件应急指挥机构（以下简称相关应急指挥机构）负责突发公共事件的应急管理工作；必要时，派出国务院工作组指导有关工作。

2.2　办事机构

国务院办公厅设国务院应急管理办公室，履行值守应急、信息汇总和综合协调职责，发挥运转枢纽作用。

2.3　工作机构

国务院有关部门依据有关法律、行政法规和各自的职责，负责相关类别突发公共事件的应急管理工作。具体负责相关类别的突发公共事件专项和部门应急预案的起草与实施，贯彻落实国务院有关决定事项。

2.4　地方机构

地方各级人民政府是本行政区域突发公共事件应急管理工作的行政领导机构，负责本行政区域各类突发公共事件的应对工作。

2.5　专家组

国务院和各应急管理机构建立各类专业人才库，可以根据实际需要聘请有关专家组成专家组，为应急管理提供决策建议，必要时参加突发公共事件的应急处置工作。

3　运行机制

3.1　预测与预警

各地区、各部门要针对各种可能发生的突发公共事件，完善预测预警机制，建立预测预警系统，开展风险分析，做到早发现、早报告、早处置。

3.1.1　预警级别和发布

根据预测分析结果，对可能发生和可以预警的突发公共事件进行预警。预警级别依据突发公共事件可能造成的危害程度、紧急程度和发展势态，一般划分为四级：Ⅰ级（特别严重）、Ⅱ级（严重）、Ⅲ级（较重）和Ⅳ级（一般），依次用红色、橙色、黄色和蓝色表示。

预警信息包括突发公共事件的类别、预警级别、起始时间、可能影响范围、警示事项、应采取的措施和发布机关等。

预警信息的发布、调整和解除可通过广播、电视、报刊、通信、信息网络、警报器、宣传车或组织人员逐户通知等方式进行，对老、幼、病、残、孕等特殊人群以及学校等特殊场所和警报盲区应当采取有针对性的公告方式。

3.2　应急处置

3.2.1　信息报告

特别重大或者重大突发公共事件发生后，各地区、各部门要立即报告，最迟不得超过 4 小时，同时通报有关地区和部门。应急处置过程中，要及时续报有关情况。

3.2.2　先期处置

突发公共事件发生后，事发地的省级人民政府或者国务院有关部门在报告特别重大、重大突发公共事件信息的同时，要根据职责和规定的权限启动相关应急预案，及时、有效地进行处置，控制事态。

在境外发生涉及中国公民和机构的突发事件，我驻外使领馆、国务院有关部门和有关地方人民政府要采取措施控制事态发展，组织开展应急救援工作。

3.2.3　应急响应

对于先期处置未能有效控制事态的特别重大突发公共事件，要及时启动相关预案，由国务院相关应急指挥机构或国务院工作组统一指挥或指导有关地区、部门开展处置工作。

现场应急指挥机构负责现场的应急处置工作。

需要多个国务院相关部门共同参与处置的突发公共事件，由该类突发公共事件的业务主管部门牵头，其他部门予以协助。

3.2.4 应急结束

特别重大突发公共事件应急处置工作结束，或者相关危险因素消除后，现场应急指挥机构予以撤销。

3.3 恢复与重建

3.3.1 善后处置

要积极稳妥、深入细致地做好善后处置工作。对突发公共事件中的伤亡人员、应急处置工作人员，以及紧急调集、征用有关单位及个人的物资，要按照规定给予抚恤、补助或补偿，并提供心理及司法援助。有关部门要做好疫病防治和环境污染消除工作。保险监管机构督促有关保险机构及时做好有关单位和个人损失的理赔工作。

3.3.2 调查与评估

要对特别重大突发公共事件的起因、性质、影响、责任、经验教训和恢复重建等问题进行调查评估。

3.3.3 恢复重建

根据受灾地区恢复重建计划组织实施恢复重建工作。

3.4 信息发布

突发公共事件的信息发布应当及时、准确、客观、全面。事件发生的第一时间要向社会发布简要信息，随后发布初步核实情况、政府应对措施和公众防范措施等，并根据事件处置情况做好后续发布工作。

信息发布形式主要包括授权发布、散发新闻稿、组织报道、接受记者采访、举行新闻发布会等。

4 应急保障

各有关部门要按照职责分工和相关预案做好突发公共事件的应对工作，同时根据总体预案切实做好应对突发公共事件的人力、物力、财力、交通运输、医疗卫生及通信保障等工作，保证应急救援工作的需要和灾区群众的基本生活，以及恢复重建工作的顺利进行。

4.1 人力资源

公安（消防）、医疗卫生、地震救援、海上搜救、矿山救护、森林消防、防洪抢险、核与辐射、环境监控、危险化学品事故救援、铁路事故、民航事故、基础信息网络和重要信息系统事故处置，以及水、电、油、气等工程抢险救援队伍是应急救援的专业队伍和骨干力量。地方各级人民政府和有关部门、单位要加强应急救援队伍的业务培训和应急演练，建立联动协调机制，提高装备水平；动员社会团体、企事业单位以及志愿者等各种社会力量参与应急救援工作；增进国际间的交流与合作。要加强以乡镇和社区为单位的公众应急能力建设，发挥其在应对突发公共事件中的重要作用。

中国人民解放军和中国人民武装警察部队是处置突发公共事件的骨干和突击力量，按照有关规定参加应急处置工作。

4.2 财力保障

要保证所需突发公共事件应急准备和救援工作资金。对受突发公共事件影响较大的行业、企事业单位和个人要及时研究提出相应的补偿或救助政策。要对突发公共事件财政应急保障资金的使用和效果进行监管和评估。

鼓励自然人、法人或者其他组织（包括国际组织）按照《中华人民共和国公益事业捐赠法》等有关法律、法规的规定进行捐赠和援助。

4.3 物资保障

要建立健全应急物资监测网络、预警体系和应急物资生产、储备、调拨及紧急配送体系，完善应急工作程序，确保应急所需物资和生活用品的及时供应，并加强对物资储备的监督管理，及时予以补充和更新。

地方各级人民政府应根据有关法律、法规和应急预案的规定，做好物资储备工作。

4.4 基本生活保障

要做好受灾群众的基本生活保障工作，确保灾区群众有饭吃、有水喝、有衣穿、有住处、有病能得到及时医治。

4.5 医疗卫生保障

卫生部门负责组建医疗卫生应急专业技术队伍，根据需要及时赴现场开展医疗救治、疾病预防控制等卫生应急工作。及时为受灾地区提供药品、器械等卫生和医疗设备。必要时，组织动员红十字会等社会卫生力量参与医疗卫生救助工作。

4.6 交通运输保障

要保证紧急情况下应急交通工具的优先安排、优先调度、优先放行，确保运输安全畅通；要依法建立紧急情况社会交通运输工具的征用程序，确保抢险救灾物资和人员能够及时、安全送达。

根据应急处置需要，对现场及相关通道实行交通管制，开设应急救援"绿色通道"，保证应急救援工作的顺利开展。

4.7 治安维护

要加强对重点地区、重点场所、重点人群、重要物资和设备的安全保护，依法严厉打击违法犯罪活动。必要时，依法采取有效管制措施，控制事态，维护社会秩序。

4.8 人员防护

要指定或建立与人口密度、城市规模相适应的应急避险场所，完善紧急疏散管理办法和程序，明确各级责任人，确保在紧急情况下公众安全、有序的转移或疏散。

要采取必要的防护措施，严格按照程序开展应急救援工作，确保人员安全。

4.9 通信保障

建立健全应急通信、应急广播电视保障工作体系，完善公用通信网，建立有线和无线相结合、基础电信网络与机动通信系统相配套的应急通信系统，确保通信畅通。

4.10 公共设施

有关部门要按照职责分工，分别负责煤、电、油、气、水的供给，以及废水、废气、固体废弃物等有害物质的监测和处理。

4.11 科技支撑

要积极开展公共安全领域的科学研究；加大公共安全监测、预测、预警、预防和应急处置技术研发的投入，不断改进技术装备，建立健全公共安全应急技术平台，提高我国公共安全科技水平；注意发挥企业在公共安全领域的研发作用。

5　监督管理

5.1　预案演练

各地区、各部门要结合实际，有计划、有重点地组织有关部门对相关预案进行演练。

5.2　宣传和培训

宣传、教育、文化、广电、新闻出版等有关部门要通过图书、报刊、音像制品和电子出版物、广播、电视、网络等，广泛宣传应急法律法规和预防、避险、自救、互救、减灾等常识，增强公众的忧患意识、社会责任意识和自救、互救能力。各有关方面要有计划地对应急救援和管理人员进行培训，提高其专业技能。

5.3　责任与奖惩

突发公共事件应急处置工作实行责任追究制。

对突发公共事件应急管理工作中做出突出贡献的先进集体和个人要给予表彰和奖励。

对迟报、谎报、瞒报和漏报突发公共事件重要情况或者应急管理工作中有其他失职、渎职行为的，依法对有关责任人给予行政处分；构成犯罪的，依法追究刑事责任。

6　附则

6.1　预案管理

根据实际情况的变化，及时修订本预案。

本预案自发布之日起实施。

国家安全生产事故灾难应急预案

1 总则

1.1 编制目的

规范安全生产事故灾难的应急管理和应急响应程序，及时有效地实施应急救援工作，最大程度地减少人员伤亡、财产损失，维护人民群众的生命安全和社会稳定。

1.2 编制依据

依据《中华人民共和国安全生产法》《国家突发公共事件总体应急预案》和《国务院关于进一步加强安全生产工作的决定》等法律法规及有关规定，制定本预案。

1.3 适用范围

本预案适用于下列安全生产事故灾难的应对工作：

（1）造成 30 人以上死亡（含失踪），或危及 30 人以上生命安全，或者 100 人以上中毒（重伤），或者需要紧急转移安置 10 万人以上，或者直接经济损失 1 亿元以上的特别重大安全生产事故灾难。

（2）超出省（区、市）人民政府应急处置能力，或者跨省级行政区、跨多个领域（行业和部门）的安全生产事故灾难。

（3）需要国务院安全生产委员会（以下简称国务院安委会）处置的安全生产事故灾难。

1.4 工作原则

（1）以人为本，安全第一。把保障人民群众的生命安全和身体健康、最大程度地预防和减少安全生产事故灾难造成的人员伤亡作为首要任务。切实加强应急救援人员的安全防护。充分发挥人的主观能动性，充分发挥专业救援力量的骨干作用和人民群众的基础作用。

（2）统一领导，分级负责。在国务院统一领导和国务院安委会组织协调下，各省（区、市）人民政府和国务院有关部门按照各自职责和权限，负责有关安全生产事故灾难的应急管理和应急处置工作。企业要认真履行安全生产责任主体的职责，建立安全生产应急预案和应急机制。

（3）条块结合，属地为主。安全生产事故灾难现场应急处置的领导和指挥以地方人民政府为主，实行地方各级人民政府行政首长负责制。有关部门应当与地方人民政府密切配合，充分发挥指导和协调作用。

（4）依靠科学，依法规范。采用先进技术，充分发挥专家作用，实行科学民主决策。采用先进的救援装备和技术，增强应急救援能力。依法规范应急救援工作，确保应急预案的科学性、权威性和可操作性。

（5）预防为主，平战结合。贯彻落实"安全第一，预防为主"的方针，坚持事故灾难应急与预防工作相结合。做好预防、预测、预警和预报工作，做好常态下的风险评估、物资储备、队伍建设、完善装备、预案演练等工作。

2　组织体系及相关机构职责

2.1　组织体系

全国安全生产事故灾难应急救援组织体系由国务院安委会、国务院有关部门、地方各级人民政府安全生产事故灾难应急领导机构、综合协调指挥机构、专业协调指挥机构、应急支持保障部门、应急救援队伍和生产经营单位组成。

国家安全生产事故灾难应急领导机构为国务院安委会，综合协调指挥机构为国务院安委会办公室，国家安全生产应急救援指挥中心具体承担安全生产事故灾难应急管理工作，专业协调指挥机构为国务院有关部门管理的专业领域应急救援指挥机构。

地方各级人民政府的安全生产事故灾难应急机构由地方政府确定。

应急救援队伍主要包括消防部队、专业应急救援队伍、生产经营单位的应急救援队伍、社会力量、志愿者队伍及有关国际救援力量等。

国务院安委会各成员单位按照职责履行本部门的安全生产事故灾难应急救援和保障方面的职责，负责制定、管理并实施有关应急预案。

2.2　现场应急救援指挥部及职责

现场应急救援指挥以属地为主，事发地省（区、市）人民政府成立现场应急救援指挥部。现场应急救援指挥部负责指挥所有参与应急救援的队伍和人员，及时向国务院报告事故灾难事态发展及救援情况，同时抄送国务院安委会办公室。

涉及多个领域、跨省级行政区或影响特别重大的事故灾难，根据需要由国务院安委会或者国务院有关部门组织成立现场应急救援指挥部，负责应急救援协调指挥工作。

3　预警预防机制

3.1　事故灾难监控与信息报告

国务院有关部门和省（区、市）人民政府应当加强对重大危险源的监控，对可能引发特别重大事故的险情，或者其他灾害、灾难可能引发安全生产事故灾难的重要信息应及时上报。

特别重大安全生产事故灾难发生后，事故现场有关人员应当立即报告单位负责人，单位负责人接到报告后，应当立即报告当地人民政府和上级主管部门。中央企业在上报当地政府的同时应当上报企业总部。当地人民政府接到报告后应当立即报告上级政府，国务院有关部门、单位、中央企业和事故灾难发生地的省（区、市）人民政府应当在接到报告后 2 小时内，向国务院报告，同时抄送国务院安委会办公室。

自然灾害、公共卫生和社会安全方面的突发事件可能引发安全生产事故灾难的信息，有关各级、各类应急指挥机构均应及时通报同级安全生产事故灾难应急救援指挥机构，安全生产事故灾难应急救援指挥机构应当及时分析处理，并按照分级管理的程序逐级上报，紧急情况下，可越级上报。

发生安全生产事故灾难的有关部门、单位要及时、主动向国务院安委会办公室、国务院有关部门提供与事故应急救援有关的资料。事故灾难发生地安全监管部门提供事故前监督检查的有关资料，为国务院安委会办公室、国务院有关部门研究制定救援方案提供参考。

3.2 预警行动

各级、各部门安全生产事故灾难应急机构接到可能导致安全生产事故灾难的信息后，按照应急预案及时研究确定应对方案，并通知有关部门、单位采取相应行动预防事故发生。

4 应急响应

4.1 分级响应

Ⅰ级应急响应行动（具体标准见 1.3）由国务院安委会办公室或国务院有关部门组织实施。当国务院安委会办公室或国务院有关部门进行Ⅰ级应急响应行动时，事发地各级人民政府应当按照相应的预案全力以赴组织救援，并及时向国务院及国务院安委会办公室、国务院有关部门报告救援工作进展情况。

Ⅱ级及以下应急响应行动的组织实施由省级人民政府决定。地方各级人民政府根据事故灾难或险情的严重程度启动相应的应急预案，超出其应急救援处置能力时，及时报请上一级应急救援指挥机构启动上一级应急预案实施救援。

4.1.1 国务院有关部门的响应

Ⅰ级响应时，国务院有关部门启动并实施本部门相关的应急预案，组织应急救援，并及时向国务院及国务院安委会办公室报告救援工作进展情况。需要其他部门应急力量支援时，及时提出请求。

根据发生的安全生产事故灾难的类别，国务院有关部门按照其职责和预案进行响应。

4.1.2 国务院安委会办公室的响应

（1）及时向国务院报告安全生产事故灾难基本情况、事态发展和救援进展情况。

（2）开通与事故灾难发生地的省级应急救援指挥机构、现场应急救援指挥部、相关专业应急救援指挥机构的通信联系，随时掌握事态发展情况。

（3）根据有关部门和专家的建议，通知相关应急救援指挥机构随时待命，为地方或专业应急救援指挥机构提供技术支持。

（4）派出有关人员和专家赶赴现场参加、指导现场应急救援，必要时协调专业应急力量增援。

（5）对可能或者已经引发自然灾害、公共卫生和社会安全突发事件的，国务院安委会办公室要及时上报国务院，同时负责通报相关领域的应急救援指挥机构。

（6）组织协调特别重大安全生产事故灾难应急救援工作。

（7）协调落实其他有关事项。

4.2 指挥和协调

进入Ⅰ级响应后，国务院有关部门及其专业应急救援指挥机构立即按照预案组织相关应急救援力量，配合地方政府组织实施应急救援。

国务院安委会办公室根据事故灾难的情况开展应急救援协调工作。通知有关部门及其应急机构、救援队伍和事发地毗邻省（区、市）人民政府应急救援指挥机构，相关机构按照各自应急预案提供增援或保障。有关应急队伍在现场应急救援指挥部统一指挥下，密切配合，共同实施抢险救援和紧急处置行动。

现场应急救援指挥部负责现场应急救援的指挥，现场应急救援指挥部成立前，事发单位和先期到达的应急救援队伍必须迅速、有效地实施先期处置，事故灾难发生地人民政府负责协调，全力控制事故灾难发展态势，防止次生、衍生和耦合事故（事件）发生，果断控制或切断事故灾害链。

中央企业发生事故灾难时，其总部应全力调动相关资源，有效开展应急救援工作。

4.3　紧急处置

现场处置主要依靠本行政区域内的应急处置力量。事故灾难发生后，发生事故的单位和当地人民政府按照应急预案迅速采取措施。

根据事态发展变化情况，出现急剧恶化的特殊险情时，现场应急救援指挥部在充分考虑专家和有关方面意见的基础上，依法及时采取紧急处置措施。

4.4　医疗卫生救助

事发地卫生行政主管部门负责组织开展紧急医疗救护和现场卫生处置工作。

卫生部或国务院安委会办公室根据地方人民政府的请求，及时协调有关专业医疗救护机构和专科医院派出有关专家、提供特种药品和特种救治装备进行支援。

事故灾难发生地疾病控制中心根据事故类型，按照专业规程进行现场防疫工作。

4.5　应急人员的安全防护

现场应急救援人员应根据需要携带相应的专业防护装备，采取安全防护措施，严格执行应急救援人员进入和离开事故现场的相关规定。

现场应急救援指挥部根据需要具体协调、调集相应的安全防护装备。

4.6　群众的安全防护

现场应急救援指挥部负责组织群众的安全防护工作，主要工作内容如下：

（1）企业应当与当地政府、社区建立应急互动机制，确定保护群众安全需要采取的防护措施。

（2）决定应急状态下群众疏散、转移和安置的方式、范围、路线、程序。

（3）指定有关部门负责实施疏散、转移。

（4）启用应急避难场所。

（5）开展医疗防疫和疾病控制工作。

（6）负责治安管理。

4.7　社会力量的动员与参与

现场应急救援指挥部组织调动本行政区域社会力量参与应急救援工作。

超出事发地省级人民政府处置能力时，省级人民政府向国务院申请本行政区域外的社会力量支援，国务院办公厅协调有关省级人民政府、国务院有关部门组织社会力量进行支援。

4.8　现场检测与评估

根据需要，现场应急救援指挥部成立事故现场检测、鉴定与评估小组，综合分析和评价检测数据，查找事故原因，评估事故发展趋势，预测事故后果，为制定现场抢救方案和事故调查提供参考。检测与评估报告要及时上报。

4.9　信息发布

国务院安委会办公室会同有关部门具体负责特别重大安全生产事故灾难信息的发布工作。

4.10　应急结束

当遇险人员全部得救，事故现场得以控制，环境符合有关标准，导致次生、衍生事故隐患消除后，经现场应急救援指挥部确认和批准，现场应急处置工作结束，应急救援队伍撤离现场。由事故发生地省级人民政府宣布应急结束。

5　后期处置

5.1　善后处置

省级人民政府会同相关部门（单位）负责组织特别重大安全生产事故灾难的善后处置工作，包括人员安置、补偿，征用物资补偿，灾后重建，污染物收集、清理与处理等事项。尽快消除事故影响，妥善安置和慰问受害及受影响人员，保证社会稳定，尽快恢复正常秩序。

5.2　保险

安全生产事故灾难发生后，保险机构及时开展应急救援人员保险受理和受灾人员保险理赔工作。

5.3　事故灾难调查报告、经验教训总结及改进建议

特别重大安全生产事故灾难由国务院安全生产监督管理部门负责组成调查组进行调查；必要时，国务院直接组成调查组或者授权有关部门组成调查组。

安全生产事故灾难善后处置工作结束后，现场应急救援指挥部分析总结应急救援经验教训，提出改进应急救援工作的建议，完成应急救援总结报告并及时上报。

6　保障措施

6.1　通信与信息保障

建立健全国家安全生产事故灾难应急救援综合信息网络系统和重大安全生产事故灾难信息报告系统；建立完善救援力量和资源信息数据库；规范信息获取、分析、发布、报送格式和程序，保证应急机构之间的信息资源共享，为应急决策提供相关信息支持。

有关部门应急救援指挥机构和省级应急救援指挥机构负责本部门、本地区相关信息收集、分析和处理，定期向国务院安委会办公室报送有关信息，重要信息和变更信息要及时报送，国务院安委会办公室负责收集、分析和处理全国安全生产事故灾难应急救援有关信息。

6.2　应急支援与保障

6.2.1　救援装备保障

各专业应急救援队伍和企业根据实际情况和需要配备必要的应急救援装备。专业应急救援指挥机构应当掌握本专业的特种救援装备情况，各专业队伍按规程配备救援装备。

6.2.2　应急队伍保障

矿山、危险化学品、交通运输等行业或领域的企业应当依法组建和完善救援队伍。各级、各行业安全生产应急救援机构负责检查并掌握相关应急救援力量的建设和准备情况。

6.2.3　交通运输保障

发生特别重大安全生产事故灾难后，国务院安委会办公室或有关部门根据救援需要及时协调民航、交通和铁路等行政主管部门提供交通运输保障。地方人民政府有关部门对事故现场进行道路交通管制，根据需要开设应急救援特别通道，道路受损时应迅速组织抢修，确保

救灾物资、器材和人员运送及时到位，满足应急处置工作需要。

6.2.4 医疗卫生保障

县级以上各级人民政府应当加强急救医疗服务网络的建设，配备相应的医疗救治药物、技术、设备和人员，提高医疗卫生机构应对安全生产事故灾难的救治能力。

6.2.5 物资保障

国务院有关部门和县级以上人民政府及其有关部门、企业，应当建立应急救援设施、设备、救治药品和医疗器械等储备制度，储备必要的应急物资和装备。

各专业应急救援机构根据实际情况，负责监督应急物资的储备情况、掌握应急物资的生产加工能力储备情况。

6.2.6 资金保障

生产经营单位应当做好事故应急救援必要的资金准备。安全生产事故灾难应急救援资金首先由事故责任单位承担，事故责任单位暂时无力承担的，由当地政府协调解决。国家处置安全生产事故灾难所需工作经费按照《财政应急保障预案》的规定解决。

6.2.7 社会动员保障

地方各级人民政府根据需要动员和组织社会力量参与安全生产事故灾难的应急救援。国务院安委会办公室协调调用事发地以外的有关社会应急力量参与增援时，地方人民政府要为其提供各种必要保障。

6.2.8 应急避难场所保障

直辖市、省会城市和大城市人民政府负责提供特别重大事故灾难发生时人员避难需要的场所。

6.3 技术储备与保障

国务院安委会办公室成立安全生产事故灾难应急救援专家组，为应急救援提供技术支持和保障。要充分利用安全生产技术支撑体系的专家和机构，研究安全生产应急救援重大问题，开发应急技术和装备。

6.4 宣传、培训和演习

6.4.1 公众信息交流

国务院安委会办公室和有关部门组织应急法律法规和事故预防、避险、避灾、自救、互救常识的宣传工作，各种媒体提供相关支持。

地方各级人民政府结合本地实际，负责本地相关宣传、教育工作，提高全民的危机意识。企业与所在地政府、社区建立互动机制，向周边群众宣传相关应急知识。

6.4.2 培训

有关部门组织各级应急管理机构以及专业救援队伍的相关人员进行上岗前培训和业务培训。

有关部门、单位可根据自身实际情况，做好兼职应急救援队伍的培训，积极组织社会志愿者的培训，提高公众自救、互救能力。

地方各级人民政府将突发公共事件应急管理内容列入行政干部培训的课程。

6.4.3 演习

各专业应急机构每年至少组织一次安全生产事故灾难应急救援演习。国务院安委会办公室每两年至少组织一次联合演习。各企事业单位应当根据自身特点，定期组织本单位的应急救援演习。演习结束后应及时进行总结。

6.5 监督检查

国务院安委会办公室对安全生产事故灾难应急预案实施的全过程进行监督检查。

7 附则

7.1 预案管理与更新

随着应急救援相关法律法规的制定、修改和完善，部门职责或应急资源发生变化，以及实施过程中发现存在问题或出现新的情况，应及时修订完善本预案。

本预案有关数量的表述中，"以上"含本数，"以下"不含本数。

7.2 奖励与责任追究

7.2.1 奖励

在安全生产事故灾难应急救援工作中有下列表现之一的单位和个人，应依据有关规定给予奖励：

（1）出色完成应急处置任务，成绩显著的。

（2）防止或抢救事故灾难有功，使国家、集体和人民群众的财产免受损失或者减少损失的。

（3）对应急救援工作提出重大建议，实施效果显著的。

（4）有其他特殊贡献的。

7.2.2 责任追究

在安全生产事故灾难应急救援工作中有下列行为之一的，按照法律、法规及有关规定，对有关责任人员视情节和危害后果，由其所在单位或者上级机关给予行政处分；其中，对国家公务员和国家行政机关任命的其他人员，分别由任免机关或者监察机关给予行政处分；属于违反治安管理行为的，由公安机关依照有关法律法规的规定予以处罚；构成犯罪的，由司法机关依法追究刑事责任：

（1）不按照规定制定事故应急预案，拒绝履行应急准备义务的。

（2）不按照规定报告、通报事故灾难真实情况的。

（3）拒不执行安全生产事故灾难应急预案，不服从命令和指挥，或者在应急响应时临阵脱逃的。

（4）盗窃、挪用、贪污应急工作资金或者物资的。

（5）阻碍应急工作人员依法执行任务或者进行破坏活动的。

（6）散布谣言，扰乱社会秩序的。

（7）有其他危害应急工作行为的。

7.3 国际沟通与协作

国务院安委会办公室和有关部门积极建立与国际应急机构的联系，组织参加国际救援活动，开展国际间的交流与合作。

7.4 预案实施时间

本预案自印发之日起施行。

中共中央、国务院关于推进安全
生产领域改革发展的意见

中发〔2016〕32号

安全生产是关系人民群众生命财产安全的大事，是经济社会协调健康发展的标志，是党和政府对人民利益高度负责的要求。党中央、国务院历来高度重视安全生产工作，党的十八大以来作出一系列重大决策部署，推动全国安全生产工作取得积极进展。同时也要看到，当前我国正处在工业化、城镇化持续推进过程中，生产经营规模不断扩大，传统和新型生产经营方式并存，各类事故隐患和安全风险交织叠加，安全生产基础薄弱、监管体制机制和法律制度不完善、企业主体责任落实不力等问题依然突出，生产安全事故易发多发，尤其是重特大安全事故频发势头尚未得到有效遏制，一些事故发生呈现由高危行业领域向其他行业领域蔓延趋势，直接危及生产安全和公共安全。为进一步加强安全生产工作，现就推进安全生产领域改革发展提出如下意见。

一、总体要求

（一）指导思想。全面贯彻党的十八大和十八届三中、四中、五中、六中全会精神，以邓小平理论、"三个代表"重要思想、科学发展观为指导，深入贯彻习近平总书记系列重要讲话精神和治国理政新理念新思想新战略，进一步增强"四个意识"，紧紧围绕统筹推进"五位一体"总体布局和协调推进"四个全面"战略布局，牢固树立新发展理念，坚持安全发展，坚守发展决不能以牺牲安全为代价这条不可逾越的红线，以防范遏制重特大生产安全事故为重点，坚持安全第一、预防为主、综合治理的方针，加强领导、改革创新，协调联动、齐抓共管，着力强化企业安全生产主体责任，着力堵塞监督管理漏洞，着力解决不遵守法律法规的问题，依靠严密的责任体系、严格的法治措施、有效的体制机制、有力的基础保障和完善的系统治理，切实增强安全防范治理能力，大力提升我国安全生产整体水平，确保人民群众安康幸福、共享改革发展和社会文明进步成果。

（二）基本原则

——坚持安全发展。贯彻以人民为中心的发展思想，始终把人的生命安全放在首位，正确处理安全与发展的关系，大力实施安全发展战略，为经济社会发展提供强有力的安全保障。

——坚持改革创新。不断推进安全生产理论创新、制度创新、体制机制创新、科技创新和文化创新，增强企业内生动力，激发全社会创新活力，破解安全生产难题，推动安全生产与经济社会协调发展。

——坚持依法监管。大力弘扬社会主义法治精神，运用法治思维和法治方式，深化安全生产监管执法体制改革，完善安全生产法律法规和标准体系，严格规范公正文明执法，增强监管执法效能，提高安全生产法治化水平。

——坚持源头防范。严格安全生产市场准入，经济社会发展要以安全为前提，把安全生产贯穿城乡规划布局、设计、建设、管理和企业生产经营活动全过程。构建风险分级管控和隐患排查治理双重预防工作机制,严防风险演变、隐患升级导致生产安全事故发生。

——坚持系统治理。严密层级治理和行业治理、政府治理、社会治理相结合的安全生产治理体系,组织动员各方面力量实施社会共治。综合运用法律、行政、经济、市场等手段,落实人防、技防、物防措施,提升全社会安全生产治理能力。

(三)目标任务。到2020年,安全生产监管体制机制基本成熟,法律制度基本完善,全国生产安全事故总量明显减少,职业病危害防治取得积极进展,重特大生产安全事故频发势头得到有效遏制,安全生产整体水平与全面建成小康社会目标相适应。到2030年,实现安全生产治理体系和治理能力现代化,全民安全文明素质全面提升,安全生产保障能力显著增强,为实现中华民族伟大复兴的中国梦奠定稳固可靠的安全生产基础。

二、健全落实安全生产责任制

(四)明确地方党委和政府领导责任。坚持党政同责、一岗双责、齐抓共管、失职追责,完善安全生产责任体系。地方各级党委和政府要始终把安全生产摆在重要位置,加强组织领导。党政主要负责人是本地区安全生产第一责任人,班子其他成员对分管范围内的安全生产工作负领导责任。地方各级安全生产委员会主任由政府主要负责人担任,成员由同级党委和政府及相关部门负责人组成。

地方各级党委要认真贯彻执行党的安全生产方针,在统揽本地区经济社会发展全局中同步推进安全生产工作,定期研究决定安全生产重大问题。加强安全生产监管机构领导班子、干部队伍建设。严格安全生产履职绩效考核和失职责任追究。强化安全生产宣传教育和舆论引导。发挥人大对安全生产工作的监督促进作用、政协对安全生产工作的民主监督作用。推动组织、宣传、政法、机构编制等单位支持保障安全生产工作。动员社会各界积极参与、支持、监督安全生产工作。

地方各级政府要把安全生产纳入经济社会发展总体规划,制定实施安全生产专项规划,健全安全投入保障制度。及时研究部署安全生产工作,严格落实属地监管责任。充分发挥安全生产委员会作用,实施安全生产责任目标管理。建立安全生产巡查制度,督促各部门和下级政府履职尽责。加强安全生产监管执法能力建设,推进安全科技创新,提升信息化管理水平。严格安全准入标准,指导管控安全风险,督促整治重大隐患,强化源头治理。加强应急管理,完善安全生产应急救援体系。依法依规开展事故调查处理,督促落实问题整改。

(五)明确部门监管责任。按照管行业必须管安全、管业务必须管安全、管生产经营必须管安全和谁主管谁负责的原则,厘清安全生产综合监管与行业监管的关系,明确各有关部门安全生产和职业健康工作职责,并落实到部门工作职责规定中。安全生产监督管理部门负责安全生产法规标准和政策规划制定修订、执法监督、事故调查处理、应急救援管理、统计分析、宣传教育培训等综合性工作,承担职责范围内行业领域安全生产和职业健康监管执法职责。负有安全生产监督管理职责的有关部门依法依规履行相关行业领域安全生产和职业健康监管职责,强化监管执法,严厉查处违法违规行为。其他行业领域主管部门负有安全生产管理责任,要将安全生产工作作为行业领域管理的重要内容,从行业规划、产业政策、法规标准、行政许可等方面加强行业安全生产工作,指导督促企事业单位加强安全管理。党委和政府其他有关部门要在职责范围内为安全生产工作提供支持保障,共同推进安全发展。

（六）严格落实企业主体责任。企业对本单位安全生产和职业健康工作负全面责任，要严格履行安全生产法定责任，建立健全自我约束、持续改进的内生机制。企业实行全员安全生产责任制度，法定代表人和实际控制人同为安全生产第一责任人，主要技术负责人负有安全生产技术决策和指挥权，强化部门安全生产职责，落实一岗双责。完善落实混合所有制企业以及跨地区、多层级和境外中资企业投资主体的安全生产责任。建立企业全过程安全生产和职业健康管理制度，做到安全责任、管理、投入、培训和应急救援"五到位"。国有企业要发挥安全生产工作示范带头作用，自觉接受属地监管。

（七）健全责任考核机制。建立与全面建成小康社会相适应和体现安全发展水平的考核评价体系。完善考核制度，统筹整合、科学设定安全生产考核指标，加大安全生产在社会治安综合治理、精神文明建设等考核中的权重。各级政府要对同级安全生产委员会成员单位和下级政府实施严格的安全生产工作责任考核，实行过程考核与结果考核相结合。各地区各单位要建立安全生产绩效与履职评定、职务晋升、奖励惩处挂钩制度，严格落实安全生产"一票否决"制度。

（八）严格责任追究制度。实行党政领导干部任期安全生产责任制，日常工作依责尽职、发生事故依责追究。依法依规制定各有关部门安全生产权力和责任清单，尽职照单免责、失职照单问责。建立企业生产经营全过程安全责任追溯制度。严肃查处安全生产领域项目审批、行政许可、监管执法中的失职渎职和权钱交易等腐败行为。严格事故直报制度，对瞒报、谎报、漏报、迟报事故的单位和个人依法依规追责。对被追究刑事责任的生产经营者依法实施相应的职业禁入，对事故发生负有重大责任的社会服务机构和人员依法严肃追究法律责任，并依法实施相应的行业禁入。

三、改革安全监管监察体制

（九）完善监督管理体制。加强各级安全生产委员会组织领导，充分发挥其统筹协调作用，切实解决突出矛盾和问题。各级安全生产监督管理部门承担本级安全生产委员会日常工作，负责指导协调、监督检查、巡查考核本级政府有关部门和下级政府安全生产工作，履行综合监管职责。负有安全生产监督管理职责的部门，依照有关法律法规和部门职责，健全安全生产监管体制，严格落实监管职责。相关部门按照各自职责建立完善安全生产工作机制，形成齐抓共管格局。坚持管安全生产必须管职业健康，建立安全生产和职业健康一体化监管执法体制。

（十）改革重点行业领域安全监管监察体制。依托国家煤矿安全监察体制，加强非煤矿山安全生产监管监察，优化安全监察机构布局，将国家煤矿安全监察机构负责的安全生产行政许可事项移交给地方政府承担。着重加强危险化学品安全监管体制改革和力量建设，明确和落实危险化学品建设项目立项、规划、设计、施工及生产、储存、使用、销售、运输、废弃处置等环节的法定安全监管责任，建立有力的协调联动机制，消除监管空白。完善海洋石油安全生产监督管理体制机制，实行政企分开。理顺民航、铁路、电力等行业跨区域监管体制，明确行业监管、区域监管与地方监管职责。

（十一）进一步完善地方监管执法体制。地方各级党委和政府要将安全生产监督管理部门作为政府工作部门和行政执法机构，加强安全生产执法队伍建设，强化行政执法职能。统筹加强安全监管力量，重点充实市、县两级安全生产监管执法人员，强化乡镇（街道）安全生产监管力量建设。完善各类开发区、工业园区、港区、风景区等功能区安全生产监管体制，明确负责安全生产监督管理的机构，以及港区安全生产地方监管和部门监管责任。

（十二）健全应急救援管理体制。按照政事分开原则，推进安全生产应急救援管理体制改革，强化行政管理职能，提高组织协调能力和现场救援时效。健全省、市、县三级安全生产应急救援管理工作机制，建设联动互通的应急救援指挥平台。依托公安消防、大型企业、工业园区等应急救援力量，加强矿山和危险化学品等应急救援基地和队伍建设，实行区域化应急救援资源共享。

四、大力推进依法治理

（十三）健全法律法规体系。建立健全安全生产法律法规立改废释工作协调机制。加强涉及安全生产相关法规一致性审查，增强安全生产法制建设的系统性、可操作性。制定安全生产中长期立法规划，加快制定修订安全生产法配套法规。加强安全生产和职业健康法律法规衔接融合。研究修改刑法有关条款，将生产经营过程中极易导致重大生产安全事故的违法行为列入刑法调整范围。制定完善高危行业领域安全规程。设区的市根据立法法的立法精神，加强安全生产地方性法规建设，解决区域性安全生产突出问题。

（十四）完善标准体系。加快安全生产标准制定修订和整合，建立以强制性国家标准为主体的安全生产标准体系。鼓励依法成立的社会团体和企业制定更加严格规范的安全生产标准，结合国情积极借鉴实施国际先进标准。国务院安全生产监督管理部门负责生产经营单位职业危害预防治理国家标准制定发布工作；统筹提出安全生产强制性国家标准立项计划，有关部门按照职责分工组织起草、审查、实施和监督执行，国务院标准化行政主管部门负责及时立项、编号、对外通报、批准并发布。

（十五）严格安全准入制度。严格高危行业领域安全准入条件。按照强化监管与便民服务相结合原则，科学设置安全生产行政许可事项和办理程序，优化工作流程，简化办事环节，实施网上公开办理，接受社会监督。对与人民群众生命财产安全直接相关的行政许可事项，依法严格管理。对取消、下放、移交的行政许可事项，要加强事中事后安全监管。

（十六）规范监管执法行为。完善安全生产监管执法制度，明确每个生产经营单位安全生产监督和管理主体，制定实施执法计划，完善执法程序规定，依法严格查处各类违法违规行为。建立行政执法和刑事司法衔接制度，负有安全生产监督管理职责的部门要加强与公安、检察院、法院等协调配合，完善安全生产违法线索通报、案件移送与协查机制。对违法行为当事人拒不执行安全生产行政执法决定的，负有安全生产监督管理职责的部门应依法申请司法机关强制执行。完善司法机关参与事故调查机制，严肃查处违法犯罪行为。研究建立安全生产民事和行政公益诉讼制度。

（十七）完善执法监督机制。各级人大常委会要定期检查安全生产法律法规实施情况，开展专题询问。各级政协要围绕安全生产突出问题开展民主监督和协商调研。建立执法行为审议制度和重大行政执法决策机制，评估执法效果，防止滥用职权。健全领导干部非法干预安全生产监管执法的记录、通报和责任追究制度。完善安全生产执法纠错和执法信息公开制度，加强社会监督和舆论监督，保证执法严明、有错必纠。

（十八）健全监管执法保障体系。制定安全生产监管监察能力建设规划，明确监管执法装备及现场执法和应急救援用车配备标准，加强监管执法技术支撑体系建设，保障监管执法需要。建立完善负有安全生产监督管理职责的部门监管执法经费保障机制，将监管执法经费纳入同级财政全额保障范围。加强监管执法制度化、标准化、信息化建设，确保规范高效监管执法。建立安全生产监管执法人员依法履行法定职责制度，激励保证监管执法人员忠于职守、履职尽责。严格监管执法人员资格管理，制定安全生产监管执法人员录用标准，提高专业监管执法人员比例。建立健全安全生产监管执法人员凡进必考、入职培训、持证上岗和定期轮训制度。统一安全生产执法标志标识和制式服装。

（十九）完善事故调查处理机制。坚持问责与整改并重，充分发挥事故查处对加强和改进安全生产工作的促进作用。完善生产安全事故调查组组长负责制。健全典型事故提级调查、跨地区协同调查和工作督导机制。建立事故调查分析技术支撑体系，所有事故调查报告要设立技术和管理问题专篇，详细分析原因并全文发布，做好解读，回应公众关切。对事故调查发现有漏洞、缺陷的有关法律法规和标准制度，及时启动制定修订工作。建立事故暴露问题整改督办制度，事故结案后一年内，负责事故调查的地方政府和国务院有关部门要组织开展评估，及时向社会公开，对履职不力、整改措施不落实的，依法依规严肃追究有关单位和人员责任。

五、建立安全预防控制体系

（二十）加强安全风险管控。地方各级政府要建立完善安全风险评估与论证机制，科学合理确定企业选址和基础设施建设、居民生活区空间布局。高危项目审批必须把安全生产作为前置条件，城乡规划布局、设计、建设、管理等各项工作必须以安全为前提，实行重大安全风险"一票否决"。加强新材料、新工艺、新业态安全风险评估和管控。紧密结合供给侧结构性改革，推动高危产业转型升级。位置相邻、行业相近、业态相似的地区和行业要建立完善重大安全风险联防联控机制。构建国家、省、市、县四级重大危险源信息管理体系，对重点行业、重点区域、重点企业实行风险预警控制，有效防范重特大生产安全事故。

（二十一）强化企业预防措施。企业要定期开展风险评估和危害辨识。针对高危工艺、设备、物品、场所和岗位，建立分级管控制度，制定落实安全操作规程。树立隐患就是事故的观念，建立健全隐患排查治理制度、重大隐患治理情况向负有安全生产监督管理职责的部门和企业职代会"双报告"制度，实行自查自改自报闭环管理。严格执行安全生产和职业健康"三同时"制度。大力推进企业安全生产标准化建设，实现安全管理、操作行为、设备设施和作业环境的标准化。开展经常性的应急演练和人员避险自救培训，着力提升现场应急处置能力。

（二十二）建立隐患治理监督机制。制定生产安全事故隐患分级和排查治理标准。负有安全生产监督管理职责的部门要建立与企业隐患排查治理系统联网的信息平台，完善线上线下配套监管制度。强化隐患排查治理监督执法，对重大隐患整改不到位的企业依法采取停产停业、停止施工、停止供电和查封扣押等强制措施，按规定给予上限经济处罚，对构成犯罪的要移交司法机关依法追究刑事责任。严格重大隐患挂牌督办制度，对整改和督办不力的纳入政府核查问责范围，实行约谈告诫、公开曝光，情节严重的依法依规追究相关人员责任。

（二十三）强化城市运行安全保障。定期排查区域内安全风险点、危险源，落实管控措施，构建系统性、现代化的城市安全保障体系，推进安全发展示范城市建设。提高基础设施安全配置标准，重点加强对城市高层建筑、大型综合体、隧道桥梁、管线管廊、轨道交通、燃气、电力设施及电梯、游乐设施等的检测维护。完善大型群众性活动安全管理制度，加强人员密集场所安全监管。加强公安、民政、国土资源、住房城乡建设、交通运输、水利、农业、安全监管、气象、地震等相关部门的协调联动，严防自然灾害引发事故。

（二十四）加强重点领域工程治理。深入推进对煤矿瓦斯、水害等重大灾害以及矿山采空区、尾矿库的工程治理。加快实施人口密集区域的危险化学品和化工企业生产、仓储场所安全搬迁工程。深化油气开采、输送、炼化、码头接卸等领域安全整治。实施高速公路、乡村公路和急弯陡坡、临水临崖危险路段公路安全生命防护工程建设。加强高速铁路、跨海大桥、海底隧道、铁路浮桥、航运枢纽、港口等防灾监测、安全检测及防护系统建设。完善长途客运车辆、旅游客车、危险物品运输车辆和船舶生产制造标准，提高安全性能，强制安装智能视频监控报警、防碰撞和整车整船安全运行监管技术装备，对已运行的要加快安全技术装备改造升级。

（二十五）建立完善职业病防治体系。将职业病防治纳入各级政府民生工程及安全生产工作考核体系，制定职业病防治中长期规划，实施职业健康促进计划。加快职业病危害严重企业技术改造、转型升级和淘汰退出，加强高危粉尘、高毒物品等职业病危害源头治理。健全职业健康监管支撑保障体系，加强职业健康技术服务机构、职业病诊断鉴定机构和职业健康体检机构建设，强化职业病危害基础研究、预防控制、诊断鉴定、综合治疗能力。完善相关规定，扩大职业病患者救治范围，将职业病失能人员纳入社会保障范围，对符合条件的职业病患者落实医疗与生活救助措施。加强企业职业健康监管执法，督促落实职业病危害告知、日常监测、定期报告、防护保障和职业健康体检等制度措施，落实职业病防治主体责任。

六、加强安全基础保障能力建设

（二十六）完善安全投入长效机制。加强中央和地方财政安全生产预防及应急相关资金使用管理，加大安全生产与职业健康投入，强化审计监督。加强安全生产经济政策研究，完善安全生产专用设备企业所得税优惠目录。落实企业安全生产费用提取管理使用制度，建立企业增加安全投入的激励约束机制。健全投融资服务体系，引导企业集聚发展灾害防治、预测预警、检测监控、个体防护、应急处置、安全文化等技术、装备和服务产业。

（二十七）建立安全科技支撑体系。优化整合国家科技计划，统筹支持安全生产和职业健康领域科研项目，加强研发基地和博士后科研工作站建设。开展事故预防理论研究和关键技术装备研发，加快成果转化和推广应用。推动工业机器人、智能装备在危险工序和环节广泛应用。提升现代信息技术与安全生产融合度，统一标准规范，加快安全生产信息化建设，构建安全生产与职业健康信息化全国"一张网"。加强安全生产理论和政策研究，运用大数据技术开展安全生产规律性、关联性特征分析，提高安全生产决策科学化水平。

（二十八）健全社会化服务体系。将安全生产专业技术服务纳入现代服务业发展规划，培育多元化服务主体。建立政府购买安全生产服务制度。支持发展安全生产专业化行业组织，强化自治自律。完善注册安全工程师制度。改革完善安全生产和职业健康技术服务机构资质管理办法。支持相关机构开展安全生产和职业健康一体化评价等技术服务，严格实施评价公开制度，进一步激活和规范专业技术服务市场。鼓励中小微企业订单式、协作式购买运用安全生产管理和技术服务。建立安全生产和职业健康技术服务机构公示制度和由第三方实施的信用评定制度，严肃查处租借资质、违法挂靠、弄虚作假、垄断收费等各类违法违规行为。

（二十九）发挥市场机制推动作用。取消安全生产风险抵押金制度，建立健全安全生产责任保险制度，在矿山、危险化学品、烟花爆竹、交通运输、建筑施工、民用爆炸物品、金属冶炼、渔业生产等高危行业领域强制实施，切实发挥保险机构参与风险评估管控和事故预防功能。完善工伤保险制度，加快制定工伤预防费用的提取比例、使用和管理具体办法。积极推进安全生产诚信体系建设，完善企业安全生产不良记录"黑名单"制度，建立失信惩戒和守信激励机制。

（三十）健全安全宣传教育体系。将安全生产监督管理纳入各级党政领导干部培训内容。把安全知识普及纳入国民教育，建立完善中小学安全教育和高危行业职业安全教育体系。把安全生产纳入农民工技能培训内容。严格落实企业安全教育培训制度，切实做到先培训、后上岗。推进安全文化建设，加强警示教育，强化全民安全意识和法治意识。发挥工会、共青团、妇联等群团组织作用，依法维护职工群众的知情权、参与权与监督权。加强安全生产公益宣传和舆论监督。建立安全生产"12350"专线与社会公共管理平台统一接报、分类处置的举报投诉机制。鼓励开展安全生产志愿服务和慈善事业。加强安全生产国际交流合作，学习借鉴国外安全生产与职业健康先进经验。

各地区各部门要加强组织领导，严格实行领导干部安全生产工作责任制，根据本意见提出的任务和要求，结合实际认真研究制定实施办法，抓紧出台推进安全生产领域改革发展的具体政策措施，明确责任分工和时间进度要求，确保各项改革举措和工作要求落实到位。贯彻落实情况要及时向党中央、国务院报告，同时抄送国务院安全生产委员会办公室。中央全面深化改革领导小组办公室将适时牵头组织开展专项监督检查。

2016 年 12 月 9 日

国务院关于全面加强应急管理工作的意见

国发〔2006〕24号

各省、自治区、直辖市人民政府，国务院各部委、各直属机构：

加强应急管理，是关系国家经济社会发展全局和人民群众生命财产安全的大事，是全面落实科学发展观、构建社会主义和谐社会的重要内容，是各级政府坚持以人为本、执政为民、全面履行政府职能的重要体现。当前，我国现代化建设进入新的阶段，改革和发展处于关键时期，影响公共安全的因素增多，各类突发公共事件时有发生。但是，我国应急管理工作基础仍然比较薄弱，体制、机制、法制尚不完善，预防和处置突发公共事件的能力有待提高。为深入贯彻实施《国家突发公共事件总体应急预案》（以下简称《国家总体应急预案》），全面加强应急管理工作，提出以下意见：

一、明确指导思想和工作目标

（一）指导思想。以邓小平理论和"三个代表"重要思想为指导，全面落实科学发展观，坚持以人为本、预防为主，充分依靠法制、科技和人民群众，以保障公众生命财产安全为根本，以落实和完善应急预案为基础，以提高预防和处置突发公共事件能力为重点，全面加强应急管理工作，最大程度地减少突发公共事件及其造成的人员伤亡和危害，维护国家安全和社会稳定，促进经济社会全面、协调、可持续发展。

（二）工作目标。在"十一五"期间，建成覆盖各地区、各行业、各单位的应急预案体系；健全分类管理、分级负责、条块结合、属地为主的应急管理体制，落实党委领导下的行政领导责任制，加强应急管理机构和应急救援队伍建设；构建统一指挥、反应灵敏、协调有序、运转高效的应急管理机制；完善应急管理法律法规，建设突发公共事件预警预报信息系统和专业化、社会化相结合的应急管理保障体系，形成政府主导、部门协调、军地结合、全社会共同参与的应急管理工作格局。

二、加强应急管理规划和制度建设

（三）编制并实施突发公共事件应急体系建设规划。依据《国民经济和社会发展第十一个五年规划纲要》（以下简称"十一五"规划），编制并尽快组织实施《"十一五"期间国家突发公共事件应急体系建设规划》，优化、整合各类资源，统一规划突发公共事件预防预警、应急处置、恢复重建等方面的项目和基础设施，科学指导各项应急管理体系建设。各地区、各部门要在《"十一五"期间国家突发公共事件应急体系建设规划》指导下，编制本地区和本行业突发公共事件应急体系建设规划并纳入国民经济和社会发展规划。城乡建设等有关专项规划的编制要与应急体系建设规划相衔接，合理布局重点建设项目，统筹规划应对突发公共事件所必需的基础设施建设。

（四）健全应急管理法律法规。要加强应急管理的法制建设，逐步形成规范各类突发公共事件预防和处置工作的法律体系。抓紧做好突发事件应对法的立法准备工作和公布后的贯彻实施工作，研究制定配套法规和政策措施。国务院各有关部门要根据预防和处置自然灾害、事故灾难、公共卫生事件、社会安全事件等各类突发公共事件的需要，抓紧做好有关法律法规草案和修订草案的起草工作，以及有关规章、标准的修订工作。各地区要依据有关法律、行政法规，结合实际制定并完善应急管理的地方性法规和规章。

（五）加强应急预案体系建设和管理。各地区、各部门要根据《国家总体应急预案》，抓紧编制修订本地区、本行业和领域的各类预案，并加强对预案编制工作的领导和督促检查。各基层单位要根据实际情况制定和完善本单位预案，明确各类突发公共事件的防范措施和处置程序。尽快构建覆盖各地区、各行业、各单位的预案体系，并做好各级、各类相关预案的衔接工作。要加强对预案的动态管理，不断增强预案的针对性和实效性。狠抓预案落实工作，经常性地开展预案演练，特别是涉及多个地区和部门的预案，要通过开展联合演练等方式，促进各单位的协调配合和职责落实。

（六）加强应急管理体制和机制建设。国务院是全国应急管理工作的最高行政领导机关，国务院各有关部门依据有关法律、行政法规和各自职责，负责相关类别突发公共事件的应急管理工作。地方各级人民政府是本行政区域应急管理工作的行政领导机关，要根据《国家总体应急预案》的要求和应对各类突发公共事件的需要，结合实际明确应急管理的指挥机构、办事机构及其职责。各专项应急指挥机构要进一步强化职责，充分发挥在相关领域应对突发公共事件的作用。加强各地区、各部门以及各级各类应急管理机构的协调联动，积极推进资源整合和信息共享。加快突发公共事件预测预警、信息报告、应急响应、恢复重建及调查评估等机制建设。研究建立保险、社会捐赠等方面参与、支持应急管理工作的机制，充分发挥其在突发公共事件预防与处置等方面的作用。

三、做好各类突发公共事件的防范工作

（七）开展对各类突发公共事件风险隐患的普查和监控。各地区、各有关部门要组织力量认真开展风险隐患普查工作，全面掌握本行政区域、本行业和领域各类风险隐患情况，建立分级、分类管理制度，落实综合防范和处置措施，实行动态管理和监控，加强地区、部门之间的协调配合。对可能引发突发公共事件的风险隐患，要组织力量限期治理，特别是对位于城市和人口密集地区的高危企业，不符合安全布局要求、达不到安全防护距离的，要依法采取停产、停业、搬迁等措施，尽快消除隐患。要加强对影响社会稳定因素的排查调处，认真做好预警报告和快速处置工作。社区、乡村、企业、学校等基层单位要经常开展风险隐患的排查，及时解决存在的问题。

（八）促进各行业和领域安全防范措施的落实。地方各级人民政府及有关部门要进一步加强对本行政区域各单位、各重点部位安全管理的监督检查，严密防范各类安全事故；要加强监管监察队伍建设，充实必要的人员，完善监管手段。各有关部门要按照有关法律法规和职责分工，加强对本系统、本行业和领域的安全监管监察，严格执行安全许可制度，经常性开展监督检查，依法加大处罚力度；要提高监管效率，对事故多发的行业和领域进一步明确监管职责，实施联合执法。上级主管部门和有关监察机构要把督促风险隐患整改情况作为衡量监管机构履行职责是否到位的重要内容，加大监督检查和考核力度。各企业、事业单位要切实落实安全管理的主体责任，建立健全安全管理的规章制度，加大安全投入，全面落实安全防范措施。

（九）加强突发公共事件的信息报告和预警工作。特别重大、重大突发公共事件发生后，事发地省级人民政府、国务院有关部门要按规定及时、准确地向国务院报告，并向有关地方、部门和应急管理机构通报。要进一步建立健全信息报告工作制度，明确信息报告的责任主体，对迟报、漏报甚至瞒报、谎报行为要依法追究责任。在加强地方各级人民政府和有关部门信息报告工作的同时，通过建立社会公众报告、举报奖励制度，设立基层信息员等多种方式，不断拓宽信息报告渠道。建设各级人民政府组织协调、有关部门分工负责的各类突发公共事件预警系统，建立预警信息通报与发布制度，充分利用广播、电视、互联网、手机短信息、电话、宣传车等各种媒体和手段，及时发布预警信息。

（十）积极开展应急管理培训。各地区、各有关部门要制定应急管理的培训规划和培训大纲，明确培训内容、标准和方式，充分运用多种方法和手段，做好应急管理培训工作，并加强培训资质管理。积极开展对地方和部门各级领导干部应急指挥和处置能力的培训，并纳入各级党校和行政学院培训内容。加强各单位从业人员安全知识和操作规程培训，负有安全监管职责的部门要强化培训考核，对未按要求开展安全培训的单位要责令其限期整改，达不到考核要求的管理人员和职工一律不准上岗。各级应急管理机构要加强对应急管理培训工作的组织和指导。

四、加强应对突发公共事件的能力建设

（十一）推进国家应急平台体系建设。要统筹规划建设具备监测监控、预测预警、信息报告、辅助决策、调度指挥和总结评估等功能的国家应急平台。加快国务院应急平台建设，完善有关专业应急平台功能，推进地方人民政府综合应急平台建设，形成连接各地区和各专业应急指挥机构、统一高效的应急平台体系。应急平台建设要结合实际，依托政府系统办公业务资源网络，规范技术标准，充分整合利用现有专业系统资源，实现互联互通和信息共享，避免重复建设。积极推进紧急信息接报平台整合，建立统一接报、分类分级处置的工作机制。

（十二）提高基层应急管理能力。要以社区、乡村、学校、企业等基层单位为重点，全面加强应急管理工作。充分发挥基层组织在应急管理中的作用，进一步明确行政负责人、法定代表人、社区或村级组织负责人在应急管理中的职责，确定专（兼）职的工作人员或机构，加强基层应急投入，结合实际制定各类应急预案，增强第一时间预防和处置各类突发公共事件的能力。社区要针对群众生活中可能遇到的突发公共事件，制定操作性强的应急预案，经常性地开展应急知识宣传，做到家喻户晓；乡村要结合社会主义新农村建设，因地制宜加强应急基础设施建设，努力提高群众自救、互救能力，并充分发挥城镇应急救援力量的辐射作用；学校要在加强校园安全工作的同时，积极开展公共安全知识和应急防护知识的教育和普及，增强师生公共安全意识；企业特别是高危行业企业要切实落实法定代表人负责制和安全生产主体责任，做到有预案、有救援队伍、有联动机制、有善后措施。地方各级人民政府和有关部门要加强对基层应急管理工作的指导和检查，及时协调解决人力、物力、财力等方面的问题，促进基层应急管理能力的全面提高。

（十三）加强应急救援队伍建设。落实"十一五"规划有关安全生产应急救援、国家灾害应急救援体系建设的重点工程。建立充分发挥公安消防、特警以及武警、解放军、预备役民兵的骨干作用，各专业应急救援队伍各负其责、互为补充，企业专兼职救援队伍和社会志愿者共同参与的应急救援体系。加强各类应急抢险救援队伍建设，改善技术装备，强化培训演练，提高应急救援能力。建立应急救援专家队伍，充分发挥专家学者的专业特长和技术优势。逐步建立社会化的应急救援机制，大中型企业特别是高危行业企业要建立专职或者兼职应急救援队伍，并积极参与社会应急救援；研究制定动员和鼓励志愿者参与应急救援工作的办法，加强对志愿者队伍的招募、组织和培训。

（十四）加强各类应急资源的管理。建立国家、地方和基层单位应急资源储备制度，在对现有各类应急资源普查和有效整合的基础上，统筹规划应急处置所需物料、装备、通信器材、生活用品等物资和紧急避难场所，以及运输能力、通信能力、生产能力和有关技术、信息的储备。加强对储备物资的动态管理，保证及时补充和更新。要建立国家和地方重要物资监测网络及应急物资生产、储备、调拨和紧急配送体系，保障应急处置和恢复重建工作的需要。合理规划建设国家重要应急物资储备库，按照分级负责的原则，加强地方应急物资储备库建设。充分发挥社会各方面在应急物资的生产和储备方面的作用，实现社会储备与专业储备的有机结合。加强应急管理基础数据库建设和对有关技术资料、历史资料等的收集管理，实现资源共享，为妥善应对各类突发公共事件提供可靠的基础数据。

（十五）全力做好应急处置和善后工作。突发公共事件发生后，事发单位及直接受其影响的单位要根据预案立即采取有效措施，迅速开展先期处置工作，并按规定及时报告。地方各级人民政府和国务院有关部门要依照预案规定及时采取相关应急响应措施。按照属地管理为主的原则，事发地人民政府负有统一组织领导应急处置工作的职责，要积极调动有关救援队伍和力量开展救援工作，采取必要措施，防止发生次生、衍生灾害事件，并做好受影响群众的基本生活保障和事故现场环境评估工作。应急处置结束后，要及时组织受影响地区恢复正常的生产、生活和社会秩序。灾后恢复重建要与防灾减灾相结合，坚持统一领导、科学规划、加快实施。健全社会捐助和对口支援等社会动员机制，动员社会力量参与重大灾害应急救助和灾后恢复重建。各级人民政府及有关部门要依照有关法律法规及时开展事故调查处理工作，查明原因，依法依纪处理责任人员，总结事故教训，制定整改措施并督促落实。

（十六）加强评估和统计分析工作。建立健全突发公共事件的评估制度，研究制定客观、科学的评估方法。各级人民政府及有关部门在对各类突发公共事件调查处理的同时，要对事件的处置及相关防范工作做出评估，并对年度应急管理工作情况进行全面评估。各地区、各有关部门要加强应急管理统计分析工作，完善分类分级标准，明确责任部门和人员，及时、全面、准确地统计各类突发公共事件发生起数、伤亡人数、造成的经济损失等相关情况，并纳入经济和社会发展统计指标体系。突发公共事件的统计信息实行月度、季度和年度报告制度。要研究建立突发公共事件发生后统计系统快速应急机制，及时调查掌握突发公共事件对国民经济发展和城乡居民生活的影响并预测发展趋势。

五、制定和完善全面加强应急管理的政策措施

（十七）加大对应急管理的资金投入力度。根据《国家总体应急预案》的规定，各级财政部门要按照现行事权、财权划分原则，分级负担公共安全工作以及预防与处置突发公共事件中需由政府负担的经费，并纳入本级财政年度预算，健全应急资金拨付制度。对规划布局内的重大建设项目给予重点支持。支持地方应急管理工作，建立完善财政专项转移支付制度。建立健全国家、地方、企业、社会相结合的应急保障资金投入机制，适应应急队伍、装备、交通、通信、物资储备等方面建设与更新维护资金的要求。建立企业安全生产的长效投入机制，增强高危行业企业安全保障和应急救援能力。研究建立应对突发公共事件社会资源依法征用与补偿办法。

（十八）大力发展公共安全技术和产品。在推进产业结构调整中，要将具有较高技术含量的公共安全工艺、技术和产品列入《国家产业结构调整指导目录》的鼓励类发展项目，在政策上积极予以支持。对公共安全、应急处置重大项目和技术开发、产业化示范项目，政府给予直接投资或资金补助、贷款贴息等支持。采取政府采购等办法，推动国家公共安全应急成套设备及防护用品的研发和生产。加强对公共安全产品的质量监督管理，实行严格的市场准入制度，确保产品质量安全可靠。

（十九）建立公共安全科技支撑体系。按照《国家中长期科学和技术发展规划纲要》的要求，高度重视利用科技手段提高应对突发公共事件的能力，通过国家科技计划和科学基金等，对突发公共事件应急管理的基础理论、应用和关键技术研究给予支持，并在大专院校、科研院所加强公共安全与应急管理学科、专业建设，大力培养公共安全科技人才。坚持自主创新和引进消化吸收相结合，形成公共安全科技创新机制和应急管理技术支撑体系。扶持一批在公共安全领域拥有自主知识产权和核心技术的重点企业，实现成套核心技术与重大装备的突破，增强安全技术保障能力。

六、加强领导和协调配合，努力形成全民参与的合力

（二十）进一步加强对应急管理工作的领导。地方各级人民政府要在党委领导下，建立和完善突发公共事件应急处置工作责任制，并将落实情况纳入干部政绩考核的内容，特别要抓好市（地）、县（区）两级领导干部责任的落实。各地区、各部门要加强沟通协调，理顺关系，明确职责，搞好条块之间的衔接和配合。建立和完善应对突发公共事件部际联席会议制度，加强部门之间的协调配合，定期研究解决有关问题。各级领导干部要不断增强处置突发公共事件的能力，深入一线，加强组织指挥。要建立并落实责任追究制度，对有失职、渎职、玩忽职守等行为的，要依照法律法规追究责任。

（二十一）构建全社会共同参与的应急管理工作格局。全面加强应急管理工作，需要紧紧依靠群众，军地结合，动员社会各方面力量积极参与。要切实发挥工会、共青团、妇联等人民团体在动员群众、宣传教育、社会监督等方面的作用，重视培育和发展社会应急管理中介组织。鼓励公民、法人和其他社会组织为应对突发公共事件提供资金、物资捐赠和技术支持。积极开展基层公共安全创建活动，树立一批应急管理工作先进典型，表彰奖励取得显著成绩的单位和个人，形成全社会共同参与、齐心协力做好应急管理工作的局面。

（二十二）大力宣传普及公共安全和应急防护知识。加强应急管理科普宣教工作，提高社会公众维护公共安全意识和应对突发公共事件能力。深入宣传各类应急预案，全面普及预防、避险、自救、互救、减灾等知识和技能，逐步推广应急识别系统。尽快把公共安全和应急防护知识纳入学校教学内容，编制中小学公共安全教育指导纲要和适应全日制各级各类教育需要的公共安全教育读本，安排相应的课程或课时。要在各种招考和资格认证考试中逐步增加公共安全内容。充分运用各种现代传播手段，扩大应急管理科普宣教工作覆盖面。新闻媒体应无偿开展突发公共事件预防与处置、自救与互救知识的公益宣传，并支持社会各界发挥应急管理科普宣传作用。

（二十三）做好信息发布和舆论引导工作。要高度重视突发公共事件的信息发布、舆论引导和舆情分析工作，加强对相关信息的核实、审查和管理，为积极稳妥地处置突发公共事件营造良好的舆论环境。坚持及时准确、主动引导的原则和正面宣传为主的方针，完善政府信息发布制度和新闻发言人制度，建立健全重大突发公共事件新闻报道快速反应机制、舆情收集和分析机制，把握正确的舆论导向。加强对信息发布、新闻报道工作的组织协调和归口管理，周密安排、精心组织信息发布工作，充分发挥中央和省级主要新闻媒体的舆论引导作用。新闻单位要严格遵守国家有关法律法规和新闻宣传纪律，不断提高新闻报道水平，自觉维护改革发展稳定的大局。

（二十四）开展国际交流与合作。加强与有关国家、地区及国际组织在应急管理领域的沟通与合作，参与有关国际组织并积极发挥作用，共同应对各类跨国或世界性突发公共事件。大力宣传我国在应对突发公共事件、加强应急管理方面的政策措施和成功做法，积极参与国际应急救援活动，向国际社会展示我国的良好形象。密切跟踪研究国际应急管理发展的动态和趋势，参与公共安全领域重大国际项目研究与合作，学习、借鉴有关国家在灾害预防、紧急处置和应急体系建设等方面的有益经验，促进我国应急管理工作水平的提高。

国务院

2006 年 6 月 15 日

国务院批转发展改革委、国家电力监管委员会
关于加强电力系统抗灾能力建设若干意见的通知

国发〔2008〕20号

各省、自治区、直辖市人民政府，国务院各部委、各直属机构：

国务院同意发展改革委、电监会《关于加强电力系统抗灾能力建设的若干意见》，现转发给你们，请认真贯彻执行。

电力工业是国民经济的重要基础产业。在今年我国南方地区大范围低温雨雪冰冻和汶川特大地震灾害中，电力设施大面积损毁，给经济社会发展和人民群众生活造成严重影响。为保障国家能源安全和国民经济正常运行，必须采取有效措施，加强电力系统抗灾能力建设。国家电力主管部门要会同有关部门抓紧研究制定配套措施，协调推动电力系统抗灾能力建设工作。电力监管机构要严格执法，加大电力安全监管力度，督促电力企业加强安全管理，确保电力正常供应。地方各级人民政府和电力企业要高度重视这项工作，科学制定工作计划和方案，认真抓好组织实施。

国务院

2008 年 6 月 25 日

附件：

关于加强电力系统抗灾能力建设的若干意见

为提高电力系统抵御自然灾害能力，最大限度地减少自然灾害造成的损失，维护正常的生产和生活秩序，保障国家能源安全和国民经济正常运行，现提出以下意见：

一、加强电力建设规划工作，优化电源和电网布局

（一）电力建设要坚持统一规划的原则，统筹考虑水源、煤炭、运输、土地、环境以及电力需求等各种因素，处理好电源与电网、输电与配电、城市与农村、电力内发与外供、一次系统与二次系统的关系，合理布局电源，科学规划电网。

（二）电力规划要充分考虑自然灾害的影响，在低温雨雪冰冻、地震、洪水、台风等自然灾害易发地区建设电力工程，要充分论证、慎重决策。要根据电力资源和需求的分布情况，优化电源电网结构布局，合理确定输电范围，实施电网分层分区运行和无功就近平衡。要科学规划发电装机规模，适度配置备用容量，坚持电网、电源协调发展。

（三）电源建设要与区域电力需求相适应，分散布局，就近供电，分级接入电网。鼓励

以清洁高效为前提，因地制宜、有序开发建设小型水力、风力、太阳能、生物质能等电站，适当加强分布式电站规划建设，提高就地供电能力。结合西部地区水电开发和负荷增长，积极推进"西电东送"，根据煤炭、水资源分布情况，合理实施煤电外送。进一步优化火电、水电、核电等电源构成比例，加快核电和可再生能源发电建设，缓解煤炭生产和运输压力。

（四）受端电网和重要负荷中心要多通道、多方向输入电力，合理控制单一通道送电容量，要建设一定容量的支撑电源，形成内发外供、布局合理的电源格局。重要负荷中心电网要适当规划配置应对大面积停电的应急保安电源，具备特殊情况下"孤网运行"和"黑启动"能力。充分发挥热电联产机组对受端电网的支撑作用，鼓励在热负荷条件好的地区建设背压型机组或大型燃煤抽凝式热电联产机组，严禁建设凝汽式小火电机组。

（五）电力设施选址要尽量避开自然灾害易发区和设施维护困难地区。电网输电线路要尽可能避免跨越大江大河、湖泊、海域和重要运输通道，确实无法避开的要采取相应防范措施。同一方向的重要输电通道要尽可能分散走廊，减少同一自然灾害易发区内重要输电通道的数量。

（六）加强区域、省内主干网架和重要输电通道建设，提高相互支援能力。位于覆冰灾害较重地区的输电线路，要具备在覆冰期大负荷送电的能力。位于洪水灾害易发地区的输电线路，要对杆塔基础采取防护加固措施。必须穿越地震带等地质环境不安全地区的输电线路，要对杆塔及其基础采取抗震防护措施。

（七）加强电力规划管理，促进输电网与配电网协调发展。国家电力主管部门负责全国电力规划工作，组织编制330千伏以上和重点地区电网发展规划；省级电力主管部门根据国家电力规划，组织编制220千伏以下电网规划并报国家电力主管部门备案。

（八）地方各级人民政府在制定当地国民经济发展规划、城乡总体规划和土地利用总体规划时，要为电网建设预留合适的输电通道和变电站站址，统一规划城市管线走廊，协调解决电网建设中的问题。

二、调整电网建设标准，推进电力抗灾技术创新

（九）有关部门要加强组织协调，积极推进电力抗灾技术创新，及时分析总结各种自然灾害对电力系统的影响，兼顾安全性和经济性，修订和完善适合我国国情的电力建设标准和规范。

（十）科学确定电网设施设防标准。对骨干电源送出线路、骨干网架及变电站、重要用户配电线路等重要电力设施，要在充分论证的基础上，适当提高设防标准。对跨越主干铁路、高等级公路、河流航道、其他输电线路等重要设施的局部线路，以及位于自然灾害易发区、气候条件恶劣地区和设施维护困难地区的局部线路，要适当提高设防标准。结合城市建设和经济发展，鼓励城市配电网主干线路采用入地电缆。

（十一）气象、地震、环保、国土和水利等部门要将与电网安全相关的数据纳入日常监测范围，及时调整自然灾害判定标准和划分自然灾害易发区，加强监测预报，提高灾害预测和预警能力。电网企业要会同气象等部门在自然灾害易发区的输电走廊设立观测点，统一观测标准，积累并共享相关资料。

（十二）电网企业、发电企业、电力施工企业和设备制造企业要高度重视工程建设质量管理，认真执行国家质量管理的有关规定，健全安全保障体系。有关部门要加强电力施工质量监管，确保材料、设备、工程质量和施工安全。

（十三）发展改革、科技、财政、金融等有关部门要研究制定相应政策，鼓励企业和科研机构加大电力抗灾、救灾的科研投入，加快电力抗灾新技术、新产品的开发和推广应用。

（十四）鼓励加快抵御自然灾害技术的研究，加强新型防冰雪、防污闪涂料和新型导地线、绝缘材料等新技术和新产品的研究开发与推广应用。进一步优化杆塔、金具等电网设施设计，合理匹配元器件强度，提高电网设施防强风、防冰冻、抗震减振等抗灾能力。

（十五）鼓励研究和推广输电设施在线监测、实时预警、故障测距和应急保护等技术，逐步推广应用破冰、融冰等除冰技术和专用工具，推广应用杆塔高效抢修技术和工具，提高电网设施的安全监测和应急抢修能力。

三、完善电力应急体系，做好灾害防范应对

（十六）按照统一指挥、分工负责、预防为主、保证重点的原则，建立政府领导、部门协作、电力监管机构监管、企业为主、用户积极配合的电力应急预警系统和电力抗灾体系，做好灾害防范、应急救助和灾后恢复重建工作。

（十七）国家电力监管机构是全国电力安全的监管机构，负责组织开展电力系统应急、灾害事故调查处理、信息发布等工作。地方各级人民政府是本行政区域电力应急指挥机构，负责协调指挥各有关部门、电力企业及相关单位，制定防灾预案，开展抢险救灾。电力企业是电力系统抢险救灾的责任主体，负责执行抢险救灾任务，做好灾后重建工作。

（十八）地方各级人民政府负责制定完善本地区防灾预案，研究确定当地重要用户范围和应对自然灾害的供电序位。要压缩高耗能、高排放和产能过剩行业用电，优先保证医院、矿山、学校、广播电视、通信、铁路、交通枢纽、供水供气供热、金融机构等重要用户和居民生活电力供应。

（十九）电力企业要根据本地区灾害特点，建立健全电力抗灾预警系统，形成与气象、防汛、地质灾害预防等有关部门的信息沟通和应急联动机制；要充分发挥电力设计、施工队伍在电力应急抢险中的作用，加强抢险救灾物资储备和应急抢险能力建设。

（二十）电网企业要针对灾害可能造成的电网大面积停电、电网解列、"孤网运行"等情况，制定和完善电网"黑启动"等应急处置预案。在灾害性天气多发季节，电网应急保安电源要做好应急启动和"孤网运行"的准备。

（二十一）发电企业在灾害性天气多发季节和法定长假到来之前，要提前做好燃料储备、设备维护等工作。燃煤电厂存煤要达到设计要求，调峰调频水电厂水库蓄水要满足应急需求。燃料生产、销售、运输部门要积极支持和配合发电企业做好燃料储备工作。

（二十二）电力施工企业要配备应急抢修的必要机具，加强施工人员培训，提高安全防护和应急抢修能力。

（二十三）医院、矿山、广播电视、通信、交通枢纽、供水供气供热、金融机构等重要用户，应自备应急保安电源，妥善管理和保养相关设备，储备必要燃料，保障应急需要。

（二十四）有关方面要认真贯彻落实《国家突发公共事件总体应急预案》和《国家处置电网大面积停电事件应急预案》，定期组织联合应急演练，采取多种形式加强防灾减灾的教育培训，增强抵御自然灾害的意识和能力。

四、明确分工职责，搞好抢险救灾

（二十五）地方各级人民政府在收到自然灾害预警信息后，要及时启动防灾应急预案，按照预案和供电序位通知电力企业、电力用户做好准备。一旦灾害引发严重电网事故，要组织电力企业实施应急抢修。要协调林业、交通、铁道和环保等有关部门，及时解决电力设施抢修、重建中的林木砍伐、抢险物资运输和污染防控等问题。

（二十六）电网企业在收到灾害预警后，要迅速组织有关人员和物资，进入抢险救灾的准备状态，并按照防灾预案要求，及时调整运行方式。灾害发生后，要随时监测输电线路安全运行情况，及早采取应对措施，将灾害对输电线路的影响减到最低。主干电网受灾害影响发生严重故障或出现大面积停电时，电网企业要立即按照预案确定的供电序位实施有序供电，并立即开展抢修工作。

（二十七）发电企业在收到灾害预警后，要加强设备巡检和维护，补充发电燃料等物资和相关应急机具，按照电力调度要求调整机组运行方式，做好非正常运行准备，并及时向有关单位通报设备状况。

（二十八）电力用户要服从电网企业的统一调度和指挥，确保电网安全。重要用户要做好启动自备应急保安电源的准备。

（二十九）各地区、各部门要打破区域、行业等限制，对受灾地区无条件实施紧急救助和支援，尽快恢复受灾地区的电力供应。

国务院关于建立完善守信联合激励和失信联合惩戒制度加快推进社会诚信建设的指导意见

国发〔2016〕33 号

各省、自治区、直辖市人民政府，国务院各部委、各直属机构：

健全社会信用体系，加快构建以信用为核心的新型市场监管体制，有利于进一步推动简政放权和政府职能转变，营造公平诚信的市场环境。为建立完善守信联合激励和失信联合惩戒制度，加快推进社会诚信建设，现提出如下意见。

一、总体要求

（一）指导思想。

全面贯彻党的十八大和十八届三中、四中、五中全会精神，深入贯彻习近平总书记系列重要讲话精神，按照党中央、国务院决策部署，紧紧围绕"四个全面"战略布局，牢固树立创新、协调、绿色、开放、共享发展理念，落实加强和创新社会治理要求，加快推进社会信用体系建设，加强信用信息公开和共享，依法依规运用信用激励和约束手段，构建政府、社会共同参与的跨地区、跨部门、跨领域的守信联合激励和失信联合惩戒机制，促进市场主体依法诚信经营，维护市场正常秩序，营造诚信社会环境。

（二）基本原则。

——褒扬诚信，惩戒失信。充分运用信用激励和约束手段，加大对诚信主体激励和对严重失信主体惩戒力度，让守信者受益、失信者受限，形成褒扬诚信、惩戒失信的制度机制。

——部门联动，社会协同。通过信用信息公开和共享，建立跨地区、跨部门、跨领域的联合激励与惩戒机制，形成政府部门协同联动、行业组织自律管理、信用服务机构积极参与、社会舆论广泛监督的共同治理格局。

——依法依规，保护权益。严格依照法律法规和政策规定，科学界定守信和失信行为，开展守信联合激励和失信联合惩戒。建立健全信用修复、异议申诉等机制，保护当事人合法权益。

——突出重点，统筹推进。坚持问题导向，着力解决当前危害公共利益和公共安全、人民群众反映强烈、对经济社会发展造成重大负面影响的重点领域失信问题。鼓励支持地方人民政府和有关部门创新示范，逐步将守信激励和失信惩戒机制推广到经济社会各领域。

二、健全褒扬和激励诚信行为机制

（三）多渠道选树诚信典型。将有关部门和社会组织实施信用分类监管确定的信用状况良好的行政相对人、诚信道德模范、优秀青年志愿者，行业协会商会推荐的诚信会员，新闻媒体挖掘的诚信主体等树立为诚信典型。鼓励有关部门和社会组织在监管和服务中建立各类主体信用记录，向社会推介无不良信用记录者和有关诚信典型，联合其他部门和社会组织实施守信激励。鼓励行业协会商会完善会员企业信用评价机制。引导企业主动发布综合信用承诺或产品服务质量等专项承诺，开展产品服务标准等自我声明公开，接受社会监督，形成企业争做诚信模范的良好氛围。

（四）探索建立行政审批"绿色通道"。在办理行政许可过程中，对诚信典型和连续三年无不良信用记录的行政相对人，可根据实际情况实施"绿色通道"和"容缺受理"等便利服务措施。对符合条件的行政相对人，除法律法规要求提供的材料外，部分申报材料不齐备的，如其书面承诺在规定期限内提供，应先行受理，加快办理进度。

（五）优先提供公共服务便利。在实施财政性资金项目安排、招商引资配套优惠政策等各类政府优惠政策中，优先考虑诚信市场主体，加大扶持力度。在教育、就业、创业、社会保障等领域对诚信个人给予重点支持和优先便利。在有关公共资源交易活动中，提倡依法依约对诚信市场主体采取信用加分等措施。

（六）优化诚信企业行政监管安排。各级市场监管部门应根据监管对象的信用记录和信用评价分类，注重运用大数据手段，完善事中事后监管措施，为市场主体提供便利化服务。对符合一定条件的诚信企业，在日常检查、专项检查中优化检查频次。

（七）降低市场交易成本。鼓励有关部门和单位开发"税易贷"、"信易贷"、"信易债"等守信激励产品，引导金融机构和商业销售机构等市场服务机构参考使用市场主体信用信息、信用积分和信用评价结果，对诚信市场主体给予优惠和便利，使守信者在市场中获得更多机会和实惠。

（八）大力推介诚信市场主体。各级人民政府有关部门应将诚信市场主体优良信用信息及时在政府网站和"信用中国"网站进行公示，在会展、银企对接等活动中重点推介诚信企业，让信用成为市场配置资源的重要考量因素。引导征信机构加强对市场主体正面信息的采集，在诚信问题反映较为集中的行业领域，对守信者加大激励性评分比重。推动行业协会商会加强诚信建设和行业自律，表彰诚信会员，讲好行业"诚信故事"。

三、健全约束和惩戒失信行为机制

（九）对重点领域和严重失信行为实施联合惩戒。在有关部门和社会组织依法依规对本领域失信行为作出处理和评价基础上，通过信息共享，推动其他部门和社会组织依法依规对严重失信行为采取联合惩戒措施。重点包括：一是严重危害人民群众身体健康和生命安全的行为，包括食品药品、生态环境、工程质量、安全生产、消防安全、强制性产品认证等领域的严重失信行为。二是严重破坏市场公平竞争秩序和社会正常秩序的行为，包括贿赂、逃税骗税、恶意逃废债务、恶意拖欠货款或服务费、恶意欠薪、非法集资、合同欺诈、传销、无证照经营、制售假冒伪劣产品和故意侵犯知识产权、出借和借用资质投标、围标串标、虚假广告、侵害消费者或证券期货投资者合法权益、严重破坏网络空间传播秩序、聚众扰乱社会秩序等严重失信行为。三是拒不履行法定义务，严重影响司法机关、行政机关公信力的行为，包括当事人在司法机关、行政机关作出判决或决定后，有履行能力但拒不履行、逃避执行等严重失信行为。四是拒不履行国防义务，拒绝、逃避兵役，拒绝、拖延民用资源征用或者阻碍对被征用的民用资源进行改造，危害国防利益，破坏国防设施等行为。

（十）依法依规加强对失信行为的行政性约束和惩戒。对严重失信主体，各地区、各有关部门应将其列为重点监管对象，依法依规采取行政性约束和惩戒措施。从严审核行政许可审批项目，从严控制生产许可证发放，限制新增项目审批、核准，限制股票发行上市融资或发行债券，限制在全国股份转让系统挂牌、融资，限制发起设立或参股金融机构以及小额贷款公司、融资担保公司、创业投资公司、互联网融资平台等机构，限制从事互联网信息服务等。严格限制申请财政性资金项目，限制参与有关公共资源交易活动，限制参与基础设施和公用事业特许经营。对严重失信企业及其法定代表人、主要负责人和对失信行为负有直接责任的注册执业人员等实施市场和行业禁入措施。及时撤销严重失信企业及其法定代表人、负责人、高级管理人员和对失信行为负有直接责任的董事、股东等人员的荣誉称号，取消参加评先评优资格。

（十一）加强对失信行为的市场性约束和惩戒。对严重失信主体，有关部门和机构应以统一社会信用代码为索引，及时公开披露相关信息，便于市场识别失信行为，防范信用风险。督促有关企业和个人履行法定义务，对有履行能力但拒不履行的严重失信主体实施限制出境和限制购买不动产、乘坐飞机、乘坐高等级列车和席次、旅游度假、入住星级以上宾馆及其他高消费行为等措施。支持征信机构采集严重失信行为信息，纳入信用记录和信用报告。引导商业银行、证券期货经营机构、保险公司等金融机构按照风险定价原则，对严重失信主体提高贷款利率和财产保险费率，或者限制向其提供贷款、保荐、承销、保险等服务。

（十二）加强对失信行为的行业性约束和惩戒。建立健全行业自律公约和职业道德准则，推动行业信用建设。引导行业协会商会完善行业内部信用信息采集、共享机制，将严重失信行为记入会员信用档案。鼓励行业协会商会与有资质的第三方信用服务机构合作，开展会员企业信用等级评价。支持行业协会商会按照行业标准、行规、行约等，视情节轻重对失信会员实行警告、行业内通报批评、公开谴责、不予接纳、劝退等惩戒措施。

（十三）加强对失信行为的社会性约束和惩戒。充分发挥各类社会组织作用，引导社会力量广泛参与失信联合惩戒。建立完善失信举报制度，鼓励公众举报企业严重失信行为，对举报人信息严格保密。支持有关社会组织依法对污染环境、侵害消费者或公众投资者合法权益等群体性侵权行为提起公益诉讼。鼓励公正、独立、有条件的社会机构开展失信行为大数据舆情监测，编制发布地区、行业信用分析报告。

（十四）完善个人信用记录，推动联合惩戒措施落实到人。对企事业单位严重失信行为，在记入企事业单位信用记录的同时，记入其法定代表人、主要负责人和其他负有直接责任人员的个人信用记录。在对失信企事业单位进行联合惩戒的同时，依照法律法规和政策规定对相关责任人员采取相应的联合惩戒措施。通过建立完整的个人信用记录数据库及联合惩戒机制，使失信惩戒措施落实到人。

四、构建守信联合激励和失信联合惩戒协同机制

（十五）建立触发反馈机制。在社会信用体系建设部际联席会议制度下，建立守信联合激励和失信联合惩戒的发起与响应机制。各领域守信联合激励和失信联合惩戒的发起部门负责确定激励和惩戒对象，实施部门负责对有关主体采取相应的联合激励和联合惩戒措施。

（十六）实施部省协同和跨区域联动。鼓励各地区对本行政区域内确定的诚信典型和严重失信主体，发起部省协同和跨区域联合激励与惩戒。充分发挥社会信用体系建设部际联席会议制度的指导作用，建立健全跨地区、跨部门、跨领域的信用体系建设合作机制，加强信用信息共享和信用评价结果互认。

（十七）建立健全信用信息公示机制。推动政务信用信息公开，全面落实行政许可和行政处罚信息上网公开制度。除法律法规另有规定外，县级以上人民政府及其部门要将各类自然人、法人和其他组织的行政许可、行政处罚等信息在7个工作日内通过政府网站公开，并及时归集至"信用中国"网站，为社会提供"一站式"查询服务。涉及企业的相关信息按照企业信息公示暂行条例规定在企业信用信息公示系统公示。推动司法机关在"信用中国"网站公示司法判决、失信被执行人名单等信用信息。

（十八）建立健全信用信息归集共享和使用机制。依托国家电子政务外网，建立全国信用信息共享平台，发挥信用信息归集共享枢纽作用。加快建立健全各省（区、市）信用信息共享平台和各行业信用信息系统，推动青年志愿者信用信息系统等项目建设，归集整合本地区、本行业信用信息，与全国信用信息共享平台实现互联互通和信息共享。依托全国信用信息共享平台，根据有关部门签署的合作备忘录，建立守信联合激励和失信联合惩戒的信用信息管理系统，实现发起响应、信息推送、执行反馈、信用修复、异议处理等动态协同功能。各级人民政府及其部门应将全国信用信息共享平台信用信息查询使用嵌入审批、监管工作流程中，确保"应查必查"、"奖惩到位"。健全政府与征信机构、金融机构、行业协会商会等组织的信息共享机制，促进政务信用信息与社会信用信息互动融合，最大限度发挥守信联合激励和失信联合惩戒作用。

（十九）规范信用红黑名单制度。不断完善诚信典型"红名单"制度和严重失信主体"黑名单"制度，依法依规规范各领域红黑名单产生和发布行为，建立健全退出机制。在保证独立、公正、客观前提下，鼓励有关群众团体、金融机构、征信机构、评级机构、行业协会商会等将产生的"红名单"和"黑名单"信息提供给政府部门参考使用。

（二十）建立激励和惩戒措施清单制度。在有关领域合作备忘录基础上，梳理法律法规和政策规定明确的联合激励和惩戒事项，建立守信联合激励和失信联合惩戒措施清单，主要分为两类：一类是强制性措施，即依法必须联合执行的激励和惩戒措施；另一类是推荐性措施，即由参与各方推荐的，符合褒扬诚信、惩戒失信政策导向，各地区、各部门可根据实际情况实施的措施。社会信用体系建设部际联席会议应总结经验，不断完善两类措施清单，并推动相关法律法规建设。

（二十一）建立健全信用修复机制。联合惩戒措施的发起部门和实施部门应按照法律法规和政策规定明确各类失信行为的联合惩戒期限。在规定期限内纠正失信行为、消除不良影响的，不再作为联合惩戒对象。建立有利于自我纠错、主动自新的社会鼓励与关爱机制，支持有失信行为的个人通过社会公益服务等方式修复个人信用。

（二十二）建立健全信用主体权益保护机制。建立健全信用信息异议、投诉制度。有关部门和单位在执行失信联合惩戒措施时主动发现、经市场主体提出异议申请或投诉发现信息不实的，应及时告知信息提供单位核实，信息提供单位应尽快核实并反馈。联合惩戒措施在信息核实期间暂不执行。经核实有误的信息应及时更正或撤销。因错误采取联合惩戒措施损害有关主体合法权益的，有关部门和单位应积极采取措施恢复其信誉、消除不良影响。支持有关主体通过行政复议、行政诉讼等方式维护自身合法权益。

（二十三）建立跟踪问效机制。各地区、各有关部门要建立完善信用联合激励惩戒工作的各项制度，充分利用全国信用信息共享平台的相关信用信息管理系统，建立健全信用联合激励惩戒的跟踪、监测、统计、评估机制并建立相应的督查、考核制度。对信用信息归集、共享和激励惩戒措施落实不力的部门和单位，进行通报和督促整改，切实把各项联合激励和联合惩戒措施落到实处。

五、加强法规制度和诚信文化建设

（二十四）完善相关法律法规。继续研究论证社会信用领域立法。加快研究推进信用信息归集、共享、公开和使用，以及失信行为联合惩戒等方面的立法工作。按照强化信用约束和协同监管要求，各地区、各部门应对现行法律、法规、规章和规范性文件有关规定提出修订建议或进行有针对性的修改。

（二十五）建立健全标准规范。制定信用信息采集、存储、共享、公开、使用和信用评价、信用分类管理等标准。确定各级信用信息共享平台建设规范，统一数据格式、数据接口等技术要求。各地区、各部门要结合实际，制定信用信息归集、共享、公开、使用和守信联合激励、失信联合惩戒的工作流程和操作规范。

（二十六）加强诚信教育和诚信文化建设。组织社会各方面力量，引导广大市场主体依法诚信经营，树立"诚信兴商"理念，组织新闻媒体多渠道宣传诚信企业和个人，营造浓厚社会氛围。加强对失信行为的道德约束，完善社会舆论监督机制，通过报刊、广播、电视、网络等媒体加大对失信主体的监督力度，依法曝光社会影响恶劣、情节严重的失信案件，开展群众评议、讨论、批评等活动，形成对严重失信行为的舆论压力和道德约束。通过学校、单位、社区、家庭等，加强对失信个人的教育和帮助，引导其及时纠正失信行为。加强对企业负责人、学生和青年群体的诚信宣传教育，加强会计审计人员、导游、保险经纪人、公职人员等重点人群以诚信为重要内容的职业道德建设。加大对守信联合激励和失信联合惩戒的宣传报道和案例剖析力度，弘扬社会主义核心价值观。

（二十七）加强组织实施和督促检查。各地区、各有关部门要把实施守信联合激励和失信联合惩戒作为推进社会信用体系建设的重要举措，认真贯彻落实本意见并制定具体实施方案，切实加强组织领导，落实工作机构、人员编制、项目经费等必要保障，确保各项联合激励和联合惩戒措施落实到位。鼓励有关地区和部门先行先试，通过签署合作备忘录或出台规范性文件等多种方式，建立长效机制，不断丰富信用激励内容，强化信用约束措施。国家发展改革委要加强统筹协调，及时跟踪掌握工作进展，督促检查任务落实情况并报告国务院。

国务院

2016 年 5 月 30 日

国务院关于优化建设工程防雷许可的决定

国发〔2016〕39号

各省、自治区、直辖市人民政府，国务院各部委、各直属机构：

根据简政放权、放管结合、优化服务协同推进的改革要求，为减少建设工程防雷重复许可、重复监管，切实减轻企业负担，进一步明确和落实政府相关部门责任，加强事中事后监管，保障建设工程防雷安全，现作出如下决定：

一、整合部分建设工程防雷许可

（一）将气象部门承担的房屋建筑工程和市政基础设施工程防雷装置设计审核、竣工验收许可，整合纳入建筑工程施工图审查、竣工验收备案，统一由住房城乡建设部门监管，切实优化流程、缩短时限、提高效率。

（二）油库、气库、弹药库、化学品仓库、烟花爆竹、石化等易燃易爆建设工程和场所，雷电易发区内的矿区、旅游景点或者投入使用的建（构）筑物、设施等需要单独安装雷电防护装置的场所，以及雷电风险高且没有防雷标准规范、需要进行特殊论证的大型项目，仍由气象部门负责防雷装置设计审核和竣工验收许可。

（三）公路、水路、铁路、民航、水利、电力、核电、通信等专业建设工程防雷管理，由各专业部门负责。

二、清理规范防雷单位资质许可

取消气象部门对防雷专业工程设计、施工单位资质许可；新建、改建、扩建建设工程防雷的设计、施工，可由取得相应建设、公路、水路、铁路、民航、水利、电力、核电、通信等专业工程设计、施工资质的单位承担。同时，规范防雷检测行为，降低防雷装置检测单位准入门槛，全面开放防雷装置检测市场，允许企事业单位申请防雷检测资质，鼓励社会组织和个人参与防雷技术服务，促进防雷减灾服务市场健康发展。

三、进一步强化建设工程防雷安全监管

（一）气象部门要加强对雷电灾害防御工作的组织管理，做好雷电监测、预报预警、雷电灾害调查鉴定和防雷科普宣传，划分雷电易发区域及其防范等级并及时向社会公布。

（二）各相关部门要按照谁审批、谁负责、谁监管的原则，切实履行建设工程防雷监管职责，采取有效措施，明确和落实建设工程设计、施工、监理、检测单位以及业主单位等在防雷工程质量安全方面的主体责任。同时，地方各级政府要继续依法履行防雷监管职责，落实雷电灾害防御责任。

（三）中国气象局、住房城乡建设部要会同相关部门建立建设工程防雷管理工作机制，加强指导协调和相互配合，完善标准规范，研究解决防雷管理中的重大问题，优化审批流程，规范中介服务行为。

建设工程防雷许可具体范围划分，由中国气象局、住房城乡建设部会同中央编办、工业和信息化部、环境保护部、交通运输部、水利部、国务院法制办、国家能源局、国家铁路局、中国民航局等部门研究确定并落实责任，及时向社会公布，2016 年底前完成相关交接工作。相关部门要按程序修改《气象灾害防御条例》，对涉及的部门规章等进行清理修订。国务院办公厅适时组织督查，督促各部门、各地区在规定时限内落实改革要求。

本决定自印发之日起施行，已有规定与本决定不一致的，按照本决定执行。

国务院

2016 年 6 月 24 日

国务院关于印发"十三五"国家信息化规划的通知

国发〔2016〕73号

各省、自治区、直辖市人民政府，国务院各部委、各直属机构：

现将《"十三五"国家信息化规划》印发给你们，请认真贯彻执行。

国务院

2016年12月15日

附件：

"十三五"国家信息化规划

"十三五"时期是全面建成小康社会的决胜阶段，是信息通信技术变革实现新突破的发轫阶段，是数字红利充分释放的扩展阶段。信息化代表新的生产力和新的发展方向，已经成为引领创新和驱动转型的先导力量。围绕贯彻落实"五位一体"总体布局和"四个全面"战略布局，加快信息化发展，直面"后金融危机"时代全球产业链重组，深度参与全球经济治理体系变革；加快信息化发展，适应把握引领经济发展新常态，着力深化供给侧结构性改革，重塑持续转型升级的产业生态；加快信息化发展，构建统一开放的数字市场体系，满足人民生活新需求；加快信息化发展，增强国家文化软实力和国际竞争力，推动社会和谐稳定与文明进步；加快信息化发展，统筹网上网下两个空间，拓展国家治理新领域，让互联网更好造福国家和人民，已成为我国"十三五"时期践行新发展理念、破解发展难题、增强发展动力、厚植发展优势的战略举措和必然选择。

本规划旨在贯彻落实"十三五"规划纲要和《国家信息化发展战略纲要》，是"十三五"国家规划体系的重要组成部分，是指导"十三五"期间各地区、各部门信息化工作的行动指南。

一、发展现状与形势

（一）发展成就。

党中央、国务院高度重视信息化工作。"十二五"时期特别是党的十八大之后，成立中央网络安全和信息化领导小组，通过完善顶层设计和决策体系，加强统筹协调，作出实施网络强国战略、大数据战略、"互联网+"行动等一系列重大决策，开启了信息化发展新征程。各地区、各部门扎实工作、开拓创新，我国信息化取得显著进步和成就。

信息基础设施建设实现跨越式发展，宽带网络建设明显加速。截至2015年底，我国网民数达到6.88亿，互联网普及率达到50.3%，互联网用户、宽带接入用户规模位居全球第一。第三代移动通信网络（3G）覆盖全国所有乡镇，第四代移动通信网络（4G）商用全面铺开，第五代移动通信网络（5G）研发步入全球领先梯队，网络提速降费行动加快推进。三网融合在更大范围推广，宽带广播电视和有线无线卫星融合一体化建设稳步推进。北斗卫星导航系统覆盖亚太地区。

信息产业生态体系初步形成，重点领域核心技术取得突破。集成电路实现 28 纳米（nm）工艺规模量产，设计水平迈向 16/14nm。"神威·太湖之光"超级计算机继"天河二号"后蝉联世界超级计算机 500 强榜首。高世代液晶面板生产线建设取得重大进展，迈向 10.5 代线。2015 年，信息产业收入规模达到 17.1 万亿元，智能终端、通信设备等多个领域的电子信息产品产量居全球第一，涌现出一批世界级的网信企业。

网络经济异军突起，基于互联网的新业态新模式竞相涌现。2015 年，电子商务交易额达到 21.79 万亿元，跃居全球第一。"互联网+"蓬勃发展，信息消费大幅增长，产业互联网快速兴起，从零售、物流等领域逐步向一二三产业全面渗透。网络预约出租汽车、大规模在线开放课程（慕课）等新业态新商业模式层出不穷。

电子政务应用进一步深化，网络互联、信息互通、业务协同稳步推进。统一完整的国家电子政务网络基本形成，基础信息资源共享体系初步建立，电子政务服务不断向基层政府延伸，政务公开、网上办事和政民互动水平显著提高，有效促进政府管理创新。

社会信息化水平持续提升，网络富民、信息惠民、服务便民深入发展。信息进村入户工程取得积极成效，互联网助推脱贫攻坚作用明显。大中小学各级教育机构初步实现网络覆盖。国家、省、市、县四级人口健康信息平台建设加快推进，电子病历普及率大幅提升，远程会诊系统初具规模。医保、社保即时结算和跨区统筹取得新进展，截至 2015 年底，社会保障卡持卡人数达到 8.84 亿人。

网络安全保障能力显著增强，网上生态持续向好。网络安全审查制度初步建立，信息安全等级保护制度基本落实，网络安全体制机制逐步完善。国家关键信息基础设施安全防护水平明显提升，国民网络安全意识显著提高。发展了中国特色社会主义治网之道，网络文化建设持续加强，互联网成为弘扬社会主义核心价值观和中华优秀传统文化的重要阵地，网络空间日益清朗。

网信军民融合体系初步建立，技术融合、产业融合、信息融合不断深化。网信军民融合顶层设计、战略统筹和宏观指导得到加强，实现了集中统一领导和决策，一批重大任务和重大工程落地实施。军民融合式网信产业基础进一步夯实，初步实现网络安全联防联控、网络舆情军地联合管控，信息基础设施共建合用步伐加快。

网络空间国际交流合作不断深化，网信企业走出去步伐明显加快。成功举办世界互联网大会、中美互联网论坛、中英互联网圆桌会议、中国—东盟信息港论坛、中国—阿拉伯国家网上丝绸之路论坛、中国—新加坡互联网论坛。数字经济合作成为多边、双边合作新亮点。一批网信企业加快走出去，积极参与"一带一路"沿线国家信息基础设施建设。跨境电子商务蓬勃发展，年增速持续保持在 30% 以上。

"十二五"信息化发展基本情况

指　标	规划目标		实现情况	
	2015 年	年均增长（%）	2015 年	年均增长（%）
总 体 发 展 水 平				
1．信息化发展指数	>79	—	72.45	—

续表

指　标	规划目标		实现情况	
	2015 年	年均增长（%）	2015 年	年均增长（%）
信 息 技 术 与 产 业				
2．集成电路芯片规模生产工艺（纳米）	32/28	—	28	—
3．信息产业收入规模（万亿元）	16	10	17.1	13
信 息 基 础 设 施				
4．网民数量（亿）	8.5	13.2	6.88	8.5
5．固定互联网宽带接入用户（亿户）	＞2.7	＞15.7	2.1	10.1
6．光纤入户用户数（亿户）	＞0.77	＞103.6	1.2	126.8
7．城市家庭宽带接入能力（Mbps）	20	38.0	20	38.0
8．农村家庭宽带接入能力（Mbps）	4	14.9	4	14.9
9．县级以上城市有线广播电视网络实现双向化率（%）	80	〔55〕	53	〔28〕
10．互联网国际出口带宽（Tbps）	6.5	42.7	3.8	37.5
信 息 经 济				
11．制造业主要行业大中型企业关键工序数（自）控化率（%）	＞70	＞6.08	70	6.08
12．电子商务交易规模（万亿元）	＞18	＞31.7	21.79	35.5
信 息 服 务				
13．中央部委和省级政务部门主要业务信息化覆盖率（%）	＞85	〔＞15〕	90.8	〔20.8〕
14．地市级政务部门主要业务信息化覆盖率（%）	70	〔30〕	76.8	〔36.8〕
15．县级政务部门主要业务信息化覆盖率（%）	50	〔25〕	52.5	〔27.5〕
16．电子健康档案城乡居民覆盖率（%）	＞70	〔＞30〕	75	〔35〕
17．社会保障卡持卡人数（亿）	8	50.7	8.84	53.7

注：〔 〕表示五年累计数，单位为百分点。

（二）发展形势。

"十三五"时期，全球信息化发展面临的环境、条件和内涵正发生深刻变化。从国际看，世界经济在深度调整中曲折复苏、增长乏力，全球贸易持续低迷，劳动人口数量增长放缓，资源环境约束日益趋紧，局部地区地缘博弈更加激烈，全球性问题和挑战不断增加，人类社会对信息化发展的迫切需求达到前所未有的程度。同时，全球信息化进入全面渗透、跨界融合、加速创新、引领发展的新阶段。信息技术创新代际周期大幅缩短，创新活力、集聚效应和应用潜能裂变式释放，更快速度、更广范围、更深程度地引发新一轮科技革命和产业变革。物联网、云计算、大数据、人工智能、机器深度学习、区块链、生物基因工程等新技术驱动网络空间从人人互联向万物互联演进，数字化、网络化、智能化服务将无处不在。现实世界和数字世界日益交汇融合，全球治理体系面临深刻变革。全球经济体普遍把加快信息技术创新、最大程度释放数字红利，作为应对"后金融危机"时代增长不稳定性和不确定性、深化结构性改革和推动可持续发展的关键引擎。

从国内看，我国经济发展进入新常态，正处于速度换挡、结构优化、动力转换的关键节点，面临传统要素优势减弱和国际竞争加剧双重压力，面临稳增长、促改革、调结构、惠民生、防风险等多重挑战，面临全球新一轮科技产业革命与我国经济转型、产业升级的历史交汇，亟需发挥信息化覆盖面广、渗透性强、带动作用明显的优势，推进供给侧结构性改革，培育发展新动能，构筑国际竞争新优势。从供给侧看，推动信息化与实体经济深度融合，有利于提高全要素生产率，提高供给质量和效率，更好地满足人民群众日益增长、不断升级和个性化的需求；从需求侧看，推动互联网与经济社会深度融合，创新数据驱动型的生产和消费模式，有利于促进消费者深度参与，不断激发新的需求。

同时，我国信息化发展还存在一些突出短板，主要是：技术产业生态系统不完善，自主创新能力不强，核心技术受制于人成为最大软肋和隐患；互联网普及速度放缓，贫困地区和农村地区信息基础设施建设滞后，针对留守儿童、残障人士等特殊人群的信息服务供给薄弱，数字鸿沟有扩大风险；信息资源开发利用和公共数据开放共享水平不高，政务服务创新不能满足国家治理体系和治理能力现代化的需求；制约数字红利释放的体制机制障碍仍然存在，与先进信息生产力相适应的法律法规和监管制度还不健全；网络安全技术、产业发展滞后，网络安全制度有待进一步完善，一些地方和部门网络安全风险意识淡薄，网络空间安全面临严峻挑战。

综合研判，"十三五"时期是信息化引领全面创新、构筑国家竞争新优势的重要战略机遇期，是我国从网络大国迈向网络强国、成长为全球互联网引领者的关键窗口期，是信息技术从跟跑并跑到并跑领跑、抢占战略制高点的激烈竞逐期，也是信息化与经济社会深度融合、新旧动能充分释放的协同进发期。必须认清形势，树立全球视野，保持战略定力，增强忧患意识，加强统筹谋划，着力补齐短板，主动顺应和引领新一轮信息革命浪潮，务求在未来五到十年取得重大突破、重大进展和重大成果，在新的历史起点上开创信息化发展新局面。

二、总体要求

（一）指导思想。

全面贯彻党的十八大和十八届三中、四中、五中、六中全会精神，深入贯彻习近平总书记系列重要讲话精神，认真落实党中央、国务院决策部署，按照"五位一体"总体布局和"四个全面"战略布局，牢固树立创新、协调、绿色、开放、共享的发展理念，着力补齐核心技术短板，全面增强信息化发展能力；着力发挥信息化对经济社会发展的驱动引领作用，培育发展新动能，拓展网络经济空间，壮大网络信息等新兴消费，全面提升信息化应用水平；着力满足广大人民群众普遍期待和经济社会发展关键需要，重点突破，推动信息技术更好服务经济升级和民生改善；着力深化改革，激发创新活力，主动防范和化解风险，全面优化信息化发展环境。坚定不移走中国特色信息化发展道路，实施网络强国战略，让信息化更好造福国家和人民，为如期全面建成小康社会提供强大动力。

（二）主要原则。

坚持以惠民为宗旨。把增进人民福祉、促进人的全面发展作为信息化发展的出发点和落脚点，着力发挥信息化促进公共资源优化配置的作用，以信息化提升公共治理和服务水平，促进人民生活水平和质量普遍提高。

坚持全面深化改革。正确处理政府和市场关系，坚持发挥市场在资源配置中的决定性作用，更好发挥政府作用，破除不利于信息化创新发展的体制机制障碍，激发创新活力，加强法治保障，释放数字红利，为经济社会发展提供持续动力。

坚持服务国家战略。围绕推进"一带一路"建设、京津冀协同发展、长江经济带发展等国家战略和经济、政治、文化、社会、生态、国防等重大需求，发挥信息化引领和支撑作用，做到国家利益在哪里、信息化就覆盖到哪里。

坚持全球视野发展。把握全球信息技术创新发展趋势和前沿动态，增强我国在全球范围配置人才、资金、技术、信息的能力，超前布局、加速赶超，积极推动全球互联网治理体系变革，提高我国国际话语权。

坚持安全与发展并重。树立科学的网络安全观，正确处理安全和发展的关系，坚持安全和发展双轮驱动，以安全保发展，以发展促安全，推动网络安全与信息化发展良性互动、互为支撑、协调共进。

（三）发展目标。

到 2020 年，"数字中国"建设取得显著成效，信息化发展水平大幅跃升，信息化能力跻身国际前列，具有国际竞争力、安全可控的信息产业生态体系基本建立。信息技术和经济社会发展深度融合，数字鸿沟明显缩小，数字红利充分释放。信息化全面支撑党和国家事业发展，促进经济社会均衡、包容和可持续发展，为国家治理体系和治理能力现代化提供坚实支撑。

核心技术自主创新实现系统性突破。信息领域核心技术设备自主创新能力全面增强，新一代网络技术体系、云计算技术体系、端计算技术体系和安全技术体系基本建立。集成电路、基础软件、核心元器件等关键薄弱环节实现系统性突破。5G 技术研发和标准制定取得突破性进展并启动商用。云计算、大数据、物联网、移动互联网等核心技术接近国际先进水平。部分前沿技术、颠覆性技术在全球率先取得突破，成为全球网信产业重要领导者。

信息基础设施达到全球领先水平。"宽带中国"战略目标全面实现，建成高速、移动、安全、泛在的新一代信息基础设施。固定宽带家庭普及率达到中等发达国家水平，城镇地区提供 1000 兆比特/秒（Mbps）以上接入服务能力，大中城市家庭用户带宽实现 100Mbps 以上灵活选择；98%的行政村实现光纤通达，有条件的地区提供 100Mbps 以上接入服务能力，半数以上农村家庭用户带宽实现 50Mbps 以上灵活选择；4G 网络覆盖城乡，网络提速降费取得显著成效。云计算数据中心和内容分发网络实现优化布局。国际网络布局能力显著增强，互联网国际出口带宽达到 20 太比特/秒（Tbps），通达全球主要国家和地区的高速信息网络基本建成，建成中国—东盟信息港、中国—阿拉伯国家等网上丝绸之路。北斗导航系统覆盖全球。有线、无线、卫星广播电视传输覆盖能力进一步增强，基本实现广播电视户户通。

信息经济全面发展。信息经济新产业、新业态不断成长，信息消费规模达到 6 万亿元，电子商务交易规模超过 38 万亿元，信息化和工业化融合发展水平进一步提高，重点行业数字化、网络化、智能化取得明显进展，网络化协同创新体系全面形成。打破信息壁垒和孤岛，实现各部门业务系统互联互通和信息跨部门跨层级共享共用，公共数据资源开放共享体系基本建立，面向企业和公民的一体化公共服务体系基本建成，电子政务推动公共服务更加便捷均等。电信普遍服务补偿机制进一步完善，网络扶贫成效明显，宽带网络覆盖 90%以上的贫困村。

信息化发展环境日趋优化。网络空间法治化进程全面推进，网络空间法律法规体系日趋完善，与信息社会相适应的制度体系基本建成，网信领域军民深度融合迈上新台阶。信息通信技术、产品和互联网服务的国际竞争力明显增强，网络空间国际话语权大幅提升。网络内容建设工程取得积极进展，媒体数字化建设成效明显。网络违法犯罪行为得到有力打击，网络空间持续清朗。信息安全等级保护制度得到全面落实。关键信息基础设施得到有效防护，网络安全保障能力显著提升。

"十三五"信息化发展主要指标

指　标	2015 年	2020 年	年均增速（%）
总 体 发 展 水 平			
1. 信息化发展指数	72.45	88	—
信 息 技 术 与 产 业			
2. 信息产业收入规模（万亿元）	17.1	26.2	8.9
3. 国内信息技术发明专利授权数（万件）	11.0	15.3	6.9
4. IT 项目投资占全社会固定资产投资总额的比例（%）	2.2	5	〔2.8〕
信 息 基 础 设 施			
5. 光纤入户用户占总宽带用户的比率（%）	56	80	〔24〕
6. 固定宽带家庭普及率（%）	40	70	〔30〕
7. 移动宽带用户普及率（%）	57	85	〔28〕
8. 贫困村宽带网络覆盖率（%）	78	90	〔12〕
9. 互联网国际出口带宽（Tbps）	3.8	20	39.4
信 息 经 济			
10. 信息消费规模（万亿元）	3.2	6	13.4
11. 电子商务交易规模（万亿元）	21.79	＞38	＞11.8
12. 网络零售额（万亿元）	3.88	10	20.8
信 息 服 务			
13. 网民数量（亿）	6.88	＞10	＞7.8
14. 社会保障卡普及率（%）	64.6	90	〔25.4〕
15. 电子健康档案城乡居民覆盖率（%）	75	90	〔15〕
16. 基本公共服务事项网上办理率（%）	20	80	〔60〕
17. 电子诉讼占比（%）	＜1	＞15	〔＞14〕
注：〔 〕表示五年累计数，单位为百分点。			

三、主攻方向

统筹实施网络强国战略、大数据战略、"互联网+"行动，整合集中资源力量，紧密结合大众创业万众创新、"中国制造 2025"，着力在引领创新驱动、促进均衡协调、支撑绿色低碳、深化开放合作、推动共建共享、主动防范风险等方面取得突破，为深化改革开放、推进国家治理体系和治理能力现代化提供数字动力引擎。

（一）引领创新驱动，培育发展新动能。

全面助力创新型国家建设。聚焦构筑国家先发优势，发挥信息化引领创新的先导作用，全面推进技术创新、产业创新、业态创新、产品创新、市场创新和管理创新。推动信息技术与制造、能源、材料、生物等技术融合渗透，催生新技术，打造新业态。构建跨行业、跨区域、跨部门的创新网络，建立线上线下结合的开放式创新服务载体，整合利用创新资源，增强创新要素集聚效应。

拓展网络经济空间。建设高速、移动、安全、泛在的新一代信息基础设施，打通经济社会发展信息"大动脉"。解放和发展信息生产力，以信息流带动技术流、资金流、人才流、物资流，激发创业就业，优化资源配置，提升全要素生产率，提高经济发展质量和效益，推动经济持续增长。

创造激励创新的发展环境。加快构建适应信息时代跨界创新、融合创新和迭代创新的体制机制，打破部门和行业信息壁垒，推进简政放权、放管结合、优化服务改革，降低制度性交易成本，优化营商环境，夯实企业创新主体、研发主体地位。完善人才激励机制，赋予创新领军人才更大的人财物支配权和技术路线决定权，激发创新活力。

（二）促进均衡协调，优化发展新格局。

驱动新旧动能接续转换。以信息化改造提升传统动能，促进去产能、去库存、去杠杆、降成本、补短板，提高供给体系的质量和效率。以信息化培育新动能，加快基于互联网的各类创新，构建现代产业新体系，用新动能推动新发展。建立公平、透明、开放、诚信、包容的数字市场体系，促进新兴业态和传统产业协调发展，推动社会生产力水平整体提升。

支撑区域协调发展。依托区域优势，强化区域间信息基础设施互联互通和信息资源共建共享，促进要素跨地区跨部门跨行业有序流动、资源优化配置和环境协同治理，优化区域生产力布局，促进区域协调发展。立足西部开发、东北振兴、中部崛起和东部率先的区域发展总体战略和"一带一路"建设、京津冀协同发展、长江经济带发展等重大国家战略，实施区域信息化一体化发展行动，提高区域协同治理和服务水平。

推动基本公共服务城乡覆盖。发挥信息化辐射和带动作用，以远程化、网络化等提高基本公共服务的覆盖面和均等化水平。重点围绕教育文化、医疗卫生、社会保障、住房保障等民生领域，构筑立体化、全方位、广覆盖的信息服务体系，扩大公共服务和产品供给，创新服务方式和手段，为城乡居民提供均等、高效、优质的公共服务。

促进经济建设和国防建设融合发展。建设军民一体、平战结合、攻防兼备的网络安全体系，夯实军地资源优化配置、合理共享、技术兼容、优势互补的信息化发展基础，以信息化促进经济领域和国防领域技术、人才、资金等要素交流，构建全要素、多领域、高效益的军民深度融合发展格局。

（三）支撑绿色低碳，构建发展新模式。

发展绿色生产模式。加快信息化和生态文明建设深度融合，利用新一代信息技术，促进产业链接循环化、生产过程清洁化、资源利用高效化、能源消耗清洁化、废物回收网络化。推广智能制造、绿色制造、能源互联网、智慧物流等，发展循环经济，促进一二三产业朝高端、智能、绿色的方向发展。积极推广节能减排新技术在信息通信行业的应用，加快推进数据中心、基站等高耗能信息载体的绿色节能改造。

推广绿色生活方式。以信息化促进资源节约集约循环利用，加强信息化与绿色化在城市管理、公共服务、居民生活等方面的融合应用，倡导可持续发展理念，发展分享经济，促进绿色消费。加快普及网络购物、在线教育、远程医疗、智慧交通、数字家庭、全民健身信息服务等，壮大信息消费，倡导绿色低碳、文明健康的生活方式，促进人与自然和谐共生。

创新生态环境治理模式。以解决生态环境领域突出问题为重点，深化信息技术在生态环境综合治理中的应用，促进跨流域、跨区域联防联控，实现智能监管、及时预警、快速响应，提升突发生态环境事件应对能力。全面推进环境信息公开，支持建立政府、企业、公众共同参与的生态环境协同治理体系。

（四）深化开放合作，拓展发展新空间。

促进双向开放合作。发挥互联网在促进国际国内要素有序流动、资源高效配置、市场深度融合中的作用，建立企业全球化发展信息服务体系，提供全球政策法规、财税、金融、投融资、风险评估等信息服务，支持企业全球化发展。有序扩大网信开放领域，有效引进境外资金和先进技术，强化互利共赢。

服务"一带一路"建设。坚持共商共建共享，促进网络互联、信息互通，推动共建网上丝绸之路，推进数字经济、信息技术等合作，促进沿线国家和地区政策沟通、设施联通、贸易畅通、资金融通、民心相通。支持港澳地区网络基础设施建设和信息经济发展，发挥港澳地区在推进"一带一路"建设中的重要作用。

推动全球互联网治理体系变革。坚持尊重网络主权、维护和平安全、促进开放合作、构建良好秩序，积极参与全球网络基础设施建设，打造网上文化交流共享平台，推动网络经济创新发展，保障网络安全，推动建立多边、民主、透明的全球互联网治理体系。主动提出中国方案，加快共同制定国际信息化标准和规则。

（五）推动共建共享，释放发展新红利。

增强特殊类型地区发展后劲。大力推进革命老区、民族地区、边疆地区、贫困地区的网络基础设施建设，为人民群众提供用得上、用得起、用得好的信息服务。发挥互联网在助推脱贫攻坚中的作用，以信息化推进精准扶贫、精准脱贫，培育特色优势产业，增强造血功能，促进人民生活明显改善。

构建面向特殊人群的信息服务体系。针对孤寡老人、留守儿童、困境儿童、残障人士、流动人口、受灾人员、失独家庭等特殊人群的实际需求，整合利用网络设施、移动终端、信息内容、系统平台、公共服务等，积极发展网络公益，统筹构建国家特殊人群信息服务体系，提供精准优质高效的公共服务。

提升边疆地区互联网服务能力。利用互联网充分宣传国家方针政策，丰富信息内容服务，确保及时传递到边疆、基层和每一个居民。普及农业科技、文化、商务、交通、医疗、教育等信息化应用，优化边疆地区生产力布局，打造一批有特色、可持续发展的"数字走廊"，促进边疆地区开发开放。

（六）防范安全风险，夯实发展新基石。

主动防范和化解新技术应用带来的潜在风险。正确认识网络新技术、新应用、新产品可能带来的挑战，提前应对工业机器人、人工智能等对传统工作岗位的冲击，加快提升国民信息技能，促进社会就业结构调整平滑过渡。提高网络风险防控能力，以可控方式和节奏主动释放互联网可能引发的经济社会风险，维护社会和谐稳定。

提升网络安全保障能力。落实网络安全责任制，促进政府职能部门、企业、社会组织、广大网民共同参与，共筑网络安全防线。加强国家网络安全顶层设计，深化整体、动态、开放、相对、共同的安全理念，提升网络安全防护水平，有效应对网络攻击。

构建网络空间良好氛围。牢牢把握正确导向，创新舆论引导新格局，完善网络生态综合治理机制，加强网络内容建设，增强网络文化产品和服务供给能力，构建向上向善的网上舆论生态。坚持依法治网、依法办网、依法上网，加强网络违法犯罪监控和查处能力建设，依法严格惩治网络违法犯罪行为，建设健康、绿色、安全、文明的网络空间。

促进互联网企业健康发展。坚持鼓励支持和规范发展并重，引导互联网企业维护国家利益，坚守社会道德底线，加快自身发展，服务人民群众。依法防范和治理互联网市场恶性竞争、滥用市场支配地位、损害群众利益等问题，强化对互联网企业数据监管，确保数据安全，保障广大网民合法权益。

四、重大任务和重点工程

着力增强以信息基础设施体系为支撑、信息技术产业生态体系为牵引、数据资源体系为核心的国家信息化发展能力，着力提高信息化在驱动经济转型升级、推进国家治理体系和治理能力现代化、推动信息惠民、促进军民深度融合发展等重点领域的应用水平，着力优化支持网信企业全球化发展、网络空间治理、网络安全保障等的发展环境，加快推动我国信息化水平和安全支撑能力大幅提升。

（一）构建现代信息技术和产业生态体系。

打造自主先进的技术体系。制定网络强国战略工程实施纲要，以系统思维构建新一代网络技术体系、云计算体系、安全技术体系以及高端制造装备技术体系，协同攻关高端芯片、核心器件、光通信器件、操作系统、数据库系统、关键网络设备、高端服务器、安全防护产品等关键软硬件设备，建设战略清晰、技术先进、产业领先、安全可靠的网络强国。统筹经济、政治、文化、社会、生态文明等领域网络安全和信息化发展，增强自主创新能力。

强化战略性前沿技术超前布局。立足国情，面向世界科技前沿、国家重大需求和国民经济主要领域，坚持战略导向、前沿导向和安全导向，重点突破信息化领域基础技术、通用技术以及非对称技术，超前布局前沿技术、颠覆性技术。加强量子通信、未来网络、类脑计算、人工智能、全息显示、虚拟现实、大数据认知分析、新型非易失性存储、无人驾驶交通工具、区块链、基因编辑等新技术基础研发和前沿布局，构筑新赛场先发主导优势。加快构建智能穿戴设备、高级机器人、智能汽车等新兴智能终端产业体系和政策环境。鼓励企业开展基础性前沿性创新研究。

专栏 1　核心技术超越工程

制定网络强国工程实施纲要。列出核心技术发展的详细清单和规划，实施一批重大项目，加快科技创新成果向现实生产力转化，形成梯次接续的系统布局。攻克高端通用芯片、集成电路装备、基础软件、宽带移动通信等方面的关键核心技术，形成若干战略性先导技术和产品。

大力推进集成电路创新突破。加大面向新型计算、5G、智能制造、工业互联网、物联网的芯片设计研发部署，推动 32/28nm、16/14nm 工艺生产线建设，加快 10/7nm 工艺技术研发，大力发展芯片级封装、圆片级封装、硅通孔和三维封装等研发和产业化进程，突破电子设计自动化（EDA）软件。

提升云计算设备和网络设备的核心竞争力。重点突破高端处理器、存储芯片、I/O 芯片等核心器件，以及计算资源虚拟化、软件定义网络、超高速远程智能光传输等关键技术。大力推进高端服务器、智能终端设备、存储设备、网络与通信设备、工控设备及安全防护设备等的开发与产业化。

提高基础软件和重点应用软件自主研发水平。推进云操作系统、智能终端操作系统、嵌入式操作系统及相关领域的应用软件研发。面向重点工业领域，研制工控操作系统以及涵盖全生命周期的行业应用软件。

推进智能硬件、新型传感器等创新发展。提升可穿戴设备、智能家居、智能车载等领域智能硬件技术水平。加快高精度、低功耗、高可靠性传感器的研发和应用。

建立国家信息领域重大项目及关键技术引进报告制度。统筹信息化领域重大项目、重大科技攻关、重大技术引进的管理。

推动产业协同创新。统筹基础研究、技术创新、产业发展、市场应用、标准制定与网络安全各环节联动协调发展，强化创新链整合协同、产业链协调互动和价值链高效衔接，打通技术创新成果应用转化通道。引导和支持产学研用深度融合，推动龙头企业和科研机构成立开源技术研发团队，支持科技型中小企业发展，构建产学研用协同创新集群。加快新一代信息技术相关标准制定和专利布局。探索完善资本型协作机制，建立核心技术研发投资公司，发挥龙头企业优势，带动中小企业发展，增强上游技术研发与下游推广应用的协同互动效应。深化安全可靠应用部署，加快构建开放自主的产业生态，培育一大批龙头企业，夯实产业基础。

专栏 2　信息产业体系创新工程

构建先进、安全、可控的核心技术与产品体系。围绕云计算与大数据、新一代信息网络、智能终端及智能硬件三大领域，提升体系化创新能力。

完善开发核心技术的生态环境。增强底层芯片、核心器件与上层基础软件、应用软件的适配性，全面布局核心技术的知识产权，发挥资本市场对技术产业的积极作用。

创新核心技术突破的激励机制。探索关键核心技术的市场化揭榜攻关机制。加强产学研用协调，统筹利用国家科技计划（专项、基金等）、信息领域重大科学基础设施，按规定支持关键核心技术研发和重大技术试验验证，强化关键共性技术研发供给。

支持开源社区创新发展。鼓励我国企业积极加入国际重大核心技术的开源组织，从参与者发展为重要贡献者，在优势技术领域争当发起者，积极维护我国相关标准专利在国际开源组织中的权益。

培育核心技术创新企业。培育一批核心技术能力突出、集成创新能力强、引领重要产业发展的创新型企业，力争一批企业进入全球500强。

（二）建设泛在先进的信息基础设施体系。

加快高速宽带网络建设。加快光纤到户网络改造和骨干网优化升级，扩大 4G 网络覆盖，开展 5G 研发试验和商用，主导形成 5G 全球统一标准。推进下一代互联网演进升级，加快实施下一代互联网商用部署。全面推进三网融合，基本建成技术先进、高速畅通、安全可靠、覆盖城乡、服务便捷的宽带网络基础设施体系，消除宽带网络接入"最后一公里"瓶颈，进一步推进网络提速降费。推进下一代广播电视网建设和有线无线卫星融合一体化建设，推进广播电视融合媒体制播云、服务云建设，构建互联互通的广播电视融合媒体云。

建设陆海空天一体化信息基础设施。建立国家网络空间基础设施统筹协调机制，推动信息基础设施建设、应用和管理。加快空间互联网部署，整合基于卫星的天基网络、基于海底光缆的海洋网络和传统的陆地网络，实施天基组网、地网跨代，推动空间与地面设施互联互通，构建覆盖全球、无缝连接的天地空间信息系统和服务能力。持续推进北斗系统建设和应用，加快构建和完善北斗导航定位基准站网。积极布局浮空平台、低轨卫星通信、空间互联网等前沿网络技术。加快海上和水下通信技术的研发和推广，增强海洋信息通信能力、综合感知能力、信息分析处理能力、综合管控运维能力、智慧服务能力，推动智慧海洋工程建设。

专栏3　陆海空天一体化信息网络工程

陆地网络设施建设。继续加快光纤到户网络改造，推进光网城市建设，加快推进光缆到行政村，加快 4G 网络的深度覆盖和延伸覆盖。探索推进互联网交换中心试点，进一步优化互联网骨干网络架构，推动网间带宽持续扩容。适度超前部署超大容量光传输系统、高性能路由设备和智能管控设备。推动广播电视宽带骨干网、接入网建设，采取有线、无线、卫星相结合的方式，推进广播电视宽带网向行政村和有条件的自然村延伸。

海基网络设施建设。统筹海底光缆网络与陆地网络协调发展，构建连接海上丝绸之路战略支点城市的海底网络。加强大型海洋岛屿海底光电缆连接建设。积极研究推动海洋综合观测网络由近岸向近海和中远海拓展，由水面向水下和海底延伸。推进海上公用宽带无线网络部署，发展中远距水声通信装备。

空天网络设施建设。综合利用北斗导航、卫星、浮空平台和飞机遥感遥测系统，积极推进地面配套设施协调建设和军民融合发展，尽快形成全球服务能力。加快高轨和低轨宽带卫星研发和部署，积极开展卫星空间组网示范，构建覆盖全球的天基信息网络。

海外网络设施布局。畅通"一带一路"信息通道，连接经巴基斯坦、缅甸等国到印度洋、经中亚到西亚、经俄罗斯到中东欧国家的陆地信息通道。积极参与面向美洲、欧洲、东南亚和非洲方向海底光缆建设，完善海上信息通道布局，鼓励在"一带一路"沿线节点城市部署数据中心、云计算平台和内容分发网络（CDN）平台等设施。

统筹应用基础设施建设和频谱资源配置。适度超前布局、集约部署云计算数据中心、内容分发网络、物联网设施，实现应用基础设施与宽带网络优化匹配、有效协同。支持采用可再生能源和节能减排技术建设绿色云计算数据中心。推进信息技术广泛运用，加快电网、铁路、公路、水利等公共设施和市政基础设施智能化转型。建设完善国家应急通信保障体系。加强无线电频谱管理，维护安全有序的电波秩序。合理规划利用卫星频率和轨道资源，提高频率使用率，满足国家重大战略和相关行业用频需求。

加快农村及偏远地区网络覆盖。充分发挥中央财政资金引导作用，深入开展电信普遍服务试点工作，引导企业承担市场主体责任，推进未通宽带行政村光纤建设，对已通宽带但接入能力低于 12Mbps 的行政村进行光纤升级改造。利用中央基建投资，实施宽带乡村和中西部地区中小城市基础网络完善工程，加大对边远地区及贫困地区的网络覆盖与投资力度，通过移动蜂窝、光纤、低轨卫星等多种方式，完善边远地区及贫困地区的网络覆盖。

专栏4　乡村及偏远地区宽带提升工程

推进宽带乡村建设。加快推进电信普遍服务试点。实施宽带乡村工程。持续加强光纤到村建设，完善 4G 网络向行政村和有条件的自然村覆盖，到 2020 年，中西部农村家庭宽带普及率达到 40%。推进农村基层政务信息化应用，发展满足农户农业、林业、畜牧技术需求的内容服务，推广农村电商、远程教育、远程医疗、金融网点进村等信息服务。

完善中西部地区中小城市基础网络。加快推进县城仅有铜缆接入宽带小区的光纤到户改造，完善乡镇驻地家庭用户光纤接入覆盖，大力推进城域网优化扩容，实现中西部城镇家庭用户宽带接入能力达到 50Mbps 以上，有条件地区可提供 100Mbps 以上接入服务能力，大力发展面向中小城市的信息化应用普及服务。

（三）建立统一开放的大数据体系。

加强数据资源规划建设。加快推进政务数据资源、社会数据资源、互联网数据资源建设。全面推进重点领域大数据高效采集、有效整合、安全利用，深化政府数据和社会数据关联分析、融合利用，提高宏观调控、市场监管、社会治理和公共服务精准性和有效性。建立国家关键数据资源目录体系，统筹布局区域、行业数据中心，建立国家互联网大数据平台，构建统一高效、互联互通、安全可靠的国家数据资源体系。探索推进离岸数据中心建设，建立完善全球互联网信息资源库。完善电子文件管理服务设施。加强哲学社会科学图书文献、网络、数据库等基础设施和信息化建设，提升国家哲学社会科学文献在线共享和服务能力。

专栏 5　国家大数据发展工程

　　统筹国家基础数据资源建设。全面建成人口、法人、自然资源和地理空间、法律法规、宏观经济、金融、信用、文化、统计、科技等基础信息数据库。整合各类政府信息平台、信息系统和数据中心资源，依托现有平台资源，集中构建统一的互联网政务数据服务平台和信息惠民服务平台。

　　建立国家治理大数据中心。统筹利用政府和社会数据资源，推动宏观调控决策支持、市场监督管理、社会信用、风险预警大数据应用，建设社会治理和公共服务大数据应用体系。

　　加强大数据关键技术及产品研发。支持数据存储、分析处理、信息安全与隐私保护等领域技术产品研发，突破大数据关键技术瓶颈。加强大数据基础研究，探索建立数据科学的学科体系。

　　提升大数据产业支撑能力。加快培育大数据龙头骨干企业，建立政产学研用联动、大中小企业协调发展的大数据产业体系。建立完善大数据产业公共服务支撑体系。

　　深化大数据应用。建设统一开放平台，逐步实现公共数据集开放，鼓励企业和公众挖掘利用。推动政府治理、公共服务、产业发展、技术研发等领域大数据创新应用。推进贵州等大数据综合试验区建设。

　　推动数据资源应用。完善政务基础信息资源共建共享应用机制，依托政府数据统一共享交换平台，加快推进跨部门、跨层级数据资源共享共用。稳步推进公共数据资源向社会开放。支持各类市场主体、主流媒体利用数据资源创新媒体制作方式，深化大数据在生产制造、经营管理、售后服务等各环节创新应用，支撑技术、产品和商业模式创新，推动大数据与传统产业协同发展。

　　强化数据资源管理。建立健全国家数据资源管理体制机制，建立数据开放、产权保护、隐私保护相关政策法规和标准体系。制定政府数据资源管理办法，推动数据资源分类分级管理，建立数据采集、管理、交换、体系架构、评估认证等标准制度。加强数据资源目录管理、整合管理、质量管理、安全管理，提高数据准确性、可用性、可靠性。完善数据资产登记、定价、交易和知识产权保护等制度，探索培育数据交易市场。

专栏 6　国家互联网大数据平台建设工程

　　建立互联网大数据的采集机制。制定互联网数据管理办法，促进政府企业良好合作，制定国家或行业大数据平台技术标准，形成统一的数据采集、分析处理、安全访问等机制。

　　建设覆盖全国、链接畅通的数据中心。合理规划布局国家互联网大数据平台，考虑现有数据中心布局情况，选择条件适宜的地方建设区域性数据中心，依托安全可靠的通信网络，汇聚政府部门、电信运营商、互联网企业、各地区数据中心、大数据交易所、专业机构等渠道平台的数据，构建汇聚网民、企业和政府三类数据的大数据资源中心，提高信息的及时性、全面性和准确性。

　　互联网数据展示及应用。通过可视化和虚拟现实等技术，建立我国信息化、经济运行、环境保护、交通运输、综合监管、公共卫生等实时状况和趋势的统一视图，推进互联网大数据在国家治理、社会转型、产业升级等方面的广泛应用，服务科学决策。

注重数据安全保护。实施大数据安全保障工程，加强数据资源在采集、传输、存储、使用和开放等环节的安全保护。推进数据加解密、脱密、备份与恢复、审计、销毁、完整性验证等数据安全技术研发及应用。切实加强对涉及国家利益、公共安全、商业秘密、个人隐私、军工科研生产等信息的保护，严厉打击非法泄露和非法买卖数据的行为。建立跨境数据流动安全监管制度，保障国家基础数据和敏感信息安全。出台党政机关和重点行业采购使用云计算服务、大数据相关规定。

（四）构筑融合创新的信息经济体系。

推进信息化和工业化深度融合。在推进实施"中国制造 2025"过程中，深化制造业与互联网融合发展，加快构建自动控制与感知技术、工业软硬件、工业云与智能服务平台、工业互联网等制造业新基础，建立完善智能制造标准体系，增强制造业自动化、数字化、智能化基础技术和产业支撑能力。组织实施"芯火"计划和传感器产业提升工程，加快传感器、过程控制芯片、可编程逻辑控制器等研发和产业化。加快计算机辅助设计仿真、制造执行系统、产品全生命周期管理等工业软件的研发和产业化，加强软件定义和支撑制造业的基础性作用。支持开展关键技术、网络、平台、应用环境的兼容适配、互联互通和互操作测试验证，推动工业软硬件与工业大数据平台、工业网络、工业信息安全系统、智能装备的集成应用。积极推进制造企业"双创"以及工业云、工业大数据、工业电子商务等服务平台建设和服务模式创新，全面提升行业系统解决方案能力。推动工业互联网研发应用，制定工业互联网总体体系架构方案，组织开展工业互联网关键资源管理平台和核心技术试验验证平台建设，加快形成工业互联网健康发展新生态。组织实施企业管理能力提升工程，加快信息化和工业化融合管理体系标准制定和应用推广。

专栏7　制造业与互联网融合发展应用与推广工程

培育一批制造企业"双创"平台。组织开展制造业与互联网融合发展试点示范，推动工业云、工业大数据、工业电子商务等技术的集成应用，培育众包研发、协同制造、精益管理、远程服务等新模式，发展面向制造环节的分享经济，促进供给与需求的精准匹配。

提升"双创"服务能力。培育一批支持制造业发展的"双创"示范基地。支持大型互联网企业、基础电信企业建设一批面向制造业中小企业的"双创"服务平台，鼓励大型制造企业开放"双创"平台聚集的各类资源，发展专业咨询、人才培训、检验检测、投融资等线上服务。

提升企业管理能力。加强两化融合管理体系标准制定和应用推广，推动业务流程再造和组织方式变革。依托中国两化融合服务平台，全面开展企业自评估、自诊断和自对标，建设全国两化融合发展数据地图。

强化核心技术研发及产业化。推动实施国家重点研发计划，加快推动自动控制与感知技术、核心工业软硬件、工业互联网、工业云与智能服务平台等新型基础设施和平台设施建设。支持建设信息物理系统监测验证平台，构建参考模型和综合技术标准体系。组织开展行业系统解决方案应用试点示范，培育一批系统解决方案供应商。

提高工业信息系统安全水平。开展工业企业信息安全保障试点示范，支持系统仿真测试、评估验证等关键共性技术平台建设，推动访问控制、追踪溯源、商业信息及隐私保护等核心技术产品产业化。建设国家工业信息安全保障中心，提升工业信息安全监测、评估、验证和应急处理能力。

推进农业信息化。实施"互联网+现代农业"行动计划，着力构建现代农业产业体系、生产体系、经营体系。推动信息技术与农业生产管理、经营管理、市场流通、资源环境融合。推进种植、畜牧、兽医、渔业、种子、农机、农垦、农产品加工、动植物检验检疫、农村集体资产财物管理、农业资源环境保护、农村污水、农村能源，以及水利设施、水资源、节水灌溉、饮水保障等行业和领域的在线化、数据化。加快补齐农业信息化短板，全面加强农村信息化能力建设，建立空间化、智能化的新型农村统计信息综合服务系统。着力发展精准农业、智慧农业，提高农业生产智能化、经营网络化、管理数据化、服务在线化水平，促进农业转型升级和农民持续增收，为加快农业现代化发展提供强大的创新动力。

专栏8　农业农村信息化工程

发展智慧农业。推进智能传感器、卫星导航、遥感、空间地理信息等技术应用，增强对农业生产环境的精准监测能力。组织实施农业物联网区域试验，开展农作物大田种植、设施农业、畜牧水产规模养殖等领域物联网技术应用试点。推进农机精准作业示范和北斗导航技术在农业生产中的应用。

发展农业农村电子商务。推进互联网技术在农业生产、加工、流通等各环节的应用与推广，促进农村和农产品现代市场体系建设，培育多元化农村电子商务市场主体。结合农产品现代流通体系建设，开展农业电子商务试点示范，支持农产品电子商务平台应用。

推动农业农村大数据应用。整合构建国家涉农大数据中心和国家农业云。打造农业走出去公共服务平台，开展全球农业数据调查分析系统建设，建立农业全产业链信息监测分析预警系统。建立国家农产品质量安全监管追溯管理信息平台，不断扩大信息化监管追溯覆盖面。建立农村集体资产监管平台，推动农村集体资产财务管理制度化、规范化、信息化，全面提升农业政务信息化能力和水平。

提升农业信息综合服务能力。大力推进信息进村入户，拓展"12316"的"三农"综合信息服务。推进农村社区信息化建设，开展农民手机应用技能培训，提升农民信息化应用能力，推动城乡信息服务均等化，缩小城乡数字鸿沟。建立水利大数据分析与应用服务工程，提升水利设施和水资源对农业生产及农村发展的支撑保障服务能力。开展农业信息经济示范区建设，完善现代农业信息服务体系。

增强农业信息化发展支撑能力。以应用为导向，推进农业信息基础设施智能化建设。推进农业信息化科技创新能力跨越，构建政产学研用紧密结合的农业信息化科技创新体系，有效支撑农业信息化产业发展。

发展电子商务。全方位规范电子商务市场竞争，加快电子商务模式、市场服务方式创新和科技水平提升，支持移动电商、社区电商、农村电商和跨境电商等新型电商模式发展，促进电子商务提质升级。大力推进"互联网+流通"，加强智慧流通基础设施建设，探索网络化定

制、全渠道营销、服务到户等多种线上线下融合发展方式，推进电子商务与传统产业深度融合。健全电子商务要素配套服务产业链，大力发展电子商务人才和信息服务业、技术服务业、物流服务业，鼓励发展垂直类、专业类、行业类电子商务，进一步完善电子商务支撑体系，强化电子商务民生服务体系建设，扩大电子商务在医疗、健康、养老、家政服务等领域的应用。

培育发展新兴业态。推进"互联网+"行动，促进互联网深度广泛应用，带动生产模式和组织模式变革，形成网络化、智能化、服务化、协同化的产业发展形态。大力发展基于互联网的众创、众包、众扶和众筹，推进产业组织、商业模式、供应链创新。推动生产性服务业向专业化和价值链高端延伸，促进生活性服务业向精细化和高品质转变。鼓励企业利用互联网推动服务型制造发展，开展个性化定制、按需设计、众包设计等服务，创新生产制造和经营销售环节，提供网络化协同制造、全生命周期管理等业务。发展以开放、便捷、节约、绿色为特征的分享经济。推动宽带网络、移动互联网、物联网、云计算、大数据、三网融合等新一代信息技术融合发展，促进信息消费。积极规范发展互联网金融，促进金融信息服务业健康发展。逐步完善数字版权公共服务体系，促进数字内容产业健康发展。推动互联网在旅游各领域的融合与应用，培育智慧旅游、智慧休闲等创新业态。

专栏9 信息经济创新发展工程

设立信息经济示范区。深化信息技术在现代农业、先进制造、创新创业、金融等领域集成应用，依托现有新技术产业园区、创新园区，面向云计算、大数据、物联网、机器深度学习与新一代信息技术创新，探索形成一批示范效应强、带动效益好的国家级信息经济示范区。

发展分享经济。支持网约车、家庭旅馆借宿、办公场地短租和人人参与的在线知识技能互助等民生领域共享服务发展。探索建立分享经济网上信用平台。

发展电子商务。支持电子商务共性基础设施建设，加快构建电商诚信体系，促进重点领域电子商务创新和融合应用，推进农业、工业、服务业等领域的电子商务应用，大力培育电子商务服务业。推动实施电子商务综合通关提速工程和电子商务国际大通道建设工程。推动杭州等跨境电子商务综合试验区建设，稳步实施综合试验区扩围。

促进创业创新。完善中小企业公共服务平台网络，鼓励行业领军企业、高等院校、科研院所等依托互联网平台向全社会提供专业化创新创业服务，共助中小微企业和创业者成长。支持各类产业创新和商务合作平台发展，开展市场化、专业化、集成化、网络化的众创空间基地试点建设，加强创新创业项目的孵化培育和产业对接能力。

推进智慧物流。推动电子口岸、道路运输危险品监管平台和邮政业监管信息平台等公共信息平台建设。建立跨区域、跨行业的物流信息平台，形成开放、透明、共享的供应链协作模式。打造智能化的物流公共配送中心、中转分拨站，加强物流车辆的规范管理以及社区自提点、服务点的共建共享。

促进质量和品牌建设。实施质量提升行动，以信息化促进质量治理，推进国家质量基础能力建设，保障国民消费质量安全、国门生物安全和特种设备安全。建立国家宏观质量安全监测评价体系、国家质量信息公共服务体系和国家质量安全监测、分析、预警机制，提高国家质量公共服务信息化水平。

（五）支持善治高效的国家治理体系构建。

服务党的建设工作。推动"互联网+党建"，支持统筹建设全国党员信息库和党员管理信息系统、党员教育信息化平台，提高党组织建设、党员教育管理服务工作网络化、智能化水平。推动整合基层党建信息化工作平台和网上民生服务，促进基层服务型党组织建设。支持建设监督执纪问责信息化平台，完善群众监督和宣传平台，丰富党风廉洁建设和反腐败工作数据资源，助力全面从严治党。

统筹发展电子政务。建立国家电子政务统筹协调机制，完善电子政务顶层设计和整体规划。统筹共建电子政务公共基础设施，加快推进国家电子政务内网建设和应用，支持党的执政能力现代化工程实施，推进国家电子政务内网综合支撑能力提升工程。完善政务外网，支撑社会管理和公共服务应用。支持各级人大机关信息化建设，有效满足立法和监督等工作需求，为人民代表大会及其常委会履职提供信息技术支撑。支持政协信息化建设，推进协商民主广泛多层制度化发展。支持"智慧法院"建设，推行电子诉讼，建设完善公正司法信息化工程。实施"科技强检"战略，积极打造"智慧检务"。创新电子政务投资、建设及服务模式，探索建立第三方建设运行维护机制。完善国家电子政务标准体系，建立电子政务绩效评估监督制度。加强国家电子文件管理，促进电子文件规范应用。

创新社会治理。以信息化为支撑，加强和创新社会治理，推进社会治理精细化、精准化。加快建设安全生产隐患排查治理体系、风险预防控制体系和社会治安立体防控体系，推进网上综合防控体系建设，建立和完善自然灾害综合管理信息系统、重大和重要基础设施综合管理信息系统、安全生产监管信息系统、国家应急平台、社会治安综合治理信息系统和公安大数据中心，加强公共安全视频监控联网应用，提升对自然灾害等突发事件和安全生产、社会治安的综合治理水平。推进多元矛盾纠纷化解信息化平台建设，有效预防和妥善化解各类矛盾纠纷，为社会风险防控提供支撑。完善全国信用信息共享平台，整合金融、工商、税收缴纳、交通违法、安全生产、质量监管等领域信用信息，发挥平台在信用信息共享中的"总枢纽"作用，逐步实现跨部门、跨地区信用信息共享与应用。推行网上受理信访、举报制度，拓展网上政民互动，畅通群众利益协调和权益保障渠道。推进智慧社区建设，完善城乡社区公共服务综合信息平台，建立网上社区居委会，发展线上线下结合的社区服务新模式，提高社区治理和服务水平。

（六）形成普惠便捷的信息惠民体系。

拓展民生服务渠道。深入实施信息惠民工程，加快推进信息惠民国家试点城市建设。全面开展"互联网+政务服务"，大力推进政务服务"一号申请、一窗受理、一网通办"，构建方便快捷、公平普惠、优质高效的政务服务信息体系，简化群众办事环节，让信息多跑路、群众少跑腿。全面推进政务公开，加强政民互动交流，建立政府同群众交流沟通的互联网平台，推动各级政府部门通过互联网了解群众，贴近群众，为群众排忧解难。基于互联网建立发扬人民民主、接受人民监督的新渠道，促进政府公共服务"一站式"网上办理及行政权力全流程监督。

创新民生服务供给模式。利用信息化手段不断扩大优质教育资源覆盖面，构建网络化、数字化、个性化、终身化的教育体系，建设学习型社会。深入推进社会保障一卡通工程，统筹推进全面覆盖城乡的社会保障、社会救助系统，实现基本医疗保险异地就医直接结算、社会保险关系网上转移接续。推广在线医疗卫生新模式。推进就业、养老、教育、职业培训、技能人才评价、工伤、生育、法律服务等信息全国联网，构建线上线下相衔接的信息服务体系。积极推进网络公益事业发展。推进交通一卡通互通，实现跨区（市）域、跨交通方式的互联互通，开展交通一卡通在出租汽车、长途客运、城际轨道、水上客运、公共自行车及停车场等交通运输领域的应用，方便居民出行。

专栏 10　信息惠民工程

全面开展"互联网+政务服务"。大力推进政务服务"一号申请、一窗受理、一网通办"，构建线上线下一体化政务服务体系，简化优化群众办事流程，提升政府行政效能，增强政务服务的主动性、精准性、便捷性，提高群众办事的满意度。

全面提升民生服务均等普惠水平。围绕当前群众广泛关注和亟待解决的医疗、教育、社保、就业、养老服务等民生问题，进一步推动跨部门、跨层级信息共享，促进公共服务的多方协同合作、资源共享、政策对接、制度创新，加快构建全人群覆盖、全天候受理、公平普惠的民生公共服务体系，增强民生服务有效供给能力，提升信息便民惠民利民水平。

全面推进政务公开。提高权力运行的信息化监督能力，推动法治政府、创新政府、廉洁政府和服务型政府建设。依托"信用中国"网站，全面推进行政许可和行政处罚等信息自作出行政决定之日起 7 个工作日内上网公开工作。支持各级政府有效利用政府网站、社交媒体、移动互联网等新型手段，建设政务新媒体矩阵。重视网络民意表达，畅通民主监督和参政议政渠道，在医疗、健康、养老、教育、社会保障等民生领域，提供实时在线互动的政务服务。

（七）打造网信军民深度融合发展体系。

建立健全网信军民融合机制。健全领导管理体制和工作机制，加快网信军民融合立法进程、促进标准兼容，整合利用军民两方面优势，推动制度创新、管理创新、技术创新。加强网信军民融合评估和风险管理，完善网信动员体系，构建国家网信动员机制，常态化推进军地联合演训，推进网信建设项目贯彻国防要求联审联验，实施军地网信人才融合发展计划，完善接力培养机制。

推进信息基础设施共建共用共享。统筹军地信息传输网络建设，构建军民共用的国家光缆网。深化天基通信系统融合发展，加快推动军民共用全球移动通信卫星系统建设。推进电磁频谱管理专项工程建设，构建军民协同合作的电磁频谱监测、检测和探测网络。加强军民共用信息系统建设，鼓励军队以购买、外包等方式从市场获取高质量、低成本的信息产品，充分挖掘利用民间优势数据资源和数据开发能力。实施军民融合信息资源开发利用工程，完善安全可靠的军地信息资源共享交换平台，规范军事信息资源向社会开放，探索利用企业互联网平台和社会科技资源为军队服务。加强国防科技工业综合管理信息化建设。

加快军民技术双向转化。加大对相关核心关键信息技术科研项目的支持力度，鼓励开展联合攻关。孵化和支持一批具有重大潜在军事应用价值的项目，通过在军事领域的率先突破实现军事需求牵引技术创新。有序推动军民重点实验室相互开放。支持各类社会科技资源参与国防和军队网信建设。发展军民一体信息产业。

专栏 11　网信军民深度融合工程

开展军民融合试点示范。统筹推进航天领域军民融合，构建天地一体网络空间基础设施。建设军民一体航海管制系统，推动国家航海管制信息融合共享，形成全国统一的航海管制格局。为军队使用互联网提供便捷用网、规范用网、安全用网服务。统筹推进军警民一体指挥系统、军民兼容的国家大型计算存储和灾备设施、量子通信网络发展等重大工程建设。

实施网信军民融合协同创新中心建设，在体制机制、重大政策制度、融合发展重点工作等方面，选择基础条件好的区域开展创新试验，提升军地网信技术协同创新能力。

推动网信军民融合理论创新。聚合军地资源，重点建设战略性、综合性的高端智库，加强国际交流与合作，提升网信军民融合软实力。

（八）拓展网信企业全球化发展服务体系。

建立开放共赢的国际合作体系。建立全球信息化合作服务平台，积极推动网信企业国际拓展，加快建设中国—东盟信息港、中国—阿拉伯国家等网上丝绸之路。建立网信企业走出去服务联盟，引导联盟成员在融资融智、技术创新等方面协同合作，拓展国际信息化交流合作渠道。加强主流媒体网站及新媒体的国际传播能力建设，准确阐述"一带一路"共商、共建、共赢理念，营造良好国际舆论氛围。

专栏 12　信息化国际枢纽工程

建设中国—东盟信息港。以广西为支点，加快建立面向东盟、服务西南中南的国际通信网络体系和信息枢纽，与东盟国家共同建设基础设施平台、技术合作平台、经贸服务平台、信息共享平台、人文交流平台。

建设中国—阿拉伯国家网上丝绸之路宁夏枢纽工程。以宁夏为支点构建中阿国际网络大通道，加快区域网络设施、通信光缆建设步伐，优化网络基础资源配置，推动 4G、公共 WiFi 等普及，开展跨境电子商务合作。

建立企业走出去数据库。动态收集、滚动更新"一带一路"沿线国家和地区信息化发展水平、政治环境、经济开放程度、双边关系、当地税制等信息，服务企业走出去。

滚动支持一批合作项目。建立一批信息化合作项目库，支持网信企业积极参与"一带一路"沿线国家和地区的信息基础设施、重大信息系统和数据中心建设。围绕推进"一带一路"建设，编制网信领域海外研发基地建设行动方案，明确整体布局、建设规则、推进计划，优先启动建设一批海外研发基地，充分发挥其示范效应和带动作用。

鼓励和支持网信企业走出去。加大对网信企业走出去的政策支持力度，积极搭建对外投资金融和信息服务平台，构建信息服务体系。制定鼓励和引导跨境并购的扶持政策，引导网信企业采取贸易、绿地投资、海外并购等多种方式走出去，利用多边、双边投资贸易协定和财政担保措施，增强获取全球资源的能力。支持企业拓展海外业务布局，增设海外机构和业务网点，鼓励企业在科技资源密集的国家和地区设立海外研发中心，加快融入国际创新体系。推动区域数字经济合作，共建产业园区，结合网信企业全球化重点需求并综合考虑国际科技

合作总体布局，建设一批高水平的海外大科学研究基地。实施网信援外计划，帮助发展中国家建设信息技术产业园区和网络空间实验室，实现技术研发合作、技术转移示范与技术培训相结合。发挥骨干企业和网络社会组织积极性，加快推进中国标准走出去，积极参与制定国际标准，组建跨国标准联盟。

健全企业走出去境外服务体系。完善领事保护机制，建立和完善海外应急及快速响应机制，最大限度地保护中国企业和公民的利益与安全。强化企业知识产权意识，加强对国外行业技术、知识产权等法律法规以及行业标准、评定程序和检验检疫规则的跟踪研判和分析评议，建立公益性专利信息服务平台，为我国企业提供必要的境外专利诉讼和代理、知识产权保护援助服务。

（九）完善网络空间治理体系。

加强互联网基础资源管理。进一步推进互联网域名、IP 地址、网站等基础资源和网络互动平台真实身份信息注册登记工作。建设网络可信体系，探索建立全国统一的网络证照服务体系，推进网络身份可溯源和信息保护工作。

依法加强网络空间治理。加强网上正面宣传，用社会主义核心价值观、中华优秀传统文化和人类优秀文明成果滋养人心、滋养社会，做到正能量充沛、主旋律高昂，为广大网民特别是青少年营造一个风清气正的网络空间。推进依法办网，加强对所有从事新闻信息服务、具有媒体属性和舆论动员功能的网络传播平台的管理。健全网络与信息突发安全事件应急机制，完善网络安全和信息化执法联动机制。顺应广大人民群众呼声，重点加大对网络电信诈骗等违法行为打击力度，开展打击网络谣言、网络敲诈、网络诈骗、网络色情等专项行动。加强网络空间精细化管理，清理违法和不良信息，防范并严厉打击利用网络空间进行恐怖、淫秽、贩毒、洗钱、诈骗、赌博等违法犯罪活动，依法惩治网络违法犯罪行为，让人民群众安全放心使用网络。

专栏 13 网络内容建设工程

发挥互联网优势和特点，创新宣传形式，打造宣传平台，扩大宣传覆盖面，鼓励网民、网络社会组织互动，健全宣传支撑体系，推进国际传播、少数民族语种传播、媒体融合等项目。

网上理论传播。强化马克思主义中国化最新理论成果网上传播，推动基础理论鲜活化传播。持续加强网上理论宣传平台建设，突出抓好经济理论网上传播，加快推进理论传播国际化进程。

网络新闻传播。加快推动重点新闻网站建设，增强重点新闻网站在重大主题宣传、典型宣传、形势宣传和成就宣传等方面的能力。拓宽新闻传播渠道，提升传播技术，支持重点新闻网站做大做强，让党的主张成为网络空间最强音。

网络文艺。鼓励推出优秀网络原创作品，推动网络文学、网络音乐、网络剧、微电影、网络演出、网络动漫等新兴文艺类型繁荣发展，促进传统文艺与网络文艺创新性融合，鼓励作家、艺术家积极运用网络创作传播优秀作品。维护网络文艺创作传播秩序，举办网络文艺优秀作品进校园、进社区、进企业等活动。

创新网络社会治理。加强对互联网企业的引导，促进互联网企业健康发展。健全网络社会组织管理，规范和引导网络社团发展，鼓励多元主体参与网络治理，促进互联网行业自律自治。提升网络媒介素养，推进网络诚信建设制度化和互联网领域信用建设。完善全国网络违法信息举报工作体系，畅通公众参与网络治理渠道。加强网络伦理、网络文明建设。

专栏14　网络文明建设工程

　　开展网上"讲文明树新风"活动。开展网络伦理、网络道德宣传，深化文明礼仪知识教育，打造一批"中国好网民"品牌项目，建设一批网络文明示范基地，引导人们文明办网、文明上网。推动文明城市、文明村镇、文明单位、文明家庭、文明校园等创建活动向互联网延伸，扩大覆盖面和影响力。

　　开展网络公益活动。推动各类网站广泛开展扶贫帮困、慈善捐助、支教助学、义务献血等公益活动，吸引网民广泛参与，让公益精神照亮网络。加快建设网上志愿服务招募注册、培训管理、服务对接、褒奖回馈等工作平台，大力推动完善志愿服务制度，全面提升志愿服务的运作水平和服务能力。

　　开展网络文化活动。鼓励网民创作格调健康的网络文化作品，制作适合互联网和移动端新兴媒体传播的文化精品佳作。加强网络诚信宣传，组织开展网络诚信宣传日活动。分系统分领域培养一批高素质、高水平、敢担当、负责任的网民，使网络空间进一步清朗起来。

深度参与国际网络空间治理。把世界互联网大会打造成网络空间合作最重要的国际平台之一，广泛传播我国治网主张，推动建立多边、民主、透明的国际互联网治理体系，构建网络空间命运共同体。完善网络空间多双边对话协商机制。深度参与互联网治理规则和技术标准制定，积极参加互联网名称和数字地址分配机构、互联网工程任务组等国际互联网技术和管理机构的活动。实施网络社会组织走出去战略，建立打击网络犯罪国际合作机制，共同防范和反对利用网络空间进行商业窃密、黑客攻击、恐怖犯罪等活动。

（十）健全网络安全保障体系。

强化网络安全顶层设计。制定实施国家网络空间安全战略。完善网络安全法律法规体系，推动出台网络安全法、密码法、个人信息保护法，研究制定未成年人网络保护条例。建立完善国家网络安全相关制度，健全完善国家网络与信息安全信息通报预警机制，健全网络安全标准体系。加强网络空间安全学科专业建设，创建一流网络安全学院。

构建关键信息基础设施安全保障体系。实施网络安全审查制度，防范重要信息技术产品和服务网络安全风险。建立国家关键信息基础设施目录，制定关于国家关键信息基础设施保护的指导性文件，进一步明确关键信息基础设施安全保护要求。落实国家信息安全等级保护制度，全力保障国家关键信息基础设施安全。加强金融、能源、水利、电力、通信、交通、地理信息等领域关键信息基础设施核心技术装备威胁感知和持续防御能力建设，增强网络安全防御能力和威慑能力。加强重要领域密码应用。

全天候全方位感知网络安全态势。加强网络安全态势感知、监测预警和应急处置能力建设。建立统一高效的网络安全风险报告机制、情报共享机制、研判处置机制，准确把握网络安全风险发生的规律、动向、趋势。建立政府和企业网络安全信息共享机制，加强网络安全大数据挖掘分析，更好感知网络安全态势，做好风险防范工作。完善网络安全检查、风险评估等制度。加快实施党政机关互联网安全接入工程，加强网站安全管理，加强涉密网络保密防护监管。

专栏 15　网络安全监测预警和应急处置工程

网络安全信息共享。建立政府、行业、企业网络安全信息共享机制，制定国家网络安全信息共享指南，制定信息共享标准和规范，建设国家网络安全信息共享平台和网络安全威胁知识库，建立统一高效的网络安全风险报告机制、情况共享机制、研判处置机制。

网络安全态势感知。建立国家网络安全态势感知平台，利用大数据技术对网络安全态势信息进行关联分析、数据挖掘和可视化展示，绘制关键信息基础设施网络安全态势地图。建设工业互联网网络安全监测平台，感知工业互联网网络安全态势，为保障工业互联网安全提供有力支持。

重大网络安全事件应急指挥。建立国家重大网络安全事件应急指挥体系，建立政府部门协同、政企联动、全民参与的应急处置机制，研制分类分级网络安全事件应急处置预案。建立网络安全风险预警系统，提高网络安全事件的协同应对水平。

建设网络安全威胁监测处置平台，实现对国际出入口、境内骨干网络核心节点的网络安全威胁监测，提高对各类网络攻击威胁和安全事件的及时发现、有效处置和准确溯源能力。

建设互联网域名安全保障系统，加强对根及.cn等重要顶级域名服务器异常事件的监测和应急处置，保障在根及重点顶级域服务系统异常状态下我国大陆境内域名服务体系的正常运行。

强化网络安全科技创新能力。实施国家信息安全专项，提高关键信息基础设施、重要信息系统和涉密信息系统安全保障能力及产业化支撑水平。实施国家网络空间安全重大科技项目，全面提升网络信息技术能力，构建国家网络空间安全技术体系。加快推进安全可靠信息技术产品创新研发、应用和推广，形成信息技术产品自主发展的生态链，推进党政机关电子公文系统安全可靠应用。建立有利于网络安全产业良性发展的市场环境，加快培育我国网络安全龙头企业。加强对新技术、新应用、新业务的网络安全保障和前瞻布局。

专栏 16　网络安全保障能力建设工程

关键信息基础设施安全防护。组织实施信息安全专项，建立关键信息基础设施安全防护平台，支持关键基础设施和重要信息系统，整体提升安全防御能力。强化安全监管、综合防护的技术手段支撑，提升我国域名体系的网络安全和应急处置能力。

网络安全审查能力建设。开展网络安全审查关键技术研究，统筹建立网络设备、大数据、云计算等重点实验室。

网络安全标准能力提升。加强我国网络安全标准专业队伍建设，建设网络安全标准验证和检测平台，重点构建基于芯片和操作系统的安全评测，完善网络安全标准信息共享和实施情况跟踪评估机制。

党政机关信息系统安全防护。完善党政机关互联网信息汇聚平台，扩建网络安全态势感知系统、失泄密监管系统和防窃密技术支持系统，推进基层党政机关网站向安全可靠云服务平台迁移的试点示范。

五、优先行动

遵循信息化发展规律，区分轻重缓急、实现循序渐进，把现代基础设施建设、农村人口脱贫、社会事业发展、生态环境保护、人民生活改善等领域信息化摆在优先位置，积极回应各方诉求，让人民群众在信息化发展中有更多获得感。

（一）新一代信息网络技术超前部署行动。

行动目标：到2018年，开展5G网络技术研发和测试工作，互联网协议第6版（IPv6）大规模部署和商用；到2020年，5G完成技术研发测试并商用部署，互联网全面演进升级至IPv6，未来网络架构和关键技术取得重大突破。

加快推进5G技术研究和产业化。统筹国内产学研用力量，推进5G关键技术研发、技术试验和标准制定，提升5G组网能力、业务应用创新能力。着眼5G技术和业务长期发展需求，统筹优化5G频谱资源配置，加强无线电频谱管理。适时启动5G商用，支持企业发展面向移动互联网、物联网的5G创新应用，积极拓展5G业务应用领域。

加快推进下一代广播电视网建设与融合。统筹有线无线卫星协调发展，提升广播电视海量视频内容和融合媒体创新业务的承载能力，推动有线无线卫星融合一体化及与互联网的融合发展，构建天地一体、互联互通、宽带交互、智能协调、可管可控的广播电视融合传输覆盖网，支持移动、宽带、交互、跨屏广播电视融合业务的开展。

推动下一代互联网商用进程。加快网络基础设施全面向IPv6演进升级，提升内容分发网络对IPv6内容的快速分发能力。加快IPv6终端和应用系统研发，推动智能终端支持IPv6，实现4G对IPv6的端到端支持。加快推动基于IPv6的移动互联网商用进程，积极引导商业网站、政府及公共企事业单位网站向IPv6迁移。

超前布局未来网络。布局未来网络架构，加快工业互联网、能源互联网、空间互联网等新型网络设施建设，推动未来网络与现有网络兼容发展。加快构建未来网络技术体系，加快建立国家级网络试验床，推进未来网络核心技术重点突破和测试验证。加强未来网络安全保障，积极防范未来网络安全风险。

（二）北斗系统建设应用行动。

行动目标：到2018年，面向"一带一路"沿线及周边国家提供基本服务；到2020年，建成由35颗卫星组成的北斗全球卫星导航系统，为全球用户提供服务。

统筹推进北斗建设应用。进一步完善北斗卫星导航产业的领导协调机制，持续推进北斗系统规划、建设、产业、应用等各层面发展。加快地基增强系统建设，搭建北斗高精度位置服务平台，积极开展应用示范。

加强北斗核心技术突破。加大研发支持力度，整合产业资源，完善型谱规划，综合提升北斗导航芯片的性能、功耗、成本等指标，鼓励与通信、计算、传感等芯片的集成发展，推动北斗卫星导航系统及其兼容产品在政府部门的应用，提高产业竞争力。

加快北斗产业化进程。开展行业应用示范，推动北斗系统在国家核心业务系统和交通、通信、广电、水利、电力、公安、测绘、住房城乡建设、旅游等重点领域应用部署。推动北斗导航产业链的发展和完善，促进高精度芯片、终端制造和位置服务产业综合发展。

开拓卫星导航服务国际市场。服务共建"一带一路"倡议，实施卫星导航产业国际化发展综合服务工程，加快海外北斗卫星导航地基增强系统建设，推进北斗在亚太的区域性基站和位置服务平台建设，加快建立国际化的产业技术联盟和专利池。

（三）应用基础设施建设行动。

行动目标：到 2018 年，云计算和物联网原始创新能力显著增强，新建大型云计算数据中心电能使用效率（PUE）值不高于 1.5；到 2020 年，形成具有国际竞争力的云计算和物联网产业体系，新建大型云计算数据中心 PUE 值不高于 1.4。

统筹规划全国数据中心建设布局。优化大型、超大型数据中心布局，杜绝数据中心和相关园区盲目建设。加快推动现有数据中心的节能设计和改造，有序推进绿色数据中心建设。

提升云计算自主创新能力。培育发展一批具有国际竞争力的云计算骨干企业，发挥企业创新主体作用，增强云计算技术原始创新能力，尽快在云计算平台大规模资源管理与调度、运行监控与安全保障、大数据挖掘分析等关键技术和核心软硬件上取得突破。鼓励互联网骨干企业开放平台资源，加强行业云服务平台建设，支持政务系统和行业信息系统向云平台迁移，建设基于云计算的国家科研信息化基础设施，打造"中国科技云"。

积极推进物联网发展。推进物联网感知设施规划布局，发展物联网开环应用。实施物联网重大应用示范工程，推进物联网应用区域试点，建立城市级物联网接入管理与数据汇聚平台，深化物联网在城市基础设施、生产经营等环节中的应用。

（四）数据资源共享开放行动。

行动目标：到 2018 年，形成公共数据资源开放共享的法规制度和政策体系，建成国家政府数据统一共享交换和开放平台，跨部门数据资源共享共用格局基本形成；到 2020 年，实现民生保障服务等领域的政府数据集向社会开放。

构建全国信息资源共享体系。制定政府数据资源共享管理办法，梳理制定政府数据资源共享目录体系，构建政府数据统一共享交换平台，推动信息资源跨部门跨层级互通和协同共享，打通信息壁垒。

稳步实施公共信息资源共享开放。各地区、各部门根据职能，梳理本地区、本部门所产生和管理的数据集，编制数据共享开放目录，依法推进数据开放。充分利用已有设施资源，建立统一的政府数据共享和开放平台。优先开放人民群众迫切需要、商业增值潜力大的数据集。加强对开放数据的更新维护，不断扩大数据开放范围，保证动态及时更新。

规范数据共享开放管理。加强共享开放数据的全生命周期管理。建立共享开放数据汇聚、存储和安全的管理机制。按照网络安全管理和密码管理等规范标准，加快应用自主核心技术及软硬件产品，提升数据开放平台的安全保障水平。加强数据再利用安全管理。

（五）"互联网+政务服务"行动。

行动目标：到 2017 年，80 个信息惠民国家试点城市初步实现政务服务跨区域、跨层级、跨部门"一号申请、一窗受理、一网通办"，形成方便快捷、公平普惠、优质高效的政务服务信息体系；到 2020 年，全国范围内实现"一号一窗一网"目标，服务流程显著优化，服务模式更加多元，服务渠道更为畅通，群众办事满意度显著提升。

构建统一的政务服务信息系统。依托统一的数据共享交换平台，推动各部门业务系统互通对接、信息共享和业务协同，形成"前台综合受理、后台分类审批、统一窗口出件"的服务模式，拓展自助服务、社区代办、邮政快递等服务渠道，构建跨区域、跨层级、网上网下一体化的政务服务体系，实现一窗口受理、一平台共享、一站式服务。

建立电子证照体系和共享互认机制。按照分散集中相结合原则，建设自然人电子证照库，推进制证系统、业务办理系统与电子证照库对接联通，实现相关信息一次生成、多方复用，一库管理、互认共享。研究制定电子证照规范标准，建立跨区域电子证照互认共享机制，推进跨层级、跨区域、跨部门的电子证照互认共享，逐步实现全国范围内异地业务办理。

建立完善统一身份认证体系。以公民身份号码为唯一标识，探索运用生物特征及网络身份识别等技术，联通整合实体政务服务大厅、政府网站、移动客户端、自助终端、服务热线等不同渠道的用户认证，形成基于公民身份号码的线上线下互认的群众办事统一身份认证体系，实现群众办事多个渠道的一次认证、多点互联、无缝切换。

构建便民服务"一张网"。梳理整合教育、医疗卫生、社会救助、社会福利、社区服务、婚姻登记、劳动就业、住房公积金、社会保障、计划生育、住房保障、法律服务、法治宣传、公共安全等民生服务领域的网上服务资源，联通各个网上办事渠道，构建便民服务"一张网"，实现一次认证、一网通办。

（六）美丽中国信息化专项行动。

行动目标：到2018年，自然资源和生态环境动态监测网络和监管体系基本建成，能源互联网建设取得明显成效；到2020年，能源利用效率显著提升，生产生活方式绿色化水平大幅提升。

推进"互联网+智慧能源"发展。探索建设多能源互补、分布式协调、开放共享的能源互联网，构建清洁低碳、高效安全的现代能源体系。推进绿色能源网络发展，构建能源消费生态体系，发展用户端智慧用能，促进能源共享经济发展和能源自由交易。实施国家能源管理与监管信息化工程，建立基于互联网的区域能源生产监测和管理调度信息公共服务平台，建设重点用能单位能耗在线监测系统。

加强自然资源动态监测和监管。实施自然资源监测监管信息工程，建立全天候的自然资源监测技术体系，构建面向土地、海洋、能源、矿产资源、水、森林、草原、大气等多种资源的立体监控系统。加强国土资源基础数据建设，建设不动产登记信息管理基础平台和农村土地流转管理信息平台，建立纵向联动、横向协同、互联互通的自然资源信息共享服务平台，为资源监管、国土空间优化开发提供有效支撑。推进测绘地理信息领域信息化建设，强化全国卫星导航定位基准站统筹建设和管理，建设地理信息公共服务平台。

创新区域环境污染防治与管理。实施生态环境监测网络建设工程，建立全天候、多层次的污染物排放与监控智能多源感知体系。支持利用物联网、云计算、大数据、遥感、数据融合等技术，开展大气、水和土壤环境分析，建立污染源清单。开展环境承载力评估试点，加强环境污染预测预警，建立环境污染源管理和污染物减排决策支持系统。推进京津冀、长江经济带、生态森林等重点区域、领域环境监测信息化建设，提高区域流域环境污染联防联控和共治能力。

大力发展绿色智慧产业。利用新一代信息技术提升环保技术装备水平，增强环保服务能力。探索培育用能权、用水权、碳排放权、排污权网上交易市场。大力推动"互联网+"再生资源回收利用、产业废弃物资源化利用，建立规范有序的回收利用体系，提升正逆向物流的耦合度，推动垃圾收运体系与再生资源回收体系的"两网融合"。在城乡固体废弃物分类回收、主要品种再生资源在线交易、再制造、产业共生平台等领域开展示范工程建设。鼓励老旧高耗能设备淘汰退网和绿色节能新技术应用，鼓励企业研发、应用节能型服务器，降低设备能耗。

（七）网络扶贫行动。

行动目标：到 2018 年，建立网络扶贫信息服务体系，试点地区基本实现网络覆盖、信息覆盖、服务覆盖；到 2020 年，完成对 832 个贫困县、12.8 万个贫困村的网络覆盖，电商服务通达乡镇，通过网络教育、网络文化、互联网医疗等帮助贫困地区群众提高文化素质、身体素质和就业能力。

实施网络覆盖工程。加快贫困地区互联网建设和应用步伐，鼓励电信企业积极承担社会责任，确保宽带进村入户与脱贫攻坚相向而行。加快推进贫困地区网络覆盖，深入落实提速降费，探索面向贫困户的网络资费优惠。加快安全可靠移动终端研发和生产应用，推动民族语言语音、视频技术和软件研发，降低少数民族使用移动终端和获取信息服务的语言障碍。

实施电商扶贫工程。鼓励电子商务企业面向农村地区推动特色农产品网上定制化销售、推动贫困地区农村特色产业发展，组织知名电商平台为贫困地区开设扶贫频道，建立贫困县名优特产品网络博览会。依托现有全国乡村旅游电商平台，发展"互联网+旅游"扶贫，推进网上"乡村旅游后备箱工程""一村一品"产业建设专项行动。扶持偏远、特困地区的支付服务网络建设。加快建设完善贫困地区产品质量管理、信用和物流服务体系。

实施网络扶智工程。充分应用信息技术推动远程教育，促进优质教育资源城乡共享。加强对县、乡、村各级工作人员的职业教育和技能培训，丰富网络专业知识。支持大学生村官、"三支一扶"人员等基层服务项目参加人员和大学生返乡开展网络创业创新，提高贫困地区群众就业创业能力。

实施扶贫信息服务工程。逐步推进省级以下各级各部门涉农信息平台的"一站式"整合，建立网络扶贫信息服务体系，充分利用全国集中的扶贫开发信息系统以及社会扶贫信息服务平台，促进跨部门扶贫开发信息共享，使脱贫攻坚服务随时随地四通八达，扶贫资源因人因事随需配置。

实施网络公益工程。加快推进网络扶贫移动应用程序（APP）开发使用，宣传国家扶贫开发政策，丰富信息内容服务，普及农业科技知识，涵盖社交、商务、交通、医疗、教育、法律援助等行业应用。依托中国互联网发展基金会、中国扶贫志愿服务促进会等成立网络公益扶贫联盟，广泛动员网信企业、广大网民参与网络扶贫行动。构筑贫困地区民生保障网络系统，建设社会救助综合信息化平台，提供个性化、针对性强的社会救助服务。

（八）新型智慧城市建设行动。

行动目标：到 2018 年，分级分类建设 100 个新型示范性智慧城市；到 2020 年，新型智慧城市建设取得显著成效，形成无处不在的惠民服务、透明高效的在线政府、融合创新的信息经济、精准精细的城市治理、安全可靠的运行体系。

分级分类推进新型智慧城市建设。围绕新型城镇化、京津冀协同发展、长江经济带发展等战略部署，根据城市功能和地理区位、经济水平和生活水平，加强分类指导，差别化施策，统筹各类试点示范。支持特大型城市对标国际先进水平，打造世界级智慧城市群。支持省会城市增强辐射带动作用，形成区域性经济社会活动中心。指导中等城市着眼城乡统筹，缩小数字鸿沟，促进均衡发展。推动小城镇发展智慧小镇、特色小镇，实现特色化、差异化发展。开展新型智慧城市评价，突出绩效导向，强化为民服务，增强人民群众在智慧城市建设中的获得感。探索可复制可推广的创新发展经验和建设运营模式，以点带面，以评促建，促进城镇化发展质量和水平全面提升。

打造智慧高效的城市治理。推进智慧城市时空信息云平台建设试点，运用时空信息大数据开展智慧化服务，提升城市规划建设和精细化管理服务水平。推动数字化城管平台建设和功能扩展，统筹推进城市规划、城市管网、园林绿化等信息化、精细化管理，强化城市运行数据的综合采集和管理分析，建立综合性城市管理数据库，重点推进城市建筑物数据库建设。以信息技术为支撑，完善社会治安防治防控网络建设，实现社会治安群防群治和联防联治，建设平安城市，提高城市治理现代化水平。深化信息化与安全生产业务融合，提升生产安全事故防控能力。建设面向城市灾害与突发事件的信息发布系统，提升突发事件应急处置能力。

推动城际互联互通和信息共享。以标准促规范，加快建立新型智慧城市建设标准体系，制定分级分类的基础性标准以及信息服务、互联互通、管理机制等关键环节标准。深化网络基础设施共建共享，把互联网、云计算等作为城市基础设施加以支持和布局，促进基础设施互联互通。

建立安全可靠的运行体系。加强智慧城市网络安全规划、建设、运维管理，研究制定城市网络安全评价指标体系。加快实施网络安全审查，对智慧城市建设涉及的重要网络和信息系统进行网络安全检查和风险评估，保证安全可靠运行。

（九）网上丝绸之路建设行动。

行动目标：到2018年，形成与中东欧、东南业、阿拉伯地区等有关国家的信息经济合作大通道，促进规制互认、设施互联、企业互信和产业互融；到2020年，基本形成覆盖"一带一路"沿线国家和地区重点方向的信息经济合作大通道，信息经济合作应用范围和领域明显扩大。

建设网上丝绸之路经济合作试验区。充分发挥地方积极性，鼓励国内城市与"一带一路"重要节点城市开展点对点合作，在各自城市分别建立网上丝绸之路经济合作试验区，推动双方在信息基础设施、智慧城市、电子商务、远程医疗、"互联网+"等领域开展深度合作。

支持建立国际产业联盟。充分发挥企业的积极性，支持我国互联网企业、科研院所与国外互联网企业及相关机构发起建立国际产业联盟，形成网上丝绸之路的"软实力"，加速我国互联网企业与境外企业的合作进程，推动建立跨国互联网产业投融资平台，主导信息经济领域相关规范的研究制定，将我国互联网产业的比较优势转化为全球信息经济的主导优势。

鼓励支持企业国际拓展。鼓励网信企业以共建电子商务交易平台、物流信息服务平台、在线支付服务平台等多种形式，构建新型信息经济国际合作平台，拓展平台设计、人才培育、创意推广、供应链服务等各类信息技术服务的国际市场，带动国际商品流通、交通物流提质增效。

（十）繁荣网络文化行动。

行动目标：到 2018 年，网络文化服务在公共文化服务体系中的比重明显上升，传统媒体和新兴媒体融合发展水平明显提升；到 2020 年，形成一批拥有较强实力的新型媒体集团和网络文化企业，优秀网络文化产品供给和输出能力显著提升。

加快文化资源数字化进程。进一步推动文化信息资源库建设，深化文化信息资源的开发利用。继续实施全国文化信息资源共享工程、数字图书馆推广工程和公共电子阅览室建设计划。进一步实施公共文化资源网络开放，建设适合网络文化管理和社会公共服务的基础信息数据库群、数据综合管理与交换平台。实施网络文艺精品创作和传播工程，扶持优秀原创网络作品创作，支持优秀作品网络传播。扶持一批重点文艺网站。

推动传统媒体与新兴媒体融合发展。围绕建立立体多样、融合发展的网络文化传播机制和传播体系，研究把握现代新闻传播规律和新兴媒体发展规律，加快推动传统媒体和新兴媒体融合发展，推动各种媒介资源、生产要素有效整合，推动信息内容、技术应用、平台终端、人才队伍共享融通，着力打造一批形态多样、手段先进、具有竞争力的新型主流媒体，建成若干拥有强大实力和传播力公信力影响力的新型媒体集团。

加强网络文化阵地建设。加快国家骨干新闻媒体的网络化建设，做大做强中央主要新闻网站和地方重点新闻网站，培育具有国际影响力的现代传媒集团。推动多元网络文化产业发展与整合，培育一批创新能力强、专业素质高、具有国际影响力的网络文化龙头企业，增强优秀网络文化产品创新和供给能力。

大力发展网络文化市场。规范网络文化传播秩序，综合利用法律、行政、经济和行业自律等手段，完善网络文化服务准入和退出机制。加大网络文化执法力度，发展网络行业协会，推动网络社会化治理。大力培育网络文化知识产权，严厉打击网络盗版行为，提升网络文化产业输出能力。

（十一）在线教育普惠行动。

行动目标：到 2018 年，"宽带网络校校通""优质资源班班通""网络学习空间人人通"取得显著进展；到 2020 年，基本建成数字教育资源公共服务体系，形成覆盖全国、多级分布、互联互通的数字教育资源云服务体系。

促进在线教育发展。建设适合我国国情的在线开放课程和公共服务平台，支持具有学科专业和现代教学技术优势的高等院校开放共享优质课程，提供全方位、高质量、个性化的在线教学服务。支持党校、行政学院、干部学院开展在线教育。

创新教育管理制度。推进在线开放课程学分认定和管理制度创新，鼓励高等院校将在线课程纳入培养方案和教学计划。加强对在校教师和技术人员开展在线课程建设、课程应用以及大数据分析等方面培训。

缩小城乡学校数字鸿沟。完善学校教育信息化基础设施建设，基本实现各级各类学校宽带网络全面覆盖、网络教学环境全面普及，通过教育信息化加快优质教育资源向革命老区、民族地区、边远地区、贫困地区覆盖，共享教育发展成果。

加强对外交流合作。运用在线开放课程公共服务平台，推动国际科技文化交流，优先引进前沿理论、工程技术等领域的优质在线课程。积极推进我国大规模在线开放课程（慕课）走出去，大力弘扬中华优秀传统文化。

（十二）健康中国信息服务行动。

行动目标：到 2018 年，信息技术促进医疗健康服务便捷化程度大幅提升，远程医疗服务体系基本形成；到2020 年，基于感知技术和产品的新型健康信息服务逐渐普及，信息化对实现人人享有基本医疗卫生服务发挥显著作用。

打造高效便捷的智慧健康医疗便民惠民服务。实施国民电子健康信息服务计划，完善基于新型信息技术的互联网健康咨询、预约分诊、诊间结算、移动支付和检验检查结果查询、随访跟踪等服务，为预约患者和预约转诊患者优先安排就诊，全面推行分时段预约。

全面推进人口健康信息服务体系。全面建成统一权威、互联互通的人口健康信息平台，强化公共卫生、计划生育、医疗服务、医疗保障、药品供应、综合管理等应用信息系统数据集成、集成共享和业务协同，基本实现城乡居民拥有规范化的电子健康档案和功能完备的健康卡。实施健康中国云服务计划，构建健康医疗服务集成平台，提供远程会诊、远程影像、病理结果、心电诊断服务，健全检查检验结果互认共享机制。运用互联网手段，提高重大疾病和突发公共卫生事件应急能力，建立覆盖全国医疗卫生机构的健康传播和远程教育视频系统。完善全球公共卫生风险监测预警决策系统，建立国际旅行健康网络，为出入境人员提供旅行健康安全保障服务。

促进和规范健康医疗大数据应用。推进健康医疗临床和科研大数据应用，加强疑难疾病等重点方面的研究，推进基因芯片和测序技术在遗传性疾病诊断、癌症早期诊断和疾病预防检测中的应用，推动精准医疗技术发展。推进公共卫生大数据应用，全面提升公共卫生监测评估和决策管理能力。推动健康医疗相关的人工智能、生物三维打印、医用机器人、可穿戴设备以及相关微型传感器等技术和产品在疾病预防、卫生应急、健康保健、日常护理中的应用，推动由医疗救治向健康服务转变。

六、政策措施

（一）完善法律法规，健全法治环境。

完善信息化法律框架，统筹信息化立法需求，优先推进电信、网络安全、密码、个人信息保护、电子商务、电子政务、关键信息基础设施等重点领域相关立法工作。加快推动政府数据开放、互联网信息服务管理、数据权属、数据管理、网络社会管理等相关立法工作。完善司法解释，推动现有法律延伸适用到网络空间。理顺网络执法体制机制，明确执法主体、执法权限、执法标准。加强部门信息共享与执法合作，创新执法手段，形成执法合力。提高全社会自觉守法意识，营造良好的信息化法治环境。

（二）创新制度机制，优化市场环境。

加大信息化领域关键环节市场化改革力度，推动建立统一开放、竞争有序的数字市场体系。加快开放社会资本进入基础电信领域竞争性业务，形成基础设施共建共享、业务服务相互竞争的市场格局。健全并强化竞争性制度和政策，放宽融合性产品和服务准入限制，逐步消除新技术、新业务进入传统领域的壁垒，最大限度激发微观活力。建立网信领域市场主体准入前信用承诺制度，推动电信和互联网等行业外资准入改革，推动制定新兴行业监管标准，建立有利于信息化创新业务发展的行业监管模式。积极运用大数据分析等技术手段，加强对互联网平台企业、小微企业的随机抽查等事中事后监管，实施企业信用信息依法公示、社会监督和失信联合惩戒。推动建立网信领域信用管理机制，建立诚信档案、失信联合惩戒制度，加强网络资费行为监管，严格查处市场垄断行为。

（三）开拓投融资渠道，激发发展活力。

综合运用多种政策工具，引导金融机构扩大对信息化企业信贷投放。鼓励创业投资、股权投资等基金积极投入信息化发展。规范有序开展互联网金融创新试点，支持小微企业发展。推进产融结合创新试点，探索股权债权相结合的融资服务。深化创业板改革，支持符合条件的创新型、成长型互联网企业上市融资，研究特殊股权结构的境外上市企业在境内上市的制度政策。鼓励金融机构加强产品和服务创新，在风险可控的前提下，加大对信息化重点领域、重大工程和薄弱环节的金融支持。积极发展知识产权质押融资、信用保险保单融资增信等新型服务，支持符合条件的信息通信类高新企业发行公司债券和非金融企业债务融资工具筹集资金。在具有战略意义、投资周期长的重点领域，积极探索政府和社会资本合作（PPP）模式，建立重大信息化工程PPP项目库，明确风险责任、收益边界，加强绩效评价，推动重大信息化工程项目可持续运营。

（四）加大财税支持，优化资源配置。

完善产业投资基金机制，鼓励社会资本发起设立产业投资基金，重点引导基础软件、基础元器件、集成电路、互联网等核心领域产业投资基金发展。创新财政资金支持方式，统筹现有国家科技计划（专项、基金等），按规定支持关键核心技术研发和重大技术试验验证。强化中央财政资金的引导作用，完善政府采购信息化服务配套政策，推动财政支持从补建设环节向补运营环节转变。符合条件的企业，按规定享受相关税收优惠政策；落实企业研发费用加计扣除政策，激励企业增加研发投入，支持创新型企业发展。

（五）着力队伍建设，强化人才支撑。

建立适应网信特点的人才管理制度，着力打破体制界限，实现人才的有序顺畅流动。建立完善科研成果、知识产权归属和利益分配机制，制定人才入股、技术入股以及税收等方面的支持政策，提高科研人员特别是主要贡献人员在科技成果转化中的收益比例。聚焦信息化前沿方向和关键领域，依托国家"千人计划"等重大人才工程和"长江学者奖励计划"等人才项目，加快引进信息化领军人才。开辟专门渠道，实施特殊政策，精准引进国家急需紧缺的特殊人才。加快完善外国人才来华签证、永久居留制度。建立网信领域海外高端人才创新创业基地，完善配套服务。建立健全信息化专家咨询制度，引导构建产业技术创新联盟，开展信息化前瞻性、全局性问题研究。推荐信息化领域优秀专家到国际组织任职。支持普通高等学校、军队院校、行业协会、培训机构等开展信息素养培养，加强职业信息技能培训，开展农村信息素养知识宣讲和信息化人才下乡活动，提升国民信息素养。

（六）优化基础环境，推动协同发展。

完善信息化标准体系，建立国家信息化领域标准化工作统筹推进机制，优化标准布局，加快关键领域标准制修订工作，提升标准实施效益，增强国际标准话语权。加强知识产权运用和保护，制定融合领域关键环节的专利导航和方向建议清单，鼓励企业开展知识产权战略储备与布局；加快推进专利信息资源开放共享，鼓励大型信息服务企业和制造企业建立交叉交换知识产权池；建立知识产权风险管理体系，健全知识产权行政执法与司法保护优势互补、有机衔接的机制，提高侵权代价和违法成本。健全社会信用体系，加强各地区、各部门信用信息基础设施建设，推进信用信息平台无缝对接，全面推行统一的社会信用代码制度，构建多层次的征信和支付体系；加强分享经济等新业态信用建设，运用大数据建立以诚信为核心的新型市场监管机制。加快研究纳入国民经济和社会发展统计的信息化统计指标，建立完善信息化统计监测体系。

七、组织实施

各地区、各部门要进一步提高思想认识，在中央网络安全和信息化领导小组的统一领导和统筹部署下，把信息化工作提上重要日程，加强组织领导，扎实开展工作，提高信息化发展的整体性、系统性和协调性。中央网信办、国家发展改革委负责制定规划实施方案和年度工作计划，统筹推进各项重大任务、重点工程和优先行动，跟踪督促各地区、各部门的规划实施工作，定期开展考核评估并向社会公布考评情况。各有关部门要按照职责分工，分解细化任务，明确完成时限，加强协调配合，确保各项任务落地实施。地方各级人民政府要加强组织实施，落实配套政策，结合实际科学合理定位，扎实有序推动信息化发展。各地区、各部门要进一步强化责任意识，建立信息化工作问责制度，对工作不力、措施不实、造成严重后果的，要追究有关单位和领导的责任。

中央网信办、国家发展改革委要聚焦重点行业、重点领域和优先方向，统筹推进信息化试点示范工作，组织实施一批基础好、成效高、带动效应强的示范项目，防止一哄而起、盲目跟风，避免重复建设。各地区、各有关部门要发挥好试点示范作用，坚持以点带面、点面结合，边试点、边总结、边推广，推动信息化发展取得新突破。

附表　重点任务分工方案

序号	重 点 工 作	负 责 单 位
1	打造自主先进的技术体系，制定网络强国工程实施纲要，组织实施网络强国工程	中央网信办、国家发展改革委、工业和信息化部牵头，科技部、公安部、中科院等按职责分工负责
2	强化战略性前沿技术超前布局，加强新技术和新材料的基础研发和前沿布局，组织实施核心技术超越工程	科技部牵头，国家发展改革委、工业和信息化部、中央网信办、中科院、工程院、中央军委科学技术委员会等按职责分工负责
3	推进产业生态体系协同创新，统筹基础研究、技术创新、产业发展、市场应用、标准制定与网络安全各环节联动协调发展，组织实施信息产业体系创新工程	中央网信办、国家发展改革委、工业和信息化部牵头，科技部、公安部、教育部、国务院国资委、国家标准委、国家知识产权局等按职责分工负责
4	加快高速宽带网络建设，全面推进三网融合	工业和信息化部、新闻出版广电总局牵头，国家发展改革委、财政部、公安部、中央网信办等按职责分工负责
5	加强规划设计和组织实施，消除宽带网络接入"最后一公里"瓶颈，进一步推进网络提速降费	工业和信息化部牵头，中央网信办、国家发展改革委、住房城乡建设部、国务院国资委等按职责分工负责
6	建设陆海空天一体化信息基础设施，建立国家网络空间基础设施统筹协调机制，加快空间互联网部署，组织实施陆海空天一体化信息网络工程	工业和信息化部、国家发展改革委、中央网信办、国家国防科工局牵头，公安部、财政部、国家海洋局、军队有关部门等按职责分工负责
7	统筹建设综合基础设施，加快电网、铁路、公路、水利等公共设施和市政基础设施智能化转型	国家发展改革委、工业和信息化部、交通运输部、国家铁路局、国家能源局、住房城乡建设部、水利部、科技部、国务院国资委、国家标准委、国家海洋局等按职责分工负责
8	优化国家频谱资源配置，加强无线电频谱管理，合理规划利用卫星频率和轨道资源	工业和信息化部牵头，新闻出版广电总局、国家国防科工局、军队有关部门等按职责分工负责

续表

序号	重 点 工 作	负 责 单 位
9	加快农村及偏远地区网络覆盖，组织开展电信普遍服务试点工作，组织实施宽带乡村和中西部地区中小城市基础网络完善工程	工业和信息化部、财政部、国家发展改革委等按职责分工负责
10	加强数据资源规划建设，加快推进政务数据资源、社会数据资源、互联网数据资源建设，组织实施国家大数据发展工程	国家发展改革委、中央网信办牵头，中央办公厅、国务院办公厅、工业和信息化部、公安部、工商总局、交通运输部、国家卫生计生委、环境保护部、人力资源社会保障部、科技部、安全监管总局、国家国防科工局、国家海洋局等按职责分工负责
11	加强数据资源管理，建立数据产权保护、数据开放、隐私保护相关政策法规和标准体系	国家发展改革委、中央网信办牵头，工业和信息化部、公安部、国务院法制办、国家标准委、国家国防科工局等按职责分工负责
12	推动数据资源应用，稳步推进公共数据资源向社会开放，组织实施国家互联网大数据平台建设工程	国家发展改革委、中央网信办牵头，国务院办公厅、工业和信息化部、科技部、公安部、人力资源社会保障部、国土资源部、文化部、人民银行、工商总局、质检总局、安全监管总局、国务院法制办、国家统计局、国家测绘地信局、中科院、国家国防科工局、国家海洋局等按职责分工负责
13	加强数据安全保护，实施大数据安全保障工程，建立跨境数据流动安全监管制度	中央网信办、工业和信息化部、公安部牵头，安全部、海关总署、国家国防科工局、国家密码局等按职责分工负责
14	组织实施"互联网+"重大工程，推进"互联网+"行动	国家发展改革委牵头，工业和信息化部、中央网信办、公安部、农业部、人民银行、国家能源局、质检总局等按职责分工负责
15	推进信息化和工业化深度融合，实施"中国制造2025"，组织实施制造业与互联网融合发展应用与推广工程	工业和信息化部牵头，国家发展改革委、质检总局、安全监管总局等按职责分工负责
16	推进农业信息化，实施"互联网+"现代农业行动，组织实施农业农村信息化工程	农业部、水利部牵头，国家发展改革委、工业和信息化部、商务部、国家统计局、质检总局等按职责分工负责
17	发展电子商务，大力推进"互联网+流通"发展，加强智慧流通基础设施建设，支持移动电商、社区电商、农村电商和跨境电商等新型电商模式发展	商务部牵头，工业和信息化部、国家发展改革委、农业部、交通运输部、国家卫生计生委、教育部、国家统计局、海关总署、质检总局、中央网信办等按职责分工负责
18	培育发展新兴业态，组织实施信息经济创新发展工程	中央网信办、国家发展改革委牵头，工业和信息化部、农业部、商务部、交通运输部、人民银行等按职责分工负责
19	统筹发展电子政务，建立国家电子政务统筹协调机制，统筹共建电子政务公共基础设施，加快推进人大信息化建设，加快政协信息化建设，大力推进"智慧法院"建设，积极打造"智慧检务"，加强国家电子文件管理	中央网信办、国家发展改革委牵头，中央办公厅、国务院办公厅、全国人大常委会办公厅、全国政协办公厅、最高人民法院、最高人民检察院、工业和信息化部、科技部、公安部、国家标准委等按职责分工负责
20	区分轻重缓急分级分类持续推进打破信息壁垒和孤岛，采取授权使用等机制解决信息安全问题，构建统一高效、互联互通、安全可靠的国家数据资源体系，打通各部门信息系统，推动信息跨部门跨层级共享共用。"十三五"时期在政府系统率先消除信息孤岛	国家发展改革委、中央网信办牵头，各有关部门按职责分工负责
21	创新社会治理，加快建设安全生产隐患排查治理体系、风险预防控制体系和社会治安立体防控体系，推进网上综合防控体系建设，建立和完善自然灾害综合管理信息系统、重大和重要基础设施综合管理信息系统、安全生产监管信息系统、国家应急平台、社会治安综合治理信息系统和公安大数据中心	公安部、民政部、国家发展改革委、安全监管总局、司法部、国务院办公厅、中央网信办等按职责分工负责

续表

序号	重 点 工 作	负 责 单 位
22	实施信息惠民工程，拓展民生服务渠道，创新民生服务供给模式，加快推进交通一卡通互联互通，建立全人群覆盖、全天候受理、公平普惠的民生公共服务体系	国家发展改革委牵头，财政部、教育部、公安部、民政部、人力资源社会保障部、国家卫生计生委、国家民委、司法部、交通运输部、国家标准委等按职责分工负责
23	建立健全网信军民融合机制，加快网信军民融合立法进程，实施军地网信人才融合发展计划	中央网信办、中央军委战略规划办公室牵头，国家发展改革委、工业和信息化部、公安部、国家国防科工局、国务院法制办、中央军委训练管理部、中央军委装备发展部等按职责分工负责
24	推进信息基础设施共建共用共享，组织实施网信军民深度融合工程	中央网信办、中央军委战略规划办公室牵头，国家发展改革委、工业和信息化部、公安部、国家国防科工局、中央军委训练管理部、中央军委装备发展部等按职责分工负责
25	加快军民技术双向转化，有序推动军民重点实验室互相开放，发展军民一体信息产业	中央网信办、中央军委战略规划办公室牵头，国家发展改革委、科技部、工业和信息化部、国家国防科工局、中央军委装备发展部、中央军委科学技术委员会、国家标准委等按职责分工负责
26	建立开放共赢的国际合作体系，组织实施信息化国际枢纽工程	国家发展改革委、中央网信办、中央军委装备发展部牵头，外交部、商务部、工业和信息化部、科技部、国家国防科工局、中科院、国家标准委等按职责分工负责
27	鼓励和支持网信企业走出去，推动区域数字经济合作，实施网信援外计划，加快推进中国标准走出去	中央网信办牵头，国家发展改革委、财政部、工业和信息化部、商务部、外交部、国家标准委等按职责分工负责
28	健全企业走出去境外维权援助体系，完善领事保护机制，建立公益性专利信息服务平台	外交部、国家知识产权局、中央网信办等按职责分工负责
29	顺应广大人民群众呼声，加强对网络安全环境的治理，依法严厉打击网络电信诈骗等违法行为，形成高压态势，让人民群众安全放心使用网络	公安部牵头，工业和信息化部、人民银行、中央网信办等按职责分工负责
30	依法加强网络空间治理，组织实施网络内容建设工程	中央网信办牵头，中央宣传部、文化部、公安部、新闻出版广电总局、国家保密局等按职责分工负责
31	加强互联网基础资源管理，建设网络可信体系，探索建立全国统一的网络证照服务体系	中央网信办、公安部、工业和信息化部牵头，其他相关部门按职责分工负责
32	创新网络社会治理，组织实施网络文明建设工程	中央网信办牵头，中央宣传部、中央文明办、民政部、公安部、文化部等按职责分工负责
33	深度参与国际网络空间治理，推动建立多边、民主、透明的国际互联网治理体系	中央网信办、外交部牵头，工业和信息化部、公安部等按职责分工负责
34	强化网络安全顶层设计，完善网络安全法律法规体系，建立完善网络安全管理制度和标准体系，创建一流网络安全学院	中央网信办牵头，工业和信息化部、公安部、教育部、国务院法制办、国家标准委等按职责分工负责
35	构建关键信息基础设施安全保障体系	中央网信办、公安部、国家保密局牵头，中央办公厅、国家发展改革委、工业和信息化部、安全部、财政部、国家国防科工局、国家密码局等按职责分工负责
36	实施网络安全审查制度	中央网信办牵头，公安部、工业和信息化部、安全部、科技部、国家国防科工局等按职责分工负责
37	全天候全方位感知网络安全态势，组织实施网络安全监测预警和应急处置工程	中央网信办、公安部牵头，工业和信息化部、国家发展改革委、国家保密局等按职责分工负责
38	强化网络安全科技创新能力，组织实施网络安全保障能力建设工程	中央网信办、国家发展改革委牵头，科技部、工业和信息化部、公安部、国家标准委、国家保密局等按职责分工负责

续表

序号	重 点 工 作	负 责 单 位
39	组织实施信息安全专项，建立关键信息基础设施安全防护平台，支持关键基础设施和重要信息系统，整体提升安全防御能力	国家发展改革委牵头，中央网信办、工业和信息化部、公安部、国务院国资委等按职责分工负责
40	组织实施新一代信息网络技术超前部署行动，加快推进5G技术研究和产业化，加快推进下一代广播电视网建设与融合，推动下一代互联网商用进程，超前布局未来网络	工业和信息化部、新闻出版广电总局、国家发展改革委、科技部、中科院、中央网信办等按职责分工负责
41	组织实施北斗系统建设应用行动，统筹推进北斗建设应用，加强北斗核心技术突破，加快北斗产业化进程，开拓卫星导航服务国际市场	中央网信办、中央军委装备发展部、中央军委联合参谋部、国家发展改革委牵头，工业和信息化部、科技部、财政部、公安部、国家国防科工局、国家测绘地信局等按职责分工负责
42	组织实施应用基础设施建设行动，统筹规划全国数据中心建设布局，提升云计算自主创新能力，积极推进物联网发展	国家发展改革委、工业和信息化部、科技部、财政部、中央网信办、公安部等按职责分工负责
43	组织实施数据资源共享开放行动，构建全国信息资源共享体系，稳步实施公共信息资源共享开放，规范数据共享开放管理	国家发展改革委牵头，中央网信办、工业和信息化部、公安部等按职责分工负责
44	组织实施"互联网+政务服务"行动，构建形成方便快捷、公平普惠、优质高效的政务服务信息系统	国务院办公厅、国家发展改革委牵头，财政部、教育部、公安部、民政部、人力资源社会保障部、住房城乡建设部、国家卫生计生委、国务院法制办、国家标准委、司法部、安全监管总局等按职责分工负责
45	组织实施美丽中国信息化专项行动，加强自然资源动态监测和监管，创新区域环境污染防治与管理，大力发展绿色智慧产业。推进"互联网+智慧能源"发展	环境保护部牵头，国家发展改革委、国家能源局、国土资源部、工业和信息化部、水利部、国家海洋局等按职责分工负责
46	组织实施网络扶贫行动，实施网络覆盖工程、电商扶贫工程、网络扶智工程、扶贫信息服务工程、网络公益工程	中央网信办、国家发展改革委、国务院扶贫办牵头，中央组织部、教育部、科技部、工业和信息化部、民政部、财政部、人力资源社会保障部、交通运输部、农业部、水利部、商务部、国家卫生计生委、国家旅游局、国家邮政局、共青团中央、全国妇联、国家民委、司法部、供销合作总社等按职责分工负责
47	组织实施新型智慧城市建设行动，分级分类推进新型智慧城市建设，打造智慧高效的城市治理，推动城际互联互通和信息共享，建立安全可靠的运行体系	国家发展改革委、中央网信办牵头，住房城乡建设部、科技部、工业和信息化部、公安部、安全监管总局等按职责分工负责
48	组织实施网上丝绸之路建设行动，推动网上丝绸之路经济合作试验区建设	国家发展改革委、中央网信办牵头，工业和信息化部、财政部、商务部、海关总署、税务总局、工商总局、质检总局、社科院等按职责分工负责
49	组织实施繁荣网络文化行动，加快文化资源数字化进程，推动传统媒体与新兴媒体融合发展，加强网络文化阵地建设，大力发展网络文化市场	中央网信办、文化部、中央宣传部、国家发展改革委、新闻出版广电总局、社科院等按职责分工负责
50	组织实施在线教育普惠行动，促进在线教育发展，创新教育管理制度，缩小城乡学校数字鸿沟，加强对外交流合作	教育部牵头，中央组织部等按职责分工负责
51	组织实施健康中国信息服务行动，打造高效便捷的智慧健康医疗便民惠民服务，全面推进面向全民的人口健康信息服务体系，促进和规范健康医疗大数据应用，完善全球公共卫生风险监测预警决策系统，建立国际旅行健康网络，为出入境人员提供旅行健康安全保障服务	国家卫生计生委、质检总局牵头，国家发展改革委、工业和信息化部、财政部、人力资源社会保障部、公安部、食品药品监管总局、国家中医药局、国家旅游局、外交部、交通运输部、中国民航局等按职责分工负责

续表

序号	重 点 工 作	负 责 单 位
52	加快信息化法律制度建设，优先推进电信、网络安全、密码、个人信息保护、电子商务、电子政务、关键信息基础设施等重点领域相关立法工作，加快推进政府数据开放、互联网信息服务管理、数据权属、数据管理、网络社会管理等相关立法工作	中央网信办、全国人大常委会法工委、国务院法制办牵头，国家发展改革委、工业和信息化部、公安部、商务部、工商总局、国家保密局、国家密码局、国家国防科工局等按职责分工负责
53	推动信息化领域市场开放，健全并强化竞争性制度和政策，放宽融合性产品和服务准入限制，逐步消除新技术新业务进入传统领域的壁垒，最大限度激发微观活力	国家发展改革委、工业和信息化部、中央网信办、社科院、国家保密局、商务部、工商总局、交通运输部、人民银行、银监会、证监会、保监会等按职责分工负责
54	创新监管制度，建立信息领域市场主体准入前信用承诺制度，完善电信和互联网等网信行业外资准入改革	商务部、工商总局、中央网信办、工业和信息化部、公安部等按职责分工负责
55	强化事中事后监管，实施企业信用信息依法公示、社会监督和失信联合惩戒，推动建立网信领域信用管理机制，建立诚信档案和失信联合惩戒制度	国家发展改革委、工商总局、商务部、人民银行、银监会、证监会、保监会、最高人民法院、最高人民检察院、工业和信息化部、公安部、安全监管总局等按职责分工负责
56	规范有序开展互联网金融创新试点，支持小微企业发展。推进产融结合创新试点，探索股权债权相结合的融资服务。深化创业板改革，支持符合条件的创新型、成长型互联网企业上市融资，研究特殊股权结构的境外上市企业在境内上市的制度政策	人民银行、银监会、证监会、保监会、工业和信息化部、国家发展改革委、中央网信办、工商总局、商务部等按职责分工负责
57	完善金融服务，积极发展知识产权质押融资、信用保险保单融资增信等新型服务，支持符合条件的信息通信类高新企业发行公司债券，通过债券融资方式支持信息化发展	人民银行、工业和信息化部、银监会、证监会、保监会、国家知识产权局等按职责分工负责
58	完善产业投资基金机制，鼓励社会资本发起设立产业投资基金	国家发展改革委、财政部、工业和信息化部、科技部等按职责分工负责
59	统筹现有国家科技计划（专项、基金等），支持关键核心技术研发和重大技术试验验证，强化关键共性技术研发供给	科技部、国家发展改革委、工业和信息化部等按职责分工负责
60	创新财政资金支持方式，强化中央财政资金引导，完善政府采购信息化服务配套政策	财政部、国家发展改革委、工业和信息化部等按职责分工负责
61	落实企业研发费用加计扣除等支持创新型企业发展的税收优惠政策	财政部、税务总局按职责分工负责
62	健全人才激励体制，建立适应网信特点的人事制度、薪酬制度、评价机制，建立信息化领域产权激励机制	人力资源社会保障部、国家发展改革委、教育部、科技部、工业和信息化部、财政部、国家知识产权局、社科院按职责分工负责
63	加强海外高端人才引进力度，加快引进信息化人才，建立网信领域海外高端人才创新创业基地	中央组织部、国家发展改革委、教育部、科技部、工业和信息化部、人力资源社会保障部、外交部、财政部、国家外专局、中科院、社科院、工程院按职责分工负责
64	加强高端智库建设，建立健全信息化领域专家咨询制度，引导构建产业技术创新联盟	中央网信办、国家发展改革委、工业和信息化部牵头，教育部、科技部、中科院、社科院、国家外专局按职责分工负责
65	提升国民信息素养，支持普通高等学校、军队院校、行业协会、培训机构等开展信息素养培养，加大重点行业工人职业信息技能培训力度，完善失业人员再就业技能培训机制，开展农村信息素养知识宣讲和信息化人才下乡活动	中央网信办牵头，教育部、民政部、人力资源社会保障部、农业部、中央军委训练管理部等按职责分工负责

序号	重　点　工　作	负　责　单　位
66	健全和完善信息化标准体系,建立国家信息化标准统筹协调推进机制,开展关键领域标准制修订工作	中央网信办、工业和信息化部、国家标准委牵头,国家发展改革委、科技部、公安部等按职责分工负责
67	加强知识产权运用和保护,制定融合领域关键环节的专利导航和方向建议清单,加快推进专利信息资源开放共享	国家知识产权局、中央网信办等按职责分工负责
68	健全社会信用体系,持续推进各领域信用信息平台无缝对接,构建多层次的征信和支付体系。健全互联网领域信用体系,推动运用大数据建立以诚信为核心的新型市场监管机制	国家发展改革委牵头,人民银行、工商总局、中央综治办、中央网信办、公安部等按职责分工负责
69	建立信息化统计监测体系,完善信息化统计监测工作机制	中央网信办、国家统计局牵头,工业和信息化部、国家发展改革委等按职责分工负责
70	加强组织领导,加强全国信息化工作的统一谋划、统一部署、统一推进、统一实施	中央网信办牵头,各地区、各部门按职责分工负责
71	有序推进实施,制定规划实施方案和年度工作计划,统筹推进规划确定的重大任务、重点工程和优先行动	中央网信办、国家发展改革委牵头,各地区、各部门按职责分工负责
72	规范试点示范,防止一哄而起、盲目跟风,避免重复建设	中央网信办、国家发展改革委牵头,各地区、各部门按职责分工负责
73	完善考核评估,向社会公开发布各地区、各部门信息化考核评估情况	中央网信办、国家发展改革委牵头,各地区、各部门按职责分工负责
74	强化责任意识,建立信息化工作问责制度	中央网信办、国家发展改革委牵头,各地区、各部门按职责分工负责

国务院办公厅关于加强电力安全工作的通知

国办发〔2003〕98 号

各省、自治区、直辖市人民政府，国务院各部委、各直属机构：

电力工业是关系国计民生的重要基础产业和公用事业，电力安全事关经济发展和社会稳定，与人民群众的生产生活密切相关。长期以来，我国电力建设和运行坚持"统一规划、统一调度"的原则，电源电网布局基本合理，电网结构清晰，电压等级简明，二次系统同步，基本建立了保障电力安全的法律法规、技术标准和管理体系，保证了电力系统安全，对保障我国国民经济持续快速健康发展发挥了重要作用。但是，我国电力工业正处在发展阶段，电力需求增长很快，电力供需矛盾突出，部分地区发电和输变电备用容量不足，电网网架结构薄弱，安全运行存在隐患；电力生产运行中违反调度规则和指令的情况时有发生，各地违章施工、偷盗电力设施等严重危害电力安全的情况屡禁不止；现行电力安全法律法规有的不适应当前形势或新的体制，需要进一步修改和完善。为加强电力安全工作，经国务院同意，现将有关事项通知如下：

一、加强法规建设，切实落实电力安全生产责任制

电力系统安全和应急处置事关国家安全和社会稳定大局，各地区、各部门要高度重视电力安全工作，强化电力安全生产责任，严格安全生产监督检查。为了加强电力安全监管工作，国务院授权电监会具体负责电力安全监督管理，安全监管局负责综合管理。有关部门要根据电力体制改革的新形势和电力安全工作的新要求，抓紧研究提出修订电力安全生产方面行政法规的意见，完善电力安全法律保障体系。

地方各级人民政府要加强电力设施保护方面法律法规的宣传教育工作，增强全社会维护电力设施安全的守法意识。同时，各地公安等有关部门要加大执法力度，严厉打击各类破坏电力设施的违法犯罪行为，为电力系统的安全稳定运行创造良好的社会环境。

电力企业要始终坚持"安全第一、预防为主"的方针，切实落实企业内部安全生产责任制，严明组织纪律，加强安全技术培训，提高电力系统运行可靠性和电力企业安全管理水平，确保电力安全生产和供应。国家电网公司和中国南方电网有限责任公司分别负责所辖范围内的电网安全，南方电网与其他区域电网联网线路的安全责任由国家电网公司承担。

二、完善调度协调体系，建立有效的电力安全应急机制

电力系统运行要坚持统一调度、分级管理、分区分层运行的原则，进一步完善统一的调度协调体系。在电网运行方式、备用容量安排、设备检修计划、紧急事故处理以及事故发生后恢复等方面做到统筹安排。电力企业要顾全大局，服从统一调度，严格按照调度指令安排运行方式，做到令行禁止。

地方各级人民政府要借鉴国内外处理公共突发事件的经验，抓紧建立适合本地区实际情况的电力安全应急处理机制，制定周密、完备的应急预案，并向社会广泛宣传和定期组织演习。党政机关、金融机构、通信企业、广播电台、电视台、医院和机场等重要单位要安装备用电源。对建设备用电源确有困难的单位，要给予必要的支持。

电力企业要建立有效的电力系统突发事件应急机制，针对电力生产运行中的薄弱环节，定期进行反事故演习，提高处理事故的能力。特别是电网企业要制定完备的"黑启动"预案，并定期组织演练。

三、抓紧制定电力发展规划，统筹安排电源和电网建设

电力发展要坚持统一规划的原则，抓紧制定电力发展中长期规划，以科学的规划指导电力建设，保证供需平衡，满足国民经济发展和人民生活的需要。电力发展规划要充分论证，统筹兼顾，适当超前，使电力工业稳步有序发展，避免大起大落。要统筹安排电源和电网建设，优化电源布局和电网结构，保持电源与电网稳步协调发展，促进水电、煤电、核电和蓄能电站等电源合理互补。加快"西电东送"项目建设，实现更大范围内的电力资源优化配置。有关部门要抓紧协调落实资金渠道，加快电网建设。

要依靠科学技术，坚持全国统一的电力技术标准、技术规范和电网安全技术手段，加强电力系统安全运行的基础，提高电力系统抗风险能力。区域电网要因地因网制宜，重视网架结构和布局的科学合理性，建设坚强、清晰、合理、可靠的骨干网架。重视电网二次系统的同步配套建设，加强电网安全的监控和保护。继续改造城市电网，解决城市电网薄弱、配电容量不足问题，提高城市电力供应的可靠性，减少安全隐患。电网公司可拥有必要的调峰调频及事故备用发电容量，提高系统安全性。

新建电力项目必须服从国家的统一规划，严格执行国家规定的审批程序。对违规建设的电力项目要依法处理。要适当简化规划内电力建设项目审批程序，加快建设步伐，增加电力供应。

四、加强用电侧管理，科学引导电力消费

加强用电侧管理既是当前做好电力供应工作的一个重要内容，又是电力工业节约能源，实现可持续发展的有效途径。在缺电时错峰用电，在紧急情况下按预案有序切断负荷，是保证电网安全的必要手段。要充分运用价格杠杆等经济手段，加快实行发电和用电的峰谷电价，科学引导电力消费，缓解电网峰谷差矛盾，提高电网运行的可靠性。

五、积极稳妥地推进电力体制改革

电力体制改革是适应社会主义市场经济需要、优化电力资源配置、促进电力工业发展的重要举措。各有关部门和地区要继续按照电力体制改革方案，积极、稳妥、分步推进各项改革措施。要正确处理改革和电力安全生产的关系，在保证电力安全生产和电力系统稳定运行的前提下不断把改革推向深入。

电力体制改革工作小组要加强对电力体制改革工作的领导，各成员单位要按照统一部署和工作分工，密切配合，各司其职，认真完成改革方案确定的各项任务。

国务院办公厅

2003 年 12 月 5 日

国务院办公厅转发安全监管总局等部门
关于加强企业应急管理工作意见的通知

国办发〔2007〕13 号

各省、自治区、直辖市人民政府，国务院各部委、各直属机构：

安全监管总局、国资委、财政部、公安部、民政部、卫生部、环保总局《关于加强企业应急管理工作的意见》已经国务院同意，现转发给你们，请认真贯彻执行。

国务院办公厅
2007 年 2 月 28 日

附件：

关于加强企业应急管理工作的意见

企业应急管理是指对企业生产经营中的各种安全生产事故和可能给企业带来人员伤亡、财产损失的各种外部突发公共事件，以及企业可能给社会带来损害的各类突发公共事件的预防、处置和恢复重建等工作，是企业管理的重要组成部分。加强企业应急管理，是企业自身发展的内在要求和必须履行的社会责任。近年来，我国企业应急管理工作取得较大进展，但总体上看仍存在诸多薄弱环节，安全生产事故频发，自然灾害、公共卫生事件、社会安全事件等也给企业安全造成多方面影响。为深入贯彻落实《国家突发公共事件总体应急预案》和《国务院关于全面加强应急管理工作的意见》（国发〔2006〕24 号），进一步加强企业应急管理工作，现提出如下意见：

一、明确企业应急管理的工作目标

（一）各级各类生产经营企业在 2007 年底前全面完成应急预案编制工作；建立健全企业应急管理组织体系，把应急管理纳入企业管理的各个环节；形成上下贯通、多方联动、协调有序、运转高效的企业应急管理机制；建立起训练有素、反应快速、装备齐全、保障有力的企业应急队伍；加强企业危险源监控，实现企业突发公共事件预防与处置的有机结合；政府有关部门完善相关法规和政策措施；企业应对事故灾难、自然灾害、公共卫生事件和社会安全事件的能力得到全面提高。

二、健全组织体系和工作机制

（二）建立健全企业应急管理组织体系。大型企业要设置或明确应急管理领导机构和办事机构，配备专职或兼职人员开展应急管理工作，形成企业主要领导全面负责、分管领导具体负责、有关部门分工负责、群团组织协助配合、相关人员全部参与的应急管理组织体系；

矿山、建筑施工企业和易燃易爆物品、危险化学品、放射性物品等危险物品的生产、经营、储运企业（以下简称高危行业企业）要设置或指定应急管理办事机构，配备应急管理人员。其他各类企业也要在企业负责人的领导下组织开展自身应急管理工作。

（三）完善企业应急联动机制。县级人民政府要全面掌握本行政区域内的高危行业企业分布、企业重点危险源、应急队伍、救援基地、应急物资、道路交通等基本情况，加强与企业联系，组织建立政府与企业、企业与企业、企业与关联单位之间的应急联动机制，形成统一指挥、相互支持、密切配合、协同应对各类突发公共事件的合力，协调有序地开展应急管理工作。中央企业要加强与其所在地县级人民政府有关部门的沟通衔接，主动接受安全生产监管，发生突发公共事件后要及时报告有关情况，发布预警信息。

三、推进预案体系建设和管理

（四）编制完善企业预案。应急预案是企业应急管理工作的主线。各企业要针对本企业的风险隐患特点，以编制事故灾难应急预案为重点，并根据实际需要编制其他方面的应急预案。预案内容要简明、管用、注重实效，有针对性和可操作性。生产企业要在预案中明确可能发生事故的具体应对措施。地方政府和有关部门要重点加强对非公有制企业、中小企业、高危行业企业、安全生产状况较差企业、产生或经营危险废弃物的企业和改革重组改制企业的指导，明确预案编制要求，制定编制指南或预案范本，提高预案质量。

（五）加强企业预案管理。建立企业预案的评估管理、动态管理和备案管理制度。各企业要根据有关法律、法规、标准的变动情况，应急预案演练情况，以及企业作业条件、设备状况、产品品种、人员、技术、外部环境等不断变化的实际情况，及时评估和补充修订完善预案。企业应急预案按照"分类管理、分级负责"的原则报当地政府主管部门和上级单位备案，并告知相关单位。备案管理单位要加强对预案内容的审查，实现预案之间的有机衔接。

（六）开展多种形式的预案演练。各企业要从实际出发，有计划地组织开展预案演练工作。高危行业企业要针对生产事故易发环节，每年至少组织开展一次预案演练。要加强对演练情况的总结分析，及时发现问题，不断改进应急管理工作。有关部门要加强对企业预案演练的指导，并组织高危行业企业开展联合演练，促进各单位的协调配合和职责落实。

四、加强企业应急队伍和基地建设

（七）加强企业专兼职队伍和职工队伍建设。按照专业救援和职工参与相结合、险时救援和平时防范相结合的原则，建设专业队伍为骨干、兼职队伍为辅助、职工队伍为基础的企业应急队伍体系。大中型高危行业企业要根据有关法律法规建立专业的应急救援队伍；小型高危行业企业要建立兼职的应急救援队伍，并与有关专业应急队伍建立合作、联动机制；其他企业应根据需要指定专职或兼职应急救援人员。对已经建有专兼职消防队的企业，其应急救援队伍应当依托已有的专兼职消防队组建。涉及高危行业的中央企业都要建立起现代化、专业化、高技术水准的救援队伍。各企业要切实抓好应急队伍的训练和管理，加强对职工应急知识、技能的培训。特别是安全生产关键责任岗位的职工，不仅要熟练掌握生产操作技术，更要掌握安全操作规范和安全生产事件的处置方法，增强自救互救和第一时间处置突发事件的能力。签订救援协议的专业应急救援队伍要定期协助协议企业排查事故隐患，熟悉救援环境，开展技术咨询和服务，协议企业应予以积极配合和支持。充分发挥专家对企业应急预案编制、应急演练、应急处置等工作的指导作用，提高企业应急管理水平。

（八）加强企业应急救援基地建设。大型矿山、石化、民航、铁路、水上运输、核工业企业要充分发挥组织优势、技术优势、人才优势，建设专业特色突出、布局配置合理的应急救援基地，并在做好本企业应急救援工作的同时，参与社会应急救援工作。具备条件的中央企业要率先建立一批管理规范、装备先进适用、信息畅通、处置能力强的区域应急救援基地，承担起一定区域内的重大抢险救灾任务。有关部门要加强与相关地方的沟通，做好救援基地规划布局和组织建设工作，建立有效的全国救援基地信息沟通渠道。地方政府要加强对应急救援基地建设的支持，充分发挥救援基地在区域救援方面的重要作用。

五、做好隐患排查监管和应急处置工作

（九）开展企业隐患排查监管。各企业要组织力量，重点针对企业生产场所、危险建（构）筑物以及企业周边环境等认真开展隐患排查，全面分析可能造成的灾害及衍生灾害。对查出的隐患及时治理整改，制定切实可行的整改方案，并采取可靠的安全保障措施。对隐患较大的要采取停产、停业整顿或停止使用等措施，防止发生突发事件。对重大危险源应当登记建档，进行定期检测、评估，实时监控，并告知从业人员和相关人员在紧急情况下应当采取的应急措施。改革重组改制企业要特别重视矛盾纠纷和其他影响社会安全的隐患的排查化解工作，防范发生群体性事件。有关部门要加强隐患标准的制定、完善工作，加强督促检查。

（十）做好突发公共事件的处置工作。突发公共事件发生后，企业应立即启动相关应急预案，组织开展先期处置，并按照分级标准迅速向地方政府及有关部门报告。对溢流、井喷、危险化学品泄漏、放射源失控等可能对周边群众和环境产生危害的突发公共事件，企业要在第一时间向地方政府报告有关情况，并及时向可能受到影响的单位、职工、群众发出预警信息。要控制事故发展态势，标明危险区域，组织、协助应急救援队伍和工作人员救助受害人员，疏散、撤离、安置受到威胁的人员，并采取必要措施防止发生次生、衍生事件。地方政府要按照相关预案要求，加强对应急处置的指挥领导，组织开展救援和群众疏散工作。有关单位要按照地方政府的统一要求，做好各项救援措施的衔接和配合。应急处置工作结束后，各企业应尽快组织恢复生产、生活秩序，消除环境污染，并加强事后评估，完善各项措施。

六、强化企业应急管理职责分工和相关政策措施

（十一）明确和落实企业应急管理责任。企业对自身应急管理工作负责，按照条块结合、属地为主的原则，在政府的领导下和有关部门的监督指导下开展应急管理工作。安全生产是企业应急管理工作的重点，安全生产监管部门和其他负有安全生产监管职责的部门按照现有职责分工，进一步加强监管工作。其他有关部门各司其职，监督指导有关企业预防和应对其他各类突发公共事件。国有资产监督管理机构按照出资人职责，负责督促监管企业落实应急管理方针政策，把监管企业安全生产工作纳入考核内容，对监管企业应急预案的制定和落实情况开展检查。各级政府应急管理办事机构负责综合指导、协调企业应急管理工作。各有关部门要按照职责分工，针对不同行业的企业、大型企业与中小型企业、国有企业与民营企业、内资企业与外资企业等不同类型企业在应急管理工作中的不同特点，加强对企业应急管理的分类指导。建立激励约束机制，对应急管理工作中表现突出的企业和个人给予表彰或奖励，对不履行职责引起事态扩大、造成严重后果的责任人要依法追究责任。

（十二）企业要加大投入力度。企业应急能力建设是企业安全生产和企业长远发展的保障。各企业要加大对应急能力建设的投入力度，着力解决制约企业应急管理的关键问题，使

人力、物力、财力等生产要素适应应急管理工作的要求，做到应急管理与企业发展同步规划、同步实施、同步推进。要切实加大对应急物资的投入，制定应急物资保障方案，重点加强防护用品、救援装备、救援器材的物资储备，做到数量充足、品种齐全、质量可靠。加快新技术、新工艺和新设备的应用，改善企业安全生产条件，提高防灾减灾能力。针对企业应急管理的重点和难点问题，加强与有关科研院所的联合攻关。有条件的企业要加强应急管理的信息化建设，配备必要的设备，逐步实现与有关部门数据信息的互联互通。高危行业企业要安排应急专项资金，用于隐患排查整改、危险源监控、应急队伍建设、物资设备购置、应急预案演练、应急知识培训和宣传教育等工作。

（十三）制定完善相关政策。建立和完善政府应急准备金制度，对处置企业突发公共事件等给予必要支持。进一步落实企业强制性提取安全费用、交纳安全生产风险抵押金、提高事故伤亡赔偿标准的政策措施。研究制定征用补偿政策，完善对企业物资合理征用的补偿办法。研究制定相关政策措施，加强先进适用技术、装备的研发和应用，加快形成具有自主知识产权的应急技术和产品，扶持应急产业发展。建立完善企业应急队伍有偿服务机制，对企业应急救援队伍参与社会救援的经费支出予以相应补偿，鼓励和支持企业参与社会救援。充分发挥保险在突发公共事件预防、处置和恢复重建等方面的作用，大力推进高危行业企业的意外伤害保险和责任保险制度建设，完善对专职和兼职救护队员的工伤保险制度。

国务院办公厅关于印发突发事件应急预案管理办法的通知

国办发〔2013〕101号

各省、自治区、直辖市人民政府，国务院各部委、各直属机构：

《突发事件应急预案管理办法》已经国务院同意，现印发给你们，请认真贯彻执行。

国务院办公厅

2013年10月25日

附件：

突发事件应急预案管理办法

第一章 总 则

第一条 为规范突发事件应急预案（以下简称应急预案）管理，增强应急预案的针对性、实用性和可操作性，依据《中华人民共和国突发事件应对法》等法律、行政法规，制定本办法。

第二条 本办法所称应急预案，是指各级人民政府及其部门、基层组织、企事业单位、社会团体等为依法、迅速、科学、有序应对突发事件，最大程度减少突发事件及其造成的损害而预先制定的工作方案。

第三条 应急预案的规划、编制、审批、发布、备案、演练、修订、培训、宣传教育等工作，适用本办法。

第四条 应急预案管理遵循统一规划、分类指导、分级负责、动态管理的原则。

第五条 应急预案编制要依据有关法律、行政法规和制度，紧密结合实际，合理确定内容，切实提高针对性、实用性和可操作性。

第二章 分 类 和 内 容

第六条 应急预案按照制定主体划分，分为政府及其部门应急预案、单位和基层组织应急预案两大类。

第七条 政府及其部门应急预案由各级人民政府及其部门制定，包括总体应急预案、专项应急预案、部门应急预案等。

总体应急预案是应急预案体系的总纲，是政府组织应对突发事件的总体制度安排，由县级以上各级人民政府制定。

专项应急预案是政府为应对某一类型或某几种类型突发事件，或者针对重要目标物保护、重大活动保障、应急资源保障等重要专项工作而预先制定的涉及多个部门职责的工作方案，由有关部门牵头制定，报本级人民政府批准后印发实施。

部门应急预案是政府有关部门根据总体应急预案、专项应急预案和部门职责，为应对本部门（行业、领域）突发事件，或者针对重要目标物保护、重大活动保障、应急资源保障等涉及部门工作而预先制定的工作方案，由各级政府有关部门制定。

鼓励相邻、相近的地方人民政府及其有关部门联合制定应对区域性、流域性突发事件的联合应急预案。

第八条　总体应急预案主要规定突发事件应对的基本原则、组织体系、运行机制，以及应急保障的总体安排等，明确相关各方的职责和任务。

针对突发事件应对的专项和部门应急预案，不同层级的预案内容各有所侧重。国家层面专项和部门应急预案侧重明确突发事件的应对原则、组织指挥机制、预警分级和事件分级标准、信息报告要求、分级响应及响应行动、应急保障措施等，重点规范国家层面应对行动，同时体现政策性和指导性；省级专项和部门应急预案侧重明确突发事件的组织指挥机制、信息报告要求、分级响应及响应行动、队伍物资保障及调动程序、市县级政府职责等，重点规范省级层面应对行动，同时体现指导性；市县级专项和部门应急预案侧重明确突发事件的组织指挥机制、风险评估、监测预警、信息报告、应急处置措施、队伍物资保障及调动程序等内容，重点规范市（地）级和县级层面应对行动，体现应急处置的主体职能；乡镇街道专项和部门应急预案侧重明确突发事件的预警信息传播、组织先期处置和自救互救、信息收集报告、人员临时安置等内容，重点规范乡镇层面应对行动，体现先期处置特点。

针对重要基础设施、生命线工程等重要目标物保护的专项和部门应急预案，侧重明确风险隐患及防范措施、监测预警、信息报告、应急处置和紧急恢复等内容。

针对重大活动保障制定的专项和部门应急预案，侧重明确活动安全风险隐患及防范措施、监测预警、信息报告、应急处置、人员疏散撤离组织和路线等内容。

针对为突发事件应对工作提供队伍、物资、装备、资金等资源保障的专项和部门应急预案，侧重明确组织指挥机制、资源布局、不同种类和级别突发事件发生后的资源调用程序等内容。

联合应急预案侧重明确相邻、相近地方人民政府及其部门间信息通报、处置措施衔接、应急资源共享等应急联动机制。

第九条　单位和基层组织应急预案由机关、企业、事业单位、社会团体和居委会、村委会等法人和基层组织制定，侧重明确应急响应责任人、风险隐患监测、信息报告、预警响应、应急处置、人员疏散撤离组织和路线、可调用或可请求援助的应急资源情况及如何实施等，体现自救互救、信息报告和先期处置特点。

大型企业集团可根据相关标准规范和实际工作需要，参照国际惯例，建立本集团应急预案体系。

第十条　政府及其部门、有关单位和基层组织可根据应急预案，并针对突发事件现场处置工作灵活制定现场工作方案，侧重明确现场组织指挥机制、应急队伍分工、不同情况下的应对措施、应急装备保障和自我保障等内容。

第十一条　政府及其部门、有关单位和基层组织可结合本地区、本部门和本单位具体情况，编制应急预案操作手册，内容一般包括风险隐患分析、处置工作程序、响应措施、应急队伍和装备物资情况，以及相关单位联络人员和电话等。

第十二条　对预案应急响应是否分级、如何分级、如何界定分级响应措施等，由预案制定单位根据本地区、本部门和本单位的实际情况确定。

第三章　预案编制

第十三条　各级人民政府应当针对本行政区域多发易发突发事件、主要风险等，制定本级政府及其部门应急预案编制规划，并根据实际情况变化适时修订完善。

单位和基层组织可根据应对突发事件需要，制定本单位、本基层组织应急预案编制计划。

第十四条　应急预案编制部门和单位应组成预案编制工作小组，吸收预案涉及主要部门和单位业务相关人员、有关专家及有现场处置经验的人员参加。编制工作小组组长由应急预案编制部门或单位有关负责人担任。

第十五条　编制应急预案应当在开展风险评估和应急资源调查的基础上进行。

（一）风险评估。针对突发事件特点，识别事件的危害因素，分析事件可能产生的直接后果以及次生、衍生后果，评估各种后果的危害程度，提出控制风险、治理隐患的措施。

（二）应急资源调查。全面调查本地区、本单位第一时间可调用的应急队伍、装备、物资、场所等应急资源状况和合作区域内可请求援助的应急资源状况，必要时对本地居民应急资源情况进行调查，为制定应急响应措施提供依据。

第十六条　政府及其部门应急预案编制过程中应当广泛听取有关部门、单位和专家的意见，与相关的预案作好衔接。涉及其他单位职责的，应当书面征求相关单位意见。必要时，向社会公开征求意见。

单位和基层组织应急预案编制过程中，应根据法律、行政法规要求或实际需要，征求相关公民、法人或其他组织的意见。

第四章　审批、备案和公布

第十七条　预案编制工作小组或牵头单位应当将预案送审稿及各有关单位复函和意见采纳情况说明、编制工作说明等有关材料报送应急预案审批单位。因保密等原因需要发布应急预案简本的，应当将应急预案简本一起报送审批。

第十八条　应急预案审核内容主要包括预案是否符合有关法律、行政法规，是否与有关应急预案进行了衔接，各方面意见是否一致，主体内容是否完备，责任分工是否合理明确，应急响应级别设计是否合理，应对措施是否具体简明、管用可行等。必要时，应急预案审批单位可组织有关专家对应急预案进行评审。

第十九条　国家总体应急预案报国务院审批，以国务院名义印发；专项应急预案报国务院审批，以国务院办公厅名义印发；部门应急预案由部门有关会议审议决定，以部门名义印发，必要时，可以由国务院办公厅转发。

地方各级人民政府总体应急预案应当经本级人民政府常务会议审议，以本级人民政府名义印发；专项应急预案应当经本级人民政府审批，必要时经本级人民政府常务会议或专题会议审议，以本级人民政府办公厅（室）名义印发；部门应急预案应当经部门有关会议审议，以部门名义印发，必要时，可以由本级人民政府办公厅（室）转发。

单位和基层组织应急预案须经本单位或基层组织主要负责人或分管负责人签发，审批方式根据实际情况确定。

第二十条　应急预案审批单位应当在应急预案印发后的 20 个工作日内依照下列规定向有关单位备案：

（一）地方人民政府总体应急预案报送上一级人民政府备案。

（二）地方人民政府专项应急预案抄送上一级人民政府有关主管部门备案。

（三）部门应急预案报送本级人民政府备案。

（四）涉及需要与所在地政府联合应急处置的中央单位应急预案，应当向所在地县级人民政府备案。

法律、行政法规另有规定的从其规定。

第二十一条　自然灾害、事故灾难、公共卫生类政府及其部门应急预案，应向社会公布。对确需保密的应急预案，按有关规定执行。

第五章　应　急　演　练

第二十二条　应急预案编制单位应当建立应急演练制度，根据实际情况采取实战演练、桌面推演等方式，组织开展人员广泛参与、处置联动性强、形式多样、节约高效的应急演练。

专项应急预案、部门应急预案至少每 3 年进行一次应急演练。

地震、台风、洪涝、滑坡、山洪泥石流等自然灾害易发区域所在地政府，重要基础设施和城市供水、供电、供气、供热等生命线工程经营管理单位，矿山、建筑施工单位和易燃易爆物品、危险化学品、放射性物品等危险物品生产、经营、储运、使用单位，公共交通工具、公共场所和医院、学校等人员密集场所的经营单位或者管理单位等，应当有针对性地经常组织开展应急演练。

第二十三条　应急演练组织单位应当组织演练评估。评估的主要内容包括：演练的执行情况，预案的合理性与可操作性，指挥协调和应急联动情况，应急人员的处置情况，演练所用设备装备的适用性，对完善预案、应急准备、应急机制、应急措施等方面的意见和建议等。

鼓励委托第三方进行演练评估。

第六章　评　估　和　修　订

第二十四条　应急预案编制单位应当建立定期评估制度，分析评价预案内容的针对性、实用性和可操作性，实现应急预案的动态优化和科学规范管理。

第二十五条　有下列情形之一的，应当及时修订应急预案：

（一）有关法律、行政法规、规章、标准、上位预案中的有关规定发生变化的；

（二）应急指挥机构及其职责发生重大调整的；

（三）面临的风险发生重大变化的；

（四）重要应急资源发生重大变化的；

（五）预案中的其他重要信息发生变化的；

（六）在突发事件实际应对和应急演练中发现问题需要作出重大调整的；

（七）应急预案制定单位认为应当修订的其他情况。

第二十六条 应急预案修订涉及组织指挥体系与职责、应急处置程序、主要处置措施、突发事件分级标准等重要内容的，修订工作应参照本办法规定的预案编制、审批、备案、公布程序组织进行。仅涉及其他内容的，修订程序可根据情况适当简化。

第二十七条 各级政府及其部门、企事业单位、社会团体、公民等，可以向有关预案编制单位提出修订建议。

第七章 培训和宣传教育

第二十八条 应急预案编制单位应当通过编发培训材料、举办培训班、开展工作研讨等方式，对与应急预案实施密切相关的管理人员和专业救援人员等组织开展应急预案培训。

各级政府及其有关部门应将应急预案培训作为应急管理培训的重要内容，纳入领导干部培训、公务员培训、应急管理干部日常培训内容。

第二十九条 对需要公众广泛参与的非涉密的应急预案，编制单位应当充分利用互联网、广播、电视、报刊等多种媒体广泛宣传，制作通俗易懂、好记管用的宣传普及材料，向公众免费发放。

第八章 组织保障

第三十条 各级政府及其有关部门应对本行政区域、本行业（领域）应急预案管理工作加强指导和监督。国务院有关部门可根据需要编写应急预案编制指南，指导本行业（领域）应急预案编制工作。

第三十一条 各级政府及其有关部门、各有关单位要指定专门机构和人员负责相关具体工作，将应急预案规划、编制、审批、发布、演练、修订、培训、宣传教育等工作所需经费纳入预算统筹安排。

第九章 附 则

第三十二条 国务院有关部门、地方各级人民政府及其有关部门、大型企业集团等可根据实际情况，制定相关实施办法。

第三十三条 本办法由国务院办公厅负责解释。

第三十四条 本办法自印发之日起施行。

国务院办公厅关于加强安全生产监管执法的通知

国办发〔2015〕20号

各省、自治区、直辖市人民政府，国务院各部委、各直属机构：

为贯彻落实党的十八大、十八届二中、三中、四中全会精神和党中央、国务院有关决策部署，按照全面推进依法治国的要求，着力强化安全生产法治建设，严格执行安全生产法等法律法规，切实维护人民群众生命财产安全和健康权益，经国务院同意，现就加强安全生产监管执法有关要求通知如下：

一、健全完善安全生产法律法规和标准体系

（一）加快制修订相关法律法规。抓紧制定安全生产法实施条例等配套法规，积极推动矿山安全法、消防法、道路交通安全法、海上交通安全法、铁路法等相关法律修订出台，加快煤矿安全监察、石油天然气管道保护、民用航空安全保卫、重大设备监理、高毒物品与高危粉尘作业劳动保护、安全生产应急管理等有关法规的研究论证和制修订工作。各省级人民政府要推动安全生产地方性法规、规章制修订工作，健全安全生产法治保障体系。

（二）制定完善安全生产标准。国务院安全生产监督管理部门要加强统筹协调，会同有关部门制定实施安全生产标准发展规划和年度计划，加快制修订安全生产强制性国家标准，逐步缩减推荐性标准。其他负有安全生产监督管理职责的部门要建立完善行业安全管理标准，并在制修订其他行业和技术标准时充分考虑安全生产的要求。要根据经济社会发展和安全生产实际需要，科学建立和优化工作程序，尽可能缩短相关标准出台期限，对于安全生产工作急需标准要按照特事特办原则，加快完成制修订工作并及时向社会公布。

（三）及时做好相关规章制度修改完善工作。加强调查研究，准确把握和研判安全生产形势、特点和规律，认真调查分析每一起生产安全事故，深入剖析事故发生的技术原因和管理原因，有针对性地健全和完善相关规章制度。对事故调查反映出相关法规规章有漏洞和缺陷的，要在事故结案后立即启动制修订工作。要按照深化行政审批制度改革的要求，及时做好有关地方和部门规章及规范性文件清理工作，既要简政放权，又要确保安全准入门槛不降低、安全监管不放松。

二、依法落实安全生产责任

（四）建立完善安全监管责任制。依法加快建立生产经营单位负责、职工参与、政府监管、行业自律和社会监督的安全生产工作机制。全面建立"党政同责、一岗双责、齐抓共管"的安全生产责任体系，落实属地监管责任。负有安全生产监督管理职责的部门要加强对有关行业领域的监督管理，形成综合监管和行业监管合力，提高监管效能，切实做到管行业必须管安全、管业务必须管安全、管生产经营必须管安全。加强安全生产目标责任考核，各级安全生产监督管理部门要定期向同级组织部门报送安全生产情况，将其纳入领导干部政绩业绩考核内容，严格落实安全生产"一票否决"制度。

（五）督促落实企业安全生产主体责任。督促企业严格履行法定责任和义务，建立健全安全生产管理机构，按规定配齐安全生产管理人员和注册安全工程师，切实做到安全生产责任到位、投入到位、培训到位、基础管理到位和应急救援到位。国有大中型企业和规模以上企业要建立安全生产委员会，主任由董事长或总经理担任，董事长、党委书记、总经理对安全生产工作均负有领导责任，企业领导班子成员和管理人员实行安全生产"一岗双责"。所有企业都要建立生产安全风险警示和预防应急公告制度，完善风险排查、评估、预警和防控机制，加强风险预控管理，按规定将本单位重大危险源及相关安全措施、应急措施报有关地方人民政府安全生产监督管理部门和有关部门备案。

（六）进一步严格事故调查处理。各类生产安全事故发生后，各级人民政府必须按照事故等级和管辖权限，依法开展事故调查，并通知同级人民检察院介入调查。完善事故查处挂牌督办制度，按规定由省级、市级和县级人民政府分别负责查处的重大、较大和一般事故，分别由上一级人民政府安全生产委员会负责挂牌督办、审核把关。对性质严重、影响恶劣的重大事故，经国务院批准后，成立国务院事故调查组或由国务院授权有关部门组织事故调查组进行调查。对典型的较大事故，可由国务院安全生产委员会直接督办。建立事故调查处理信息通报和整改措施落实情况评估制度，所有事故都要在规定时限内结案并依法及时向社会全文公布事故调查报告，同时由负责查处事故的地方人民政府在事故结案 1 年后及时组织开展评估，评估情况报上级人民政府安全生产委员会办公室备案。

三、创新安全生产监管执法机制

（七）加强重点监管执法。地方各级人民政府和负有安全生产监督管理职责的部门要根据辖区、行业领域安全生产实际情况，分别筛选确定重点监管的市、县、乡镇（街道）、行政村（社区）和生产经营单位，实行跟踪监管、直接指导。国务院安全生产监督管理部门要组织各地区排查梳理高危企业分布情况和近 5 年来事故发生情况，确定重点监管对象，纳入国家重点监管调度范围并实行动态管理。进一步加强部门联合监管执法，做到密切配合、协调联动，依法严肃查处突出问题，并通过暗访暗查、约谈曝光、专家会诊、警示教育等方式督促整改。

（八）加强源头监管和治理。地方各级人民政府要将安全生产和职业病防治纳入经济社会发展规划，实现同步协调发展。各有关部门要进一步加强有关建设项目规划、设计环节的安全把关，防止从源头上产生隐患。建立岗位安全知识、职业病危害防护知识和实际操作技能考核制度，全面推行教考分离，对发生事故的要依法倒查企业安全生产培训制度落实情况。深入开展企业安全生产标准化建设，对不符合安全生产条件的企业要依法责令停产整顿，直至关闭退出。督促企业加强生产经营场所职业病危害源头治理，防止职业病发生。地方各级安全生产监督管理部门要建立与企业联网的隐患排查治理信息系统，实行企业自查自报自改与政府监督检查并网衔接，并建立健全线下配套监管制度，实现分级分类、互联互通、闭环管理。

（九）改进监督检查方式。各地区和相关部门要建立完善"四不两直"（不发通知、不打招呼、不听汇报、不用陪同和接待，直奔基层、直插现场）暗查暗访安全检查制度，制定事故隐患分类和分级挂牌督办标准，对重大事故隐患加大执法检查频次，强化预防控制措施。推行安全生产网格化动态监管机制，力争用 3 年左右时间覆盖到所有生产经营单位和乡村、社区。地方各级人民政府要营造良好的安全生产监管执法环境，不得以招商引资、发展经济等为由对安全生产监管执法设置障碍，2015 年底前要全面清理、废除影响和阻碍安全生产监管执法的相关规定，并向上级人民政府报告。

（十）建立完善安全生产诚信约束机制。地方各级人民政府要将企业安全生产诚信建设作为社会信用体系建设的重要内容，建立健全企业安全生产信用记录并纳入国家和地方统一的信用信息共享交换平台。要实行安全生产"黑名单"制度并通过企业信用信息公示系统向社会公示，对列入"黑名单"的企业，在经营、投融资、政府采购、工程招投标、国有土地出让、授予荣誉、进出口、出入境、资质审核等方面依法予以限制或禁止。各地区要于 2016 年底前建立企业安全生产违法信息库，2018 年底前实现全国联网，并面向社会公开查询。相关部门要加强联动，依法对失信企业进行惩戒约束。

（十一）加快监管执法信息化建设。整合建立安全生产综合信息平台，统筹推进安全生产监管执法信息化工作，实现与事故隐患排查治理、重大危险源监控、安全诚信、安全生产标准化、安全教育培训、安全专业人才、行政许可、监测检验、应急救援、事故责任追究等信息共建共享，消除信息孤岛。要大力提升安全生产"大数据"利用能力，加强安全生产周期性、关联性等特征分析，做到检索查询即时便捷、归纳分析系统科学，实现来源可查、去向可追、责任可究、规律可循。

（十二）运用市场机制加强安全监管。在依法推进各类用人单位参加工伤保险的同时，鼓励企业投保安全生产责任保险，并理顺安全生产责任保险与风险抵押金的关系，推动建立社会商业保险机构参与安全监管的机制。要在长途客运、危险货物道路运输领域继续实施承运人责任保险制度的同时，进一步推动在煤矿、非煤矿山、危险化学品、烟花爆竹、建筑施工、民用爆炸物品、特种设备、金属冶炼与加工、水上运输等高危行业和重点领域实行安全生产责任保险制度，推动公共聚集场所和易燃易爆危险品生产、储存、运输、销售企业投保火灾公共责任保险。建立健全国家、省、市、县四级安全生产专家队伍和服务机制。培育扶持科研院所、行业协会、专业服务组织和注册安全工程师事务所参与安全生产工作，积极提供安全管理和技术服务。

（十三）加强与司法机关的工作协调。制定安全生产非法违法行为等涉嫌犯罪案件移送规定，明确移送标准和程序，建立安全生产监管执法机构与公安机关和检察机关安全生产案情通报机制，加强相关部门间的执法协作，严厉查处打击各类违法犯罪行为。安全生产监督管理部门对逾期不履行安全生产行政决定的，要依法强制执行或者向人民法院申请强制执行，维护法律的权威性和约束力，切实保障公民生命安全和职业健康。

四、严格规范安全生产监管执法行为

（十四）建立权力和责任清单。按照强化安全生产监管与透明、高效、便民相结合的原则，进一步取消或下放安全生产行政审批事项，制定完善事中和事后监管办法，提高政府安全生产监管服务水平。地方各级人民政府及其相关部门、中央垂直管理部门设在地方的机构要依照安全生产法等法律法规和规章，以清单方式明确每项安全生产监管监察职权和责任，制定工作流程图，并通过政府网站和政府公告等载体，及时向社会公开，切实做到安全生产监管执法不缺位、不越位。

（十五）完善科学执法制度。各级安全生产监督管理部门要制定年度执法计划，明确重点监管对象、检查内容和执法措施，并根据安全生产实际情况及时进行调整和完善，确保执法效果。建立安全生产与职业卫生一体化监管执法制度，对同类事项进行综合执法，降低执法成本，提高监管实效。各有关部门依法对企业作出安全生产执法决定之日起 20 个工作日内，要向社会公开执法信息。

（十六）强化严格规范执法。各级安全生产监督管理部门和其他负有安全生产监督管理职责的部门要依法明确停产停业、停止施工、停止使用相关设施或者设备、停止供电、停止供应民用爆炸物品，查封、扣押、取缔和上限处罚等执法决定的具体情形、时限、执行责任和落实措施。加强执法监督，建立执法行为审议制度和重大行政执法决策机制，依法规范执法程序和自由裁量权，评估执法效果，防止滥用职权；对同类安全生产执法案件按不低于 10%的比例，召集相关企业进行公开裁定。

五、加强安全生产监管执法能力建设

（十七）健全监管执法机构。2016 年底前，所有的市、县级人民政府要健全安全生产监管执法机构，落实监管责任。地方各级人民政府要结合实际，强化安全生产基层执法力量，对安全生产监管人员结构进行调整，3 年内实现专业监管人员配比不低于在职人员的 75%。各市、县级人民政府要通过探索实行派驻执法、跨区域执法、委托执法和政府购买服务等方式，加强和规范乡镇（街道）及各类经济开发区安全生产监管执法工作。

（十八）加强监管执法保障建设。国务院安全生产监督管理部门、发展改革部门要做好安全生产监管部门和煤矿安全监察机构监管监察能力建设发展规划的编制实施工作。国务院社会保险行政部门要会同财政、安全生产监督管理等部门，在总结做好工伤预防试点工作基础上，抓紧制定工伤预防费提取比例、使用和管理的具体办法，加大对工伤预防的投入。地方各级人民政府要将安全生产监管执法机构作为政府行政执法机构，健全安全生产监管执法经费保障机制，将安全生产监管执法经费纳入同级财政保障范围，深入开展安全生产监管执法机构规范化、标准化建设，改善调查取证等执法装备，保障基层执法和应急救援用车，满足工作需要。

（十九）加强法治教育培训。按照谁执法、谁负责的原则，加强安全生产法等法律法规普法宣传教育，提高全民安全生产法治素养。地方各级人民政府要把安全法治纳入领导干部教育培训的重要内容，加强安全生产监管执法人员法律法规和执法程序培训，对新录用的安全生产监管执法人员坚持凡进必考必训，对在岗人员原则上每 3 年轮训一次，所有人员都要经执法资格培训考试合格后方可执证上岗。

（二十）加强监管执法队伍建设。地方各级人民政府和相关部门要加强安全生产监管执法人员的思想建设、作风建设和业务建设，建立健全监督考核机制。建立现场执法全过程记录制度，2017 年底前，所有执法人员配备使用便携式移动执法终端，切实做到严格执法、科学执法、文明执法。进一步加强党风廉政建设，强化纪律约束，坚决查处腐败问题和失职渎职行为，宣传推广基层安全生产监管执法的先进典型，树立廉洁执法的良好社会形象。

各地区、各有关部门要充分认识进一步加强安全生产监管执法的重要意义，切实强化组织领导，积极抓好工作落实。各级领导干部要做尊法学法守法用法的模范，带头厉行法治、依法办事，运用法治思维和法治方式解决安全生产问题。国务院安全生产监督管理部门要会同有关部门认真开展监督检查，促进安全生产监管执法措施的落实，重大情况及时向国务院报告。

国务院办公厅
2015 年 4 月 2 日

国务院办公厅关于推广随机抽查
规范事中事后监管的通知

国办发〔2015〕58 号

各省、自治区、直辖市人民政府，国务院各部委、各直属机构：

为贯彻落实党中央、国务院关于深化行政体制改革，加快转变政府职能，进一步推进简政放权、放管结合、优化服务的部署和要求，创新政府管理方式，规范市场执法行为，切实解决当前一些领域存在的检查任性和执法扰民、执法不公、执法不严等问题，营造公平竞争的发展环境，推动大众创业、万众创新，经国务院同意，现就推广随机抽查、规范事中事后监管通知如下：

一、总体要求

认真贯彻落实党的十八大和十八届二中、三中、四中全会精神，按照《国务院关于印发 2015 年推进简政放权放管结合转变政府职能工作方案的通知》（国发〔2015〕29 号）部署，大力推广随机抽查，规范监管行为，创新管理方式，强化市场主体自律和社会监督，着力解决群众反映强烈的突出问题，提高监管效能，激发市场活力。

——坚持依法监管。严格执行有关法律法规，规范事中事后监管，落实监管责任，确保事中事后监管依法有序进行，推进随机抽查制度化、规范化。

——坚持公正高效。规范行政权力运行，切实做到严格规范公正文明执法，提升监管效能，减轻市场主体负担，优化市场环境。

——坚持公开透明。实施随机抽查事项公开、程序公开、结果公开，实行"阳光执法"，保障市场主体权利平等、机会平等、规则平等。

——坚持协同推进。在事中事后监管领域建立健全随机抽查机制，形成统一的市场监管信息平台，探索推进跨部门跨行业联合随机抽查。

二、大力推广随机抽查监管

（一）制定随机抽查事项清单。法律法规规章没有规定的，一律不得擅自开展检查。对法律法规规章规定的检查事项，要大力推广随机抽查，不断提高随机抽查在检查工作中的比重。要制定随机抽查事项清单，明确抽查依据、抽查主体、抽查内容、抽查方式等。随机抽查事项清单根据法律法规规章修订情况和工作实际进行动态调整，及时向社会公布。

（二）建立"双随机"抽查机制。要建立随机抽取检查对象、随机选派执法检查人员的"双随机"抽查机制，严格限制监管部门自由裁量权。建立健全市场主体名录库和执法检查人员名录库，通过摇号等方式，从市场主体名录库中随机抽取检查对象，从执法检查人员名录库中随机选派执法检查人员。推广运用电子化手段，对"双随机"抽查做到全程留痕，实现责任可追溯。

（三）合理确定随机抽查的比例和频次。要根据当地经济社会发展和监管领域实际情况，合理确定随机抽查的比例和频次，既要保证必要的抽查覆盖面和工作力度，又要防止检查过多和执法扰民。对投诉举报多、列入经营异常名录或有严重违法违规记录等情况的市场主体，要加大随机抽查力度。

（四）加强抽查结果运用。对抽查发现的违法违规行为，要依法依规加大惩处力度，形成有效震慑，增强市场主体守法的自觉性。抽查情况及查处结果要及时向社会公布，接受社会监督。

三、加快配套制度机制建设

（一）抓紧建立统一的市场监管信息平台。加快政府部门之间、上下之间监管信息的互联互通，依托全国企业信用信息公示系统，整合形成统一的市场监管信息平台，及时公开监管信息，形成监管合力。

（二）推进随机抽查与社会信用体系相衔接。建立健全市场主体诚信档案、失信联合惩戒和黑名单制度。在随机抽查工作中，要根据市场主体的信用情况，采取针对性强的监督检查方式，将随机抽查结果纳入市场主体的社会信用记录，让失信者一处违规、处处受限。

（三）探索开展联合抽查。县级以上地方人民政府要结合本地实际，协调组织相关部门开展联合抽查。按照"双随机"要求，制定并实施联合抽查计划，对同一市场主体的多个检查事项，原则上应一次性完成，提高执法效能，降低市场主体成本。

四、工作要求

（一）加强组织领导。推广随机抽查是简政放权、放管结合、优化服务的重要举措。各有关部门要加强对随机抽查工作的指导和督促。县级以上地方人民政府要加强对本地区随机抽查监管的统筹协调，建立健全相应工作机制，充实并合理调配一线执法检查力量，加强跨部门协同配合，不断提高检查水平，切实把随机抽查监管落到实处。

（二）严格落实责任。各地区、各有关部门要进一步增强责任意识，大力推广随机抽查，公平、有效、透明地进行事中事后监管，切实履行法定监管职责。对监管工作中失职渎职的，依法依规严肃处理。

（三）加强宣传培训。随机抽查是事中事后监管方式的探索和创新，各地区、各有关部门要加大宣传力度，加强执法人员培训，转变执法理念，探索完善随机抽查监管办法，不断提高执法能力。

随机抽查不仅要在市场监管领域推广，也要在各部门的检查工作中广泛运用。各部门要根据本通知要求，抓紧制定实施方案，细化在本部门、本领域推广随机抽查的任务安排和时间进度要求，于2015年9月底前报国务院推进职能转变协调小组。国务院推进职能转变协调小组办公室要加强统筹协调，抓好督促落实，总结交流经验，务求推广随机抽查工作取得实效，把简政放权改革向纵深推进，为经济社会发展营造公平竞争的市场环境。

国务院办公厅
2015 年 7 月 29 日

国务院办公厅关于印发安全生产"十三五"规划的通知

国办发〔2017〕3 号

各省、自治区、直辖市人民政府，国务院各部委、各直属机构：

《安全生产"十三五"规划》已经国务院同意，现印发给你们，请认真贯彻执行。

国务院办公厅

2017 年 1 月 12 日

附件：

安全生产"十三五"规划

为贯彻落实党中央、国务院关于加强安全生产工作的决策部署，根据《中华人民共和国安全生产法》等法律法规和《中华人民共和国国民经济和社会发展第十三个五年规划纲要》，制定本规划。

一、面临的形势

（一）新进展。

"十二五"期间，党中央、国务院高度重视、大力加强和改进安全生产工作，推动经济社会科学发展、安全发展。党的十八大以来，习近平总书记作出一系列重要指示，深刻阐述了安全生产的重要意义、思想理念、方针政策和工作要求，强调必须坚守发展决不能以牺牲安全为代价这条不可逾越的红线，明确要求"党政同责、一岗双责、齐抓共管、失职追责"。李克强总理多次作出重要批示，强调要以对人民群众生命高度负责的态度，坚持预防为主、标本兼治，以更有效的举措和更完善的制度，切实落实和强化安全生产责任，筑牢安全防线。习近平总书记和李克强总理的重要指示批示，为我国安全生产工作提供了新的理论指导和行动指南。各地区、各有关部门和单位坚决贯彻落实党中央、国务院决策部署，进一步健全安全生产法律法规和政策措施，严格落实安全生产责任，全面加强安全生产监督管理，不断强化安全生产隐患排查治理和重点行业领域专项整治，深入开展安全生产大检查，严肃查处各类生产安全事故，大力推进依法治安和科技强安，加快安全生产基础保障能力建设，推动了安全生产形势持续稳定好转，全面完成了安全生产"十二五"规划目标任务。全国生产安全事故总量连续 5 年下降，2015 年各类事故起数和死亡人数较 2010 年分别下降 22.5% 和 16.8%，其中重特大事故起数和死亡人数分别下降 55.3% 和 46.6%。

（二）新挑战。

"十三五"时期，我国仍处于新型工业化、城镇化持续推进的过程中，安全生产工作面临许多挑战。一是经济社会发展、城乡和区域发展不平衡，安全监管体制机制不完善，全社会安全意识、法治意识不强等深层次问题没有得到根本解决。二是生产经营规模不断扩大，矿山、化工等高危行业比重大，落后工艺、技术、装备和产能大量存在，各类事故隐患和安全风险交织叠加，安全生产基础依然薄弱。三是城市规模日益扩大，结构日趋复杂，城市建设、轨道交通、油气输送管道、危旧房屋、玻璃幕墙、电梯设备以及人员密集场所等安全风险突出，城市安全管理难度增大。四是传统和新型生产经营方式并存，新工艺、新装备、新材料、新技术广泛应用，新业态大量涌现，增加了事故成因的数量，复合型事故有所增多，重特大事故由传统高危行业领域向其他行业领域蔓延。五是安全监管监察能力与经济社会发展不相适应，企业主体责任不落实、监管环节有漏洞、法律法规不健全、执法监督不到位等问题依然突出，安全监管执法的规范化、权威性亟待增强。

（三）新机遇。

"十三五"时期，安全生产工作面临许多有利条件和发展机遇。一是党中央、国务院高度重视安全生产工作，作出了一系列重大决策部署，深入推进安全生产领域改革发展，为安全生产提供了强大政策支持；地方各级党委政府加强领导、强化监管，狠抓安全生产责任落实，为安全生产工作提供了有力的组织保障。二是随着"四个全面"战略布局持续推进，五大发展理念深入人心，社会治理能力不断提高，全社会文明素质、安全意识和法治观念加快提升，安全发展的社会环境进一步优化。三是经济社会发展提质增效、产业结构优化升级、科技创新快速发展，将加快淘汰落后工艺、技术、装备和产能，有利于降低安全风险，提高本质安全水平。四是人民群众日益增长的安全需求，以及全社会对安全生产工作的高度关注，为推动安全生产工作提供了巨大动力和能量。

二、指导思想、基本原则和规划目标

（一）指导思想。

全面贯彻党的十八大和十八届三中、四中、五中、六中全会精神，深入学习贯彻习近平总书记系列重要讲话精神，认真落实党中央、国务院决策部署，紧紧围绕统筹推进"五位一体"总体布局和协调推进"四个全面"战略布局，弘扬安全发展理念，遵循安全生产客观规律，主动适应经济发展新常态，科学统筹经济社会发展与安全生产，坚持改革创新、依法监管、源头防范、系统治理，着力完善体制机制，着力健全责任体系，着力加强法治建设，着力强化基础保障，大力提升整体安全生产水平，有效防范遏制各类生产安全事故，为全面建成小康社会创造良好稳定的安全生产环境。

（二）基本原则。

改革引领，创新驱动。坚持目标导向和问题导向，全面推进安全生产领域改革发展，加快安全生产理论创新、制度创新、体制创新、机制创新、科技创新和文化创新，推动安全生产与经济社会协调发展。

依法治理，系统建设。弘扬社会主义法治精神，坚持运用法治思维和法治方式，完善安全生产法律法规标准体系，强化执法的严肃性、权威性，发挥科学技术的保障作用，推进科技支撑、应急救援和宣教培训等体系建设。

预防为主，源头管控。实施安全发展战略，把安全生产贯穿于规划、设计、建设、管理、生产、经营等各环节，严格安全生产市场准入，不断完善风险分级管控和隐患排查治理双重预防机制，有效控制事故风险。

社会协同，齐抓共管。完善"党政统一领导、部门依法监管、企业全面负责、群众参与监督、全社会广泛支持"的安全生产工作格局，综合运用法律、行政、经济、市场等手段，不断提升安全生产社会共治的能力与水平。

（三）规划目标。

到 2020 年，安全生产理论体系更加完善，安全生产责任体系更加严密，安全监管体制机制基本成熟，安全生产法律法规标准体系更加健全，全社会安全文明程度明显提升，事故总量显著减少，重特大事故得到有效遏制，职业病危害防治取得积极进展，安全生产总体水平与全面建成小康社会目标相适应。

专栏 1　"十三五"安全生产指标		
序号	指标名称	降幅
1	生产安全事故起数	10%
2	生产安全事故死亡人数	10%
3	重特大事故起数	20%
4	重特大事故死亡人数	20%
5	亿元国内生产总值生产安全事故死亡率	30%
6	工矿商贸就业人员十万人生产安全事故死亡率	19%
7	煤矿百万吨死亡率	15%
8	营运车辆万车死亡率	6%
9	万台特种设备死亡率	20%
注：降幅为 2020 年末较 2015 年末下降的幅度。		

三、主要任务

（一）构建更加严密的责任体系。

1. 强化企业主体责任。

落实企业主要负责人对本单位安全生产和职业健康工作的全面责任，完善落实混合所有制、境外中资企业安全生产责任。督促企业依法设置安全生产管理机构，配备安全生产管理人员和注册安全工程师。严格实行企业全员安全生产责任制，明确各岗位的责任人员、责任范围和考核标准，加强对安全生产责任制落实情况的监督考核。完善企业从业人员安全生产教育培训制度。严格执行新建改建扩建工程项目安全设施、职业健康"三同时"（同时设计、同时施工、同时投入生产和使用）制度。制定安全风险辨识与管理指南，完善重大危险源登记建档、检测、评估、监控制度。健全隐患分类分级标准，建立隐患排查治理第三方评价制度以及隐患自查自改自报的管理制度。严格落实企业安全生产条件，保障安全投入，推动企业安全生产标准化达标升级，实现安全管理、操作行为、设备设施、作业环境标准化。鼓励企业建立与国际接轨的安全管理体系。

2. 落实安全监督管理责任。

坚持"党政同责、一岗双责、齐抓共管、失职追责"和"管行业必须管安全、管业务必须管安全、管生产经营必须管安全",强化地方各级党委、政府对安全生产工作的领导,把安全生产列入重要议事日程,纳入本地区经济社会发展总体规划,推动安全生产与经济社会协调发展。厘清安全生产综合监管与行业监管的关系,依法依规制定安全生产权力和责任清单,明确省、市、县负有安全生产监督管理职责部门的执法责任和监管范围,落实各有关部门的安全监管责任。完善矿山、危险化学品、道路交通、海洋石油等重点行业领域安全监管体制。落实开发区、工业园区、港区、风景区等功能区安全监管责任。健全联合执法、派驻执法、委托执法等机制,消除监管盲区和监管漏洞,解决交叉执法、重复执法等问题。

3. 严格目标考核与责任追究。

实行党政领导干部任期安全生产责任制,严格各级人民政府对同级安全生产委员会成员单位和下级政府的安全生产工作责任考核。

把安全生产纳入经济社会发展和干部政绩业绩考核评价体系,加大安全生产工作的考核权重,严格落实"一票否决"制度。建立安全生产巡查制度,督促各部门和下级政府履职尽责。加快企业安全生产诚信体系建设,完善安全生产不良信用记录及失信行为惩戒机制,在项目核准、政府供应土地、资金政策等方面加大对失信企业的惩治力度。建立生产安全事故重大责任人员职业禁入制度。

推动企业建立安全生产责任量化评估结果与薪酬挂钩制度。

(二)强化安全生产依法治理。

1. 完善法律法规标准体系。

加强安全生产立法顶层设计,制定安全生产中长期立法规划,增强安全生产法制建设的系统性。建立健全安全生产法律法规立改废释并举的工作协调机制,实行安全生产法律法规执行效果评估制度。加强安全生产与职业健康法律法规衔接融合。加快制修订社会高度关注、实践急需、条件相对成熟的重点行业领域专项和配套法规。加强安全生产地方性法规建设,推动将生产经营过程中极易导致重特大生产安全事故的违法行为纳入刑事追究范围,提高违法成本。完善安全生产法律法规解读、公众互动交流信息平台,健全普法宣传教育机制。

专栏 2　安全生产法律法规制修订重点

推动危险化学品安全法、安全生产法实施条例、生产安全事故应急条例、高危粉尘作业与高毒作业职业卫生监督管理条例、电梯安全条例等制定工作,以及矿山安全法、道路交通安全法、海上交通安全法、消防法、铁路法、安全生产许可证条例、煤矿安全监察条例、烟花爆竹安全管理条例、生产安全事故报告和调查处理条例、道路交通安全法实施条例、内河交通安全管理条例、水库大坝安全管理条例等修订工作。

建立以强制性标准为主体、推荐性标准为补充的安全生产标准体系。根据安全生产执法结果、事故原因分析和新工艺技术装备应用等情况,及时制修订相关技术标准。鼓励有条件的地区、协会、企业率先制定新产品、新工艺、新业态的安全生产技术标准。支持企业制定高于国家、行业、地方标准的安全生产标准。建立与"一带一路"沿线国家安全生产标准的

对标衔接机制。

专栏 3　安全生产标准制修订重点

　　煤矿、非煤矿山、危险化学品、金属冶炼、新型煤化工、高铁运输、城市轨道交通、海洋石油、太阳能发电、地热发电、海洋能发电、城市地下综合管廊、安全防护距离、交通安全设施、个体防护装备、页岩气和煤层气开发、重大事故隐患判定、安全风险分级管控、职业病危害控制、安全生产应急管理、粉尘防爆、化工新工艺准入、油气输送管网建设与运行、风电建设与运行、人工影响天气作业等方面的安全生产标准。

　　2．加大监管执法力度。

　　完善安全监管监察执法的制度规范，确定执法的主体、方式、程序、频次和覆盖面。统一安全生产执法标志标识和制式服装。健全执法标准，规范执法文书。建立安全生产行政执法裁量基准制度。建立定区域、定人员、定责任的安全监管监察执法机制。加强对安全生产强制性标准执行情况的监管监察执法。实行安全生产与职业卫生一体化监管执法。完善安全生产行政执法与刑事司法衔接机制，健全线索通报、案件移送、协助调查等制度，依法惩治安全生产领域的违法行为。全面落实行政执法责任制，建立执法行为审议和重大行政执法决策机制，评估执法效果，防止滥用职权。健全执法全过程记录和信息公开制度，公开执法检查内容、过程和结果，定期发布重点监管对象名录。改进事故调查处理工作，完善事故调查处理规则，加强技术与原因分析，强化事故查处挂牌督办、提级调查等措施，落实事故整改措施监督检查和总结评估制度。

　　3．健全审批许可制度。

　　深化行政审批和安全准入改革，简化程序，严格标准。编制安全生产行政审批事项服务指南，制定审查工作细则，规范行政审批的程序、标准和内容，及时公开行政审批事项的受理、进展情况和结果。推动安全生产同类审批事项合并审查。改革安全生产专业技术服务机构资质管理办法，明晰各级安全监管监察部门、生产经营单位和专业技术服务机构的职责。加快培育安全生产专业技术服务机构，严格专业技术服务机构和人员从业规范。健全专业技术服务机构服务信息公开、资质条件公告、守信激励和失信惩戒等制度，加强日常监督检查。建立政府购买安全生产服务制度，引入第三方提供安全监管监察执法技术支撑。实行企业自主选择专业技术服务机构。专业技术服务机构依法执业并对技术服务结果负责。

　　4．提高监管监察执法效能。

　　制定安全监管监察能力建设标准，实施安全监管监察能力建设规划。完善各级安全监管监察部门执法工作条件，加快形成与监督检查、取证听证、调查处理全过程相配套的执法能力。建立与经济社会发展、企业数量、安全形势相适应的执法力量配备以及工作经费和条件保障机制。严格执法人员资格管理，制定安全监管监察执法人员选拔和专业能力标准，建立以依法履职为核心的执法人员能力评价体系。定期开展安全监管监察执法效果评估。强化安全生产基层执法力量，优化安全监管监察执法人员结构。开展以现场实操为主的基层执法人员实训，每 3 年对全国安全监管监察执法人员轮训一遍。

　　（三）坚决遏制重特大事故。

加快构建风险等级管控、隐患排查治理两条防线，对重点领域、重点区域、重点部位、重点环节和重大危险源，采取有效的技术、工程和管理控制措施，健全监测预警应急机制，切实降低重特大事故发生频次和危害后果，最大限度减少人员伤亡和财产损失。

煤矿：依法推动高瓦斯、煤与瓦斯突出、水文地质条件复杂且不清、冲击地压等灾害严重的不安全矿井有序退出。完善基于区域特征、煤种煤质、安全生产条件、产能等因素的小煤矿淘汰退出机制。新建、改扩建、整合技改矿井全面实现采掘机械化。优化井下生产布局，减少井下作业人员。推进煤矿致灾因素排查治理。强化煤矿安全监测监控和瓦斯超限风险管控，优先推行瓦斯抽采、区

域治理，促进煤矿瓦斯规模化抽采利用。构建水害防治工作体系，落实"防、堵、疏、排、截"五项综合治理措施，提升基础、技术、现场和应急管理水平。强化煤矿粉尘防控，推进煤矿粉尘"抑、减、捕"等源头治理。加强对爆炸性粉尘的管理和监测监控，严格对明火、自燃及机电设备等高温热源的排查管控，杜绝重大灾害隐患的牵引叠加。推动企业健全矿井风险防控技术体系，建立矿井重大灾害预警、设备故障诊断系统。

专栏4　煤矿重大灾害治理重点

瓦斯：通风系统不完善、不可靠，抽采系统能力不足，瓦斯治理不到位，防突措施不落实，瓦斯超限作业，监控系统功能不全等。

水害：水文地质条件不清，探放水未落实"三专"（专业人员、专用设备、专门队伍）要求，承压水超前治理不到位，未按规定留设或开采防隔水煤柱等。

冲击地压：冲击地压矿井采掘布局不合理，未进行冲击地压预测预报，未有效实施解危措施等。

粉尘：粉尘防控体系落实不到位，粉尘检测检验和防治标准不健全，粉尘监测监控系统不完善，粉尘防治技术措施实施不到位等。

非煤矿山：完善非煤矿山隐患排查治理体系，开展采空区、病库、危库、险库和"头顶库"专项治理。开展非煤矿山安全生产基本数据普查，推动非煤矿山图纸电子化。制定危险性较大设备检测检验、风险分级监管、尾矿库注销等制度。严格执行主要矿种最小开采规模、最低服务年限准入标准。实行矿山外包用工安全责任清单化管理。鼓励对地下矿山采空区实施超前探测、对大水矿山实施井下帷幕注浆、对高陡边坡开展安全监测。推广尾矿井下充填、干式排尾，开展尾矿综合利用，建设无尾矿山。探索建立海域采矿安全风险防范体系。

危险化学品：推进重点地区制定化工行业安全发展规划。加快实施人口密集区域危险化学品和化工企业生产、仓储场所安全搬迁工程。开展危险化学品专项整治和综合治理。推进化工园区和涉及危险化学品的重大风险功能区区域定量风险评估，科学确定风险容量，推动实现区域安全管理一体化。强化高风险工艺、高危物质、重大危险源管控。健全危险化学品生产、储存、使用、经营、运输和废弃处置等环节的信息共享机制。建立危险化学品发货和装载查验、登记、核准制度。加强危险化学品建设项目立项、规划选址、设计、建设、试生产和运行监管。完善危险化学品分类分级监管机制。推进新工艺安全风险分析和评估。建立化工安全仪表系统安全标志认证制度。推行全球化学品统一分类和标签制度。

专栏 5 危险化学品事故防范重点

重点部位：化学品仓储区、城区内化学品输送管线、油气站等易燃易爆剧毒设施；大型石化、煤化等生产装置；国家重要油气储运设施等重大危险源。

重点环节：动火、受限空间作业、检维修、设备置换、开停车、试生产、变更管理。

烟花爆竹：严格烟花爆竹生产准入条件，完善烟花爆竹生产企业关闭转产扶持奖励政策，坚决淘汰不具备安全生产条件的烟花爆竹生产企业，推动安全生产基础薄弱的非主产区企业退出生产。推动烟花爆竹生产企业开展"三库四防"（中转库、药物总库、成品总库以及防爆、防火、防雷、防静电）建设，实现关键危险场所智能化监控。推动骨干、优势企业升级改造，实现重点涉药工序机械化生产和人机、人药隔离操作。严格执行产品流向登记和信息化管理制度，加强黑火药等 A 级产品管控。推动烟花爆竹产销融合、经营连锁和运输专业化。

工贸行业：推动工贸企业健全安全管理体系，实行分类分级差异化监管。完善受限空间、交叉检修等作业安全操作规范。深化金属冶炼、粉尘防爆、涉氨制冷等重点领域环节专项治理。在冶金企业、涉危涉爆场所推广高危工艺智能化控制和在线监测监控。推动劳动密集型企业作业场所科学布局，实施空间物理隔离和安全技术改造。

专栏 6 工贸行业事故防范重点

粉尘涉爆：除尘系统、作业场所积尘。

金属冶炼：高温液态金属吊运、冶金煤气。

涉氨制冷：快速冻结装置、氨直接蒸发制冷空调系统。

道路交通：开展道路交通安全隐患专项治理。落实新建、改扩建道路建设项目安全设施"三同时"制度，推广新建、改扩建道路建设项目安全风险评估制度。加强班线途经道路的安全适应性评估。完善客货运输车辆安全配置标准。开展车辆运输车、液体危险货物运输车等安全治理。强化电动车辆生产、销售、登记、上路行驶等环节的安全监管，严禁未经许可非法生产低速电动车等车辆。

加强对道路运输重点管控车辆及其驾驶人的动态监管。完善危险货物运输安全管理和监督检查体系。落实接驳运输、按规定时间停车休息等制度。规范非营运大客车注册登记管理，严厉打击非法改装、非法营运、超速超员、超限超载等违法行为。改革大中型客货车驾驶人职业培训考试机制，加强营运客货车驾驶人职业教育。

专栏 7 道路交通事故防范重点

重点管控的车辆类型：危险货物运输车辆、长途客车、旅游包车、校车、重型载货汽车、低速载货汽车和面包车。

事故防范的重点路段：急弯陡坡、临水临崖、连续下坡、团雾多发路段，隧道桥梁，"公跨铁"立交、平交道口。

城市运行安全：统筹城市地上地下建设规划，落实安全保障条件。实施城市安全风险源

普查，开展城市安全风险评估。完善城市燃气等各类管网，以及排水防涝、垃圾处理、交通、气象等基础设施建设、运行和管理标准。建设供电、供水、排水、供气、道路桥梁、地下工程等城市重要基础设施安全管理平台。加强对城市隐蔽性设施、地上地下管廊、渣土消纳场等的监测监控。建立大型工程安全技术风险防控机制，开展城市公共设施、老旧建筑隐患综合治理。加强轨道交通设备设施状态和运营状况监测，合理控制客流承载量。严格审批、管控大型群众性活动，完善人员密集场所避难逃生设施。

消防：推动城市、县城、全国重点镇和经济发达镇制修订城乡消防规划。开展消防队标准化建设，配齐配足灭火和应急救援车辆、器材和消防员个人防护装备。推动乡镇按标准建立专职或志愿消防队，构建覆盖城乡的灭火救援力量体系。开展易燃易爆单位、人员密集场所、高层建筑、大型综合体建筑、大型批发集贸市场、物流仓储等区域火灾隐患治理。推行消防安全标准化管理。提升大中小学、幼儿园、医院、养老机构、客运站（码头）等人员密集场所消防安全水平。依法推广家庭火灾报警和逃生装置。

建筑施工：完善建筑施工安全管理制度，强化建设、勘察、设计、施工和工程监理安全责任。加强施工现场安全管理，严厉打击建筑施工转包、违法发包分包和违反工程建设强制性标准等行为。强化深基坑、高支模等危险性较大的分部分项工程安全管理。严格建筑勘察、设计、施工和监理单位资质管理，严禁无资质或超越资质等级范围承揽业务。建立市场准入、违规行为查处、诚信体系建设、施工事故处罚相结合的管理制度。

专栏8　建筑施工事故防范重点

重点部位：大跨度桥梁及复杂隧道、高边坡及高挡墙、高架管线、围堰等。

关键环节：基坑支护及降水工程、结构拆除、土石方开挖、脚手架及模板支撑、起重吊装及安装拆卸工程、爆破拆除等。

水上交通：在重点航运海域、流域、内湖、水库、旅游景区建立极端气象、海洋、地质灾害综合预警防控机制。提高客船稳性、消防逃生等方面安全技术标准，严禁在客船改造中降低稳性。完善船岸通信导航监控系统布局，建设集约化、协同化、智能化的综合指挥系统。加强水上安全监管、应急处置、人员搜救和航海保障能力建设。

渔业船舶：严格渔船初次检验、营运检验和船用产品检验制度。开展渔船设计、修造企业能力评估。推进渔船更新改造和标准化。

完善渔船渔港动态监管信息系统，对渔业通信基站进行升级优化。推动海洋渔船（含远洋渔船）配备防碰撞自动识别系统、北斗终端等安全通信导航设备，提升渔船装备管理和信息化水平。

特种设备：创新企业主体责任落实机制，健全分类安全监管制度，实施重点监督检查制度。完善特种设备隐患排查治理和安全防控体系，开展高风险和涉及民生的电梯、起重机械、大型游乐设施等特种设备隐患专项治理。以电梯、气瓶、移动式压力容器等产品为重点，建立生产单位、使用单位、检验检测机构特种设备数据报告制度，实现特种设备质量安全信息全生命周期可追溯。建立特种设备风险预警与应急处置平台，提升特种设备风险监测、预警和应急处置能力。

民用爆炸物品：加强民爆物品生产、流通、使用等关键环节的安全管控。推广民爆物品生产、销售、运输、储存、爆破作业、清退或炸药现场混装等一体化服务模式。以工业炸药、工业雷管为重点，推进机器人和智能成套装备在民爆行业的应用，减少民爆物品生产危险作业场所操作人员和危险品储存数量。

电力：推进电力企业安全风险预控体系建设，建立安全风险分级预警管控制度。建立电力安全协同管控机制，加强电力建设安全监管，落实电力设计单位、施工企业、工程监理企业以及发电企业、电网企业、电力用户等各方面的安全责任。健全电网安全风险分级、分类、排查管控机制，完善电网大面积停电情况下应急会商决策和社会联动机制。健全电力事故警示通报和约谈制度。加强水电站大坝的安全风险预控。强化煤电超低排放和节能改造安全监管。

铁路交通：推进铁路线路安全保护区划定和管理工作。加强"公跨铁"立交桥和铁路沿线安全综合治理。严格铁路施工、维修、设备制造、新线开通、危险货物运输等环节安全管控。加快铁路道口"平改立"，消除城区铁路平交道口，推进线路封闭工作。强化高铁设备运行状态数据的监测、采集和运用，严控高速铁路、长大桥梁、长大隧道安全风险。

民航运输：加快航空安全保障体系建设，提高航空安全监控、技术装备支撑和应急处置等能力。推进《中国民航航空安全方案》实施，完善民航业安全绩效评估系统，健全航空安全预警预防机制。规范通用航空作业管理，完善安全管理机制。健全适航审定组织体系。强化危险品运输安全管理。开展安保审计和航空安保管理体系建设。

农业机械：深入开展"平安农机"创建活动。完善农机注册登记制度。改革农机安全检验制度。加强农机驾驶操作人员安全培训和考核，逐步提高驾驶人员持证率。加强对重点农业机械、重要农时、农机合作社和农机大户的安全监管。推广先进适用的农机安全执法、检验、驾驶人考试、事故调查处理装备。

（四）推进职业病危害源头治理。

1. 夯实职业病危害防护基础。

开展职业病危害基本情况普查。完善职业病危害项目申报信息网络，构建职业病危害信息动态更新机制，健全职业卫生信息监测和统计制度。将职业病危害防治纳入企业安全生产标准化范围，推进职业卫生基础建设。加大职业病危害防治资金投入，加大对重点行业领域小微型企业职业病危害治理的支持和帮扶力度。加快职业病防治新工艺、新技术、新设备、新材料的推广应用。强化用人单位职业卫生管理，推动企业建立职业卫生监督员制度。完善职业卫生监管执法基本装备指导目录。严格执行职业病危害项目申报、工作场所职业病危害因素检测结果和防护措施公告制度，到2020年重点行业用人单位主要负责人和职业卫生管理人员的职业卫生培训率均达到95%以上。

2. 加强作业场所职业病危害管控。

突出作业场所高危粉尘和高毒物质危害预防和控制，有效遏制尘肺病和职业中毒。开展职业病危害风险评估，建立分类分级监管机制，强化职业病危害高风险企业重点监管。建立职业病危害防治名录管理制度，依法限制或淘汰职业病危害严重的技术、工艺、设备、材料，推动职业病危害严重企业技术改造、转型升级或淘汰退出。开展矿山、化工、金属冶炼、建材、电子制造等重点行业领域职业卫生专项治理。严格落实作业场所职业病危害告知、日常监测、定期报告、防护保障和健康体检等制度措施。

专栏 9 职业病危害治理重点

重点行业：矿山、化工、金属冶炼、陶瓷生产、耐火材料、电子制造。

重点作业：采掘、粉碎、打磨、焊接、喷涂、刷胶、电镀。

重点因素：煤（岩）尘、石棉尘、矽尘、苯、正己烷、二氯乙烷。

3．提高防治技术支撑水平。

构建国家、省、市、县四级职业病危害防治技术支撑网络。开展职业病危害因素鉴别分析、人体损伤鉴定等基础性研究，研发推广典型职业病危害作业的预防控制关键技术与装备，加快培育职业病危害防治专业队伍。加强职业病危害因素现场识别、职业病诊断鉴定技术保障、职业病综合治疗和康复能力建设。建设全国职业卫生大数据平台。建立国家职业卫生管理人员服务管理网络。

（五）强化安全科技引领保障。

1．加强安全科技研发。

制定安全生产科技创新规划，建立政府、企业、社会多方参与的安全技术研发体系。组建基础理论研究协同创新团队，强化重特大事故防控理论研究。通过国家科技计划（专项、基金等）统筹支持安全科技研发工作，推进重大共性关键技术及装备研发。加快提升安全生产重点实验室和技术创新中心自主创新能力。完善安全生产智库体系。健全重点科技资源共享机制，强化安全生产关键成果储备。建立企业与科研院校联合实施的安全技术创新引导机制，形成产学研用战略联盟。

专栏 10 安全生产科技研发重点方向

煤矿重大灾害风险判识及监控预警；超大规模矿山提升运输系统及自动化控制；露天矿山高陡边坡安全监测预警；深海石油天然气安全开采；危险货物港口、化工园区多灾害耦合风险评估与防控；化工工艺装备监测预警与事故防控；危险化学品火灾高效灭火材料及装备；在役油气输送管道风险动态快速监测预警；危险化学品泄漏高灵敏快速检测；危险化学品水上应急处置技术；重点车辆危险驾驶行为辨识与干预；道路交通事故检验鉴定与综合重建技术；高铁运行安全监测监控、防破坏和灾害预警；尘肺病与职业中毒防治；粉尘爆炸事故防控；高危作业场所人员安全行为自动识别；安全监管监察智能化。

2．推动科技成果转化。

继续开展安全产业示范园区创建，制定安全科技成果转化和产业化指导意见以及国家安全生产装备发展指导目录，加快淘汰不符合安全标准、安全性能低下、职业病危害严重、危及安全生产的工艺技术和装备，提升安全生产保障能力。完善安全科技成果转化激励制度，健全安全科技成果评估和市场定价机制，建立市场主导的安全技术转移体系。健全安全生产新工艺、新技术、新装备推广应用的市场激励和政府补助机制。建设安全生产科技成果转化推广平台和孵化创新基地。在矿山、危险化学品等高危行业领域实施"机械化换人、自动化减人"，推广应用工业机器人、智能装备等，减少危险岗位人员数量和人员操作，到2020年底矿山、危险化学品等重点行业领域机械化程度达到80%以上。建立中小企业安全生产和职业病危害防治技术推广服务体系，鼓励研发机构与企业共建安全生产工艺技术协同创新联盟。

专栏11　安全生产工艺技术推广重点

大型矿山自动化开采；中小型矿山机械化开采；井下大型固定设施无人值守；矿山地压灾害监测与治理；中小型金属非金属矿山采掘设备；油气田硫化氢防护监测；高含硫油品加工安全技术；危险化学品库区雷电预警系统；高陡边坡坝体位移监测预警系统；柔性施压快速封堵技术与装备；水电站大坝安全在线监控；尘源自动跟踪喷雾降尘、吹吸式通风等尘毒危害治理技术装备；高毒物质替代技术；小型移动应急指挥系统；高铁、长大铁路隧道和桥梁专用铁路救援设备；客运车辆、危险化学品运输车辆安全防控技术；高速公路重大交通事故应急指挥决策系统。

3．推进安全生产信息化建设。

推进信息技术与安全生产的深度融合，统一安全生产信息化标准，依托国家电子政务网络平台，完善安全生产信息基础设施和网络系统。全面推进安全监管监察部门安全生产大数据等信息技术应用，构建国家、省、市、县四级重大危险源管理体系，实现跨部门、跨地区数据资源共享共用，提升重大危险源监测、隐患排查、风险管控、应急处置等预警监控能力。推动矿山、金属冶炼等高危企业建设安全生产智能装备、在线监测监控、隐患自查自改自报等安全管理信息系统。推进危险化学品、民爆物品、烟花爆竹等企业建设全过程信息化追溯体系。鼓励中小企业通过购买信息化服务提高安全生产管理水平。

（六）提高应急救援处置效能。

1．健全先期响应机制。

建立企业安全风险评估及全员告知制度。完善企业、政府的总体应急预案和重点岗位、重点部位现场应急处置方案。加强高危企业制度化、全员化、多形式的应急演练，提升事故先期处置和自救互救能力。推动高危行业领域规模以上企业专兼职应急救援队伍建设及应急物资装备配备。建设应急演练情景库，开展重特大生产安全事故情景构建。建立企业内部监测预警、态势研判及与政府、周边企业的信息通报、资源互助机制。落实预案管理及响应责任，加强政企预案衔接与联动。建立应急准备能力评估和专家技术咨询制度。

2．增强现场应对能力。

完善事故现场救援统一指挥机制，建立事故现场应急救援指挥官制度。建立应急现场危害识别、监测与评估机制，规范事故现场救援管理程序，明确安全防范措施。推进安全生产应急救援联动指挥平台建设，强化各级应急救援机构与事故现场的远程通信指挥保障。加强应急救援基础数据库建设，建立应急救援信息动态采集、决策分析机制。健全应急救援队伍与装备调用制度。建立京津冀、长江经济带、泛珠三角、丝绸之路沿线等地区应急救援资源共享及联合处置机制。

3．统筹应急资源保障。

加快应急救援队伍和基地建设，规范地方骨干、基层应急救援队伍建设及装备配备，加强配套管理与维护保养。健全安全生产应急救援社会化运行模式，培育市场化、专业化应急救援组织。强化安全生产应急救援实训演练，提高安全生产应急管理和救援指挥专业人员素养。完善安全生产应急物资储备与调运制度，加强应急物资装备实物储备、市场储备和生产能力储备。

专栏 12　应急救援体系建设重点

行业领域：危险化学品、油气输送管道、矿山、高速铁路、高速公路、高含硫油气田、城市输供电系统、城市燃气管网等。

救援能力：人员快速搜救、大型油气储罐灭火、大功率排水、大口径钻进、大负荷稳定供电、仿真模拟、实训演练、通信指挥及决策、事故紧急医疗救援、应急物资及装备储备和调运等。

（七）提高全社会安全文明程度。

1. 强化舆论宣传引导。

深化安全生产理论研究。建立行业领域、区域安全生产综合评价体系。定期发布国家安全生产白皮书。鼓励主流媒体开办安全生产节目、栏目，加大安全生产公益宣传、知识技能培训、案例警示教育等工作力度。加强微博、微信和客户端建设，形成新媒体传播模式。推动传统媒体与新兴媒体融合发展，构建以"传媒云集市、信息高速路、卫星互联网"为标志的安全生产新闻宣传渠道。开展"安全生产月"、"安全生产万里行"等宣传活动。制定实施安全生产新闻宣传专业人才成长规划，加强新闻发言人、安全生产理论专家、通讯员和社会监督员等队伍建设。加强舆论引导，坚持正确舆论导向，规范网上信息传播技术，建立重特大事故舆情收集、分析研判和快速响应机制。

2. 提升全民安全素质。

将安全知识普及纳入国民教育体系，加强中小学安全教育。完善安全生产现代职业教育制度。支持高等学校和中等职业学校加强安全相关学科专业建设。引导有关企业、高等学校构建供需互动的安全主体专业毕业生安全岗位就业机制。实施安全生产卓越工程师培养计划，加强安全科技领军人才队伍建设，建立体现安全智力劳动价值的薪酬分配机制。构建责任明确、载体多样、管理规范的安全培训体系，完善安全生产考试考核基础条件，健全安全培训专业师资库，完善培训教材和考核标准。推进领导干部安全培训办学体制、运行机制、内容方式、师资管理改革，持续开展党政领导干部安全生产专题培训。建立高危企业主要负责人、安全生产管理人员定期复训考核制度。加强高危行业生产一线技能人才安全生产培训，建立健全全覆盖、多层次、经常性的产业工人安全生产培训制度。建立高危行业农民工岗前强制性安全培训制度。

3. 大力倡导安全文化。

鼓励和引导社会力量参与安全文化产品创作和推广。广泛开展面向群众的安全教育活动，推动安全知识、安全常识进企业、进学校、进机关、进社区、进农村、进家庭。深化与"一带一路"沿线国家的安全文化交流合作，建立多渠道、多层次的沟通交流机制。

推动安全文化示范企业、安全发展示范城市等建设。强化汽车站、火车站、大型广场、大型商场、重点旅游景区等公共场所的安全文化建设。创新安全文化服务设施运行机制，推动安全文化设施向社会公众开放。

四、重点工程

（一）监管监察能力建设工程。

为各级安全监管监察部门补充配备执法装备、执法车辆以及制式服装，完善基础工作条件。建立国家、区域安全监管监察执法效果综合评估考核机制。建设完善国家安全监管监察执法综合实训华北、中南、西南、华南基地。建设安全生产行政审批"一库四平台"（行政审批项目库，网上审批运行平台、政务公开服务平台、法制监督平台、电子监察平台）和安全生产诚信系统。

（二）信息预警监控能力建设工程。

建设全国安全生产信息大数据平台。推动矿山等高危行业企业建设安全生产数据采集上报与信息管理系统，改造升级在线监测监控系统。完善国家主干公路网交通安全防控监测信息系统。建设渔船渔港动态监管、海洋渔业通信、应急救助和海洋渔船（含远洋渔船）船位监测系统。完善渔船集中检验监察平台。推进航空运输卫星通信信息监控能力建设。

（三）风险防控能力建设工程。

推动企业安全生产标准化达标升级。推进煤矿安全技术改造；创建煤矿煤层气（瓦斯）高效抽采和梯级利用、粉尘治理，兼并重组煤矿水文地质普查，以及大中型煤矿机械化、自动化、信息化和智能化融合等示范企业；建设智慧矿山。实施非煤矿山采空区和"头顶库"隐患治理；推动开采深度超过 800 米的矿井建设在线地压监测系统。开展油气输送管道安全隐患整治攻坚，建设国家油气输送管道地理信息系统；实施危险化学品重大危险源普查与监控。创建金属冶炼、粉尘防爆、液氨制冷等重点领域隐患治理示范企业。推进公路安全生命防护工程建设。加快深远海搜救、探测、打捞和航空安全保障能力建设。实施重点水域、重点港口、重点船舶以及重要基础设施隐患治理。加强高速铁路安全防护。完善内河重要航运枢纽安全设施。

（四）职业病危害治理能力建设工程。

开展全国职业病危害状况普查、重点行业领域职业病危害检测详查。实施以高危粉尘作业和高毒作业职业病危害为重点的专项治理。建设区域职业病危害防治平台。完善职业病危害基础研究平台、省级职业病危害检测与物证分析实验室。

（五）城市安全能力建设工程。

实施危险化学品和化工企业生产、仓储安全搬迁，到 2020 年现有位于城镇内人口密集区域的危险化学品生产企业全部启动搬迁改造，完成大型城市城区内安全距离不达标的危险化学品仓储企业搬迁。建设城市安全运行数据综合管理系统。实施区域火灾隐患综合治理。完善城镇建成区消防站、消防装备、市政消火栓等基础设施。推动老旧电梯更新改造。

（六）科技支撑能力建设工程。

在高危行业领域创建"机械化换人、自动化减人"示范企业。建设完善国家矿山、危险化学品、职业病危害、城市安全、应急救援等行业领域重大事故防控技术支撑基地。建设安全监管监察执法装备创新研发基地和矿山物联网安全认证与检测平台。完善矿用产品安全准入验证分析中心实验室。建设具备宣传教育、实操实训、预测预警、检测检验和应急救援功能的省级综合技术支撑基地。

（七）应急救援能力建设工程。

建设国家安全生产应急救援综合指挥平台和应急通信保障系统。建设重点行业和区域安全生产应急救援联动指挥决策平台。建成国家安全生产应急救援综合实训演练基地，建设危险化学品和油气输送管道应急救援基地，完善国家、区域矿山应急救援基地，健全国家矿山医疗救护体系。推进国家陆地搜寻与救护基地建设和高危行业应急救援骨干队伍、基层应急救援队伍建设，加强安全生产应急救援物资储备库建设。

（八）文化服务能力建设工程。

建设国家安全生产新闻宣传数字传播系统和安全生产新闻宣传综合平台。建成安全生产网络学院和远程教育培训平台。完善"安全科学与工程"一级学科。实施全民安全素质提升工程和企业产业工人安全生产能力提升工程。建设安全生产主题公园、主题街道、安全体验馆和安全教育基地。

五、规划实施保障

（一）落实目标责任。

加强组织领导，明确分工责任，强化规划实施的协调管理。各地区、各有关部门要制定规划实施方案，分解落实规划的主要任务和目标指标，明确责任主体，确定工作时序和重点，出台配套政策措施，推动实施规划重点工程。要以规划为引领，推动生产经营单位安全生产主体责任到位、安全投入到位、安全培训到位、安全管理到位、应急救援到位。各级安全生产委员会要充分发挥协调作用，及时掌握本地区规划目标和任务完成进度，研究解决跨部门、跨行业的安全生产重大问题。

（二）完善投入机制。

积极营造有利于各类投资主体公平有序竞争的安全投入环境，促进安全生产优势要素合理流动和有效配置。加强中央、地方财政安全生产预防及应急等专项资金使用管理，重点支持油气输送管道隐患治理、安全生产信息体系建设、应急救援基地建设等相关工作。鼓励采用政府和社会资本合作、投资补助等多种方式，吸引社会资本参与有合理回报和一定投资回收能力的安全基础设施项目建设和重大安全科技攻关。鼓励金融机构对生产经营单位技术改造项目给予信贷支持。

（三）强化政策保障。

统筹谋划安全生产政策措施，着力破解影响安全发展的重点难点问题。完善淘汰落后产能及不具备安全生产条件企业整顿关闭、重点煤矿安全升级改造、重大灾害治理、烟花爆竹企业退出转产政策。支持加快非煤矿山企业实施采空区治理、尾矿综合利用、油气输送管道隐患治理等方面工作。拓宽渔业互助保险和渔业保险覆盖范围。完善安全生产专用设备企业所得税优惠目录。健全企业安全生产费用提取与使用管理制度，建立企业安全生产责任保险制度。完善工伤保险与工伤事故及职业病预防相结合的机制，合理确立工伤保险基金工伤预防费的提取比例，充分发挥工伤保险浮动费率机制的作用。制定应急救援社会化有偿服务和应急救援人员因救援导致伤亡的人身保险保障、伤亡抚恤、褒奖等政策，探索研究应急救援物资装备征用补偿机制。

（四）加强评估考核。

做好有关国家专项规划、部门规划和地方规划与本规划的衔接，确保规划目标一致、任务统一、工程同步、政策配套。各地区、各有关部门要制定规划实施考核办法及执行评价指标体系，加强对规划实施情况的动态监测。健全规划实施的社会监督机制，鼓励社会公众积极参与规划实施评议。安全监管总局要在 2018 年牵头开展规划中期评估，并根据评估结果，及时对规划范围、主要目标、重点任务进行动态调整，优化政策措施和实施方案；在 2020 年对规划最终实施情况进行评估并向社会公布结果。

国务院办公厅关于印发国家大面积停电事件应急预案的通知

国办函〔2015〕134 号

各省、自治区、直辖市人民政府，国务院各部委、各直属机构：

经国务院同意，现将《国家大面积停电事件应急预案》印发给你们，请认真组织实施。2005 年 5 月 24 日经国务院批准、由国务院办公厅印发的《国家处置电网大面积停电事件应急预案》同时废止。

国务院办公厅

2015 年 11 月 13 日

附件：

国家大面积停电事件应急预案

1 总则

1.1 编制目的

建立健全大面积停电事件应对工作机制，提高应对效率，最大程度减少人员伤亡和财产损失，维护国家安全和社会稳定。

1.2 编制依据

依据《中华人民共和国突发事件应对法》《中华人民共和国安全生产法》《中华人民共和国电力法》《生产安全事故报告和调查处理条例》《电力安全事故应急处置和调查处理条例》《电网调度管理条例》《国家突发公共事件总体应急预案》及相关法律法规等，制定本预案。

1.3 适用范围

本预案适用于我国境内发生的大面积停电事件应对工作。

大面积停电事件是指由于自然灾害、电力安全事故和外力破坏等原因造成区域性电网、省级电网或城市电网大量减供负荷，对国家安全、社会稳定以及人民群众生产生活造成影响和威胁的停电事件。

1.4 工作原则

大面积停电事件应对工作坚持统一领导、综合协调，属地为主、分工负责，保障民生、维护安全，全社会共同参与的原则。大面积停电事件发生后，地方人民政府及其有关部门、能源局相关派出机构、电力企业、重要电力用户应立即按照职责分工和相关预案开展处置工作。

1.5　事件分级

按照事件严重性和受影响程度，大面积停电事件分为特别重大、重大、较大和一般四级。分级标准见附录 A。

2　组织体系

2.1　国家层面组织指挥机构

能源局负责大面积停电事件应对的指导协调和组织管理工作。当发生重大、特别重大大面积停电事件时，能源局或事发地省级人民政府按程序报请国务院批准，或根据国务院领导同志指示，成立国务院工作组，负责指导、协调、支持有关地方人民政府开展大面积停电事件应对工作。必要时，由国务院或国务院授权发展改革委成立国家大面积停电事件应急指挥部，统一领导、组织和指挥大面积停电事件应对工作。应急指挥部组成及工作组职责见附件 2。

2.2　地方层面组织指挥机构

县级以上地方人民政府负责指挥、协调本行政区域内大面积停电事件应对工作，要结合本地实际，明确相应组织指挥机构，建立健全应急联动机制。

发生跨行政区域的大面积停电事件时，有关地方人民政府应根据需要建立跨区域大面积停电事件应急合作机制。

2.3　现场指挥机构

负责大面积停电事件应对的人民政府根据需要成立现场指挥部，负责现场组织指挥工作。参与现场处置的有关单位和人员应服从现场指挥部的统一指挥。

2.4　电力企业

电力企业（包括电网企业、发电企业等，下同）建立健全应急指挥机构，在政府组织指挥机构领导下开展大面积停电事件应对工作。电网调度工作按照《电网调度管理条例》及相关规程执行。

2.5　专家组

各级组织指挥机构根据需要成立大面积停电事件应急专家组，成员由电力、气象、地质、水文等领域相关专家组成，对大面积停电事件应对工作提供技术咨询和建议。

3　监测预警和信息报告

3.1　监测和风险分析

电力企业要结合实际加强对重要电力设施设备运行、发电燃料供应等情况的监测，建立与气象、水利、林业、地震、公安、交通运输、国土资源、工业和信息化等部门的信息共享机制，及时分析各类情况对电力运行可能造成的影响，预估可能影响的范围和程度。

3.2　预警

3.2.1　预警信息发布

电力企业研判可能造成大面积停电事件时，要及时将有关情况报告受影响区域地方人民政府电力运行主管部门和能源局相关派出机构，提出预警信息发布建议，并视情通知重要电力用户。地方人民政府电力运行主管部门应及时组织研判，必要时报请当地人民政府批准后向社会公众发布预警，并通报同级其他相关部门和单位。当可能发生重大以上大面积停电事件时，中央电力企业同时报告能源局。

3.2.2 预警行动

预警信息发布后，电力企业要加强设备巡查检修和运行监测，采取有效措施控制事态发展；组织相关应急救援队伍和人员进入待命状态，动员后备人员做好参加应急救援和处置工作准备，并做好大面积停电事件应急所需物资、装备和设备等应急保障准备工作。重要电力用户做好自备应急电源启用准备。受影响区域地方人民政府启动应急联动机制，组织有关部门和单位做好维持公共秩序、供水供气供热、商品供应、交通物流等方面的应急准备；加强相关舆情监测，主动回应社会公众关注的热点问题，及时澄清谣言传言，做好舆论引导工作。

3.2.3 预警解除

根据事态发展，经研判不会发生大面积停电事件时，按照"谁发布、谁解除"的原则，由发布单位宣布解除预警，适时终止相关措施。

3.3 信息报告

大面积停电事件发生后，相关电力企业应立即向受影响区域地方人民政府电力运行主管部门和能源局相关派出机构报告，中央电力企业同时报告能源局。

事发地人民政府电力运行主管部门接到大面积停电事件信息报告或者监测到相关信息后，应当立即进行核实，对大面积停电事件的性质和类别作出初步认定，按照国家规定的时限、程序和要求向上级电力运行主管部门和同级人民政府报告，并通报同级其他相关部门和单位。地方各级人民政府及其电力运行主管部门应当按照有关规定逐级上报，必要时可越级上报。能源局相关派出机构接到大面积停电事件报告后，应当立即核实有关情况并向能源局报告，同时通报事发地县级以上地方人民政府。对初判为重大以上的大面积停电事件，省级人民政府和能源局要立即按程序向国务院报告。

4 应急响应

4.1 响应分级

根据大面积停电事件的严重程度和发展态势，将应急响应设定为Ⅰ级、Ⅱ级、Ⅲ级和Ⅳ级四个等级。初判发生特别重大大面积停电事件，启动Ⅰ级应急响应，由事发地省级人民政府负责指挥应对工作。必要时，由国务院或国务院授权发展改革委成立国家大面积停电事件应急指挥部，统一领导、组织和指挥大面积停电事件应对工作。初判发生重大大面积停电事件，启动Ⅱ级应急响应，由事发地省级人民政府负责指挥应对工作。初判发生较大、一般大面积停电事件，分别启动Ⅲ级、Ⅳ级应急响应，根据事件影响范围，由事发地县级或市级人民政府负责指挥应对工作。

对于尚未达到一般大面积停电事件标准，但对社会产生较大影响的其他停电事件，地方人民政府可结合实际情况启动应急响应。

应急响应启动后，可视事件造成损失情况及其发展趋势调整响应级别，避免响应不足或响应过度。

4.2 响应措施

大面积停电事件发生后，相关电力企业和重要电力用户要立即实施先期处置，全力控制事件发展态势，减少损失。各有关地方、部门和单位根据工作需要，组织采取以下措施。

4.2.1 抢修电网并恢复运行

电力调度机构合理安排运行方式，控制停电范围；尽快恢复重要输变电设备、电力主干网架运行；在条件具备时，优先恢复重要电力用户、重要城市和重点地区的电力供应。

电网企业迅速组织力量抢修受损电网设备设施，根据应急指挥机构要求，向重要电力用户及重要设施提供必要的电力支援。

发电企业保证设备安全，抢修受损设备，做好发电机组并网运行准备，按照电力调度指令恢复运行。

4.2.2 防范次生衍生事故

重要电力用户按照有关技术要求迅速启动自备应急电源，加强重大危险源、重要目标、重大关键基础设施隐患排查与监测预警，及时采取防范措施，防止发生次生衍生事故。

4.2.3 保障居民基本生活

启用应急供水措施，保障居民用水需求；采用多种方式，保障燃气供应和采暖期内居民生活热力供应；组织生活必需品的应急生产、调配和运输，保障停电期间居民基本生活。

4.2.4 维护社会稳定

加强涉及国家安全和公共安全的重点单位安全保卫工作，严密防范和严厉打击违法犯罪活动。加强对停电区域内繁华街区、大型居民区、大型商场、学校、医院、金融机构、机场、城市轨道交通设施、车站、码头及其他重要生产经营场所等重点地区、重点部位、人员密集场所的治安巡逻，及时疏散人员，解救被困人员，防范治安事件。加强交通疏导，维护道路交通秩序。尽快恢复企业生产经营活动。严厉打击造谣惑众、囤积居奇、哄抬物价等各种违法行为。

4.2.5 加强信息发布

按照及时准确、公开透明、客观统一的原则，加强信息发布和舆论引导，主动向社会发布停电相关信息和应对工作情况，提示相关注意事项和安保措施。加强舆情收集分析，及时回应社会关切，澄清不实信息，正确引导社会舆论，稳定公众情绪。

4.2.6 组织事态评估

及时组织对大面积停电事件影响范围、影响程度、发展趋势及恢复进度进行评估，为进一步做好应对工作提供依据。

4.3 国家层面应对

4.3.1 部门应对

初判发生一般或较大大面积停电事件时，能源局开展以下工作：

（1）密切跟踪事态发展，督促相关电力企业迅速开展电力抢修恢复等工作，指导督促地方有关部门做好应对工作；

（2）视情派出部门工作组赴现场指导协调事件应对等工作；

（3）根据中央电力企业和地方请求，协调有关方面为应对工作提供支援和技术支持；

（4）指导做好舆情信息收集、分析和应对工作。

4.3.2 国务院工作组应对

初判发生重大或特别重大大面积停电事件时，国务院工作组主要开展以下工作：

（1）传达国务院领导同志指示批示精神，督促地方人民政府、有关部门和中央电力企业贯彻落实；

（2）了解事件基本情况、造成的损失和影响、应对进展及当地需求等，根据地方和中央电力企业请求，协调有关方面派出应急队伍、调运应急物资和装备、安排专家和技术人员等，为应对工作提供支援和技术支持；

（3）对跨省级行政区域大面积停电事件应对工作进行协调；

（4）赶赴现场指导地方开展事件应对工作；

（5）指导开展事件处置评估；

（6）协调指导大面积停电事件宣传报道工作；

（7）及时向国务院报告相关情况。

4.3.3 国家大面积停电事件应急指挥部应对

根据事件应对工作需要和国务院决策部署，成立国家大面积停电事件应急指挥部。主要开展以下工作：

（1）组织有关部门和单位、专家组进行会商，研究分析事态，部署应对工作；

（2）根据需要赴事发现场，或派出前方工作组赴事发现场，协调开展应对工作；

（3）研究决定地方人民政府、有关部门和中央电力企业提出的请求事项，重要事项报国务院决策；

（4）统一组织信息发布和舆论引导工作；

（5）组织开展事件处置评估；

（6）对事件处置工作进行总结并报告国务院。

4.4 响应终止

同时满足以下条件时，由启动响应的人民政府终止应急响应：

（1）电网主干网架基本恢复正常，电网运行参数保持在稳定限额之内，主要发电厂机组运行稳定；

（2）减供负荷恢复80%以上，受停电影响的重点地区、重要城市负荷恢复90%以上；

（3）造成大面积停电事件的隐患基本消除；

（4）大面积停电事件造成的重特大次生衍生事故基本处置完成。

5 后期处置

5.1 处置评估

大面积停电事件应急响应终止后，履行统一领导职责的人民政府要及时组织对事件处置工作进行评估，总结经验教训，分析查找问题，提出改进措施，形成处置评估报告。鼓励开展第三方评估。

5.2 事件调查

大面积停电事件发生后，根据有关规定成立调查组，查明事件原因、性质、影响范围、经济损失等情况，提出防范、整改措施和处理处置建议。

5.3 善后处置

事发地人民政府要及时组织制定善后工作方案并组织实施。保险机构要及时开展相关理赔工作，尽快消除大面积停电事件的影响。

5.4 恢复重建

大面积停电事件应急响应终止后，需对电网网架结构和设备设施进行修复或重建的，由能源局或事发地省级人民政府根据实际工作需要组织编制恢复重建规划。相关电力企业和受影响区域地方各级人民政府应当根据规划做好受损电力系统恢复重建工作。

6 保障措施

6.1 队伍保障

电力企业应建立健全电力抢修应急专业队伍，加强设备维护和应急抢修技能方面的人员培训，定期开展应急演练，提高应急救援能力。地方各级人民政府根据需要组织动员其他专业应急队伍和志愿者等参与大面积停电事件及其次生衍生灾害处置工作。军队、武警部队、公安消防等要做好应急力量支援保障。

6.2 装备物资保障

电力企业应储备必要的专业应急装备及物资，建立和完善相应保障体系。国家有关部门和地方各级人民政府要加强应急救援装备物资及生产生活物资的紧急生产、储备调拨和紧急配送工作，保障支援大面积停电事件应对工作需要。鼓励支持社会化储备。

6.3 通信、交通与运输保障

地方各级人民政府及通信主管部门要建立健全大面积停电事件应急通信保障体系，形成可靠的通信保障能力，确保应急期间通信联络和信息传递需要。交通运输部门要健全紧急运输保障体系，保障应急响应所需人员、物资、装备、器材等的运输；公安部门要加强交通应急管理，保障应急救援车辆优先通行；根据全面推进公务用车制度改革有关规定，有关单位应配备必要的应急车辆，保障应急救援需要。

6.4 技术保障

电力行业要加强大面积停电事件应对和监测先进技术、装备的研发，制定电力应急技术标准，加强电网、电厂安全应急信息化平台建设。有关部门要为电力日常监测预警及电力应急抢险提供必要的气象、地质、水文等服务。

6.5 应急电源保障

提高电力系统快速恢复能力，加强电网"黑启动"能力建设。国家有关部门和电力企业应充分考虑电源规划布局，保障各地区"黑启动"电源。电力企业应配备适量的应急发电装备，必要时提供应急电源支援。重要电力用户应按照国家有关技术要求配置应急电源，并加强维护和管理，确保应急状态下能够投入运行。

6.6 资金保障

发展改革委、财政部、民政部、国资委、能源局等有关部门和地方各级人民政府以及各相关电力企业应按照有关规定，对大面积停电事件处置工作提供必要的资金保障。

7 附则

7.1 预案管理

本预案实施后，能源局要会同有关部门组织预案宣传、培训和演练，并根据实际情况，适时组织评估和修订。地方各级人民政府要结合当地实际制定或修订本级大面积停电事件应急预案。

7.2 预案解释

本预案由能源局负责解释。

7.3 预案实施时间

本预案自印发之日起实施。

附录 A 大面积停电事件分级标准

一、特别重大大面积停电事件

1. 区域性电网：减供负荷 30%以上。

2. 省、自治区电网：负荷 20000 兆瓦以上的减供负荷 30%以上，负荷 5000 兆瓦以上 20000 兆瓦以下的减供负荷 40%以上。

3. 直辖市电网：减供负荷 50%以上，或 60%以上供电用户停电。

4. 省、自治区人民政府所在地城市电网：负荷 2000 兆瓦以上的减供负荷 60%以上，或 70%以上供电用户停电。

二、重大大面积停电事件

1. 区域性电网：减供负荷 10%以上 30%以下。

2. 省、自治区电网：负荷 20000 兆瓦以上的减供负荷 13%以上 30%以下，负荷 5000 兆瓦以上 20000 兆瓦以下的减供负荷 16%以上 40%以下，负荷 1000 兆瓦以上 5000 兆瓦以下的减供负荷 50%以上。

3. 直辖市电网：减供负荷 20%以上 50%以下，或 30%以上 60%以下供电用户停电。

4. 省、自治区人民政府所在地城市电网：负荷 2000 兆瓦以上的减供负荷 40%以上 60%以下，或 50%以上 70%以下供电用户停电；负荷 2000 兆瓦以下的减供负荷 40%以上，或 50%以上供电用户停电。

5. 其他设区的市电网：负荷 600 兆瓦以上的减供负荷 60%以上，或 70%以上供电用户停电。

三、较大大面积停电事件

1. 区域性电网：减供负荷 7%以上 10%以下。

2. 省、自治区电网：负荷 20000 兆瓦以上的减供负荷 10%以上 13%以下，负荷 5000 兆瓦以上 20000 兆瓦以下的减供负荷 12%以上 16%以下，负荷 1000 兆瓦以上 5000 兆瓦以下的减供负荷 20%以上 50%以下，负荷 1000 兆瓦以下的减供负荷 40%以上。

3. 直辖市电网：减供负荷 10%以上 20%以下，或 15%以上 30%以下供电用户停电。

4. 省、自治区人民政府所在地城市电网：减供负荷 20%以上 40%以下，或 30%以上 50%以下供电用户停电。

5. 其他设区的市电网：负荷 600 兆瓦以上的减供负荷 40%以上 60%以下，或 50%以上 70%以下供电用户停电；负荷 600 兆瓦以下的减供负荷 40%以上，或 50%以上供电用户停电。

6. 县级市电网：负荷 150 兆瓦以上的减供负荷 60%以上，或 70%以上供电用户停电。

四、一般大面积停电事件

1. 区域性电网：减供负荷4%以上7%以下。

2. 省、自治区电网：负荷20000兆瓦以上的减供负荷5%以上10%以下，负荷5000兆瓦以上20000兆瓦以下的减供负荷6%以上12%以下，负荷1000兆瓦以上5000兆瓦以下的减供负荷10%以上20%以下，负荷1000兆瓦以下的减供负荷25%以上40%以下。

3. 直辖市电网：减供负荷5%以上10%以下，或10%以上15%以下供电用户停电。

4. 省、自治区人民政府所在地城市电网：减供负荷10%以上20%以下，或15%以上30%以下供电用户停电。

5. 其他设区的市电网：减供负荷20%以上40%以下，或30%以上50%以下供电用户停电。

6. 县级市电网：负荷150兆瓦以上的减供负荷40%以上60%以下，或50%以上70%以下供电用户停电；负荷150兆瓦以下的减供负荷40%以上，或50%以上供电用户停电。

上述分级标准有关数量的表述中，"以上"含本数，"以下"不含本数。

附录B　国家大面积停电事件应急指挥部组成及工作组职责

国家大面积停电事件应急指挥部主要由发展改革委、中央宣传部（新闻办）、中央网信办、工业和信息化部、公安部、民政部、财政部、国土资源部、住房城乡建设部、交通运输部、水利部、商务部、国资委、新闻出版广电总局、安全监管总局、林业局、地震局、气象局、能源局、测绘地信局、铁路局、民航局、总参作战部、武警总部、中国铁路总公司、国家电网公司、中国南方电网有限责任公司等部门和单位组成，并可根据应对工作需要，增加有关地方人民政府、其他有关部门和相关电力企业。

国家大面积停电事件应急指挥部设立相应工作组，各工作组组成及职责分工如下：

一、电力恢复组：由发展改革委牵头，工业和信息化部、公安部、水利部、安全监管总局、林业局、地震局、气象局、能源局、测绘地信局、总参作战部、武警总部、国家电网公司、中国南方电网有限责任公司等参加，视情增加其他电力企业。

主要职责：组织进行技术研判，开展事态分析；组织电力抢修恢复工作，尽快恢复受影响区域供电工作；负责重要电力用户、重点区域的临时供电保障；负责组织跨区域的电力应急抢修恢复协调工作；协调军队、武警有关力量参与应对。

二、新闻宣传组：由中央宣传部（新闻办）牵头，中央网信办、发展改革委、工业和信息化部、公安部、新闻出版广电总局、安全监管总局、能源局等参加。

主要职责：组织开展事件进展、应急工作情况等权威信息发布，加强新闻宣传报道；收集分析国内外舆情和社会公众动态，加强媒体、电信和互联网管理，正确引导舆论；及时澄清不实信息，回应社会关切。

三、综合保障组：由发展改革委牵头，工业和信息化部、公安部、民政部、财政部、国土资源部、住房城乡建设部、交通运输部、水利部、商务部、国资委、新闻出版广电总局、能源局、铁路局、民航局、中国铁路总公司、国家电网公司、中国南方电网有限责任公司等参加，视情增加其他电力企业。

主要职责：对大面积停电事件受灾情况进行核实，指导恢复电力抢修方案，落实人员、资金和物资；组织做好应急救援装备物资及生产生活物资的紧急生产、储备调拨和紧急配送工作；及时组织调运重要生活必需品，保障群众基本生活和市场供应；维护供水、供气、供热、通信、广播电视等设施正常运行；维护铁路、道路、水路、民航等基本交通运行；组织开展事件处置评估。

四、社会稳定组：由公安部牵头，中央网信办、发展改革委、工业和信息化部、民政部、交通运输部、商务部、能源局、总参作战部、武警总部等参加。

主要职责：加强受影响地区社会治安管理，严厉打击借机传播谣言制造社会恐慌，以及趁机盗窃、抢劫、哄抢等违法犯罪行为；加强转移人员安置点、救灾物资存放点等重点地区治安管控；加强对重要生活必需品等商品的市场监管和调控，打击囤积居奇行为；加强对重点区域、重点单位的警戒；做好受影响人员与涉事单位、地方人民政府及有关部门矛盾纠纷化解等工作，切实维护社会稳定。

国务院安委会办公室关于实施
遏制重特大事故工作指南构建双重预防机制的意见

安委办〔2016〕11 号

各省、自治区、直辖市及新疆生产建设兵团安全生产委员会，国务院安委会各成员单位,各中央企业：

国务院安委会办公室 2016 年 4 月印发《标本兼治遏制重特大事故工作指南》（安委办〔2016〕3 号,以下简称《指南》）以来，各地区、各有关单位迅速贯彻、积极行动，结合实际大胆探索、扎实推进，初见成效。构建安全风险分级管控和隐患排查治理双重预防机制（以下简称双重预防机制），是遏制重特大事故的重要举措，根据《指南》的要求和各地区、各单位的探索实践，现就构建双重预防机制提出以下意见：

一、总体思路和工作目标

（一）总体思路。准确把握安全生产的特点和规律，坚持风险预控、关口前移，全面推行安全风险分级管控，进一步强化隐患排查治理，推进事故预防工作科学化、信息化、标准化，实现把风险控制在隐患形成之前、把隐患消灭在事故前面。

（二）工作目标。尽快建立健全安全风险分级管控和隐患排查治理的工作制度和规范，完善技术工程支撑、智能化管控、第三方专业化服务的保障措施，实现企业安全风险自辨自控、隐患自查自治，形成政府领导有力、部门监管有效、企业责任落实、社会参与有序的工作格局，提升安全生产整体预控能力，夯实遏制重特大事故的坚强基础。

二、着力构建企业双重预防机制

（一）全面开展安全风险辨识。各地区要指导推动各类企业按照有关制度和规范，针对本企业类型和特点，制定科学的安全风险辨识程序和方法，全面开展安全风险辨识。企业要组织专家和全体员工，采取安全绩效奖惩等有效措施，全方位、全过程辨识生产工艺、设备设施、作业环境、人员行为和管理体系等方面存在的安全风险，做到系统、全面、无遗漏，并持续更新完善。

（二）科学评定安全风险等级。企业要对辨识出的安全风险进行分类梳理，参照《企业职工伤亡事故分类》（GB 6441—1986），综合考虑起因物、引起事故的诱导性原因、致害物、伤害方式等，确定安全风险类别。对不同类别的安全风险，采用相应的风险评估方法确定安全风险等级。安全风险评估过程要突出遏制重特大事故，高度关注暴露人群，聚焦重大危险源、劳动密集型场所、高危作业工序和受影响的人群规模。安全风险等级从高到低划分为重大风险、较大风险、一般风险和低风险，分别用红、橙、黄、蓝四种颜色标示。其中，重大安全风险应填写清单、汇总造册，按照职责范围报告属地负有安全生产监督管理职责的部门。要依据安全风险类别和等级建立企业安全风险数据库，绘制企业"红橙黄蓝"四色安全风险空间分布图。

（三）有效管控安全风险。企业要根据风险评估的结果，针对安全风险特点，从组织、制度、技术、应急等方面对安全风险进行有效管控。要通过隔离危险源、采取技术手段、实施个体防护、设置监控设施等措施，达到回避、降低和监测风险的目的。要对安全风险分级、分层、分类、分专业进行管理，逐一落实企业、车间、班组和岗位的管控责任，尤其要强化对重大危险源和存在重大安全风险的生产经营系统、生产区域、岗位的重点管控。企业要高度关注运营状况和危险源变化后的风险状况，动态评估、调整风险等级和管控措施，确保安全风险始终处于受控范围内。

（四）实施安全风险公告警示。企业要建立完善安全风险公告制度，并加强风险教育和技能培训，确保管理层和每名员工都掌握安全风险的基本情况及防范、应急措施。要在醒目位置和重点区域分别设置安全风险公告栏，制作岗位安全风险告知卡，标明主要安全风险、可能引发事故隐患类别、事故后果、管控措施、应急措施及报告方式等内容。对存在重大安全风险的工作场所和岗位，要设置明显警示标志，并强化危险源监测和预警。

（五）建立完善隐患排查治理体系。风险管控措施失效或弱化极易形成隐患，酿成事故。企业要建立完善隐患排查治理制度，制定符合企业实际的隐患排查治理清单，明确和细化隐患排查的事项、内容和频次，并将责任逐一分解落实，推动全员参与自主排查隐患，尤其要强化对存在重大风险的场所、环节、部位的隐患排查。要通过与政府部门互联互通的隐患排查治理信息系统，全过程记录报告隐患排查治理情况。对于排查发现的重大事故隐患，应当在向负有安全生产监督管理职责的部门报告的同时，制定并实施严格的隐患治理方案，做到责任、措施、资金、时限和预案"五落实"，实现隐患排查治理的闭环管理。事故隐患整治过程中无法保证安全的，应停产停业或者停止使用相关设施设备，及时撤出相关作业人员，必要时向当地人民政府提出申请，配合疏散可能受到影响的周边人员。

三、健全完善双重预防机制的政府监管体系

（一）健全完善标准规范。国务院安全生产监督管理部门要协调有关部门制定完善安全风险分级管控和隐患排查治理的通用标准规范，其他负有安全生产监督管理职责的行业部门要根据本行业领域特点，按照通用标准规范，分行业制定安全风险分级管控和隐患排查治理的制度规范，明确安全风险类别、评估分级的方法和依据，明晰重大事故隐患判定依据。各省级安全生产委员会要结合本地区实际，在系统总结本地区行业标杆企业经验做法基础上，制定地方安全风险分级管控和隐患排查治理的实施细则；地方各有关部门要按照有关标准规范组织企业开展对标活动，进一步健全完善内部安全预防控制体系，推动建立统一、规范、高效的安全风险分级管控和隐患排查治理双重预防机制。

（二）实施分级分类安全监管。各地区、各有关部门要督促指导企业落实主体责任，认真开展安全风险分级管控和隐患排查治理双重预防工作。要结合企业风险辨识和评估结果以及隐患排查治理情况，组织对企业安全生产状况进行整体评估，确定企业整体安全风险等级，并根据企业安全风险变化情况及时调整；推行企业安全风险分级分类监管，按照分级属地管理原则，针对不同风险等级的企业，确定不同的执法检查频次、重点内容等，实行差异化、精准化动态监管。对企业报告的重大安全风险和重大危险源、重大事故隐患，要通过实行"网格化"管理明确属地基层政府及有关主管部门、安全监管部门的监管责任，加强督促指导和综合协调，支持、推动企业加快实施管控整治措施，对安全风险管控不到位和隐患排查治理不到位的，要严格依法查处。要制定实施企业隐患自查自治的正向激励措施和职工群众举报隐患奖励制度，进一步加大重大事故隐患举报奖励力度。

（三）有效管控区域安全风险。各地区要组织对公共区域内的安全风险进行全面辨识和评估，根据风险分布情况和可能造成的危害程度，确定区域安全风险等级，并结合企业报告的重大安全风险情况，汇总建立区域安全风险数据库，绘制区域"红橙黄蓝"四色安全风险空间分布图。对不同等级的安全风险，要采取有针对性的管控措施，实行差异化管理；对高风险等级区域，要实施重点监控，加强监督检查。要加强城市运行安全风险辨识、评估和预警，建立完善覆盖城市运行各环节的城市安全风险分级管控体系。要加强应急能力建设，健全完善应急响应体制机制，优化应急资源配备，完善应急预案，提高城市运行应急保障水平。

（四）加强安全风险源头管控。各地区要把安全生产纳入地方经济社会和城镇发展总体规划，在城乡规划建设管理中充分考虑安全因素，尤其是城市地下公用基础设施如石油天然气管道、城镇燃气管线等的安全问题。加强城乡规划安全风险的前期分析，完善城乡规划和建设安全标准，严格高风险项目建设安全审核把关，严禁违反国家和行业标准规范在人口密集区建设高风险项目，或者在高风险项目周边设置人口密集区。制定重大政策、实施重大工程、举办重大活动时，要开展专项安全风险评估，根据评估结果制定有针对性的安全风险管控措施和应急预案。要明确高危行业企业最低生产经营规模标准，严禁新建不符合产业政策、不符合最低规模、采用国家明令禁止或淘汰的设备和工艺要求的项目，现有企业不符合相关要求的，要责令整改。要积极落实国家关于淘汰落后、化解过剩产能的政策，推进提升企业整体安全保障能力。

四、强化政策引导和技术支撑

（一）完善相关政策措施。各地区、各有关部门要加大政策引导力度，综合运用法律、经济和行政手段支持推动遏制重特大事故工作，以重点行业领域、高风险区域、生产经营关键环节为重点，支持、推动建设一批重大安全风险防控工程、保护生命重点工程和隐患治理示范工程，带动企业强化安全工程技术措施。要鼓励企业使用新工艺、新技术、新设备等，推动高危行业企业逐步实现"机械化换人、自动化减人"，有效降低安全风险。要大力推进实施安全生产责任保险制度，将保险费率与企业安全风险管控状况、安全生产标准化等级挂钩，并积极发挥保险机构在企业构建风险管控体系中的作用；加强企业安全生产诚信制度建设和部门联合惩戒，充分发挥市场机制作用，促进企业主动开展双重预防机制建设。

（二）深入推进企业安全生产标准化建设。要引导企业将安全生产标准化创建工作与安全风险辨识、评估、管控，以及隐患排查治理工作有机结合起来，在安全生产标准化体系的创建、运行过程中开展安全风险辨识、评估、管控和隐患排查治理。要督促企业强化安全生产标准化创建和年度自评，根据人员、设备、环境和管理等因素变化，持续进行风险辨识、评估、管控与更新完善，持续开展隐患排查治理，实现双重预防机制的持续改进。

（三）充分发挥第三方服务机构作用。要积极培育扶持一批风险管理、安全评价、安全培训、检验检测等专业服务机构，形成全链条服务能力，并为其参与企业安全管理和辅助政府监管创造条件。要加强对专业服务机构的日常监管，建立激励约束机制，保证专业服务机构从业行为的规范性、专业性、独立性和客观性。要支持建设检验检测公共服务平台，推动实施第三方检验检测认证结果采信制度。要加快安全技术标准研制与实施，推动标准研发、信息咨询等服务业态发展。政府、部门和企业在安全风险识别、管控措施制定、隐患排查治理、信息技术应用等方面可通过购买服务的方式，委托相关专家和第三方服务机构帮助实施。

（四）强化智能化、信息化技术的应用。各地区、各有关部门要抓紧建立功能齐全的安全生产监管综合智能化平台，实现政府、企业、部门及社会服务组织之间的互联互通、信息共享，为构建双重预防机制提供信息化支撑。要督促企业加强内部智能化、信息化管理平台建设，将所有辨识出的风险和排查出的隐患全部录入管理平台，逐步实现对企业风险管控和隐患排查治理情况的信息化管理。要针对可能引发重特大事故的重点区域、重点单位、重点部位和关键环节，加强远程监测、自动化控制、自动预警和紧急避险等设施设备的使用，强化技术安全防范措施，努力实现企业风险防控和隐患排查治理异常情况自动报警。

五、有关工作要求

（一）强化组织领导。各地区、各有关部门和单位要将构建双重预防机制摆上重要议事日程，切实加强组织领导，周密安排部署。要组织制定具体实施方案，明确工作内容、方法和步骤，落实责任部门，加强工作力量，保障工作经费，确保各项工作任务落到实处。要紧紧围绕遏制重特大事故，突出重点地区、重点企业、重点环节和重点岗位，抓住辨识管控重大风险、排查治理重大隐患两个关键，不断完善工作机制，深化安全专项整治，推动各项标准、制度和措施落实到位。

（二）强化示范带动。要加强对各级安全监管监察部门、行业管理部门以及企业管理人员、从业人员的教育培训，使其熟悉掌握企业风险类别、危险源辨识和风险评估办法、风险管控措施，以及隐患类别、隐患排查方法与治理措施、应急救援与处置措施等，提升安全风险管控和隐患排查治理能力。要大力推进遏制重特大事故试点城市和试点企业工作，积极探索总结有效做法，形成一套可复制、可推广的成功经验，强化示范带动。

（三）强化舆论引导。要充分利用报纸、广播、电视、网络等媒体，大力宣传构建双重预防机制的重要意义、重点任务、工作措施和具体要求，推广一批在风险分级管控、隐患排查治理方面取得良好效果的先进典型，曝光一批重大隐患突出、事故多发的地区和企业，为推进构建双重预防机制创造有利的舆论环境。

（四）强化督促检查。各地区要加强对企业构建双重预防机制情况的督促检查，积极协调和组织专家力量，帮助和指导企业开展安全风险分级管控和隐患排查治理。要把建立双重预防机制工作情况纳入地方政府及相关部门安全生产目标考核内容，加强检查指导、考核奖惩，对消极应付、工作落后的，要通报批评、督促整改。

国务院安委会办公室

2016 年 10 月 9 日

国务院安委会办公室关于印发
《国家安全生产应急救援联络员会议制度》的通知

安委办〔2009〕11号

各有关单位：

　　根据《国家安全生产事故灾难应急预案》，制定了《国家安全生产应急救援联络员会议制度》。现予印发。

国务院安会办公室

2009年5月5日

附件：

国家安全生产应急救援联络员会议制度

　　第一条　根据《国家安全生产事故灾难应急预案》"国务院安委会各成员单位与国务院安委会办公室建立应急联系工作机制"等有关规定，经国务院安委会办公室研究并经国务院应急管理办公室同意，决定建立国家安全生产应急救援工作联络员（以下简称联络员）会议制度。

　　第二条　联络员会议主要任务。

　　联络员会议按照国务院安委会办公室和国务院应急管理办公室的要求开展以下工作：交流安全生产应急管理工作情况；研究提出安全生产应急管理工作意见和建议；研究建立利用各部门现有应急资源，参加应急救援协调联动机制和信息沟通机制；根据事故抢险救援工作需要协调相关事宜。

　　第三条　联络员会议由以下部门组成：工业和信息化部、公安部（治安管理局、消防局、交通管理局）、环境保护部、住房城乡建设部、交通运输部、铁道部、农业部、卫生部、国资委、质检总局、安全监管总局、旅游局、地震局、气象局、电监会、国防科工局、海洋局、民航局、总参作战部（应急办）、武警司令部（作战勤务部）。

　　联络员由联络员会议各成员单位指定的负责安全生产应急管理和应急救援工作的司局级部门负责人担任，同时确定一名处级干部为联系人，协助联络员开展工作。

　　联络员及联系人发生变更或调整，应及时通报国家安全生产应急救援指挥中心（以下简称应急指挥中心）；应急指挥中心及时将有关情况通报联络员会议各成员单位。

　　第四条　联络员会议组织机构及职责。

联络员会议的组织工作由应急指挥中心承担，主要职责：

（一）承担联络员会议的组织、协调及日常事务性工作。

（二）汇总、分析全国安全生产应急救援工作信息以及各成员单位应急工作情况，提出相关工作建议，及时报告国务院安委会办公室和国务院应急管理办公室，并通报联络员会议各成员单位。

（三）承担联络员会议议定事项的组织协调工作。

（四）根据联络员会议各成员单位要求，协调生产安全事故灾难应急救援有关工作。

第五条 实行联络员例会制度。

（一）联络员例会为联络员会议基本形式，原则上每半年召开一次，会议的主要任务是：学习贯彻落实党中央、国务院关于安全生产及突发公共事件应急管理方面的指示和工作部署；分析全国安全生产应急管理和事故灾难应急救援工作形势，针对安全生产应急管理工作的重大问题研究提出意见和建议；研究提出完善应急协调机制的建议；分析评估生产安全事故灾难应急管理工作；通报、交流各部门安全生产应急管理工作；研究和改进联络员工作的重大事项。

发生特别重大事故灾难或有重要工作需要部署、协调和沟通时，根据联络员会议成员单位要求，可召开由全体或部分联络员参加的临时会议。

（二）联络员例会和临时会议后形成会议纪要，报国务院安委会办公室、国务院应急管理办公室，印发联络员会议各成员单位，抄送各联络员。

（三）联络员因故不能参加例会和临时会议，应告知应急指挥中心，并委派联系人参加。

（四）安全监管总局、煤矿安监局有关司局负责人，应急指挥中心负责人及其部门负责人参加例会和临时会议。

第六条 联络员工作职责：

（一）参加联络员例会和临时会议，通报本部门、行业或领域安全生产应急管理和应急救援工作情况，提出相关意见和建议。

（二）向所在部门或单位领导汇报联络员会议精神，提出工作建议、措施，并抓好落实。

（三）承担本部门有关安全生产应急管理和事故灾难抢险救援工作情况、信息和总结报告的交流与传送。

（四）协调办理涉及本部门或本单位生产安全事故灾难应急救援有关事宜。

（五）参加按照联络员会议要求组织的安全生产应急工作研讨、演练、调研、考察、评估等工作。

（六）负责本部门（单位）与应急指挥中心的联系。

第七条 本制度自公布之日起执行。

国务院安全生产委员会
关于加强企业安全生产诚信体系建设的指导意见

安委〔2014〕8 号

各省、自治区、直辖市及新疆生产建设兵团安全生产委员会，国务院安委会各成员单位，各中央企业：

为认真贯彻落实党的十八届三中、四中全会精神和《国务院关于印发社会信用体系建设规划纲要（2014—2020 年）的通知》（国发〔2014〕21 号）要求，推动实施《安全生产法》有关规定，强化安全生产依法治理，促进企业依法守信加强安全生产工作，切实保障从业人员生命安全和职业健康，报请国务院领导同志同意，现就加强企业安全生产诚信体系建设提出以下意见。

一、总体要求

以党的十八大和十八届三中、四中全会精神为指导，以煤矿、金属与非金属矿山、交通运输、建筑施工、危险化学品、烟花爆竹、民用爆炸物品、特种设备和冶金等工贸行业领域为重点，建立健全安全生产诚信体系，加强制度建设，强化激励约束，促进企业严格落实安全生产主体责任，依法依规、诚实守信加强安全生产工作，实现由"要我安全向我要安全、我保安全"转变，建立完善持续改进的安全生产工作机制，实现科学发展、安全发展。

二、加强企业安全生产诚信制度建设

（一）建立安全生产承诺制度。

重点承诺内容：一是严格执行安全生产、职业病防治、消防等各项法律法规、标准规范，绝不非法违法组织生产；二是建立健全并严格落实安全生产责任制度；三是确保职工生命安全和职业健康，不违章指挥，不冒险作业，杜绝生产安全责任事故；四是加强安全生产标准化建设和建立隐患排查治理制度；五是自觉接受安全监管监察和相关部门依法检查，严格执行执法指令。

安全监管监察部门、行业主管部门要督促企业向社会和全体员工公开安全承诺，接受各方监督。企业也要结合自身特点，制定明确各个层级一直到区队班组岗位的双向安全承诺事项，并签订和公开承诺书。

（二）建立安全生产不良信用记录制度。

生产经营单位有违反承诺及下列情形之一的，安全监管监察部门和行业主管部门要列入安全生产不良信用记录。主要包括以下内容：一是生产经营单位一年内发生生产安全死亡责任事故的；二是非法违法组织生产经营建设的；三是执法检查发现存在重大安全生产隐患、重大职业病危害隐患的；四是未按规定开展企业安全生产标准化建设的或在规定期限内未达到安全生产标准化要求的；五是未建立隐患排查治理制度，不如实记录和上报隐患排查治理情况，期限内未完成治理整改的；六是拒不执行安全监管监察指令的，以及逾期不履行停产停业、停止使用、停止施工和罚款等处罚的；七是未依法依规报告事故、组织开展抢险救援的；八是其他安全生产非法违法或造成恶劣社会影响的行为。

对责任事故的不良信用记录，实行分级管理，纳入国家相关征信系统。原则上，生产经营单位一年内发生较大（含）以上生产安全责任事故的，纳入国家级安全生产不良信用记录；发生死亡 2 人（含）以上生产安全责任事故的，纳入省级安全生产不良信用记录；发生一般责任事故的，纳入市（地）级安全生产不良信用记录；发生伤人责任事故的，纳入县（区）级安全生产不良信用记录。纳入国家安全生产不良信用记录的，必须纳入省级记录，依次类推。

不良信用记录管理期限一般为一年。各地区和相关部门可根据具体情况明确安全生产不良信用记录内容及管理层级，但不得低于本意见的标准要求。

（三）建立安全生产诚信"黑名单"制度。

以不良信用记录作为企业安全生产诚信"黑名单"的主要判定依据。生产经营单位有下列情况之一的，纳入国家管理的安全生产诚信"黑名单"：一是一年内发生生产安全重大责任事故，或累计发生责任事故死亡 10 人（含）以上的；二是重大安全生产隐患不及时整改或整改不到位的；三是发生暴力抗法的行为，或未按时完成行政执法指令的；四是发生事故隐瞒不报、谎报或迟报，故意破坏事故现场、毁灭有关证据的；五是无证、证照不全、超层越界开采、超载超限超时运输等非法违法行为的；六是经监管执法部门认定严重威胁安全生产的其他行为。

有上述第二至第六种情形和下列情形之一的，分别纳入省、市、县级管理的安全生产诚信"黑名单"：一是一年内发生较大生产安全责任事故，或累计发生责任事故死亡超过 3 人（含）以上的，纳入省级管理的安全生产诚信"黑名单"；二是一年内发生死亡 2 人（含）以上的生产安全责任事故，或累计发生责任事故死亡超过 2 人（含）以上的，纳入市（地）级管理的安全生产诚信"黑名单"；三是一年内发生死亡责任事故的，纳入县（区）级管理的安全生产诚信"黑名单"。

纳入国家管理的安全生产诚信"黑名单"，必须同时纳入省级管理，依次类推。

各地区和各相关部门可在此基础上，根据具体情况明确安全生产诚信"黑名单"内容及管理层级，但不得低于本意见的标准要求。

根据企业存在问题的严重程度和整改情况，列入"黑名单"管理的期限一般为一年，对发生较大事故、重大事故、特别重大事故管理的期限分别为一年、二年、三年。一般遵循以下程序：

1. 信息采集。各级安全监管监察部门或行业主管部门通过事故调查、执法检查、群众举报核查等途径，收集记录相关单位名称、案由、违法违规行为等信息。

2. 信息告知。对拟列入"黑名单"的生产经营单位，相关部门要提前告知，并听取申辩意见；对当事方提出的事实、理由和证据成立的，要予以采纳。

3. 信息公布。被列入"黑名单"的企业名单，安全监管监察部门和行业主管部门要提交本级政府安委会办公室，由其在 10 个工作日内统一向社会公布。

4. 信息删除。被列入"黑名单"的企业，经自查自改后向相关部门提出删除申请，经安全监管监察部门和行业主管部门整改验收合格，公开发布整改合格信息。在"黑名单"管理期限内未再发生不良信用记录情形的，在管理期限届满后提交本级政府安委会办公室统一删除，并在 10 个工作日内向社会公布。未达到规定要求的，继续保留"黑名单"管理。

（四）建立安全生产诚信评价和管理制度。

开展安全生产诚信评价。把企业安全生产标准化建设评定的等级作为安全生产诚信等级，分别相应地划分为一级、二级、三级，原则上不再重复评级。安全生产标准化等级的发布主体是安全生产诚信等级的授信主体，一年向社会发布一次。

加强分级分类动态管理。重点是巩固一级、促进二级、激励三级。对纳入安全生产不良信用记录和"黑名单"的生产经营单位，根据具体情况，下调或取消安全生产诚信等级，并及时向社会发布。对纳入"黑名单"的生产经营单位，要依法依规停产整顿或取缔关闭。要合理调整监管力量，以"黑名单"为重点，加强重点执法检查，严防事故发生。

（五）建立安全生产诚信报告和执法信息公示制度。

生产经营单位定期向安全监管监察部门或行业主管部门报告安全生产诚信履行情况，重点包括落实安全生产责任和管理制度、安全投入、安全培训、安全生产标准化建设、隐患排查治理、职业病防治和应急管理等方面的情况。各有关部门要在安全生产行政处罚信息形成之日起 20 个工作日内向社会公示，接受监督。

三、提升企业安全生产诚信大数据支撑能力

（一）加快推进安全生产信用管理信息化建设。

依托安全生产监管信息化管理系统，整合安全生产标准化建设信息系统和隐患排查治理信息系统，建立基础信息平台，以自然人、法人和其他组织统一社会信用代码为基础，构建完备的企业安全生产诚信大数据，建立健全企业安全生产诚信档案，全面、真实、及时记录征信和失信等数据信息，实行动态管理。推动加强企业安全生产诚信信息化建设，准确、完整记录企业及其相关人员兑现安全承诺、生产安全事故、职业病危害事故，以及企业负责人、车间、班组和职工个人等安全生产行为。

（二）加快实现互联互通。

加快推进企业安全生产诚信信息平台与有关行业管理部门、地方政府信用平台的对接，实现与社会信用建设相关部门和单位的信息互联互通，及时通过网络平台和文件告知等形式向财政、投资、国土资源、建设、工商、银行、证券、保险、工会等部门和单位以及上下游相关企业通报有关情况，实现对企业安全生产诚信信息的即时检索查询。

四、建立企业安全生产诚信激励和失信惩戒机制

（一）激励企业安全生产诚实守信。

各级政府及有关部门对安全生产诚实守信企业，开辟"绿色通道"，在相关安全生产行政审批等工作中优先办理。加强安全生产诚信结果的运用，通过提供信用保险、信用担保、商业保理、履约担保、信用管理咨询及培训等服务，在项目立项和改扩建、土地使用、贷款、融资和评优表彰及企业负责人年薪确定等方面将安全生产诚信结果作为重要参考。建立完善安全生产失信企业纠错激励制度，推动企业加强安全生产诚信建设。

（二）严格惩戒安全生产失信企业。

健全失信惩戒制度，完善市场退出机制。企业发生重特大责任事故和非法违法生产造成事故的，各级安全监管监察部门及有关行业管理部门要实施重点监管监察；对企业法定代表人、主要负责人一律取消评优评先资格，通过组织约谈、强制培训等方式予以诚勉，将其不良行为记录及时公开曝光。强化对安全失信企业或列入安全生产诚信"黑名单"企业实行联动管制措施，在审批相关企业发行股票、债券、再融资等事项时，予以严格审查；其参与土地出让、采矿权出让的公开竞争中，要依法予以限制或禁入；相关金融机构应当将其作为评级、信贷准入、管理和退出的重要依据，并根据《绿色信贷指引》（银监发〔2014〕3号）的规定，采取风险缓释措施；对已被吊销安全生产许可证或安全生产许可证已过期失效的企业，依法督促其办理变更登记或注销登记，直至依法吊销营业执照；相关部门或保险机构可根据失信企业信用状况调整其保险费率。其他有关部门根据安全生产诚信等级制定失信监管措施。

（三）加强行业自律和社会监督。

各行业协（学）会要把诚信建设纳入各类社会组织章程，制定行业自律规则，完善规范行规行约并监督会员遵守。要在本行业内组织开展安全生产诚信承诺、公约、自查或互查等自身建设活动，对违规的失信者实行行业内通报批评、公开谴责等惩戒措施。鼓励和动员新闻媒体、企业员工举报企业安全生产不良行为，对符合《安全生产举报奖励办法》（安监总财〔2012〕63号）条件的举报人给予奖励，对举报企业重大安全生产隐患和事故的人员实行高限奖励，并严格保密，予以保护。

五、分步实施，扎实推进

（一）2015年底前，地方各级安全监管监察部门和行业主管部门要建立企业安全生产诚信承诺制度、安全生产不良信用记录和"黑名单"制度、安全生产诚信报告和公示制度。

（二）2016年底前，依托国家安全生产监管信息化管理平台，实现安全生产不良信用记录和"黑名单"与国家相关部门和单位互联互通。同步推进建立各省级的企业安全生产诚信建设体系及信息化平台，并投入使用。

（三）2017年底前，各重点行业领域企业安全生产诚信体系全面建成。

（四）2020年底前，所有行业领域建立健全安全生产诚信体系。

各地区、各有关部门要把加强企业安全生产诚信体系建设作为履职尽责、抓预防重治本、创新安全监管机制的重要举措，组织力量，保障经费，狠抓落实。要认真宣传贯彻落实《安全生产法》等法律法规，强化法治观念，推进依法治理。要根据本地区和行业领域实际情况，细化激励及惩戒措施，建立健全各级、各部门间的信息沟通、资源共享、协调联动工作机制。要充分运用市场机制，积极培育发展企业安全生产信用评级机构，逐步开展第三方评价，对相同事项要实行信息共享，防止重复执法和多头评价，减轻企业负担。要加强安全生产诚信宣传教育，充分发挥新闻媒体作用，弘扬社会主义核心价值观，弘扬崇德向善、诚实守信的传统文化和现代市场经济的契约精神，形成以人为本、安全发展，关爱生命、关注安全，崇尚践行安全生产诚信的社会风尚。

各省（区、市）及新疆生产建设兵团安委会、各有关部门要结合实际制定本地区和本行业领域的企业安全生产诚信体系建设实施方案，于2014年12月底前报送国务院安委会办公室。

国务院安全生产委员会
2014年11月26日

国务院安全生产委员会关于印发
安全生产约谈实施办法（试行）的通知

安委〔2018〕2 号

各省、自治区、直辖市人民政府，新疆生产建设兵团，国务院安委会各成员单位：

为深入贯彻落实《中共中央国务院关于推进安全生产领域改革发展的意见》，推动安全生产责任措施落实，国务院安委会研究制定了《安全生产约谈实施办法（试行）》。经国务院领导同志同意，现印发你们，请认真贯彻落实。

国务院安全生产委员会

2018 年 2 月 26 日

附件：

安全生产约谈实施办法（试行）

第一条 为促进安全生产工作，强化责任落实，防范和遏制重特大生产安全事故（生产安全事故以下简称"事故"），依据《中共中央国务院关于推进安全生产领域改革发展的意见》《国务院关于坚持科学发展安全发展促进安全生产形势持续稳定好转的意见》，制定本办法。

第二条 本办法所称安全生产约谈（以下简称约谈），是指国务院安全生产委员会（以下简称国务院安委会）主任、副主任及国务院安委会负有安全生产监督管理职责的成员单位负责人约见地方人民政府负责人，就安全生产有关问题进行提醒、告诫，督促整改的谈话。

第三条 国务院安委会进行的约谈，由国务院安委会办公室承办，其他约谈由国务院安委会有关成员单位按工作职责单独或共同组织实施。

共同组织实施约谈的，发起约谈的单位（以下简称约谈方）应与参加约谈的单位主动沟通，并就约谈事项达成一致。

第四条 发生特别重大事故或贯彻落实党中央、国务院安全生产重大决策部署不坚决、不到位的，由国务院安委会主任或副主任约谈省级人民政府主要负责人。

第五条 发生重大事故，有下列情形之一的，由国务院安委会办公室负责人或国务院安委会有关成员单位负责人约谈省级人民政府分管负责人：

（一）30 日内发生 2 起的；

（二）6 个月内发生 3 起的；

（三）性质严重、社会影响恶劣的；

（四）事故应急处置不力，致使事故危害扩大，死亡人数达到重大事故的；

（五）重大事故未按要求完成调查的，或未落实责任追究、防范和整改措施的；

（六）其他需要约谈的情形。

第六条　安全生产工作不力，有下列情形之一的，由国务院安委会办公室负责人或国务院安委会有关成员单位负责人或指定其内设司局主要负责人约谈市（州）人民政府主要负责人：

（一）发生重大事故或6个月内发生3起较大事故的；

（二）发生性质严重、社会影响恶劣较大事故的；

（三）事故应急处置不力，致使事故危害扩大，死亡人数达到较大事故的；

（四）国务院安委会督办的较大事故，未按要求完成调查的，或未落实责任追究、防范和整改措施的；

（五）国务院安委会办公室督办的重大事故隐患，未按要求完成整改的；

（六）其他需要约谈的情形。

第七条　约谈程序的启动：

（一）国务院安委会进行的约谈，由国务院安委会办公室提出建议，报国务院领导同志审定后，启动约谈程序；

（二）国务院安委会办公室进行的约谈，由国务院安委会有关成员单位按工作职责提出建议，报国务院安委会办公室主要负责人审定后，启动约谈程序；

（三）国务院安委会成员单位进行的约谈，由本部门有关内设机构提出建议，报本部门分管负责人批准后，抄送国务院安委会办公室，启动约谈程序。

第八条　约谈经批准后，由约谈方书面通知被约谈方，告知被约谈方约谈事由、时间、地点、程序、参加人员、需要提交的材料等。

第九条　被约谈方应根据约谈事由准备书面材料，主要包括基本情况、原因分析、主要教训以及采取的整改措施等。

第十条　被约谈方为省级人民政府的，省级人民政府主要或分管负责人及其有关部门主要负责人、市（州）人民政府主要负责人和分管负责人等接受约谈。视情要求有关企业主要负责人接受约谈。

被约谈方为市（州）人民政府的，市（州）人民政府主要负责人和分管负责人及其有关部门主要负责人、省级人民政府有关部门负责人等接受约谈。视情要求有关企业主要负责人接受约谈。

第十一条　约谈人员除主约谈人外，还包括参加约谈的国务院安委会成员单位负责人或其内设司局负责人，以及组织约谈的相关人员等。

第十二条　根据约谈工作需要，可邀请有关专家、新闻媒体、公众代表等列席约谈。

第十三条　约谈实施程序：

（一）约谈方说明约谈事由和目的，通报被约谈方存在的问题；

（二）被约谈方就约谈事项进行陈述说明，提出下一步拟采取的整改措施；

（三）讨论分析，确定整改措施及时限；

（四）形成约谈纪要。

国务院安委会成员单位进行的约谈，约谈纪要抄送国务院安委会办公室。

第十四条　整改措施落实与督促：

（一）被约谈方应当在约定的时限内将整改措施落实情况书面报约谈方，约谈方对照审核，必要时可进行现场核查；

（二）落实整改措施不力，连续发生事故的，由约谈方给予通报，并抄送被约谈方的上一级监察机关，依法依规严肃处理。

第十五条　约谈方根据政务公开的要求及时向社会公开约谈情况，接受社会监督。

第十六条　国务院安委会有关成员单位对中央管理企业的约谈参照本办法实施。

国务院安委会办公室对约谈办法实施情况进行督促检查。国务院安委会有关成员单位、各省级安委会可以参照本办法制定本单位、本地区安全生产约谈办法。

第十七条　本办法自印发之日起实施。

国务院办公厅关于同意调整完善危险化学品安全生产监管部际联席会议制度的函

国办函〔2018〕58号

应急部：

你部关于完善危险化学品安全生产监管部际联席会议制度的请示收悉。经国务院同意，现函复如下：

国务院同意调整完善危险化学品安全生产监管部际联席会议制度。联席会议不刻制印章，不正式行文，请按照国务院有关文件精神认真组织开展工作。

附件：危险化学品安全生产监管部际联席会议制度

国务院办公厅

2018年9月4日

附件：

危险化学品安全生产监管部际联席会议制度

为进一步加强对危险化学品安全生产工作的组织领导，强化部门协作配合，提高安全监管工作效率，经国务院同意，调整完善危险化学品安全生产监管部际联席会议（以下简称联席会议）制度。

一、主要职能

在国务院领导下，掌握全国危险化学品安全生产情况，分析危险化学品安全生产形势，研究、指导危险化学品安全监管工作，提出有关政策建议；督促落实《中华人民共和国安全生产法》、《危险化学品安全管理条例》等法律法规和国务院关于危险化学品安全生产的政策举措；审议有关部门提出的加强危险化学品安全监管的建议，协调解决危险化学品安全监管工作的重大问题；组织开展部门联合执法、专项整治和督查工作。

二、成员单位

联席会议由应急部、工业和信息化部、公安部、交通运输部、中央政法委、发展改革委、教育部、科技部、司法部、财政部、人力资源社会保障部、自然资源部、生态环境部、住房城乡建设部、农业农村部、卫生健康委、国资委、海关总署、市场监管总局、粮食和储备局、能源局、铁路局、民航局、全国总工会、中国铁路总公司等25个部门和单位组成。应急部为召集人单位，应急部部长担任联席会议召集人，工业和信息化部、公安部、交通运输部为副召集人单位，其有关负责同志担任联席会议副召集人，其他成员单位有关负责同志为联席会议成员（名单附后）。联席会议成员因工作变动需要调整的，由所在单位提出，联席会议确定。

联席会议办公室设在应急部，承担联席会议的日常工作，推动落实联席会议议定事项。联席会议设联络员，由各成员单位有关司局的负责同志担任。联席会议下设危险化学品生产企业搬迁改造专项工作组，由工业和信息化部牵头会同有关部门开展工作。

三、工作规则

联席会议原则上每年至少召开一次全体会议。根据国务院领导同志指示、成员单位要求或工作需要，可以临时召集会议。在全体会议召开之前，召开联络员会议，研究讨论联席会议议题和需提交联席会议议定的事项及其他有关事项。联席会议以纪要形式明确会议议定事项，经与会单位同意后印发有关方面并抄报国务院。对难以协调一致的问题，由联席会议召集人单位报国务院安全生产委员会或国务院决定。

四、工作要求

各成员单位要按照职责分工，主动研究涉及危险化学品安全管理的有关问题，及时向召集人单位提出会议议题，积极参加联席会议；认真落实联席会议确定的工作任务和议定事项，及时处理危险化学品安全监管工作中需要跨部门协调解决的问题。各成员单位要互通信息、相互配合，相互支持、形成合力，充分发挥好联席会议的作用。

危险化学品安全生产监管部际联席会议成员名单

召　集　人：王玉普　　应急部部长
副召集人：王江平　　工业和信息化部副部长
　　　　　　孙力军　　公安部副部长
　　　　　　何建中　　交通运输部副部长
成　　　员：陈训秋　　中央政法委副秘书长
　　　　　　连维良　　发展改革委副主任
　　　　　　孙　尧　　教育部副部长
　　　　　　徐南平　　科技部副部长
　　　　　　甘藏春　　司法部党组成员
　　　　　　刘　伟　　财政部副部长
　　　　　　游　钧　　人力资源社会保障部副部长
　　　　　　赵　龙　　自然资源部副部长
　　　　　　翟　青　　生态环境部副部长
　　　　　　易　军　　住房城乡建设部副部长
　　　　　　马爱国　　农业农村部总农艺师
　　　　　　崔　丽　　卫生健康委副主任
　　　　　　王浩水　　应急部党组成员
　　　　　　徐福顺　　国资委副主任

李 国　　海关总署副署长
陈 钢　　市场监管总局党组成员
梁 彦　　粮食和储备局副局长
刘宝华　　能源局副局长
于春孝　　铁路局副局长
王志清　　民航局副局长
阎京华　　全国总工会副主席
刘振芳　　中国铁路总公司副总经理

国务院办公厅关于调整
国务院安全生产委员会组成人员的通知

国办发〔2018〕62号

各省、自治区、直辖市人民政府，国务院各部委、各直属机构：

根据机构设置、人员变动情况和工作需要，国务院决定对国务院安全生产委员会（以下简称安委会）作相应调整。现将调整后的名单通知如下：

主　　任：刘　鹤　　国务院副总理

副 主 任：王　勇　　国务委员

　　　　　赵克志　　国务委员、公安部部长

　　　　　黄　明　　应急部党组书记

　　　　　王玉普　　应急部部长

　　　　　孟　扬　　国务院副秘书长

成　　员：郭卫民　　中央宣传部部务会议成员、新闻办副主任

　　　　　连维良　　发展改革委副主任

　　　　　孙　尧　　教育部副部长

　　　　　徐南平　　科技部副部长

　　　　　罗　文　　工业和信息化部副部长

　　　　　李　伟　　公安部副部长

　　　　　高晓兵　　民政部副部长

　　　　　刘志强　　司法部副部长

　　　　　刘　伟　　财政部副部长

　　　　　游　钧　　人力资源社会保障部副部长

　　　　　凌月明　　自然资源部副部长

　　　　　翟　青　　生态环境部副部长

　　　　　易　军　　住房城乡建设部副部长

　　　　　何建中　　交通运输部副部长

　　　　　叶建春　　水利部副部长兼应急部副部长

　　　　　余欣荣　　农业农村部副部长

　　　　　王炳南　　商务部副部长

　　　　　李金早　　文化和旅游部副部长

　　　　　崔　丽　　卫生健康委副主任

　　　　　徐福顺　　国资委副主任

　　　　　李　国　　海关总署副署长

陈　钢　　市场监管总局党组成员

范卫平　　广电总局副局长

高志丹　　体育总局副局长

矫梅燕　　气象局副局长

陈文辉　　银保监会副主席

刘宝华　　能源局副局长

吴艳华　　国防科工局副局长

刘东生　　林草局副局长

杨宇栋　　铁路局局长

冯正霖　　民航局局长

马军胜　　邮政局局长

蔡　军　　中央军委联合参谋部作战局副局长

阎京华　　全国总工会副主席

汪鸿雁　　共青团中央书记处书记

邓　丽　　全国妇联副主席

刘振芳　　中国铁路总公司副总经理

安委会办公室设在应急部，承担安委会的日常工作。办公室主任由应急部部长王玉普兼任，办公室副主任由应急部副部长付建华、孙华山，应急部副部长、煤矿安监局局长黄玉治，应急部党组成员、总工程师王浩水担任。安委会成员因工作变动等需要调整的，由所在单位向办公室提出，报安委会主任批准。

国务院办公厅

2018 年 7 月 17 日

第五部分　规范性文件

（一）综　　合

国家安全生产监督管理总局关于做好
生产安全事故调查处理及有关工作的通知

安监总协调字〔2005〕32号

各省、自治区、直辖市、计划单列市及新疆生产建设兵团安全生产监督管理局，各省级煤矿安全监察机构，国务院有关部门安全监管机构，中央管理的有关企业：

为进一步贯彻落实《安全生产法》等有关安全生产法律、法规，加强事故（含未遂事故）的调查处理工作，强化安全生产综合监管和舆论监督，现就有关问题通知如下：

一、加强特大、特别重大事故的调查处理工作

一次死亡30人以上（含30人）的特别重大事故和经济损失巨大、社会影响恶劣或国务院领导有明确批示的特大事故，按国家现行有关规定，由国家安全生产监督管理总局（以下简称安全监管总局）组织调查。事故调查的有关事项仍按《国务院特别重大事故调查程序暂行规定》（国务院令第34号）和《企业职工伤亡事故报告和处理暂行规定》（国务院令第75号）执行。事故调查报告报请国务院审批，安全监管总局下达结案通知。

事故发生地省、自治区、直辖市人民政府安全生产监督管理部门负责组织调查处理一次死亡10～29人的特大事故。事故调查结束后，省级安全监管部门要向安全监管总局汇报事故调查处理情况，听取安全监管总局意见后，将事故调查报告报请省、自治区、直辖市人民政府批复，同时报安全监管总局备案。煤矿特大事故的调查处理，仍按国家现行规定办理，由国家煤矿安监局批复。

二、加强未遂事故的调查处理工作

各地区、各有关部门和单位要认真贯彻"安全第一，预防为主"的方针，加强对未遂事故的调查处理工作。凡发生社会影响较大、涉险人数50人以上或可能造成很大经济损失的特别重大未遂事故（包括民航发生的飞行征侯），以及媒体向社会披露的特大未遂事故，国务院有关部门、省级安全监管部门和煤矿安全监察机构及中央管理的工矿商贸企业应及时将未遂事故的有关情况、处置情况、调查结论及防范措施等报安全监管总局（煤矿未遂事故报国家煤矿安监局）。安全监管总局主管业务司及调度中心或国家煤矿安监局将跟踪了解有关情况，督促整改措施的落实。

三、加强对事故调查处理情况的监督检查

各级安全监管部门和煤矿安全监察机构要会同同级人民政府监察等有关部门采取定期检查、重点抽查等方式，加强对事故调查处理工作尤其是对责任追究的落实情况和防范、整改措施的监督检查，及时发现问题，予以纠正。同时，要将检查结果向同级人民政府报告，对问题严重和责任追究、防范措施、整改措施不落实的，要建议同级人民政府追究有关领导人员的责任。

四、加强事故信息的管理工作

各省（区、市）安全监管局、省级煤矿安全监察机构和国务院有关部门及中央管理的工

矿商贸企业，凡发生一次死亡 10 人（含 10 人）以上事故的，要及时将事故信息报送安全监管总局。省级人民政府和国务院有关部门直接将事故信息报送国务院的，请同时抄送安全监管总局。接到事故信息报告后，由安全监管总局提出处理意见，并按程序上报。根据党中央、国务院领导同志的批示精神，安全监管总局做好贯彻落实工作，并将落实过程中的重要进展情况及时报告国务院。

五、做好事故信息的披露与报道工作

一次死亡 30 人以上（含 30 人）的特别重大事故和党中央、国务院领导同志有明确指示的特大事故以及社会影响大的未遂事故的有关信息和情况，由安全监管总局商有关部门在中央新闻媒体上予以披露、报道与曝光。一次死亡 30 人以下（不含 30 人）的事故和一般未遂事故的有关信息及情况，由省级以下安全监管部门或煤矿安全监察机构商有关部门在当地相关新闻煤体上予以披露、报道与曝光。

六、建立并不断完善事故通报制度

对特别重大事故、典型的特大事故和一个月内在一个省（区、市）发生 3 起以上（含 3 起）一次死亡 10～29 人特大事故的，安全监管总局要将有关情况通报全国，并在中央新闻媒体上予以曝光。同时，向国务院有关主管部门发出督办函，督促其加强本行业的安全监管工作，控制事故发生。凡中央企业发生一次死亡 10 人以上（含 10 人的）事故的，除通报发生事故的中央企业外，要向国务院负责安全监管的有关主管部门和企业出资人机构发出督办涵，督促其加强安全监管，采取有效措施，改进安全工作。各级安全监管部门和煤矿安全监察机构也要建立健全相关制度，及时对相关事故予以通报，督促各有关方面和单位改进和加强安全生产工作。

七、做好安全生产的新闻发布工作

各级安全监管部门要会同同级人民政府新闻主管部门，定期召开所在地区安全生产新闻发布会，向煤体、社会通报和发布有关安全生产情况和信息。遇有特殊或紧急情况，如发生社会影响较大的事故等，可随时召开新闻发布会。

国家安全生产监督管理总局

2005 年 4 月 30 日

国家发展和改革委员会、国务院国有资产监督管理委员会、国家安全生产监督管理总局 印发关于强化生产经营单位安全生产主体责任严格安全生产业绩考核指导意见的通知

发改运行〔2006〕818 号

各省、自治区、直辖市发展改革委（经贸委、经委）、国资委、安全监管局，国务院有关部门：

为进一步依法强化和落实生产经营单位的安全生产主体责任，严格安全生产业绩考核，国家发展改革委、国务院国资委、安全监管总局制定了《关于强化生产经营单位安全生产主体责任，严格安全生产业绩考核的指导意见》，现印发给你们。请结合各地、各行业生产经营特点，研究制定贯彻实施意见，确保各类生产经营单位安全生产主体责任的落实。

附：《关于强化生产经营单位安全生产主体责任，严格安全生产业绩考核的指导意见》

国家发展改革委
国务院国资委
国家安监总局
2006 年 4 月 30 日

附件：

关于强化生产经营单位安全生产主体责任
严格安全生产业绩考核的指导意见

为强化生产经营单位安全生产主体责任，完善安全生产业绩考核工作，促进各类生产经营单位安全生产状况的稳定好转，根据《安全生产法》等法律法规，提出如下指导意见：

一、依法明确和落实生产经营单位安全生产主体责任

生产经营单位是社会生产经营活动的基本单位，同时也是安全生产的责任主体，必须坚持"安全第一，预防为主、综合治理"的方针，依法履行安全生产责任：

（一）组织贯彻落实安全生产的法律、法规和规程、标准，建立和落实生产经营单位内部以法定代表人为核心的安全生产责任制。

（二）建立健全安全生产管理机构，明确分管领导，配备与工作需要相适应的专兼职安全生产管理人员。

（三）保证安全生产的资金投入，及时排查整改消除事故隐患，加强对重大危险源的监

控与管理。

（四）保证建设工程项目安全设施"三同时"，保证本单位具备国家规定的基本安全生产条件，依法取得安全生产许可证。

（五）组织制定和实施安全生产中长期规划和年度计划。

（六）组织开展从业人员安全生产教育培训，保证培训时间，保证从业人员具备必要的安全生产知识，熟悉有关安全生产规章制度和操作规程，掌握安全操作技能，保证特殊作业人员持证上岗；为职工提供并监督、教育职工使用符合国家或行业标准的劳动防护用品；为职工交纳工伤社会保险。

（七）积极采用先进适用的安全生产技术、工艺、设备，不断提高和改善劳动条件，保证安全设施稳定运行，保证特种设备经检测检验合格、取得安全使用证或安全标志。

（八）建立应急救援组织或指定专兼职的应急救援人员，配备必要的应急救援器材、设备并保证正常运转。矿山和隧道施工单位要建立救护队或与附近的救护队签订救护协议。

（九）切实发挥工会在安全生产中的民主管理和民主监督作用。

二、依法建立健全以生产经营单位法定代表人为核心的安全生产责任体系

各生产经营单位要根据生产经营特点，建立健全以法定代表人为核心，包括内部各层次、各部门、各岗位的安全生产责任体系。法定代表人是安全生产的第一责任人，依法履行安全生产职责：

（一）建立健全本单位安全生产责任制；

（二）组织制定本单位安全生产规章制度和操作规程；

（三）保证本单位安全生产投入的有效实施；

（四）督促、检查本单位的安全生产工作，及时消除生产安全事故隐患；

（五）组织制定并实施本单位的生产安全事故应急预案，组织开展应急预案培训、演练和宣传教育；

（六）及时、如实报告生产安全事故。

生产经营单位其他主要负责人和分管安全生产的负责人，对安全生产负直接和具体领导责任，协助生产经营单位法定代表人抓好安全生产工作。其他负责人，对其分管范围内的安全生产承担相应领导责任。

生产经营单位的安全生产管理人员负责对安全生产状况进行经常性检查，对检查发现的问题，要立即处理；不能处理的，要及时报告本单位有关负责人，并提出处理意见。高危行业生产经营单位的安全生产管理人员，应当经安全生产知识和管理能力考核合格后方可任职。

生产经营单位从业人员要自觉接受安全生产教育和培训，掌握必要的安全生产知识，提高安全生产自我防范意识和安全生产技能。未经安全生产教育和培训合格的，不得上岗作业。在作业过程中，要严格遵守安全生产规程。发现事故隐患或者其他不安全因素，要立即向现场安全生产管理人员报告。

三、各级政府部门依法履行安全生产监管职责，促进生产经营单位落实安全生产主体责任

国务院有关行业管理部门要依法及时制定有关安全生产的国家标准和行业标准，并根据科技进步和经济发展水平适时修订。各级人民政府负有安全生产监管职责的部门，对涉及安全生产的批准、核准、许可、注册、认证、颁发证照等事项，要依法履行职责，严把市场准入关；要有针对性地指导各类企业加强安全生产基础管理，建立健全安全生产管理体系和规章制度，完善安全生产技术规范和标准，执行新建和改扩建工程项目安全设施"三同时"制度，搞好重大危险源的普查和监控；依法对生产经营单位安全生产进行监督检查，对违法行为进行处罚。

国有资产监管机构和其他国有企业主管部门要督促国有企业贯彻落实党和国家安全生产方针及法律法规等；督促国有企业法定代表人落实安全生产第一责任人的责任和企业安全生产责任制，搞好对国有企业法定代表人的安全业绩考核；依照有关规定，参与或组织开展国有企业安全生产检查、督查，督促国有企业落实各项安全防范和隐患治理措施；参与国有企业重特大事故调查，负责落实事故责任追究的有关规定；督促国有企业统筹规划，把安全生产纳入中长期发展规划，保障职工健康与安全。

四、建立生产经营单位安全生产业绩考核体系，完善安全生产激励约束机制

（一）国务院有关行业管理部门、地方各级人民政府的有关部门应将国务院安全生产委员会每年下达的安全生产控制指标逐级进行分解，提出相应行业、地区和生产经营单位的控制指标。对高危行业的生产经营单位可以采取签订安全生产目标责任书等方式。各生产经营单位要将承担的安全生产责任目标分解到各部门、各岗位，形成全面、全员、全过程的安全生产责任目标体系。

（二）各级人民政府的有关部门要加强对生产经营单位安全生产责任指标执行情况的监督检查，并将监督检查结果定期向社会公布，对国有企业的监督检查结果要向国有资产监管机构或主管部门通报。

各生产经营单位要建立完善内部安全生产责任指标执行情况的检查制度，及时纠正执行中的各种问题，保证安全生产责任的落实。

（三）国家安全生产监督管理部门要会同国务院国有资产监督管理部门加强和严格中央企业集团公司负责人的安全生产业绩考核，建立和完善安全生产奖惩机制。地方各级人民政府的有关部门要建立对生产经营单位及其法定代表人安全生产责任目标完成情况的年度考核与奖惩制度，组织实施考核奖惩。考核的组织形式及牵头部门由同级人民政府确定，涉及煤矿企业的，要吸收煤矿安监机构参加或征求其意见。根据考核结果，对完成安全生产责任目标好的给予奖励，对未完成安全生产责任目标的给予处罚。对危险物品的生产、经营和储存单位以及矿山、建筑施工等单位可依法推行安全风险抵押金制度。

国有资产监管机构和其他国有企业主管部门依据《企业国有资产监督管理暂行条例》对国有企业负责人进行经营业绩考核时，必须将安全业绩考核作为重要内容，考核结果要与企业负责人的薪酬和任免挂钩。

各生产经营单位要建立健全安全管理绩效量化考核体系，加强内部安全生产责任目标完成情况的考核。考核结果要与职务任免、劳动分配挂钩。各类高危行业的生产经营单位可实行内部风险抵押金制度，推行安全结构工资制，形成有效的安全生产激励和约束机制。

各地要依据本指导意见，结合各行业生产经营特点，分别制定强化生产经营单位安全生产主体责任、严格安全生产业绩考核办法。

国家电力监管委员会、国家安全生产监督管理总局、国家煤矿安全监察局关于加强煤矿供用电安全工作的意见

电监安全〔2007〕15 号

电监会各派出机构，各产煤省、自治区、直辖市及新疆生产建设兵团煤矿安全监管、煤炭行业管理部门，各省级煤矿安全监察机构，司法部直属煤矿管理局，国家电网公司、南方电网公司，华能、大唐、华电、国电、中电投集团公司，神华集团公司、中煤能源集团公司：

按照《关于加强煤矿企业供用电安全管理工作的紧急通知》（安监总煤矿〔2006〕251 号）要求，电监会、安全监管总局和国家煤矿安监局于 2006 年 12 月联合对山西、内蒙古、辽宁、黑龙江、河南、贵州、河北等省区 16 个电力公司及所属企业的煤矿供电情况进行了安全专项检查，实地检查了鄂尔多斯、临汾、本溪、峰峰、邯郸等矿区 27 座煤矿的用电情况。

从检查情况看，电力企业重视煤矿安全供电工作，认真贯彻执行《安全生产法》《电力法》及《煤矿安全规程》等法律、法规和规章，落实煤矿安全供电的各项管理制度，并采取有效措施提高煤矿供电的安全可靠性。国有煤矿企业按照《煤矿安全规程》等规程规范要求，健全规章制度，开展应急管理和安全质量标准化矿井建设，落实安全生产责任制和矿井停送电制度，加强员工培训和用电管理。但同时也发现煤矿供用电安全方面依然存在的一些问题，应当引起重视。主要有：农村电网向煤矿供电的安全问题突出；电力企业供电管理、煤矿企业用电管理、供用电应急管理及电力设施保护工作等有待加强；已公告关闭矿井的停供电程序需进一步规范。

对专项检查反映出的问题，国务院领导同志高度重视，做出重要批示，提出明确要求：对非法煤矿和公告关闭煤矿要严令禁止供电；重点研究解决农村电网建设标准低，不具备对一级负荷连续可靠供电的问题；加强供用电安全管理，煤矿一旦停电，必须迅速撤离工作人员。瓦斯浓度合格，方可恢复供电。

为贯彻落实国务院领导同志的重要批示精神，进一步加强煤矿供用电安全工作，针对煤矿供用电安全工作存在的问题，现提出以下意见。

一、加快煤矿供用电电网规划与建设

各级政府应当积极组织电力企业、煤矿企业加快煤矿供用电电网的统一规划和建设，积极推进煤矿双电源、双回路供电的建设和改造工作。充分发挥政府、电力企业、煤矿企业各方面的作用，多渠道筹措资金建设、改造煤矿供用电设施。应当重视解决农村电网向煤矿供电的安全问题，使向合法煤矿供电的相关农村电网逐步具备对一级负荷供电的能力。

二、严禁向非法煤矿供电

各产煤省、自治区、直辖市应当明确关闭矿井的具体操作程序和执法主体，加强监管，联合执法，确保煤矿整顿关闭工作的落实。各电力企业应当在各级政府的统一部署和领导下，及时对政府部门公告关闭矿井停止供电，严禁向非法煤矿供电。地方政府应当组织煤炭行业

管理、电力监管和煤矿安全监管等部门加大对非法转供电的整治和打击力度，保证煤矿安全可靠供电。

三、加强供电企业安全管理

各级供电企业应当进一步加强安全管理工作，不断提高基础管理水平。严格按照《合同法》的有关规定，规范供用电合同，把合法煤矿企业列为一级负荷，不将煤矿用户列入计划限电拉闸序位表。严格执行煤矿用户停送电管理制度，定期检查煤矿供电状况，特别注意不同供电营业区交界处的煤矿供电安全情况。同时，应当严格履行国家相关电价政策，切实执行《供电营业规则》和《国家发展改革委关于印发电价改革实施办法的通知》（发改价格〔2005〕514号）等规定，允许用户自由选择基本电价按变压器容量或按最大需量计费，各电力企业不得以任何形式取消用户的选择权，确保国家各项政策落到实处。

四、强化煤矿企业用电安全管理

煤矿企业要建立健全安全生产各项规章制度，落实安全生产责任制和矿井停送电制度。强化职工培训教育，提高电工作业人员素质，要建立培训档案，严格考核，不合格不准上岗，严禁无证人员从事电气操作，同时，供电企业配合煤矿企业培训电气工作人员。应当双回路向井下供电，主变压器采用一台运行一台热备用方式。按照有关规定配置满足保安负荷容量的应急备用电源。对自供区电网和矿区用电系统进行全面的技术改造。加强设备的运行维护管理，各煤矿企业必须使用符合《煤矿安全规程》防爆要求的电气设备，严格执行《禁止井工煤矿使用的设备及工艺目录（第一批）》（安监总规划〔2006〕146号），淘汰落后设备，推广新技术、新产品，提高煤矿装备水平。

五、严格落实煤矿供用电应急措施

针对一些单位供用电应急预案存在针对性不强、内容不完善、事故处理措施不细、事故设想不全面等问题，各级政府有关部门、电力企业和煤矿企业应当制定和完善供用电应急预案，建立应急联动的协调机制，开展应急预案联合演练工作，提高应对突发事故的能力。煤矿企业应当严格落实停电时的应急措施，一旦停电必须迅速撤出人员，按规定检查、排放瓦斯合格后，方可恢复供电。

六、加强供用电设施保护

盗窃、破坏电力设施以及恶劣气候、自然灾害等外部因素对电网安全运行的影响日益增大；煤矿供电线路下大量影响线路安全运行的树木和违章建筑造成"树线矛盾"、"房线矛盾"突出，严重威胁煤矿供用电设施的安全。因此，各级政府有关部门应当进一步加强供用电设施的保护工作，及时协调解决线路走廊的安全隐患问题，加大对盗窃破坏电力设施的打击力度。各级电网企业和煤矿企业应当加强电力设施的巡查，积极推广应用电力设施安全防护的新技术和新成果，提高整体防控水平，同时，应当加强与地方政府执法部门的紧密联系与配合，实行联合执法，减少外力破坏。

七、加大煤矿供用电安全监管监察力度

地方各级安全监管、电力监管、煤炭行业管理和煤矿安全监管部门应当协调解决煤矿自供区电网与电力主网联系薄弱，结构不够合理等问题，督促企业认真落实煤矿供用电安全责任制。针对当前煤矿供用电管理存在的突出问题进行跟踪督查和日常监管检查，切实做到安全供用电管理制度更加完善，停送电制度规范有序，双回路电源供电保障可靠，备用应急电

源符合规定要求。对在停电停风、瓦斯超限等异常情况下不按规定撤人、排放瓦斯，而继续违章指挥、强令冒险作业的，必须严肃查处。

请电监会各派出机构、各省级煤矿安全监管部门及时将本实施意见转发到辖区内各基层电力企业、各煤矿企业，并监督执行。

国家电力监管委员会
国家安全生产监督管理总局
国家煤矿安全监察局
2007 年 4 月 28 日

国家电力监管委员会印发《关于加强重要电力用户供电电源及自备应急电源配置监督管理的意见》的通知

电监安全〔2008〕43 号

各派出机构，国家电网公司，南方电网公司，华能、大唐、华电、国电、中电投集团公司，各有关电网企业、发电企业：

为规范重要电力用户供电电源及自备应急电源的配置与管理，提高社会对电力突发事件的应急能力，有效防止次生灾害发生，维护社会公共安全，电监会制定了《关于加强重要电力用户供电电源及自备应急电源配置监督管理的意见》，现印发给你们，请依照执行。执行中有何问题和建议，请及时告电监会。

国家电力监管委员会办公厅

2008 年 10 月 17 日

附件：

关于加强重要电力用户供电电源
及自备应急电源配置监督管理的意见

为了加强重要电力用户供电电源及自备应急电源配置监督管理，提高社会应对电力突发事件的应急能力，有效防止次生灾害发生，维护社会公共安全，提出以下意见：

一、明确重要电力用户范围和管理职能

（一）重要电力用户是指在国家或者一个地区（城市）的社会、政治、经济生活中占有重要地位，对其中断供电将可能造成人身伤亡、较大环境污染、较大政治影响、较大经济损失、社会公共秩序严重混乱的用电单位或对供电可靠性有特殊要求的用电场所。

（二）根据供电可靠性的要求以及中断供电危害程度，重要电力用户可以分为特级、一级、二级重要电力用户和临时性重要电力用户。

1. 特级重要用户，是指在管理国家事务中具有特别重要作用，中断供电将可能危害国家安全的电力用户。

2. 一级重要用户，是指中断供电将可能产生下列后果之一的：

（1）直接引发人身伤亡的；

（2）造成严重环境污染的；

（3）发生中毒、爆炸或火灾的；

（4）造成重大政治影响的；

（5）造成重大经济损失的；

（6）造成较大范围社会公共秩序严重混乱的。

3．二级重要用户，是指中断供电将可能产生下列后果之一的：

（1）造成较大环境污染的；

（2）造成较大政治影响的；

（3）造成较大经济损失的；

（4）造成一定范围社会公共秩序严重混乱的。

4．临时性重要电力用户，是指需要临时特殊供电保障的电力用户。

（三）供电企业要根据地方人民政府有关部门确定的重要电力用户的行业范围及用电负荷特性，提出重要电力用户名单，经地方人民政府有关部门批准后，报电力监管机构备案。

（四）电力监管机构要按照地方人民政府有关部门确定的重要电力用户名单，加强对重要电力用户供电电源配置情况的监督管理，并与地方人民政府有关部门共同做好重要电力用户自备应急电源配置管理工作。

二、合理配置供电电源和自备应急电源

（五）重要电力用户供电电源的配置至少应符合以下要求：

1．特级重要电力用户具备三路电源供电条件，其中的两路电源应当来自两个不同的变电站，当任何两路电源发生故障时，第三路电源能保证独立正常供电；

2．一级重要电力用户具备两路电源供电条件，两路电源应当来自两个不同的变电站，当一路电源发生故障时，另一路电源能保证独立正常供电；

3．二级重要电力用户具备双回路供电条件，供电电源可以来自同一个变电站的不同母线段；

4．临时性重要电力用户按照供电负荷重要性，在条件允许情况下，可以通过临时架线等方式具备双回路或两路以上电源供电条件；

5．重要电力用户供电电源的切换时间和切换方式要满足重要电力用户允许中断供电时间的要求。

（六）重要电力用户应配置自备应急电源，并加强安全使用管理。重要电力用户的自备应急电源配置应符合以下要求：

1．自备应急电源配置容量标准应达到保安负荷的120%；

2．自备应急电源启动时间应满足安全要求；

3．自备应急电源与电网电源之间应装设可靠的电气或机械闭锁装置，防止倒送电；

4．临时性重要电力用户可以通过租用应急发电车（机）等方式，配置自备应急电源。

三、安全规范使用自备应急电源

（七）重要电力用户选用的自备应急电源设备要符合国家有关安全、消防、节能、环保等技术规范和标准要求。

（八）重要电力用户新装自备应急电源及其业务变更要向供电企业办理相关手续，并与供电企业签订自备应急电源使用协议，明确供用电双方的安全责任后方可投入使用。自备应急电源的建设、运行、维护和管理由重要电力用户自行负责。

（九）重要电力用户新装自备应急电源投入切换装置技术方案要符合国家有关标准和所

接入电力系统安全要求。重要电力用户保安负荷由供电企业与重要电力用户共同协商确定，并报当地电力监管机构备案。

（十）供电企业要掌握重要电力用户自备应急电源的配置和使用情况，建立基础档案数据库，并指导重要电力用户排查治理安全用电隐患，安全使用自备应急电源。

（十一）重要电力用户如需要拆装自备应急电源、更换接线方式、拆除或者移动闭锁装置，要向供电企业办理相关手续，并修订相关协议。

（十二）重要电力用户要按照国家和电力行业有关规程、规范和标准的要求，对自备应急电源定期进行安全检查、预防性试验、启机试验和切换装置的切换试验。

（十三）重要电力用户要制定自备应急电源运行操作、维护管理的规程制度和应急处置预案，并定期（至少每年一次）进行应急演练。

（十四）重要电力用户运行维护自备应急电源的人员应持有电力监管机构颁发的《电工进网作业许可证》，持证上岗。

（十五）重要电力用户的自备应急电源在使用过程中应杜绝和防止以下情况发生：

1. 自行变更自备应急电源接线方式；

2. 自行拆除自备应急电源的闭锁装置或者使其失效；

3. 自备应急电源发生故障后长期不能修复并影响正常运行；

4. 擅自将自备应急电源引入，转供其他用户；

5. 其他可能发生自备应急电源向电网倒送电的。

国家电力监管委员会
关于深入开展电力安全生产标准化工作的指导意见

电监安全〔2011〕21 号

电监会各派出机构，各省、自治区、直辖市安全生产监督管理局，国家电网公司，南方电网公司，华能、大唐、华电、国电、中电投集团公司，各有关企业：

为了贯彻落实《国务院关于进一步加强企业安全生产工作的通知》（国发〔2010〕23 号）和《国务院办公厅关于继续深化"安全生产年"活动的通知》（国办发〔2011〕11 号）精神，按照《国务院安委会关于深入开展企业安全生产标准化建设的指导意见》（安委〔2011〕4 号）和电监会《关于全面贯彻落实〈国务院关于进一步加强企业安全生产工作的通知〉精神继续深化"安全生产年"活动的意见》（电监安全〔2011〕9 号）的工作部署，电监会和国家安全监管总局决定深入开展电力安全生产标准化工作。结合电力行业的实际，现提出如下意见。

一、指导思想

以科学发展观为统领，坚持"安全第一、预防为主、综合治理"的方针，牢固树立以人为本、安全发展的理念，以落实企业安全生产主体责任为主线，全面推进电力安全生产标准化建设，加强基层安全管理，夯实安全基础，提高防范和处置生产安全事故的能力，提升安全生产监督管理水平，确保电力安全生产持续稳定。

二、工作目标

持续深入开展安全生产标准化建设，努力实现 2013 年底前规模以上企业标准化达标，2015 年底前所有企业标准化达标，确保一般事故隐患及时排查治理，重大事故隐患得到整治或监控，职工安全意识和操作技能得到提高，"三违"现象得到有效禁止，企业本质安全水平明显提高，防范事故能力明显加强，全国电力安全生产形势进一步好转。

三、工作重点

（一）积极推进电力安全生产标准化建设。企业按照电监会和国家安全监管总局联合制定的有关电力安全生产标准化规范及达标评级标准要求，结合本单位（或工程建设项目）实际，加强风险管理和控制，完善安全生产管理标准、作业标准和技术标准，开展以安全生产目标、组织机构和职责、安全生产投入、法律法规与安全管理制度、教育培训、生产设备设施、作业安全、隐患排查和治理、重大危险源监控、职业健康、应急救援、信息报送和事故调查处理以及绩效评定和持续改进等为主要内容的电力安全生产标准化建设工作。

（二）认真开展电力安全生产标准化自查自评。有关企业要对照电力安全生产标准化规范及达标评级标准，确定适用于本单位（或工程建设项目）的有关条款，根据电力安全生产标准化相关规定，逐条开展电力安全生产标准化自查工作，按照"边查边改"原则整治自查发现的缺陷和隐患，并结合自查结果完成本单位（或工程建设项目）的安全生产标准化自评。自评结果符合达标评级条件的，向电力监管机构提出电力安全生产标准化达标评级申请。

（三）切实做好电力安全生产标准化现场评审。评审机构要建立评审工作组织体系，制定评审工作方案，完善评审工作机制，组织评审专家队伍，按照规定的程序和要求，客观、公正、独立地开展现场评审工作。现场评审应认真查阅申请单位的安全生产文件和资料、运行记录和参数、电力设备设施有关台账和试验报告等，并经实地检查验证，确保现场评审工作质量。

（四）严格审核电力安全生产标准化评审结果。电力监管机构要按照安全生产标准化达标评级管理办法和实施细则规定，对申请单位是否符合条件、现场评审是否规范、评审结果是否完整和真实等方面进行审核，对审核符合要求并经公示无异议的企业（或工程建设项目）颁发证书，授予牌匾。对于申请单位隐瞒事实、不符合条件、评审过程不按规定程序开展以及评审结果严重失实的，不予认定申请级别，并视情况按规定对相关单位进行通报和处理。安全生产监督管理部门要积极参与电力监管机构组织的达标评级审核相关工作。

（五）组织开展电力安全生产标准化培训。有关企业和评审机构应组织本单位（或工程建设项目）安全生产标准化各级管理人员和现场评审人员，进行安全生产标准化知识的培训，学习和掌握有关电力安全生产标准化规范及达标评级标准、达标评级管理规定和国家有关安全生产标准化工作要求。电监会每年组织电力企业安全生产有关负责人和安全生产标准化管理人员进行安全生产标准化知识的培训，并适时组织开展评审机构主要负责人和现场评审人员的培训。

（六）认真做好电力安全生产标准化工作的监督管理。电力监管机构要结合日常安全监管工作，督促、检查电力企业加强安全生产标准化建设，指导电力企业开展安全生产标准化达标评级工作，不断加强安全生产标准化达标评级管理，将达标评级与评优评先、事故处理等结合起来，并将达标评级结果通报当地银行业、证券业、保险业、担保业等主管部门，促进电力企业（或工程建设项目）加快标准化工作步伐；结合专项安全监管工作，开展评审机构现场评审质量的监督检查，组织专家对已进行现场评审的电力企业（或工程建设项目）进行抽查，发现现场评审不严格、不到位或有失实的，视其情形对评审机构提出警告，直到撤销评审资格。电力监管机构会同安全生产监督管理部门加强对未按规定要求开展标准化工作、重大隐患整改不力和未达标的企业（或工程建设项目）的专项跟踪督查和安全考核，并做好评审机构的管理工作。

（七）巩固和提升电力安全生产标准化达标水平。已经标准化达标的企业（或工程建设项目）要不断加强电力安全生产标准化建设，按照闭环管理和持续改进的要求，推进标准化达标升级，开展更高级别的安全生产标准化建设和达标评级工作。对于评为三级标准化的，要重点抓改进；评为二级标准化的，要重点抓提升；评为一级标准化的，要重点抓巩固。电力监管机构和安全生产监督管理部门根据标准化达标开展情况，适时选择典型企业和工程建设项目，搭建经验交流平台，促进企业进一步提升电力安全生产标准化工作水平。

四、工作要求

（一）提高思想认识，加强组织领导。电力安全生产标准化工作涵盖了增强人员安全素质、提高设备设施水平、改善作业环境、强化责任制落实等各个方面。各单位要深刻认识开展电力安全生产标准化工作的重要意义，加强组织领导，明确责任部门和专人负责电力安全生产标准化工作，扎实开展电力安全生产标准化工作，不断提高安全管理水平。全国电力安全生产标准化工作由电力监管机构牵头负责，安全生产监督管理部门会同参与，实行分级管理。其中，一级由电监会牵头负责，国家安全监管总局会同参与；二级、三级由电监会派出机构牵头负责，省级安全生产监督管理部门会同参与。

（二）统筹规划，分步实施。各单位要根据本地区、本单位安全生产状况，制定电力安全生产标准化工作方案和达标评级计划，合理确定电力安全生产标准化达标评级工作阶段目标，有计划、有步骤地积极稳妥推进，成熟一批、评审一批，确保电力安全生产标准化达标评级目标的实现。电力安全生产标准化达标评级工作实行企业自主评定和外部评审的方式。有关企业根据电力安全生产标准化规范和达标评级标准，对本单位（或工程建设项目）安全生产标准化工作开展情况进行评定，企业自主评定后申请外部评审定级。电监会派出机构和全国电力安委会成员企业单位应于2011年9月底前将电力安全生产标准化工作方案报电监会。

（三）加强宣传教育，强化舆论引导。各单位要做好电力安全生产标准化工作的宣传教育，宣传电力安全生产标准化建设的重要意义和有关标准要求，营造电力安全生产标准化建设的浓厚氛围，促进安全生产标准化工作深入开展。电力监管机构要充分利用社会舆论监督作用，在指定媒体或网站上公告标准化达标的电力企业和电力工程建设项目名单，培育典型，示范引导，提高电力企业开展安全生产标准化工作的积极性、主动性和创造性，持续推进电力安全生产标准化工作。

国家电力监管委员会

国家安全生产监督管理总局

2011年8月3日

国家电力监管委员会关于印发
《电力安全生产标准化达标评级管理办法（试行）》的通知

电监安全〔2011〕28 号

各派出机构，国家电网公司，南方电网公司，华能、大唐、华电、国电、中电投集团公司，
各有关企业：

为贯彻落实《国务院关于进一步加强企业安全生产工作的通知》（国发〔2010〕23 号），
加强电力安全生产监督管理，规范电力安全生产标准化建设和达标评级工作，电监会制定了
《电力安全生产标准化达标评级管理办法（试行），现予印发，请依照执行。试行中发现问题
请及时反馈电监会安全监管局。

国家电力监管委员会

2011 年 9 月 21 日

电力安全生产标准化达标评级管理办法（试行）

第一条 为落实《国务院关于进一步加强企业安全生产工作的通知》（国发〔2010〕23
号）精神，规范电力安全生产标准化达标评级工作，制定本办法。

第二条 本办法适用于发电企业（含火电、水电、风电等）、输电企业、地（市）级供
电企业，以及施工工期在两年以上的电力工程建设项目。其它电力企业和电力工程建设项目
参照执行。

第三条 发电企业安全生产标准化达标评级执行《发电企业安全生产标准化规范及达标
评级标准况输电企业和供电企业安全生产标准化达标评级执行《电网企业安全生产标准化规
范及达标评级标准况电力工程建设项目安全生产标准化达标评级执行《电力工程建设项目安全
生产标准化规范及达标评级标准》。上述有关安全生产标准化规范及达标评级标准均简称《标准》。

第四条 电力安全生产标准化达标评级采用对照《标准》评分的方式，评审得分＝（实
得分/应得分）×100。其中，实得分为评分项目实际得分值的总和；应得分为评分项目标准
分值的总和。

第五条 电力安全生产标准化分为一级、二级、三级（以下简称标准化一级、二级、三
级），依据评审得分确定。其中，标准化一级得分大于 90 分，标准化二级得分大于 80 分，标
准化三级得分大于 70 分。

取得标准化三级以上即为安全生产标准化达标。

第六条 电力企业经评审、审核和公告符合安全生产标准化条件的，授予电力安全生产
标准化企业称号；电力工程建设项目经评审、审核和公告符合安全生产标准化条件的，授予

电力安全生产标准化工程建设项目称号。

第七条 电力安全生产标准化达标评级的主要程序如下：

（一）电力企业对照《标准》条款组织开展自查、自评工作，形成自评报告；

（二）电力企业根据本单位（或工程建设项目）自评结果，向所在地电力监管机构提出评审申请。同一电力企业（或工程建设项目）再次提出申请时间间隔应不少于半年；

（三）电监会派出机构对电力企业的评审申请材料进行审查。其中，对标准化一级企业（或工程建设项目）的评审申请材料经审查合格后报电监会；

（四）获准评审的电力企业委托评审人员经电力监管机构培训合格的评审机构开展评审；

（五）评审机构按照《标准》内容和要求进行现场检查评审，形成评审报告；

（六）电力监管机构对电力企业提交的评审报告组织审核。审核通过的，予以公告；

（七）电力监管机构对经公告无异议的电力企业（或工程建设项目）颁发相应级别的安全生产标准化证书和牌匾。

第八条 申请电力安全生产标准化评审的电力企业（或工程建设项目）应当具各以下基本条件：

（一）取得电力业务许可证；

（二）评审期内未发生负有责任的人身死亡或 3 人以上重伤的电力人身事故、较大以上电力设备事故、电力安全事故以及对社会造成重大不良影响的事件；

（三）发电机组（或风电场）通过并网安全性评价；运行水电站大坝按规定注册；

（四）电力建设工程项目已经核准，并在电力监管机构各案；

（五）无其它违反安全生产法律法规的行为。

第九条 取得电力安全生产标准化称号的电力企业（或工程建设项目）应保持绩效，持续改进电力安全生产标准化工作。

第十条 电监会履行以下监督管理职责：

（一）组织制定有关电力安全生产标准化管理的规章制度和标准规范；

（二）组织评审机构现场评审人员和电力企业（或工程建设项目）安全生产标准化专责人员的培训；

（三）组织对标准化一级企业（或工程建设项目）的审核；

（四）统一制定电力安全生产标准化证书和牌匾式样，并向符合条件的标准化一级企业（或工程建设项目）颁发证书和牌匾；

（五）指导、协调达标评级工作中的其它有关事宜；

（六）对电力企业、评审机构在达标评级中的违规行为进行处理。

第十一条 电监会派出机构履行以下监督管理职责：

（一）审查电力企业提交的评审申请材料；

（二）组织对标准化二级、三级企业（或工程建设项目）的审核；

（三）向符合条件的标准化二级、三级企业（或工程建设项目）颁发证书和牌匾；

（四）组织辖区内电力安全生产标准化工作培训；

（五）对电力企业、评审机构在达标评级中的违规行为进行处理。

第十二条 电力企业（或工程建设项目）出现下列情况之一的，降低安全生产标准化级别。其中，对标准化一级、二级电力企业（或工程建设项目），由原发证电力监管机构撤消称号，所在地电监会派出机构授予比原级别低一级的称号并换发证书和牌匾；对标准化三级电力企业（或工程建设项目），由原发证电监会派出机构直接撤消称号：

（一）发生负有责任的较大以上电力人身伤亡事故、电力安全事故和设备事故；

（二）发生电力监管机构认定的、对社会造成重大不良影响的事件；

（三）发生违反法律法规及电力监管规章制度的严重事件。

第十三条 电力企业（或工程建设项目）出现下列情况之一的，由原发证电力监管机构撤消其电力安全生产标准化称号：

（一）发生重大以上电力人身伤亡事故、电力安全事故和设备事故；

（二）发生违反法律法规及电力监管规章制度的重大事件。

第十四条 电力企业存在下列行为之一的，由原发证电力监管机构撤消其电力安全生产标准化称号，予以通报，且两年内不得重新提出申请：

（一）通过贿赂、隐瞒、欺骗、弄虚作假等不正当方式取得达标评级的；

（二）伪造、涂改安全生产标准化达标评级证书的；

（三）倒卖、出租、出借、转让安全生产标准化达标评级证书的。

第十五条 电力企业不按要求开展安全生产标准化工作、未达标及存在重太隐患整改不力的，由电力监管机构会同安全生产监督管理部门进行专项督查和安全考核，并按照有关规定处理。

第十六条 评审机构应客观、公正、独立地开展评审工作，对评审结果负责。对于评审过程中有下列行为之一的，应当责令其退出电力安全生产标准化达标评级工作：

（一）出具虚假或者严重失实的评审报告；

（二）泄露被评审单位的技术秘密和商业秘密；

（三）发生其它违法、违规行为，情节严重的。

第十七条 电力企业（或工程建设项目）降级或被撤消称号后经整改符合条件的，以及申请高于已取得级别的，可按本办法有关规定重新申请评审。

第十八条 电力监管机构应在指定媒体或网站上公告电力安全生产标准化达标企业和达标电力工程建设项目名单。

第十九条 电监会派出机构可将辖区内电力企业（或工程建设项目）安全生产标准化达标评级结果向所在地银行业、证券业、保险业、担保业等部门通报。

第二十条 电力安全生产标准化企业（或工程建设项目）证书和牌匾有效期为5年。有效期届满前3个月应按本办法第七条程序办理换证手续。

第二十一条 任何单位和个人对电力安全生产标准化达标评级中的违法、违规行为，可向电力监管机构投诉或者举报。

第二十二条 本办法下列用语的含义：

（一）本办法中“大于”、“以上”包括本数。

（二）评审期为申请日前一年时间。

（三）发电企业、输电企业和地（市）级供电企业，是指直接从事发电、输电、变电、供电运行管理的企业。

（四）施工工期，是指电力工程建设项目可行性研究报告中确定的施工工期。

（五）评审机构，是指从事安全生产标准化外部评审的第三方机构。

第二十三条 本办法自发布之日起执行。

附件：电力安全生产标准化证书和牌匾式样

附件

电力企业安全生产标准化牌匾式样

说明：

1、式样中×为级别，大写数字"一""二""三"。

2、标志牌材料为不锈钢镀钛板，四周加亮边（亮边宽度 15mm），文字腐蚀，20mm 立墙。

3、标志牌长 60cm，高 40cm。

＊＊工程建设项目

电力安全生产标准化

＊级工程建设项目

证书编号：20110101111

国家电力监管委员会监制

二〇一一年十二月

电力工程建设项目安全生产标准化牌匾式样

说明：

1、式样中×为级别，大写数字"一""二""三"。

2、标志牌材料为不锈钢镀钛板，四周加亮边（亮边宽度15mm），文字腐蚀，20mm立墙。

3、标志牌长60cm，高40cm。

国家电力监管委员会办公厅关于印发
《电力安全生产标准化达标评级实施细则（试行）》的通知

办安全〔2011〕83号

各派出机构，国家电网公司，南方电网公司，华能、大唐、华电、国电、中电投集团公司，各有关企业：

为规范电力安全生产标准化达标评级工作，根据《电力安全生产标准化达标评级管理办法（试行）》，电监会制定了《电力安全生产标准化达标评级实施细则（试行）》，现予印发，请依照执行。试行中发现问题请及时反馈电监会安全监管局。

国家电力监管委员会办公厅

2011年9月21日

电力安全生产标准化达标评级实施细则（试行）

第一条　根据《电力安全生产标准化达标评级管理办法》，制定本细则。

第二条　电力企业应当建立电力安全生产标准化管理责任体系，完善自查、自评组织机构，并明确专人负责电力安全生产标准化工作。专责人员应当经电力监管机构培训并考试合格。

第三条　电力企业结合本单位（或工程建设项目）实际，对照相关电力安全生产标准化规范及达标评级标准（以下简称《标准》），确定适用的《标准》项目，并对照项目条款开展自查、自评工作。

第四条　电力企业根据自查、自评及整改工作情况，完成自评报告。自评报告包括：企业（或工程建设项目）概况及安全管理状况，基本条件的符合情况，自评工作开展情况，专业查评情况，自评结果（含自评得分），发现的主要问题，整改计划及措施，以及整改项目完成情况等。

第五条　电力企业根据本单位（或工程建设项目）自评结果，向所在地电监会派出机构提出评审申请。评审申请材料应包括申请表和自评报告。电力企业所在地有上级主管单位的，也可由上级主管单位汇总评审申请材料，集中向所在地电监会派出机构提出评审申请。

第六条　电监会派出机构自收到电力企业评审申请材料之日起，5个工作日内完成审查。主要审查：

（一）电力企业（或工程建设项目）是否符合申请条件；

（二）自评报告是否符合要求，内容是否完整。

第七条　电监会派出机构应将申请材料的审查结果告知电力企业。经审查发现申请材料不完整或存在疑问的，电力企业应予以补充或说明。电力企业如在接到告知 10 个工作日内未提供补充或说明材料，视为放弃申请。

第八条　标准化一级企业（或工程建设项目）的评审申请，由所在地电监会派出机构按第六条和第七条规定进行初步审查，审查合格的报电监会。

第九条　经审查获准评审的电力企业委托评审机构开展现场评审工作。评审机构应根据电力企业实际，选派评审人员开展现场评审。现场评审人员原则上不得少于 5 人，且与被评审单位无直接利益关系。

第十条　评审机构应当具备以下条件：

（一）具有独立企业法人资格，能够客观、公正、独立地开展达标评级工作；

（二）具备从事电力安全生产工作或解决电力安全生产问题的能力，并取得良好业绩；

（三）具有电力安全生产标准化达标评级所需专业技术力量，电力行业中级以上职称、5 年以上电力安全生产工作经历的人员至少 10 名；

（四）现场评审人员经过电力安全生产标准化培训并考试合格。

第十一条　评审机构评审级别根据现场评审人员培训考试情况、专业技术力量、电力安全生产工作业绩确定。中央电力企业可推荐在本企业内从事标准化三级企业（或工程建设项目）评审的评审机构。

第十二条　确定为标准化一级企业（或工程建设项目）评审的评审机构，可以在全国范围内从事标准化一级、二级、三级企业（或工程建设项目）的评审业务；确定为标准化二级企业（或工程建设项目）评审的评审机构，在指定范围内从事标准化二级、三级企业（或工程建设项目）的评审业务；确定为标准化三级企业（或工程建设项目）评审的评审机构，在指定范围内从事标准化三级企业（或工程建设项目）的评审业务。

第十三条　评审机构现场评审应按以下程序开展工作：

（一）召开首次会议。明确评审目的、依据、范围、程序和方法，了解自评工作情况；

（二）现场查证考评。对照《标准》内容和要求，查阅有关文件、资料，并进行现场实地检查考评，形成评审意见，提出整改意见和建议；

（三）召开末次会议。通报评审工作情况和评审意见。

第十四条　评审机构应在评审工作结束后 15 个工作日内完成评审报告。评审报告至少包括以下内容：

（一）电力企业（或工程建设项目）概况；

（二）安全生产管理及绩效；

（三）评审人员组成及分工；

（四）评审情况及得分；

（五）存在的主要问题及整改建议；

（六）评审结论。

第十五条　达标评级审核工作由电力监管机构组织。其中，标准化一级企业（或工程建设项目）评审报告的审核由电监会负责；标准化二级、三级企业（或工程建设项目）评审报告的审核由所在地电监会派出机构负责。

第十六条　电力监管机构自接到电力企业提交的评审报告之日起，20 个工作日内完成审核工作。审核工作应邀请安全生产监督管理部门有关人员参加。

第十七条　评审报告审核工作主要包括以下内容：

（一）评审机构和现场评审人员是否符合要求；

（二）评审程序和现场评审是否规范；

（三）评审报告是否客观、公正、真实、完整；

（四）自评及评审中发现的主要问题整改及措施落实情况；

（五）是否存在否决条件；

（六）审定级别是否符合规定。

电力监管机构认为必要时，可组织现场核查。

第十八条　电力监管机构对审核通过的电力企业（或工程建设项目）及其标准化达标评级结果应在指定媒体或网站上予以公告。公告期为 10 个工作日。

第十九条　电力监管机构对经公告无异议的电力企业（或工程建设项目），颁发和授予相应级别的证书、牌匾；对经公告有异议的，应予调查核实，并按相关规定处理。

第二十条　电力监管机构组织现场核查中发现评审报告与实际情况不符时，视情节严重程度对评审机构予以通报或责令退出电力安全生产标准化达标评级工作的处理。

第二十一条　本细则第五条和第十六条涉及到跨省电力企业（或工程建设项目）由区域电监局按规定审查和审核发证，涉及跨区电力企业（或工程建设项目）由电监会按规定审查和审核发证。

第二十二条　本细则中所在地上级主管单位指地方电力集团、中央电力企业各地分支机构以及省级电网企业。

第二十三条　本细则自发布之日起施行。

附件 1．电力安全生产标准化评审申请表格式

附件 2．电力安全生产标准化评审报告格式

附件 1. 电力安全生产标准化评审申请表格式

电力安全生产标准化

评 审 申 请 表

申请单位：＿＿＿＿＿＿＿＿＿＿＿＿＿

申请类别：＿＿＿＿＿＿ 级别：＿＿＿＿

申请日期：＿＿＿＿年＿＿月＿＿日

国家电力监管委员会制

申请单位					
单位地址					
单位性质					
员工总数	人	专职安全管理人员	人	特种作业人员	人
法定代表人		电话		传真	
联系人		电话		传真	
		手机		电子信箱	

本次申请标准化达标级别：□一级 □二级 □三级

隶属企业集团名称：

已取得的职业健康安全管理体系认证证书、名称、编号和发证机构：

企业自评得分：

企业自评结论：

法定代表人（签名）：　　　　　　　　　　　　　　　　　（申请单位盖章）
　　　　　　　　　　　　　　　　　　　　　　　　　年　月　日

企业主管单位意见

有关负责人（签名）：　　　　　　　　　　　　　　　　　（单位盖章）
　　　　　　　　　　　　　　　　　　　　　　　　　年　月　日

电监会派出机构审查意见：

有关负责人（签名）：　　　　　　　　　　　　　　　　　（单位盖章）
　　　　　　　　　　　　　　　　　　　　　　　　　年　月　日

电监会审查意见：

部门负责人（签名）：　　　　　　　　　　　　　　　　　（单位盖章）
　　　　　　　　　　　　　　　　　　　　　　　　　年　月　日

注：具备的申请条件及自评报告请另附

附件 2. 电力安全生产标准化评审报告格式

电力安全生产标准化

评 审 报 告

评审对象：_____

申请类别：_____ 级别：_____

评审得分：_____ 级别：_____

评审日期： 年 月 日— 月 日

（评审机构名称）

评审报告主要内容参考格式

一、电力企业（或工程建设项目）概况

二、安全生产管理及绩效

三、项目评审情况

四、存在的主要问题及整改建议

五、现场评审结论

附件：1、现场查评明细表

2、现场查评发现的具体问题及整改建议

3、现场评审人员组成及分工

国家电力监管委员会关于加强电力企业
班组安全建设的指导意见

电监安全〔2012〕28 号

各派出机构，国家电网公司、南方电网公司，华能、大唐、华电、国电、中电投集团公司，中国电建、能建集团公司，有关电力企业：

为贯彻落实《国务院关于进一步加强企业安全生产工作的通知》（国发〔2010〕23 号）和《国务院关于坚持科学发展安全发展促进安全生产形势持续稳定好转的意见》（国发〔2011〕40 号）精神，进一步加强电力企业班组安全管理工作，切实把安全生产责任、安全生产防范措施、宣传教育培训等工作落实到生产一线班组，全面夯实安全生产基层基础，有效防范各类电力事故，确保电力系统安全稳定运行和电力可靠供应，现提出如下意见。

一、高度重视企业班组安全建设工作

1. 提高对班组安全建设工作的认识。班组是电力企业的基层组织，是电力安全生产工作的基础。安全生产是班组的根本任务，是一切工作的出发点和落脚点。加强班组安全建设是强化安全管理、夯实安全基础的核心内容，是实现企业规范化管理、标准化建设，实现企业科学发展、安全发展的关键环节。电力企业要深刻认识加强班组安全建设的重要性和必要性，进一步巩固安全生产在班组工作的中心地位，不断强化班组安全建设，为安全生产奠定更加坚实的基础。

2. 加强班组安全建设的组织工作。电力企业要认真贯彻"安全第一，预防为主，综合治理"方针，牢固树立科学发展安全发展理念，始终把班组安全建设作为企业安全生产工作的重点，纳入企业发展总体规划，有序、有力、有效扎实推进；要加强班组安全建设的组织领导，安全生产第一责任人要亲自抓班组安全建设，形成党委领导、行政主导、工会督导、职能部门协调，党政工团齐抓共管的工作格局。电力监管机构要结合本地区实际，加强指导，督促企业切实把班组安全建设落到实处，抓出实效。

二、落实班组安全生产责任

3. 建立健全班组安全生产责任制。班组的岗位安全责任制，是企业各级安全责任制的基础。电力企业必须建立健全班组安全生产责任制，把企业安全生产目标层层分解到班组，明确到岗位，落实到个人。电力企业要根据工作实际，合理确定班组安全目标，努力实现班组控制未遂和异常、不发生人身轻伤和障碍，保证生产安全。

4. 落实班组长安全生产责任。班组长是本班组的安全第一责任人。电力企业班组长要加强安全检查和督导，开展经常性的安全教育，落实员工职业健康措施，定期组织安全活动，提高成员主动参与安全管理意识。班组长对本班组作业现场实施安全生产决策和组织指挥，督促落实安全措施，规范设备操作和使用工器具及个人防护用品。在安全隐患没有排除或安全生产条件不具备时，班组长应当拒绝开工或决定停止生产。

5．落实班组安全监督责任。班组安全离不开班组自身的安全监督。班组成员要严格遵守安全生产规章制度和劳动纪律，执行安全技术操作规程，履行岗位职责。电力企业班组要设置安全员，协助班组长全面行使安全监督职责。要维护班组成员对安全生产的参与权与监督权，在生产中要相互进行安全监督，在作业过程中做到不伤害自己、不伤害他人、不被他人伤害、保护他人不受伤害，拒绝违章指挥，阻止他人的违章行为，有效避免电力事故的发生。

三、落实班组安全规章制度和措施

6．建立健全班组安全生产制度。电力企业要加强班组安全生产制度建设，建立健全安全生产标准化管理、隐患排查治理、事故报告和处理、安全检查与奖惩、安全教育培训、现场安全文明生产、安全绩效考核等方面的规程标准和制度，不断完善班组安全生产制度体系，并根据企业实际情况对制度进行及时修订完善，有效规范和保障班组安全建设。

7．严格执行"两票三制"制度。"两票三制"是电力企业安全生产保证体系中最基本的工作制度，是电力行业多年发展中形成的保证电力生产安全的重要手段和措施。要严格执行工作票、操作票和交接班制度、巡回检查制度、设备定期试验轮换制度，加强安全风险管控，落实各项措施；要定期分析"两票"执行情况，积极创新管理手段，推广应用信息化管理技术，将"两票三制"落到实处。

8．深入开展反"三违"活动。班组要深入地开展反"三违"活动，健全反违章制度，规范安全生产行为，切实做到杜绝违章指挥、违章作业和违反劳动纪律行为。要经常性开展安全生产检查，落实安全措施和反事故措施，从源头制止违章作业行为。要把"三违"现象当作未遂事故进行分析处理，做到防患于未然。要严格执行国家标准《电力安全工作规程》建立完善班组自我约束、相互监督、持续改进的现场安全管理常态机制，努力创建无违章班组。

9．加强隐患排查治理。班组是排查治理隐患、防范电力事故的前沿阵地。电力企业要严格执行隐患管理制度，落实班组治理责任。班组要对生产作业场所、设备设施进行定时、定点、定项目巡回检查，及时排查治理现场隐患；对发现的隐患要及时上报；对限期整改的隐患，要严格落实防范措施。要积极开展作业安全风险辨识和防范，落实安全组织、技术和应急措施，实现安全隐患闭环管理，确保作业安全。

10．推进班组安全生产标准化建设。电力企业要积极开展班组安全生产标准化建设，逐步实行作业程序和生产操作标准化、生产设备和安全设施管理标准化、作业环境和工具管理标准化、安全用语和安全标志标准化、个人防护用品使用标准化，不断规范班组安全生产行为，实现粗放管理向精益管理、传统管理向现代管理的转变。

11．强化班组安全生产绩效考核。电力企业要建立班组安全生产绩效考核标准和班组安全生产目标考核奖惩制度，切实加强班组安全考核管理，考核结果要与班组成员的待遇、收入、晋级和使用挂钩。要加强班组长工作考核，将安全生产管理水平作为选拔任用班组长的首要条件，实施"一票否决"；对安全生产工作不称职或有严重失误的班组长，要及时进行调整。要健全人才成长和使用机制，利用一线班组培养安全管理优秀人才。

四、加强班组安全宣传教育和培训

12．加强班组安全生产教育培训。电力企业要坚持以人为本，结合企业、班组和岗位的特点，大力开展岗位技术培训和班组安全教育活动，增强员工遵章守纪的自觉性；要加强班组安全警示教育和全员安全知识培训，做到应知应会、主动防范；所有新进、转岗等人员必须先培训并经考试合格后上岗，特殊作业人员必须持证上岗，员工外部工作环境发生变化时必须开展针对性技能训练和安全培训，从根本上提高职工安全素质和操作技能。

13．加强外协队伍和劳务派遣人员安全培训。电力企业要严格外协队伍和劳务派遣人员管理，将外协队伍和劳务派遣人员安全教育培训工作纳入企业统一管理范围，有针对性地组织开展安全生产知识技能教育培训。对外协队伍与正式员工实行同样的培训内容、培训时间和培训标准，做到统一要求、统一考核、统一奖惩，使安全管理不留死角，全面提高班组安全生产管理水平，积极构筑和谐电力企业。

14．积极开展班组安全文化活动。电力企业要通过多种形式、多种载体，面向基层班组、职工群众，加强安全宣传工作，营造人人关心、人人参与安全的浓厚舆论氛围。要坚持开展班组安全日活动，丰富活动内容，保证活动时间，确保活动效果。要加强班组安全文化建设，大力倡导"事故可防可控"观念，强化员工安全生产责任意识，培养树立正确的安全价值观，增强安全生产内在动力，真正实现"我要安全"、"我会安全"、"我能安全"的转变。

15．广泛开展班组安全生产劳动竞赛。电力企业要按照国家有关要求，以创建"工人先锋号"、开展"安康杯"竞赛等活动为载体，以预防事故、消除隐患、提高质量、技术革新为重点，开展主题鲜明的安全生产劳动竞赛，引导班组成员争当安全生产工作的先锋和推动安全发展的楷模。要定期组织开展班组安全管理先进经验交流活动，开展评比竞赛，对安全管理先进班组和优秀员工要给予表彰奖励和宣传，不断提高班组安全生产工作的执行力、创新力和凝聚力。

五、提高班组应急能力

16．加强班组应急能力建设。电力企业要重视班组应急能力建设，将班组应急工作纳入企业应急体系建设，将应急建设要求落实到班组。要加大班组应急投入，配备必要的装备物资，完善应急保障条件，为班组第一时间开展应急救援创造条件。班组长在突发事件应急情况下，要按预案要求履行现场指挥、决策等职责，确保一旦发生险情，能够及时采取措施，最大可能减少事故损失，避免人员伤亡和事态扩大。

17．加强班组应急管理。班组要加强自身应急管理，在执行企业制度和应急救援预案的基础上，进一步细化现场处置方案，制定落实应急救援措施，明确应急处置流程和班组成员职责。班组要结合实际定期开展应急演练，增强人员对设备操作、应急程序、应急职能的熟练程度。班组要注重通过演练发现问题，及时对现场处置方案和应急救援措施进行完善，切实提高方案措施的针对性和实效性。

18．提高班组成员应急技能。电力企业和班组要加强作业人员的触电急救、医疗救护、消防、应急避险、安全保卫等的应急知识教育和技能培训，组织员工开展岗位应急训练，确保员工正确使用应急装备、应急工器具、个人应急防护用品，积极推广应用电力专业应急新技术和新装备，不断提高员工个人应急自救互救能力。

国家电力监管委员会

2012 年 5 月 18 日

国家电力监管委员会关于加强电力设备（设施）安全隐患管理工作的指导意见

电监安全〔2012〕43号

电监会派出机构、大坝中心、可靠性中心，国家电网公司、南方电网公司，华能、大唐、华电、国电、中电投集团公司，有关电力企业：

电力设备（设施）安全隐患（以下简称设备隐患）是指电力设备（设施）在设计、制造、建设、安装、运行、维护等环节中产生的可能导致危及设备（设施）运行安全或人身安全的的危险状态。设备隐患是引发或扩大安全事故的根源。为进一步加强设备隐患管理工作，有效防止因设备隐患导致的电力事故和电力安全事件的发生，保证电力系统安全稳定运行，制定如下指导意见。

一、高度重视设备隐患管理工作

1．提高对设备隐患管理工作的认识。隐患险于明火，事故源于隐患。设备隐患管理是确保设备设施运行安全的关键环节，是有效预防电力事故和电力安全事件、加强电力系统安全风险管控、保证电力系统安全稳定运行的重要基础。国内外大量的电力系统事故表明，设备隐患是造成电网大面积停电事故的主要因素。随着我国电网规模的不断扩大，电网重要输电通道设备设施、主力发电设备和电力二次系统设备等隐患成为电力系统的主要安全风险。各单位要增强做好设备隐患管理的自觉性和主动性，全面加强设备隐患排查治理工作，有效解决设备运行中存在的突出问题，确保电力系统安全稳定运行。

2．加强设备隐患管理工作的组织领导。各单位要坚持"安全第一、预防为主、综合治理"的方针，切实加强对设备隐患管理工作的组织领导，建立健全设备隐患管理工作组织机构，完善工作机制，落实设备隐患治理各项措施。电力企业要切实将设备隐患管理作为电力安全管理的重要基础工作，制定完善设备技术和管理标准体系、建立健全安全生产责任体系，广泛开展设备隐患管理教育培训，明确隐患排查评估、治理防范等各环节人员职责和工作标准，实现设备隐患的全过程管理。

3．落实设备隐患管理工作责任。电力企业要切实落实设备隐患管理的主体责任，建立健全设备隐患排查治理体系，推进设备隐患分级分类管理，制定并落实设备隐患管理方案，逐级落实从主要负责人到每个具体责任人员的隐患管理责任。电力监管机构要加强设备隐患管理的监督检查，建立设备隐患信息管理系统，对重大设备隐患实行挂牌督办。

二、加强设备全寿命周期隐患管理

4．加强项目设计选型及设备采购环节安全质量管理。电力企业要进一步加强电力建设项目设备设计选型和采购管理，明确设备质量要求和性能指标，重要设备要留有足够的安全裕度。要严格工程项目设计审查，防止误选有质量问题的设备进入生产环节。完善设备招投标制度，严把设备准入关，将监造抽检、设备故障、运行缺陷等质量因素纳入评标细则，优先选用成熟、可靠的设备，严防劣质设备中标。要建立设备供应商信用评价机制，加强设备供应商生产能力分析，合理设置授标限额，防范因分包、外包带来的质量风险；要对设备质量问题实行高效的追溯机制，坚决排斥质量和信用不良的设备制造厂商。

5.严格执行重要设备驻厂监造制度。电力企业要对重要设备实行驻厂监造制度，对设备在制造和生产过程中的工艺流程、制造质量和设备制造单位的质量体系进行监督，参与制造单位设备制造工艺和技术参数修改的审查，及时发现和处理制造过程中质量问题，对不符合技术规定和质量要求的设备不予使用。

6.严把基建施工、安装和验收关。电力企业要全面加强设备开箱验收、安装调试、工程分部及整体检收工作，督促设备供应商加强现场安装的专业化技术指导，提高建设质量和工艺水平。要加强隐蔽工程的旁站监理，对监造和建设中发现的突出问题进行重点检查，强化各级质量验收与消缺，严禁不合格产品、"问题"工程移交生产，将电力生产准备工作与工程建设紧密结合，形成"建管结合、无缝交接"的电力生产准备模式，从源头上抓好反事故措施的落实，将设备隐患消灭在设备投运前。

7.加强设备运行管理。电力企业要以提高设备安全性、可靠性作为设备运行管理目标，制定并落实设备运行、技术监督和预防事故的规程规范，为设备管理提供技术保障。要加强设备设施运行巡检，扎实做好预防性试验和运行在线监测工作，积极推进设备风险预控管理，强化重大设备反事故措施的落实。要加强新设备投产、电网非正常方式以及高温、强风、大雾、雨雪冰冻、洪涝等异常和极端气候条件下设备维护，及时消除设备隐患。

8.加强设备检修管理。强化设备检修的计划管理，坚持"应修必修、修必修好"的原则，避免设备超期运行；建立检修质量目标考核机制，促进设备检修质量的提高；对设备检修进行全过程管理，从严管理检修队伍，严把检修准备关、过程控制关、质量验收关；开展设备检修后评价工作，实现检修质量的闭环管理。重要设备大修要积极推行检修监理。推进设备状态检修，全面开展设备状态评价，完善状态检修策略和状态检测技术手段，规范开展检测分析，加强专业技术人员培训和检测装备配置，确保设备状态可控、在控。

9.完善设备改造管理。进一步规范设备技改项目立项和过程管理，加大项目后评估力度。积极应用先进成熟的新技术、新设备、新材料、新工艺，实施技术改造，提升设备性能。要落实国务院批转国家发展改革委国家电监会《关于加强电力系统抗灾能力建设的若干意见》，结合各地区气候特点，针对电力设备设施防冰冻、防雷击、防舞动、防台风等突出问题，采取差异化改造措施，进行补强加固，提高电力设备设施抵御自然灾害的能力。

三、建立健全设备隐患管理长效机制

10.完善重大设备隐患"双闭环"管理工作体系。电力企业要逐步推进设备隐患分级分类管理，将设备隐患排查治理和防范工作落到实处，形成设备隐患整改措施、责任、资金、时限和预案"五到位"工作机制，实现设备隐患的检查发现、风险评估、分类评级、重点监控、治理改进各环节的责任落实的闭环管理。电力监管机构要建立隐患统计分析和通报制度，对排查出的集中性或危险性较大的隐患，组织开展有针对性地专项整治活动；要会同有部门对重大设备隐患进行挂牌督办和销号管理，实现重大设备隐患的闭环监管。

11.强化设备隐患排查治理常态工作机制建设。电力企业要结合春秋季节安全检查、并网安全性评价和安全生产标准化达标评级等安全生产工作，扎实开展设备隐患排查工作，对排查出的设备隐患，要对其现状及其产生原因、危害程度及整改措施进行分析，研究确定治理方案，确定治理的目标和任务。要根据隐患实际情况，采取相应的事故防范措施，有针对性地制定应急预案，并组织开展预案演练，做好各项应急准备。要制定隐患治理方案，明确方法、措施、经费和物资、治理人员和机构、治理的时限和要求等内容，并保证将各项措施落到实处。电力企业设备隐患排查治理情况要相关规定报告相关电力监管机构。

12．建立设备隐患信息共享机制。电力企业要建立设备隐患排查治理信息系统，实现隐患排查治理工作全过程记录和管理；要加强对电力安全事故事件直接原因的技术分析，对有故障的设备型号、制造单位和设备隐患等情况进行披露，强化设备典型性隐患和"家族性"隐患的评估认定和统计分析，实行设备重大隐患月报告制度，防止类似事故事件的发生。电力监管机构要通过监管报告、监管通报、安全生产简报等形式，及时通报电力事故事件有关信息；要建立与有关部门重大设备隐患信息通报机制，定期通报设备隐患信息，督促设备制造厂商进行整改，从源头上保证设备安全。

13．加强电力设备技术监督和可靠性管理等技术支撑体系建设。电力企业要将技术监督工作作为发现和消除设备隐患的重要手段，落实各部门、各岗位技术监督责任，建立健全以质量为中心、标准为依据、计量为手段的"三位一体"的监督体系，采用和推广成熟有效的新技术、新方法，加强技术监督指标管理和分析，对设备隐患进行超前分析和控制；要深入开展设备可靠性信息分析应用，加强主要设备运行趋势分析和全面状态评估，指导设备选型采购、日常维护、缺陷管理及技术更新改造等工作。电力可靠性管理中心要建立电力主设备可靠性信息披露制度，定期发布电力主设备可靠性指标分析报告，更好为电力企业和装备制造企业服务。

国家电力监管委员会

2012 年 8 月 22 日

国家电力监管委员会关于印发
《电力安全隐患监督管理暂行规定》的通知

电监安全〔2013〕5号

各派出机构，国家电网公司、南方电网公司，华能、大唐、华电、国电、中电投集团公司，各有关单位：

为贯彻落实"安全第一、预防为主、综合治理"方针，规范电力行业安全隐患监督管理工作，我会制定了《电力安全隐患监督管理暂行规定》，现印发你们，请依照执行。

电监会《关于实行电力安全生产事故隐患排查治理情况月报告的通知》（办安全〔2012〕70号）同时废止。

国家电力监管委员会
2013年1月14日

附件：

电力安全隐患监督管理暂行规定

第一章 总 则

第一条 为贯彻落实"安全第一、预防为主、综合治理"方针，明确电力行业安全隐患（以下简称"隐患"）分级分类标准，规范隐患排查治理工作，建立隐患监督管理的长效机制，防止电力事故和电力安全事件的发生，依据《电力监管条例》等国家相关法律法规和电力行业相关规定，制定本规定。

第二条 发电（含核电厂常规岛部分）、输变电、供电企业和电力建设工程项目隐患排查治理和电力监管机构对隐患实施安全监管，适用本规定。

第三条 本规定所称隐患是指电力生产和建设施工过程中产生的可能造成人身伤害，或影响电力（热力）正常供应，或对电力系统安全稳定运行构成威胁的设备设施不安全状态、不良工作环境以及安全管理方面的缺失。

第二章 分 级 分 类

第四条 根据隐患的产生原因和可能导致电力事故事件类型，隐患可分为人身安全隐患、电力安全事故隐患、设备设施事故隐患、大坝安全隐患、安全管理隐患和其他事故隐患等六类。

第五条 根据隐患的危害程度，隐患分为重大隐患和一般隐患。其中：重大隐患分为Ⅰ

级重大隐患和Ⅱ级重大隐患。

第六条　重大隐患是指可能造成一般以上人身伤亡事故、电力安全事故，直接经济损失 100 万元以上的电力设备事故和其他对社会造成较大影响事故的隐患。

（一）Ⅰ级重大隐患主要包括：

1. 人身安全隐患：可能导致 10 人以上死亡，或者 50 人以上重伤事故的隐患。

2. 电力安全事故隐患：可能导致发生国务院第 599 号令《电力安全事故应急处置和调查处理条例》规定的较大以上电力安全事故的隐患。

3. 设备设施事故隐患：可能造成直接经济损失 5000 万元以上设备事故的隐患。

4. 大坝安全隐患：可能造成水电站大坝或者燃煤发电厂贮灰场大坝溃决的隐患。

5. 其他事故隐患：可能导致发生《国家突发环境事件应急预案》规定的重大以上环境污染事故的隐患。

（二）Ⅱ级重大隐患主要包括：

1. 人身安全隐患：可能导致 1 人以上、10 人以下死亡，或者 1 人以上、50 人以下重伤事故的隐患。

2. 电力安全事故隐患：可能导致发生国务院第 599 号令《电力安全事故应急处置和调查处理条例》规定的一般电力安全事故的隐患。

3. 设备设施事故隐患：可能造成直接经济损失 100 万元以上、5000 万元以下的设备事故的隐患。

4. 大坝安全隐患：可能造成水电站大坝漫坝、结构物或边坡垮塌、泄洪设施或挡水结构不能正常运行的隐患，或者造成燃煤发电厂贮灰场大坝断裂、倒塌、滑移、灰水灰渣泄漏、排洪设施损坏的隐患。

5. 安全管理隐患：安全监督管理机构未成立，安全责任制未建立，安全管理制度、应急预案严重缺失，安全培训不到位，发电机组（风电场）并网安全性评价未定期开展，水电站大坝未开展安全注册和定期检查，燃煤发电厂贮灰场大坝未开展安全评估等隐患。

6. 其他事故隐患：可能导致发生《火灾事故调查规定》（公安部第 108 号令）和《公安部关于修改〈火灾事故调查规定〉的决定》（公安部第 121 号令）规定的火灾事故隐患；可能导致发生《国家突发环境事件应急预案》规定的一般和较大等级的环境污染事故的隐患。

第七条　一般隐患是指可能造成电力安全事件，直接经济损失 10 万元以上、100 万元以下的电力设备事故，人身轻伤和其他对社会造成影响事故的隐患。

第三章　认　定　原　则

第八条　隐患等级应在客观因素最不利的情况下，按照其可能直接造成的最严重后果来认定。不同类型的隐患，应按照其可能导致不同等级事故（事件）的最严重程度认定。

第九条　人身安全隐患的认定：

（一）死伤人数按隐患可能导致的最严重后果计算，可能导致重伤的按死亡计算。

（二）在特定条件下，确认不会导致人身死亡和重伤的隐患，可以认定为人身轻伤。

第十条　电力安全事故（事件）隐患的认定：

（一）在认定隐患可能造成发电厂或者变电站全厂（站）对外停电事故（事件）时，不考虑其可能对电网造成的电压波动。

（二）在认定隐患可能造成发电机组故障停运事故（事件）时，不考虑其可能导致的电网减负荷。

（三）在认定隐患可能造成电网减供负荷和城市供电用户停电事故（事件）时，县供电企业事故等级认定可参照县级市事故等级的认定。

（四）供热电厂停止供热是指所有时间段的供热中断。

第十一条　设备设施事故隐患的认定：

（一）设备设施事故隐患的认定应按照隐患可能造成最严重的设备设施损坏计算。造成设备部分零部件损坏，但无法更换损坏零部件的，应计算整套设备的损失。

（二）隐患可能造成的财产损失费用，包括固定资产损失，或者为恢复其功能所发生的备品配件、材料、人工、运输、清理等费用以及事故罚款、赔偿费用等。

（三）设备设施的修复和整改时间认定，按照设备设施正常采购、修复及更换时间来计算，特殊设备考虑厂家标准制造时间。

第十二条　大坝安全隐患的认定：

按照《水电站大坝运行安全管理规定》（电监会第 3 号令），安全等级评定为险坝的水电站大坝，定为 I 级重大隐患；安全等级评定为病坝的水电站大坝，定为 II 级重大隐患。按照电监会《燃煤发电厂贮灰场安全监督管理规定》（电监安全〔2013〕3 号），安全等级评定为险态灰场的燃煤发电厂贮灰场，定为 I 级重大隐患；安全等级评定为病态灰场的燃煤发电厂贮灰场，定为 II 级重大隐患。

第十三条　安全管理隐患的认定：

（一）安全监督管理机构未成立，是指未按照国家有关法规要求设立独立的安全监督管理机构。

（二）安全责任制未建立，是指未能明确企业各级领导、各职能部门、工程技术人员和现场生产人员在生产运营和建设施工中应负有的安全责任。

（三）安全管理制度严重缺失，是指按照发电、供电企业和电力建设项目安全生产标准化规范及达标评级标准要求，"法律法规与安全管理制度"部分得分没能达到 36 分以上的。

（四）应急预案严重缺失，是指企业未能按照《电力企业综合应急预案编制导则（试行）》以及本单位的组织结构、管理模式、生产规模和风险种类等特点，编制综合应急预案；或者编制的应急预案内容不符合《电力企业专项应急预案编制导则（试行）》和《电力企业现场处置方案编制导则（试行）》的基本要求。

（五）安全培训不到位，是指未按照《国务院安委会关于进一步加强安全培训工作的决定》（安委〔2012〕10 号）要求，实行三项岗位人员（企业主要负责人、安全管理人员和特种作业人员）持证上岗和先培训后上岗制度。

（六）应急演练未开展，是指没有开展应急演练或虽已开展应急演练但无相关记录和总结的。

（七）发电机组（风电场）并网安全性评价未开展，是指未按照电监会《关于印发〈发电机组并网安全评价及条件〉的通知》（办安全〔2009〕72 号）、《关于印发〈风力发电场并网安全评价及条件〉的通知》（办安全〔2011〕79 号）要求开展并网安全性评价工作的。

（八）水电站大坝未开展安全注册和定期检查，是指水电站未按照《水电站大坝运行安全管理规定》（电监会 3 号令）开展大坝安全注册和定期检查。燃煤发电厂未按照《燃煤发电厂贮灰场安全监督管理规定》（电监安全〔2013〕3 号）开展贮灰场大坝安全等级评定。

第十四条 火灾事故隐患的认定：

（一）影响人员疏散或者灭火救援的；

（二）消防设施不完好有效，影响防火灭火功能的；

（三）擅自改变防火分区，容易导致火势蔓延、扩大的；

（四）在人员密集场所违反消防安全规定，使用、存储易燃易爆化学品的；

（五）不符合城市消防安全布局要求，影响公共安全的；

（六）其他违反消防法规的情形。

第十五条 环境污染事故隐患的认定：按照因危险源泄漏，可能对人身、设备设施、大气、水源等方面造成的危害程度以及因环境污染可能引发的跨行政区域纠纷的严重程度认定。

第四章 监 督 管 理

第十六条 电力企业是隐患排查治理工作的责任主体，电力企业分管安全负责人对隐患排查、治理、统计、分析、上报和管控工作全面负责。电力企业应按照"谁主管、谁负责"和"全方位覆盖、全过程闭环"的原则，落实职责分工，完善工作机制，对隐患进行初步评估，并于每月 10 日前向电力监管机构报送上月隐患排查治理情况（见附表 1），于每季度第一个月 10 日前报送上季度隐患排查治理分析总结。

第十七条 建立重大隐患即时报告制度。电力企业经过自评估确定为重大隐患的，应当立即向所在地区电力监管机构报告。涉及消防、环保、防洪、航运和灌溉等重大隐患，电力企业要同时报告地方人民政府有关部门协调整改。重大隐患信息报告应包括：隐患名称、隐患现状及其产生的原因、隐患危害程度、整改措施和应急预案、办理期限、责任单位和责任人员（见附表 2）。

第十八条 电力监管机构对整改时间超过 180 天的重大隐患实行挂牌督办制度。电监会负责对整改时间超过 180 天的Ⅰ级重大隐患挂牌督办，电监会派出机构负责对整改时间超过 180 天的Ⅱ级隐患进行挂牌督办。电监会可根据情况委托派出机构对部分Ⅰ级重大隐患挂牌督办；涉及到跨省跨区和多个单位的Ⅱ级重大隐患，派出机构可报请电监会挂牌督办。

第十九条 电监会派出机构对所辖地区电力企业报送的以及在督查中发现的重大隐患要按照本规定第六条进行定级和登记建档，确定为重大隐患的，应组织评估。经评估为Ⅱ级重大隐患的且整改时间超过 180 天的，要向相关企业下达重大隐患挂牌督办通知单。经评估为Ⅰ级重大隐患的且整改时间超过 180 天的，应于 2 个工作日内将重大隐患信息报送电监会和当地人民政府。

整改时间超过 180 天的Ⅰ级重大隐患挂牌督办通知单可由电监会下达到全国电力安全生产委员会企业成员单位并告知有关派出机构，或通过派出机构直接下达到被挂牌的电力企业。重大隐患挂牌督办通知单主要包括：督办名称、督办事项、整改和过程防控要求、办理期限、督办解除程序和方式。

对整改时间不超过 180 天的重大隐患，电力监管机构要加强现场督查和指导。

第二十条 电力企业要建立隐患管理台账，制定切实可行的整治方案，落实整改责任、整改资金、整改措施、整改预案和整改期限，限期将隐患整改到位。在重大隐患治理过程中，应当加强监测，采取有效的预防措施，制定应急预案，开展应急演练，实现重大隐患的可控在控。

第二十一条　在重大隐患排除前或者排除过程中无法保证安全的，如果不影响电力（热力）供应，电力企业应当停工停产或者停止运行存在重大隐患的设备设施，撤离人员，并及时向电力监管机构和政府有关部门报告。重大隐患治理完成后，电力企业要组织技术人员和专家对重大隐患治理情况进行评估，符合安全生产条件的，需经电力监管机构审查验收同意方可恢复施工和生产。

第二十二条　电力监管机构要加强现场监督检查，及时了解重大隐患整改工作进度，对于隐患整改责任不落实、未能按规定时间完成整改的电力企业，电力监管机构有权责令其暂时停工停产。

第二十三条　电力监管机构要加强信息交流工作，建立隐患月报告、季度分析、年度总结制度，定期统计分析和通报所辖地区电力企业在隐患管理制度建设、责任落实、奖惩机制和信息报告等方面的工作情况，并于每月 17 日前向电监会报送上月本地区重大隐患治理情况，每季度第一个月 17 日前报送上季度隐患排查治理分析总结。

第二十四条　电力监管机构对于电力企业自主排查评估、及时上报重大隐患并得到有效治理的，要给予通报表扬；在督查时发现重大隐患而相关电力企业未上报的，要给予通报评批，造成严重后果的，要从严追究相关责任。

第五章　附　　则

第二十五条　本规定由电监会负责解释并监督执行。

第二十六条　各电力企业应结合各自实际和特点，制定管理办法或实施细则，并报相应电力监管机构备案。

第二十七条　本规定自印发之日起执行。

附录1　201__年__月电力安全隐患排查治理情况月报表

填报单位：20__年__月__日

类别	开展隐患排查治理电力企业			重大事故隐患						一般事故隐患			累计落实隐患治理资金
	应开展家数	实际开展家数	覆盖率	I级			II级						
				排查数量	已整改数量	整改率	排查数量	已整改数量	整改率	排查数量	已整改数量	整改率	
	（家）	（家）	（%）	（项）	（项）	（%）	（项）	（项）	（%）	（项）	（项）	（%）	（万元）
	（1）	（2）	（3）	（4）	（5）	（6）	（7）	（8）	（9）	（10）	（11）	（12）	（13）
合计													
1.人身安全隐患													
2.电力安全事故隐患													
3.设备设施事故隐患													
4.大坝安全隐患													
5.安全管理隐患													
6.其他事故隐患													
7.上年度累计未整改隐患	—	—	—										

注：统计数据为每年1月份以来的累计数据。重大事故隐患必须按要求报送《重大电力安全生产事故隐患信息报告单》。

审核人：　　　　　　　填报人：　　　　　　　联系电话：

附表 2　重大电力安全隐患信息报告单

填报单位（签章）：　　　　　　　　　　　　　　　　填报时间：　　　　年　　月　　日

隐患名称：		评估等级：
隐患所属单位：		
隐患评估时间：　　　年　　月　　日		
安全第一责任人：	电话：	
整改负责人：	电话：	
隐患现状：		
隐患产生的原因：		
隐患危害程度：		
防控措施：		
整改措施：		
隐患整改计划：		
应急预案简述：		

备注：信息报告单内容以简要叙述为主，文字超过本表内容的，可单独附页说明。

国家安全监管总局关于印发转变作风
开展安全生产暗查抽查工作制度的通知

安监总办〔2013〕111号

总局和煤矿安监局机关各司局、应急指挥中心：

《转变作风开展安全生产暗查抽查工作制度》已经2013年10月24日总局党组会议审议通过，现印发给你们，请认真贯彻执行。

国家安全监管总局

2013年10月30日

附件：

转变作风开展安全生产暗查抽查工作制度

为深入贯彻落实中央八项规定和习近平总书记一系列重要指示精神，进一步反"四风"、转作风，规范安全生产暗查抽查工作，制定本制度。

一、总局和煤矿安监局机关各司局、应急指挥中心要定期组织开展安全生产暗查抽查，各业务司局至少每季度一次，各综合司局、应急指挥中心至少每半年一次。开展暗查抽查前，要制定严密细致的工作方案，报总局主要领导同志或分管领导同志审批同意。

二、暗查抽查由具有行政执法资格的人员携带执法证实施。根据工作需要，可邀请相关行业领域安全生产专家和新闻媒体记者参加。

三、暗查抽查工作采取"四不两直"方式进行，即：不发通知，不向地方政府打招呼，不听取一般性工作汇报，不用当地安全监管局、煤矿安监局人员陪同，直奔基层，直插现场，开展突击检查、随机抽查。

四、坚持"零容忍、严执法"，对检查发现的安全生产隐患要依法依规严肃处理，对安全生产非法违法、违规违章行为要按照"四个一律"要求依法严厉惩处。

五、暗查抽查人员进行检查时要规范言行，注意形象，按规定配戴防护装备，避免不安全行为，并做好检查的文字、图片、音像等资料记录。进入危险作业地点、环节检查时，必须遵守安全生产有关法律、制度、规定。

六、暗查抽查结束后，要及时向被检查单位反馈检查情况，提出整改要求，并通报被检查单位所在地人民政府，跟踪督办。需要曝光的重大安全隐患和非法违法单位、个人，由政法司统筹把握，报请总局主要领导同志同意后实施。

七、暗查抽查人员要坚持为民务实清廉的作风，严格遵守保密纪律和抽查工作方案，不泄露与暗查抽查工作有关的信息和被检查单位秘密，维护被检查单位正常的工作或生产经营秩序。

八、总局办公厅负责做好暗查抽查的综合协调和服务保障工作。

国家能源局综合司关于电力安全生产标准化达标评级修订和补充的通知

国能综电安〔2013〕210号

各派出机构，国家电网公司，南方电网公司，华能、大唐、华电、国电、中电投集团公司，各有关单位：

按照国务院机构设置和职能转变有关要求，为进一步有序推进电力安全生产标准化达标评级工作，现就修订和补充有关规定通知如下：

一、按照《国务院机构改革和职能转变方案》，将《电力安全生产标准化达标评级管理办法》（以下简称《管理办法》）和《电力安全生产标准化达标评级实施细则》（以下简称《实施细则》）中"电监会"改为"国家能源局""电力监管机构"改为"能源监管机构"，有关证书和牌匾样式一并作相应修改。

二、按照《国家能源局主要职责内设机构和人员编制》，取消能源监管机构对达标评级的审批，将《管理办法》和《实施细则》部分条款作如下修改：

1. 删除《管理办法》第十条第三款和第十一条第二款，并将第七条第六款中"电力监管机构对电力企业提交的评审报告组织审核。审核通过的，予以公告"修改为"评审机构形成的评审报告应经审核。能源监管机构根据审核意见，对审核通过的予以公告"。

2. 删除《实施细则》第十五条和第十六条，并在第十七条前增加"评审机构形成的评审报告应经审核"；在第十八条后增加"标准化一级企业（或工程建设项目）由国家能源局公告；标准化二、三级企业（或工程建设项目）由国家能源局派出机构公告"。

三、鉴于水电站大坝注册时间较长，为妥善处理大坝安全注册和标准化达标评级工作，对《管理办法》第八条第三款中"运行水电站大坝按规定注册"作如下补充：

水电企业向大坝中心申请安全注册，大坝中心已出具注册书面同意的，视同正在进行大坝安全注册，企业按照规定同时开展达标评级和大坝安全注册工作。已经通过达标评级但未在规定期限内完成大坝安全注册的，由原发证单位取消其达标称号并收回证书和牌匾。

四、评审机构应制定评审人员公正性和行为规范性准则，并向被评审电力企业做出承诺。现场评审结束后，评审机构应根据被评审企业反馈的评审质量和评审满意度意见（包括现场评审人员服务态度、服务意识、专业知识、评审技能、解决问题的能力及工作效率等），加强内部管理，及时改进和完善评审工作，不断提高现场评审水平。

国家能源局综合司

2013年7月5日

国家能源局综合司关于做好已取消电力安全监管审批事项有关工作的通知

国能综电安〔2013〕212号

各派出机构，大坝安全监察中心，各电力企业和有关单位：

国务院办公厅《关于印发国家能源局主要职责内设机构和人员编制规定的通知》（国办发〔2013〕51号）取消了国家能源局关于水电站大坝运行安全信息化验收和安全监测系统检查验收、发电厂整体安全性评价审批、电力二次系统安全防护规范和方案审批、电力安全生产标准化达标评级审批等4项与电力安全监管有关的非行政许可审批事项。为贯彻落实国务院文件精神，切实做好电力安全监督管理，现将有关要求通知如下：

一、认真做好规章制度的废改立工作。各单位要认真梳理现有安全生产文件规定，凡涉及上述事项的要及时修改完善，制定任务书和时间表，确保各项要求落到实处。

二、切实做好过渡期间有关衔接工作。各单位要根据国务院要求，结合当前工作实际情况，认真做好上述已经取消而正在办理的事项的衔接工作，确保工作有序开展。

三、加强取消审批事项的监督管理。各单位要加强对取消审批事项的后续安全监管，确保上述工作扎实有效开展。

1. 水电站大坝运行安全信息化验收和安全监测系统检查验收是大坝运行安全信息系统和监测系统建设的重要环节，大坝业主单位要高度重视，通过技术鉴定、自主组织验收等措施确保信息化建设成果和监测系统的有效性、针对性、完备性和可靠性，满足相关规章制度和规程规范的要求。

2. 发电厂整体安全性评价工作内容全面、具体，属企业日常安全生产管理工作范畴，由企业自主实施。国家能源局不组织开展企业整体安全性评价工作。

3. 取消电力安全生产标准化达标评级审批后，国家能源局印发了《关于电力安全生产标准化达标评级修订和补充的通知》，通过完善工作程序，强化中介机构现场查评、专家评审和企业闭环整改，确保该项工作的持续有效、公平公正地开展。

4. 电力二次系统安全防护规范和方案审查由企业按照国家有关要求自主开展。国家能源局将制定规范性文件和技术标准，加强对整改结果的监管。电力二次系统安全防护评估交给中介机构完成。

国家能源局综公司

2013年7月9日

国家能源局关于防范电力人身伤亡事故的指导意见

国能安全〔2013〕427号

国家电网公司，南方电网公司，华能、大唐、华电、国电、中电投集团公司，各有关电力企业：

为贯彻落实中央领导同志的指示精神和国务院关于加强安全生产工作的决策部署，进一步加强电力生产和建设施工中人身伤亡事故（以下简称人身伤亡事故）防范工作，避免和减少事故造成的人员伤亡和经济损失，现提出以下意见。

一、指导思想和总体目标

（一）指导思想。以科学发展观为指导，牢固树立"以人为本、生命至上"的安全理念，加强组织领导，强化监督管理，落实防范责任，完善规章制度，规范现场作业，提高防灾避险和应急处置能力，营造"关爱生命、安全发展"的安全生产氛围，切实保障员工人身安全。

（二）总体目标。进一步落实电力企业的安全生产主体责任，充分发挥能源监管机构的监督指导和协调作用，健全隐患排查治理长效机制，强化电力行业从业人员安全意识，深入开展"反三违"（违章指挥、违章作业和违反劳动纪律）活动，强化电力生产的规范化、标准化管理，杜绝重大以上人身伤亡责任事故，降低人身伤亡事故起数和死亡人数，有效防范人身伤亡事故的发生。

二、加强安全生产体系机制建设

（三）落实各级人员安全责任。电力企业主要负责人要严格履行安全生产第一责任人的职责。电力企业要把控制人身伤亡事故作为安全生产责任制的主要内容，层层分解落实防范人身伤亡事故的目标。要建立健全安全生产问责机制，因安全责任落实不到位导致人身伤亡的，要严格进行安全考核和责任追究。要针对生产作业现场的人身安全风险，建立企业负责人和各级安监人员到岗到位工作责任制度，并进行相应考核。

（四）完善安全管理制度和操作规程。电力企业要健全安全生产管理制度和操作规程，并根据国家行业法规标准的更新和本单位作业环境及设备设施的变化，及时修订完善，确保人身伤亡事故防范工作管理制度和规程规范、有效、可行。要将管理制度、操作规程配备到相关工作岗位和人员，及时组织开展教育培训，使每个职工都掌握防范人身伤亡事故的相关规定和要求，并在实际工作中严格遵守执行。

（五）健全防范人身伤亡事故的保障体系。电力企业要健全安全生产监督和保证体系，从决策指挥、执行运作、安全技术、安全管理和安全监督等方面严格执行安全法规制度，落实防范人身伤亡事故措施。要制定本单位、本部门、本岗位的反事故技术措施和安全劳动保护措施计划，优先保证对防范人身伤亡事故有突出作用和明显效果的措施得以实现。要保证安全投入，及时、足额提取和规范使用安全生产费用，严禁挤占和挪用。

三、夯实电力安全生产基础

（六）加强班组安全建设。要落实《关于加强电力企业班组安全建设的指导意见》，夯实安全生产基础，有效规范班组安全管理。要合理确定班组安全目标，努力实现班组控制未遂和异常，不发生人身轻伤和障碍。要重点抓好班组作业安全措施落实，严格班前班后会制度，接班（开工）前，要明确工作任务、工作地点、危险因素、安全措施和注意事项，交班（收工）时应对当日安全情况进行总结。要大力开展岗位练兵和班组安全活动，提高人员安全技能。

（七）积极推进安全生产标准化创建工作。认真贯彻电力安全生产标准化达标评级相关规定，通过开展安全生产标准化创建和达标评级工作，进一步加强生产现场安全管理，提高职工安全意识和操作技能，规范生产人员作业行为，改善设备安全状况和环境条件，提高作业行为标准化、规范化水平，并有效管控因人员素质、技能的差异和岗位变动、人员流动等因素带来的安全风险，防范和减少人身伤亡事故发生。

（八）开展全员安全生产教育培训。要严格执行《电力行业安全培训工作实施方案（2013—2015年）》，做好企业从业人员安全培训工作，主要负责人、安全管理人员和特种作业人员必须经培训持证上岗。要强化以"新工人、班组长、农民工"为重点的从业人员岗位安全培训，使其掌握生产作业各流程环节中存在的人身伤害风险和防控措施。要重视对人员变更，设备变更，采用新技术、新工艺、新材料等情况带来的人身伤害风险辨识，有针对性地做好安全培训和警示工作。要加大外包队伍和临时用工人员岗前培训力度，未经安全培训考试合格的人员严禁从事任何现场作业。要普及防灾避险常识和人员施救知识，使员工有效识别工作环境中存在的人身伤亡风险，提高自我保护意识，掌握应急逃生、应急装备使用、人身急救等技能，增强识灾防灾和应急处置能力，防范施救不当造成事故扩大。

（九）大力开展企业安全文化建设。牢固树立"以人为本，生命至上"的安全理念，结合企业实际，把尊重人、关心人、爱护人作为安全文化建设的出发点，以防范人身伤亡事故作为安全文化建设的核心目标，丰富安全文化内涵。利用各种渠道传播安全文化，扩大安全文化外延，使安全文化渗透到每个岗位，影响每一位员工，激发员工"关注安全、关爱生命"的意识，提高员工安全素质，规范员工安全行为，实现"要我安全"到"我要安全"、"我会安全"的转变，从根本上防范和遏制人身伤亡事故发生。

四、加强作业现场安全管控

（十）加强生产作业安全管控。电力企业要严格执行工作票、操作票制度，制定明确、具体的安全措施。要严格落实现场作业交接班制度、设备巡回检查制度和设备定期试验及轮换制度，交接班时把防范人身伤亡事故的措施和安全注意事项作为重点，由交接班人员共同检查安全措施，确保执行到位；设备巡检和轮换时注重排除易引发人身伤亡的设备隐患，落实设备定置管理、临时用电管理、安全工器具管理等作业现场规范化管理的有效措施。对高处作业、转动机械、动火作业、有限空间等特殊作业环境，要及时识别可能导致人身伤亡的危险和有害因素，落实防控措施；对机组检修、技术改造工程项目要严格现场管理，做好资质审查和安全技术交底，加强现场作业监护，确保作业人员安全。

（十一）加大反"三违"工作力度。电力企业要把反"三违"作为防范人身伤亡事故的重点，完善工作机制，加大"三违"现场查处和纠正力度，规范作业安全行为。要将"三违"作为未遂事故认真分析处理，按照"四不放过"原则对违章人员进行曝光、教育和处罚，并对违章进行责任倒推，对安全职责履行不到位的管理人员一并处罚。对屡纠屡犯或处在关键岗位、从事危险性较大作业的违章人员，要通过调离岗位等方式建立违章"高压线"；对模范遵章守纪的员工要给予奖励，从源头上减少"三违"现象。

（十二）加强设备设施管理。要选用科技含量高、性能优良的生产设备，加强技术性能改造，提高设备本质安全性能。要对设备设施的局部变动情况，及时进行设备异动管理，保证各种图纸和现场规程标准与实际相符。要落实设备防人身伤亡事故技术措施，加强防误闭锁等装置的运行管理，防止设备误操作。要加强特种设备安全管理，严格执行特种设备操作规程，防范锅炉爆炸，压力容器、管道泄漏，起重机械故障，电梯失控等造成的人身伤亡事故。要健全危险源评估机制，定期开展危险源辨识，确定危险源等级，识别可导致人身伤亡的危险有害因素，做好危险源监测、检查和防范等工作，并按规定将重大危险源信息向政府有关部门报备。

（十三）加强电力建设施工作业安全管控。电力建设单位要对电力建设工程安全生产负全面管理责任，电力施工单位对施工现场安全生产负责。要科学制定施工方案，做好施工方案交底和施工组织，严禁不按审定方案施工。施工条件变化导致原方案无法实施时，必须重新制定施工方案和安全措施，重新报批。遇有恶劣天气或发生其他影响施工安全的特殊情况，必须立即停止相关作业。要加强施工现场安全管理，规范工艺工序和作业流程，强化对重点区域、重点环节、关键部位和危险作业项目的安全监控，落实人员、设备、物资等安全管控措施。要合理安排工程进度，严禁盲目抢工期，工期调整应进行充分论证，提出并落实相应安全保障措施。规范施工机械、脚手架、大型起重设备管理，其装拆必须制定专项方案，并做好现场安全监督。要配备充足的监理人员，切实做好施工现场监护和重大项目、重要工序等的旁站监理，督查现场安全措施的落实及施工人员的作业行为。

（十四）加强外包队伍安全管理。电力企业要建立完善的外包队伍审查制度，杜绝安全管理差、施工力量薄弱或屡次发生人身伤亡事故的外包队伍参与施工作业。严厉打击超越资质范围承揽工程，挂靠、借用资质，违法分包和转包工程等不法行为。要加强工程分包监督管理，加大作业现场监督检查力度。要加强劳务分包安全管理，将劳务派遣人员、临时用工纳入本企业统一安全管理体系，严格落实安全措施，加强作业现场检查。

五、提高防灾避险和应急处置能力

（十五）加强自然灾害监测预警和防范工作。电力企业要加强防范人身伤亡事故专项应急预案和现场处置方案的编制、修订、培训和演练工作，加强与当地政府、气象、国土等有关部门的沟通联系，健全自然灾害预警机制，充分利用各种手段，及时传递灾害预警信息，注重信息传递的反馈，确保不留死角，不漏人员。要落实《关于加强电力行业地质灾害防范工作的指导意见》，强化重点防范期、防范区灾害预警和防范，加强台风、强降雨、泥石流等灾害的监测预警，重点做好生产区、施工区、生活营地的地质灾害防范工作，及时发现和预报险情，确保各项防范措施提前落实到位，防止和减少自然灾害导致的人员伤亡。

（十六）及时启动应急响应和开展抢险救援。事故灾害发生后，事发单位应在初判事故灾害情况后，立即启动应急响应，迅速开展抢险救援工作，同时向当地政府及有关部门报告。要以防范人身伤亡为首要任务，现场带班人员、班组长和调度人员要第一时间下达停产撤人命令，组织人员撤离避险和有序转移，保障人员生命安全。要及时开展人员搜救，现场救援力量不足时，应尽快协调救援力量。要充分做好可能发生的次生灾害的事故预想，应急救援方案和处置措施要做到科学合理，避免盲目施救造成人员二次伤亡事故。

（十七）做好电力事故信息报告和调查处理。要严格执行电力事故事件信息报送工作制度，对瞒报、谎报、迟报、漏报事故事件等行为，要严肃追究相关单位和人员的责任。要严格按照"四不放过"原则认真做好人身伤亡事故调查处理，落实防范人身伤亡事故措施，做到举一反三，深刻吸取教训，防范同类事故再次发生。

国家能源局

2013 年 11 月 14 日

国家能源局关于印发单一供电城市
电力安全事故等级划分标准的通知

国能电安〔2013〕255 号

各派出机构，国家电网公司，南方电网公司，华能、大唐、华电、国电、中电投集团公司，各有关电力企业：

根据《电力安全事故应急处置和调查处理条例》有关规定，国家能源局组织制定了《单一供电城市电力安全事故等级划分标准》，已经国务院审核批准，现予以印发，请遵照执行。

国家能源局

2013 年 6 月 30 日

单一供电城市电力安全事故等级划分标准

判定项 事故等级	造成单一供电城市电网 减供负荷的比例	造成单一供电城市供电用户 停电的比例
重大事故	电网负荷 2000 兆瓦以上的省、自治区人民政府所在地城市电网减供负荷 60%以上。	电网负荷 2000 兆瓦以上的省、自治区人民政府所在地城市 70%以上供电用户停电。
较大事故	电网负荷 2000 兆瓦以上的省、自治区人民政府所在地城市电网减供负荷 40%以上 60%以下。 电网负荷 2000 兆瓦以下的省、自治区人民政府所在地城市电网减供负荷 60%以上。	电网负荷 2000 兆瓦以上的省、自治区人民政府所在地城市 50%以上 70%以下供电用户停电。 电网负荷 2000 兆瓦以下的省、自治区人民政府所在地城市 50%以上供电用户停电。
较大事故	电网负荷 600 兆瓦以上的其他设区的市电网减供负荷 60%以上。	电网负荷 600 兆瓦以上的其他设区的市 70%以上供电用户停电。
一般事故	电网负荷 2000 兆瓦以上的省、自治区人民政府所在地城市电网减供负荷 20%以上 40%以下。	省、自治区人民政府所在地城市 30%以上 50%以下供电用户停电。
一般事故	电网负荷 2000 兆瓦以下的省、自治区人民政府所在地城市电网减供负荷 40%以上 60%以下。 电网负荷 600 兆瓦以上的其他设区的市，减供负荷 40%以上 60%以下。 电网负荷 600 兆瓦以下的其他设区的市电网减供负荷 40%以上。 电网负荷 150 兆瓦以上的县级市电网减供负荷 60%以上。	电网负荷 600 兆瓦以上的其他设区的市 50%以上 70%以下供电用户停电。 电网负荷 600 兆瓦以下的其他设区的市 50%以上供电用户停电。 电网负荷 150 兆瓦以上的县级市 70%以上供电用户停电。

注：1. 本标准依据《电力安全事故应急处置和调查处理条例》第三条第二款制定。
　　2. 本标准下列用语的含义：
　　（1）单一供电城市，是指由独立的或者通过单一输电线路与外省连接的省级电网供电的省级人民政府所在地城市，以及由单一输电线路或者单一变电站供电的其他设区的市、县级市。
　　（2）独立的省级电网，是指与其他省级电网没有交流输电线路联系的电网。
　　（3）单一输电线路供电，是指与省级主电网连接的一回三相交流输电线路或者一回正负双极运行的直流输电线路供电的供电方式。同杆架设的双回输电线路因一次故障同时跳开的情形，视为单一输电线路供电。
　　（4）单一变电站供电，是指由与省级主电网连接的一个变电站且一台变压器供电的供电方式。由一回路或者多回路输电线路串联供电的多个变电站的供电方式，视同于单一变电站供电。
　　3. 本标准适用于由于独立的省级电网故障，或者由于单一输电线路或者单一变电站故障造成单一供电城市电网减供负荷或者供电用户停电的电力安全事故。
　　　　单一供电城市因电网内部故障造成的减供负荷或者供电用户停电的电力安全事故，适用《电力安全事故应急处置和调查处理条例》附表列示的事故等级划分标准。
　　4. 本标准中所称的"以上"包括本数，"以下"不包括本数。

国家能源局关于确定
第一批研究咨询基地的通知

国能规划〔2014〕63号

各司，各派出机构，各直属事业单位，各有关单位：

为提高国家能源决策民主化、科学化水平，国家能源局确定 16 家单位作为第一批研究咨询基地。现将名单公布如下：

1. 国务院发展研究中心
2. 中国工程院
3. 中国能源研究会
4. 国家信息中心
5. 国家发展和改革委员会能源研究所
6. 中国社会科学院法学研究所
7. 中国社会科学院世界经济与政治研究所
8. 中国国际工程咨询公司
9. 电力规划设计总院
10. 国网能源研究院
11. 水电水利规划设计总院
12. 中国石油经济技术研究院
13. 中国石油勘探开发研究院
14. 中国石化经济技术研究院
15. 中国煤炭工业发展研究中心
16. 中国人民大学国际能源战略研究中心

研究咨询基地的主要任务是：受国家能源局的委托，开展能源战略、规划、政策、法规、体制改革等方面的研究，提出研究报告和建议。

国家能源局将制定相关管理办法，建立动态管理机制，激励相关研究机构提高咨询质量。国家能源局需委托外部机构承担研究和咨询任务的，原则上从研究咨询基地名单中选取。

国家能源局
2014 年 2 月 10 日

国家能源局综合司关于印发《电力安全专项经费和电力应急专项经费使用管理办法》的通知

国能综安全〔2014〕72号

各派出机构，信息中心，大坝中心，可靠性中心：

为加强电力安全监管和电力应急管理工作，提高安全和应急专项经费使用效率和工作效能，我们组织制定了《关于电力安全专项经费和电力应急专项经费使用管理办法》，并经局领导同意，现印发你们，请依照执行。

国家能源局综合司

2014年1月21日

附件：

国家能源局综合司关于电力安全专项经费和电力应急专项经费使用管理办法

第一条　为加强电力安全监管和电力应急管理工作，提高安全和应急专项经费使用效率，提高工作效能，特制定本办法。

第二条　电力安全专项经费和应急专项经费，是中央财政预算安排的，用于电力安全监管和电力应急管理的专项经费，不得挪为他用。

第三条　电力安全和应急专项经费的分配和使用本着日常电力安全监管、应急管理工作和专项安全监管工作相结合的原则，在完成日常安全监管和应急管理工作的基础上，有针对性地开展专项安全监管工作。

第四条　电力安全监管专项经费的使用范围：

（一）开展电力安全生产（包括电力建设施工）、电力建设项目质量监督、网络与信息安全、电力系统运行的水电站大坝和电力可靠性监督管理工作所需的经费；

（二）制定电力安全生产、项目质量监督、网络与信息安全，及电力系统运行的水电站大坝安全、电力可靠性等有关规章和标准所需的经费；

（三）组织对电力企业安全生产、网络与信息安全、项目质量监督等状况进行检查、诊断、分析、评估和专项调研所需的经费；

（四）开展电力安全生产信息的统计、分析、发布所需的经费；

（五）组织或参与电力事故和电力安全事件的调查处理所需的经费；

（六）开展全国电力安全业务培训、考核和宣传教育工作所需的经费；

（七）组织电力安全生产、电力安全新技术和新产品推广应用所需的经费；

（八）上述专项工作中所发生的差旅费（住宿费、交通费）、会议经费、聘用人员工作经费和设备购置费用及其他费用；

（九）完成国家能源局领导临时交办的安全监管任务所需的经费。

第五条 电力应急专项经费的使用范围：

（一）拟定电力应急建设和发展规划，并组织实施所需的经费；

（二）开展应急知识的宣传工作所需的经费；

（三）督促制定各级各类应急预案，并监督执行情况所需的经费；

（四）开展电力应急有关问题研究所需的经费；

（五）建立事故事件应急评估制度，并对年度应急管理工作情况进行评估所需的经费；

（六）开展电力应急管理统计分析所需的经费；

（七）组织电力安全应急培训、演练所需的经费；

（八）上述专项工作中所发生的差旅费（住宿费、交通费）、会议经费、聘用人员工作经费和设备购置费用及其他费用。

第六条 由国家能源局及其派出机构组织的检查、调研和规章标准规范编写、审查所需的专家费用参照国家有关标准，原则上按如下标准支付：

（一）1～2天的检查、调研专家费为1000元；3天以上的检查、调研专家费为2000元；

（二）规章标准规范的专家审查费为1000元/天，原则上一份规章标准规范的审查时间不超过2天；

（三）规章标准规范编写的专家费按项目合同的有关条文执行，无合同或特殊情况的，专家编写费原则上不超过5000元；

（四）在检查、调研工作中的专家交通费、住宿费按国家有关规定据实支付。

国家能源局及其派出机构工作人员不领取任何费用。

第七条 本办法由国家能源局综合司负责解释。

第八条 本办法自印发之日起执行。

国家安全监管总局办公厅关于建立健全 安全生产"四不两直"暗查暗访工作制度的通知

安监总厅〔2014〕96 号

各省、自治区、直辖市和新疆生产建设兵团安全生产监督管理局、煤矿安全监管部门，各省级煤矿安全监察局：

国家安全监管总局印发《转变作风开展安全生产暗查抽查工作制度》（安监总办〔2013〕111 号）以来，各级安全监管监察机构广泛开展不发通知、不打招呼、不听汇报、不用陪同接待、直奔基层、直插现场"四不两直"暗查暗访（以下简称暗查暗访）活动，深查问题、深挖隐患，取得了良好效果。为进一步反"四风"、转作风，创新方式、推动工作，抓预防、重治本，抓落实、求实效，现就建立健全暗查暗访工作制度有关事项通知如下：

一、工作对象

暗访暗查的工作对象为下级地方政府及其有关部门、本地区安全监管行业领域的各类生产经营单位（含人员密集场所）。

二、方式方法

暗查暗访采取"四不两直"的方式，主要以突击检查、随机抽查、回头看复查等方式进行。特殊情况下，可在不告知具体事宜的情况下，临时通知相关部门陪同。

三、主要内容

（一）贯彻落实党中央、国务院关于安全生产工作的重大决策、工作部署情况；

（二）生产经营单位遵守和执行安全生产法律法规、规章、制度和标准，依法从事生产经营建设活动情况；

（三）地方政府及其有关部门落实安全生产属地管理、部门监管责任，开展行政执法、推动依法治理情况；

（四）生产作业现场用工组织、安全管理和安全措施落实情况；

（五）存在的重大安全隐患和突出问题；

（六）行政执法指令、重大隐患整改落实情况；

（七）事故调查处理和吸取教训整改措施落实情况。

各单位可根据工作实际，明确暗查暗访具体内容。

四、工作程序

（一）制定方案。坚持问题导向，开展暗查暗访前要制定严密细致的工作方案，确定暗查目标，突出检查重点，明确任务分工，保证暗查暗访工作的严肃性、实效性。方案实施前，必须严格保密。

（二）现场检查。要深入相关单位进行突击检查，对有关工作措施落实和现场安全生产情况、非法违法违规违章行为进行录音、摄影、摄像记录，认真填写检查记录表。对查出的重大隐患和问题，要现场作出处理决定，必要时下达相应的执法文书，依法给予行政处罚。

（三）通报反馈。暗查暗访结束后，要及时向被检查单位和相关部门反馈检查情况，提出处理意见。对发现的地方政府及其有关部门存在的突出问题，要及时向上一级政府和相关部门进行通报；生产经营单位存在的重大隐患和非法违法行为，要立即向其所在地县级以上地方政府及其安全监管、行业管理部门进行通报。

（四）督办整改。要健全暗访暗查工作台账，加强跟踪督办，确保隐患和问题及时整改到位，推动安全生产工作措施落实到位。对不符合安全生产基本条件的生产经营单位，要提请地方政府依法取缔关闭；对带有普遍性的重大问题和严重违法违规行为，要及时约谈生产经营单位主要负责人和企业所在地地方政府及其有关部门负责人，举一反三，研究提出整改措施，并抓好落实。

五、有关要求

（一）各级安全生产监管、煤矿安全监管部门和煤矿安全监察机构要高度重视，把暗查暗访工作纳入年度安全监管监察执法计划，建立暗查暗访工作保障机制，落实工作经费，配备必要的通讯、录音、摄像等工具设备和个人防护装备，保障暗查暗访工作顺利开展。要紧密结合实际，突出重点时段、重大活动、重点工作和重点地区及单位，制定暗查暗访工作计划，增强针对性和时效性。

（二）坚持"零容忍、严执法"，与"打非治违"专项行动紧密结合，对非法违法、违规违章行为依法严厉惩处。对重大隐患和问题、典型非法违法行为要公开曝光，强化震慑和警示作用。

（三）要充分发挥安全生产专家作用，加大现场隐患和问题排查力度，并利用现代化影像设备，提高现场抓拍能力，真正找准问题、查实隐患。

（四）暗访暗查人员要规范言行，注意形象，进入危险作业地点、环节检查时，必须遵守安全生产有关法律、制度、规定，并严格遵守保密纪律，维护被检查单位正常生产经营秩序。

各省级安全监管局、煤矿安全监管部门和煤矿安监局要加强信息收集和统计分析工作，按附表要求分别填写月度暗查暗访工作情况，于每月5日前报送到国家安全监管总局办公厅（电话：010-64463673、64463623〈传真〉）。国家安全监管总局将定期汇总并向全国通报暗查暗访情况。

附件：《安全生产暗查暗访情况统计表》

国家安全监管总局办公厅

2014年9月24日

附件：

安全生产暗查暗访情况统计表

填报单位：

	派出暗访组（个）	参加暗访（次）	检查单位（家次）	发现隐患（项）		责令停产整顿（家次）	提取取缔关闭（家）
				总计	其中重大隐患		
省级							
市级							
县级							
合计							

注：所填数据为每月的累计数据。　　填报人：　　电话：　　填报时间　年　月　日

国家能源局关于印发加强
能源安全生产监督管理工作意见的通知

国能安全〔2014〕106 号

各司，各派出机构，各直属事业单位，各省（自治区、直辖市）能源主管部门，有关能源企业：

为切实加强能源安全生产监督管理工作，现将《国家能源局关于加强能源安全生产监督管理工作的意见》印发你们，请遵照执行。

国家能源局

2014 年 2 月 28 日

附件：

国家能源局关于加强
能源安全生产监督管理工作的意见

为贯彻落实党中央、国务院领导同志关于做好当前安全生产工作的重要指示精神，指导国家能源局（以下简称"能源局"）相关单位切实加强能源安全生产监督管理工作，进一步督促能源企业落实安全生产主体责任，现提出以下意见：

一、工作原则和目标

（一）工作原则

牢固树立以人为本、安全发展理念，坚持"安全第一、预防为主、综合治理"方针，按照"管行业必须管安全、管业务必须管安全"的要求，把安全生产监督管理工作落实到能源行业管理的每个环节，有效促进能源安全生产工作。

（二）工作目标

在能源局工作职责范围内，紧密结合行业管理职能，落实能源局相关单位在能源行业管理中的相关安全生产监督管理职责，建立完善工作制度和机制，明确细化工作措施，统筹协调与政府相关部门、能源企业的安全生产监督管理关系，形成合力，防范和遏制能源行业重特大安全事故。

二、重点工作内容

（一）落实企业安全生产主体责任。督促能源企业严格执行国家安全生产有关法律法规和标准规范，在行业管理中发现能源企业存在安全生产责任制、安全生产规章制度和操作规程不落实，安全生产投入、安全培训不到位，安全生产隐患排查治理、事故应急救援不及时等问题的，应当依法在行业管理权限内进行处理，在行政许可、投融资、招投标、技术改造、从业资质等方面采取限制措施，并将情况及时通报相关部门。

（二）注重发展规划环节中对安全生产风险的研究。在组织拟定电力（含核电）、油气、煤炭、可再生能源等能源行业发展规划、计划和产业政策时，应当深入研究影响安全生产的重大问题，统筹考虑技术、经济与安全的关系，降低安全生产风险，为行业安全发展和相关建设项目投产后长期安全运行打下良好基础。

（三）加强能源建设项目前期安全管理。在能源企业新建、改扩建项目审批工作中，应当严格执行国家规定的建设项目核准程序，会同有关部门落实建设项目安全设施与主体工程同时设计、同时施工、同时投入使用，安全设施与建设项目主体工程未做到同时设计的不得审批。

（四）深入开展隐患排查治理。结合行业管理要求，组织开展安全生产督导检查，重点检查在建或已建成项目是否符合国家规划、计划和产业政策要求。对检查中发现的安全隐患，应当督促企业及时整改，必要时，可以提请具有安全生产执法权限的有关部门，责令立即停工停产。

（五）制定完善安全生产标准规范。根据能源行业技术进步和产业升级的要求，加快制定、修订能源行业生产、安全技术标准和规范，并监督执行情况。负责能源生产运行人员资格审核的单位，应当制定并严格实施从业人员资格标准。

（六）充分发挥安全技术保障作用。鼓励能源企业采用先进技术和产品，推广应用安全生产适用技术和新装备、新工艺、新标准，禁止使用有关部门明令淘汰的不符合有关安全生产要求的落后技术、工艺和装备。对于有效消除重大安全隐患的技术改造和搬迁项目，应当在政策上给予支持。

（七）强化安全生产培训工作。组织有关单位从事能源发展规划、计划和政策等方面业务的人员开展安全生产培训，通过学习掌握安全生产和应急管理知识，强化安全发展理念，增强安全意识，促进提高能源行业整体安全保障能力和水平。

（八）加强信息报送和应急管理工作。加强派出机构、地方能源管理部门和能源企业安全生产事故和自然灾害突发事件信息报送工作，及时掌握全国电力等能源行业的安全生产情况。组织或配合有关单位开展应急管理工作，督促能源企业完善应急预案，定期开展演练。重大能源安全生产突发事件发生后，按照能源局统一要求参与应急处置工作，指导能源企业及时恢复生产，由于自然灾害造成能源基础设施重大损失的，应当配合有关部门和地方政府做好灾后评估和恢复重建工作。

（九）严格事故企业责任追究。组织或者配合安全生产监管监察部门参与事故调查工作，提出或配合执行处理意见。对于发生重大以上安全责任事故或一年内发生 2 次以上较大生产安全责任事故并负有主要责任的能源企业，以及存在重大安全隐患整改不力的能源企业，严格限制其下一年新增的项目核准。

三、职责分工

按照能源局"三定"方案和国务院有关职能授权，能源局相关单位安全生产监督管理职责进一步明确如下：

（一）综合司。重点负责能源安全生产事故和自然灾害突发事件等相关信息的接报，做好能源安全生产新闻宣传和相关信息发布工作，按照应急响应有关规定，配合能源局相关单位做好能源安全生产突发事件的应急处置工作。

（二）法改司。重点负责研究协调能源安全生产相关法律法规规章制定工作，对能源安全生产相关规范性文件进行合法性审核，参与协调与能源安全生产有关的财政、税收、金融、价格、土地等政策。

（三）规划司。重点负责研究能源发展规划中涉及能源安全生产重大战略问题，提出相关政策意见，将能源安全生产突发事件信息与指挥系统纳入国家能源安全保障信息化工程中，协调能源安全生产突发事件信息与指挥系统建设和运行工作。

（四）科技司。重点负责组织拟订能源安全生产有关行业标准，组织推进保障能源安全生产重大设备研发，组织推广应用保障能源安全生产新产品、新技术、新设备。

（五）电力司。重点负责研究火电和电网发展规划、计划和产业政策实施中涉及安全生产重大问题和风险，提出相关政策意见，审查待核准项目的安全规划和安全设施设计情况，牵头负责电力行业技术监督管理工作。

（六）核电司。重点负责研究核电发展规划、计划和产业政策实施中涉及安全生产重大问题和风险，提出相关政策意见，制定核安全规划，指导核电重大安全技术装备研发，审查核电关键岗位人员资格，审查核电厂场内事故应急计划，组织核电厂应急安全检查。

（七）煤炭司。重点负责研究煤炭开发、煤层气开发利用发展规划、计划和产业政策实施中涉及安全生产重大问题和风险，提出相关政策意见，按照规定征求煤矿安全生产监管监察部门对新建、改建、扩建煤矿重大项目的安全意见，承担煤矿瓦斯防治部际协调领导小组具体工作。配合安全监管总局和煤矿安监局开展煤矿安全生产监管监察工作。

（八）油气司（国家石油储备办公室）。重点负责研究油气开发规划、计划和产业政策实施中涉及安全生产重大问题和风险，提出相关政策意见，配合国家有关部门制定和修订油气田勘探开发、油气管道设施安全等相关行业管理规定，指导国家石油储备中心按照相关规范开展安全监管工作。

（九）新能源司。重点负责研究水能、风能、太阳能、生物质能和其他可再生能源发展规划、计划和产业政策实施中涉及安全生产的重大问题和风险，提出相关政策意见，审查待核准项目的安全规划和安全设施设计情况。

（十）监管司。配合能源局相关单位，研究在市场准入、普遍服务等方面涉及安全生产重大问题和风险，提出相关政策意见。

（十一）安全司。履行能源局"三定"方案明确的电力安全监督管理职责，按照要求联系协调能源局相关单位的工作，负责能源安全生产突发事件信息与指挥系统建设工作。

（十二）国家石油储备中心。作为国家石油储备国有资产出资人，对国家石油储备基地设施和储备原油安全实施监管。

（十三）资质中心。配合能源局相关单位，研究电力业务资质许可及相应市场准入中涉及安全生产的重大问题和风险，提出相关政策意见，指导能源局各派出机构在核发电力业务许可证时做好与安全相关的许可条件审查。

（十四）能源局各派出机构。依据派出机构"三定"方案，履行电力安全监督管理职责，按照能源局统一要求开展其他能源领域安全监管工作。

四、工作要求

（一）落实职责。能源局各相关单位要认真落实国家关于行业主管部门安全生产监督管理职责的要求，在配合安全监管总局、煤矿安监局、国防科工委、核安全局等国家有关部门做好相关安全监管工作的同时，明确工作定位和工作思路，在能源项目规划、设计、建设、运行过程中，强化安全生产监督管理工作，切实落实"管行业必须管安全、管业务必须管安全"的总体要求。能源局各派出机构要根据本意见，制定和细化本单位安全生产监督管理职责，切实做好本辖区能源安全生产工作。

（二）建立机制。能源局成立能源安全生产监督管理工作小组，统一协调相关工作，工作小组办公室设在安全司，具体负责协调联络工作。

能源局各相关业务司、直属单位要加强沟通和工作协作，发现重大能源安全生产问题，尽快研究并提出工作意见，报能源局分管负责同志和工作小组办公室，及时采取处置措施。

能源局各派出机构要与地方能源主管部门、地方安全生产监管监察部门建立有效的工作机制，形成监管合力，及时研究解决能源安全生产重大问题。

（三）强化应急。建立能源局应对能源重大突发事件应急响应工作制度，成立应急工作领导机构，明确能源局各相关业务司、直属单位、各派出机构、地方能源主管部门及安委会成员单位的工作职责，形成反应迅速、运转高效的应急响应和处置工作流程，最大程度地减少人员和财产损失，尽快恢复能源生产和供应，保障国家能源安全和当地社会稳定。

（四）加强考核。严格落实国家关于安全生产监督管理工作"一岗双责"要求，把能源安全生产监督管理工作纳入能源局各相关单位年度工作考核项目，按照职责分工考核年度工作。对于因工作失职造成严重后果的单位和个人，按照国家有关规定进行处理。

国家能源局关于印发《防止电力生产事故的二十五项重点要求》的通知

国能安全〔2014〕161号

各派出机构，各电力企业：

为进一步完善电力生产事故预防措施，提高电力生产工作水平，有效防止电力生产事故的发生，国家能源局在原国家电力公司《防止电力生产重大事故的二十五项重点要求》的基础上，制定了《防止电力生产事故的二十五项重点要求》，现予以印发，并提出以下工作要求：

一、各电力企业要高度重视《防止电力生产事故的二十五项重点要求》落实工作，坚持"安全第一、预防为主、综合治理"的方针，加强领导，认真组织，切实保证有关要求在规划设计、安装调试、运行维护、更新改造等阶段落实到位，有效防止电力生产事故的发生。

二、各电力企业要细化《防止电力生产事故的二十五项重点要求》落实责任，明确责任部门和责任人员，制定工作计划并保证实施到位。

三、各电力企业要加强《防止电力生产事故的二十五项重点要求》宣传教育工作，认真组织所属各级各类相关单位、部门和人员培训。

四、各电力企业要保证《防止电力生产事故的二十五项重点要求》落实工作所需费用。

五、国家能源局各派出机构要加强监督管理，督促、检查电力企业《防止电力生产事故的二十五项重点要求》落实工作。

六、各单位要跟踪了解《防止电力生产事故的二十五项重点要求》落实情况，发现问题要认真总结分析，并及时向国家能源局电力安全监管司反馈。

国家能源局

2014 年 4 月 15 日

国家能源局综合司关于做好
电力安全信息报送工作的通知

国能综安全〔2014〕198 号

全国电力安全生产委员会成员单位：

为进一步贯彻落实国务院《电力安全事故应急处置和调查处理条例》（国务院令第 599 号）和《生产安全事故报告和调查处理条例》（国务院令第 493 号）有关要求，规范和加强电力安全信息报送工作，现将有关事项通知如下。

一、信息报送范围

（1）电力生产（含电力建设施工）过程中发生的电力安全事故、电力人身伤亡事故（其统计范围见附件 4）、电力设备损坏造成直接经济损失达到 100 万元以上的事故（简称"设备事故"），以上统称"电力事故"。

（2）影响电力（热力）正常供应，或对电力系统安全稳定运行构成威胁，可能引发电力安全事故或造成较大社会影响的电力安全事件（具体见《关于印发电力安全事件监督管理规定的通知》国能安全〔2014〕205 号）。对电力企业、电力行业和国家安全造成或可能造成危害的电力信息安全事件（具体见《关于印发〈电力行业网络与信息安全应急预案〉的通知》电监信息〔2007〕36 号，以下简称"信息安全事件"）电力安全事件和信息安全事件以下统称"事件"。

（3）境外电力工程建设和运营项目发生的较大以上人身伤亡事故。

二、信息报告单位

发生"信息报送范围"中所述电力事故或事件的电力企业是信息报告的责任单位。其中，电力建设施工中发生电力事故或事件时，电力工程项目业主、建设、施工、监理等各单位都有报告信息的责任。

三、即时报告信息的程序、时限、内容及方式

1. 报告程序及时限

信息报告责任单位负责人接到电力事故报告后应当于 1 小时内向上级主管单位、事故发生地国家能源局派出机构报告，在未设派出机构的省、自治区、直辖市，信息报告责任单位负责人应向国家能源局相关区域监管局报告。全国电力安全生产委员会（以下简称"电力安委会"）成员单位接到电力事故报告后应当于 1 小时内向国家能源局值班室报告。境外电力工程建设和运营项目发生较大以上人身伤亡事故的，事故发生单位在国内的主管企业在接到报告后 1 小时内向国家能源局值班室报告。

造成较大社会影响的电力安全事件和信息安全事件报送时限参照电力事故报送时限执行。其他电力安全事件和信息安全事件报国家能源局的时限为：信息报告责任单位负责人接到事件报告后 12 小时内向上级主管单位、事件发生地国家能源局派出机构报告，未设派出机构的省、自治区、直辖市，信息报告责任单位负责人应向国家能源局相关区域监管局报告。全国电力安全生产委员会（以下简称"电力安委会"）成员单位接到事件报告后 12 小时内向国家能源局值班室报告。

涉及电网减供负荷或者城市供电用户停电的电力安全事故或事件，由省级以上电网企业向国家能源局派出机构报告。

2．报告内容及方式

信息报告应当采取书面方式（内容及格式见附件 1）上报，不具备书面报告条件的可先通过电话报告，再行书面报告。信息报告后又出现新情况的，应当及时补报。

四、综合信息的报送程序、时间及内容

1．月（年）度电力事故或电力安全事件信息统计表

报送程序：省（自治区）监管办统计本省（自治区）月（年）度电力事故或事件信息报区域监管局，未设监管办的省（自治区、直辖市）发生的电力事故或电力安全事件信息由区域监管局负责统计。区域监管局汇总本区域月（年）度电力事故或电力安全事件信息后报国家能源局电力安全监管司。电力安委会企业成员单位汇总本企业月（年）度电力事故或电力安全事件信息后报国家能源局电力安全监管司。

报送时间及内容：区域监管局和电力安委会企业成员单位应于每月 17 日前报送上月电力事故或事件信息统计表（见附件 2、3），次年 1 月底前报送上年度电力事故或电力安全事件信息统计表（见附件 2、3）。

2．年度电力安全生产情况分析报告

电力安委会成员单位应于次年 1 月底前向国家能源局电力安全监管司报送上年度电力安全生产情况分析报告，主要内容包括：全年电力安全生产情况，电力事故或事件规律研究，存在的问题和风险分析，以及整改措施等。

3．电力事故或事件调查报告书

组织或参与事故或事件调查的国家能源局派出机构和事故或事件发生单位应于事故或事件调查报告书经正式批复或同意后 5 个工作日内将事故或事件调查报告书报送国家能源局电力安全监管司。

五、信息报送要求

1．各单位要高度重视电力安全信息报送工作，加强领导，落实责任，建立健全工作机制，完善工作制度，采取有效措施，切实做好信息报送工作，确保信息的及时、准确和完整。

2．各单位要完善电力安全信息报送工作程序，明确信息报送的部门、人员和 24 小时联系方式，报国家能源局电力安全监管司，如发生变动，须及时通报。

3．电力事故或电力安全事件即时报告，应在书面报告后立即报送电子信息；报送月（年）度电力事故或电力安全事件信息统计表、年度电力安全生产情况分析报告、电力事故或电力安全事件调查报告书时应同时报送纸质文件和电子信息。纸质文件和电子信息须经本单位安全生产部门负责人签发和审核。电子信息在"电力安全信息报送"软件上直接填报。

4．国家能源局派出机构要加强对企业该项工作的监督检查，对成绩突出的单位和个人给予表彰；对迟报、漏报、谎报、瞒报信息的单位要责令其改正，情节严重或造成严重后果的单位应当予以通报或处罚。

5．本通知自印发之日起施行。以前有关文件中如有与上述规定不符的，以此通知为准。

六、信息报送相关联系方式

1．国家能源局值班室电力事故、事件即时及后续报告电话：010-66597388，66597310（传真）

2．国家能源局电力安全监管司电力事故和电力安全事件月（年）度报表及调查报告报送传真：010-66597462。"电力安全信息报送"软件网址：http：//www.cesafety.cn

3．国家能源局电力安全监管司信息安全事件调查报告报送电话：010-66597314，010-66597462（传真）

附件 1：电力事故或事件即时报告单
附件 2：__月（年）电力事故信息统计表（电力人身伤亡事故部分）
　　　　__月（年）电力事故信息统计表（电力安全事故/设备事故部分）
附件 3：__月（年）电力事故基本信息统计表
　　　　__月（年）电力安全事件信息统计表
附件 4：电力人身伤亡事故统计范围

国家能源局综合司

2014 年 5 月 16 日

附件 1 电力事故或电力安全事件即时报告单

内容序号		报告内容			
1	报告类型	事故报告□		事件报告□	
2	填报时间及方式	第 1 次报告□		后续报告□	
		第 1 次报告时间		年 月 日 时 分	
3	企业名称、地址及联系方式	企业详细名称			
		企业详细地址、电话			
		上级主管单位名称			
		事故涉及的外包单位情况	外包单位名称		
			外包单位地址电话		
			外包单位上级主管单位		
		在建项目	建设单位名称		
			施工单位名称		
			设计单位名称		
			监理单位名称		
4	事故或事件经过	发生时间			
		地点（区域）			
		事故或事件类型			
		初判事故等级			
		简要经过			
5	损失情况	人身伤亡情况	死亡人数		
			失踪人数		
			重伤人数		
		电力设备设施损坏情况及损失金额			
		停运的发电（供热）机组数量、电网减供负荷或者发电厂减少出力的数值、停电（停热）范围，停电用户数量等			
		其他不良社会影响			
6	原因及处置恢复情况	原因初步判断			
		事故或事件发生后采取的措施、电网运行方式、发电机组运行状况以及事故或事件的控制或恢复情况等			
7	填报单位	填报人		联系方式	

注：1. 事故类型：电力生产人身伤亡事故、电力建设人身伤亡事故、电力安全事故、设备事故。事件类型：影响电力（热力）正常供应事件（参见《电力安全事件监督管理规定》第六条第一、十款）、影响电力系统安全稳定运行事件（参见第六条第二、三、四、五、七款）、造成较大社会影响事件（参见第六、八、九款）。

2. 初判事故等级：一般、较大、重大、和特别重大。事件信息不填事故等级。

3. 境外电力工程建设和运营项目发生较大以上人身伤亡事故的，填写本表。

4. 电网企业直管、控股、代管县及县级市供电企业及所属农村供电所组织的 10 千伏及以下生产经营等业务活动中发生的事故或事件亦属电力安全信息报送范围。

5. 本页填报不完的可另附页。

信息安全事件报告表

报告单位	
事件时间	自___年__月__日__时　至___年__月__日__时

事件描述及危害程度：
处置措施：
分析研判：
有关意见和建议：
领导意见：   （单位公章） 年　月　日

附件 2 ＿月（年）电力事故信息统计表（电力人身伤亡事故部分）

填报单位（章）_____

项目 \ 期间	电力生产人身伤亡事故											电力建设										
	电力生产人身伤亡情况			其中								电力建设人身伤亡情况			其中							
				较大			重大			特别重大					较大			重大			特别重大		
	起数	死亡	重伤	起数	死亡	重伤	起数	死亡	重伤	起数	死亡	重伤	起数	死亡	重伤	起数	死亡	重伤	起数	死亡	重伤	
当月																						
本年累计																						
上年同期																						
上年累计																						
填表说明：																						

注：电力人身伤亡事故"起数"的单位为"次"，"死亡"和"重伤"的单位为"人"。

审核人签字：   制表人签字：   填报日期：   年 月 日

＿月（年）电力事故信息统计表
（电力安全生产事故／设备事故部分）

填报单位（章）：_____

统计项目 \ 统计时间	电力安全事故（次）				设备事故（次）			
	事故次数	其中			事故次数	其中		
		较大	重大	特别重大		较大	重大	特别重大
当月								
本年累计								
上年同期								
上年累计								
填报说明：								

审核人签字：   制表人签字：   填报日期：   年 月 日

附件 3　＿月（年）电力事故基本信息统计表

填报单位（章）：

序号 ＼ 项目	时间	地点（单位）	事故类型	事故等级	电力人身伤亡事故类别	造成电力安全事故/设备事故责任原因	事故简要经过、后果及处置情况
1							
2							
3							
填报说明：							

审核人签字：　　　　制表人签字：　　　　填报日期：　　年　月　日

注：1. 事故类型：电力生产人身伤亡事故、电力建设人身伤亡事故、电力安全事故、设备事故。

2. 事故等级：一般、较大、重大和特别重大。

3. 电力人身伤亡事故类别：触电、高处坠落、物体打击、机械伤害、淹溺、灼烫伤、火灾、坍塌、中毒、爆炸、道路交通等。

4. 造成电力安全事故/设备事故责任原因：规划设计不周、制造质量不良、施工安装不良、检修质量不良、调整试验不当、运行不当、管理不当、调度不当、电力系统影响、用户误操作、外力破坏、自然灾害等。

5. 本页填报不完的可另附页。

＿月（年）电力安全事件信息统计表

填报单位（章）：

项目 ＼ 序号	时间	地点（单位）	事故类型	造成电力安全事件原因	事件简要经过、后果	事件处置情况
1						
2						
3						
填报说明：本月（年）事件次数＿＿＿，本年累计＿＿＿，上年同期＿＿＿，上年累计＿＿＿。						

审核人签字：　　　　制表人签字：　　　　填报日期：　　年　月　日

注：1. 事件类型：影响电力（热力）正常供应事件（参见《电力安全事件监督管理规定》第六条第一、十款）、影响电力系统安全稳定运行事件（参见第六条第二、三、四、五、七款）、造成较大社会影响事件（参见第六条第六、八、九款）。

2. 造成电力安全事件原因：规划设计不周、制造质量不良、施工安装不良、检修质量不良、调整试验不当、运行不当、管理不当、用户误操作、外力破坏、自然灾害等。

3. 本页填报不完的可另附页。

附件 4　电力人身伤亡事故范围

1. 电力生产（建设）类人身伤亡事故：包括电力企业人员从事电力生产（建设）过程中发生的人身伤亡事故；非电力企业人员从事电力生产（建设）过程中发生的人身伤亡事故。电力企业人员从事电力用户工程过程中发生的人身伤亡事故。

2. 交通类人身伤亡事故：包括厂（场）内交通事故，作业路途中发生的道路、水上等交通事故造成的人身伤亡事故（交通部门牵头调查的交通事故除外）。

3．自然灾害类人身伤亡事故：由于自然灾害造成的电力生产（建设）人员的伤亡事故。

注：

1．"电力企业"范围执行《电力安全生产监管办法》规定。

2．发生上述电力人身伤亡事故的单位要按规定时限上报事故信息，事后定性 与初判不符的可在后续统计中调整。其中地方政府定性为意外的人身伤亡事故，取得国家能源局承装修试资质的非电力企业从事电力用户业务时发生的人身伤亡事故，电力企业人员私自从事工作范围以外涉点工作造成的人身伤亡事故不纳入事故信息统计范围。

国家能源局关于印发《火力发电机组 可靠性评价实施办法》的通知

国能安全〔2014〕203号

各派出机构，华能、大唐、华电、国电、中电投集团公司，各有关电力企业：

《火力发电机组可靠性评价实施办法》经修订现予印发，请依照执行，《关于印发〈火力发电机组可靠性评价实施办法〉的通知》（办安全〔2012〕114号）同时废止。

国家能源局

2014年5月10日

附件：

火力发电机组可靠性评价实施办法

第一章 总 则

第一条 为提高发电机组运行可靠性水平，保障电力系统安全稳定可靠运行，依据《电力监管条例》《电力可靠性监督管理办法》，制定本办法。

第二条 火力发电机组（以下简称"机组"）可靠性评价包括1000兆瓦、600兆瓦和300兆瓦三个容量等级常规火电机组，通过可靠性评价指标认定。

第三条 可靠性评价工作应当坚持公正、公平、公开的原则。

第二章 评 价 指 标

第四条 机组可靠性评价采用机组年度可靠性综合评价系数（GRCF）作为评价指标。

第五条 机组可靠性综合评价系数是反映机组综合出力能力的指标，其公式为：

$$GRCF = EAP + B_F + B_{MT} + B_R$$

式中：

EAF为机组台年平均等效可用系数。

B_F为机组强迫停运次数影响值：$B_F = -\Sigma(FOT \times C_F)$，式中，FOT为机组台年平均强迫停运次数，$C_F$为强迫停运影响系数，第一类非计划停运取值0.6%，第二类非计划停运取值0.5%，第三类非计划停运取值0.4%。

B_{MT}为机组最长连续运行时间影响值：

$$B_{MT} = \frac{SH_{MT} - \frac{2}{3}SH_{DA}}{\frac{2}{3}SH_{DA}} \times 1.5\%$$

式中：SH_{MT} 为最长连续运行时间（小时），SH_{DA} 为机组所在电网统调大型火电机组年度平均运行小时。机组最长连续运行时间从评价年度的上一年度算起；若跨年度连续运行事件在评价年度内的时间不足 30% 的，则该事件按年度内时间比例占 30% 计算持续时间。最长连续运行时间大于 $\frac{2}{3}SH_{DA}$ 的，其值按 $\frac{2}{3}SH_{DA}$ 计算。

B_R 为备用时间权重影响值：

$$B_R = -\max\left(RH - \frac{2}{3}RH_{DA},\ 0\right)/PH \times C_R$$

式中：max（）为取最大值函数，RH 为机组备用时间，RH_{DA} 为机组所在电网统调大型火电机组年度平均备用小时，PH 为机组的统计期间小时，C_R 为备用时间权重修正系数，取值 10%。

第三章 评价工作实施

第六条 评价采用全国与区域相结合的方式，每年评价一次。评价出全国 A 级机组和六个电网区域 B 级机组。

第七条 评价按照可靠性评价指标分值对位于前列的机组进行实名列示，全国 A 级机组数量为：1000 兆瓦级火力发电机组 5 台，600 兆瓦级、300 兆瓦级火力发电机组各 20 台。华北、东北、华东、华中、西北、南方六个区域 B 级机组数量分别为：各区域 600 兆瓦级、300 兆瓦级机组总台数的 3%。A、B 级机组不重复列示。

第八条 在可靠性评价期内和评价当年发生人员责任电力事故或电力安全事件、未开展辅助设备和输变电设施可靠性评价工作的企业，评价年度机组备用次数超过 5 次（机组因配合电网建设、检修、试验的备用次数不计在内）及机组停用时间超过 300 小时的不参与实名列示。电力可靠性信息不完整、不准确、不真实的机组，不参与实名列示。

第九条 派出机构合同可靠性中心对评价信息进行核查。A、B 级机组须经公示后进行实名列示。

第四章 附 则

第十条 本办法由国家能源局负责解释。

第十一条 本办法自发布之日起执行，原国家电力监管委员全《关于印发〈火力发电机组可靠性评价实施力法〉的通知》（办安全〔2012〕114 号）同时废止。

附录 机组评价指标说明

根据《发电设备可靠性评价规程》（DL/T 793—2012）现将各指标注释如下：
GRCF 机组可靠性综合评价系数
EAF 等效可用系数

B_F　强迫停运次数影响值

FOT　强迫停运次数

C_F　强迫停运影响系数

PH　统计期间小时

B_{MT}　最长连续运行时间影响值

SH_{MT}　最长连续运行时间（小时）

B_R　备用时间权重影响值

RH　机组备用时间

C_R　备用时间权重修正系数

RH_{DA}　机组所在电网统调大型火电机组年度平均备用小时

SH_{DA}　机组所在电网统调大型火电机组年度平均运行小时

300 兆瓦级　容量为 300 兆瓦-399 兆瓦的机组

600 兆瓦级　容量为 600 兆瓦-699 兆瓦的机组

1000 兆瓦级　容量为 1000 兆瓦及以上容量的机组

国家能源局关于印发《供电企业可靠性评价实施办法》的通知

国能安全〔2014〕204 号

各派出机构，国家电网公司，南方电网公司，内蒙古电力公司，各有关电力企业：

《供电企业可靠性评价实施办法》经修订现予印发，请依照执行。《关于印发〈供电企业可靠性评价实施办法〉的通知》（办安全〔2012〕113 号）同时废止。

国家能源局

2014 年 5 月 10 日

附件：

供电企业可靠性评价实施办法

第一章 总 则

第一条 为促进供电企业提高用户供电可靠性管理水平，保障电力系统的安全稳定运行，依据《电力监管条例》《电力可靠性监督管理办法》，制定本办法。

第二条 本办法适用于我国境内地市级及以上供电企业（以下简称"供电企业"）的可靠性评价。

第三条 可靠性评价工作应当坚持公正、公平、公开的原则。

第二章 评 价 指 标

第四条 供电企业可靠性评价对象为企业所辖范围内 10（6、20）千伏供电系统全部用户的供电可靠性。

第五条 评价采用年度用户供电可靠性指标进行评价，指标范围包括市中心、市区、城镇和农村。评价指标总分值为 100 分，指标评分规则为：

（一）综合性指标：60 分

1. 用户平均停电时间

$$实际得分 = 15 \times \left(1 - \frac{AIHC_{-1}}{2 \times 全国平均值}\right) + 25 \times \left(1 - \frac{AIHC_{-3}}{2 \times 全国平均值}\right)$$

2. 用户平均停电次数

$$实际得分=5\times\left(1-\frac{AIHC_{-1}}{2\times全国平均值}\right)+5\times\left(1-\frac{AIHC_{-3}}{2\times全国平均值}\right)$$

3．总用户数

$$实际得分=10\times\left(1-\frac{全国平均值}{2\times N}\right)$$

其中：N 为被评价单位的等效总用户数。

（二）故障停电指标：30 分

4．故障停电平均持续时间

$$实际得分=15\times\left(1-\frac{MID_{-F}}{2\times全国平均值}\right)$$

5．故障停电平均用户数

$$实际得分=15\times\left(1-\frac{MIC_{-F}}{2\times全国平均值}\right)$$

（三）预安排停电指标：10 分

6．预安排停电平均持续时间

$$实际得分=5\times\left(1-\frac{MID_{-S}}{2\times全国平均值}\right)$$

7．预安排停电平均用户数

$$实际得分=5\times\left(1-\frac{MIC_{-S}}{2\times全国平均值}\right)$$

上述各项实际得分中如出现负值，该项得分为零。

第三章　评价工作实施

第六条　供电企业可靠性评价采用全国与区域相结合的方式，每年评价一次，评价出全国 A 级供电企业和区域 B 级供电企业。

第七条　评价按照评价指标分值对位于前列的单位实名列示。全国 A 级可靠性供电企业 10 个，华北、东北、华东、华中、西北、南方六个区域 B 级可靠性供电企业各 3 个。A、B 级可靠性供电企业不重复列示。

第八条　在可靠性评价期内和评价当年发生人员责任电力事故或电力安全事件的供电企业，以及电力可靠性信息不完整、不准确、不真实的供电企业，不参与实名列示。

第九条　派出机构会同可靠性中心对评价信息进行核查。A、B 级供电企业须经公示后进行实名列示。

第四章　附　　则

第十条　本办法由国家能源局负责解释。

第十一条　本办法自发布之日起执行，原国家电力监管委员会《关于印发〈供电企业可靠性评价实施办法〉的通知》（办安全〔2012〕113 号）同时废止。

附录：供电企业评价指标说明

附录 供电企业评价指标说明

根据《供电系统用户供电可靠性评价规程》（DL/T 836—2012）现将各指标注解如下：

1. 用户平均停电时间：用户在统计期间内的平均停电小时数，记作 $AIHC_{-1}$（时/户）。

$$用户平均停电时间 = \frac{\sum（用户每次停电时间）}{总用户数}$$

若不计系统电源不足限电时，则记作 $AIHC_{-3}$（时/户）。

$$用户平均停电时间（不计系统电源不足限电）$$
$$= \frac{\sum 每户每次停电时间 - \sum 每户每次限电停电时间}{总用户数}$$

2. 用户平均停电次数：供电用户在统计期间内的平均停电次数，记作 $AITC_{-1}$（次/户）。

$$用户平均停电次数 = \frac{\sum（每次停电用户数）}{总用户数}$$

若不计系统电源不足限电时，则记作 $AITC_{-3}$（次/户）。

$$用户平均停电次数（不计系统电源不足限电）$$
$$= \frac{\sum 每次停电用户数 - \sum 每次限电停电用户数}{总用户数}$$

3. 故障停电平均持续时间：在统计期间内，故障停电的每次平均停电小时数，记作 MID_{-F}（时/次）。

$$故障停电平均持续时间 = \frac{\sum 故障停电时间}{故障停电次数}$$

4. 故障停电平均用户数：在统计期间内，平均每次故障停电的用户数，记作 MIC_{-F}（户/次）。

$$故障停电平均用户数 = \frac{\sum 每次故障停电户数}{故障停电次数}$$

5. 预安排停电平均持续时间：在统计期间内，预安排停电的每次平均停电小时数，记作 MID_{-s}（时/次）。

$$预安排停电平均持续时间 = \frac{\sum 预安排停电时间}{预安排停电次数}$$

6. 预安排停电平均用户数：在统计期间内，平均每次预安排停电的用户数，记作 MIC_{-s}（户/次）。

$$预安排停电平均用户数 = \frac{\sum 每次预安排停电户数}{预安排停电次数}$$

7. 总用户数"全国平均值"为该项指标评价年度的全国算术平均值，其余公式中的"全国平均值"为该项指标评价年度的全国加权平均值。

8. 评价中涉及的县级供电企业包括直管、控股、代管企业。

国家能源局关于印发《电力安全事件监督管理规定》的通知

国能安全〔2014〕205号

各派出机构，国家电网公司，南方电网公司，华能、大唐、华电、国电、中电投集团公司，各有关电力企业：

按照工作安排，国家能源局修订了原电监会《电力安全事件监督管理暂行规定》，现将完成后的《电力安全事件监督管理规定》印发你们，请依照执行。

国家能源局

2014年5月10日

附件：

电力安全事件监督管理规定

第一条　为贯彻落实《电力安全事故应急处置和调查处理条例》（以下简称《条例》），加强对可能引发电力安全事故的重大风险管控，防止和减少电力安全事故，制定本规定。

第二条　本规定所称电力安全事件，是指未构成电力安全事故，但影响电力（热力）正常供应，或对电力系统安全稳定运行构成威胁，可能引发电力安全事故或造成较大社会影响的事件。

第三条　电力企业应当加强对电力安全事件的管理，严格落实安全生产责任，建立健全相关的管理制度，完善安全风险管控体系，强化基层基础安全管理工作，防止和减少电力安全事件。

第四条　电力企业应当依据《条例》和本规定，制定本企业电力安全事件相关管理规定，明确电力安全事件分级分类标准、信息报送制度、调查处理程序和责任追究制度等内容。

第五条　电力企业制定的电力安全事件相关管理规定应当报送国家能源局及其派出机构。属于全国电力安全生产委员会成员单位的电力企业向国家能源局报送，其他电力企业向当地国家能源局派出机构（以下简称"派出机构"）报送。电力安全事件相关管理规定作出修订后，应当重新报送。

第六条　国家能源局及其派出机构指导、督促电力企业开展电力安全事件防范工作，并重点加强对以下电力安全事件的监督管理：

（一）因安全故障（含人员误操作，下同）造成城市电网（含直辖市、省级人民政府所在地城市、其他设区的市、县级市电网）减供负荷比例或者城市供电用户停电比例超过《电力安全事故应急处置和调查处理条例》规定的一般电力安全事故比例数值 60%以上；

（二）500 千伏以上系统中，一次事件造成同一输电断面两回以上线路同时停运；

（三）省级以上电力调度机构管辖的安全稳定控制装置拒动或误动、330 千伏以上线路主保护拒动或误动、330 千伏以上断路器拒动；

（四）装机总容量 1000 兆瓦以上的发电厂、330 千伏以上变电站因安全故障造成全厂（全站）对外停电；

（五）±400 千伏以上直流输电线路双极闭锁或一次事件造成多回直流输电线路单级闭锁；

（六）发生地市级以上地方人民政府有关部门确定的特级或者一级重要电力用户外部供电电源因安全故障全部中断；

（七）因安全故障造成发电厂一次减少出力 1200 兆瓦以上，或者装机容量 5000 兆瓦以上发电厂一次减少出力 2000 兆瓦以上，或者风电场一次减少出力 200 兆瓦以上；

（八）水电站由于水工设备、水工建筑损坏或者其他原因，造成水库不能正常蓄水、泄洪、水淹厂房、库水漫坝；或者水电站在泄洪过程中发生消能防冲设施破坏、下游近坝堤岸垮塌；

（九）燃煤发电厂贮灰场大坝发生溃决，或发生严重泄漏并造成环境污染；

（十）供热机组装机容量 200 兆瓦以上的热电厂，在当地人民政府规定的采暖期内同时发生 2 台以上供热机组因安全故障停止运行并持续 12 小时。

第七条　发生第六条所列电力安全事件后，对于造成较大社会影响的，发生事件的单位负责人接到报告后应当于 1 小时内向上级主管单位和当地派出机构报告，在未设派出机构的省、自治区、直辖市，应向当地国家能源局区域派出机构报告。全国电力安全生产委员会成员单位接到报告后应当于 1 小时内向国家能源局报告。

其他电力安全事件报国家能源局的时限为事件发生后 24 小时。同时，当地派出机构要对事件进一步核实，及时向国家能源局报送事件情况的书面报告。

第八条　电力企业对发生的电力安全事件，应当吸取教训，按照本企业的相关管理规定，制定和落实防范整改措施。

对第六条所列电力安全事件，电力企业应当依据国家有关事故调查程序，组织调查组进行调查处理。

对电力系统安全稳定运行或对社会造成较大影响的电力安全事件，国家能源局及其派出机构认为必要时，可以专项督查。

第九条　对第六条所列电力安全事件的调查期限依据《电力安全事故应急处置和调查处理条例》规定的一般电力安全事故调查期限执行，调查工作结束后 5 个工作日内，电力企业应当将调查结果以书面形式报国家能源局及其派出机构。

第十条　涉及电网企业、发电企业等两个或者两个以上企业的电力安全事件，组织联合调查时发生争议且一方申请国家能源局及其派出机构调查的，可以由国家能源局及其派出机构组织调查。

第十一条　对发生第六条所列电力安全事件且负有主要责任的电力企业，国家能源局及其派出机构将视情况采取约谈、通报、现场检查和专项督办等手段加强督导，督促电力企业落实安全生产主体责任，全面排查安全隐患，落实防范整改措施，切实提高安全生产管理水平，防止类似事件重复发生，防止由电力安全事件引发电力安全事故。

第十二条　电力企业违反本规定要求的，由国家能源局及其派出机构依据有关规定处理。

第十三条　派出机构可根据本规定，结合本辖区实际，制定相关实施细则。

第十四条　本规定自发布之日起执行。

关于印发《国家能源局 12398 能源监管热线投诉举报处理暂行办法》的通知

国能监管〔2014〕460 号

各派出机构：

为规范 12398 能源监管热线投诉举报处理工作，保障有关个人和组织依法行使投诉举报权益，我局制定了《国家能源局 12398 能源监管热线投诉举报处理暂行办法》。现印发给你们，请遵照执行。

国家能源局

2014 年 10 月 15 日

附件：

国家能源局 12398 能源监管热线投诉举报处理暂行办法

一、总 则

第一条 为了规范 12398 能源监管热线投诉举报处理工作，保障有关个人和组织行使投诉举报权益，根据有关法律、行政法规、规章，制定本办法。

第二条 本办法适用于国家能源局派出机构处理有关个人或者组织通过 12398 能源监管热线（以下简称 12398 热线）向其提出的投诉举报事项。

本办法所称投诉举报是指反映涉及国家能源局及其派出机构能源监管职责的电力、核电、煤炭、石油、天然气、新能源与可再生能源等方面事项。

第三条 投诉举报事项实行属地化管理，由国家能源局派出机构负责受理和办理。

国家能源局派出机构认为投诉举报事项重大、情况复杂的，可以报请国家能源局处理。

第四条 国家能源局派出机构处理投诉举报应当依法、公正、及时，关注社会民生热点，建立问题导向监管机制，将 12398 热线建设成重要的能源监管民生通道。

第五条 国家能源局派出机构应当按照本办法受理和办理属于国家能源局及其派出机构能源监管职责范围内的投诉举报事项，健全和完善投诉举报处理工作闭环管理制度、内部联动和外部协同工作机制，规范受理、分理、办理、回复、回访等工作程序。

如果受理的投诉举报事项涉及其他政府部门职责的，应当协商办理；如果需要有关单位和部门配合先行调查了解情况的，可以按照有关规定进行转办；确定不属于能源监管职责范围的，应当按照有关规定进行移送。

第六条 国家能源局派出机构处理投诉举报的工作人员应当恪尽职守、秉公办事，查明事实、分清责任，宣传法制、教育疏导，及时妥善处理，不得推诿、敷衍、拖延。

工作人员有下列情形之一的，应当回避：

（一）与投诉举报事项有利害关系的；

（二）与当事人有利害关系的；

（三）国家能源局派出机构认为应当回避的其他情形。

第七条 全国开通统一的12398热线。任何单位或者个人可以通过拨打12398热线或者发送传真、电子邮件方式提出投诉举报事项。

国家能源局派出机构应当组织开展12398热线标识普及和宣传，并且适时开展其社会知晓度调查。

第八条 国家能源局派出机构应当对投诉举报事项进行规范登记、编号、建档，纳入档案管理，并定期统计投诉举报事项的办结率、回访率和当事人满意率。

第九条 国家能源局及其派出机构应当按照政府信息公开规定将投诉举报事项处理情况向社会公布，接受公众监督。

二、投诉处理

第十条 投诉人提出投诉请求，应当一并提供以下信息及资料：

（一）投诉人的姓名或者名称、住所和联系方式，被投诉人的名称；

（二）投诉事项、投诉请求，及与投诉事项相关的资料，包括书面资料、照片、录音、录像等；

（三）国家能源局派出机构要求提供的其他情况。

第十一条 国家能源局派出机构应当自收到投诉事项之日起7日内作出是否受理的决定；作出不予受理决定的，应当向投诉人说明理由，按照规定移送的，一并告知投诉人。

第十二条 投诉事项符合下列条件的，国家能源局派出机构应当受理：

（一）有明确的投诉人和被投诉人的；

（二）有明确的投诉请求、事实和理由的；

（三）属于国家能源局及其派出机构能源监管职责范围的。

第十三条 有下列情形之一的，国家能源局派出机构不予受理：

（一）投诉人与投诉事项没有利害关系的；

（二）投诉事项不属于国家能源局及其派出机构能源监管职责范围的；

（三）投诉事项已经或者依法应当通过诉讼、仲裁或者行政复议等法定途径解决的；

（四）依照法律、法规或者国家有关规定应当由企业或者其他组织先行处理的；

（五）投诉事项的内容不符合有关法律、法规规定的；

（六）已经作出处理，投诉人又以同一事实或者理由再次投诉的。

第十四条 国家能源局派出机构办理投诉事项期间，发现投诉事项不属于受理范围的，应当终止办理，并且告知投诉人终止办理的理由。

第十五条 国家能源局派出机构办结投诉事项之前，投诉人可以申请撤回投诉。

第十六条　国家能源局派出机构办理投诉事项期间，发现投诉人、被投诉人有违反有关能源法律、法规、规章和其他规范性文件的行为，需要立案调查的，应当按照有关规定立案调查处理。

办理投诉事项期间，发现投诉人、被投诉人有违法行为，但是不属于能源监管职责查处范围的，应当移送有关部门进行处理，并且自作出移送决定之日起 5 日内告知投诉人。

第十七条　国家能源局派出机构经调查核实，应当依照有关能源法律、法规、规章和其他规范性文件，分别作出下列处理：

（一）投诉请求事实清楚，符合法律、法规、规章和其他规范性文件的，予以支持；

（二）投诉请求缺乏事实根据或者不符合法律、法规、规章和其他规范性文件的，不予支持；

（三）对投诉请求事由合理但是缺乏法律依据的情形，应当对投诉人做好解释工作。

依照前款第（一）项规定作出支持投诉请求决定的，国家能源局派出机构责令或者督促被投诉人执行。

第十八条　投诉事项应当自受理之日起 60 日内办结。有下列情形之一的，可以延长办理期限，但是延长期限不得超过 30 日，并且告知投诉人延期理由：

（一）投诉事项复杂，涉及多方主体的；

（二）投诉事项调查取证困难的；

（三）投诉事项需要专业鉴定的；

（四）其他需要延长办理期限的。

第十九条　国家能源局派出机构办结投诉事项，应当自作出办结决定之日起 5 日内告知投诉人。

三、举 报 处 理

第二十条　国家能源局派出机构对属于国家能源局及其派出机构能源监管职责范围，并且被举报人基本情况清楚、有具体的违法事实、线索清晰并且附带相关证据材料的举报，应当受理。

第二十一条　举报有下列情形之一的，国家能源局派出机构不予受理：

（一）举报事项不属于国家能源局及其派出机构能源监管职责范围的；

（二）没有明确的被举报人或者被举报人无法查找；

（三）没有具体的违法事实或者查案线索不清晰的。

第二十二条　国家能源局派出机构经调查核实，应当依照有关法律、法规、规章和其他规范性文件，对举报事项分别作出下列处理：

（一）被举报人违法违规事实清楚、证据确凿的，依法给予行政处罚或者其他处理；涉嫌构成犯罪，依法需要追究刑事责任的，移送司法机关依法处理；

（二）被举报人的行为未违法违规的，终止办理，予以结案；

（三）举报事项证据不足，无法查明的，终止办理，予以结案。

第二十三条　举报事项应当自受理之日起 60 日内办结。有下列情形之一的，可以延长办理期限，但是延长期限不得超过 30 日，对具名举报的举报人，应当告知其延期理由：

（一）举报事项复杂，涉及多方主体的；

（二）举报事项调查取证困难的；

（三）举报事项需要专业鉴定的；

（四）其他需要延长办理期限的。

第二十四条 举报办结后，国家能源局派出机构有举报人的联系地址、联系电话的，应当及时告知举报人处理结果。

四、法　律　责　任

第二十五条 国家能源局派出机构应当依法保护投诉人和举报人的合法权益，不得泄露举报人的举报材料和相关信息。

国家能源局派出机构按照有关规定对举报有功的个人和组织给予奖励。

第二十六条 国家能源局派出机构处理投诉举报的工作人员滥用职权、徇私舞弊、以权谋私的，或者泄露举报信息或者隐匿、销毁举报材料的，视其情节轻重给予批评或者行政处分；构成犯罪的，依法追究刑事责任。

第二十七条 有关个人和组织应当对所投诉举报的内容负责。诬告、诽谤他人，或者以投诉举报为名制造事端，干扰能源监管工作正常进行的，按照有关规定处理。

五、附　　　则

第二十八条 本办法所称 5 日、7 日为工作日。

第二十九条 本办法自 2014 年 11 月 1 日起施行。

国家能源局关于加强电力企业
安全风险预控体系建设的指导意见

国能安全〔2015〕1号

国家电网公司、南方电网公司，中国华能、大唐、华电、国电、中电投集团公司，中国电建、能建集团公司，有关电力企业：

为进一步深化"安全第一、预防为主、综合治理"的安全生产方针，实现电力安全生产的系统化、科学化、标准化和精细化管理，提高电力企业安全管理水平，有效防范各类电力事故的发生，现就加强电力行业安全风险预控体系建设提出如下意见。

一、总体要求和建设目标

（一）总体要求。准确把握电力生产的特点和规律，深入研究如何在现有安全管理基础上提升安全管理的系统性、前瞻性、可控性，探索适合电力行业生产实际的、基于风险的，系统化、规范化与持续改进的安全风险管理模式，逐步构建一套理念先进、方法得当、管控有效的安全风险预控体系，建立隐患排查新常态和安全生产长效机制，有效防范各类事故，保持电力安全生产形势的持续稳定，为我国经济社会的快速发展提供安全可靠的电力保障。

（二）建设目标。以风险控制为主线，以危害辨识、风险评估、风险控制和持续改进的闭环管理为原则，结合本单位生产实际，系统地提出电网、设备设施、劳动安全、作业环境、职业健康风险管控的内容、目标与途径，强调事前危害辨识与风险评估、事中落实管控措施、事后总结与改进，最终达到风险超前控制和持续改进的目的。

二、主要建设任务

（三）实施危害辨识和风险评估。电力企业要建立科学的风险评估技术标准，规范风险评估方法，量化风险等级。要发动全员，全方位、全过程地辨识生产系统、设备设施、人员行为、环境条件等因素可能导致的安全、健康和社会影响等方面的风险，确保危害辨识和风险评估的及时性、全面性、科学性。要对辨识出的风险分类梳理、分级管控、分层落实，确定出各类、各级、各层的安全预控重点。要建立风险数据库并持续地开展动态辨识，评估更新，对辨识出的风险进行动态管理。

（四）完善管理制度和技术标准。电力企业要按照"沿用、完善、建立"的总体思路，"以规范、简洁、高效"为指导思想，以风险控制为主线，以PDCA（策划-执行-检查-改进）的闭环管理为原则，系统梳理完善风险预控的规程、标准和制度，建立企业安全风险预控体系文件，为体系建设提供技术支撑。在制度和标准的编制过程中，应详细梳理各项管理业务，明确各项业务的工作流程和工作步骤，并在制度中以流程图等直观、简明的形式让风险管理的要求有效落地，为全面规范、深化体系应用奠定基础。

（五）做好风险管控工作。电力企业要对评估出来的不可接受的风险，结合风险类型和性质，结合企业自身的安全技术和经济能力，结合安全生产隐患排查治理、标准化创建、技术改造等日常管理工作，制定针对性的应对措施。对不同种类、不同等级的风险应该明确相应的管理职责和实施主体，使风险管控在日常工作得到落实。

（六）建立检查、审核等持续改进的工作机制。电力企业要对风险预控工作进行定期检查，并通过安全生产工作会、安全分析会等形式对风险预控工作进行总结和分析，对检查和回顾中发现的问题，要及时纠正、限期整改。要建立体系审核工作机制，编制体系审核管理办法，明确审核内容和方法，检验风险预控体系的有效性、全面性和适宜性，确保风险可控在控。要根据人员、设备、环境和管理等因素变化，持续地进行危害辨识、风险评估、管控与更新完善，实现风险预控体系的持续改进。

三、措施保障

（七）树立"关口前移、系统管控"的安全理念，为体系建设奠定思想基础。各单位要从促进电力工业科学发展、安全发展的高度，提高对安全风险预控体系重要性的认识，树立关口前移和系统控制的安全理念，以理念指导思想，以思想引领行动，从源头上消除不安全意识和行为，为安全风险预控体系建设奠定坚实的思想基础。

（八）强化理念宣贯和人员培训，为体系建设构筑人才保障。体系的建立和实施涉及安全生产各环节，需要全体员工的积极、主动参与。电力企业在体系的推进过程中必须进行理念的宣贯和全员培训，使企业员工，特别是各级管理人员掌握体系管理内容、体系结构和运作方法，解决员工基本认知，并掌握体系核心内涵，彻底消除员工畏难情绪和抵触情绪，激励全员做好体系建设的内在动力，有效推动体系的建设和实施。

（九）坚持闭环管理的工作原则，为体系建设提供有效手段。电力企业要按照体系建设PDCA闭环管理的原则，结合本单位实际情况，建立起符合本单位生产实际的、科学的、规范的风险预控流程：从构建目标责任机制、运行推进机制、考核激励机制、持续改进机制等方面下功夫，将安全风险预控体系建立和日常管理有机结合，建立常态化、制度化、体系化的工作机制。

（十）培育安全文化，为体系建设营造良好氛围。电力企业要大力实施理念引领，文化渗透工程。大力弘扬先进的安全理念，培养员工"事前风险辨识、事中风险管控、事后回顾总结"的作业与管理行为模式，推动企业安全管理从他律阶段向自律阶段、团队互助阶段过渡，实现从"要我安全"到"我要安全"的转变，实现安全管理的自主管理、自主提升。

四、工作要求

（十一）结合生产实际，实现体系本土化和专业化。电力企业安全风险体系建设应基于本单位安全生产管理现状，能够切实解决安全生产实际问题。在建设过程中，要结合电力安全生产传统有效的管理方法和手段，对国际上先进的安全管理体系要加以消化和吸收，坚持传承和创新并重，实现体系本土化和专业化，避免生搬硬套。各级各类人员的业务技能，包括管理技能、技术技能，是风险预控管理建设质量的最大制约因素，需要不断进行培训，提高体系专业化水平。

（十二）加强组织领导，建立协调机制。电力企业要结合安全风险预控体系建设需求，加强组织领导，设立体系建设组织机构，确定管理机构职责、人员构成和职责分工。要根据体系建设的基础和初步准备情况，制定推动体系建设的工作目标、工作任务、工作方法、责任分工和工作周期等。在体系的推行过程中，要强化生产技术、调度、安监、教育培训等部门的通力合作、相互协调，发挥专业优势，确保所制定的制度标准符合生产实际和风险预控的要求。

（十三）坚持全员参与，促进安全意识的提升。风险预控体系以一种自下而上的方式，电力企业要发动全员（包括承包商及其员工）参与到岗位危害的辨识、风险评估和管控工作中，使员工清楚自身面临的安全风险、可能后果和控制方法，建立按标准做事的行为模式，促进全员安全意识的提升。

（十四）杜绝形式主义，实现持续改进。安全风险管理体系推行要坚决杜绝形式主义，不能将体系的建设和实施作为一种运动和一项短期工作进行突击，各单位要切实把推行体系建设作为提高安全生产管理水平，实现持续改进的手段，切实发挥体系作用。

国家能源局

2015 年 1 月 7 日

国家安全监管总局办公厅关于印发
暗查暗访工作细则的通知

安监总厅函〔2015〕81号

总局和煤矿安监局机关各司局、应急指挥中心：

为进一步推动暗查暗访工作制度化、规范化、经常化，切实提高实效性，制定了《国家安全监管总局暗查暗访工作细则》。现印发给你们，请认真遵照执行。

安全监管总局办公厅

2015年5月25日

附件：

国家安全监管总局暗查暗访工作细则

第一条 为进一步推动暗查暗访工作制度化、规范化、经常化，切实提高暗查暗访实效性，根据《安全生产法》《职业病防治法》《国务院办公厅关于加强安全生产监管执法的通知》《国家安全监管总局关于印发转变作风开展安全生产暗查抽查工作制度的通知》《国家安全监管总局办公厅关于建立健全安全生产"四不两直"暗查暗访工作制度的通知》等要求，制定本工作细则。

第二条 安全生产"四不两直"暗查暗访，是指事先不发通知、不打招呼、不听汇报、不用陪同和接待，直奔基层、直插现场，进行突击检查、随机抽查、"回头看"复查的工作方式。

第三条 暗查暗访的对象为：地方各级人民政府及其有关部门，各类生产经营单位、生产作业现场、从业人员密集场所。

第四条 暗查暗访人员应具有行政执法资格。根据工作需要，应邀请相关行业领域安全生产专家参加，必要时可请武警部队、地方安全监管部门和驻地煤矿安监机构提供协助。特殊情况下，可在不告知具体事宜的情况下，临时通知相关部门陪同。

第五条 办公厅负责暗查暗访综合组织协调和服务保障工作，联系有关单位提供车辆保障和影视技术支持。

总局和煤矿安监局机关各有关司局及应急指挥中心（以下统称暗查单位）负责暗查暗访具体实施工作。

统计司负责有关突出问题和重大隐患社会公示工作。

人事司（宣教办）负责有关新闻宣传报道工作。

第六条 原则上由办公厅与各暗查单位协商，统筹每周安排1次暗查暗访，其中：国家煤矿安监局各司室每月至少有1个单位安排1次，其他业务司局和应急指挥中心每单位每月报送计划安排不少于1次，综合司局每半年安排不少于1次。

第七条 结合安全生产重点工作部署、重点时段安全生产特点和工作中存在的、相关事故暴露出的突出问题，明确暗查暗访主要内容。重点检查：

（一）贯彻落实党中央、国务院关于安全生产工作的重大决策部署以及总局重点工作安排情况；

（二）贯彻落实安全生产"党政同责、一岗双责"和"三个必须"要求情况；

（三）重大节假日和活动期间、重要时段安全生产工作部署及落实情况；

（四）生产经营单位落实安全生产主体责任，依法依规从事生产经营建设情况；

（五）生产作业现场用工组织、安全管理和安全措施及职业病危害防治措施落实情况；

（六）重大隐患和突出问题整改以及行政执法指令执行情况；

（七）应急准备工作、值班值守和突发事件应急处置情况；

（八）需要暗查暗访的其他事项。

第八条 暗查暗访应严格工作程序，实行闭环管理。

（一）制定计划。暗查单位对阶段性安全生产形势进行分析预判，紧密结合重点行业、重点领域安全生产特点，坚持问题导向，明确暗查暗访的任务、领域和地区，于每月25日前将本月暗查暗访情况和下月安排报送办公厅。办公厅统筹协调形成下月暗查暗访计划及时印发暗查单位实施。

（二）制定方案。暗查单位根据拟暗查对象的实际情况和风险预判，制定具体工作方案，确定暗查暗访任务、路线、对象、方法以及重点环节和部位，并做好应对突发事件预案，落实防范措施，保护自身安全。

（三）组织培训。开展暗查暗访前，暗查单位应组织全体暗查暗访人员进行培训，熟悉掌握相关政策、法律法规标准和安全知识，明确工作要求和任务分工及注意事项。

（四）现场检查。充分发挥专家作用，深入细致开展检查，对发现的隐患和问题应现场依法提出处理意见，并认真填写检查记录，做好非法违法行为的取证工作。对存在重大隐患和非法违法行为的生产经营单位，应依法责令停产整顿，并责成地方有关部门依法依规进行执法处罚；非法违法行为突出的，应追查地方政府相关部门监管执法情况；严重危及安全生产、随时可能造成事故的，要依法采取停产撤人等紧急处置措施。对检查中发现的典型经验和好的做法，应及时认真总结。

（五）通报反馈。暗查暗访结束后，暗查单位应及时向被检查单位和其所在地方人民政府及相关部门反馈检查情况，指出发现的问题，提出整改处理要求和进一步加强工作的建议。

（六）集中汇报。办公厅跟踪各单位暗查暗访工作情况，每月安排一次向总局安全生产调度会议或其他相关会议的集中汇报。特别严重的问题和隐患，暗查单位应立即向总局领导报告，按照总局领导同志指示以总局名义依法下达执法指令。

（七）督办整改。暗查单位对发现的重大隐患和突出问题应建立清单，向被检查单位所在地省级人民政府发出整改通知书并跟踪督办，逐一销号。对重点难点隐患和问题，应进行挂牌督办，及时约谈相关单位和地方政府及其有关部门负责人，必要时开展"回头看"；政府层面仍未落实整改的，应在全国通报批评，建议其上一级政府进行问责处理；生产经营单位层面仍未落实整改的，应提请地方政府依法严惩直至关闭。暗查单位认为需要纳入国家级"黑名单"管理的，应及时移交统计司。

（八）资料归档。暗查单位应完善暗查暗访工作台账，做好暗查暗访文字、影音等资料归档保存工作。

第九条 加大先进经验宣传推广和典型案例媒体曝光力度，强化舆论引导和警示教育。具体新闻宣传工作由人事司（宣教办）统筹安排。

第十条 加强暗查暗访工作保障，确保暗查暗访工作顺利、有效实施。

（一）需要武警部队提供车辆、安全生产电视中心提供摄录技术协助的，暗查单位应提前三天通知办公厅，由办公厅统一协调安排。

（二）参与暗查暗访的专家、武警及技术人员的相关费用，按照财务规定由总局统一报销。地方安全监管部门和驻地煤矿安监机构工作人员相关费用，暗查单位可在暗查结束后向其所在单位补发检查通知，由其所在单位报销。

（三）因暗查暗访工作需要配备检查设备和防护装备的，暗查单位应提前做好准备。

第十一条 暗查暗访人员要严格遵守暗查暗访工作纪律。

（一）严格执行不告知检查制度，不得向有关地区部门和被检查单位透露检查相关信息。

（二）应遵守有关安全规定，进入危险作业地点检查时，要按规定佩戴劳动防护用品、携带符合安全要求的检查装备。

（三）坚持为民务实清廉的作风，严格遵守党风廉政有关规定，贯彻落实中央八项规定精神和总局安全生产执法人员"四个零"规定，规范言行，注意形象。

第十二条 本细则自印发之日起实施，由办公厅负责解释。

国家能源局、国家安全监管总局关于推进电力安全生产标准化建设工作有关事项的通知

国能安全〔2015〕126 号

国家能源局各派出机构,各省、自治区、直辖市及新疆生产建设兵团安全生产监督管理局,国家电网公司、南方电网公司,华能、大唐、华电、国电、中电投集团公司,各有关单位:

按照国务院安委会的统一部署,国家能源局会同国家安全监管总局积极推进电力安全生产标准化建设工作(下简称"标准化建设"),相继出台了《关于深入开展电力安全生产标准化工作的指导意见》《电力安全生产标准化达标评级管理办法》等规范性文件,并印发了发电企业、电网企业、电力工程建设项目和电力勘测设计、建设施工企业等标准化规范和达标评级标准,形成了较为完善的标准化达标评级制度和标准体系。按照工作要求,电力企业全面推进标准化建设,截至2014年底,全国大中型发电企业基本完成达标评级任务,电网企业、电力工程建设项目和电力勘测设计、建设施工企业标准化建设稳步推进。通过标准化建设工作,进一步提高了电力企业本质安全水平和防范事故能力。

为贯彻落实新颁布的《中华人民共和国安全生产法》和国务院简政放权工作要求,结合电力安全生产标准化标准规范体系已经较为完备的实际情况,决定自本通知印发之日起,电力安全生产标准化建设工作由电力企业按照电力安全生产标准化标准规范自主开展,国家能源局及其派出机构不再组织电力企业安全生产标准化达标评级工作。现将有关事项通知如下。

一、标准化建设工作由电力企业自主开展。电力企业要落实《中华人民共和国安全生产法》等法律法规,按照相关标准规范,强化自主管理,继续加强安全生产标准化建设。要将标准化建设作为企业日常安全管理的重要内容,结合本单位实际和安全风险预控体系建设,进一步完善安全生产管理标准、作业标准和技术标准,全方位和持续改进地开展标准化建设工作,促进企业安全生产水平的不断提升。

二、电力企业要认真贯彻落实《国务院安全生产委员会关于加强企业安全生产诚信体系建设的指导意见》(安委〔2014〕8 号)和《电力安全生产监督管理办法》(国家发展改革委令第21 号),依法依规、诚实守信开展标准化建设工作。国家能源局派出机构、各地安全监管部门对未开展标准化建设的电力企业,应责令其限期完成;对拒不开展标准化建设和弄虚作假的,应将其列入安全生产不良信用记录;对未开展标准化建设和按照相关标准规范自评未达到70 分(小型发电企业除外),并发生电力事故的,依法依规责令其停产整顿。

三、电力企业要对照电力安全生产标准化规范及标准,结合日常安全大检查工作,按照"边查边改"的原则,每年组织开展标准化自查自评工作,并将经上级单位审批的自评报告抄送当地派出机构,作为开展标准化工作的依据。

国家能源局及其派出机构不再受理现场查评申请,不再颁发证书和牌匾。目前已经开展第三方现场查评工作(含一级标准化)的,经专家审核后,由有关派出机构在6 月30 日前公

示、确认。

四、能源监管机构、各地安全监管部门要加强监督指导，结合日常安全监管工作，通过安全生产风险预控体系建设、安全生产诚信体系建设、安全检查、专项监管和问题监管等方式，督促电力企业开展标准化建设工作。要结合电力安全事故（事件）调查处理，查找电力企业标准化建设工作中存在的突出问题，依法依规予以处理。

五、国家能源局、原国家电监会、国家安全监管总局印发的关于电力安全生产标准化建设方面的相关文件与本通知有不一致的，按照本通知执行。

国家能源局
国家安全监管总局
2015 年 4 月 20 日

国家能源局关于加强
电力可靠性监督管理工作的意见

国能安全〔2015〕208 号

各派出机构，国家电网公司、南方电网公司，华能、大唐、华电、国电、中电投集团公司，各有关单位：

近年来，电力可靠性监督管理工作在保障电力安全生产、提高电力企业管理水平、提升装备制造安装质量等方面发挥了重要作用。为适应电力可靠性监督管理工作新情况，根据《电力安全生产监督管理办法》（国家发展和改革委员会 2015 年第 21 号令）、《电力可靠性监督管理办法》（国家电力监管委员会第 24 号令）等有关文件的要求，现就加强电力可靠性监督管理工作提出以下意见。

一、充分认识加强电力可靠性监督管理工作的重要意义

（一）加强电力可靠性监督管理工作是确保我国电网安全稳定运行的迫切要求。随着我国电网的快速发展，交直流混联运行、大规模新能源发电设备接入等新情况、新问题相继出现，电网的复杂性和脆弱性大幅增加。作为电力安全生产监督管理的重要内容，加强电力可靠性监督管理工作，对于确保电力系统安全稳定运行和电力可靠供应具有重要意义。

（二）加强电力可靠性监督管理工作是进一步提升电力可靠性水平的重要途径。可靠性管理方法已在我国电力行业得到广泛应用，我国发电设备、输变电设施、部分城市用户供电可靠性指标均已进入高可靠性阶段。加强电力可靠性监督管理工作，完善有针对性、前瞻性的监督管理措施，是进一步提升电力设备和电力系统可靠性水平的重要途径。

（三）加强电力可靠性监督管理工作是提升电力企业管理水平的重要内容。电力可靠性管理涉及电力规划设计、设备制造、基建安装、生产运营、维护检修和客户服务等电力安全生产的多个环节。加强电力可靠性监督管理工作，对于促进电力企业安全生产管理、提升企业管理水平和市场竞争力具有重要作用。

二、进一步加强电力可靠性监督管理工作

（一）明确电力可靠性监督管理工作职责。国家能源局负责全国电力可靠性监督管理，国家能源局派出机构负责辖区内电力可靠性监督管理，国家能源局电力可靠性管理中心负责全国电力可靠性监督管理的技术支持和行业服务工作。电力企业按照有关规定和技术标准，开展电力可靠性管理工作。

（二）加强电力可靠性信息报送内容管理。电力企业要按照电力行业统一的可靠性规程和数据标准建立电力可靠性管理信息系统，并统计报送以下电力可靠性信息：

（1）发电设备可靠性信息，包括 100 兆瓦及以上容量火力发电机组，40 兆瓦及以上容量水力发电机组，全部核电机组，200 兆瓦及以上容量机组主要辅助设备，风能、太阳能并网发电设备可靠性信息；

（2）输变电可靠性信息，包括 110 千伏及以上电压等级输变电设施可靠性信息，高压直流输电系统可靠性信息；

（3）供电系统用户供电可靠性信息；

（4）省调及以上机组调度运行信息；

（5）电力可靠性管理和技术分析报告；

（6）其他相关可靠性信息。

（三）加强电力可靠性信息报送时限管理。电力企业要按照以下时限要求报送电力可靠性信息：

（1）每月 10 日前报送上一月发电主机可靠性信息；

（2）每季度首月 15 日前报送上一季度发电辅助设备、输变电设施、直流输电系统以及供电系统可靠性信息；

（3）每年 2 月 15 日前报送上一年度电力可靠性管理和技术分析报告。

国家能源局各派出机构要自电力企业信息报送截止之日起 5 个工作日内向国家能源局电力可靠性管理中心报送本辖区的汇总信息。

（四）加强对重大非计划停运事件可靠性技术分析。电力企业要在以下非计划停运事件发生后一个月内报送可靠性技术分析报告：

（1）燃煤火电机组 500 小时、常规水电机组 100 小时、其他类型发电机组 300 小时及以上非计划停运事件；

（2）变压器 500 小时及以上非计划停运事件，断路器 300 小时及以上非计划停运事件，架空线路 100 小时及以上非计划停运事件，以及其他输变电设施 1000 小时及以上非计划停运事件；

（3）220 千伏及以上电压等级变电站全站非计划停电事件。

（五）加强电力可靠性信息采集汇总渠道管理。国家能源局各派出机构辖区内的电力企业向所在派出机构报送，派出机构将信息汇总后报国家能源局电力可靠性管理中心；中央电力企业、资产跨区域的地方电力企业向国家能源局电力可靠性管理中心报送，提高电力可靠性信息报送的准确性、及时性和完整性。

三、切实把加强电力可靠性监督管理工作落到实处

（一）加强对电力可靠性监督管理工作的统筹协调。各单位要高度重视电力可靠性监督管理工作，加强组织领导和统筹协调，及时研究电力可靠性监督管理工作中的重大问题，通过完善相关法规体系、开展有效监管和服务、创新可靠性管理技术、提升电力设施和电力系统可靠性水平，逐步构建企业内部自下而上、行业协调服务和政府分级监管的管理方法和体系。

（二）加强电力可靠性管理企业主体责任的落实。电力企业是电力可靠性管理工作的责任主体，要以全面质量管理和全过程安全管理为主线，将可靠性管理与安全生产和优质服务各项工作紧密结合，实现以可靠性管理促进安全生产、以安全生产提升设备和系统可靠性的良性循环。要针对重点方向和薄弱环节制定适合各单位基础条件和发展阶段的新措施、新方法，实现企业管理水平和可靠性指标的同步提升。

（三）加强对电力可靠性管理的监督检查。国家能源局各派出机构要进一步完善电力可靠性监管体系和工作制度，组织开展辖区内的电力可靠性评价工作。要加强电力可靠性管理监督检查，将电力可靠性监督管理与电力安全事故（事件）调查、安全生产专项检查（督查）和安全生产隐患排查治理等工作相结合，充分发挥可靠性监督管理在电力安全监管工作中的基础性作用。

（四）加强电力可靠性技术支持和行业服务工作。国家能源局电力可靠性管理中心要继续做好可靠性管理标准化建设和信息系统建设工作，引导行业深入开展可靠性数据分析和应用，强化可靠性数据在设计、选型、生产、营销等环节的指导作用。要集中行业力量，研究适应风能、太阳能等新能源发电的可靠性管理方法，加强输变电设施、输变电系统可靠性管理创新，开展供电系统低压用户可靠性管理试点工作。

国家能源局

2015 年 6 月 8 日

国家能源局综合司关于印发《推广随机抽查规范事中事后监管的实施方案》的通知

国能综法改〔2015〕564号

各司，各派出机构，各直属事业单位：

《关于推广随机抽查规范事中事后监管的实施方案》已经局领导同意，现印发你们，请遵照执行。

国家能源局综合司

2015年9月28日

附件：

关于推广随机抽查规范事中事后监管的实施方案

为深入贯彻落实《国务院办公厅关于推广随机抽查规范事中事后监管的通知》（国办发〔2015〕58号）要求，进一步推进简政放权、放管结合、优化服务部署和要求，创新能源监督管理方式，规范国家能源局及派出机构事中事后监管行为，特制定本实施方案。

一、总体要求

（一）指导思想

深入贯彻落实党中央、国务院的决策部署，按照《国家能源局关于推进简政放权放管结合优化服务的实施意见》（国能法改〔2015〕199号）和《国家能源局关于对取消和下放行政审批事项加强后续监管的指导意见》（国能法改〔2015〕188号）的部署，大力推广随机抽查，规范监管行为，创新管理方式，强化市场主体自律和社会监督，着力解决群众反映强烈的突出问题，创新监管方式，提高监管效能，优化监管服务，形成政府监管、企业自治、行业自律、社会监督的新格局。

（二）基本原则

——依法监管。严格执行有关法律法规、规范事中事后监管，落实监管责任，确保事中事后监管依法有序进行，推进随机抽查制度化、规范化。

——公正高效。规范行政权力运行，切实做到公正文明执法，提升监管效能，对不同类型的检查对象采取适当的随机抽查方式，减轻市场主体负担，优化市场环境。

——公开透明。实行"阳光执法"，公开随机抽查的事项、程序、结果等，强化社会监督，切实做到确职限权，尽责担当。

——稳步推进。立足现状，分步实施，有序推进，务求实效。

二、建立完善随机抽查机制

（一）随机抽查事项范围及要求

随机抽查必须有法律、全国人大决定、行政法规、国务院文件、部门规章为依据，没有依据的，不得开展。依据有变化的，随依据进行调整。目前，国家能源局及派出机构的随机抽查事项以《国家能源局随机抽查事项清单》（见附表）为准，清单范围的事项必须以抽查方式开展检查。没有列入随机抽查清单的检查事项，要规范执法行为，切实避免执法扰民、执法不公、执法不严等问题，能列入清单的要逐步列入清单。

（二）随机抽查主体、对象、内容、比例和频次

国家能源局及派出机构应当按照《国家能源局随机抽查事项清单》所列事项、对象、内容、比例和频次开展检查。

（三）随机抽查方式

随机抽查分为比例抽查和条件抽查。比例抽查是指在检查对象数量较大、相似度较高的情况下，选定百分比进行抽查。条件抽查是指按照抽查依据的要求设定检查对象的类型、行业、性质等条件进行抽查。比例抽查和条件抽查可以结合应用，确保执法效能。

（四）建立"双随机"抽查机制

有随机抽查事项的各司、各派出机构要建立执法检查人员名录库和市场主体的名录库，实施动态管理。执法检查人员名录库应录入检查人员的基本信息、业务专长等情况，并按照执法检查人员的行业、领域、资质等不同标准进行分类。

实施抽查的执法检查人员和市场主体，通过摇号方式，从执法检查人员名录库中随机选派执法检查人员，从市场主体名录库中随机抽取检查对象。有随机抽查事项的各司、各派出机构要建立电子化随机抽查系统，对"双随机"抽查做到全程留痕，实现责任可追溯。

建立随机抽查机制的工作应于2015年12月31日前完成。

（五）加强抽查结果运用

对随机抽查发现违法违规行为的检查对象，充分利用通报、约谈、行政处罚等方式，依法依规加大惩处力度，形成有效震慑，增强检查对象守法的自觉性。在条件许可的情况下，建立抽查对象诚信档案，对遵规守纪的抽查对象予以表扬，并在一定时间内降低抽查比例和频次；对违法违规问题较多的抽查对象，建立黑名单，对黑名单上的抽查对象加大抽查力度，及时进行复查，如整改不及时则依法从重处罚，黑名单上的企业如经核查确已整改，整改到位，监管机构检查合格之后，从黑名单上删除。

三、加强保障措施

（一）实行计划统筹管理

科学安排年度随机抽查工作计划，制定严密的具体实施方案，统筹考虑执法人员和抽查对象的数量、工作任务计划及地域、资质等因素，合理确定年度比例抽查和条件抽查的分配。

（二）强化信息技术支持

有随机抽查事项的各司、各派出机构要运用信息化手段确保抽查落实到位，实现全程跟踪记录，运行透明，痕迹可查，效果可评，责任可追。有条件的单位可建立抽查分析模型系统，以保证抽查结果有效运用。该项工作2016年6月30日前取得阶段性成果。

四、工作要求

（一）加强组织领导

有随机抽查事项的各司、各派出机构主要领导对随机抽查工作要亲自抓，分管领导具体抓，做好对抽查工作的组织部署、督促指导和业绩考评，确保随机抽查工作顺利开展，取得实效。

（二）严格落实责任

明确工作进度要求，落实责任任务，强化对随机抽查工作的过程监控和绩效评价。通过纳入绩效考核，对落实到位、成绩突出的单位和个人，按有关规定给予激励；对抽查工作中失职渎职的，依法依规严肃处理。

（三）加强宣传培训

随机抽查是事中事后监管方式的探索和创新，各有关单位要加大宣传力度，加强执法人员培训，转变执法理念，探索完善随机抽查监管办法，不断提高执法能力。

有随机抽查事项的各司、各派出机构要按照本实施方案的要求，作出贯彻落实国办发〔2015〕58号文件和本实施方案的具体工作安排，后续工作进展及主要成果等情况，及时送法改司。

附表　国家能源局随机抽查事项清单

序号	抽查事项	抽查依据	抽查主体	检查对象	抽查内容	抽查比例和频次
1	节能调度执行情况检查	1.《国务院办公厅关于转发发展改革委等部门节能发电调度办法（试行）的通知》（国办发〔2007〕53号）第二十条：各级电力调度机构要严格按照本办法的规定实施发电调度，按照有关规定及时对全体发电企业和有关部门发布调度信息，定期向社会公布发电能耗和电网损情况，自觉接受电力监管机构、省级发展改革委（经贸委）的监管和有关各方的监督 2.《电力监管条例》第二十四条：电力监管机构依法履行职责，可以采取以下措施，进行现场检查	国家能源局	各级电力调度机构	实际调度方式是否符合办法要求	每年抽查1～2家省级调度机构
2	核电站安全应急与消防检查	1.《中华人民共和国消防法》第二条："消防工作贯彻预防为主、防消结合的方针，按照政府统一领导、部门依法监管、单位全面负责、公民积极参与的原则，实行消防安全责任制，建立健全社会化的消防工作网络"；第四条："矿井地下部分、核电厂、海上石油天然气设施的消防工作，由其主管单位监督管理。" 2.《国务院对确需保留的行政审批项目设定行政许可的决定》（国务院令第412号）第31项：核电站建设消防设计、变更、验收审批。实施机关：国防科工委；2008年政府机构改革后，原国防科工委核电管理职能划入国家能源局 3.《核电厂核事故应急管理条例》（1993年8月4日国务院发布，根据2011年1月8日《国务院废止和修改部分行政法规的决定》修正）第十条规定："场内核事故应急计划由核电厂核事故应急机构制定，经其主管部门审查后，送国务院核安全部门审评并报国务院指定的部门备案"	国家能源局	具有核电站的核电业主公司	涉及核电站的安全、应急、消防的设施设备的维护与运行情况，所需物资准备情况，人员培训情况，安全消防应急演练情况等其他内容	每年进行1～3次

序号	抽查事项	抽查依据	抽查主体	检查对象	抽查内容	抽查比例和频次
2	核电站安全应急与消防检查	4.《国务院办公厅关于印发国家能源局主要职责内设机构和人员编制规定的通知》（国办发〔2013〕51号）第四条：负责核电管理，拟定核电发展规划、准入条件、技术标准并组织实施，提出核电布局和重大项目审核意见，组织协调和指导核电科研工作，组织核电厂的核事故应急管理工作				
3	国家规划矿区内新增年生产能力120万吨及以上煤炭开发项目未批先建行为事项的检查	1.《国务院关于投资体制改革的决定》（国发〔2004〕20号）第五款第二条规定：各级政府投资主管部门要加强对企业投资项目的事中和事后监督检查，对于不符合产业政策和行业准入标准的项目，以及不按规定履行相应核准或许可手续而擅自开工建设的项目，要责令其停止建设，并依法追究有关企业和人员的责任 2.《政府核准投资项目管理办法》（国家发展改革委2014年第11号令）第二十七条：项目核准机关应当会同行业管理、城乡规划（建设）、国土资源、环境保护、金融监管、安全生产监管等部门，加强对企业投资项目的稽察和监管。第三十四条：对属于实行核准制的范围但未依法取得项目核准文件而擅自开工建设的项目，以及未按照项目核准文件的要求进行建设的项目，一经发现，相应的项目核准机关和有关部门应当将其纳入不良信用记录，依法责令其停止建设或者限期整改，并依法追究有关责任人的法律责任	国家能源局	未依法取得核准文件而擅自开工建设的煤炭开发项目建设单位	未依法取得核准文件而擅自开工建设的煤矿项目是否严格落实停工停产措施	每年两次抽查重点产煤省（区、市）辖区内未批先建煤矿名录中项目的20%
4	生产煤矿回采率检查	1.《煤炭法》第二十四条：开采煤炭资源必须符合煤矿开采规程，遵守合理的开采顺序，达到规定的煤炭资源回采率 2.《生产煤矿回采率管理暂行规定》（国家发改委令第17号）第二十四条：各级煤炭行业管理部门应当对辖区内生产煤矿回采率进行不定期抽查，将抽查结果向社会公布	国家能源局	煤炭生产企业	生产煤矿的采区回采率是否达到有关规定的要求	按实际情况确定
5	煤炭矿区总体规划检查	《煤炭矿区总体规划管理暂行规定》（国家发展改革委令第14号）第四条：国家发展改革委和省级发展改革委负责矿区总体规划的监督管理，煤炭行业管理、安全生产监管、国土资源、环保、水利、监察等部门在各自职责范围内参与管理。第二十一条：矿区煤炭开发企业在矿区总体规划未经批准或者违反经批准的矿区总体规划，擅自从事煤矿建设、生产的，由省级发展改革委会同有关部门责令停止建设、生产	国家能源局	煤炭企业	煤矿建设、生产是否符合经批准的矿区总体规划	按实际情况确定
6	水电工程质量监督检查	1.《建设工程质量管理条例》第四条：县级以上人民政府建设行政主管部门和其他有关部门应当加强对建设工程质量的监督管理。第四十三条第一、二款：国家实施建设工程质量监督管理制度。国务院建设行政主管部门对全国的建设工程质量实施统一监督管理。国务院铁路、交通、水利等有关部门按照国务院规定的职责分工，负责对全国的有关专业建设工程质量的监督管理。第四十四条：	国家能源局	国家核准（审批）的水电工程	工程实体质量和工程建设、勘察、涉及、施工、监理单位和质量检测等单位的工程质量行为，	每个项目每个季度不少于1次

续表

序号	抽查事项	抽查依据	抽查主体	检查对象	抽查内容	抽查比例和频次
6	水电工程质量监督检查	国务院建设行政主管部门和国务院铁路、交通、水利等有关部门应当加强对有关建设工程质量的法律、法规和强制性标准执行情况的监督检查。第四十六条第一款：建设工程质量监督管理，可以由建设行政主管部门或者其他有关部门委托的建设工程质量监督机构具体实施。第四十七条：县级以上地方人民政府建设行政主管部门和其他有关部门应当加强对有关建设工程质量的法律、法规和强制性标准执行情况的监督检查。第四十八条：县级以上人民政府建设行政主管部门和其他有关部门履行监督检查职责时，有权采取下列措施： （一）要求被检查单位提供有关工程质量的文件和资料 （二）进入被检查单位的施工现场进行检查 （三）发现有影响工程质量的问题时，责令改正			主要包括： 1. 检查工程质量责任主体贯彻执行有关质量管理方针政策、法律法规、工程建设性标准情况。 2. 检查工程质量责任主体工程质量管理体系建立、运行情况，工程质量管理规章制度执行情况。 3. 检查工程施工现场，查阅工程建设有关资料，监督检查工程实体质量状况。 4. 有关各单位资质及分包管理情况	
7	典型电网工程投资成效监管检查	1.《国务院办公厅关于印发国家能源局主要职责内设机构和人员编制规定的通知》（国办发〔2013〕51 号）第十条：市场监管司监管输电、供电和非竞争性发电业务 2.《电力监管条例》第二十四条：电力监管机构依法履行职责，可以采取下列措施，进行现场检查	国家能源局	电网企业	工程造价分析、运行情况分析、电价成本分析、社会效益分析	比例：8～10 项工程；频次：每年 1 次
8	对电网企业全额收购可再生能源电量的检查	1.《可再生能源法》第二十九条违反本法第十四条规定，电网企业未全额收购可再生能源电量，造成可再生能源发电企业经济损失的，应当承担赔偿责任，并由国家电力监管机构责令限期改正；拒不改正的，处以可再生能源发电企业经济损失额一倍以下的罚款 2.《国务院办公厅关于印发国家能源局主要职责内设机构和人员编制规定的通知》（国办发〔2013〕51 号） 3.《电力市场运营基本规则》（电监会令第 10 号） 4.《电力市场监管办法》（电监会令第 11 号） 5.《电网企业全额收购可再生能源电量监管办法》（电监会令第 25 号）	国家能源局、各派出机构	全国电力企业	执行电力监管法律法规、部门规章和制度情况；电力市场运行情况；执行能源规划、产业政策、重大项目情况；开展输电、供电和非竞争性发电业务情况	比例：5%；频次：每年 1 次

续表

序号	抽查事项	抽查依据	抽查主体	检查对象	抽查内容	抽查比例和频次
9	各类电力业务许可主体保持情况及执行许可事项情况检查	1.《行政许可法》第六十一条："行政机关应当建立健全监督制度，通过核查反映被许可人从事行政许可事项活动情况的有关材料，履行监督责任。行政机关依法对被许可人从事行政许可事项的活动进行监督检查时，应当将监督检查的情况和处理结果予以记录，由监督检查人员签字后归档。公众有权查阅行政机关监督检查记录。行政机关应当创造条件，实现与被许可人、其他有关行政机关的计算机档案系统互联，核查被许可人从事行政许可事项活动情况。" 2.《电力监管条例》第十三条：电力监管机构依照有关法律和国务院有关规定，颁发和管理电力业务许可证。第二十四条：电力监管机构依法履行职责，可以采取以下措施，进行现场检查 3.《电力业务许可证管理规定》（电监会令第9号）第三十一条：电力监管机构建立健全电力业务许可监督检查体系和制度，对被许可人按照电力业务许可证确定的条件、范围和义务从事电力业务的情况进行监督检查。电力监管机构依法开展监督检查工作，被许可人应当予以配合。第三十二条：被许可人应当按照规定的时间，向电力监管机构提供反映其从事许可事项活动能力和行为的材料。电力监管机构应当对被许可人所报送的材料进行核查，将核查结果予以记录；对核查中发现的问题，应当责令限期改正 4.《承装（修、试）电力设施许可证管理办法》（电监会令第28号）第二十六条：派出机构依法对辖区内从事承装（修、试）电力设施活动的单位或者个人的下列事项实施监督检查……情况。第二十九条：派出机构对电力企业遵守承装（修、试）电力设施许可制度的情况实施监督检查。第三十条：承装（修、试）电力设施单位应当按照规定建立自查制度，报送自查结果。派出机构应当按照规定程序对自查报告进行抽查 5.《电工进网作业许可证管理办法》（电监会令第15号）第二十六条：许可机关依法对从事进网作业人员进行下列检查……人员。第三十二条：有下列情形之一的，许可机关应当依法办理电工进网作业许可证的注销手续……被依法吊销的	国家能源局、各派出机构	电力业务许可证、承装（修、试）电力设施许可证、电工进网作业许可证的持证主体以及为持证主体提供许可作业事项的电力企业、电工用人单位等组织机构	各类电力业务许可持证主体	比例：5%～10%；频次：两年一次
10	对发电厂并网、电网互联以及发电厂与电网协调运行中执行有关规章、规则的情况进行检查	1.《电力监管条例》第十五条：电力监管机构对发电厂并网、电网互联以及发电厂与电网协调运行中执行有关规章、规则的情况实施监管。二十四条：电力监管机构依法履行职责，可以采取以下措施，进行现场检查……三十一条：电力企业违法本条例规定，有下列情况之一的，由电力监管机构责令改正……（二）发电厂并网、电网互联不遵守有关规章、规则的	国家能源局、各派出机构	发电企业、电网企业	发电厂并网、电网互联以及发电厂与电网协调运行中执行有关规章、规则的情况	两年一次

续表

序号	抽查事项	抽查依据	抽查主体	检查对象	抽查内容	抽查比例和频次
11	对电力市场向从事电力交易的主体公平、无歧视开放的情况以及输电企业公平开放电网的情况进行检查	《电力监管条例》第十六条：电力监管机构对电力市场向从事电力交易的主体公平、无歧视开放的情况以及输电企业公平开放电网的情况依法实施监管 二十四条：电力监管机构依法履行职责、可以采取以下措施，进行现场检查 三十一条：电力企业违反本条例规定，有下列情况之一的，由电力监管机构责令改正……（三）不向从事电力交易的主体公平、无歧视开放电力市场或者不按照规定公平开放电网的	国家能源局、各派出机构	电网企业（含地方独立供电企业）	电网企业向发电企业无歧视开放情况；电网企业向电力用户无歧视开放情况；大电网向地方电网无歧视开放情况；电网企业向电力市场主体无歧视提供输配电服务情况	两年一次
12	对电力企业、电力调度交易机构执行电力市场运行规则的情况，以及电力调度交易机构执行电力调度规则的情况进行检查	1.《电力监管条例》第十七条：电力监管机构对电力企业、电力调度交易机构执行电力市场运行规则的情况，以及电力调度交易机构执行电力调度规则的情况实施监管。二十四条：电力监管机构依法履行职责，可以采取以下措施，进行现场检查 2.《电力监管机构现场检查规定》（电监会令第 20 号）第二条：本规定适用于电力监管机构进入电力企业或者电力调度交易机构的工作场所、用户的用电场所或者其他有关场所，对电力企业、电力调度交易机构、用户或者其他有关单位遵守国家有关电力监管规定的情况进行检查	国家能源局、各派出机构	电力企业、电力调度交易机构	对电力企业、电力调度交易机构执行电力市场运行规则及电力调度交易机构执行电力调度规则情况的检查	比例：省级以上电网 100%、发电企业 0.5%、其他 0.5%；频次：一年一次
13	对供电企业按照国家规定的电能质量和供电服务质量标准向用户提供供电服务的情况进行检查	1.《电力监管条例》第十八条：电力监管机构对供电企业按照国家规定的电能质量和供电服务质量标准向用户提供供电服务的情况实施监管。第二十四条：电力监管机构依法履行职责、可以采取以下措施，进行现场检查 2.《供电监管办法》（电监会令第 27 号）：第二十六条：电力监管机构根据履行监管职责的需要，可以要求供电企业报送与监管事项相关的文件、资料，并责令供电企业按照国家规定如实公开有关信息。电力监管机构应当对供电企业报送信息和公开信息的情况进行监督检查，发现违法行为及时处理。第二十四条：电力监管机构依法履行职责，可以采取下列措施，进行现场检查	国家能源局、各派出机构	供电企业	供电企业按照国家规定的电能质量和供电服务质量标准向用户提供供电服务情况；供电能力、供电市场行为、信息公开情况，用户受电工程市场运行及开发情况	比例：10%；频次：一年一次
14	电力行业价格成本监管检查	1.《电力监管条例》第二十条：国务院价格主管部门、国务院电力监管机构依照法律、行政法规和国务院的规定，对电价实施监管。第二十四条：电力监管机构依法履行职责，可以采取下列措施，进行现场检查 2.《国务院办公厅关于印发国家能源局主要职责内设机构和人员编制规定的通知》（国办发〔2013〕51 号）第七条：监督检查有关电价，拟定各项电力辅助服务价格 3.《国务院办公厅关于完善差别电价政策意见的通知》（国办发〔2006〕77 号	国家能源局、各派出机构	全国电力企业、电力用户、地方政府	电力企业价格与成本政策执行情况；电力企业及电力用户有关电价和各项辅助服务收费标准、跨区域电网输电电价格；电力企业之间的电价、电费结算行为	比例：20%；频次：每年 1 次

续表

序号	抽查事项	抽查依据	抽查主体	检查对象	抽查内容	抽查比例和频次
15	对电力企业、电力调度交易机构按照国家有关电力监管规章、规则的规定如实披露有关信息进行检查	1.《电力监管条例》第二十三条：电力监管机构有权责令电力企业、电力调度交易机构按照国家有关电力监管规章、规则的规定如实披露有关信息。第二十四条：电力监管机构依法履行职责，可以采取以下措施，进行现场检查 2.《电力监管信息报送规定》（电监会令第14号）第十四条：电力监管机构对电力企业、电力调度交易机构披露信息的情况进行监督检查。电力监管机构根据工作需要，对电力企业、电力调度交易机构披露信息的情况进行不定期抽查，并将抽查情况向社会公布	国家能源局、各派出机构	电力企业、电力调度交易机构	履行监管机构要求报送、披露信息的情况	比例：不超过10% 频次：两年一次
16	电力安全生产情况检查	1.《中华人民共和国安全生产法》第62条：安全生产监督管理机构和其他负有安全生产监督管理职责的部门依法开展安全生产行政执法工作，对生产经营单位执行有关安全生产的法律、法规和国家标准或行业标准的情况进行监督检查 2.《电力监管条例》第十九条：电力监管机构具体负责电力安全监管工作。第二十四条：电力监管机构依法履行职责，可以采取以下措施，进行现场检查……。第二十七条：电力监管机构按照国家有关规定组织或者参加电力生产安全事故的调查处理 3.《生产安全事故报告和调查处理条例》（国务院令第493号）第三十二条：安全生产监督管理部门和负有安全生产监督管理职责的有关部门应当对事故发生单位落实防范和整改措施的情况进行监督检查 4.《电力事故应急处置和调查处理条例》（国务院令第599号）第四条：国务院电力监管机构应当加强电力安全监督管理，依法建立健全事故应急处置和调查处理的各项制度，组织或者参与事故的调查处理。国务院电力监管机构、国务院能源主管部门和国务院其他有关部门、地方人民政府及有关部门按照国家规定的权限和程序，组织、协调、参与事故的应急处置工作 5.《电力监控系统安全防护规定》（国家发展和改革委员会2014年第14号令）第五条：国家能源局及其派出机构依法对电力监控系统安全防护工作进行监督管理 6.《电力安全生产监督管理办法》（国家发展和改革委员会2015年第21号令）第二十一条：国家能源局及其派出机构应当依法对电力企业执行有关安全生产法规、标准和规范情况进行监督检查；派出机构组织开展辖区内的电力安全生产大检查，对部分电力企业进行抽查 7.《水电站大坝安全注册等级监督管理办法》（国家发展和改革委员会2015年第23号令）第六条：国家能源局负责大坝安全注册登记的综合监督管理，国家能源局派出机构负责辖区内大坝安全注册等级的监督管理，国家能	国家能源局、各派出机构	中华人民共和国境内以发电、输电、供电、电力建设为主营业务并取得相关业务许可或按规定豁免电力业务许可的电力企业。	电力企业的电力运行安全（不包括核安全）、电力建设施工安全、电力工程质量安全、电力应急、水电站大坝运行安全和电力可靠性工作等。	按实际需要确定

续表

序号	抽查事项	抽查依据	抽查主体	检查对象	抽查内容	抽查比例和频次
16	电力安全生产情况检查	源局大坝安全监察中心具体负责办理大坝安全注册等级工作；第二十三条：派出机构应当督促电力企业开展安全注册登记及登记备案工作，对电力企业执行国家有关有关安全法律法规和标准规范的情况进行监督检查，发现违法违规行为，依法处理，发现重大安全隐患，责令电力企业及时整改 8.《电力建设工程施工安全监督管理办法》（国家发展和改革委员会2015年第28号令）第二条：本办法适用于电力建设工程的新建、扩建、改建、拆除等有关活动，以及国家能源局及其派出机构对电力建设工程施工安全实施监督管理 9.《电力可靠性监督管理办法》（原电监会24号令）第二条：国家电力监管委员会（以下简称电监会）负责全国电力可靠性的监督管理；电监会电力可靠性管理中心（以下简称可靠性中心）负责全国电力可靠性监督管理的日常工作，并承担电力可靠性管理行业服务工作；电监会派出机构负责辖区内电力可靠性监督管理 10. 国务院办公厅关于印发《国家能源局主要职责内设机构和人员编制规定》的通知（国办发〔2013〕51号）				
17	电力行业网络与信息安全工作情况检查	《电力监管条例》第十五条：电力监管机构对发电厂并网、电网互联以及发电厂与电网协调运行中执行有关规章、规则的情况实施监管。第二十四条：电力监管机构依法履行职责、可以采取以下措施，进行现场检查	国家能源局、各派出机构	中华人民共和国境内以发电、输电、供电、电力建设为主营业务并取得相关业务许可或按规定豁免电力业务许可的电力企业	电力企业的网络安全管理情况、技术防护情况、应急工作情况、宣传教育培训情况、风险评估、等级保护工作落实情况、商用密码使用情况、安全问题整改情况等	按实际需要确定
18	能源统计数据准确性检查	《电力企业信息报送规定》（电监会令第13号）第二十五条：电力监管机构对电力企业、电力调度交易机构报送信息的情况进行监督检查	国家能源局、各派出机构	统计口径内的能源企业、行业协会	能源统计报表涉及数据的原始依据及相关凭证	比例：电力企业3%，煤炭和油气企业另定，行业协会隔年抽查；频次：每年1次

国家安全监管总局关于进一步加强生产经营单位安全生产不良记录"黑名单"制度管理的通知

安监总办〔2016〕41号

各省、自治区、直辖市及新疆生产建设兵团安全生产监督管理局，各省级煤矿安全监察局，总局和煤矿安监局机关各司局、应急指挥中心：

按照《生产经营单位安全生产不良记录"黑名单"管理暂行规定》（安委办〔2015〕14号，以下简称《暂行规定》），国家安全监管总局于2015年12月发布了第一批生产经营单位安全生产不良记录"黑名单"（以下简称"黑名单"）信息，引起社会广泛关注。但是，在开展这项工作中还存在不少问题：一些单位重视不够，信息报送不及时、不完整，没有将"黑名单"制度与隐患排查治理、安全生产举报等有关制度结合起来。

为进一步发挥"黑名单"制度在强化社会监督和防范重特大事故等方面的作用，现就进一步加强相关管理工作提出以下要求：

一、提高对"黑名单"制度重要性的认识，进一步增强责任意识。"黑名单"制度是贯彻落实党中央、国务院深化行政审批制度改革、强化事中事后监管，推进社会诚信体系建设等系列决策部署的重要举措；是建立健全跨部门失信联合惩戒机制，形成"一处失信、处处受限"，发挥社会监督和警示作用，督促生产经营单位诚信守法、落实安全生产主体责任、主动抓好安全生产管理工作，有效遏制重特大事故发生的一项重要手段。各单位要提高认识、高度重视，增强运用"黑名单"制度的意识，切实抓好这项制度的贯彻执行，积极发挥这项制度的作用。

二、完善信息报送和季度通报机制，确保"黑名单"信息全面及时准确发布。各单位主要负责人是"黑名单"信息报送的第一责任人，同时要落实承担信息报送的具体处室和责任人员，建立生产经营单位安全生产失信行为信息的采集、报送、发布和管理的制度化、规范化、常态化机制；要严格按照《暂行规定》要求，在日常工作中及时全面采集发现的生产经营单位安全生产失信行为信息，并认真审核、汇总，确保纳入"黑名单"的信息准确、完整；要及时向"黑名单"发布部门提供和更新信息，不得瞒报、漏报或错报。每季度第一个月的10日前，要汇总本级、本单位上季度采集的"黑名单"信息，按照分级管理原则，报送国家安全监管总局"黑名单"发布部门。国家安全监管总局每季度第一个月的20日前，向社会发布上季度的"黑名单"信息。

国家安全监管总局将定期通报各地区、各单位"黑名单"信息上报情况，并把信息上报情况纳入年度考核内容；加强对"黑名单"制度的宣传和有关人员的培训；开展专项调研督查，推广经验，发现问题，促进各地深入推进相关工作。

三、注重与隐患排查治理、安全生产举报等制度的有机结合，充分发挥"黑名单"制度在防范重特大事故方面的作用。各单位要认真贯彻落实今年全国安全生产工作会议关于"推动曝光一批重大安全隐患、惩治一批典型违法行为、通报一批'黑名单'企业、取缔一批非法违法企业、关闭一批不符合安全生产条件的企业"等"五个一批"要求，加大对重大生产安全事故隐患整改情况的跟踪力度，及时将未按要求整改或在规定时限内整改不到位的生产经营单位予以曝光，并纳入"黑名单"管理，通报相关部门实施联合惩戒，及时消除重大事故隐患。

要充分发挥安全生产举报制度的作用，建立举报信息督查督办制度。认真核实受理的举报信息，一经查实，要及时将涉事企业（单位）纳入"黑名单"管理。

四、加大对纳入"黑名单"管理的生产经营单位的监管力度。各单位要将纳入"黑名单"管理的生产经营单位作为重点监管监察对象，跟踪落实惩戒措施，建立常态化暗查暗访机制，不定期开展检查；要按照《国家安全监管总局关于印发推进安全生产监督检查随机抽查工作实施方案的通知》（安监总政法〔2015〕108号）要求，加大对纳入"黑名单"管理的生产经营单位的执法检查频次，确保每半年至少进行1次检查，每年至少约谈1次其主要负责人；发现有新的安全生产违法行为的，要依法依规从重处罚。

国家安全监管总局

2016年4月26日

中国气象局等 11 部委关于贯彻落实
《国务院关于优化建设工程防雷许可的决定》的通知

气发〔2016〕79 号

各省（区，市）气象局，住房城乡建设厅，编办、工业和信息化主管部门、通信管理局、环境保护厅，交通运输厅、水利厅、法制办，能源局，地区铁路监管局、民航局：

为贯彻《国务院关于优化建设工程防雷许可的决定》（国发〔2016〕39 号，以下简称《决定》）精神，明确和落实相关责任，保障建设工程防雷安全，现将有关事项通知如下：

一、整合部分建设工程防雷许可

（一）将气象部门承担的房屋建筑工程和市政基础设施工程防雷装置设计审核、竣工验收许可工作，整合纳入建筑工程施工图审查、竣工验收备案，统一由住房城乡建设部门监管，气象部门不再承担相应的行政许可和监管工作。

（二）公路、水路、铁路、民航、水利、电力、核电、通信等专业建设工程防雷管理，由各专业部门负责。气象部门不再承担相应防雷装置设计审核、竣工验收行政许可和监管工作。

（三）气象部门负责防雷装置设计审核和竣工验收许可的建设工程具体范围包括：油库、气库、弹药库、化学品仓库、民用爆炸物品、烟花爆竹、石化等易燃易爆建设工程和场所；雷电易发区内的矿区、旅游景点或者投入使用的建（构）筑物、设施等需要单独安装雷电防护装置的场所；以及雷电风险高且没有防雷标准规范，需要进行特殊论证的大型项目。

各省（区，市）气象局要会同当地住房城乡建设厅，编办、工业和信息化主管部门、通信管理局、环境保护厅，交通运输厅、水利厅，法制办、能源局，地区铁路监管局、民航局，结合本省实际，做好建设工程防雷许可细化，向社会公布，并纳入建设工程行政审批流程。

二、做好建设工程防雷许可整合后的工作衔接

（一）各级气象部门与住房城乡建设部门要在 2016 年 12 月 31 日前完成相关交接工作，具体交接日期根据各地工作实际商定。自交接之日起，各级气象部门不再受理房屋建筑工程和市政基础设施工程防雷装置设计审核和竣工验收审批申请，由住房城乡建设部门纳入建筑工程施工图审查、竣工验收备案。交接之日前，气象部门已受理的防雷装置设计审核和竣工验收审批，原则上仍由气象部门完成。

（二）公路、水路，铁路、民航、水利，电力、核电、通信等部门要于 2016 年底前完成各自专业建设工程防雷许可优化整合工作。

三、清理规范防雷单位资质许可

取消气象部门对防雷工程设计、施工单位资质许可，新建、改建、扩建建设工程防雷的设计、施工，可由取得相应建设、公路、水路、铁路、民航、水利、电力、核电、通信等专业工程设计、施工资质的单位承担。同时，规范防雷检测行为，降低防雷装置检测单位准入门槛，全面开放防雷装置检测市场，允许企事业单位申请防雷检测资质，鼓励社会组织和个人参与防雷技术服务，促进防雷减灾服务市场健康发展。

四、加强协调配合，落实防雷安全监管责任

（一）地方各级政府要继续依法履行防雷监管职责，落实雷电灾害防御责任，并将防雷减灾工作纳入各级政府安全生产监管体系，确保建设工程防雷安全。

（二）各级气象部门要加强对雷电灾害防御工作的组织管理，做好雷电监测，预报预警，雷电灾害调查鉴定和防雷科普宣传。各省（区、市）气象局根据本地雷电监测历史资料划分雷电易发区域及其防范等级。

（三）各相关部门要按照谁审批、谁负责，谁监管的原则，切实履行建设工程防雷监管职责，采取有效措施，明确和落实建设工程设计，施工、监理、检测单位以及业主单位等在防雷工程质量安全方面的主体责任。

（四）建立建设工程防雷管理协调会议制度（成员名单与协调会议方案见附件1和附件2），加强各相关部门的协调和相互配合，完善标准规范和工作流程，对于防雷管理中的重大问题要通过协调会议研究解决。

（五）相关部门要按程序修改《气象灾害防御条例》，对涉及的部门规章等进行清理修订。

附件：1.《建设工程防雷管理协调会议成员名单》
     2.《建设工程防雷管理协调会议方案》

附件1：

建设工程防雷管理协调会议成员名单

	姓名	单位	职务
召集人	于新文	中国气象局	副局长
召集人	黄艳	住房城乡建设部	副部长
成员	周韬	住房城乡建设部	副司长
成员	黄路	中央编办	巡视员、副司长
成员	许谦	工业和信息化部	调研员
成员	郝晓峰	环境保护部	副司长
成员	周荣峰	交通运输部	公路局副局长
成员	姜明宝	交通运输部	水运局副局长
成员	张严明	水利部	副司长（正司级）
成员	郭文芳	国务院法制办	副司长

续表

	姓名	单位	职务
成员	童光毅	国家能源局	司长
成员	孙杰民	国家铁路局	副巡视员
成员	刁永海	中国民航局	司长
成员	胡鹏	中国气象局	司长

注：协调会议由中国气象局、住房和城乡建设部担任召集工作，各成员单位负责建设工程防雷管理工作的1名司局领导同志担任成员

附件2：

建设工程防雷管理协调会议方案

根据《国务院关于优化建设工程防雷许可的决定》（国发〔2016〕39号，以下简称《决定》）的有关要求，为了保障建设工程防雷安全，建立防雷管理协调会议（以下简称协调会议）制度。

一、主要任务

落实国务院《决定》精神，建立建设工程防雷管理工作机制，加强指导协调和相互配合，完善标准规范，研究解决防雷管理中的重大问题，优化审批流程，规范中介服务行为。

二、协调会议组成成员单位

中国气象局，住房和城乡建设部，中央编办，工业和信息化部、环境保护部、交通运输部、水利部，国务院法制办、国家能源局，国家铁路局、中国民航局。协调会议由中国气象局、住房和城乡建设部担任召集工作，各成员单位负责建设工程防雷管理工作的1名司局领导同志担任成员。成员发生变更或调整，应及时通报中国气象局政策法规司。

三、协调会议组织机构及职责

协调会议的组织工作由中国气象局承担，协调会议办公室设在中国气象局法规司，其主要职责是：

1．承担协调会议的组织、协调等日常事务性工作，承担协调会议的会务组织工作。

2．传达协调会议关于防雷管理重大问题的决定。

3．推动防雷建设工程审批流程优化。

4．为会议成员单位提供防雷安全相关技术问题的咨询及指导。

四、会议议事规则

1．例会为协调会议基本形式，原则上每年召开一次，由成员单位成员参加口会议的主要内容是：加强对建设工程防雷管理的指导协调和相互配合，解决防雷管理工作中出现的需要会议成员单位之间协调解决的重大问题。

遇有特殊情况，可根据协调会议成员单位要求，召开由全体或部分成员参加的临时会议。

2．成员因故不能参加例会和临时会议，应通知协调会议办公室，并委派其他相关同志

参加。

3．倒会和临时会议后形成会议纪要，印发各成员单位。

五、成员工作职责

负责本部门与协调会议办公室的日常联系和沟通。参加例会和临时会议，对建设工程防雷管理提出问题和建议。交流本部门在防雷管理方面的先进经验。

中国气象局办公室

2016 年 11 月 14 日

国家安全监管总局办公厅关于印发
《生产安全事故统计管理办法》的通知

安监总厅统计〔2016〕80 号

各省、自治区、直辖市及新疆生产建设兵团安全生产监督管理局：

现将《生产安全事故统计管理办法》印发给你们，请遵照执行。《生产安全事故统计管理办法（暂行）》（安监总厅统计〔2015〕111 号）同时废止。

国家安全监管总局办公厅

2016 年 7 月 27 日

生产安全事故统计管理办法

第一条 为进一步规范生产安全事故统计工作，根据《中华人民共和国安全生产法》、《中华人民共和国统计法》和《生产安全事故报告和调查处理条例》有关规定，制定本办法。

第二条 中华人民共和国领域内的生产安全事故统计（不涉及事故报告和事故调查处理），适用本办法。

第三条 生产安全事故由县级安全生产监督管理部门归口统计、联网直报（以下简称"归口直报"）。

跨县级行政区域的特殊行业领域生产安全事故统计信息按照国家安全生产监督管理总局和有关行业领域主管部门确定的生产安全事故统计信息通报形式，实行上级安全生产监督管理部门归口直报。

第四条 县级以上（含本级，下同）安全生产监督管理部门负责接收本行政区域内生产经营单位报告和同级负有安全生产监督管理职责的部门通报的生产安全事故信息，依据本办法真实、准确、完整、及时进行统计。

县级以上安全生产监督管理部门应按规定时限要求在"安全生产综合统计信息直报系统"中填报生产安全事故信息，并按照《生产安全事故统计报表制度》有关规定进行统计。

第五条 生产安全事故按照《国民经济行业分类》（GB/T 4754-2011）分类统计。没有造成人员伤亡且直接经济损失小于 100 万元（不含）的生产安全事故，暂不纳入统计。

第六条 生产安全事故统计按照"先行填报、调查认定、信息公开、统计核销"的原则开展。经调查认定，具有以下情形之一的，按本办法第七条规定程序进行统计核销。

（一）超过设计风险抵御标准，工程选址合理，且安全防范措施和应急救援措施到位的情况下，由不能预见或者不能抗拒的自然灾害直接引发的。

（二）经由公安机关侦查，结案认定事故原因是蓄意破坏、恐怖行动、投毒、纵火、盗窃等人为故意行为直接或间接造成的。

（三）生产经营单位从业人员在生产经营活动过程中，突发疾病（非遭受外部能量意外释放造成的肌体创伤）导致伤亡的。

第七条　经调查（或由事故发生地人民政府有关部门出具鉴定结论等文书）认定不属于生产安全事故的，由同级安全生产监督管理部门依据有关结论提出统计核销建议，并在本级政府（或部门）网站或相关媒体上公示 7 日。公示期间，收到对公示的统计核销建议有异议、意见的，应在调查核实后再作决定。

公示期满没有异议的（没有收到任何反映，视为公示无异议），报上一级安全生产监督管理部门备案；完成备案后，予以统计核销，并将相关信息在本级政府（或部门）网站或相关媒体上公开，信息公开时间不少于 1 年。

备案材料主要包括：事故统计核销情况说明（含公示期间收到的异议、意见及处理情况）、调查认定意见（事故调查报告或由事故发生地人民政府有关部门出具鉴定结论等文书）及其相关证明文件等。

地市级以上安全生产监督管理部门应当对其备案核销的事故进行监督检查。发现问题的，应当要求下一级安全生产监督管理部门提请同级人民政府复核，并在指定时限内反馈核查结果。

第八条　各级安全生产监督管理部门应督促填报单位在"安全生产综合统计信息直报系统"中及时补充完善或修正已填报的生产安全事故信息，及时补报经查实的瞒报、谎报的生产安全事故信息，及时排查遗漏、错误或重复填报的生产安全事故信息。

第九条　各级安全生产监督管理部门应根据各地区实际，建立完善生产安全事故统计信息归口直报制度，进一步明确本行政区域内各行业领域生产安全事故统计信息通报的方式、内容、时间等具体要求，并对本行政区域内生产安全事故统计工作进行监督检查。

第十条　国家安全生产监督管理总局建立健全生产安全事故统计数据修正制度，运用抽样调查等方法开展生产安全事故统计数据核查工作，定期修正并公布生产安全事故统计数据，通报统计工作情况。

第十一条　各级安全生产监督管理部门应定期在本级政府（或部门）网站或相关媒体上公布生产安全事故统计信息和统计资料，接受社会监督。

第十二条　本办法由国家安全生产监督管理总局负责解释。

第十三条　本办法自公布之日起执行。《生产安全事故统计管理办法（暂行）》（安监总厅统计〔2015〕111 号）同时废止。

国家能源局关于进一步加强
电力安全生产监管执法的通知

国能安全〔2016〕123号

各派出机构：

为推进依法治安，强化安全生产法治建设，落实《国务院办公厅关于加强安全生产监管执法的通知》（国办发〔2015〕20号）要求，进一步加强电力安全生产监管执法，现将有关要求通知如下：

一、健全完善电力安全生产法规和标准体系

（一）推进电力安全生产法规建设。进一步做好电力安全生产法规体系建设，不断完善电力安全生产监督管理规章制度，根据电力行业安全生产形势和安全监管工作需要，适时制定、补充和修订有关电力安全监管办法和规定。

（二）制定完善电力安全生产标准。进一步强化对电力安全生产标准的制修订工作，指导能源行业有关电力安全标准化技术委员会，修订现有电力安全生产标准，补充完善安全生产相关技术标准。

（三）做好规范性文件制修订工作。结合当前电力安全生产形势、特点和规律，深入剖析事故事件发生根源，提出防范措施和工作要求。结合简政放权，清理修订配套文件，切实加强后续监管。

二、依法履行电力安全监管职责

（四）进一步加强电力安全监管。贯彻落实《中华人民共和国安全生产法》和《电力安全事故应急处置和调查处理条例》等法律法规，严格执行《电力安全生产监督管理办法》等规章制度，依法依规开展电力安全监管工作。

（五）认真落实电力安全监管责任。牢固树立安全发展观念，深入贯彻落实党中央、国务院有关安全生产工作的规定和要求，认真履行安全监管职责，切实加强安全生产组织指导，强化安全生产监督检查。

（六）督促电力企业落实主体责任。督促电力企业强化红线意识，按照"党政同责、一岗双责、失职追责"和"管行业必须管安全，管业务必须管安全，管生产经营必须管安全"要求，完善组织结构，健全规章制度和责任体系，保障安全条件，落实风险管控措施，切实做到"五落实五到位"。

三、规范电力安全监管执法行为

（七）建立权力和责任清单。贯彻落实国务院简政放权、放管结合、职能转变的工作要求和部署，完善事前事中事后监管工作机制，对照权力和责任清单履行安全监管职权和责任，按照流程图开展安全监管工作。

（八）完善执法制度依法执法。加强安全监管执法监督，建立执法行为审议制度和重大行政执

法决策机制，规范执法程序，明确执法决定的具体情形、时限、执行责任和落实措施，依法执法。

（九）编制督查大纲有效执法。编制完善电网、火电、水电、新能源、电力建设工程施工和电力建设工程质量等督查大纲。开展安全生产督查时对照大纲相应条款，细化安全督查内容，提高安全督查效果。

（十）制定检查计划科学执法。合理制定年度安全检查计划，明确重点对象、主要内容和执法措施，并根据实际情况及时调整和完善。对于同类事项可采用综合执法，降低执法成本，提高监管实效。

（十一）运用监管手册规范执法。运用好监管工作手册，推进电力安全生产监管工作规范化、制度化，增强电力安全监管工作的针对性和有效性，提高电力安全监管工作的法治化、规范化水平。

（十二）使用监管文书从严执法。建立安全监管执法全过程记录制度，使用式样规范、格式统一的执法类监管文书，实行痕迹化监管，保障执法的规范性、统一性和严肃性，提高执法质量和效力。

四、加大电力安全监管执法力度

（十三）深入开展安全督查。落实国家有关安全生产要求和行业工作部署，根据季节性特点，组织开展安全生产督查工作，重点督查责任制落实、打非治违、隐患排查治理等情况，突出源头监管和治理。

（十四）周密部署专项监管。坚持以问题为导向，强化问题监管，对电力安全生产中带有普遍性、倾向性的问题及关键环节制约安全生产中的突出问题，在重点地区、重点企业组织开展安全专项监管工作。

（十五）适时组织明查暗访。按照"四不两直"工作要求，适时组织开展电力安全生产明查暗访工作，明查电力企业安全生产现状及有关措施落实情况，暗访电力企业违法违规行为并及时予以纠正。

（十六）充分利用专家会诊。发挥社会资源作用，利用专业化社会组织和行业内专家力量，对技术性服务和履职所需辅助性事项，采用政府购买服务方式，聘请专家、专业机构会诊及法律顾问等机制，为安全监管执法提供技术支撑。

（十七）严肃事故调查处理。按照规定组织或参与电力企业事故事件调查，认真查清事故经过、事故原因和事故损失，确定事故性质，认定事故责任，提出整改措施，并对事故责任者依法追究责任。

（十八）认真处理举报投诉。畅通举报投诉渠道，严格举报投诉受理时限。接到举报投诉，依法依规开展调查、取证、核实工作，公平公正、实事求是地查处违法违规行为，处理完毕向实名举报投诉人反馈办理意见。

（十九）及时公开安全信息。分析整理电力企业事故事件等情况，通过网站定期公布电力安全生产情况，采用简报形式印发典型事故调查报告，利用监管报告披露电力企业存在问题，并通报性质严重、问题突出的不安全情形，达到警示和教育整改目的。

五、严格落实电力安全监管执法措施

（二十）责令整改。现场检查发现企业存在安全生产违法、违规行为，应当责令企业当场予以纠正或者下达通知书限期整改。发现重大安全隐患的，应当责令其立即整改。

（二十一）挂牌督办。重大隐患未能及时处理和结案或一时难以处理的，实行挂牌督办，督促企业对重大隐患进行分析研究、制定措施、落实方案，提高整治效率和效果。

（二十二）警示教育。严重违反国家和行业有关安全生产规定，以及发生典型电力安全事故（事件）的，对其实施警示教育，以吸取教训促进整改。

（二十三）通报批评。企业连续发生一般事故或一年内发生电力生产人身事故累计死亡人数超过 3 人及以上的，对该企业上级单位通报批评，以示震慑。

（二十四）约访约谈。企业发生较大及以上事故或连续发生电力生产人身事故累计死亡人数超过 3 人及以上的，约谈企业上级单位主要负责人或分管负责人，提出安全生产履职要求和整改措施要求。

（二十五）行政处罚。重大隐患未按要求时限整改，或重大隐患已危及人身安全或可能引发性质严重的较大及以上事故，依法做出对存在重大隐患的设备停止运行、对存在重大隐患的施工作业停止施工等决定。发生事故的，按国家法律法规依法处罚；涉及其他部门职能或触犯刑律的，依法移交相关部门处理。

六、健全电力安全监管执法机制

（二十六）完善联合执法工作机制。联合安全监管、质监、公安、司法等部门，对群众反映强烈，久拖不决，和有倾向性的重大安全隐患与问题，共同执法，严厉查处和打击，形成综合监管和行业监管合力，提高监管效能。

（二十七）建立诚信体系约束机制。加强电力行业安全生产诚信体系建设，建立健全电力企业安全生产信用记录，按照生产经营企业安全生产不良记录"黑名单"制度，对"黑名单"企业信用信息进行公示，以便相关部门在经营、投融资、政府采购、工程招投标、国有土地出让、授予荣誉、进出口、出入境、资质审核等方面依法予以限制或禁止。

（二十八）推行信息化动态监管机制。整合安全生产信息平台，建立隐患排查治理、重大危险源监控、安全诚信、标准化建设、安全教育培训、安全监测检验、应急救援、责任追究等信息管理系统，实现动态综合监管，增强监管效能。

七、强化电力安全监管能力建设

（二十九）加强安全监管队伍建设。充实安全监管力量，加强安全监管人员思想建设、作风建设和业务建设，坚决查处腐败问题和失职渎职行为，切实做到严格执法、科学执法、文明执法。

（三十）加强安全监管人员业务培训。加强安全生产法律法规和执法程序培训，办好或参加各类执法资格和专题业务培训班，不断提高安全监管人员水平。原则上，每年组织 1 次在岗人员轮训，新录用人员凡进必考必训。

国家能源局

2016 年 4 月 25 日

国家能源局关于印发《能源行业市场主体信用信息归集和使用管理办法》的通知

国能资质〔2016〕388号

各司、各直属事业单位，中电联、中电传媒，各派出能源监管机构，各省（自治区、直辖市）、新疆生产建设兵团发展改革委（能源局），有关能源企业，有关行业协会：

为规范能源行业市场主体信用信息的归集和使用，实现信用信息共享，促进能源行业信用体系建设，我局制定了《能源行业市场主体信用信息归集和使用管理办法》，现印发给你们，请遵照执行。

附件：《能源行业市场主体信用信息归集和使用管理办法》

国家能源局

2016年12月26日

附件：

能源行业市场主体信用信息归集和使用管理办法

第一章 总 则

第一条 为规范能源行业市场主体信用信息的归集和使用，推进能源行业信用体系建设，根据《社会信用体系建设规划纲要（2014—2020年）》《企业信息公示暂行条例》《政务信息资源共享管理暂行办法》《能源行业信用体系建设实施意见（2016—2020年）》等规定，结合能源行业实际，制定本办法。

第二条 能源行业市场主体信用信息归集、使用和相关管理活动，适用本办法。法律法规另有规定的，从其规定。

第三条 本办法所称信用信息，是指能源行业信用信息目录规定范围内的信息，可用于识别能源行业市场主体信用状况的数据和资料。包括国家能源局及其派出能源监管机构在履行职责过程中产生或掌握的，能源行业相关协会等社会团体在开展信用评价、行业自律等工作中产生或掌握的，能源行业市场主体按要求申报的。国家能源局及其派出能源监管机构、能源行业相关协会等社会团体、能源行业市场主体统称信源单位。

本办法所称能源行业市场主体，是指从事煤炭、石油、天然气、电力、新能源和可再生能源等能源的生产、供应、建设等相关活动的法人和其他组织，以及其法定代表人、生产运行负责人、技术负责人、安全负责人和财务负责人等相关执（从）业人员。

本办法所称信用信息目录是指规定信用信息内容范围、分类标准和披露方式，规范信用信息归集和使用的指南文件。目录另行制定。

第四条 能源行业市场主体信用信息的归集和使用应当遵循"合法、安全、及时、准确、共享"的原则，维护市场主体的合法权益，不得泄露国家秘密、危害国家安全、有损社会公共利益，不得侵犯商业秘密和个人隐私。

第五条 能源行业信用体系建设领导小组（以下简称领导小组）负责组织、协调和推进能源行业市场主体信用信息的归集和使用，组织审定并发布相关制度和标准，指导能源行业信用信息平台和"信用能源"网站的建设。

能源行业信用体系建设领导小组办公室（以下简称办公室）负责牵头制定相关制度和标准，负责能源行业信用信息平台和"信用能源"网站的建设，监督和管理能源行业信用信息平台和"信用能源"网站，并委托运行单位对能源行业信用信息平台和"信用能源"网站进行运行和维护。

运行单位承担能源行业信用信息平台和"信用能源"网站的运行和维护工作，承担本办法规定的异议受理和结果反馈工作，并做好与全国信用信息共享平台及信源单位的互联互通和信息共享工作。

信源单位根据其职责和管理权限，负责能源行业市场主体信用信息的归集、使用与管理工作，并按本办法及有关规定向能源行业信用信息平台提供信用信息。

第六条 能源行业信用信息平台是能源行业市场主体信用信息归集、共享与使用的统一平台。能源行业市场主体信用信息通过"信用能源"网站提供公示、查询等。

第二章 信 息 归 集

第七条 能源行业市场主体信用信息实行目录管理，由办公室组织编制信用信息数据清单等相关行业标准，并经领导小组审定后公布。

第八条 信用信息目录实行动态管理。办公室应当定期更新信用信息目录。

第九条 能源行业市场主体信用信息包括基本信息、优良信息、不良信息和其他信息。

（一）基本信息

法人和其他组织的登记/注册/备案信息，资质信息，行政许可/行政确认信息；产品、服务、管理体系获得的认证认可信息；经营和财务状况信息；董事、监事、经理及其他主要经营管理者基本信息；分支机构信息；其他能够反应基本情况的信息。

相关执（从）业人员的身份、学历、工作情况等信息；取得的资格、资质等信息；其他能够反映基本情况的信息。

（二）优良信息

法人和其他组织及相关执（从）业人员受到县级以上行政机关表彰或被授予荣誉称号的信息；获得有关社会团体的奖励和表彰信息；其他良好信息。

（三）不良信息

法人和其他组织的行政处罚、行政强制信息；安全生产、环境污染等事故信息；价格欺诈、价格垄断等信息；董事、监事、经理及其他主要经营者受到行业禁入处理等信息；其他失信信息。

相关执（从）业人员的行政处罚信息；与执业行为相关的民事赔偿信息；因违法行为被取消执业资格（资质）的信息；行贿、受贿等违法记录；其他失信信息。

（四）其他信息

法人和其他组织的行政检查、行政裁决信息；日常监管、专项监管信息；12398 热线经调查属实的投诉举报的处理信息；获得的信用评价信息；不在列举范围内、但能反应其信用状况的其他信息。

相关执（从）业人员不在列举范围内、但能反应其信用状况的其他信息。

第十条 禁止归集自然人的种族、家庭出身、宗教信仰、基因、指纹、血型、疾病和病史信息以及法律法规禁止采集的其他自然人信息。

第十一条 信源单位应按照规定的信息项、数据标准、归集途径等要求，向能源行业信用信息平台提供信用信息，保证信息的合法性、准确性和完整性，并维持信用信息的动态更新。

已建立业务系统的信源单位，通过与能源行业信用信息平台建立数据接口的方式，将信用信息实时传送至能源行业信用信息平台；未建立业务系统的信源单位，通过登录能源行业信用信息平台申请账号的方式，将信用信息自产生之日起 7 个工作日内录入能源行业信用信息平台。

第十二条 信源单位对其提供信用信息的的真实性负责。

第十三条 运行单位确保能源行业信用信息平台记录的信息与信源单位提供信息的一致性，不得擅自更改。

第三章 信 息 披 露

第十四条 能源行业市场主体信用信息应当按照信用信息目录确定的披露方式进行披露，披露方式分为公示、查询、共享三种。

第十五条 依据法律法规和规章规定应当主动公开的信用信息应通过"信用能源"网站、能源局网站或其他方式向社会公示。

行政许可、行政处罚等信息应在自作出行政决定之日起 7 个工作日内进行公示，并同步将公示内容推送至"信用中国"网站；其他信息应在自产生或者变更之日起 20 个工作日内进行公示。法律法规另有规定的，从其规定。

第十六条 办公室应当制定并公布查询规范，通过服务窗口、平台网站、手机 APP 等方式向社会提供便捷的查询服务。在确保信息安全的前提下，可以通过开设端口等方式，为符合条件的信用服务机构提供适应其业务需求的批量查询服务。

运行单位应在收到查询申请之日起 15 个工作日内予以答复。申请查询的信息属于未公示信息的，还应取得被查询市场主体的书面授权。通过查询获得的未公示信用信息，不得用作与被查询市场主体约定以外的用途，未经被查询市场主体同意不得向任何第三方披露。能源行业信用信息平台应当记载未公示信息的查询情况，并将查询情况自查询之日起至少保存 3 年。

第十七条 政府部门及法律法规授权具有行政职能的事业单位和社会组织（以下统称政

务部门）基于本部门履行职责的需要，可以通过能源行业信用信息平台进行信息共享。

能源行业市场主体信用信息按共享类型分为无条件共享、有条件共享和不予共享三种类型。可提供给所有政务部门共享使用的信用信息属于无条件共享类；可提供给相关政务部门使用或仅能够部分提供给所有政务部门共享使用的信用信息属于有条件共享类；不宜提供给其他政务部门共享使用的信用信息属于不予共享类。

使用部门通过能源行业信用信息平台申请共享信息，提交信用信息的使用用途和共享类型。属于无条件共享的信用信息，使用部门通过平台直接获取；属于有条件共享和不予共享的信用信息，使用部门还应依据有关规定提交书面申请，并经办公室审核同意并签订信息安全责任书，提供部门应在 10 个工作日内予以答复，使用部门通过平台获取信息并按答复意见使用共享信息，提供部门若不予共享应说明理由。

第十八条 不良信息的披露期限原则上不超过自失信行为或者失信事件终止之日起 5 年，超过 5 年的转为档案保存。

第四章 信 息 使 用

第十九条 办公室负责组织编制和发布能源行业信用行为清单、信用信息应用清单，并维持动态更新，推动有关部门和单位在履行职能中使用能源行业市场主体信用信息，实行信用监管，指导开展信用评价，建立健全守信激励和失信惩戒机制，推动信用信息的社会化应用。

第二十条 根据相关规定，有随机抽查事项的国家能源局各司、派出能源监管机构，可依托能源行业信用信息平台，开展随机抽查工作，随机抽取市场主体，加强事中事后监管。

第二十一条 办公室负责制定能源行业市场主体信用分类分级标准，明确评定内容、评定程序、评定标准等，对能源行业市场主体进行信用分类等级评定，对不同等级的市场主体确定相应的监管措施，加强以信用为核心的市场监管。

办公室负责推动能源行业市场主体信用信息数据价值挖掘，充分运用大数据技术，依托能源行业信用信息平台开发信用统计分析、监测预警等管理功能，提高政府服务和监管水平。

第二十二条 办公室组负责制定和发布能源行业市场主体信用评价管理办法等相关制度，培育和引进合格的、具有行业经验的信用评价机构，依托能源行业信用信息平台，以能源行业市场主体信用信息为基础，指导开展能源行业市场主体信用评价工作，推广评价结果的使用。

第二十三条 对信用等级较高、信用状况良好的市场主体，加大表扬和宣传力度，在行政许可、项目核准等工作中可根据实际情况予以简化程序、优先办理等便利，在日常监管、专项监管、随机抽查等工作中减少监管频次，在可再生能源项目申请国家补贴、核电重大专项审批等活动中优先考虑。

第二十四条 对信用等级较低、信用状况不良的市场主体，在行政许可、项目核准等工作中重点核查，在日常监管、专项监管、随机抽查等工作中加大监管频次、增强监管力度，在可再生能源项目申请国家补贴、核电重大专项审批等活动中予以限制。

第二十五条 领导小组及办公室负责推动与其他政府部门开展信用协同监管，加强信用信息的互联互通与共享共用，实施信用联合奖惩措施。

第二十六条 鼓励自然人、法人和其他组织在开展金融活动、市场交易、企业治理、行业管理、社会公益等活动中应用能源行业市场主体信用信息，防范交易风险，促进行业自律，推动形成市场化的激励和约束机制。

鼓励社会征信机构加强对能源行业市场主体信用信息的使用，开发和创新信用服务产品。

第五章 异 议 处 理

第二十七条 本办法所规定的异议处理，仅针对能源行业市场主体信用信息在归集和披露过程中产生的异议事宜，不涉及信用信息在产生或掌握过程中产生的异议事宜。

第二十八条 市场主体对"信用能源"网站公示的或通过查询获取的与其相关的信用信息存在异议的，可向运行单位提交书面异议申请，并递交相关证据材料。

第二十九条 运行单位在收到异议申请之日起 5 个工作日内决定是否受理并告知市场主体。对决定不予受理的异议申请，应说明理由；对决定受理的异议申请，应通过能源行业信用信息平台进行处理。

第三十条 对于决定受理的异议申请，运行单位应及时进行核查，信源单位应及时进行处理并将结果报送运行单位。运行单位应在自决定受理异议申请之日起 15 个工作日内将处理结果告知市场主体。

第三十一条 市场主体对处理结果仍存在异议的，可依法申请行政复议或提起行政诉讼。

第三十二条 异议申请正在处理过程中，或者异议申请已经处理完毕但市场主体仍有异议的，运行单位应将该信息标记为异议信息。

第六章 信 息 安 全

第三十三条 运行单位和信源单位应当建立内部信息安全管理制度规范，明确岗位职责，设定工作人员的查询权限和查询程序，建立信用信息归集、查询、共享、更改日志并长期保存，保障能源行业信用信息平台的正常运行和信息安全。

第三十四条 能源行业信用信息平台涉及信用信息的归集、使用和管理等，应当符合国家有关计算机信息系统安全等级保护的要求。

第三十五条 运行单位、信源单位及其工作人员，不得违法违规归集、披露、使用信用信息，不得篡改、虚构信用信息，不得泄露未经授权公开的信用信息以及涉及国家秘密、商业秘密、个人隐私的信用信息。

第七章 责 任 追 究

第三十六条 运行单位、信源单位及其工作人员有下列情形之一，造成不良后果的，依法依规承担相应责任：

（一）不规范使信用信息目录、不及时准确归集信用信息、归集信用信息出现重大失误的；

（二）不按规定更新维护信用信息目录的；

（三）将查询结果用于本办法规定之外其他用途的；

（四）违反异议处理规定的；

（五）违反本办法规定，造成国家机密、商业秘密和个人隐私泄露的；

（六）篡改、毁损信用信息的；

（七）其他违反本办法规定的情形。

对负有相关责任的工作人员，由所在单位或当地行政监察机关依法给予处分；构成犯罪的，依法追究刑事责任。

第八章 附 则

第三十七条 本办法自印发之日起施行。

国家能源局综合司关于进一步做好
电力安全信息报送系统使用工作的通知

国能综安全〔2016〕930号

各派出能源监管机构，国家电网公司、南方电网公司，华能、大唐、华电、国电、国家电投集团公司，中电建、中能建集团公司，各有关单位：

为规范和加强电力安全信息系统报送工作，提高电力安全信息报送的水平，加强事故统计分析，国家能源局电力安全监管司对原电力安全信息报送系统进一步完善，自2017年1月1日起，各单位使用电力安全信息系统报送电力安全信息。现将信息报送有关事项通知如下：

一、系统登录

电力安全信息报送系统网址：http：//www．cesafety．cn。请各单位按给定账号（见附件）登录，登录初始密码为"111111"，登录后请及时修改密码。如有问题可咨询技术支持单位（电话：1810282××××）。

二、信息报送责任单位

发生电力事故或事件的电力安委会企业成员单位和事故发生地国家能源局派出能源监管机构是电力安金信息系统中信息报告的责任单位。其中，电力建设施工中发生电力事故或事件后，电力工程项目建设、施工单位都有在电力安全信息系统中报告信息的责任。

三、报告内容及方式

请各单位登录后，在填报前先阅读使用指南，了解操作步骤和要求。填报分为即时报告和后续报告，系统均已生成固定模板。

四、报告时限

各单位接到电力事故或事件报告后应当及时在电力安全信息系统中填报即时报告。10日（以事故、事件发生时间为准）内在电力安全信息系统中填报完整后续报告。调查报告书经正式批复或同意后5个工作日内在电力安全信息系统中上传填报。

附件：电力安委会单位初始账号及密码（略）

国家能源局综合司
2016年12月29日

国家能源局综合司关于印发《能源行业市场主体信用行为清单（2018版）》的通知

国能综发资质〔2017〕4号

各司，各派出能源监管机构，各直属事业单位：

为进一步规范能源行业市场主体信用行为事项及分类，根据《国务院关于印发社会信用体系建设规划纲要（2014—2020年）的通知（国发〔2014〕21号）、《国家能源局关于印发〈能源行业信用体系建设实施意见（2016—2020年）〉的通知》（国能资质〔2016〕350号）、《国家能源局关于印发〈能源行业市场主体信用信息归集和使用管理办法〉的通知》（国能资质〔2016〕388号）等相关文件；我局编制形成《能源行业市场主体信用行为清单（2018版）》，现予印发。文件自印发之日起施行。

国家能源综合司

2017年12月1日

附件：

能源行业市场主体信用行为清单（2018版）

能源行业市场主体信用行为清单

类别	序号	信用行为事项	信用行为奖惩标准	信用行为分类	信用行为认定依据
一、惩戒行为清单（法人）					
（一）安全类	1	发生事故的电力企业谎报或者瞒报事故	由电力监管机构对电力企业处100万元以上500万元以下的罚款	严重失信	《电力安全事故应急处置和调查处理条例》第二十八条
	2	发生事故的电力企业伪造或者故意破坏事故现场	由电力监管机构对电力企业处100万元以上500万元以下的罚款	严重失信	
	3	发生事故的电力企业转移、隐匿资金、财产，或者销毁有关证据、资料	由电力监管机构对电力企业处100万元以上500万元以下的罚款	严重失信	
	4	发生事故的电力企业拒绝接受调查或者拒绝提供有关情况和资料	由电力监管机构对电力企业处100万元以上500万元以下的罚款	严重失信	
	5	发生事故的电力企业在事故调查中作伪证或者指使他人作伪证	由电力监管机构对电力企业处100万元以上500万元以下的罚款	严重失信	

类别	序号	信用行为事项	信用行为奖惩标准	信用行为分类	信用行为认定依据
（一）安全类	6	发生事故的电力余业在事故发生后逃匿	由电力监管机构对电力企业处 100 万元以上 500 万元以下的罚款	严重失信	《电力安全事故应急处置和调查处理条例》第二十八条
	7	电力企业对事故发生负有责任	发生一般事故的，处 10 万元以上 20 万元以下的罚款	轻微失信	《电力安全事故应急处置和调查处理条例》第二十九条
			发生较大事故的，处 20 万元以上 50 万元以下的罚款	较重失信	
			发生重大事故的，处 50 万元以上 200 万元以下的罚款	严重失信	
			发生特别重大事故的，处 200 万元以上 500 万元以下的罚款	严重失信	
	8	建设单位将建设工程肢解发包	责令改正，处工程合同价款百分之零点五以上百分之一以下的罚款；对全部或者部分使用国有资金的项目，并可以暂停项目执行或者暂停资金拨付	严重失信	《建设工程质量管理条例》第五十五条
	9	建设单位迫使承包方以低于成本的价格竞标	责令改正，处 20 万元以上 50 万元以下的罚款	较重失信	《建设工程质量管理条例》第五十六条
	10	建设单位施工图设计文件未经审查或者审查不合格，擅自施工	责令改正，处 20 万元以上 50 万元以下的罚款	较重失信	
	11	建设单位建设项目必须实行工程监理而未实行工程监理	责令改正，处 20 万元以上 50 万元以下的罚款	较重失信	
	12	建设单位未按照国家规定办理工程质量监督手续	责令改正，处 20 万元以上 50 万元以下的罚款	较重失信	
	13	建设单位明示或者暗示施工单位使用不合格的建筑材料、建筑构配件和设备	责令改正，处 20 万元以上 50 万元以下的罚款	较重失信	
	14	建设单位未组织竣工验收，擅自交付使用	责令改正，处工程合同价款百分之二以上百分之四以下的罚款；造成损失的，依法承担赔偿责任	严重失信	《建设工程质量管理条例》第五十八条
	15	建设单位验收不合格，擅自交付使用	责令改正，处工程合同价款百分之二以上百分之四以下的罚款；造成损失的，依法承担赔偿责任	严重失信	
	16	建设单位对不合格的建设工程按照合格工程验收	责令改正，处工程合同价款百分之二以上百分之四以下的罚款；造成损失的，依法承担赔偿责任	严重失信	《建设工程质量管理条例》第五十八条
	17	勘察、设计、施工、工程监理单位允许其他单位或者个人以本单位名义承揽工程	责令改正，没收违法所得，对勘察、设计单位和工程监理单位处合同约定的勘察费、设计费和监理酬金 1 倍以上 2 倍以下的罚款；对施工单位处工程合同价款百分之二以上百分之四以下的罚款	严重失信	《建设工程质量管理条例》第六十一条

类别	序号	信用行为事项	信用行为奖惩标准	信用行为分类	信用行为认定依据
（一）安全类	18	承包单位将承包的工程转包或者违法分包	责令改正，没收违法所得，对勘察、设计单位处合同约定的勘察费、设计费百分之二十五以上百分之五十以下的罚款；对施工单位处工程合同价款百分之零点五以上百分之一以下的罚款	严重失信	《建设工程质量管理条例》第六十二条
	19	设计单位指定建筑材料、建筑构配件的生产厂、供应商。	责令改正，处 10 万元以上 30 万元以下的罚款；造成损失的，依法承担赔偿责任	轻微失信	《建设工程质量管理条例》第六十三条
	20	施工单位在施工中偷工减料的，使用不合格的建筑材料、建筑构配件和设备的，或者有不按照工程设计图纸或者施工技术标准施工的其他行为	责令改正，处工程合同价款百分之二以上百分之四以下的罚款	轻微失信	《建设工程质量管理条例》第六十四条
			造成建设工程质量不符合规定的质量标准的，负责返工、修理	较重失信	
	21	建设单位对勘察、设计、施工、工程监理等单位提出不符合安全生产法律、法规和强制性标准规定的要求	责令限期改正，处 20 万元以上 50 万元以下的罚款，造成损失的，依法承担赔偿责任	较重失信	《建设工程安全生产管理条例》第五十五条
	22	建设单位要求施工单位压缩合同约定的工期	责令限期改正，处 20 万元以上 50 万元以下的罚款，造成损失的，依法承担赔偿责任	较重失信	
	23	建设单位将拆除工程发包给不具有相应资质等级的施工单位	责令限期改正，处 20 万元以上 50 万元以下的罚款，造成损失的，依法承担赔偿责任	较重失信	
	24	勘察单位、设计单位未按照法律、法规和工程建设强制性标准进行勘察、设计	责令限期改正，处 10 万元以上 30 万元以下的罚款；造成损失的，依法承担赔偿责任	轻微失信	《建设工程安全生产管理条例》第五十六条
	25	勘察单位、设计单位采用新结构、新材料、新工艺的建设工程和特殊结构的建设工程，设计单位未在设计中提出保障施工作业人员安全和预防生产安全事故的措施建议	责令限期改正，处 10 万元以上 30 万元以下的罚款；造成损失的，依法承担赔偿责任	轻微失信	《建设工程安全生产管理条例》第五十六条
	26	工程监理单位未对施工组织设计中的安全技术措施或者专项施工方案进行审查	责令限期改正	轻微失信	《建设工程安全生产管理条例》第五十七条
			逾期未改正的，责令停业整顿，并处 10 万元以上 30 万元以下的罚款；造成损失的，依法承担赔偿责任	较重失信	
	27	工程监理单位发现安全事故隐患未及时要求施工单位整改或者暂时停止施工	责令限期改正	轻微失信	
			逾期未改正的，责令停业整顿，并处 10 万元以上 30 万元以下的罚款；造成损失的，依法承担赔偿责任	较重失信	

类别	序号	信用行为事项	信用行为奖惩标准	信用行为分类	信用行为认定依据
（一）安全类	28	施工单位拒不整改或者不停止施工，工程监理单位未及时向有关主管部门报告	责令限期改正	轻微失信	《建设工程安全生产管理条例》第五十七条
			逾期未改正的，责令停业整顿，并处10万元以上30万元以下的罚款；造成损失的，依法承担赔偿责任	较重失信	
	29	工程监理单位未依照法律、法规和工程建设强制性标准实施监理	责令限期改正	轻微失信	
			逾期未改正的，责令停业整顿，并处10万元以上30万元以下的罚款；造成损失的，依法承担赔偿责任	较重失信	
	30	施工单位未设立安全生产管理机构、配备专职安全生产管理人员或者分部分项工程施工时无专职安全生产管理现场监督	责令限期改正	轻微失信	《建设工程安全生产管理条例》第六十二条
			逾期未改正的，责令停业整顿，依照《中华人民共和国安全生产法》的有关规定处以罚款	较重失信	
	31	施工单位的主要负责人、项目负责人、专职安全生产管理人员、作业人员或者特种作业人员，未经安全教育培训或者经考核不合格即从事相关工作	责令限期改正	轻微失信	
			逾期未改正的，责令停业整顿，依照《中华人民共和国安全生产法》的有关规定处以罚款	较重失信	
	32	施工单位未在施工现场的危险部位设置明显的安全警示标志，或者未按照国家有关规定在施工现场设置消防通道、消防水源、配备消防设施和灭火器材	责令限期改正	轻微失信	
			逾期未改正的，责令停业整顿，依照《中华人民共和国安全生产法》的有关规定处以罚款	较重失信	
	33	施工单位未向作业人员提供安全防护用具和安全防护服装	责令限期改正	轻微失信	
			逾期未改正的，责令停业整顿，依照《中华人民共和国安全生产法》的有关规定处以罚款	较重失信	
	34	施工单位未按照规定在施工起重机械和整体提升脚手架、模板等自升式架设设施验收合格后登记	责令限期改正	轻微失信	《建设工程安全生产管理条例》第六十二条
			逾期未改正的，责令停业整顿，依照《中华人民共和国安全生产法》的有关规定处以罚款	较重失信	
	35	施工单位使用国家明令淘汰、禁止使用的危及施工安全的工艺、设备、材料	责令限期改正	轻微失信	
			逾期未改正的，责令停业整顿，依照《中华人民共和国安全生产法》的有关规定处以罚款	较重失信	
	36	施工单位挪用列入建设工程概算的安全生产作业环境及安全施工措施所需费用	责令限期改正，处挪用费用20%以上50%以下的罚款；造成损失的，依法承担赔偿责任	轻微失信	《建设工程安全生产管理条例》第六十三条
	37	毁坏大坝或者观测、通信、动力、照明、交通、消防等管理设施	由大坝主管部门责令其停止违法行为，赔偿损失，采取补救措施，可以并处罚款	较重失信	《水库大坝安全管理条例》第二十九条

类别	序号	信用行为事项	信用行为奖惩标准	信用行为分类	信用行为认定依据
（一）安全类	38	在大坝管理和保护范围内进行爆破、打井、采石、采矿、取土、挖沙、修坟等危害大坝安全活动	由大坝主管部门责令其停止违法行为，赔偿损失，采取补救措施，可以并处罚款	较重失信	《水库大坝安全管理条例》第二十九条
	39	擅自操作大坝的泄洪闸门、输水闸门以及其他设施，破坏大坝正常运行。	由大坝主管部门责令其停止违法行为，赔偿损失，采取补救措施，可以并处罚款	较重失信	
	40	在库区围垦	由大坝主管部门责令其停止违法行为，赔偿损失，采取补救措施，可以并处罚款	较重失信	
	41	在坝体修建码头、渠道或者堆放杂物、晾晒粮草	由大坝主管部门责令其停止违法行为，赔偿损失，采取补救措施，可以并处罚款	较重失信	
	42	擅自在大坝管理和保护范围内修建码头、鱼塘	由大坝主管部门责令其停止违法行为，赔偿损失，采取补救措施，可以并处罚款	较重失信	
	43	电力企业大坝安全设施未与主体工程同时设计、同时施工、同时投入运行	由派出机构责令停止建设或者停产停业整顿，限期改正	较重失信	《水电站大坝运行安全监督管理规定》第三十四条
			逾期未改正的，将其列入安全生产不良信用记录和安全生产诚信"黑名单"，处以五十万元以上一百万元以下的罚款	严重失信	
	44	电力企业未按照规定组织蓄水安全鉴定和竣工安全鉴定	由派出机构责令停止建设或者停产停业整顿，限期改正	较重失信	
			逾期未改正的，将其列入安全生产不良信用记录和安全生产诚信"黑名单"，处以五十万元以上一百万元以下的罚款	严重失信	
	45	电力企业未按照规定开展大坝安全定期检查	由派出机构责令停止建设或者停产停业整顿，限期改正	较重失信	《水电站大坝运行安全监；督管理规定》第三十四条
			逾期未改正的，将其列入安全生产不良信用记录和安全生产诚信。"黑名单"，处以五十万元以上一百万元以下的罚款	严重失信	
	46	电力企业擅自改变、调整水电站原批准功能，擅自进行工程改造或者扩建，擅自降低工程等级或者实施大坝退役	由派出机构责令停止建设或者停产停业整顿，限期改正	较重失信	
			逾期未改正的，将其列入安全生产不良信用记录和安全生产诚信"黑名单"，处以五十万元以上一百万元以下的罚款	严重失信	

类别	序号	信用行为事项	信用行为奖惩标准	信用行为分类	信用行为认定依据
（一）安全类	47	电力企业未按照规定及时开展病坝治理、险坝除险加固等重大安全隐患治理和风险管控工作	由派出机构给予警告，责令限期整改	轻微失信	《水电站大坝运行安全监督管理规定》第三十五条
			拒不整改的，责令停产停业整顿，将其列入安全生产不良信用记录和安全生产诚信"黑名单"，处以十万元以上五十万元以下的罚款	严重失信	
	48	电力企业未在规定期限内办理大坝安全注册登记和备案	由派出机构责令限期改正，可以处以十万元以下的罚款	轻微失信	《水电站大坝运行安全监督管理规定》第三十六条
			逾期未改正的，责令停产停业整顿，将其列入安全生产不良信用记录和安全生产诚信"黑名单"，处以十万元以上二十万元以下的罚款	严重失信	
	49	电力企业未按照规定制定大坝安全应急预案	由派出机构责令限期改正，可以处以十万元以下的罚款	轻微失信	
			逾期未改正的，责令停产停业整顿，将其列入安全生产不良信用记录和安全生产诚信"黑名单"，处以十万元以上二十万元以下的罚款	严重失信	
	50	电力企业未按照规定及时报告大坝险情或者提供虚假报告	由派出机构将其列入安全生产不良信用记录和安全生产诚信"黑名单"	严重失信	《水电站大坝运行安全监督管理规定》第三十七条
	51	电力企业未按照规定开展大坝安全监测、检查、运行维护、年度详查、信息报送和信息化建设	由派出机构给予警告，责令限期改正	轻微失信	《水电站大坝运行安全监督管理规定》第三十八条
			逾期未改正的，可以处以一万元的罚款	较重失信	
	52	电力企业未按照规定收集、整理、分析和保存大坝运行资料	由派出机构给予警告，责令限期改正	轻微失信	
			逾期未改正的，可以处以一万元的罚款	较重失信	
	53	从事大坝安全分析、监测、测试、检验等专业技术服务的单位，出具虚假材料或者造成事故	依法追究责任，将其列入安全生产不良信用记录和安全生产诚信"黑名单"	严重失信	《水电站大坝运行安全监督管理规定》第三十九条
（二）电力类	54	电力建设项目使用国家明令淘汰的电力设备和技术	责令停止使用，没收国家明令淘汰的电力设备，并处五万元以下的罚款	轻微失信	《电力法》第六十二条第二款
	55	未经许可，从事供电或者变更供电营业区	由电力管理部门责令改正，没收违法所得	较重失信	《电力法》第六十三条
			由电力管理部门责令改正，没收违法所得，并处违法所得五倍以下的罚款	严重失信	
	56	危害供电、用电安全或者扰乱供电、用电秩序	由电力管理部门责令改正，给予警告	较重失信	《电力法》第六十五条
			情节严重或者拒绝改正的，可以中止供电，可以并处5万元以下的罚款	严重失信	

续表

类别	序号	信用行为事项	信用行为奖惩标准	信用行为分类	信用行为认定依据
（二）电力类	57	电网企业未按照规定完成可再生能源电量，造成可再生能源发电企业经济损失	应当承担赔偿责任，并由国家电力监管机构责令限期改正；拒不改正的，处以可再生能源发电企业经济损失额一倍以下的罚款	较重失信	《可再生能源法》第二十九条
	58	擅自伸入或者跨越供电营业区供电	由电力管理部门责令改正，没收违法所得	较重失信	《电力供应与使用条例》第三十八条
			由电力管理部门责令改正，没收违法所得，并处违法所得五倍以下的罚款	严重失信	
	59	擅自向外转供电	由电力管理部门责令改正，没收违法所得	较重失信	
			由电力管理部门责令改正，没收违法所得，并处违法所得五倍以下的罚款	严重失信	
	60	未取得电力业务许可证擅自经营电力业务	由电力监管机构责令改正，没收违法所得	较重失信	《电力监管条例》第三十条
			由电力监管机构责令改正，没收违法所得，并处违法所得五倍以下的罚款	严重失信	
	61	电力企业不遵守电力市场运行规则	由电力监管机构责令改正	轻微失信	《电力监管条例》第三十一条
			拒不改正的，处10万元以上100万元以下的罚款	较重失信	
			情节严重的，可以吊销电力业务许可证	严重失信	
	62	发电厂并网、电网互联不遵守有关规章、规则	由电力监管机构责令改正	轻微失信	《电力监管条例》第三十一条
			拒不改正的，处10万元以上100万元以下的罚款	较重失信	
			情节严重的，可以吊销电力业务许可证	严重失信	
	63	电力企业不向从事电力交易的主体公平、无歧视地开放电力市场或者不按照规定公平开放电网	由电力监管机构责令改正	轻微失信	《电力监管条例》第三十一条
			拒不改正的，处10万元以上100万元以下的罚款	较重失信	
			情节严重的，可以吊销电力业务许可证	严重失信	
	64	供电企业未按照国家规定的电能质量和供电服务质量标准向用户提供供电服务	由电力监管机构责令改正，给予警告	轻微失信	《电力监管条例》第三十二条
	65	电力调度交易机构不按照电力市场运行规则组织交易	由电力监管机构责令改正	轻微失信	《电力监管条例》第三十三条
			拒不改正的，处10万元以上100万元以下的罚款	较重失信	

类别	序号	信用行为事项	信用行为奖惩标准	信用行为分类	信用行为认定依据
（二）电力类	66	电力企业、电力调度交易机构拒绝或者阻碍电力监管机构及其从事监管工作的人员依法履行监管职责	由电力监管机构责令改正	轻微失信	《电力监管条例》第三十四条
			拒不改正的，处5万元以上50万元以下的罚款	较重失信	
	67	电力企业、电力调度交易机构提供虚假或者隐瞒重要事实的文件、资料	由电力监管机构责令改正	轻微失信	
			拒不改正的，处5万元以上50万元以下的罚款	较重失信	
	68	电力企业、电力调度交易机构未按照国家有关电力监管规章、规则的规定披露有关信息	由电力监管机构责令改正	轻微失信	
			拒不改正的，处5万元以上50万元以下的罚款	较重失信	
	69	供电企业违反《供电监管办法》第六条规定，没有能力对其供电区域内的用户提供供电服务并造成严重后果	电力监管机构可以变更或者吊销电力业务许可证，指定其他供电企业供电	严重失信	《供电监管办法》第三十三条
	70	供电企业违反《供电监管办法》第七条、第八条、第九条、第十条、第十一条、第十二条、第十三条、第十四条、第十五条第十六条、第二十一条、第二十四条规定	由电力监管机构责令改正，给予警告	轻微失信	《供电监管办法》第三十四条
	71	供电企业无正当理由拒绝用户用电申请	由电力监管机构责令改正	轻微失信	《供电监管办法》第三十五条
			拒不改正的，处10万元以上100万元以下罚款	较重失信	
			情节严重，可以吊销电力业务许可证	严重失信；	
	72	供电企业对趸购转售电企业符合国家规定条件的输配电设施，拒绝或者拖延接入系统	由电力监管机构责令改正	轻微失信	《供电监管办法》第三十五条
			拒不改正的，处10万元以上100万元以下罚款	较重失信	
			情节严重的，可以吊销电力业务许可证	严重失信	
	73	供电企业违反市场竞争规则，以不正当手段损害竞争对手的商业信誉或者排挤竞争对手	由电力监管机构责令改正	轻微失信	
			拒不改正的，处10万元以上100万元以下罚款	较重失信	
			情节严重的，可以吊销电力业务许可证	严重失信	
	74	供电企业对用户受电工程指定设计单位施工单位和设备材料供应单位	由电力监管机构责令改正	轻微失信	《供电监管办法》第三十五条
			拒不改正的，处10万元以上100万元以下罚款	较重失信	
			情节严重的，可以吊销电力业务许可证	严重失信	
	75	供电企业有其他违反国家有关公平竞争规定的行为	由电力监管机构责令改正	轻微失信	
			拒不改正的，处10万元以上100万元以下罚款	较重失信	
			情节严重的，可以吊销电力业务许可证	严重失信	

类别	序号	信用行为事项	信用行为奖惩标准	信用行为分类	信用行为认定依据
（二）电力类	76	电网企业、电力调度机构违反规定未建设或者未及时建设可再生能源发电项目接入工程，造成可再生能源发电企业经济损失	电网企业应当承担赔偿责任，并由电力监管机构责令限期改正	轻微失信	《电网企业全额收购可再生能源电量监管办法》第二十条
			拒不改正的，电力监管机构可以处以可再生能源发电企业经济损失额一倍以下的罚款	较重失信	
	77	电网企业、电力调度机构拒绝或者阻碍与可再生能源发电企业签订购售电合同、并网调度协议，造成可再生能源发电企业经济损失	电网企业应当承担赔偿责任，并由电力监管机构责令限期改正	轻微失信	
			拒不改正的，电力监管机构可以处以可再生能源发电企业经济损失额一倍以下的罚款	较重失信	
	78	电网企业、电力调度机构未提供或者未及时提供可再生能源发电上网服务，造成可再生能源发电企业经济损失	电网企业应当承担赔偿责任，并由电力监管机构责令限期改正	轻微失信	
			拒不改正的，电力监管机构可以处以可再生能源发电企业经济损失额一倍以下的罚款	较重失信	
	79	电网企业、电力调度机构未优先调度可再生能源发电，造成可再生能源发电企业经济损失	电网企业应当承担赔偿责任，并由电力监管机构责令限期改正	轻微失信	
			拒不改正的，电力监管机构可以处以可再生能源发电企业经济损失额一倍以下的罚款	较重失信	
	80	因电网企业或者电力调度机构原因造成未能全额收购可再生能源电量，造成可再生能源发电企业经济损失	电网企业应当承担赔偿责任，并由电力监管机构责令限期改正	轻微失信	《电网企业全额收购可再生能源电量监管办法》第二十条
			拒不改正的，电力监管机构可以处以可再生能源发电企业经济损失额一倍以下的罚款	较重失信	
	81	电力市场主体未按照规定办理电力市场注册手续	由电力监管机构责令改正	轻微失信	《电力市场监管办法》第三十四条
			拒不改正的，处10万元以上100万元以下的罚款	较重失信	
			情节严重的，可以吊销电力业务许可证	严重失信	
	82	电力市场主体提供虚假注册资料	由电力监管机构责令改正	轻微失信	
			拒不改正的，处10万元以上100万元以下的罚款	较重失信	
			情节严重的，可以吊销电力业务许可证	严重失信	

续表

类别	序号	信用行为事项	信用行为奖惩标准	信用行为分类	信用行为认定依据
（二）电力类	83	电力市场主体未履行电力系统安全义务	由电力监管机构责令改正	轻微失信	《电力市场监管办法》第三十四条
			拒不改正的，处 10 万元以上 100 万元以下的罚款	较重失信	
			情节严重的，可以吊销电力业务许可证	严重失信	
	84	电力市场主体有关设备、设施不符合国家标准、行业标准	由电力监管机构责令改正	轻微失信	
			拒不改正的，处 10 万元以上 100 万元以下的罚款	较重失信	
			情节严重的，可以吊销电力业务许可证	严重失信	
	85	电力市场主体行使市场操纵力	由电力监管机构责令改正	轻微失信	
			拒不改正的，处 10 万元以上 100 万元以下的罚款	较重失信	
			情节严重的，可以吊销电力业务许可证	严重失信	
	86	电力市场主体有不正当竞争、串通报价等违规交易行为	由电力监管机构责令改正	轻微失信	
			拒不改正的，处 10 万元以上 100 万元以下的罚款	较重失信	
			情节严重的，可以吊销电力业务许可证	严重失信	
	87	电力市场主体不执行调度指令	由电力监管机构责令改正	轻微失信	
			拒不改正的，处 10 万元以上 100 万元以下的罚款	较重失信	
			情节严重的，可以吊销电力业务许可证	严重失信	
	88	发电厂并网、电网互联不遵守有关规章、规则	由电力监管机构责令改正	轻微失信	《电力市场监管办法》第三十四条
			拒不改正的，处 10 万元以上 100 万元以下的罚款	较重失信	
			情节严重的，可以吊销电力业务许可证	严重失信	
	89	电力调度交易机构未按照规定办理电力市场注册	由电力监管机构责令改正	轻微失信	《电力市场监管办法》第三十六条
			拒不改正的，处 10 万元以上 100 万元以下的罚款	较重失信	
	90	电力调度交易机构未按照规定公开、公平、公正地实施电力调度	由电力监管机构责令改正	轻微失信	
			拒不改正的，处 10 万元以上 100 万元以下的罚款	较重失信	
	91	电力调度交易机构未执行电力调度规则	由电力监管机构责令改正	轻微失信	
			拒不改正的，处 10 万元以上 100 万元以下的罚款	较重失信	
	92	电力调度交易机构未按照规定对电力市场进行干预	由电力监管机构责令改正	轻微失信	
			拒不改正的，处 10 万元以上 100 万元以下的罚款	较重失信	

续表

类别	序号	信用行为事项	信用行为奖惩标准	信用行为分类	信用行为认定依据
（二）电力类	93	电力调度交易机构泄露电力交易内幕信息	由电力监管机构责令改正	轻微失信	《电力市场监管办法》第三十六条
			拒不改正的，处10万元以上100万元以下的罚款	较重失信	
	94	电力企业虚报、瞒报电力可靠性信息	依法追究其责任	轻微失信	《电力可靠性监督管理办法》第十八条
	95	电力企业伪造、篡改电力可靠性信息	依法追究其责任	轻微失信	
	96	电力企业拒报或者屡次迟报电力可靠性信息	依法追究其责任	轻微失信	
	97	电力业务被许可人超出许可范围或者超出许可期限，从事电力业务	给予警告，责令改正，并可向社会公告	轻微失信	《电力业务许可证管理规定》第四十二条
	98	电力业务被许可人未经批准，擅自停业、歇业	给予警告，责令改正，并可向社会公告	轻微失信	《电力业务许可证管理规定》第四十三条
	99	电力业务被许可人未在规定的期限内申请变更	给予警告，责令改正，并可向社会公告	轻微失信	
	100	涂改、倒卖、出租、出借电力业务许可证或者以其他形式非法转让电力业务许可	依法给予行政处罚	颚夏天信	《电力业务许可证管理规定》第四十五条
	101	申请人隐瞒有关情况或者提供虚假申请材料申请许可证	派出机构不予受理或者不予许可，给予警告，一年内不再受理其许可申请	较重失信	《承装（修、试）电力设施许可证管理办法》第三十八条
			情节严重的，二年内不再受理其许可申请	严重失信	
	102	承装（修、试）电力设施单位隐瞒有关情况或者提供虚假申请材料申请许可事项变更	派出机构不予受理或者不予批准给予警告，一年内不再受理其许可事项变更申请	较重失信	《承装（修、试）电力设施许可证管理办法》第三十八条
	103	承装（修、试）电力设施单位采取欺骗、贿赂等不正当手段取得许可证	由派出机构撤销许可，给予警告，处一万元以上三万元以下罚款，三年内不再受理其许可申请	严重失信	《承装（修、试）电力设施许可证管理办法》第三十九条
	104	承装（修、试）电力设施单位采取欺骗、贿赂等不正当手段变更许可事项	由派出机构撤销许可事项变更，给予警告，处一万元以上三万元以下罚款，三年内不再受理其许可事项变更申请	严重失信	
	105	承装（修、试）电力设施单位涂改、倒卖、出租、出借许可证，或者以其他形式非法转让许可证	由派出机构责令其改正，给予警告，处一万元以上三万元以下罚款	较重失信	《承装（修、试）电力设施许可证管理办法》第四十条
			情节严重的，收缴其许可证	严重失信	
	106	违反规定未取得许可证或者超越许可范围，非法从事承装、承修、承试电力设施活动	由派出机构责令其停止相关的经营活动，没收违法所得，处一万元以上三万元以下罚款	轻微失信	《承装（修、试）电力设施许可证管理办法》第四十一条

类别	序号	信用行为事项	信用行为奖惩标准	信用行为分类	信用行为认定依据
（二） 电力类	106	违反规定未取得许可证或者超越许可范围，非法从事承装、承修、承试电力设施活动	违法经营行为规模较大、社会危害严重的，可以并处三万元以上二十万元以下罚款	较重失信	《承装（修、试）电力设施许可证管理办法》第四十一条
			违法经营行为存在重大安全隐患、威胁公共安全的，处五万元以上五十万元以下罚款，并可以没收从事；无证经营的工具设备	严重失信	
	107	承装（修、试）电力设施单位在从事承装、承修、承试电力设施活动中发生重大以上生产安全事故或者重大质量责任事故	由派出机构给予警告，责令其限期整改	轻微失信	《承装（修、试）电力设施许可证管理办法》第四十二条
			在规定限期内未整改的或者整改后仍不合格的，处一万元以下罚款，降低许可证等级	较重失信	
			情节严重的，收缴其许可证	严重失信	
	108	承装（修、试）电力设施单位未按照本办法规定办理许可证登记事项变更手续	由派出机构责令其限期办理	轻微失信	《承装（修、试）电力设施许可证管理办法》第四十三条
			逾期未办理的，处五千元以下罚款	较重失信	
	109	电力企业违反国家有关规定，将承装（修、试）电力设施业务发包给未取得许可证或者超越许可范围承揽工程的单位或者个人	由派出机构责令其限期改正，给予警告，处一万元以上三万元以下罚款	较重失信	《承装（修、试）电力设施许可证管理办法》第四十四条
（三） 煤炭类	110	煤矿企业未按照规定建设配套煤炭洗选设施	由县级以上人民政府能源主管部门责令改正，处十万元以上一百万元以下的罚款	轻微失信	《大气污染防治法》第一百零二条
			拒不改正的，报经有批准权的人民政府批准，责令停业、关闭	严重失信	
	111	煤矿企业开采煤炭资源未达到国务院煤炭管理部门规定的煤炭资源回采率	由煤炭管理部门责令限期改正	轻微失信	《煤炭法》第五十七条
			逾期仍达不到规定的回采率的，责令停止生产	较重失信	
	112	煤矿企业采取掺杂使假、以次充好等违法手段进行经营	依据相关法律法规予以处罚	较重失信	《商品煤质量管理暂行办法》第二十条
	113	煤矿食业对可采煤层丢弃不采	由煤炭行业管理部门责令限期改正；逾期不改正的，处三万元罚款	轻微失信	《生产煤矿回采率管理暂行规定》第二十九条
	114	煤矿企业违反开采顺序	由煤炭行业管理部门责令限期改正；逾期不改正的，处三万元罚款	轻微失信	
	115	煤矿企业一次采全高开采丢顶煤、底煤或者用煤皮作假项	由煤炭行业管理部门责令限期改正；逾期不改正的，处三万元罚款	轻微失信	

类别	序号	信用行为事项	信用行为奖惩标准	信用行为分类	信用行为认定依据
（三）煤炭类	116	煤矿企业留设煤柱不符合有关规定	由煤炭行业管理部门责令限期改正；逾期不改正的，处三万元罚款	轻微失信	《生产煤矿回采率管理暂行规定》第二十九条
	117	生产企业超过省级煤炭行业管理部门安排的产量限额进行生产	由省级煤炭行业管理部门责令限期改正；逾期不改正的，处三万元的罚款	轻微失信	《特殊和稀缺煤类开发利用管理暂行规定》第二十二条
	118	生产企业未按照《特殊和稀缺煤类开发利用管理暂行规定》第十七条要求制定处理方案并报审核	由省级煤炭行业管理部门责令限期改正；逾期不改正的，处三万元的罚款	轻微失信	
	119	生产企业未按照《特殊和稀缺煤类开发利用管理暂行规定》第十八条要求报送煤矿储量年度报告	由省级煤炭行业管理部门责令限期改正；逾期不改正的，处三万元的罚款	轻微失信	
（四）油气类	120	石油销售企业未按照规定将符合国家标准的生物液体燃料纳入其燃料销售体系，造成生物液体燃料生产企业经济损失	应当承担赔偿责任，由国务院能源主管部门或者省级人民政府管理能源工作的部门责令限期改正	轻微失信	《可再生能源法》第三十一条
			拒不改正的，处以生物液体燃料生产企业经济损失额一倍以下的罚款	较重失信	
	121	未对天然气基础设施运营业务实行独立核算	由国家能源局及其派出机构给予警告，责令限期改正	轻微失信	《天然气基础设施建设与运营管理办法》第三十三条
	122	擅自停止天然气基础设施运营	由天然气主管部门给予警告，责令其尽快恢复运营；造成损失的，依法承担赔偿责任	轻微失信	《天然气基础设施建设与运营管理办法》第三十六条
	123	未履行天然气储备义务	由天然气主管部门给予警告，责令改正；造成损失的，依法承担赔偿责任	轻微失信	《天然气基础设施建设与运营管理办法》第三十七条
（五）其他类	124	1 行政许可申请人隐瞒有关情况或者提供虚假材料申请行政许可	行政机关不予受理或者不予行政许可，给予警告	轻微失信	《行政许可法》第七十八条
			行政许可申请属于直接关系公共安全、人身健康、生命财产安全事项，申请人在一年内不得再次申请该行政许可	严重失信	
	125	被许可人以欺骗、贿赂等不正当手段取得行政许可	行政机关应当依法给予行政处罚；取得的行政许可属于直接关系公共安全、人身健康、生命财产安全事项的，申请人在三年内不得再次申请该行政许可	严重失信	《行政许可法》第七十九条
	126	实行核准管理的项目，企业未依照《企业投资项目核准和备案管理条例》规定办理核准手续开工建设或者未按照核准的建设地点、建设规模、建设内容等进行建设的	由核准机关责令停止建设或者责令停产，对企业处项目总投资额 1‰以上 5‰以下的罚款	较重失信	《企业投资项目核准和备案管理条例》第十八条

类别	序号	信用行为事项	信用行为奖惩标准	信用行为分类	信用行为认定依据
（五）其他类	127	以欺骗、贿赂等不正当手段取得项目核准文件	尚未开工建设的，由核准机关撤销核准文件，处项目总投资额 1‰以上 5‰以下的罚款；已经开工建设的，由核准机关责令停止建设或者责令停产，对企业处项目总投资额 1‰以上 5‰以下的罚款	严重失信	《企业投资项目核准和备案管理条例》第十八条
二、惩戒行为清单（自然人）					
（一）安全类	1	发生事故的电力企业主要负责人不立即组织事故抢救	由电力监管机构处其上一年年收入 40% 至 80% 的罚款；属于国家工作人员的，并依法给予处分	轻重失信	《电力安全事故应急处置和调查处理条例》第二十七条
	2	发生事故的电力企业主要负责人迟报或者漏报事故	由电力监管机构处其上一年年收入 40% 至 80% 的罚款；属于国家工作人员的，并依法给予处分	较重失信	
	3	发生事故的电力企业主要负责人在事故调查处理期间擅离职守	由电力监管机构处其上一年年收入 40% 至 80% 的罚款；属于国家工作人员的，并依法给予处分	较重失信	
	4	发生事故的电力企业有关人员谎报或者瞒报事故	由电力监管机构对主要负责人、直接负责的主管人员和其他直接责任人员处其上一年年收入 60% 至 100% 的罚款；属于国家工作人员的，并依法给予处分	严重失信	《电力安全事故应急处置和调查处理条例》第二十八条
	5	发生事故的电力企业有关人员伪造或者故意破坏事故现场	由电力监管机构对主要负责人、直接负责的主管人员和其他直接责任人员处其上一年年收入 60% 至 100% 的罚款；属于国家工作人员的，并依法给予处分	严重失信	
	6	发生事故的电力企业有关人员转移、隐匿资金、财产，或者销毁有关证据、资料	由电力监管机构对主要负责人、直接负责的主管人员和其他直接责任人员处其上一年年收入 60% 至 100% 的罚款；属于国家工作人员的，并依法给予处分	严重失信	
	7	发生事故的电力企业有关人员拒绝接受调查或者拒绝提供有关情况和资料	由电力监管机构对主要负责人、直接负责的主管人员和其他直接责任人员处其上一年年收入 60% 至 100% 的罚款；属于国家工作人员的，并依法给予处分	严重失信	《电力安全事故应急处置和调查处理条例》第二十八条
	8	发生事故的电力企业有关人员在事故调查中作伪证或者指使他人作伪证	由电力监管机构对主要负责人、直接负责的主管人员和其他直接责任人员处其上一年年收入 60% 至 100% 的罚款；属于国家工作人员的，并依法给予处分	严重失信	

类别	序号	信用行为事项	信用行为奖惩标准	信用行为分类	信用行为认定依据
（一）安全类	9	发生事故的电力企业有关人员在事故发生后逃匿	由电力监管机构对主要负责人、直接负责的主管人员和其他直接责任人员处其上一年年收入60%至100%的罚款；属于国家工作人员的，并依法给予处分	严重失信	
	10	电力企业主要负责人未依法履行安全生产管理职责，导致事故发生	发生一般事故的，处其上一年年收入30%的罚款；属于国家工作人员的，并依法给予处分	轻微失信	《电力安全事故应急处置和调查处理条例》第三十条
			发生较大事故的，处其上一年年收入40%的罚款；属于国家工作人员的，并依法给予处分	较重失信	
			发生重大事故的，处其上一年年收入60%的罚款；发生特别重大事故的，处其上一年年收入80%的罚款；属于国家工作人员的，并依法给予处分	严重失信	
	11	电力企业大坝安全设施未与主体工程同时设计、同时施工、同时投入运行	逾期未改正的，对其直接负责的主管人员和其他直接责任人员处以二万元以上五万元以下的罚款	较重失信	《水电站大坝运行安全监督管理规定》第三十四条
	12	电力企业未按照规定组织蓄水安全鉴定和竣工安全鉴定	逾期未改正的，对其直接负责的主管人员和其他直接责任人员处以二万元以上五万元以下的罚款	较重失信	
	13	电力企业未按照规定开展大坝安全定期检查	逾期未改正的，对其直接负责的主管人员和其他直接责任人员处以二万元以上五万元以下的罚款	较重失信	
	14	擅自改变、调整水电站原批准功能，擅自进行工程改造或者扩建，擅自降低工程等别或者实施大坝退役	逾期未改正的，对其直接负责的主管人员和其他直接责任人员处以二万元以上五万元以下的罚款	较重失信	《水电站大坝运行安全监督管理规定》第三十四条
	15	电力企业未按照规定及时开展病坝治理、险坝除险加固等重大安全隐患治理和风险管控工作	拒不整改的，对其直接负责的主管人员和其他直接责任人员处以二万元以上五万元以下的罚款	较重失信	《水电站大坝运行安全监督管理规定》第三十五条
	16	电力企业未在规定期限内办理大坝安全注册登记和备案	逾期未改正的，对其直接负责的主管人员和其他直接责任人员处以二万元以上五万元以下的罚款	较重失信	《水电站大坝运行安全监督管理规定》第三十六条
	17	电力企业未按照规定制定大坝安全应急预案	逾期未改正的，对其直接负责的主管人员和其他直接责任人员处以二万元以上五万元以下的罚款	较重失信	《水电站大坝运行安全监督管理规定》第三十六条

类别	序号	信用行为事项	信用行为奖惩标准	信用行为分类	信用行为认定依据
（一）安全类	18	电力企业未按照规定及时报告大坝险情或者提供虚假报告	由派出机构对其主要负责人处以二万元以上五万元以下的罚款	较重失信	《水电站大坝运行安全监督管理规定》第三十七条
	19	电力企业未按照规定开展大坝安全监测、检查、运行维护、年度详查、信息报送和信息化建设	逾期未改正的，对其主要负责人处以一万元的罚款	轻微失信	《水电站大坝运行安全监督管理规定》第三十八条
	20	电力企业未按照规定收集、整理、分析和保存大坝运行资料	逾期未改正的，对其主要负责人处以一万元的罚款	轻微失信	
（二）电力类	21	危害供电、用电安全或者扰乱供电、用电秩序	由电力管理部门责令改正，给予警告	较重失信	《电力法》第六十五条
			情节严重或者拒绝改正的，可以中止供电，可以并处 5 万元以下的罚款	严重失信	
	22	电力企业不遵守电力市场运行规则	对直接负责的主管人员和其他直接责任人员，依法给予处分	轻微失信	《电力监管条例》第三十一条
	23	发电厂并网、电网互联不遵守有关规章、规则	对直接负责的主管人员和其他直接责任人员，依法给予处分	轻微失信	
	24	电力企业不向从事电力交易的主体公平、无歧视开放电力市场或者不按照规定公平开放电网	对直接负责的主管人员和其他直接责任人员，依法给予处分	轻微失信	
	25	供电企业未按照国家规定的电能质量和供电服务质量标准向用户提供供电服务	情节严重的，对直接负责的主管人员和其他直接责任人员，依法给予处分	较重失信	《电力监管条例》第三十二条
	26	电力调度交易机构不按照电力市场运行规则组织交易	对直接负责的主管人员和其他直接责任人员，依法给予处分	较重失信	《电力监管条例》第三十三条
	27	电力调度交易机构工作人员泄露电力交易内幕信息	由电力监管机构责令改正，并依法给予处分	较重失信	《电力监管条例》第三十三条
	28	电力企业、电力调度交易机构拒绝或者阻碍电力监管机构及其从事监管工作的人员依法履行监管职责	对直接负责的主管人员和其他直接责任人员，依法给予处分	较重失信	《电力监管条例》第三十四条
	29	电力企业、电力调度交易机构提供虚假或者隐瞒重要事实的文件、资料	对直接负责的主管人员和其他直接责任人员，依法给予处分	严重失信	
	30	电力企业、电力调度交易机构未按照国家有关电力监管规章、规则的规定披露有关信息	对直接负责的主管人员和其他直接责任人员，依法给予处分	轻微失信	
	31	供电企业无正当理由拒绝用户用电申请	对直接负责的主管人员和其他直接责任人员，依法给予处分	较重失信	《供电监管办法》第三十五条

类别	序号	信用行为事项	信用行为奖惩标准	信用行为分类	信用行为认定依据
（二）电力类	32	供电企业对趸购转售电企业符合国家规定条件的输配电设施，拒绝或者拖延接入系统	对直接负责的主管人员和其他直接责任人员，依法给予处分	较重失信	《供电监管办法》第三十五条
	33	供电企业违反市场竞争规则，以不正当手段损害竞争对手的商业信誉或者排挤竞争对手	对直接负责的主管人员和其他直接责任人员，依法给予处分	较重失信	
	34	供电企业对用户受电工程指定设计单位、施工单位和设备材料供应单位	对直接负责的主管人员和其他直接责任人员，依法给予处分	较重失信	
	35	供电企业有其他违反国家有关公平竞争规定的行为	对直接负责的主管人员和其他直接责任人员，依法给予处分	较重失信	
	36	电力市场主体未按照规定办理电力市场注册手续	对直接负责的主管人员和其他直接责任人员，依法给予处分	轻微失信	《电力市场监管办法》第三十四条
	37	电力市场主体提供虚假注册资料	对直接负责的主管人员和其他直接责任人员，依法给予处分	严重失信	
	38	电力市场主体未履行电力系统安全义务	对直接负责的主管人员和其他直接责任人员，依法给予处分	轻微失信	
	39	电力市场主体有关设备、设施不符合国家标准、行业标准	对直接负责的主管人员和其他直接责任人员，依法给予处分	轻微失信	
	40	电力市场主体行使市场操纵力	对直接负责的主管人员和其他直接责任人员，依法给予处分	较重失信	
	41	电力市场主体有不正当竞争、串通报价等违规交易行为	对直接负责的主管人员和其他直接责任人员，依法给予处分	较重失信	
	42	电力市场主体不执行调度指令	对直接负责的主管人员和其他直接责任人员，依法给予处分	轻微失信	《电力市场监管办法》第三十四条
	43	发电厂并网、电网互联不遵守有关规章、规则	对直接负责的主管人员和其他直接责任人员，依法给予处分	轻微失信	
	44	电力调度交易机构未按照规定办理电力场注册	对直接负责的主管人员和其他直接责任人员，依法给予处分	轻微失信	《电力市场监管办法》第三十六条
	45	电力调度交易机构未按照规定公开、公平、公正地实施电力调度	对直接负责的主管人员和其他直接责任人员，依法给予处分	较重失信	
	46	电力调度交易机构未执行电力调度规则	对直接负责的主管人员和其他直接责任人员，依法给予处分	轻微失信	《电力市场监管办法》第三十六条

类别	序号	信用行为事项	信用行为奖惩标准	信用行为分类	信用行为认定依据
（二）电力类	47	电力调度交易机构未按照规定对电力市场进行干预	对直接负责的主管人员和其他直接责任人员，依法给予处分	轻微失信	《电力市场监管办法》第三十六条
	48	电力企业、电力调度交易机构未按照《电力企业信息披露规定》披露有关信息或者披露虚假信息	拒不改正的，对直接负责的主管人员和其他直接责任人员，依法给予处分	较重失信	《电力企业信息披露规定》第十六条
（三）其他类	49	实行核准管理的项目，企业未按规定办理核准手续开工建设或者未按照核准的建设地点、建设规模、建设内容等进行建设	对直接负责的主管人员和其他直接责任人员处 2 万元以上 5 万元以下的罚款；属于国家工作人员的，依法给予处分	较重失信	《企业投资项目核准和备案管理条例》第十八条
	50	实行核准管理的项目，以欺骗、贿赂等不正当手段取得项目核准文件	已经开工建设的，对直接负责的主管人员和其他直接责任人员处 2 万元以上 5 万元以下的罚款；属于国家工作人员的，依法给予处分	严重失信	
三、激励行为清单（法人）					
（一）电力类	1	在研究、开发、采用先进科学技术和管理方法等方面作出显著成绩	给予奖励	国家级、省部级或地市级及以下	《电力法》第九条
	2	对违反国家有关电力监管规定的行为向电力监管机构和政府有关部门举报	对举报有功者给予奖励	国家级、省部级或地市级及以下	《电力监管条例》第五条
	3	电力企业、电力调度交易机构在信息报送中表现突出	给予表彰	国家级、省部级或地市级及以下	《电力企业信息报送规定》第二十六条
	4	在信息披露工作中取得突出成绩	给予表彰	国家级、省部级或地市级及以下	《电力企业信息披露规定》第十五条
（二）核电类	5	在保证核设施安全有显著成绩	给予适当奖励	国家级、省部级或地市级及以下	《民用核设施安全监督管理条例》第二十条
	6	1 在核事故应急工作中完成核事故应急响应任务	给予表彰或者奖励	国家级、省部级或地市级及以下	《核电厂核事故应急管理条例》第三十七条
	7	在核事故应急工作中保护公众安全和国家的、集体的和公民的财产，成绩显著	给予表彰或者奖励	国家级、省部级或地市级及以下	
	8	在核事故应急工作中对核事故应急准备与响应提出重大建议，实施效果显著	给予表彰或者奖励	国家级、省部级或地市级及以下	
	9	在核事故应急工作中辐射、气象预报和测报准确及时，从而减轻损失	给予表彰或者奖励	国家级、省部级或地市级及以下	
（三）煤炭类	10	煤矿企业创造、采用、推广提高采区回采率的新技术、新工艺、新装备以及新管理办法，使采区回采率高于规定指标，取得较显著经济效益	给予表彰或奖励	国家级、省部级或地市级及以下	《生产煤矿回采率管理暂行规定》第二十六条

续表

类别	序号	信用行为事项	信用行为奖惩标准	信用行为分类	信用行为认定依据
（三）煤炭类	11	煤矿企业在安全、经济、合理的原则下，对小于可采厚度的薄煤层进行开采	给予表彰或奖励	国家级、省部级或地市级及以下	
	12	煤矿企业对由于各种原因丢弃的残煤和煤柱，在安全、经济、合理的原则下，通过复采等形式最大限度地采出或利用	给予表彰或奖励	国家级、省部级或地市级及以下	
	13	在特殊和稀缺煤类保护和开采工作中做出突出贡献	给予奖励	国家级、省部级或地市级及以下	《特殊和稀缺煤类开发利用管理暂行规定》第十六条
	14	在煤矿瓦斯防治和煤层气开发利用工作中作出突出贡献	给予表彰奖励	国家级、省部级或地市级及以下	《国务院办公厅关于进一步加快煤气层（煤矿瓦斯）抽采利用的意见》（十八）
四、激励行为清单（自然人）					
（一）电力类	1	在研究、开发、采用先进科学技术和管理方法等方面作出显著成绩	给予奖励	国家级、省部级或地市级及以下	《电力法》第九条
	2	对违反国家有关电力监管规定的行为向电力监管机构和政府有关部门举报	对举报有功者给予奖励	国家级、省部级或地市级及以下	《电力监管条例》第五条
	3	电力企业、电力调度交易机构在信息报送中表现突出	给予表彰	国家级、省部级或地市级及以下	《电力企业信息报送规定》第二十六条
	4	在信息披露工作中取得突出成绩	给予表彰	国家级、省部级或地市级及以下	《电力企业信息披露规定》第十五条
（二）核电类	5	在保证核设施安全有显著成绩	给予适当奖励	国家级、省部级或地市级及以下	《民用核设施安全监督管理条例》第二十条
	6	在核事故应急工作中完成核事故应急响应任务	给予表彰或者奖励	国家级、省部级或地市级及以下	《核电厂核事故应急管理
	7	在核事故应急工作中保护公众安全和国家的、集体的和公民的财产，成绩显著	给予表彰或者奖励	国家级、省部级或地市级及以下	
	8	在核事故应急工作中对核事故应急准备与响应提出重大建议，实施效果显著	给予表彰或者奖励	国家级、省部级或地市级及以下	
（二）核电类	9	在核事故应急工作中辐射、气象预报和测报准确及时，从而减轻损失	给予表彰或者奖励	国家级、省部级或地市级及以下	《核电厂核事故应急管理
（三）煤炭类	10	在特殊和稀缺煤类保护和开采工作中做出突出贡献	给予奖励	国家级、省部级或地市级及以下	《特殊和稀缺煤类开发利用管理暂行规定》第十六条
	11	在煤矿瓦斯防治和煤层气开发利用工作中作出突出贡献	给予表彰奖励	国家级、省部级或地市级及以下	《国务院办公厅关于进一步加快煤气层（煤矿瓦斯）抽采利用的意见》（十八）

编　制　说　明

本清单依据现有法律、法规、规章和国家能源局法定职责，对能源行业法人、自然人受惩戒和受激励的信用行为进行分类。国家能源局及其派出能源监管机构按照本清单对市场主体信用行为分类分级，以实施信用分类管理和信用联合奖惩。

一、编制依据和基本概念

（一）编制依据

根据《能源行业市场主体信用信息归集和使用管理办法》，能源行业市场主体信用行为实行目录管理。主要编制依据如下：

《社会信用体系建设规划纲要（2014—2020 年）》（国发〔2014〕21 号）

《国家发展改革委　人民银行关于加强和规范守信联合激励和失信联合惩戒对象名单管理工作的指导意见》（发改财金规〔2017〕1798 号）

《国家能源局主要职责内设机构和人员编制规定》（国办发〔2013〕51 号）

《能源行业信用体系建设实施意见（2016—2020 年）》（国能资质〔2016〕350 号）

《能源行业市场主体信用信息归集和使用管理办法》（国能资质〔2016〕388 号）

《国家能源局所属事业单位主要职责内设机构和人员编制规定》（国能人事〔2013〕458 号）

《国家能源局派出机构主要职责内设机构和人员编制规定》（国能人事〔2013〕438 号）等。

（二）基本概念

1. 能源行业市场主体

根据《能源行业市场主体信用信息归集和使用管理办法》（国能资质〔2016〕388 号），能源行业市场主体，是指从事煤炭、石油、天然气、电力、新能源和可再生能源等能源的生产、输送、供应、服务、建设等相关活动的法人和其他组织，以及其法定代表人、生产运行负责人、技术负责人、安全负责人和财务负责人等相关执（从）业人员。

2. 能源行业市场主体信用行为

依据《信用基本术语》（中华人民共和国国家标准 GB/T 22117—2008），信用行为是指信用主体在经济和社会活动中影响其信用的各种行为。能源行业市场主体信用行为，是指能源行业市场主体在经济社会活动中产生的、经国家能源局及其派出能源监管机构依法给予行政处罚或行政奖励的行为。

3. 能源行业市场主体信用行为清单

能源行业市场主体信用行为清单是国家能源局及其派出能源监管机构根据法定职责，对能源行业市场主体信用行为实施分类管理的指导目录，用于规范信用行为的具体事项、奖惩标准和认定依据，明确信用行为分类。

二、主要内容

本清单包括惩戒行为清单（法人）、惩戒行为清单（自然人）、激励行为清单（法人）、激励行为清单（自然人）四个部分，收录的法人受惩戒行为事项共 127 项，自然人受惩戒行为事项共 50 项，法人受激励行为事项共 14 项，自然人受激励行为事项共 11 项。每个部分均由信用行为事项、类别、信用行为奖惩标准、信用行为分类、信用行为认定依据等要素构成。

1．信用行为事项

信用行为事项是指市场主体发生的受惩戒或受激励的具体行为事项。本清单的信用行为事项与《能源行业市场主体信用数据清单（2018 版）》的行政处罚（奖励）信息项相互对应。

2．类别

类别是指信用行为事项所属业务领域的类别。

3．信用行为奖惩标准

信用行为奖惩标准是指根据相关法律法规，对市场主体的不同信用行为进行奖励或惩戒的措施标准。

4．信用行为分类

信用行为分类是指对市场主体失信行为严重程度或守信行为所获表彰、奖励级别的分类。其中，法人和自然人失信行为分为轻微、较重和严重；法人和自然人守信行为分为国家级、省部级、地市级及以下。

5．信用行为认定依据

信用行为认定依据是指对市场主体失信行为进行处罚、守信行为进行奖励的法律、法规和相关的规范性文件，包括但不限于：

《电力法》

《行政许可法》

《大气污染防治法》

《煤炭法》

《可再生能源法》

《电力监管条例》（中华人民共和国国务院令第 432 号）

《建设工程质量管理条例》（中华人民共和国国务院令第 279 号）

《电力安全事故应急处置和调查处理条例》（中华人民共和国国务院令第 599 号）

《水库大坝安全管理条例》（中华人民共和国国务院令第 588 号）

《电力供应与使用条例》（中华人民共和国国务院令第 196 号）

《民用核设施安全监督管理条例》

《核电厂核事故应急管理条例》（中华人民共和国国务院令第 124 号）

《企业投资项目核准和备案管理条例》（中华人民共和国国务院令第 673 号）

《水电站大坝运行安全监督管理规定》（国家发展和改革委员会令第 23 号）

《供电监管办法》（国家电力监管委员会令第 27 号）

《电力市场监管办法》（国家电力监管委员会令第 11 号）

《电力可靠性监督管理办法》（国家电力监管委员会令第 24 号）

《电力企业信息报送规定》（国家电力监管委员会令第 13 号）

《电力企业信息披露规定》（国家电力监管委员会令第 14 号）

《电网企业全额收购可再生能源电量监管办法》（国家电力监管委员会令第 25 号）

《电力业务许可证管理规定》（国家电力监管委员会令第 9 号）

《承装（修、试）电力设施许可证管理办法》（国家电力监管委员会令第 28 号）

《生产煤矿回采率管理暂行规定》（国家发展和改革委员会令第 17 号）

《国务院办公厅关于进一步加快煤气层（煤矿瓦斯）抽采利用的意见》（国办发〔2013〕93 号）

《商品煤质量管理暂行办法》（国家发展改革委、环境保护部、商务部、海关总署、工商总局、质检总局 2014 年第 16 号令）

《特殊和稀缺煤类开发利用管理暂行规定》（国家发展和改革委员会令第 16 号）

《天然气基础设施建设与运营管理办法》（国家发展和改革委员会令第 8 号）

《12398 能源监管热线举报奖励办法》（国能发监管〔2017〕26 号）

三、信用行为分类解释

（一）惩戒行为分类

1．轻微失信行为

轻微失信行为是指失信情节轻微、失信主观意愿不强、被处以较轻行政处罚的；例如：

行为罚	责令限期改正
财产罚	处 1 万元以下的罚款
声誉罚	给予警告

2．较重失信行为

较重失信行为是指失信情节较重、拒不改正、失信主观意愿较强、被处以较重行政处罚的，例如：

行为罚	责令停止建设或者责令停产
财产罚	处 5 万元以上 50 万元以下的罚款
声誉罚	对主要负责人予以警告

3．严重失信行为

严重失信行为是指失信情节严重、失信主观意愿很强、为牟取不正当利益或逃脱责任、在发生重大安全事故中负有直接责任、被处以严重行政处罚的，例如：

行为罚	吊销电力业务许可证
财产罚	处 100 万元以上 500 万元以下的罚款
声誉罚	列入安全生产不良信用记录和安全生产诚信"黑名单"

需要特别说明的是，信用行为事项的具体分类由相关单位根据各自职责，并结合工作实际需要进行判断和评估后确定，上述分类原则仅为参考性解释和示例。

（二）激励行为分类

激励行为分类主要分为国家级表彰奖励、省部级表彰奖励和地市级及以下表彰奖励，由国家能源局及其派出能源监管机构根据相关表彰奖励的授予单位予以认定。

四、发布方式

本清单实施动态管理，由能源行业信用体系建设领导小组办公室定期更新并公开发布。

国家能源局关于贯彻落实《国务院安委会办公室关于全面加强企业全员安全生产责任制工作的通知》的通知

国能发安全〔2017〕69号

全国电力安全生产委员会成员单位，各有关单位：

国务院安委会办公室近日下发了《国务院安委会办公室关于全面加强企业全员安全生产责任制工作的通知》（安委办〔2017〕29号）（以下简称《通知》），现将《通知》转发给你们，请认真学习领会，深入贯彻落实。现就有关事项通知如下：

一、全面贯彻《中共中央　国务院关于推进安全生产领域改革发展的意见》（中发〔2016〕32号）（以下简称《意见》）对于企业主体责任的要求

《意见》提出了加强和改进安全生产工作的一系列重大改革举措和任务要求，是当前和今后一个时期电力安全生产工作的行动纲领。要主动适应新常态、落实新举措，以深入贯彻落实《意见》为契机，推进电力安全生产改革发展，全面落实安全生产主体责任，坚决遏制和防范重特大电力事故，实现事故起数和死亡人数"双下降"。

二、严格落实企业安全生产主体责任

企业是安全生产的责任主体，对本单位安全生产工作负全面责任，要严格履行安全生产法定责任，健全自我约束、持续改进的常态化机制。企业实行全员安全生产责任制度，健全法定代表人和实际控制人同为安全生产第一责任人的责任体系，强化部门安全生产职责，落实一岗双责。建立全过程安全生产管理制度，做到安全责任、管理、投入、培训和应急救援"五到位"。

三、加强重点领域主体责任落实

加强电网运行安全管理，确保电网安全稳定运行和可靠供电；加强电力二次系统安全管理工作，加强发电侧涉网继电保护等二次系统的正确配置和安全运行；提升电力设备安全水平；切实做好水电站大坝防汛调度、安全定期检查、安全注册登记和信息化建设等工作，保障水电站大坝运行安全；加强电力可靠性管理，为电力安全生产监督管理提供支撑；加强建设工程施工安全和工程质量管理；加强网络与信息安全管理，做好安全防护风险评估与等级保护测评工作；完善电力应急管理，强化大面积停电防范和应急处置。

四、加大安全教育培训力度

电力企业要全面落实安全培训的主体责任，制定并实施本单位的安全生产教育和培训计划，建立安全培训管理制度，如实记录安全生产教育和培训的情况。严格落实企业安全教育培训制度，强化对企业主要负责人、安全管理人员、班组长、农民工等企业全员的安全培训，要将外包单位作业人员、劳务派遣人员、实习人员等纳入本单位从业人员统一管理，切实做到先培训、后上岗。

五、加强落实企业全员安全生产责任制的考核管理

企业要健全安全生产责任制管理考核制度，对全员安全生产责任制落实情况进行考核管理。坚持过程考核和结果考核相结合，科学设定可量化的考核指标。要健全企业全员安全生产责任制落实情况与奖励惩处挂钩制度，强化部门安全生产职责，落实一岗双责。积极推进电力安全生产诚信体系建设，完善企业安全生产不良记录和"黑名单"制度，建立失信惩戒和守信激励机制。

六、提升安全技术水平

提升现代信息技术与安全生产融合度，加快安全生产信息化建设。加强安全生产理论和政策研究，运用大数据技术开展安全生产规律性、关联性特征分析，提高安全生产决策科学化水平。推进能源互联网、电力及外部环境综合态势感知、高压柔性输电、新型储能技术等新技术在电力建设和设备改造中的安全应用。

七、加强安全文化建设

要以"电力建设工程施工安全年"活动为载体，注重安全文化建设，通过技术比武、安全生产知识大讲堂、事故分析报告会等形式，不断增强广大职工的安全意识。要充分利用媒体、微视频、微博、微信、客户端等多种方式，推广电力安全生产典型经验，加强电力安全生产公益宣传、案例警示教育，营造安全和谐的氛围与环境。

八、做好迎峰度冬等重点工作

落实全员安全生产主体责任，切实加强组织领导和协调配合，认真研判本地区、本单位电力迎峰度冬面临的新形势和新问题，周密部署电力迎峰度冬安全生产工作，全面落实安全生产主体责任，采取有效措施，保证重要用户电力可靠供应，坚决杜绝大面积停电事件发生，为经济社会平稳运行提供有力保障。

附件：《国务院安委会办公室关于全面加强企业全员安全生产责任制工作的通知》

国家能源局

2017 年 11 月 15 日

附件：

国务院安委会办公室关于全面加强企业全员安全生产责任制工作的通知

各省、自治区、直辖市及新疆生产建设兵团安全生产委员会，国务院安委会各成员单位：

为深入贯彻《中共中央　国务院关于推进安全生产领域改革发展的意见》（以下简称《意见》）关于企业实行全员安全生产责任制的要求，全面落实企业安全生产（含职业健康，下同）主体责任，进一步提升企业的安全生产水平，推动全国安全生产形势持续稳定好转，现就全面加强企业全员安全生产责任制工作有关事项通知如下：

一、高度重视企业全员安全生产责任制

（一）明确企业全员安全生产责任制的内涵。企业全员安全生产责任制是由企业根据安全生产法律法规和相关标准要求，在生产经营活动中，根据企业岗位的性质、特点和具体工作内容，明确所有层级、各类岗位从业人员的安全生产责任，通过加强教育培训、强化管理考核和严格奖惩等方式，建立起安全生产工作"层层负责、人人有责、各负其责"的工作体系。

（二）充分认识企业全员安全生产责任制的重要意义。全面加强企业全员安全生产责任制工作，是推动企业落实安全生产主体责任的重要抓手，有利于减少企业"三违"现象（违章指挥、违章作业、违反劳动纪律）的发生，有利于降低因人的不安全行为造成的生产安全事故，对解决企业安全生产责任传导不力问题，维护广大从业人员的生命安全和职业健康具有重要意义。

二、建立健全企业全员安全生产责任制

（三）依法依规制定完善企业全员安全生产责任制。企业主要负责人负责建立、健全企业的全员安全生产责任制。企业要按照《安全生产法》《职业病防治法》等法律法规规定，参照《企业安全生产标准化基本规范》（GB/T 33000—2016）和《企业安全生产责任体系五落实五到位规定》（安监总办〔2015〕27 号）等有关要求，结合企业自身实际，明确从主要负责人到一线从业人员（含劳务派遣人员、实习学生等）的安全生产责任、责任范围和考核标准。安全生产责任制应覆盖本企业所有组织和岗位，其责任内容、范围、考核标准要简明扼要、清晰明确、便于操作、适时更新。企业一线从业人员的安全生产责任制，要力求通俗易懂。

（四）加强企业全员安全生产责任制公示。企业要在适当位置对全员安全生产责任制进行长期公示。公示的内容主要包括：所有层级、所有岗位的安全生产责任、安全生产责任范围、安全生产责任考核标准等。

（五）加强企业全员安全生产责任制教育培训。企业主要负责人要指定专人组织制定并实施本企业全员安全生产教育和培训计划。企业要将全员安全生产责任制教育培训工作纳入安全生产年度培训计划，通过自行组织或委托具备安全培训条件的中介服务机构等实施。要通过教育培训，提升所有从业人员的安全技能，培养良好的安全习惯。要建立健全教育培训档案，如实记录安全生产教育和培训情况。

（六）加强落实企业全员安全生产责任制的考核管理。企业要建立健全安全生产责任制管理考核制度，对全员安全生产责任制落实情况进行考核管理。要健全激励约束机制，通过奖励主动落实、全面落实责任，惩处不落实责任、部分落实责任，不断激发全员参与安全生产工作的积极性和主动性，形成良好的安全文化氛围。

三、加强对企业全员安全生产责任制的监督检查

（七）明确对企业全员安全生产责任制监督检查的主要内容。地方各级负有安全生产监督管理职责的部门要按照"管行业必须管安全、管业务必须管安全、管生产经营必须管安全"和"谁主管、谁负责"的要求，切实履行安全生产监督管理职责，加强对企业建立和落实全员安全生产责任制工作的指导督促和监督检查。监督检查的内容主要包括：

1. 企业全员安全生产责任制建立情况。包括：是否建立了涵盖所有层级和所有岗位的安全生产责任制；是否明确了安全生产责任范围；是否认真贯彻执行《企业安全生产责任体系五落实五到位》等。

2. 企业安全生产责任制公示情况。包括：是否在适当位置进行了公示；相关的安全生产责任制内容是否符合要求等。

3. 企业全员安全生产责任制教育培训情况。包括：是否制定了培训计划、方案；是否按照规定对所有岗位从业人员（含劳务派遣人员、实习学生等）进行了安全生产责任制教育培训；是否如实记录相关教育培训情况等。

4. 企业全员安全生产责任制考核情况。包括：是否建立了企业全员安全生产责任制考核制度；是否将企业全员安全生产责任制度考核贯彻落实到位等。

（八）强化监督检查和依法处罚。地方各级负有安全生产监督管理职责的部门要把企业建立和落实全员安全生产责任制情况纳入年度执法计划，加大日常监督检查力度，督促企业全面落实主体责任。对企业主要负责人未履行建立健全全员安全生产责任制职责，直接负责的主管人员和其他直接责任人员未对从业人员（含被派遣劳动者、实习学生等）进行相关教育培训或者未如实记录教育培训情况等违法违规行为，由地方各级负有安全生产监督管理职责的部门依照相关法律法规予以处罚。健全安全生产不良记录"黑名单"制度，因拒不落实企业全员安全生产责任制而造成严重后果的，要纳入惩戒范围，并定期向社会公布。

四、工作要求

（九）加强分类指导。地方各级安全生产委员会、国务院安委会各成员单位要根据本通知精神，指导督促相关行业领域的企业密切联系实际，制定全员安全生产责任制，努力实现"一企一标准，一岗一清单"，形成可操作、能落实的制度措施。

（十）注重典型引路。地方各级安全生产委员会要充分发挥指导协调作用，及时研究、协调解决企业全员安全生产责任制贯彻实施中出现的突出问题。要通过实施全面发动、典型引领、对标整改等方式，整体推动企业全员安全生产责任制的落实。目前尚未开展企业全员安全生产责任制工作的地区，要根据本通知精神，结合本地区实际，统筹制定落实方案，并印发至企业；已开展此项工作的地区，要结合本通知精神，进一步完善原有政策措施，确保本通知的各项要求落到实处。国务院安全生产委员会办公室将适时遴选一批典型做法在全国推广。

（十一）营造良好氛围。地方各级安全生产委员会、国务院安委会各成员单位要以落实中央《意见》为契机，加大企业全员安全生产责任制工作的宣传力度，发动全员共同参与。各级工会、共青团、妇联等要积极参与监督，大力推动企业加快落实全员安全生产责任制，形成合力，共同营造人人关注安全、人人参与安全、人人监督安全的浓厚氛围，促进企业改进安全生产管理，改善安全生产条件，提升安全生产水平，真正实现从"要我安全"到"我要安全""我会安全"的转变。

国务院安委会办公室

2017 年 10 月 10 日

国家能源局关于加强电力安全培训工作的通知

国能安全〔2017〕96 号

各省（自治区、直辖市）和新疆生产建设兵团发展改革委（能源局）、轻信委（工信委），各派出能源监管机构、国家电网公司、南方电网公目、内蒙古电力公司，华能、大唐、华电、国电、国电投、神华、三峡集团公司，中电建、电能建集目公司．各有关单位：为强化电力行业安全培训工作，提高电力行业从业人员安全素质和安全意识，促进电力安全培训工作健康发展，现就加强电力安全培训工作通知如下：

一、电力企业要全面落实安全培训的主体责任，牢固树立"培训不到位是重大安全隐患"的意识，坚持依法培训、按需施教的工作理二、电力企业要切实抓好本单位从业人员安全培训工作，依法对从业人员进行与其所从事岗位相应的安全教育培训，确保从业人员具备安全生产知识，掌握安全操作技能，熟悉安全生产规章制度和操作规程，了解事故应急处理措施。

二、电力企业要切实抓好本单位从业人员安全培训工作，依法对从业人员进行与其所从事岗位相应的安全教育培训，确保从业人员具备必要安全生产知识，掌握安全操作技能，熟悉安全生产规章制度和操作规程，了解事故应急处理措施。

三、电力企业应当制定本单位年度安全培训计划，并按照计划开展安全培训工作。电力企业主要负责同志要负起安全培训第一责任的责任，组织制定并实施本单位安全生产教育和培训计划；安全生产管理人员要组织或参与本单位安全生产教育和培训工作，掌握培训情况。

四、电力安全应当建立安全培训管理制度，保障安全培训投入，保证培训时间；应当建立安全培训档案，如实记录安全生产培训的时间、内客、参加人员以及考核结果等情况。

五、电力企业要将外包单位作业人员、劳务派遣人员、实习人员等纳入本单位从业人员统一管理，对其进行岗位安全操作规程和安全操作技能教育培训。

六、电力企业从业人员调整工作岗位或者采用（使用）新工艺、新技术、新设备、新材料的，应当对其进行专门] 的安全培训。电力企业发生负有主要责任的电力人身伤亡事故、电力安全事故或直接经济损失 100 万元以上设备事故的，应当制定专门计划对相差负责人和安全生产管理人员等开展安全生产再培训。

七、电力建设施工企业的主要负责人和安全生产管理人员，应按照主管的负有安全生产监督管理职责部门的要求，进行安女生产念，提高安全培训质量，全面加强安全培训基础建设。知识和管理能力考核并台格。

八、负有电力安全生产监督管理职责的单位应加强对电力安全培训工作的监督管理，对电力建设施工企业的相关人员按照规定考核合格情况、自力企业从业人员的安全生产教育和培训情况、安全培训管理制度和从业人员安全培训档案建立情况和安全生产教育培训记录情况、安全培训费用保障情况等安全培训工作开展监督检查，对电力企业存在违反有关法律法规中安全生产教育培训规定的，依照相关法律法规予以处罚。

九、《国家能源局关于印发〈电力安全培训监督管理办法〉的通知》（国能安全〔2013〕475 号）自本文件发布之日起废止。

国家能源局

2017 年 4 月 10 日

国家能源局综合司关于同意试行
《电力建设领域信用评价规范》的复函

国能综函资质〔2017〕436号

中国电力企业联合会、中国电力建设企业协会：

你们报来的《电力建设领域信用评价规范（试行）》（以下简称《评价规范》）收悉。经征求意见，修改完善，基本符合试行要求，原则同意批准发布试行。请你们严格按有关要求，规范开展信用评价工作。

国家能源局综合司

2017年12月7日

附件：

电力建设领域信用评价规范（试行）

前　　言

面对激烈的市场竞争，面对国际社会及国内市场对企业诚信的要求，各类组织把诚信服务的战略管理摆到了重要的地位。诚信为本的管理理念深得人心，建立和运行信用管理体系成为电力建设企业的基本要求。

电力建设领域建立及实施以法律为保障、责任为基础和道德为支撑的信用管理体系，可确保其他管理体系的有效运行。

本规范结合电力建设企业管理特点、资质条件、员工素质、经营能力、经济效益、质量安全、合同履约、社会责任、信用表现等要求，对电力建设企业的信用指标与失信风险进行分析，提出对电力建设企业信用管理体系的建立、实施与持续改进措施，有利于提高电力建设企业自身综合实力和信誉度。

电力建设企业在建立和实施信用管理体系时，应以质量安全信用为主线，以防范失信风险为重点，建立和实施信用制度，形成企业信用教育机制、信用因素识别机制、体系运行机制、自查自纠改进机制、征信评价机制和失信惩戒公示机制，讲信用理念体现在企业的发展战略中，与其他管理体系相融合，并建立必要的信用档案。

本规范由能源行业信用体系建设领导小组办公室提出并归口。

本规范主要起草单位：中国电力企业联合会

中国电力建设企业协会

1　范围

本规范适用于中华人民共和国境内火电、水电、送变电（承装、承修）、承试（电力工程调试）、电力建设监理和新能源项目等电力建设领域的信用评价。

2　规范性引用文件

下列文件对于本文件的应用是必不可少的。凡是注日期的引用文件，仅注日期的版本适用于本文件。凡是不注日期的引用文件，具最新版本（包括所有的修改单）适用于本文件。

《信用标准化工作指南》GB/T 23792—2009

《企业信用等级表示方法》GB/T 22116—2008

《企业信用评价指标》GB/T 23794—2015

《企业质量信用等级划分通则》GB/T 23791—2016

《质量管理体系　基础和术语》GB/T 19000—2016

《质量管理体系　要求》GB/T 19001—2016

《信用基本术语》GB/T 22117—2008

《诚信管理体系要求及使用指南》ICCO26001：2008

《电力企业信用评价规范》DL/T 1381—2014

3　术语与定义

3.1　信用　credit

是指组织运行活动中对承诺的履行与可信度的依存关系，包括顾客、供方、其他相关方以及他们之间的相互关系。

3.2　信用评价　Credit rating

是指信用评价机构（简称评价机构）依据有关法律法规和能源行业市场主体信用信息，根据能源行业市场主体信用评价标准，采用规范的程序和方法，对能源行业市场主体的信用状况进行评价，确定其信用等级，并通过能源行业信用信息平台进行共享、向社会公开的活动。

3.3　评价机构　Credit rating agencies

是指全国性能源行业组织，经国务院征信业监督管理部门许可或备案的第三方信用服务机构可与全国性能源行业组织合作开展能源行业信用评价工作。

3.4　评价对象　Evaluation object

是指在中华人民共和国境内从事火电、水电、承装修（送变电）、承试（电力工程调试）、电力建设监理和新能源项目等电力建设活动的法人和其他组织。

4　评价原则　Credit principle

电力建设企业信用评价遵循政府指导、行业自律、自愿参与、公开透明的原则，维护市场主体的合法权益，不得损害国家和社会公共利益。

5　信用评价

5.1　评价依据

中共中央、国务院《关于进一步深化电力体制改革的若干意见》（中发〔2015〕9号）；

国务院《社会信用体系建设规划纲要（2014—2020年）》（国发〔2014〕21号）；

国务院《关于建立完善守信联合激励和失信联合惩戒制度加快推进社会诚信建设的指导意见》（国发〔2016〕33号）；

国家能源局关于印发《能源行业信用体系建设实施意见（2016—2020年）》（国能资质〔2016〕350号）；

国家能源局关于印发《能源行业市场主体信用评价工作管理办法（试行）》的通知（国能发资质〔2017〕37号）；

以及与信用评价相关的政策、法律、法规、规章。

5.2　评价内容

信用评价指标分为三级指标，一级信用指标包括企业基本情况、财务能力、管理能力和信用记录四个方面，每个一级指标又分解为二级和三级信用指标，每级指标由支持指标构成，同时确定计分标准，最终形成完整的评价指标体系。

火电建设企业信用评价指标（见附录A.1）；

水电建设企业信用评价指标（见附录A.2）；

送变电（承装、承修）建设企业信用评价指标（见附录A.3）；

承试（电力工程调试）企业信用评价指标（见附录A.4）；

电力建设监理企业信用评价指标（见附录A.5）；

新能源项目建设企业信用评价指标（见附录A.6）；

电力建设领域信用评价指标说明（见附录B）。

5.3　评价程序

5.3.1　申报与受理

电力建设企业按评价机构格式要求，同时以书面形式和电子形式提交信用评价申报材料。

评价机构在收到电力建设企业申报材料后10个工作日内做出回复，回复内容包括是否受理申报、申报材料是否完整和需要补充材料的清单。

5.3.2　企业评价

企业依据本规范进行自评价，得出分数和等级，并接受监督。

评价机构组建专家工作组进行评价，评价工作可采用现场或网络的方式进行，形成评价报告初稿。

5.3.3　审定

专家工作组向评价机构常设部门提交信用评价报告及工作底稿，由常设部门进行审核。如在审核中发现问题，专家工作组应及时修正。

评价机构常设部门汇总当期评价对象的等级意见及分值、报告初稿和审核意见，提交信用评价管理委员会，审核评价报告，经三分之二以上的委员投票同意，确定评价等级。

5.3.4 公示

评价机构将审定结果在评价机构网站等网站及指定媒体上对外公示 7 个工作日。

5.3.5 异议处理

在公示期间，如果申报企业或公众对评价结果有异议，可向评价机构提出申诉，并提供相关材料，由评价机构组织复核，复核时间为 15 个工作日，复核结果为评价的最终信用等级，且复审仅限一次。

5.3.6 发布和报送

信用等级最终确认后，评价机构应依据国家有关法律法规的规定，将评价结果在评价机构网站、信用能源网站等指定媒体上对外发布，包括评价对象名称、信用等级、有效期、评价机构名称等，并向受评企业颁发标牌和信用等级证书，标牌和证书自发布之日起生效，有效期为二年。

评价机构应按照能源行业市场主体信用信息目录要求，在 7 个工作日内将评价机构基本信息和信用评价结果录入能源行业信用信息平台。

5.3.7 文件存档

评级机构负责评价文件的存档管理。评价小组将评价对象的原始资料、评价过程中的文字资料进行分类整理，作为工作底稿交与评价机构存档。评价机构应按照保密级别对评价对象提供的全套资料归档，对评价对象特别要求保密的文件，应作为保密文件单独存档。

5.4 动态管理

评价机构实施对申报企业的信用动态监测。信用评价结果在效期内，参评企业如发生不良信息，视不良信息严重程度进行重点监测，对参评企业做出降级、警示、整改等处理。

5.5 评价等级

评价等级依据参评企业各信用指标得分确定，综合得分对照相应的信用等级。信用等级分为"三等十二级"，分别用 AAA、AA、A、BBB、BB、B、C 表示。除 BBB 级（含）以下等级外，每一个信用等级可用"＋"、"－"符号进行微调，表示略高或略低于本等级，但不包括 AAA＋。信用评价分数与等级对照见下表：

信用评价分数与等级对照表

信用等级	信用得分		信用等级含义说明
	下限（含）	上限	
AAA	930	1000	企业经营状况很好，信用记录优秀，发展前景很广阔，对履行相关经济和社会责任能够提供很强的信用保障，不确定因素对其经营和发展的影响很小
AAA－	900	930	
AA＋	870	900	企业经营状况良好，信用记录优良，发展前景较广，对履行相关经济和社会责任能够提供信用保障，不确定因素对其经营和发展的影响较小
AA	830	870	
AA－	800	830	
A＋	770	800	企业经营状况较好，信用记录良好，有一定发展前景，对履行相关经济和社会责任能够提供一定的信用保障，不确定因素对其经营和发展的影响甚微
A	730	770	
A－	700	730	

续表

信用等级	信用得分		信用等级含义说明
	下限（含）	上限	
BBB	600	700	企业经营状况正常，无不良信用记录，但履行相关经济和社会责任的能力一般，目前对合同的履行尚属适当，但未来经营与发展易受内外部不确定因素的影响，履约能力会产生波动
BB	500	600	企业经营状况不佳，履约能力不稳定
B	400	500	企业经营状况较差，履约能力不稳定，有轻微的不良信用记录，且未来发展存在着较多的不确定因素
C	400 分以下		企业经营状况差，履约能力很不稳定，有较多的不良信用记录

附 录 A

附录 A.1 火电建设企业信用评价指标

一级指标	二级指标	三级指标	指标定义	标准分	评 分 标 准
1.基本情况（90分）	1.1 资质认证（30分）	主营业务资质	取得政府颁发的电力相关资质证书情况	10	1. 电力工程总承包特级，得 10 分 2. 电力工程总承包一级，得 8 分 3. 电力工程总承包二级或电力工程专业承包一级，得 6 分 4. 电力工程总承包三级或电力工程专业承包二级，得 4 分 5. 电力工程专业承包三级，得 2 分
		非主营业务资质	取得政府颁发的相关资质证书情况	5	1. 其他资质最高等级，得 5 分 2. 其他资质每降一级，每项得分相应扣一分 3. 以上累计最高得分为 5 分
		三标体系认证情况	企业取得三标体系认证	15	1. 三标体系全部认证，得 15 分 2. 每缺一项扣 5 分，扣完为止
	1.2 企业规模（20分）	在册员工人数	企业上年末企业在册员工人数（有社保）	5	1. ≥2000 人，得 5 分 2. 1000（含）~2000 人，得 4 分 3. 500（含）~1000 人，得 3 分 4. <500 人，得 2 分
		资产总额	近二年平均总资产额	5	1. ≥20 亿元，得 5 分 2. 15（含）~20 亿，得 4 分 3. 10（含）~15 亿，得 3 分 4. 5（含）~10 亿，得 2 分 5. <5 亿，得 1 分
		营业收入	近二年平均营业收入	5	1. ≥30 亿，得 5 分 2. 20（含）~30 亿，得 4 分 3. 10（含）~20 亿，得 3 分 4. 5（含）~10 亿，2 分 5. <5 亿，得 1 分
		动力设备总量	上年末设备总量（自有）	5	1. 能满足一台 1000 兆瓦火电机组建筑安装需求，得 5 分 2. 能满足一台 660 兆瓦火电机组建筑安装需求，得 4 分 3. 能满足一台 350 兆瓦火电机组建筑安装需求，得 3 分 4. 能满足一台 300 兆瓦以下火电机组建筑安装需求，得 2 分

一级指标	二级指标	三级指标	指标定义	标准分	评 分 标 准
1. 基本情况（90 分）	1.3　主要业绩（40 分）	代表工程	企业近三年承建过最大容量机组工程	40	1. 企业承建过单机容量 1000 兆瓦及以上机组工程，得 40 分 2. 企业承建过单机容量 600（含）～1000 兆瓦及以上机组工程，得 35 分 3. 企业承建过单机容量 300（含）～600 兆瓦及以上机组工程，得 30 分 4. 企业承建过单机容量 300 兆瓦以下机组工程，得 20 分
2. 管理能力（580 分）	2.1　财务管理（15 分）	全面预算管理	企业全面预算管理情况	5	1. 年度预算编制合理、准确，审批手续齐全，有盈利，得 5 分 2. 编制年度预算，成本持平，得 3 分 3. 未编制年度预算，成本亏损，不得分
		成本控制	企业项目成本控制情况	5	1. 严格执行工程项目管理制度，成本控制措施完善，得 5 分 2. 执行工程项目管理制度，成本控制基本在要求范围内，得 3 分 3. 工程项目管理未达到要求，不得分
		银行信用等级	企业在银行获得信用等级	5	1. 获得银行 AAA 信用等级，得 5 分 2. 等级每下降一级扣 1 分 3. 无银行信用等级，不得分
	2.2　人力资源管理（55 分）	建造师数量	一级注册建造师专业及数量	15	1. ≥15 人，得 15 分 2. 10（含）～15 人，得 12 分 3. 5（含）～10 人，得 10 分 4. 1（含）～5 人，得 8 分 5. 无，不得分
		中级以上职称比例	中级以上职称人数/在册全员人数×100%	10	1. ≥20%，得 10 分 2. 10（含）～20%，得 8 分 3. 5（含）～10%，得 6 分 4. ＜5%，得 3 分
		技师比例	企业技师（含高级技师）/在册工人人数×100%	10	1. ≥50%，得 10 分 2. 25（含）～50%，得 8 分 3. 10（含）～25%，得 6 分 4. ＜10%，得 4 分
		人员培训	企业人员培训情况	10	1. 建立了人才培养机制，培训制度健全，培训计划完善并实施，培训经费到位，得 10 分 2. 培训制度健全，培训计划基本完成，得 8 分 3. 培训制度不健全，得 5 分 4. 无培训活动，不得分
		绩效考核	企业绩效考核情况	10	1. 制定了合理的绩效考核办法和考核指标，并执行，得 10 分 2. 制定了绩效考核办法和考核指标，无考核结果，得 5 分 3. 无绩效考核，不得分
	2.3　装备管理（20 分）	设备管理体系	近二年设备管理情况	20	1. 设备管理制度健全，台账齐全，检测设备保持健康状态，得 20 分 2. 设备管理制度健全，台账齐全，设备未及时检测，得 10 分 3. 特种设备的管理制度不符合相关规定，扣 10 分 4. 设备管理制度不健全，设备管理混乱，不得分

一级指标	二级指标	三级指标	指标定义	标准分	评 分 标 准
2. 管理能力（580分）	2.4 市场开发（40分）	国内市场合同额	企业上年度国内市场合同额	30	1. ≥30亿，得30分 2. 25（含）～30亿，得25分 3. 20（含）～25亿，得20分 3. ＜20亿，得15分
		国外市场合同额	企业上年度国外市场合同额	5	1. 企业在国外有合同额，得5分 2. 企业在国外无合同额，不得分
		总承包合同额	企业上年度总承包合同额（包括 BOT、PPP、EPC、PMC等模式）	5	1. 企业有总承包合同额，得5分 2. 企业无总承包合同额，不得分
	2.5 创新能力（40分）	科技及管理创新	企业科技及管理创新情况	15	1. 有创新奖励办法，创新活动经费到位，每年创新及新技术推广课题完成率达80%以上，得15分 2. 年度创新及新技术推广课题完成率达每下降10%，减2分，每缺一项扣4分，扣完为止 3. 不定期开展科技创新活动，得5分 4. 无科技创新活动，不得分
		科技及管理创新成果	近二年企业技术及管理创新获奖情况 备注：创新成果主要包括科技进步奖、QC成果奖、工法、专利等	25	1. 获得国家级科技进步奖，得25分；获得省部级（包括省、部、行业）科技进步奖励，每个加10分；获得地市级奖励，每个加5分 2. QC成果奖、工法获得国家级奖励，每个加10分；获得省部级（包括省、部、行业）奖励，每个加5分；获得地市级奖励，每个加3分 3. 获得发明专利，每个加10分；获得外观或实用新型专利，每个加5分；以上累计得分最高25分
	2.6 战略规划（30分）	战略规划制定	企业制定中长期发展战略规划情况	15	1. 制定了科学可行的企业中长期发展规划，或落实上级公司的规划，经营目标明确，经营策略和管理措施有效，得15分 2. 制定了中长期发展规划，或落实上级公司的规划，但经营策略和管理措施存在不足之处得，10分 3. 未制定中长期发展规划，或未落实上级公司的规划，经营目标不明确，不得分
		战略规划实施	企业战略规划实施情况	15	1. 制定战略规划年度实施方案，全面实施，得15分 2. 战略规划部分实施，得10分 3. 未制定战略规划年度实施方案，不得分
	2.7 基础管理（40分）	组织治理结构	企业治理结构情况	5	1. 治理结构健全，运行规范，保证了企业的顺畅运营，得5分 2.治理结构健全但运营不规范，或治理结构不健全，不得分
		制度体系建设	企业业务管理制度	10	1. 建立健全符合国家有关法律、法规和经营要求的各项标准制度，并做到了年度适应性评价，得10分 2. 各项标准制度基本健全，适应性评价不及时，得5分 3. 标准制度不健全，或未做适应性评价，不得分
		风控管理	企业风险管控机制建立情况	10	1. 企业建立了风险管控机制，并有效落实，得10分 2. 机制中未落实风险管控部门，得8分 3. 无年度风险评估报告，得5分 4. 未建立风险管控机制，不得分

一级指标	二级指标	三级指标	指标定义	标准分	评 分 标 准
2. 管理能力（580 分）	2.7 基础管理（40 分）	信息化建设	企业信息化建设情况	15	1. 信息化管理平台涉及企业管理 3 个（含）以上专业，建立网站发布企业各种信息，得 15 分 2. 信息化管理平台涉及企业管理 2 个专业，建立网站发布企业各种信息，得 10 分 3. 信息化管理平台涉及企业管理 1 个专业，或建立网站发布企业各种信息，得 5 分 4. 无任何信息化建设和企业网站，不得分
	2.8 质量、安全、环境管理（230 分）	质量管理	企业上年度和本年质量管理情况	70	1. 未建立质量责任制，扣 10 分 2. 未建立健全质量保证体系，扣 10 分 3. 未建立、健全教育培训制度，扣 10 分 4. 未经教育培训或者考核不合格的人员上岗作业，扣 10 分 5. 未建立、健全施工质量的检验制度，扣 10 分 6. 工序管理不严格，隐蔽工程的质量检查和记录不完善，扣 10 分 7. 施工现场的质量管理，计量、检测等基础工作不到位，扣 10 分 8. 工程质量不符合国家现行有关法律、法规、技术标准、设计文件及合同规定的要求，扣 20 分 9. 采购的建筑材料、建筑构配件和设备的，不符合设计文件和合同要求，扣 20 分 10. 在施工中偷工减料的，使用不合格的建筑材料、建筑构配件和设备的，扣 20 分 11. 未对建筑材料、建筑构配件、设备和商品混凝土进行检验，或未对涉及结构安全的试块、试件以及有关材料取样检测的，扣 20 分 12. 项目未建立质量管理机构，扣 20 分 13. 项目质量管理人员未按规定配备，人员未持有效证件上岗，扣 20 分 14. 项目负责人未在施工现场履行职责或者分包单位不具备相应资质的，扣 20 分 15. 未按照规定对隐蔽工程、检验批、分项和分部工程进行自检，扣 20 分 16. 篡改或者伪造检测报告的，扣 30 分 17. 不履行保修义务或者拖延履行保修义务的，扣 30 分 18. 通过挂靠方式，以其他施工单位的名义承揽工程的，扣 20 分 19. 擅自超越资质等级及业务范围承包工程，扣 30 分 20. 被业主处罚的，每次扣 30 分 21. 被监管部门约谈、诫勉的，每次扣 20 分 22. 被监管部门停工整改的，每次扣 30 分 23. 发生一般质量事故，不得分 24. 发生较大质量事故，在不得分基础上降一级；如在行业内造成不良影响较大，在不得分基础上降二级 25. 发生重大及以上质量事故，信用等级为 C 级以上分数，扣完为止
		安全管理	企业上年度和本年安全管理情况	110	1. 未制定年度安全生产目标，扣 10 分 2. 未对安全生产目标进行分解、未制定保证措施，扣 10 分 3. 未成立安全生产委员会，扣 10 分 4. 安全生产保证体系不健全，扣 10 分 5. 未设置安全监督管理机构，扣 10 分 6. 未按规定配备专职安全生产管理人员，扣 10 分

续表

一级指标	二级指标	三级指标	指标定义	标准分	评 分 标 准
2.管理能力（580分）	2.8 质量、安全、环境管理（230分）	安全管理	企业上年度和本年安全管理情况	110	7. 安全生产管理体系不健全，扣10分 8. 未定期召开安全生产工作例会，扣10分 9. 未建立安全生产责任制，扣20分 10. 未对安全生产责任制落实情况进行检查考核，扣10分 11. 未识别、获取安全生产法律法规、标准规范，未建立清单，扣10分 12. 未制定和发布安全管理制度，扣10分 13. 安全管理制度不健全、不完善，扣10分 14. 未建立各类安全操作规程，扣10分 15. 安全生产法律法规、标准规范清单，安全管理制度和操作规程未按规定进行评估、修订，扣10分 16. 未按规定提取和使用安全生产专项费用，扣20分 17. 未明确安全教育培训主管部门或责任人，未按规定开展安全教育培训，扣10分 18. 企业主要负责人、项目负责人和专职安全生产管理人员未按规定进行培训，未取得有效证件，扣10分 19. 未组织开展危险有害因素辨识与评价，未制定控制措施，扣10分 20. 未建立风险辨识与隐患排查双重机制，扣10分 21. 未建立施工机械管理体系，未对施工机械实施动态管理，扣10分 22. 未建立特种作业人员、特种设备作业人员管理台账，（含分包商、租赁的特种设备操作人员）人员未持有效证件上岗，扣10分 23. 未明确企业、项目及各所属单位专项施工方案、施工方案、施工作业指导书等编审批权限，扣10分 24. 对危险性较大的分部分项工程缺乏管控，扣20分 25. 对工程分包管理存在违规现象，扣20分 26. 未按规定组织从业人员进行职业健康检查，扣10分 27. 未建立从业人员职业健康档案，扣10分 28. 未建立应急管理体系，扣20分 29. 未编制应急预案和现场处置方案或预案、方案不完善，扣10分 30. 未按规定组织开展应急培训和演练，扣10分 31. 未按规定组织开展隐患排查和安全检查，扣20分 32. 未编制企业安全文明施工策划，扣10分 33. 未对放射源实施重点管控，扣10分 34. 未对识别出的重大危险源制定控制措施，并按规定上报备案，扣10分 35. 施工现场危险部位、危险场所缺少安全警示标志，扣10分 36. 施工现场存在管理性违章、行为性违章和装置性违章现象，扣10分 37. 施工现场安全设施不完善，扣10分 38. 未组织开展安全生产标准化建设工作，扣10分 39. 未按规定开展年度安全生产标准自评审，扣10分 40. 被监管部门约谈、诫勉的，每次扣20分 41. 被监管部门停工整改的，每次扣30分 42. 发生一般安全事故：重伤1-4人或死亡1人，扣80分；重伤5-9人或死亡2人，不得分 43. 发生较大安全事故：死亡3-5人，在不得分基础上降一级；死亡6-9人，在不得分基础上降二级 44. 发生重大及以上安全事故，信用等级为C级以上分数，扣完为止

续表

一级指标	二级指标	三级指标	指标定义	标准分	评 分 标 准
2. 管理能力（580分）	2.8 质量、安全、环境管理（230分）	环保管理	企业上年度和本年环保管理情况	50	1. 无环境保护目标，扣10分 2. 无环境保护管理体系，扣20分 3. 无环境保护管理制度，扣20分 5. 施工组织设计中缺少绿色施工方案和"四节一环保"内容，扣10分 6. 未建立施工环境保护措施，扣10分 7. 未对环境因素进行识别，扣20分 8. 未对辨识出的环境风险进行评价，扣20分 9. 项目未设专人负责环境保护工作，未建立与当地环境监测部门联络信息，扣10分 10. 未建立项目环境保护"三同时"管理措施，未编制工程施工环境保护方案，扣10分 11. 企业及项目存在污水、垃圾随意排放倾倒现象，扣20分 12. 施工现场存在危化品、油脂泄露违规超标排放现象，扣20分 13. 被行政警告和罚款，每次扣20分； 14. 被行政责令停产整顿、责令停产、停业、关闭，每次扣30分； 15. 被行政暂扣、吊销许可证或者其他具有许可性质的证件、没收违法所得、没收非法财物、行政拘留，每次扣40分 16. 发生一般环境事故：不得分 17. 发生较大环境事故：在不得分基础上降一级；如对社会造成不良影响较大，在不得分基础上降二级 18. 发生重大及以上环境事故，信用等级为C级以上分数，扣完为止
	2.9 项目管理（70分）	采购管理	企业采购管理情况	10	1. 实现采购交易全过程电子化，得10分 2. 部分实现采购交易全过程电子化，得8分 3. 未实现采购交易全过程电子化，得5分 4. 采购交易过程中发生严重失信行为，不得分
		合同管理	企业合同管理情况	10	1. 合同管理制度齐全，能执行国家合同管理规定，得10分 2. 合同管理制度不齐全，得5分 3. 因自身原因造成合同纠纷，不得分
		技术管理	项目技术方案措施管理情况	15	1. 本专业法律、法规、规程、规范齐全有效，技术方案措施齐全、科学，重大施工方案经第三方专家评审，并严格执行，得15分 2. 执行上述内容有缺项，每缺一项扣5分，扣完为止
		供应商管理及评价	企业供应商管理及评价情况	10	1. 供应商管理制度齐全，供应商考核评价及时，资料完整，得10分 2. 上述内容每缺一项扣3分，扣完为止 3. 无年度供应商考核，不得分
		分包商管理及评价	企业分包商管理及评价情况	20	1. 分包商管理制度齐全，对分包商已进行甄别评价，资料齐全，得20分 2. 上述内容每缺一项扣5分，扣完为止 3. 无年度分包商考核，不得分
		客户管理	客户管理制度、客户回访及满意度调查	5	1. 建立客户管理制度，客户回访率95（含）～100%，回访满意率95（含）～100%，得5分 2. 建立客户管理制度，客户回访率90（含）～95%，回访满意率90%～95%，得4分 3. 建立客户管理制度但未落实责任人，客户回访率85（含）～90%，得3分

续表

一级指标	二级指标	三级指标	指标定义	标准分	评 分 标 准
2. 管理能力（580分）	2.9　项目管理（70分）	客户管理	客户管理制度、客户回访及满意度调查	5	4. 建立客户管理制度但未落实责任人，客户回访率80（含）～85%，得2分 5. 未建立客户管理制度，不得分
	2.10　企业文化（20分）	文化建设	企业文化建设情况	20	1. 制定了企业文化发展规划、纲要，编制了企业文化手册，有企业文化实施细则，得20分 2. 上述内容没缺一项3分，扣完为止 3. 未开展企业文化活动，不得分
	2.11　信用管理（20分）	信用管理部门	企业建立信用体系管理情况	10	1. 设立信用体系建设管理部门，明确归口管理部门，得10分 2. 未明确信用体系建设管理部门管理职责，得5分 3. 未设立信用体系建设管理部门，不得分
		信用管理人员	企业设立信用管理人员情况	10	1. 设立专职或兼职的信用体系管理人员，得10分 2. 未设立专职或兼职的信用体系管理人员，不得分
3. 财务能力（230分）	3.1　偿债能力（70分）	资产负债率	负债总额/年末资产总额×100%	20	1. ≤82%，得20分 2. 82～85%（含），得16分 3. 85～88%（含），得12分 4. 88～90%（含），得8分 5. 90～95%（含），得5分 6. >95%，得2分
		现金流动负债比率	经营活动现金流量净额/流动负债	20	1. ≥2，得20分 2. 1.5（含）～2，得15分 3. 1（含）～1.5，得10分 4. <1，得5分
		流动比率	流动资产/流动负债	15	1. ≥1.5，得15分 2. 1.3（含）～1.5，得12分 3. 1（含）～1.3，得10分 4. <1，得5分
		速动比率	（流动资产－存货）/流动负债	15	1. ≥1，得15分 2. 0.9（含）～1，得12分 3. 0.8（含）～0.9，得10分 4. 0.7（含）～0.8，得8分 5. 0.5（含）～0.7，得5分 6. <0.5，得2分
	3.2　盈利能力（70分）	营业利润率	营业利润/营业收入×100%	15	1. ≥6%，得15分 2. 5（含）～6%，得13分 3. 4（含）～5%，得10分 4. 3（含）～4%，得8分 5. 2（含）～3%，得5分 6. <2%，得3分
		经营现金流量净利率	经营活动现金流量净额/净利润×100%	25	1. ≥100%，得25分 2. 80（含）～100%，得20分 3. 60（含）～80%，得15分 4. 40（含）～85%，得10分 5. <40%，得5分
		净资产收益率	净利润/年初末平均净资产×100%	15	1. ≥8%，得15分 2. 6（含）～8%，得12分 3. 4（含）～6%，得10分 4. 2（含）～4%，得8分 5. 0～2%，得5分 6. ≤0%，不得分

一级指标	二级指标	三级指标	指标定义	标准分	评 分 标 准
3. 财务能力（230 分）	3.2 盈利能力（70 分）	总资产报酬率	（利润总额+利息支出）/年初末平均资产总额×100%	15	1. ≥3%，得 15 分 2. 2.5（含）～3%，得 12 分 3. 2（含）～2.5%，得 10 分 4. 1.5（含）～2%，得 8 分 5. 0～1.5%，得 5 分 6. ≤0%，不得分
	3.3 资产运营能力（50 分）	总资产周转率	营业收入/年初末平均资产总额	10	1. ≥1.2，得 10 分 2. 1（含）～1.2，得 8 分 3. 0.5（含）～1，得 5 分 4. 0～0.5，得 3 分 5. ≤0，不得分
		流动资产周转率	营业收入/年初末平均流动资产总额	15	1. ≥1.5，得 15 分 2. 1.2（含）～1.5，得 12 分 3. 1（含）～1.2，得 10 分 4. 0～1，得 5 分 5. ≤0，不得分
		应收账款周转率	营业收入/年初末应收账款平均余额	15	1. ≥5，得 15 分 2. 4（含）～5，得 12 分 3. 3（含）～4，得 10 分 4. 2（含）～3，得 5 分 5. <2，得 3 分
		存货周转率	营业成本/年初末平均存货	10	1. ≥4.5，得 10 分 2. 4（含）～4.5，得 8 分 3. 3.5（含）～4，得 5 分 4. 3（含）～3.5，得 3 分 5. <3，得 1 分
	3.4 发展能力（40 分）	营业收入增长率	营业收入增长额/上年营业收入总额×100%	15	1. ≥8%，得 15 分 2. 5（含）～8%，得 12 分 3. 3（含）～5%，得 10 分 4. 0～3%，得 8 分 5. ≤0%，不得分
		总资产增长率	（年末资产总额－年初资产总额）/年初资产总额×100%	15	1. ≥5%，15 分 2. 4（含）～5%，得 12 分 3. 3（含）～4%，得 10 分 4. 0～3%，得 8 分 5. ≤0%，不得分
		资本积累率	本年所有者权益增长额/年初所有者权益×100%	10	1. ≥0.6%，得 10 分 2. 0.4（含）～0.6%，得 8 分 3. 0.2（含）～0.4%，得 6 分 4. 0～0.2%，得 4 分 5. ≤0%，不得分
4. 信用记录（100 分）	4.1 征信情况（30 分）	企业信用报告	企业在中国人民银行征信中心的信用报告	30	1. 无不良记录，得 30 分 2. 有不良记录，每一项扣 10 分，扣完为止 3. 发生严重失信行为的，信用等级降一级
	4.2 社会责任（30 分）	员工权益	企业与员工签订劳务合同，对员工的工资支付和为员工实施劳动保护情况	10	1. 与员工签订正式劳动合同，工资支付正常，劳动福利与各项应有的保障齐备，得 10 分 2. 近二年每发生 1 人次未签订劳动合同或未投保的或员工主动申请仲裁的，每次扣 5 分，扣完为止 3. 发生违反《劳动合同》条款且受到过处罚的，不得分

一级指标	二级指标	三级指标	指标定义	标准分	评 分 标 准
4. 信用记录（100分）	4.2 社会责任（30分）	纳税	企业依法纳税情况	10	1. 近二年获得当地税务部门颁发的奖项，得10分 2. 依法纳税，没获得奖项，得5分 3. 曾受到税务部门的处罚，不得分
		社会公益事业	企业在救灾、扶贫、捐资助学、军民共建、社区共建等方面为社会提供的公益服务	10	近二年组织开展或参与公益活动数量 1. ≥3项，得10分 2. 2项，得8分 3. 1项，得5分
	4.3 优良记录（40分）	员工荣誉	企业员工获得国家级、省部级、地市级等奖项（不包括科技及管理创新成果奖）	10	近二年获得数量： 获得国家级，每项得10分；获得省部级（包括省、部、行业、集团公司），每项得5分；获得地市级及其他，每项得3分；以上累计得分最高10分
		企业荣誉	企业获得国家级、省部级、地市级等奖项（不包括科技及管理创新成果奖）	15	近二年获得数量： 获得国家级，每项得15分；获得省部级（包括省、部、行业、集团公司），每项得10分；获得地市级及其他，每项得5分；以上累计得分最高15分
		工程荣誉	工程获得国家级、省部级、地市级等奖项	15	近二年获得数量： 获得国家级，每项得15分；获得省部级（包括省、部、行业、集团公司），每项得10分；获得地市级及其他，每项得5分；以上累计得分最高15分
	4.4 不良记录（0分）	管理层不良记录	企业主要管理者的不良信用记录	0	近二年，企业中层及以上（含项目经理）管理人员在企业内外无不良信用记录，不扣分； 每有一条查证的不良记录，扣5分
		企业不良记录	企业受到能源、司法、工商、质检、安监、金融、海关、协会等部门处罚的不良行为（不包括质量、安全处罚）	0	近二年未发生不良记录的，不扣分 一般失信行为每发生一起扣5分； 发生严重失信行为的，信用等级降一级； 发生极严重失信行为的，信用等级降为C级

附录 A.2　水电建设企业信用评价指标

一级指标	二级指标	三级指标	指标定义	标准分	评 分 标 准
1. 基本情况（90分）	1.1 资质认证（30分）	主营业务资质	取得政府颁发的水电工程及相关资质证书情况	10	1. 总承包特级，得10分 2. 总承包一级，得8分 3. 总承包二级或专业承包一级，得6分 4. 总承包三级或专业承包二级，得4分 5. 专业承包三级，得2分
		非主营业务资质	取得政府颁发的相关资质证书情况	5	1. 其他资质最高等级，得5分 2. 其他资质每降一级，每项得分相应扣1分 3. 以上累计最高得分为5分
		三标体系认证情况	企业取得三标体系认证	15	1. 三标体系全部认证，得15分 2. 每缺一项扣5分，扣完为止

一级指标	二级指标	三级指标	指标定义	标准分	评 分 标 准
1. 基本情况（90 分）	1.2 企业规模（20 分）	在册员工人数	企业上年末企业在册员工人数（有社保）	5	1. ≥3000 人，得 5 分 2. 2000（含）～3000 人，得 4 分 3. 1000（含）～2000 人，得 3 分 4. <1000 人，得 2 分
		资产总额	近二年平均总资产额	5	1. ≥50 亿元，得 5 分 2. 40（含）～50 亿，得 4 分 3. 30（含）～40 亿，得 3 分 4. 20（含）～30 亿，得 2 分 5. <20 亿，得 1 分
		营业收入	近二年平均营业收入	5	1. ≥50 亿，得 5 分 2. 40（含）～50 亿，得 4 分 3. 30（含）～40 亿，得 3 分 4. 20（含）～30 亿，2 分 5. <20 亿，得 1 分
		动力设备总量	上年末企业动力装备总量（自有）	5	1. ≥5 万 kW，得 5 分 2. 3 万 kW（含）～5 万 kW，得 4 分 3. 1 万 kW～3 万 kW，得 3 分 4. <1 万 kW，得 2 分
	1.3 主要业绩（40 分）	代表工程	企业近三年承建过最大工程规模指标	40	满足以下条件之一的，得 40 分 1. 库容 30 亿 m³ 以上或坝高 200 m 以上 2. 安装常规机组单机容量 700MW 3. 年浇筑混凝土 200 万 m³ 以上或土石方开挖、填筑 300 万 m³ 以上或岩基灌浆 12 万 m 以上或防渗墙成墙 8 万 m² 以上 4. 房屋建筑工程高度 100m 以上的或 30 层以上的或单体建筑面积 5 万 m² 以上 满足以下条件之一的，得 30 分 1. 库容 10 亿 m³ 以上或坝高 100 m 以上 2. 安装常规机组单机容量 300MW 3. 年浇筑混凝土 100 万 m³ 以上或土石方开挖、填筑 200 万 m³ 以上或岩基灌浆 8 万 m 以上或防渗墙成墙 6 万 m² 以上 4. 房屋建筑工程高度 75m 以上的或 20 层以上的或单体建筑面积 3 万 m² 以上 满足以下条件之一的，得 20 分 1. 库容 1 亿 m³ 以上或坝高 70 m 以上 2. 安装常规机组单机容量 100MW 3. 年浇筑混凝土 50 万 m³ 以上或土石方开挖、填筑 100 万 m³ 以上或岩基灌浆 3 万 m 以上或防渗墙成墙 1 万 m² 以上 4. 房屋建筑工程高度 50m 以上的或 10 层以上的或单体建筑面积 1 万 m² 以上 不符合以上内容的，不得分
2. 管理能力（580 分）	2.1 财务管理（15 分）	全面预算管理	企业全面预算管理情况	5	1. 年度预算编制合理、准确，审批手续齐全，得 5 分 2. 编制年度预算，审批手续不规范，得 3 分 3. 未编制年度预算，不得分
		成本控制	企业项目成本控制情况	5	1. 严格执行工程项目管理制度，成本控制措施完善，得 5 分 2. 执行工程项目管理制度，成本控制基本在要求范围内，得 3 分 3. 工程项目管理未达到要求，不得分

续表

一级指标	二级指标	三级指标	指标定义	标准分	评 分 标 准
2. 管理能力（580分）	2.1 财务管理（15分）	银行信用评价	企业在银行信用评价	5	1. 获得银行AAA信用等级，得5分 2. 等级每下降一级扣1分 3. 无银行信用等级，不得分
	2.2 人力资源管理（55分）	建造师数量	一级注册建造师数量	15	1. ≥30人，得15分 2. 20（含）～30人，得12分 3. 10（含）～20人，得10分 4. 1（含）～10人，得8分 5. 无，不得分
		中高级职称比例	中、高级职称人数/在册全员人数×100%	10	1. ≥20%，得10分 2. 10（含）～20%，得8分 3. 5（含）～10%，得6分 4. <5%，得4分
		技师比例	企业技师（含高级技师）/在册工人人数×100%	10	1. ≥50%，得10分 2. 25（含）～50%，得8分 3. 10（含）～25%，得6分 4. <10%，得4分
		人员培训	企业人员培训情况	10	1. 建立了人才培养机制，培训制度健全，培训计划落实，培训经费到位，得10分 2. 培训制度健全，培训计划基本落实，培训效果基本到位，得8分 3. 培训制度不健全，培训效果一般，得6分 4. 无培训活动，不得分
		绩效考核	企业绩效考核情况	10	1. 制定了合理的绩效考核办法和考核指标，并严格执行，考核结果能够调动员工的积极性，得10分 2. 制定了绩效考核办法和考核指标，执行效果较好，得8分 3. 制定了绩效考核办法和考核指标，但执行效果一般，得6分 4. 无绩效考核，不得分
	2.3 装备管理（20分）	设备管理体系	近二年设备管理情况	20	1. 设备管理制度健全，台账齐全，检测设备保持健康状态，得20分 2. 设备管理制度健全，台账齐全，设备未及时检测，得10分 3. 特种设备的管理制度不符合相关规定，扣10分 4. 设备管理制度不健全，设备管理混乱，不得分
	2.4 市场开发（40分）	国内市场合同额	企业上年度国内市场合同总额	30	1. ≥50亿元，得30分 2. 35（含）～50亿，得25分 3. 20（含）～35亿，得20分 4. 5（含）～20亿，得15分 5. <5亿，得10分
		国外市场合同额	企业上年度国外市场合同额	5	1. 企业在国外有合同额，得5分 2. 企业在国外无合同额，不得分
		总承包合同额	企业上年度总承包合同额（包括 BOT、PPP、EPC、PMC 等模式）	5	1. 企业有总承包合同额，得5分 2. 企业无总承包合同额，不得分

一级指标	二级指标	三级指标	指标定义	标准分	评分标准
2.管理能力（580分）	2.5 创新能力（40分）	科技及管理创新	企业科新及管理创新情况	15	1. 有创新奖励办法，创新活动经费到位，每年创新及新技术推广课题完成率达80%以上，得15分 2. 年度创新及新技术推广课题完成率达每下降10%，减2分，每缺一项扣4分，扣完为止 3. 不定期开展科技创新活动，得5分 4. 无科技创新活动，不得分
		科技及管理创新成果	近二年企业技术及管理创新获奖情况备注：创新成果主要包括科技进步奖、QC成果奖、工法、专利等	25	1. 获得国家级科技进步奖，得25分；获得省部级（包括省、部、行业）科技进步奖奖励，每个加10分；获得地市级奖励，每个加5分 2. QC成果奖、工法获得国家级奖励，每个加10分；获得省部级（包括省、部、行业）奖励，每个加5分；获得地市级奖励，每个加3分 3. 获得发明专利，每个加10分；获得外观或实用新型专利，每个加5分；以上累计得分最高25分
	2.6 战略规划（30分）	战略规划制定	企业制定中长期发展战略规划情况	15	1. 制定了科学可行的企业中长期发展规划，或落实上级公司的规划，经营目标明确，经营策略和管理措施有效，得15分 2. 制定了中长期发展规划，或落实上级公司的规划，但经营策略和管理措施存在不足之处得，10分 3. 未制定中长期发展规划，或未落实上级公司的规划，经营目标不明确，不得分
		战略规划实施	企业战略规划实施情况	15	1. 制定战略规划年度实施方案，全面实施，得15分 2. 战略规划部分实施，得10分 3. 未制定战略规划年度实施方案，不得分
	2.7 基础管理（40分）	组织治理结构	企业治理结构情况	5	1. 治理结构健全，运行规范，保证了企业的顺畅运营，得5分 2.治理结构健全但运营不规范，或治理结构不健全，不得分
		制度体系建设	企业业务管理制度	10	1. 建立健全符合国家有关法律、法规和经营要求的各项标准制度，并做到了年度适应性评价，得10分 2. 各项标准制度基本健全，适应性评价不及时，得5分 3. 标准制度不健全，或未做适应性评价，不得分
		风控管理	企业风险管控机制建立情况	10	1. 企业建立了风险管控机制，并有效落实，得10分 2. 机制中未落实风险管控部门，得8分 3. 无年度风险评估报告，得5分 4. 未建立风险管控机制，不得分
		信息化建设	企业信息化建设情况	15	1. 信息化管理平台涉及企业管理3个（含）以上方面，建立网站发布企业各种信息，得15分 2. 信息化管理平台涉及企业管理2个方面，建立网站发布企业各种信息，得10分 3. 信息化管理平台涉及企业管理1个方面，或建立网站发布企业各种信息，得5分 4. 无任何信息化建设和企业网站，不得分
	2.8 质量、安全、环境管理（230分）	质量管理	企业上年度和本年质量管理情况	70	1. 未建立质量责任制，扣10分 2. 未建立健全质量保证体系，扣10分 3. 未建立、健全教育培训制度，扣10分 4. 未经教育培训或者考核不合格的人员上岗作业，扣10分 5. 未建立、健全施工质量的检验制度，扣10分 6. 工序管理不严格，隐蔽工程的质量检查和记录不完善，扣10分

一级指标	二级指标	三级指标	指标定义	标准分	评 分 标 准
2.管理能力（580分）	2.8 质量、安全、环境管理（230分）	质量管理	企业上年度和本年质量管理情况	70	7. 施工现场的质量管理，计量、检测等基础工作不到位，扣10分 8. 工程质量不符合国家现行有关法律、法规、技术标准、设计文件及合同规定的要求，扣20分 9. 采购的建筑材料、建筑构配件和设备的，不符合设计文件和合同要求，扣20分 10. 在施工中偷工减料的，使用不合格的建筑材料、建筑构配件和设备的，扣20分 11. 未对建筑材料、建筑构配件、设备和商品混凝土进行检验，或未对涉及结构安全的试块、试件以及有关材料取样检测的，扣20分 12. 项目未建立质量管理机构，扣20分 13. 项目质量管理人员未按规定配备，人员未持有效证件上岗，扣20分 14. 项目负责人未在施工现场履行职责或者分包单位不具备相应资质的，扣20分 15. 未按照规定对隐蔽工程、检验批、分项和分部工程进行自检，扣20分 16. 篡改或者伪造检测报告的，扣30分 17. 不履行保修义务或者拖延履行保修义务的，扣30分 18. 通过挂靠方式，以其他施工单位的名义承揽工程的，扣20分 19. 擅自超越资质等级及业务范围承包工程，扣30分 20. 被业主处罚的，每次扣30分 21. 被监管部门约谈、诫勉的，每次扣20分 22. 被监管部门停工整改的，每次扣30分 23. 发生一般质量事故，不得分 24. 发生较大质量事故，在不得分基础上降一级；如在行业内造成不良影响较大，在不得分基础上降二级 25. 发生重大及以上质量事故，信用等级为C级以上分数，扣完为止
		安全管理	企业上年度和本年安全管理情况	110	1. 未制定年度安全生产目标，扣10分 2. 未对安全生产目标进行分解、未制定保证措施，扣10分 3. 未成立安全生产委员会，扣10分 4. 安全生产保证体系不健全，扣10分 5. 未设置安全监督管理机构，扣10分 6. 未按规定配备专职安全生产管理人员，扣10分 7. 安全生产管理体系不健全，扣10分 8. 未定期召开安全生产工作例会，扣10分 9. 未建立安全生产责任制，扣20分 10. 未对安全生产责任制落实情况进行检查考核，扣10分 11. 未识别、获取安全生产法律法规、标准规范，未建立清单，扣10分 12. 未制定和发布安全管理制度，扣10分 13. 安全管理制度不健全、不完善，扣10分 14. 未建立各类安全操作规程，扣10分 15. 安全生产法律法规、标准规范清单，安全管理制度和操作规程未按规定进行评估、修订，扣10分 16. 未按规定提取和使用安全生产专项费用，扣20分 17. 未明确安全教育培训主管部门或责任人，未按规定开展安全教育培训，扣10分

一级指标	二级指标	三级指标	指标定义	标准分	评 分 标 准
2. 管理能力（580分）	2.8 质量、安全、环境管理（230分）	安全管理	企业上年度和本年安全管理情况	110	18．企业主要负责人、项目负责人和专职安全生产管理人员未按规定进行培训，未取得有效证件，扣10分 19．未组织开展危险有害因素辨识与评价，未制定控制措施，扣10分 20．未建立风险辨识与隐患排查双重机制，扣10分 21．未建立施工机械管理体系，未对施工机械实施动态管理，扣10分 22．未建立特种作业人员、特种设备作业人员管理台账，（含分包商、租赁的特种设备操作人员）人员未持有效证件上岗，扣10分 23．未明确企业、项目及各所属单位专项施工方案、施工方案、施工作业指导书等编审批权限，扣10分 24．对危险性较大的分部分项工程缺乏管控，扣20分 25．对工程分包管理存在违规现象，扣20分 26．未按规定组织从业人员进行职业健康检查，扣10分 27．未建立从业人员职业健康档案，扣10分 28．未建立应急管理体系，扣20分 29．未编制应急预案和现场处置方案或预案、方案不完善，扣10分 30．未按规定组织开展应急培训和演练，扣10分 31．未按规定组织开展隐患排查和安全检查，扣20分 32．未编制企业安全文明施工策划，扣10分 33．未对放射源实施重点管控，扣10分 34．未对识别出的重大危险源制定控制措施，并按规定上报备案，扣10分 35．施工现场危险部位、危险场所缺少安全警示标志，扣10分 36．施工现场存在管理性违章、行为性违章和装置性违章现象，扣10分 37．施工现场安全设施不完善，扣10分 38．未组织开展安全生产标准化建设工作，扣10分 39．未按规定开展年度安全生产标准自评审，扣10分 40．被监管部门约谈、诫勉的，每次扣20分 41．被监管部门停工整改的，每次扣30分 42．发生一般安全事故：重伤1-4人或死亡1人，扣80分；重伤5-9人或死亡2人，不得分 43．发生较大安全事故：死亡3-5人，在不得分基础上降一级；死亡6-9人，在不得分基础上降二级 44．发生重大及以上安全事故，信用等级为C级以上分数，扣完为止
		环保管理	企业上年度和本年环保管理情况	50	1．无环境保护目标，扣10分 2．无环境保护管理体系，扣20分 3．无环境保护管理制度，扣20分 5．施工组织设计中缺少绿色施工方案和"四节一环保"内容，扣10分 6．未建立施工环境保护措施，扣10分 7．未对环境因素进行识别，扣20分 8．未对辨识出的环境风险进行评价，扣20分 9．项目未设专人负责环境保护工作，未建立与当地环境监测部门联络信息，扣10分 10．未建立项目环境保护"三同时"管理措施，未编制工程施工环境保护方案，扣10分

一级指标	二级指标	三级指标	指标定义	标准分	评 分 标 准
2. 管理能力（580分）	2.8 质量、安全、环境管理（230分）	环保管理	企业上年度和本年环保管理情况	50	11. 企业及项目存在污水、垃圾随意排放倾倒现象，扣20分 12. 施工现场存在危化品、油脂泄露违规超标排放现象，扣20分 13. 被行政警告和罚款，每次扣20分； 14. 被行政责令停产整顿、责令停产、停业、关闭，每次扣30分； 15. 被行政暂扣、吊销许可证或者其他具有许可性质的证件、没收违法所得、没收非法财物、行政拘留，每次扣40分 16. 发生一般环境事故：不得分 17. 发生较大环境事故：在不得分基础上降一级；如对社会造成不良影响较大，在不得分基础上降二级 18. 发生重大及以上环境事故，信用等级为C级以上分数，扣完为止
	2.9 项目管理（70分）	采购管理	企业采购管理情况	10	1. 实现采购交易全过程电子化，得10分 2. 部分实现采购交易全过程电子化，得8分 3. 未实现采购交易全过程电子化，得5分 4. 采购交易过程中发生严重失信行为，不得分
		合同管理	企业合同管理情况	10	1. 合同管理制度齐全，能执行国家合同管理规定，得10分 2. 合同管理制度不齐全，得5分 3. 因自身原因造成合同纠纷，不得分
		技术管理	项目技术方案措施管理情况	15	1. 本专业法律、法规、规程、规范齐全有效，技术方案措施齐全、科学，重大施工方案经第三方专家评审，并严格执行，得15分 2. 执行上述内容有缺项，每缺一项扣5分，扣完为止
		供应商管理及评价	企业供应商管理及评价情况	10	1. 供应商管理制度齐全，供应商考核评价及时，资料完整，得10分 2. 上述内容每缺一项扣3分，扣完为止 3. 无年度供应商考核，不得分
		分包商管理及评价	企业分包商管理及评价情况	20	1. 分包商管理制度齐全，对分包商已进行甄别评价，资料齐全，得20分 2. 上述内容每缺一项扣5分，扣完为止 3.无年度分包商考核，不得分
		客户管理	企业客户管理制度建立、客户回访及满意度情况	5	1. 建立客户管理制度，客户回访率95（含）～100%，回访满意率95（含）～100%，得5分 2. 建立客户管理制度，客户回访率90（含）～95%，回访满意率90%～95%，得4分 3. 建立客户管理制度但未落实责任人，客户回访率85（含）～90%，得3分 4. 建立客户管理制度但未落实责任人，客户回访率80（含）～85%，得2分 5. 未建立客户管理制度，不得分
	2.10 企业文化（20分）	企业文化建设	企业文化建设情况	20	1. 制定了企业文化发展规划、纲要，编制了企业文化手册，有企业文化实施细则，得20分 2. 上述内容没缺一项3分，扣完为止 3. 未开展企业文化活动，不得分
	2.11 信用管理（20分）	信用管理部门	企业设立信用体系建设管理情况	10	1. 设立信用体系建设管理部门，明确归口管理部门，得10分 2. 未明确信用体系建设管理部门管理职责，得5分 3. 未设立信用体系建设管理部门，不得分

续表

一级指标	二级指标	三级指标	指标定义	标准分	评 分 标 准
2. 管理能力（580分）	2.11 信用管理（20分）	信用管理人员	企业设立信用管理人员情况	10	1. 设立专职或兼职的信用体系建设管理人员，得10分 2. 未设立专职或兼职的信用体系建设管理人员，不得分
3. 财务能力（230分）	3.1 偿债能力（70分）	资产负债率	负债总额/年末资产总额×100%	20	1. ≤78%，得20分 2. 78%~80%（含），得16分 3. 80%~85%（含），得12分 4. 85%~90%（含），得8分 5. 90%~95%（含），得5分 6. >95%，得2分
		现金流动负债比率	经营活动现金流量净额/流动负债	20	1. ≥2，得20分 2. 1.5（含）~2，得15分 3. 1（含）~1.5，得10分 4. <1，得5分
		流动比率	流动资产/流动负债	15	1. ≥1.5，得15分 2. 1.3（含）~1.5，得12分 3. 1（含）~1.3，得10分 4. <1，得5分
		速动比率	（流动资产－存货）/流动负债	15	1. ≥1，得15分 2. 0.9（含）~1，得12分 3. 0.8（含）~0.9，得10分 4. 0.7（含）~0.8，得8分 5. 0.5（含）~0.7，得5分 6. <0.5，得2分
	3.2 盈利能力（70分）	营业利润率	营业利润/营业收入×100%	15	1. ≥8%，得15分 2. 6（含）%~8%，得13分 3. 4（含）%~6%，得11分 4. 2（含）%~4%，得9分 5. 0~<2%，得6分 6. ≤0%，不得分
		经营现金流量净利率	经营活动现金流量净额/净利润×100%	25	1. ≥100%，得25分 2. 80（含）%~100%，得20分 3. 50（含）%~80%，得15分 4. 30（含）%~50%，得10分 5. <30%，不得分
		净资产收益率	净利润/年初末平均净资产×100%	15	1. ≥8%，得15分 2. 6（含）~8%，得12分 3. 4（含）~6%，得10分 4. 2（含）~4%，得8分 5. 0~2%，得5分 6. ≤0%，不得分
		总资产报酬率	（利润总额+利息支出）/年初末平均资产总额×100%	15	1. ≥3%，得15分 2. 2.5（含）%~3%，得12分 3. 2（含）%~2.5%，得10分 4. 1（含）%~2%，得8分 5. 0~1%，得5分 6. ≤0%，不得分
	3.3 资产运营能力（50分）	总资产周转率	营业收入/年初末平均资产总额	10	1. ≥1.2，得10分 2. 1（含）~1.2，得8分 3. 0.5（含）~1，得6分 4. 0~0.5，得4分 5. ≤0，不得分

续表

一级指标	二级指标	三级指标	指标定义	标准分	评 分 标 准
3. 财务能力（230分）	3.3 资产运营能力（50分）	流动资产周转率	营业收入/年初末平均流动资产总额	15	1. ≥1.5，得15分 2. 1.2（含）～1.5，得12分 3. 1（含）～1.2，得10分 4. 0～1，得5分 5. ≤0，不得分
		应收账款周转率	营业收入/年初末应收账款平均余额	15	1. ≥5，得15分 2. 4（含）～5，得12分 3. 3（含）～4，得10分 4. 2（含）～3，得5分 5. <2，得3分
		存货周转率	营业成本/年初末平均存货	10	1. ≥4.5，得10分 2. 4（含）～4.5，得9分 3. 3.5（含）～4，得7分 4. 3（含）～3.5，得5分 5. <3，得3分
	3.4 发展能力（40分）	营业收入增长率	营业收入增长额/上年营业收入总额×100%	15	1. ≥8%，得15分 2. 5%（含）～8%，得12分 3. 3%（含）～5%，得10分 4. 0～3%，得8分 5. <0%，不得分
		总资产增长率	（年末资产总额－年初资产总额）/年初资产总额×100%	15	1. ≥8%，15分 2. 5（含）%～8%，得12分 3. 3（含）%～5%，得10分 4. 0～3%，得8分 5. ≤0%，不得分
		资本积累率	本年所有者权益增长额/年初所有者权益×100%	10	1. ≥0.6%，得10分 2. 0.4（含）%～0.6%，得8分 3. 0.2（含）%～0.4%，得6分 4. 0～0.2%，得4分 5. ≤0%，不得分
4. 信用记录（100分）	4.1 征信情况（30分）	企业信用报告	企业在中国人民银行征信中心的信用报告	30	1. 无不良记录，得30分 2. 有不良记录，每一项扣10分，扣完为止
	4.2 社会责任（30分）	员工权益	企业与员工签订劳务合同，对员工的工资支付和为员工实施劳动保护情况	10	1. 与员工签订正式劳动合同，工资支付正常，劳动福利与各项应有的保障齐备，得10分 2. 近二年每发生1人次未签订劳动合同或未投保的或员工主动申请仲裁的，每次扣5分，扣完为止 3. 发生违反《劳动合同》条款且受到过处罚的，不得分
		纳税	企业依法纳税情况	10	1. 近二年获得当地税务部门颁发的奖项，得10分 2. 依法纳税，没获得奖项，得5分 3. 曾受到税务部门的处罚，不得分
		社会公益事业	企业在救灾、扶贫、捐资助学、军民共建、社区共建等方面为社会提供的公益服务	10	近二年组织开展或参与公益活动数量 1. ≥3项，得10分 2. 2项，得8分 3. 1项，得5分

一级指标	二级指标	三级指标	指标定义	标准分	评 分 标 准
4. 信用记录（100 分）	4.3 优良记录（40 分）	员工荣誉	企业员工获得国家级、省部级、地市级等奖项（不包括科技及管理创新成果奖）	10	近二年获得数量： 获得国家级，每项得 10 分；获得省部级（包括省、部、行业、集团公司），每项得 5 分；获得地市级及其他，每项得 3 分；以上累计得分最高 10 分
		企业荣誉	企业获得国家级、省部级、地市级等奖项（不包括科技及管理创新成果奖）	15	近二年获得数量： 获得国家级，每项得 15 分；获得省部级（包括省、部、行业、集团公司），每项得 10 分；获得地市级及其他，每项得 5 分；以上累计得分最高 15 分
		工程荣誉	工程获得国家级、省部级、地市级等奖项	15	近二年获得数量： 获得国家级，每项得 15 分；获得省部级（包括省、部、行业、集团公司），每项得 10 分；获得地市级及其他，每项得 5 分；以上累计得分最高 15 分
	4.4 不良记录（0 分）	管理层不良记录	企业主要管理者的不良信用记录	0	近二年，企业中层及以上（含项目经理）管理人员在企业内外无不良信用记录，不扣分； 每有一条查证的不良记录，扣 5 分
		企业不良记录	企业受到能源、司法、工商、质检、安监、金融、海关、协会等部门处罚的不良行为（不包括质量、安全处罚）	0	近二年未发生不良记录的，不扣分 一般失信行为每发生一起扣 5 分； 发生严重失信行为的，信用等级降一级； 发生极严重失信行为的，信用等级降为 C 级

附录 A.3 送变电（承装、承修）企业信用评价指标

一级指标	二级指标	三级指标	指标定义	标准分	评 分 标 准
1. 基本情况（90 分）	1.1 资质认证（30 分）	主营业务资质	取得政府颁发的电力相关资质证书情况	10	1. 承装修一级，得 10 分 2. 承装修二级，得 8 分 3. 承装修三级，得 6 分 4. 承装修四级，得 4 分 5. 承装修五级，得 2 分
		非主营业务资质	取得政府颁发的相关资质证书情况	5	1. 其他资质最高等级，得 5 分 2. 其他资质每降一级，每项得分相应扣一分 3. 以上累计最高得分为 5 分
		三标体系认证情况	企业取得三标体系认证	15	1. 三标体系全部认证，得 15 分 2. 每缺一项扣 5 分，扣完为止
	1.2 企业规模（20 分）	在册员工人数	企业上年末企业在册员工人数（有社保）	5	1. ≥1000 人，得 5 分 2. 500（含）～1000 人，得 4 分 3. 300（含）～500 人，得 3 分 4. <300 人，得 2 分
		资产总额	近二年平均总资产额	5	1. ≥5 亿元，得 5 分 2. 2（含）～5 亿，得 4 分 3. 1（含）～2 亿，得 3 分 4. 800 万（含）～1 亿，得 2 分 5. <800 万，得 1 分

续表

一级指标	二级指标	三级指标	指标定义	标准分	评 分 标 准
1. 基本情况（90分）	1.2 企业规模（20分）	营业收入	近二年平均营业收入	5	1．≥10亿，得5分 2．5（含）～10亿，得4分 3．1（含）～5亿，得3分 4．3000万（含）～1亿，2分 5．<3000万，得1分
		大型机械设备总数	上年末设备总量（自有）（如牵引张力设备、柴油发电机、大型抱杆、滤油机、真空抽气机组、SF6回收装置、干燥空气发生器、高空作业车、仪器仪表等）	5	1．≥300台，得5分 2．150～300台，得4分 3．50～150台，得3分 4．<50台，得2分
	1.3 主要业绩（40分）	代表工程	企业近三年承建最高电压等级输变电工程	40	1．企业承建过800千伏及以上输变电工程，得40分 2．企业承建500千伏及以上～800千伏以下输变电工程工程，得30分 3．企业承建过220千伏及以上～500千伏以下输变电工程工程，得20分 4．企业承建过110千伏及以下输变电工程工程，得10分
2. 管理能力（580分）	2.1 财务管理（15分）	全面预算管理	企业全面预算管理情况	5	1．年度预算编制合理、准确，审批手续齐全有盈利，得5分 2．编制年度预算，成本持平，得3分 3．未编制年度预算，成本亏损，不得分
		成本控制	企业项目成本控制情况	5	1．严格执行工程项目管理制度，成本控制措施完善，得5分 2．执行工程项目管理制度，成本控制基本在要求范围内，得3分 3．工程项目管理未达到要求，不得分
		银行信用等级	企业在银行获得信用等级	5	1．获得银行AAA信用等级，得5分 2．等级每下降一级扣1分 3．无银行信用等级，不得分
	2.2 人力资源管理（55分）	建造师数量	注册建造师专业及数量	15	1．一级注册建造师人数≥15人，得15分 2．一级注册建造师人数10（含）～15人，得12分 3．注册建造师人数5（含）～10人，得10分 4．二级注册建造师人数少于5人，不得分
		中高级职称比例	中、高级职称人数/在册全员人数×100%	10	1．≥20%，得10分 2．10（含）～20%，得8分 3．5（含）～10%，得5分 4．5%以下，得3分
		技师比例	企业技师（含高级技师）/在册全员人数×100%	10	1．≥50%，得10分 2．25（含）～50%，得8分 3．10（含）～25%，得6分 4．<10%，得4分

续表

一级指标	二级指标	三级指标	指标定义	标准分	评 分 标 准
2. 管理能力（580 分）	2.2 人力资源管理（55分）	人员培训	企业人员培训情况	10	1. 建立了人才培养机制，培训制度健全，培训计划完善，培训经费到位，培训效果良好，得 10 分 2. 培训制度健全，培训计划基本完善，培训效果较好，得 8 分 3. 培训制度不健全，培训效果一般，得 6 分 4. 无培训活动，不得分
		绩效考核	企业绩效考核情况	10	1. 制定了合理的绩效考核办法和考核指标，并严格执行，考核结果能够调动员工的积极性，得 10 分 2. 制定了绩效考核办法和考核指标，执行效果较好，得 8 分 3. 制定了绩效考核办法和考核指标，但执行效果一般，得 6 分 4. 无绩效考核，不得分
	2.3 机械装备管理（20分）	机械设备管理	制度、执行记录	20	1. 设备管理制度健全，台账齐全，检测设备保持健康状态，得 20 分 2. 设备管理制度健全，台账齐全，设备未及时检测，得 10 分 3. 特种设备的管理制度不符合相关规定，扣 10 分 4. 设备管理制度不健全，设备管理混乱，不得分
	2.4 市场开发（40分）	国内市场签约额	企业上年度国内市场签约额	30	1. ≥15 亿，得 30 分 2. 10（含）～15 亿，得 25 分 3. 5（含）～10 亿，得 20 分 4. 1 亿（含）～5 亿，15 分 5. 5000 万（含）～1 亿，得 10 分 6. ＜5000 万，得 5 分
		国外市场合同额	企业上年度国外市场合同额	5	1. 企业在国外有合同额，得 5 分 2. 企业在国外无合同额，不得分
		总承包合同额	企业上年度总承包合同额（包括 BOT、PPP、EPC、PMC 等模式）	5	1. 企业有总承包合同额，得 5 分 2. 企业无总承包合同额，不得分
	2.5 创新能力（40分）	科技及管理创新	企业科技创新及管理创新情况	15	1. 有创新奖励办法，创新活动经费到位，每年创新及新技术推广课题完成率达 80%以上，得 15 分 2. 年度创新及新技术推广课题完成率达每下降 10%，减 2 分，每缺一项加 4 分，扣完为止 3. 不定期开展科技创新活动，得 5 分 4. 无科技创新活动，不得分
		科技及管理创新成果	近二年企业技术及管理创新获奖情况备注：创新成果主要包括科技进步奖、QC成果奖、工法、专利等	25	1. 获得国家级科技进步奖，得 25 分；获得省部级（包括省、部、行业）科技进步奖励，每个加 10 分；获得地市级奖励，每个加 5 分 2. QC 成果奖、工法获得国家级奖励，每个加 10 分；获得省部级（包括省、部、行业）奖励，每个加 5 分；获得地市级奖励，每个加 3 分 3. 获得发明专利，每个加 10 分；获得外观或实用新型专利，每个加 5 分；以上累计得分最高 25 分
	2.6 战略规划（30分）	战略规划制定	企业制定中长期发展战略规划情况	15	1. 制定了科学可行的企业中长期发展规划，或落实上级公司的规划，经营目标明确，经营策略和管理措施有效，得 15 分 2. 制定了中长期发展规划，或落实上级公司的规划，但经营策略和管理措施存在不足之处，得 10 分 3. 未制定中长期发展规划，或未落实上级公司的规划，经营目标不明确，不得分

一级指标	二级指标	三级指标	指标定义	标准分	评　分　标　准
2. 管理能力（580 分）	2.6 战略规划（30 分）	战略规划实施	企业战略规划实施情况	15	1. 制定战略规划年度实施方案，落实实施部门，执行良好，得 15 分 2. 规划执行效果一般，得 10 分 3. 未制定战略规划年度实施方案，不得分
	2.7 基础管理（40 分）	组织治理结构	企业治理结构情况	5	1. 治理结构健全，运行规范，保证了企业的顺畅运营，得 10 分 2.治理结构健全但运营不规范，或治理结构不健全，不得分
		制度体系建设	企业业务管理制度	10	1. 建立健全符合国家有关法律、法规和经营要求的各项标准制度，并做到了年度适应性评价，得 10 分 2. 各项标准制度基本健全，适应性评价不及时，得 5 分 3. 标准制度不健全，或未做适应性评价，不得分
		风控管理	企业风险管控机制建立情况	10	1. 企业建立了风险管控机制，并有效落实，得 10 分 2. 机制中未落实风险管控部门，得 8 分 3. 无年度风险评估报告，得 5 分 4. 未建立风险管控机制，不得分
		信息化建设	企业信息化建设情况	15	1. 信息化管理平台涉及企业管理 3 个（含）以上方面，建立网站发布企业各种信息，得 10 分 2. 信息化管理平台涉及企业管理 2 个方面，建立网站发布企业各种信息，得 8 分 3. 信息化管理平台涉及企业管理 1 个方面，或建立网站发布企业各种信息，得 5 分 4. 无任何信息化建设和企业网站，不得分
	2.8 质量、安全、环境管理（230 分）	质量管理	企业上年度和本年质量管理情况	70	1. 未建立质量责任制，扣 10 分 2. 未建立健全质量保证体系，扣 10 分 3. 未建立、健全教育培训制度，扣 10 分 4. 未经教育培训或者考核不合格的人员上岗作业，扣 10 分 5. 未建立、健全施工质量的检验制度，扣 10 分 6. 工序管理不严格，隐蔽工程的质量检查和记录不完善，扣 10 分 7. 施工现场的质量管理，计量、检测等基础工作不到位，扣 10 分 8. 工程质量不符合国家现行有关法律、法规、技术标准、设计文件及合同规定的要求，扣 20 分 9. 采购的建筑材料、建筑构配件和设备的，不符合设计文件和合同要求，扣 20 分 10. 在施工中偷工减料的，使用不合格的建筑材料、建筑构配件和设备的，扣 20 分 11. 未对建筑材料、建筑构配件、设备和商品混凝土进行检验，或未对涉及结构安全的试块、试件以及有关材料取样检测的，扣 20 分 12. 项目未建立质量管理机构，扣 20 分 13. 项目质量管理人员未按规定配备，人员未持有效证件上岗，扣 20 分 14. 项目负责人未在施工现场履行职责或者分包单位不具备相应资质的，扣 20 分 15. 未按照规定对隐蔽工程、检验批、分项和分部工程进行自检，扣 20 分 16. 篡改或者伪造检测报告的，扣 30 分

一级指标	二级指标	三级指标	指标定义	标准分	评 分 标 准
2.管理能力（580分）	2.8 质量、安全、环境管理（230分）	质量管理	企业上年度和本年质量管理情况	70	17.不履行保修义务或者拖延履行保修义务的，扣30分 18.通过挂靠方式，以其他施工单位的名义承揽工程的，扣20分 19.擅自超越资质等级及业务范围承包工程，扣30分 20.被业主处罚的，每次扣30分 21.被监管部门约谈、诫勉，每次扣20分 22.被监管部门停工整改，每次扣30分 23.发生一般质量事故，不得分 24.发生较大质量事故，在不得分基础上降一级；如在行业内造成不良影响较大，在不得分基础上降二级 25.发生重大及以上质量事故，信用等级为C级以上分数，扣完为止
		安全管理	企业上年度和本年安全管理情况	110	1.未制定年度安全生产目标，扣10分 2.未对安全生产目标进行分解、未制定保证措施，扣10分 3.未成立安全生产委员会，扣10分 4.安全生产保证体系不健全，扣10分 5.未设置安全监督管理机构，扣10分 6.未按规定配备专职安全生产管理人员，扣10分 7.安全生产管理体系不健全，扣10分 8.未定期召开安全生产工作例会，扣10分 9.未建立安全生产责任制，扣20分 10.未对安全生产责任制落实情况进行检查考核，扣10分 11.未识别、获取安全生产法律法规、标准规范，未建立清单，扣10分 12.未制定和发布安全管理制度，扣10分 13.安全管理制度不健全、不完善，扣10分 14.未建立各类安全操作规程，扣10分 15.安全生产法律法规、标准规范清单，安全管理制度和操作规程未按规定进行评估、修订，扣10分 16.未按规定提取和使用安全生产专项费用，扣20分 17.未明确安全教育培训主管部门或责任人，未按规定开展安全教育培训，扣10分 18.企业主要负责人、项目负责人和专职安全生产管理人员未按规定进行培训，未取得有效证件，扣10分 19.未组织开展危险有害因素辨识与评价，未制定控制措施，扣10分 20.未建立风险辨识与隐患排查双重机制，扣10分 21.未建立施工机械管理体系，未对施工机械实施动态管理，扣10分 22.未建立特种作业人员、特种设备作业人员管理台账，（含分包商、租赁的特种设备操作人员）人员未持有效证件上岗，扣10分 23.未明确企业、项目及各所属单位专项施工方案、施工方案、施工作业指导书等编审批权限，扣10分 24.对危险性较大的分部分项工程缺乏管控，扣20分 25.对工程分包管理存在违规现象，扣20分 26.未按规定组织从业人员进行职业健康检查，扣10分 27.未建立从业人员职业健康档案，扣10分

续表

一级指标	二级指标	三级指标	指标定义	标准分	评 分 标 准
2. 管理能力（580分）	2.8 质量、安全、环境管理（230分）	安全管理	企业上年度和本年安全管理情况	110	28．未建立应急管理体系，扣 20 分 29．未编制应急预案和现场处置方案或预案、方案不完善，扣 10 分 30．未按规定组织开展应急培训和演练，扣 10 分 31．未按规定组织开展隐患排查和安全检查，扣 20 分 32．未编制企业安全文明施工策划，扣 10 分 33．未对放射源实施重点管控，扣 10 分 34．未对识别出的重大危险源制定控制措施，并按规定上报备案，扣 10 分 35．施工现场危险部位、危险场所缺少安全警示标志，扣 10 分 36．施工现场存在管理性违章、行为性违章和装置性违章现象，扣 10 分 37．施工现场安全设施不完善，扣 10 分 38．未组织开展安全生产标准化建设工作，扣 10 分 39．未按规定开展年度安全生产标准自评审，扣 10 分 40．被监管部门约谈、诫勉的，每次扣 20 分 41．被监管部门停工整改的，每次扣 30 分 42．发生一般安全事故：重伤 1-4 人或死亡 1 人，扣 80 分；重伤 5-9 人或死亡 2 人，不得分 43．发生较大安全事故：死亡 3-5 人，在不得分基础上降一级；死亡 6-9 人，在不得分基础上降二级 44．发生重大及以上安全事故，信用等级为 C 级以上分数，扣完为止
		环保管理	企业上年度和本年环保管理情况	50	1．无环境保护目标，扣 10 分 2．无环境保护管理体系，扣 20 分 3．无环境保护管理制度，扣 20 分 4．施工组织设计中缺少绿色施工方案和"四节一环保"内容，扣 10 分 5．未建立施工环境保护措施，扣 10 分 6．未建立施工环境保护措施，扣 10 分 7．未对环境因素进行识别，扣 20 分 8．未对辨识出的环境风险进行评价，扣 20 分 9．项目未设专人负责环境保护工作，未建立与当地环境监测部门联络信息，扣 10 分 10．未建立项目环境保护"三同时"管理措施，未编制工程施工环境保护方案，扣 10 分 11．企业及项目存在污水、垃圾随意排放倾倒现象，扣 20 分 12．施工现场存在危化品、油脂泄露违规超标排放现象，扣 20 分 13．被行政警告和罚款，每次扣 20 分 14．被行政责令停产整顿、责令停产、停业、关闭，每次扣 30 分； 15．被行政暂扣、吊销许可证或者其他具有许可性质的证件、没收违法所得、没收非法财物、行政拘留，每次扣 40 分 16．发生一般环境事故：不得分 17．发生较大环境事故：在不得分基础上降一级；如对社会造成不良影响较大，在不得分基础上降二级 18．发生重大及以上环境事故，信用等级为 C 级以上分数，扣完为止

续表

一级指标	二级指标	三级指标	指标定义	标准分	评 分 标 准
2. 管理能力（580 分）	2.9　项目管理（70 分）	采购管理	企业采购管理情况	10	1. 实现采购交易全过程电子化，得 10 分 2. 部分实现采购交易全过程电子化，得 8 分 3. 未实现采购交易全过程电子化，得 5 分 4. 采购交易过程中发生严重失信行为，不得分
		合同管理	企业合同管理情况	10	1. 合同管理制度齐全，能执行国家合同管理规定，得 10 分 2. 合同管理制度不齐全，得 5 分 3. 因自身原因造成合同纠纷，不得分
		技术管理	项目技术方案措施管理情况	15	1. 本专业法律、法规、规程、规范齐全有效，技术方案措施齐全、科学，重大施工方案经第三方专家评审，并严格执行，得 15 分 2. 执行上述内容有缺项，每缺一项扣 5 分，扣完为止
		供应商管理及评价	企业供应商管理及评价情况	10	1. 供应商管理制度齐全，供应商考核评价及时，资料完整，得 10 分 2. 上述内容每缺一项扣 3 分，扣完为止 3. 无年度供应商考核，不得分
		分包商管理及评价	企业分包商管理及评价情况	20	1. 分包商管理制度齐全，对分包商已进行甄别评价，资料齐全，得 20 分 2. 上述内容每缺一项扣 5 分，扣完为止 3. 无年度分包商考核，不得分
		客户管理	客户管理制度、客户回访及满意度调查	5	1. 建立客户管理制度，客户回访率 95（含）～100%，回访满意率 95（含）～100%，得 5 分 2. 建立客户管理制度，客户回访率 90（含）～95%，回访满意率 90%～95%，得 4 分 3. 建立客户管理制度但未落实责任人，客户回访率 85（含）～90%，得 3 分 4. 建立客户管理制度但未落实责任人，客户回访率 80（含）～85%，得 2 分 5. 未建立客户管理制度，不得分
	2.10　企业文化（20 分）	企业文化建设	企业文化建设情况	20	1. 制定了企业文化发展规划、纲要，编制了企业文化手册，有企业文化实施细则，得 20 分 2. 上述内容没缺一项 3 分，扣完为止 3. 未开展企业文化活动，不得分
	2.11　信用管理（20 分）	信用管理部门	企业建立信用体系管理情况	10	1. 设立信用体系建设管理部门，明确归口管理部门，得 10 分 2. 未明确信用体系建设管理部门管理职责，得 5 分 3. 未设立信用体系建设管理部门，不得分
		信用管理人员	企业设立信用管理人员情况	10	1. 设立专职或兼职的信用体系管理人员，得 10 分 2. 未设立专职或兼职的信用体系管理人员，不得分
3. 财务能力（230 分）	3.1　偿债能力（70 分）	资产负债率	负债总额/年末资产总额×100%	20	1. ≤70%，得 20 分 2. 70～75%（含），得 16 分 3. 75～80%（含），得 12 分 4. 80～85%（含），得 8 分 5. 85～90%（含），得 5 分 6. >90%，得 2 分
		现金流动负债比率	经营活动现金流量净额/流动负债	20	1. ≥2，得 20 分 2. 1.5（含）～2，得 15 分 3. 1（含）～1.5，得 10 分 4. <1，得 5 分

续表

一级指标	二级指标	三级指标	指标定义	标准分	评 分 标 准
3. 财务能力（230分）	3.1 偿债能力（70分）	流动比率	流动资产/流动负债	15	1. ≥1.5，得15分 2. 1.3（含）～1.5，得12分 3. 1（含）～1.3，得10分 4. <1，得5分
		速动比率	（流动资产－存货）/流动负债	15	1. ≥1，得15分 2. 0.9（含）～1，得12分 3. 0.8（含）～0.9，得10分 4. 0.7（含）～0.8，得8分 5. 0.5（含）～0.7，得5分 6. <0.5，得2分
	3.2 盈利能力（70分）	营业利润率	营业利润/营业收入×100%	15	1. ≥10%，得15分 2. 8（含）～10%，得8分 3. 6（含）～8%，得5分 4. 4（含）～6%，得3分 5. 2（含）～4%，得2分 6. <2%，得1分
		经营现金流量净利率	经营活动现金流量净额/净利润×100%	25	1. ≥100%，得25分 2. 80（含）～100%，得20分 3. 50（含）～80%，得15分 4. 30（含）～50%，得10分 5. <30%，不得分
		净资产收益率	净利润/年初末平均净资产×100%	15	1. ≥10%，得15分 2. 8（含）～10%，得12分 3. 6（含）～8%，得10分 4. 2（含）～4%，得8分 5. 0～2%，得5分 6. ≤0%，不得分
		总资产报酬率	（利润总额+利息支出）/年初末平均资产总额×100%	15	1. ≥5%，得15分 2. 3.5（含）～5%，得12分 3. 2.5（含）～3.5%，得10分 4. 1（含）～2.5%，得8分 5. 0～1%，得5分 6. ≤0%，不得分
	3.3 资产运营能力（50分）	总资产周转率	营业收入/年初末平均资产总额	10	1. ≥1.2，得10分 2. 1（含）～1.2，得8分 3. 0.5（含）～1，得5分 4. 0～0.5，得3分 5. ≤0，不得分
		流动资产周转率	营业收入/年初末平均流动资产总额	15	1. ≥1.5，得15分 2. 1.2（含）～1.5，得12分 3. 1（含）～1.2，得10分 4. 0～1，得5分 5. ≤0，不得分
		应收账款周转率	营业收入/年初末应收账款平均余额	15	1. ≥10，得15分 2. 8（含）～10，得12分 3. 6（含）～8，得10分 4. 4（含）～6，得5分 5. <4，得3分

一级指标	二级指标	三级指标	指标定义	标准分	评分标准
3. 财务能力（230分）	3.3 资产运营能力（50分）	存货周转率	营业成本/年初末平均存货	10	1. ≥4.5，得10分 2. 4（含）～4.5，得8分 3. 3.5（含）～4，得5分 4. 3（含）～3.5，得3分 5. <3，得1分
	3.4 发展能力（40分）	营业收入增长率	营业收入增长额/上年营业收入总额×100%	15	1. ≥8%，得15分 2. 5（含）～8%，得12分 3. 3（含）～5%，得10分 4. 0～3%，得8分 5. ≤0%，不得分
		总资产增长率	（年末资产总额－年初资产总额）/年初资产总额×100%	15	1. ≥8%，15分 2. 5（含）～8%，得12分 3. 3（含）～5%，得10分 4. 0～3%，得8分 5. ≤0%，不得分
		资本积累率	本年所有者权益增长额/年初所有者权益×100%	10	1. ≥0.6%，得10分 2. 0.4（含）～0.6%，得8分 3. 0.2（含）～0.4%，得6分 4. 0～0.2%，得4分 5. ≤0%，不得分
4. 信用记录（100分）	4.1 征信情况（30分）	企业信用报告	企业在中国人民银行征信中心的信用报告	30	1. 无不良记录，得30分 2. 有不良记录，每一项扣10分，扣完为止 3. 发生严重失信行为的，信用等级降一级
	4.2 社会责任（30分）	员工权益	企业与员工签订劳务合同，对员工的工资支付和为员工实施劳动保护情况	10	1. 与员工签订正式劳动合同，工资支付正常，劳动福利与各项应有的保障齐备，得10分 2. 近二年每发生1人次未签订劳动合同或未投保的或员工主动申请仲裁的，每次扣5分，扣完为止 3. 发生违反《劳动合同》条款且受到过处罚的，不得分
		纳税	企业依法纳税情况	10	1. 近二年获得当地税务部门颁发的奖项，得10分 2. 依法纳税，没获得奖项，得5分 3. 曾受到税务部门的处罚，不得分
		社会公益事业	企业在救灾、扶贫、捐资助学、军民共建、社区共建等方面为社会提供的公益服务	10	近二年组织开展或参与公益活动数量 1. ≥3项，得10分 2. 2项，得8分 3. 1项，得5分
	4.3 优良记录（40分）	员工荣誉	企业员工获得国家级、省部级、地市级等奖项（不包括科技及管理创新成果奖）	10	近二年获得数量： 获得国家级，每项得10分；获得省部级（包括省、部、行业、集团公司），每项得5分；获得地市级及其他，每项得3分；以上累计得分最高10分
		企业荣誉	企业获得国家级、省部级、地市级等奖项（不包括科技及管理创新成果奖）	15	近二年获得数量： 获得国家级，每项得15分；获得省部级（包括省、部、行业、集团公司），每项得10分；获得地市级及其他，每项得5分；以上累计得分最高15分

续表

一级指标	二级指标	三级指标	指标定义	标准分	评 分 标 准
4. 信用记录（100分）	4.3 优良记录（40分）	工程荣誉	工程获得国家级、省部级、地市级等奖项	15	近二年获得数量： 获得国家级，每项得15分；获得省部级（包括省、部、行业、集团公司），每项得10分；获得地市级及其他，每项得5分；以上累计得分最高15分
	4.4 不良记录（0分）	管理层不良记录	企业主要管理者的不良信用记录	0	近二年，企业中层及以上（含项目经理）管理人员在企业内外无不良信用记录，不扣分； 每有一条查证的不良记录，扣5分
		企业不良记录	企业受到能源、司法、工商、质检、安监、金融、海关、协会等部门处罚的不良行为（不包括质量、安全处罚）	0	近二年未发生不良记录的，不扣分 一般失信行为每发生一起扣5分； 发生严重失信行为的，信用等级降一级； 发生极严重失信行为的，信用等级降为C级

附录 A.4 承试（电力工程调试）企业信用评价指标

一级指标	二级指标	三级指标	指标定义	标准分	评 分 标 准
1. 基本情况（90分）	1.1 资质认证（30分）	主营业务资质	取得政府颁发的电力相关资质证书情况	10	1. 承试一级或行业特级，得10分 2. 承试二级或行业甲级，得8分 3. 承试三级或行业乙级，得6分 4. 承试四级或行业丙级，得4分 5. 承试五级，得2分
		非主营业务资质	取得政府颁发的相关资质证书情况	5	1. 其他资质最高等级，得5分 2. 其他资质每降一级，每项得分相应扣1分 3. 以上累计最高得分不超过5分
		三标体系认证情况	企业取得三标体系认证	15	1. 三标体系全部认证，得15分 2. 每缺一项扣5分，扣完为止
	1.2 企业规模（20分）	在册员工人数	企业上年末企业在册员工人数（有社保）	5	1. ≥180人，得5分 2. 140（含）～180人，得4分 3. 100（含）～140人，得3分 4. 60（含）～100人，得2分 5. <60人，得1分
		资产总额	近二年平均总资产额	5	1. ≥5000万，得5分 2. 4000（含）～5000万，得4分 3. 3000（含）～4000万，得3分 4. 1000（含）～3000万，得2分 5. 300（含）～1000万，得1分 6. <300万，不得分
		营业收入	近二年平均营业收入	5	1. ≥6000万，得5分 2. 5000（含）～6000万，得4分 3. 4000（含）～5000万，得3分 4. 3000（含）～4000万，得2分 5. 1000（含）～3000万，得1分 6. <1000万，不得分
		仪器设备总量	上年末仪器设备总量（自有）	5	1. 仪器装备同时满足4个工程使用，得5分 2. 仪器装备同时满足3个工程使用，得4分 3. 仪器装备同时满足2个工程使用，得3分 4. 仪器装备不能同时满足2个工程使用，得1分

续表

一级指标	二级指标	三级指标	指标定义	标准分	评 分 标 准
1. 基本情况（90 分）	1.3 主要业绩（40 分）	代表工程	企业近三年承建过最大容量机组工程	40	1. 企业承建过单机容量 1000MW 及以上机组工程或特高压等级输变电工程，得 40 分 2. 企业承建过单机容量 600（含）～1000MW 及以上机组工程或 500kV 等级输变电工程，得 30 分 3. 企业承建过单机容量 300（含）～600MW 及以上机组工程或 220kV 及以上等级输变电工程，得 20 分 4. 企业承建过单机容量 300MW 以下机组工程或 220kV 以下等级输变电工程，得 40 分
2. 管理能力（580 分）	2.1 财务管理（15 分）	全面预算管理	企业全面预算管理情况	5	1. 年度预算编制合理、准确，审批手续齐全，得 5 分 2. 编制年度预算，审批手续不规范，得 3 分 3. 未编制年度预算，不得分
		成本控制	企业项目成本控制情况	5	1. 项目成本控制制度完善，控制良好，得 5 分 2. 执行工程项目管理制度，成本控制较好，得 3 分 3. 工程项目成本管理未达到要求，不得分
		银行信用等级	企业在银行获得信用等级	5	1. 获得银行 AAA 信用等级，得 5 分 2. 等级每下降一级扣 1 分 3. 无银行信用等级，不得分
	2.2 人力资源管理（55 分）	高级工程师数量	高级工程师数量	15	1. ≥50 人，得 15 分 2. 40（含）～50 人，得 12 分 3. 30（含）～40 人，得 10 分 4. 20（含）～30 人，得 8 分 5. 10（含）～20 人，得 6 分 5. 10 人以下，得 4 分
		中高级职称（包括技师）比例	中、高级职称人数（包括技师）/在册全员人数×100%	20	1. ≥60%，得 20 分 2. 50（含）～60%，得 15 分 3. 40（含）～50%，得 10 分 4. 40% 以下，得 5 分
		人员培训	企业人员培训情况	10	1. 建立了人才培养机制，培训制度健全，培训计划完善，培训经费到位，培训效果良好，得 10 分 2. 培训制度健全，培训计划基本完善，培训效果较好，得 8 分 3. 培训制度不健全，培训效果一般，得 6 分 4. 无培训活动，不得分
		绩效考核	企业绩效考核情况	10	1. 制定了合理的绩效考核办法和考核指标，并严格执行，考核结果能够调动员工的积极性，得 10 分 2. 制定了绩效考核办法和考核指标，执行效果较好，得 8 分 3. 制定了绩效考核办法和考核指标，但执行效果一般，得 6 分 4. 无绩效考核，不得分
	2.3 装备、实验室管理（30 分）	仪器设备管理	企业仪器设备的库房环境、分类、入库验收、借用归还、校准检定、期间核查、维护与维修、停用与报废等情况	10	1. 设备管理制度健全，台账齐全，检测设备保持健康状态，得 20 分 2. 设备管理制度健全，台账齐全，设备未及时检测，得 10 分 3. 设备管理制度不健全，设备管理混乱，不得分

一级指标	二级指标	三级指标	指标定义	标准分	评 分 标 准
2.管理能力（580分）	2.3 装备、实验室管理（30分）	实验室建设	企业实验室建设中执行文件规范性（制度、作业指导书）、人员（技能培训、特性岗位持证情况）、设施环境、技术标准、样品管理、报告的规范性、合同（或委托单）规范性、原始记录规范性、质量控制好、安全环境与内务等情况	20	1. 专业实验室建设齐全，管理制度完善，满足工程需要，得20分实验室取得CMA或CNAS认证得20分 2. 实验室建设齐全，管理制度完善，部分满足工程需要，得10分 3. 无实验室，外委制度完善，满足工程需要，得5分 4. 有省部级重点实验室，每增加一个，加5分 5. 本项总得分不超过20分
	2.4 市场开发（40分）	国内市场合同额	企业上年度市场合同额	35	1. ≥6000万，得35分 2. 5000（含）～6000万，得30分 3. 4000（含）～5000万，得25分 4. 3000（含）～4000万，得20分 5. 2000（含）～3000万，得15分 6. 1000（含）～2000万，得10分 7. ＜1000万，得5分
		国外市场合同额	企业上年度国外市场合同额	5	1. 企业在国外有合同额，得5分 2. 企业在国外无合同额，不得分
	2.5 创新能力（40分）	科技及管理创新	企业科技及管理创新情况	15	1. 有创新奖励办法，创新活动经费到位，每年创新及新技术推广课题完成率达80%以上，得15分 2. 年度创新及新技术推广课题完成率达每下降10%，减2分，每缺一项扣4分，扣完为止 3. 不定期开展科技创新活动，得5分 4. 无科技创新活动，不得分
		科技创新及管理创新成果	近二年企业技术及管理创新获奖情况 备注：创新成果主要包括科技进步奖、QC成果奖、工法、专利等	25	1. 获得国家级科技进步奖，得25分；获得省部级（包括省、部、行业）科技进步奖奖励，每个加10分；获得地市级奖励，每个加5分 2. QC成果、工法获得国家级奖励，每个加10分；获得省部级（包括省、部、行业）奖励，每个加5分；获得地市级奖励，每个加3分 3. 获得发明专利，每个加10分；获得外观或实用新型专利，每个加5分；以上累计得分最高25分
	2.6 战略规划（20分）	战略规划制定	企业制定中长期发展战略规划情况	10	1. 制定了科学可行的企业中长期发展规划，或落实上级公司的规划，经营目标明确，经营策略和管理措施有效，得10分 2. 制定了中长期发展规划，或落实上级公司的规划，但经营策略和管理措施存在不足之处得，5分 3. 未制定中长期发展规划，或未落实上级公司的规划，经营目标不明确，不得分
		战略规划实施	企业战略规划实施情况	10	1. 制定战略规划年度实施方案，全面实施，得10分 2. 战略规划部分实施，得5分 3. 未制定战略规划年度实施方案，不得分

一级指标	二级指标	三级指标	指标定义	标准分	评　分　标　准
2. 管理能力（580 分）	2.7　基础管理（40 分）	组织治理结构	企业治理结构情况	5	1. 治理结构健全，运行规范，保证了企业的顺畅运营，得 5 分 2.治理结构健全但运营不规范，或治理结构不健全，不得分
		制度体系建设	企业业务管理制度	10	1. 建立健全符合国家有关法律、法规和经营要求的各项标准制度，并做到了年度适应性评价，得 10 分 2. 各项标准制度基本健全，适应性评价不及时，得 5 分 3. 标准制度不健全，或未做适应性评价，不得分
		风控管理	企业风险管控机制建立情况	10	1. 企业建立了风险管控机制，并有效落实，得 10 分 2. 机制中未落实风险管控部门，得 8 分 3. 无年度风险评估报告，得 5 分 4. 未建立风险管控机制，不得分
		信息化建设	企业信息化建设情况	15	1. 信息化管理平台涉及企业管理 3 个（含）以上方面，建立网站发布企业各种信息，得 15 分 2. 信息化管理平台涉及企业管理 2 个方面，建立网站发布企业各种信息，得 8 分 3. 信息化管理平台涉及企业管理 1 个方面，或建立网站发布企业各种信息，得 3 分 4. 无任何信息化建设和企业网站，不得分
	2.8　质量、安全、环境管理（230 分）	质量管理	企业上年度和本年质量管理情况	70	1. 未建立质量责任制，扣 10 分 2. 未建立健全质量保证体系，扣 10 分 3. 未建立、健全教育培训制度，扣 10 分 4. 未经教育培训或者考核不合格的人员上岗作业，扣 10 分 5. 未建立、健全施工质量的检验制度，扣 10 分 6. 工序管理不严格，隐蔽工程的质量检查和记录不完善，扣 10 分 7. 施工现场的质量管理，计量、检测等基础工作不到位，扣 10 分 8. 工程质量不符合国家现行有关法律、法规、技术标准、设计文件及合同规定的要求，扣 20 分 9. 采购的建筑材料、建筑构配件和设备的，不符合设计文件和合同要求，扣 20 分 10. 在施工中偷工减料的，使用不合格的建筑材料、建筑构配件和设备的，扣 20 分 11. 未对建筑材料、建筑构配件、设备和商品混凝土进行检验，或未对涉及结构安全的试块、试件以及有关材料取样检测的，扣 20 分 12. 项目未建立质量管理机构，扣 20 分 13. 项目质量管理人员未按规定配备，人员未持有效证件上岗，扣 20 分 14.项目负责人未在施工现场履行职责或者分包单位不具备相应资质的，扣 20 分 15. 未按照规定对隐蔽工程、检验批、分项和分部工程进行自检，扣 20 分 16. 篡改或者伪造检测报告的，扣 30 分 17. 不履行保修义务或者拖延履行保修义务的，扣 30 分 18. 通过挂靠方式，以其他施工单位的名义承揽工程的，扣 20 分 19. 擅自超越资质等级及业务范围承包工程，扣 30 分

续表

一级指标	二级指标	三级指标	指标定义	标准分	评 分 标 准
2. 管理能力（580 分）	2.8 质量、安全、环境管理（230 分）	质量管理	企业上年度和本年质量管理情况	70	20. 被业主处罚的，每次扣 30 分 21. 被监管部门约谈、诫勉的，每次扣 20 分 22. 被监管部门停工整改的，每次扣 30 分 23. 发生一般质量事故，不得分 24. 发生较大质量事故，在不得分基础上降一级；如在行业内造成不良影响较大，在不得分基础上降二级 25. 发生重大及以上质量事故，信用等级为 C 级以上分数，扣完为止
		安全管理	企业上年度和本年安全管理情况	110	1. 未制定年度安全生产目标，扣 10 分 2. 未对安全生产目标进行分解、未制定保证措施，扣 10 分 3. 未成立安全生产委员会，扣 10 分 4. 安全生产保证体系不健全，扣 10 分 5. 未设置安全监督管理机构，扣 10 分 6. 未按规定配备专职安全生产管理人员，扣 10 分 7. 安全生产管理体系不健全，扣 10 分 8. 未定期召开安全生产工作例会，扣 10 分 9. 未建立安全生产责任制，扣 20 分 10. 未对安全生产责任制落实情况进行检查考核，扣 10 分 11. 未识别、获取安全生产法律法规、标准规范，未建立清单，扣 10 分 12. 未制定和发布安全管理制度，扣 10 分 13. 安全管理制度不健全、不完善，扣 10 分 14. 未建立各类安全操作规程，扣 10 分 15. 安全生产法律法规、标准规范清单，安全管理制度和操作规程未按规定进行评估、修订，扣 10 分 16. 未按规定提取和使用安全生产专项费用，扣 20 分 17. 未明确安全教育培训主管部门或责任人，未按规定开展安全教育培训，扣 10 分 18. 企业主要负责人、项目负责人和专职安全生产管理人员未按规定进行培训，未取得有效证件，扣 10 分 19. 未组织开展危险有害因素辨识与评价，未制定控制措施，扣 10 分 20. 未建立风险辨识与隐患排查双重机制，扣 10 分 21. 未建立施工机械管理体系，未对施工机械实施动态管理，扣 10 分 22. 未建立特种作业人员、特种设备作业人员管理台账，（含分包商、租赁的特种设备操作人员）人员未持有效证件上岗，扣 10 分 23. 未明确企业、项目及各所属单位专项施工方案、施工方案、施工作业指导书等编审批权限，扣 10 分 24. 对危险性较大的分部分项工程缺乏管控，扣 20 分 25. 对工程分包管理存在违规现象，扣 20 分 26. 未按规定组织从业人员进行职业健康检查，扣 10 分 27. 未建立从业人员职业健康档案，扣 10 分 28. 未建立应急管理体系，扣 20 分 29. 未编制应急预案和现场处置方案或预案、方案不完善，扣 10 分 30. 未按规定组织开展应急培训和演练，扣 10 分 31. 未按规定组织开展隐患排查和安全检查，扣 20 分

续表

一级指标	二级指标	三级指标	指标定义	标准分	评 分 标 准
2.管理能力（580分）	2.8 质量、安全、环境管理（230分）	安全管理	企业上年度和本年安全管理情况	110	32. 未编制企业安全文明施工策划，扣10分 33. 未对放射源实施重点管控，扣10分 34. 未对识别出的重大危险源制定控制措施，并按规定上报备案，扣10分 35.施工现场危险部位、危险场所缺少安全警示标志，扣10分 36. 施工现场存在管理性违章、行为性违章和装置性违章现象，扣10分 37. 施工现场安全设施不完善，扣10分 38. 未组织开展安全生产标准化建设工作，扣10分 39. 未按规定开展年度安全生产标准自评审，扣10分 40. 被监管部门约谈、诫勉的，每次扣20分 41. 被监管部门停工整改的，每次扣30分 42. 发生一般安全事故：重伤1-4人或死亡1人，扣80分；重伤5-9人或死亡2人，不得分 43. 发生较大安全事故：死亡3-5人，在不得分基础上降一级；死亡6-9人，在不得分基础上降二级 44. 发生重大及以上安全事故，信用等级为C级以上分数，扣完为止
		环保管理	企业上年度和本年环保管理情况	50	1. 无环境保护目标，扣10分 2. 无环境保护管理体系，扣20分 3. 无环境保护管理制度，扣20分 5. 施工组织设计中缺少绿色施工方案和"四节一环保"内容，扣10分 6. 未建立施工环境保护措施，扣10分 7. 未对环境因素进行识别，扣20分 8. 未对辨识出的环境风险进行评价，扣20分 9. 项目未设专人负责环境保护工作，未建立与当地环境监测部门联络信息，扣10分 10. 未建立项目环境保护"三同时"管理措施，未编制工程施工环境保护方案，扣10分 11. 企业及项目存在污水、垃圾随意排放倾倒现象，扣20分 12. 施工现场存在危化品、油脂泄露违规超标排放现象，扣20分 13. 被行政警告和罚款，每次扣20分； 14. 被行政责令停产整顿、责令停产、停业、关闭，每次扣30分； 15. 被行政暂扣、吊销许可证或者其他具有许可性质的证件、没收违法所得、没收非法财物、行政拘留，每次扣40分 16. 发生一般环境事故：不得分 17. 发生较大环境事故：在不得分基础上降一级；如对社会造成不良影响较大，在不得分基础上降二级 18. 发生重大及以上环境事故，信用等级为C级以上分数，扣完为止
	2.9 项目管理（70分）	采购管理	企业采购管理情况	5	1. 采购制度健全，程序规范，实施过程符合相关规定，得5分 2. 采购交易过程中发生严重失信行为，不得分
		合同管理	企业合同管理情况	10	1. 合同管理制度健全，严格执行国家合同管理规定，得10分 2. 合同管理制度不健全，执行情况一般，得5分 3. 因自身原因造成合同纠纷，不得分

续表

一级指标	二级指标	三级指标	指标定义	标准分	评 分 标 准
2. 管理能力（580分）	2.9 项目管理（70分）	技术管理	项目技术方案措施管理情况	35	1. 本专业法律、法规、规程、规范齐全有效，技术方案措施齐全、科学，重大施工方案经第三方专家评审，并严格执行，得35分 2. 执行上述内容有缺项，每缺一项扣5分，扣完为止
		客户管理	企业客户管理制度建立、客户回访及满意度情况	20	1. 建立客户管理制度，客户回访率95（含）～100%，回访满意率95（含）～100%，得20分 2. 建立客户管理制度，客户回访率90（含）～95%，回访满意率90%～95%，得15分 3. 建立客户管理制度但未落实责任人，客户回访率85（含）～90%，得10分 4. 建立客户管理制度但未落实责任人，客户回访率80（含）～85%，得5分 5. 未建立客户管理制度，不得分
	2.10 企业文化（20分）	企业文化建设	企业文化建设情况	20	1. 制定了企业文化发展规划、纲要，编制了企业文化手册，有企业文化实施细则，得20分 2. 上述内容没缺一项3分，扣完为止 3. 未开展企业文化活动，不得分
	2.11 信用管理（20分）	信用管理部门	企业建立信用体系管理情况	10	1. 设立信用体系建设管理部门，明确归口管理部门，得10分 2. 未明确信用体系建设管理部门管理职责，得5分 3. 未设立信用体系建设管理部门，不得分
		信用管理人员	企业设立信用管理人员情况	10	1. 设立专职或兼职的信用体系管理人员，得10分 2. 未设立专职或兼职的信用体系管理人员，不得分
3. 财务能力（230分）	3.1 偿债能力（70分）	资产负债率	负债总额/年末资产总额×100%	20	1. ≤50%，得20分 2. 50～55%（含），得16分 3. 55～60%（含），得12分 4. 60～65%（含），得8分 5. 65～70%（含），得5分 6. >70%，不得分
		现金流动负债比率	经营活动现金流量净额/流动负债	20	1. ≥3，得20分 2. 2（含）～3之间，得15分 3. 1（含）～2之间，得10分 4. <1，得5分
		流动比率	流动资产/流动负债	15	1. ≥1.5，得15分 2. 1.3（含）～1.5，得12分 3. 1（含）～1.3，得10分 4. <1，得5分
		速动比率	（流动资产－存货）/流动负债	15	1. ≥1，得15分 2. 0.9（含）～1，得12分 3. 0.8（含）～0.9，得10分 4. 0.7（含）～0.8，得8分 5. 0.5（含）～0.7，得5分 6. <0.5，得2分
	3.2 盈利能力（70分）	营业利润率	营业利润/营业收入×100%	15	1. ≥10%，得15分 2. 8（含）～10%，得12分 3. 6（含）～8%，得10分 4. 4（含）～6%，得8分 5. 2（含）～4%，得5分 6. 0～2%，得2分 7. ≤0%，不得分

一级指标	二级指标	三级指标	指标定义	标准分	评 分 标 准
3. 财务能力（230分）	3.2 盈利能力（70分）	经营现金流量净利率	经营活动现金流量净额/净利润×100%	25	1. ≥100%，得25分 2. 80（含）~100%，得20分 3. 50（含）~80%，得15分 4. 30~50%，得10分 5. ≤30%，不得分
		净资产收益率	净利润/年初末平均净资产×100%	15	1. ≥10%，得15分 2. 8（含）~10%，得12分 3. 6（含）~8%，得10分 4. 2（含）~4%，得8分 5. 0~2%，得5分 6. ≤0%，不得分
		总资产报酬率	（利润总额+利息支出）/年初末平均资产总额×100%	15	1. ≥5%，得15分 2. 3.5（含）~5%，得12分 3. 2.5（含）~3.5%，得10分 4. 1（含）~2.5%，得8分 5. 0~1%，得5分 6. ≤0%，不得分
	3.3 资产运营能力（50分）	总资产周转率	营业收入/年初末平均资产总额	15	1. ≥2，得15分 2. 1.5（含）~2，得12分 3. 1（含）~1.5，得10分 4. 0~1，得5分 5. ≤0，不得分
		流动资产周转率	营业收入/年初末平均流动资产总额	15	1. ≥2.5，得15分 2. 2（含）~2.5，得12分 3. 1.5（含）~2，得10分 4. 0~1.5，得5分 5. ≤0，不得分
		应收账款周转率	营业收入/年初末应收账款平均余额	20	1. ≥10，得20分 2. 8（含）~10，得15分 3. 6（含）~8，得10分 4. 4（含）~6，得5分 5. <4，得2分
	3.4 发展能力（40分）	营业收入增长率	营业收入增长额/上年营业收入总额×100%	15	1. ≥10%，得15分 2. 8（含）~10%，得12分 3. 5（含）~8%，得10分 4. 0~5%，得8分 5. ≤0%，不得分
		总资产增长率	（年末资产总额－年初资产总额）/年初资产总额×100%	15	1. ≥5%，得15分 2. 4（含）~5%，得12分 3. 3（含）~4%，得10分 4. 2（含）~3%，得8分 5. 1（含）~2%，得6分 6. ≤1%，得3分
		资本积累率	本年所有者权益增长额/年初所有者权益×100%	10	1. ≥1%，得10分 2. 0.8（含）~1%，得8分 3. 0.4（含）~0.8%，得6分 4. 0~0.4%，得5分 5. ≤0%，不得分
4. 信用记录（100分）	4.1 征信情况（30分）	企业信用报告	企业在中国人民银行征信中心的信用报告	30	1. 无不良记录，得30分 2. 有不良记录，每一项扣10分，扣完为止 3. 发生严重失信行为的，信用等级降一级

一级指标	二级指标	三级指标	指标定义	标准分	评 分 标 准
4. 信用记录（100分）	4.2 社会责任（30分）	员工权益	企业与员工签订劳务合同，对员工的工资支付和为员工实施劳动保护情况	10	1. 与员工签订正式劳动合同，工资支付正常，劳动福利与各项应有的保障齐备，得10分 2. 近二年每发生1人次未签订劳动合同或未投保的或员工主动申请仲裁的，每次扣5分，扣完为止 3. 发生违反《劳动合同》条款且受到过处罚的，不得分
		纳税	企业依法纳税情况	10	1. 近二年获得当地税务部门颁发的奖项，得10分 2. 依法纳税，没获得奖项，得5分 3. 曾受到税务部门的处罚，不得分
		社会公益事业	企业在救灾、扶贫、捐资助学、军民共建、社区共建等方面为社会提供的公益服务	10	近二年组织开展或参与公益活动数量 1. ≥3项，得10分 2. 2项，得8分 3. 1项，得5分
	4.3 优良记录（40分）	员工荣誉	企业员工获得国家级、省部级、地市级等奖项（不包括科技及管理创新成果奖）	10	近二年获得数量： 获得国家级，每项得10分；获得省部级（包括省、部、行业、集团公司），每项得5分；获得地市级及其他，每项得3分；以上累计得分最高10分
		企业荣誉	企业获得国家级、省部级、地市级等奖项（不包括科技及管理创新成果奖）	15	近二年获得数量： 获得国家级，每项得15分；获得省部级（包括省、部、行业、集团公司），每项得10分；获得地市级及其他，每项得5分；以上累计得分最高15分
		工程荣誉	工程获得国家级、省部级、地市级等奖项	15	近二年获得数量： 获得国家级，每项得15分；获得省部级（包括省、部、行业、集团公司），每项得10分；获得地市级及其他，每项得5分；以上累计得分最高15分
	4.4 不良记录（0分）	管理层不良记录	企业主要管理者的不良信用记录	0	近二年，企业中层及以上（含项目经理）管理人员在企业内外无不良信用记录，不扣分； 每有一条查证的不良记录，扣5分
		企业不良记录	企业受到能源、司法、工商、质检、安监、金融、海关、协会等部门处罚的不良行为（不包括质量、安全处罚）	0	近二年未发生不良记录的，不扣分 一般失信行为每发生一起扣5分； 发生严重失信行为的，信用等级降一级； 发生极严重失信行为的，信用等级降为C级

附录 A.5 电力建设监理企业信用评价指标

一级指标	二级指标	三级指标	指标定义	标准分	评 分 标 准
1. 基本情况（90分）	1.1 资质认证（30分）	主营业务资质	取得政府颁发的电力相关资质证书情况	10	1. 三个甲级及以上监理资质，得10分 2. 二个甲级监理资质，得8分 3. 一个甲或二个乙级，得6分 4. 乙级或二个丙级，得4分 5. 丙级，得2分

一级指标	二级指标	三级指标	指标定义	标准分	评 分 标 准
1. 基本情况（90 分）	1.1 资质认证（30 分）	非主营业务资质	取得政府颁发的相关资质证书情况	5	1. 其他资质最高等级，得 5 分 2. 其他资质每降一级，每项得分相应扣 1 分 3. 以上累计最高得分为 5 分
		三标体系认证情况	企业取得三标体系认证	15	1. 三标体系全部认证，得 15 分 2. 每缺一项扣 5 分，扣完为止
	1.2 企业规模（20 分）	在册员工人数	企业上年末企业在册员工人数（有社保）	5	1. ≥100 人，得 5 分 2. 50（含）～100 人，得 4 分 3. 20（含）～50 人，得 3 分 4. <20 人，得 2 分
		资产总额	近二年平均总资产额	5	1. ≥4000 万，得 5 分 2. 2000（含）～4000 万，得 4 分 3. 1000（含）～2000 万，得 3 分 4. 500（含）～1000 万，得 2 分 5. 300（含）～500 万，得 1 分 6. <300 万，不得分
		营业收入	近二年平均营业收入	10	1. ≥6000 万，得 10 分 2. 4000（含）～6000 万，得 8 分 3. 2000（含）～4000 万，得 6 分 4. 1000（含）～2000 万，得 4 分 5. 300（含）～1000 万，得 2 分 6. <300 万，得 1 分
	1.3 主要业绩（40 分）	代表工程	企业近三年监理过最高等级工程	40	1. 监理过单机容量 1000 兆瓦机组工程或 1000 千伏（含±800 千伏）输变电项目，得 40 分 2. 监理过单机容量 600（含）～1000 兆瓦机组工程或 500（含）～750（含）千伏输变电项目，得 30 分 3. 监理过单机容量 300（含）～600 兆瓦机组工程或 220（含）～500 千伏输变电项目，得 20 分 4. 监理过单机容量 300 兆瓦以下机组工程或 220 千伏（不含）以下输变电项目，得 10 分
2. 管理能力（580 分）	2.1 财务管理（15 分）	全面预算管理	企业全面预算管理情况	5	1. 年度预算编制合理、准确，审批手续齐全有盈利，得 5 分 2. 编制年度预算，成本持平，得 3 分 3. 未编制年度预算，成本亏损，不得分
		成本控制	企业项目成本控制情况	5	1. 严格执行工程项目管理制度，成本控制措施完善，得 5 分 2. 执行工程项目管理制度，成本控制基本在要求范围内，得 3 分 3. 工程项目管理未达到要求，不得分
		银行信用等级	企业在银行获得信用等级	5	1. 获得银行 AAA 信用等级，得 5 分 2. 等级每下降一级扣 1 分 3. 无银行信用等级，不得分
	2.2 人力资源管理（55 分）	注册师数量	注册师专业及数量	20	1. 注册监理师≥15 人且其他注册师≥10 人，得 20 分 2. 注册监理师 10（含）～15 人且其他注册师≥5 人，得 15 分 3. 注册监理师 10 人以下，得 10 分
		中高级职称比例	中、高级职称人数／在册全员人数×100%	10	1. ≥20%，得 10 分 2. 10（含）～20%，得 8 分 3. 5（含）～10%，得 5 分 4. 5%以下，得 3 分

续表

一级指标	二级指标	三级指标	指标定义	标准分	评 分 标 准
2. 管理能力（580分）	2.2 人力资源管理（55分）	人员培训	企业人员培训情况	15	1. 培训制度健全，培训经费到位，年度培训计划全面落实，培训记录详细完整，得15分 2. 培训制度建立，培训经费和年度培训计划基本落实，培训记录完整，得10分 3. 培训制度建立，培训计划部分落实，培训记录不完整，得5分 4. 无培训活动，不得分
		绩效考核	企业绩效考核情况	10	1. 制定了合理的绩效考核办法和考核指标，并严格执行，考核指标操作性强，有考核结果得10分 2. 制定了绩效考核办法和考核指标，执行不力，无考核结果，得5分 3. 制定了绩效考核办法和考核指标，无绩效考核，不得分
	2.3 装备管理（20分）	设备管理体系	检测设备健康状况	20	1. 设备管理制度健全，台账齐全，检测设备保持健康状态，得20分 2. 设备管理制度健全，台账齐全，设备未及时检测，得10分 3. 设备管理制度不健全，设备管理混乱，不得分
	2.4 市场开发（40分）	国内市场合同额	企业上年度国内市场合同额	35	1. ≥1亿，得35分 2. 6000万（含）～1亿，得30分 3. 3000万（含）～6000万，得25分 4. 1000万（含）～3000万，得20分 5. <1000万，得15分
		国外市场合同额	企业上年度国外市场合同额	5	1. 企业在国外有合同额，得5分 2. 企业在国外无合同额，不得分
	2.5 创新能力（40分）	管理创新	企业管理创新情况	15	1. 有创新奖励办法，创新活动经费到位，每年创新及新技术推广课题完成率达80%以上，得15分 2. 年度创新及新技术推广课题完成率达每下降10%，减2分，每缺一项扣4分，扣完为止 3. 不定期开展科技创新活动，得5分 4. 无科技创新活动，不得分
		管理创新成果	近二年企业管理创新获奖情况备注：创新成果主要包括QC成果奖等	25	1. 获得国家级科技进步奖，得25分；获得省部级（包括省、部、行业）科技进步奖励，每个加10分；获得地市级奖励，每个加5分 2. QC成果奖、工法获得国家级奖励，每个加10分；获得省部级（包括省、部、行业）奖励，每个加5分；获得地市级奖励，每个加3分 3. 获得发明专利，每个加10分；获得外观或实用新型专利，每个加5分；以上累计得分最高25分
	2.6 战略规划（30分）	战略规划制定	企业制定中长期发展战略规划情况	15	1. 制定了科学可行的企业中长期发展规划，或落实上级公司的规划，经营目标明确，经营策略和管理措施有效，得15分 2. 制定了中长期发展规划，或落实上级公司的规划，但经营策略和管理措施存在不足之处得，10分 3. 未制定中长期发展规划，或未落实上级公司的规划，经营目标不明确，不得分
		战略规划实施	企业战略规划实施情况	15	1. 制定战略规划年度实施方案，全面实施，得15分 2. 战略规划部分实施，得10分 3. 未制定战略规划年度实施方案，不得分

一级指标	二级指标	三级指标	指标定义	标准分	评分标准
2.管理能力（580分）	2.7 基础管理（40分）	组织治理结构	企业治理结构情况	5	1.治理结构健全，运行规范，保证了企业的顺畅运营，得5分 2.治理结构健全但运营不规范，或治理结构不健全，不得分
		制度体系建设	企业业务管理制度	10	1.建立健全符合国家有关法律、法规和经营要求的各项标准制度，并做到了年度适应性评价，得10分 2.各项标准制度基本健全，适应性评价不及时，得5分 3.标准制度不健全，或未做适应性评价，不得分
		企业风控管理	企业风险管控机制建立情况	10	1.企业建立了风险管控机制，并有效落实，得10分 2.机制中未落实风险管控部门，得8分 3.无年度风险评估报告，得5分 4.未建立风险管控机制，不得分
		信息化建设	企业信息化建设情况	15	1.建立了信息化管理体系平台涉及企业管理3个（含）以上方面，建立网站发布企业各种信息，得15分 2.信息化管理平台涉及企业管理2个方面，建立网站发布企业各种信息，得10分 3.信息化管理平台涉及企业管理1个方面，或建立网站发布企业各种信息，得5分 4.无任何信息化建设和企业网站，不得分
	2.8 质量、安全、环境管理（230分）	质量管理	企业上年度和本年质量管理情况	70	1.未建立健全质量监理工作制度，扣10分 2.未编制含有质量监理内容的监理规划和监理实施细则，扣10分 3.未明确监理人员质量职责以及相关工作质量监理措施和目标，扣10分 4.未制定有针对性的现场监理措施，扣10分 5.专业人员配置不合理，监理人员素质差，无证上岗，扣20分 6.未选派具备相应资格的总监理工程师和监理工程师进驻施工现场，扣20分 7.未按照法律法规、工程建设标准和施工图设计文件对施工质量实施监理，扣20分 8.未对工程关键部位、关键工序、特殊作业和危险作业进行旁站监理，扣20分 9.未对复杂自然条件、复杂结构、技术难度大及危险性较大分部分项工程专项施工方案的实施进行现场监理，扣20分 10.未按照工程监理规范的要求，采取旁站、巡视和平行检验等形式，对建设工程实施监理，扣20分 11.未配置齐全的必要检测仪器，扣10分 12.监理记录等资料真实性较差，扣10分 13.与建设单位或者施工单位串通，弄虚作假、降低工程质量的，扣30分 14.将不合格的建设工程、建筑材料、建筑构配件和设备按照合格签字的，扣30分 15.超越本单位资质等级许可的范围或者以其他工程监理单位的名义承担工程监理业务，扣30分 16.允许其他单位或者个人以本单位的名义承担工程监理业务，扣30分 17.被业主处罚的，扣20分 18.被监管部门约谈、诫勉的，每次扣20分

一级指标	二级指标	三级指标	指标定义	标准分	评 分 标 准
2.管理能力（580分）	2.8 质量、安全、环境管理（230分）	质量管理	企业上年度和本年质量管理情况	70	19. 被监管部门停工整改的，每次扣30分 20. 发生一般质量事故，不得分 21. 发生较大质量事故，在不得分基础上降一级；如在行业内造成不良影响较大，在不得分基础上降二级 22. 发生重大及以上质量事故，信用等级为C级 以上分数，扣完为止
		安全管理	企业上年度和本年安全管理情况	120	1. 未建立健全安全监理工作制度，扣10分 2. 未编制含有安全监理内容的监理规划和监理实施细则，扣10分 3. 未明确监理人员安全职责以及相关工作安全监理措施和目标，扣10分 4. 未制定有针对性的现场监理措施，扣10分 5. 专业人员配置不合理，无证上岗，扣20分 6. 未选派具备相应资格的总监理工程师和监理工程师进驻施工现场，扣20分 7. 未审查安全管理人员、特种作业人员、特种设备操作人员资格证明文件和主要施工机械、工器具、安全用具的安全性能证明文件是否符合国家有关标准，扣10分 8. 未对工程关键部位、关键工序、特殊作业和危险作业进行旁站监理，扣20分 9. 未对复杂自然条件、复杂结构、技术难度大及危险性较大分部分项工程专项施工方案的实施进行现场监理，扣20分 10. 未按照工程监理规范的要求，采取旁站、巡视和平行检验等形式，对建设工程实施监理，扣20分 11. 未组织或参加各类安全检查活动，掌握现场安全生产动态，建立安全管理台账，扣20分 12. 未按照工程建设强制性标准和安全生产标准及时审查施工组织设计中的安全技术措施和专项施工方案，扣20分 13. 未审查和验证分包单位的资质文件和拟签订的分包合同、人员资质、安全协议，扣20分 14. 未检查现场作业人员及设备配置是否满足安全施工的要求，扣20分 15. 未对大中型起重机械、脚手架、跨越架、施工用电、危险品库房等重要施工设施投入使用前进行安全检查签证，扣20分 16. 未对土建交付安装、安装交付调试及整套启动等重大工序交接前进行安全检查签证，扣20分 17. 未监督交叉作业和工序交接中的安全施工措施的落实，扣20分 18. 未监督施工单位安全生产费的使用、安全教育培训情况，扣20分 19. 发现存在生产安全事故隐患的，未要求施工单位及时整改，扣20分 20. 被监管部门约谈、诫勉的，每次扣20分 21. 被监管部门停工整改的，每次扣30分 22. 发生一般安全事故：伤1-4人或死亡1人，扣80分；重伤5-9人或死亡2人，不得分 23. 发生较大安全事故：死亡3-5人，在不得分基础上降一级；死亡6-9人，在不得分基础上降二级 24. 发生重大及以上安全事故，信用等级为C级 以上分数，扣完为止

一级指标	二级指标	三级指标	指标定义	标准分	评 分 标 准
2. 管理能力（580分）	2.8 质量、安全、环境管理（230分）	环保管理	企业上年度和本年环保管理情况	50	1. 无环境保护目标，扣10分 2. 无环境保护管理体系，扣20分 3. 无环境保护管理制度，扣20分 5. 施工组织设计中缺少绿色施工方案和"四节一环保"内容，扣10分 6. 未建立施工环境保护措施，扣10分 7. 未对环境因素进行识别，扣20分 8. 未对辨识出的环境风险进行评价，扣20分 9. 项目未设专人负责环境保护工作，未建立与当地环境监测部门联络信息，扣10分 10. 未建立项目环境保护"三同时"管理措施，未编制工程施工环境保护方案，扣10分 11. 企业及项目存在污水、垃圾随意排放倾倒现象，扣20分 12. 施工现场存在危化品、油脂泄露违规超标排放现象，扣20分 13. 被行政警告和罚款，每次扣20分； 14. 被行政责令停产整顿、责令停产、停业、关闭，每次扣30分； 15. 被行政暂扣、吊销许可证或者其他具有许可性质的证件、没收违法所得、没收非法财物、行政拘留，每次扣40分 16. 发生一般环境事故：不得分 17. 发生较大环境事故：在不得分基础上降一级；如对社会造成不良影响较大，在不得分基础上降二级 18. 发生重大及以上环境事故，信用等级为C级以上分数，扣完为止
	2.9 项目管理（70分）	合同管理	企业合同管理情况	20	1. 合同管理制度健全，台账完整，能执行国家合同管理规定，得20分 2. 合同管理制度不健全，台账不全，得10分 3. 因自身原因造成合同纠纷，不得分
		技术管理	对监理部管理能力的评价	30	1. 工程监理策划文件齐全，对工程质量、造价、进度采取有效控制措施，现场协调有序，施工安全文明管理到位，获上级部门荣誉称号，得30分 2. 执行上述内容有缺项，每缺一项扣5分，扣完为止 3. 现场管理混乱，管控措施不到位，不得分
		客户管理	企业客户管理制度建立、客户回访及满意度情况	20	1. 建立客户管理制度，客户回访率95（含）～100%，回访满意率95（含）～100%，得20分 2. 建立客户管理制度，客户回访率90（含）～95%，回访满意率90%～95%，得15分 3. 建立客户管理制度但未落实责任人，客户回访率85（含）～90%，得10分 4. 建立客户管理制度但未落实责任人，客户回访率80（含）～85%，得5分 5. 未建立客户管理制度，不得分
	2.10 企业文化（20分）	文化建设	企业文化建设情况	20	1. 制定了企业文化发展规划、纲要，编制了企业文化手册，有企业文化实施细则，得20分 2. 上述内容没缺一项3分，扣完为止 3. 未开展企业文化活动，不得分
	2.11 信用管理（20分）	信用管理部门	企业建立信用体系管理情况	10	1. 设立信用体系建设管理部门，明确归口管理部门，得10分 2. 未明确信用体系建设管理部门管理职责，得5分 3. 未设立信用体系建设管理部门，不得分

一级指标	二级指标	三级指标	指标定义	标准分	评 分 标 准
2. 管理能力（580分）	2.11 信用管理（20分）	信用管理人员	企业设立信用管理人员情况	10	1. 设立专职或兼职的信用体系管理人员，得10分 2. 未设立专职或兼职的信用体系管理人员，不得分
3. 财务能力（230分）	3.1 偿债能力（70分）	资产负债率	负债总额/年末资产总额×100%	20	1. ≤40%，得20分 2. 40～50%（含），得16分 3. 50～60%（含），得12分 4. 60～65%（含），得8分 5. 65～70%（含），得5分 6. ＞70%，不得分
		现金流动负债比率	经营活动现金流量净额/流动负债	20	1. ≥3，得20分 2. 2（含）～3之间，得15分 3. 1（含）～2之间，得10分 4. ＜1，得5分
		流动比率	流动资产/流动负债	15	1. ≥1.5，得15分 2. 1.3（含）～1.5，得12分 3. 1（含）～1.3，得10分 4. ＜1，得5分
		速动比率	（流动资产－存货）/流动负债	15	1. ≥1，得15分 2. 0.9（含）～1，得12分 3. 0.8（含）～0.9，得10分 4. 0.7（含）～0.8，得8分 5. 0.5（含）～0.7，得5分 6. ＜0.5，得3分
	3.2 盈利能力（70分）	营业利润率	营业利润/营业收入×100%	15	1. ≥10%，得15分 2. 8（含）～10%，得13分 3. 6（含）～8%，得10分 4. 4（含）～6%，得8分 5. 2（含）～4%，得5分 6. ＜2%，得3分
		经营现金流量净利率	经营活动现金流量净额/净利润×100%	25	1. ≥100%，得25分 2. 85（含）～100%，得20分 3. 50（含）～85%，得15分 4. 50（含）～85%，得10分 5. ＜50%，得5分
		净资产收益率	净利润/年初末平均净资产×100%	15	1. ≥10%，得15分 2. 8（含）～10%，得13分 3. 6（含）～8%，得10分 4. 2（含）～4%，得8分 5. 0～2%，得5分 6. ≤0%，不得分
		总资产报酬率	（利润总额+利息支出）/年初末平均资产总额×100%	15	1. ≥5%，得15分 2. 3.5（含）～5%，得12分 3. 2.5（含）～3.5%，得10分 4. 1（含）～2.5%，得8分 5. 0～1%，得5分 6. ≤0%，不得分
	3.3 资产运营能力（50分）	总资产周转率	营业收入/年初末平均资产总额	10	1. ≥2，得10分 2. 1.5（含）～2，得8分 3. 1（含）～1.5，得5分 4. 0～1，得3分 5. ≤0，不得分

续表

一级指标	二级指标	三级指标	指标定义	标准分	评 分 标 准
3. 财务能力（230 分）	3.3 资产运营能力（50 分）	流动资产周转率	营业收入/年初末平均流动资产总额	15	1. ≥2.5，得 15 分 2. 2（含）～2.5，得 10 分 3. 1.5（含）～2，得 5 分 4. 0～1.5，得 3 分 5. ≤0，不得分
		应收账款周转率	营业收入/年初末应收账款平均余额	15	1. ≥10，得 15 分 2. 8（含）～10，得 10 分 3. 6（含）～8，得 8 分 4. 4（含）～6，得 5 分 5. <4，得 3 分
		存货周转率	营业成本/年初末平均存货	10	1. ≥10%，得 10 分 2. 8（含）～10%，得 8 分 3. 5（含）～8%，得 5 分 4. 0～5%，得 3 分 5. ≤0%，不得分
	3.4 发展能力（40 分）	营业收入增长率	营业收入增长额/上年营业收入总额×100%	15	1. ≥5%，得 15 分 2. 4（含）～5%，得 12 分 3. 3（含）～4%，得 10 分 4. 2（含）～3%，得 8 分 5. 1（含）～2%，得 6 分 6. ≤1%，得 3 分
		总资产增长率	（年末资产总额－年初资产总额）/年初资产总额×100%	15	1. ≥1%，得 15 分 2. 0.8（含）～1%，得 12 分 3. 0.4（含）～0.8%，得 10 分 4. 0～0.4%，得 5 分 5. ≤0%，不得分
		资本积累率	本年所有者权益增长额/年初所有者权益×100%	10	1. ≤40%，得 10 分 2. 40～50%（含），得 8 分 3. 50～60%（含），得 6 分 4. 60～65%（含），得 4 分 5. 65～70%（含），得 2 分 6. >70%，不得分
4. 信用记录（100 分）	4.1 征信情况（30 分）	企业信用报告	企业在中国人民银行征信中心的信用报告	30	1. 无不良记录，得 30 分 2. 有不良记录，每一项扣 10 分，扣完为止 3. 发生严重失信行为的，信用等级降一级
	4.2 社会责任（30 分）	员工权益	企业与员工签订劳务合同，对员工的工资支付和为员工实施劳动保护情况	10	1. 与员工签订正式劳动合同，工资支付正常，劳动福利与各项应有的保障齐备，得 10 分 2. 近二年每发生 1 人次未签订劳动合同或未投保的或员工主动申请仲裁的，每次扣 5 分，扣完为止 3. 发生违反《劳动合同》条款且受到过处罚的，不得分
		纳税	企业依法纳税情况	10	1. 近二年获得当地税务部门颁发的奖项，得 10 分 2. 依法纳税，没获得奖项，得 5 分 3. 曾受到税务部门的处罚，不得分
		社会公益事业	企业在救灾、扶贫、捐资助学、军民共建、社区共建等方面为社会提供的公益服务	10	近二年组织开展或参与公益活动数量 1. ≥3 项，得 10 分 2. 2 项，得 8 分 3. 1 项，得 5 分

续表

一级指标	二级指标	三级指标	指标定义	标准分	评　分　标　准
4.信用记录（100分）	4.3　优良记录（40分）	员工荣誉	企业员工获得国家级、省部级、地市级等奖项（不包括科技及管理创新成果奖）	10	近二年获得数量： 获得国家级，每项得10分；获得省部级（包括省、部、行业、集团公司），每项得5分；获得地市级及其他，每项得3分；以上累计得分最高10分
		企业荣誉	企业获得国家级、省部级、地市级等奖项（不包括科技及管理创新成果奖）	15	近二年获得数量： 获得国家级，每项得15分；获得省部级（包括省、部、行业、集团公司），每项得10分；获得地市级及其他，每项得5分；以上累计得分最高15分
		工程荣誉	工程获得国家级、省部级、地市级等奖项	15	近二年获得数量： 获得国家级，每项得15分；获得省部级（包括省、部、行业、集团公司），每项得10分；获得地市级及其他，每项得5分；以上累计得分最高15分
	4.4　不良记录（0分）	管理层不良记录	企业主要管理者的不良信用记录	0	近二年，企业中层及以上（含项目经理）管理人员在企业内外无不良信用记录，不扣分； 每有一条查证的不良记录，扣5分
		企业不良记录	企业受到能源、司法、工商、质检、安监、金融、海关、协会等部门处罚的不良行为（不包括质量、安全处罚）	0	近二年未发生不良记录的，不扣分 一般失信行为每发生一起扣5分； 发生严重失信行为的，信用等级降一级； 发生极严重失信行为的，信用等级降为C级

附录A.6　新能源项目建设企业信用评价指标

一级指标	二级指标	三级指标	指标定义	标准分	评　分　标　准
1.基本情况（90分）	1.1　资质认证（30分）	主营业务资质	取得政府颁发的电力相关资质证书情况	10	1.电力工程总承包二级以上或电力工程专业承包一级或建筑专业承包一级或设计甲级，得10分 2.电力工程或建筑专业承包二级或设计乙级，得8分 3.电力工程专业承包三级或设计丙级，得6分
		非主营业务资质	取得政府颁发的相关资质证书情况	5	1.其他资质最高等级，得5分 2.其他资质每降一级，每项得分相应扣1分 3.以上累计最高得分为5分
		三标体系认证情况	企业取得三标体系认证	15	1.三标体系全部认证，得15分 2.每缺一项扣5分，扣完为止
	1.2　企业规模（20分）	在册员工人数	企业上年末企业在册员工人数（有社保）	5	1.≥50人，得5分 2.40（含）～50人，得4分 3.30（含）～40人，得3分 4.<30人，得2分
		注册资本	企业营业执照注册资本	5	1.≥5000万元，得5分； 2.2000（含）～5000万元，得4分； 3.100（含）0～2000万元，得3分； 4.500（含）～1000万元，得2分； 5.<500万元，得1分；

续表

一级指标	二级指标	三级指标	指标定义	标准分	评 分 标 准
1. 基本情况（90 分）	1.2 企业规模（20 分）	资产总额	近二年平均总资产额	5	1. ≥5 亿元，得 5 分 2. 4（含）～5 亿，得 4 分 3. 3（含）～4 亿，得 3 分 4. 1（含）～3 亿，得 2 分 5. <1 亿，得 1 分
		营业收入	近二年平均营业收入	5	1. ≥2 亿，得 5 分 2. 1.5（含）～2 亿，得 4 分 3. 1（含）～1.5 亿，得 3 分 4. 0.5（含）～1 亿，2 分 5. <0.5 亿，得 1 分
	1.3 主要业绩（40 分）	代表工程	企业近三年承建过最大总容量工程	40	企业承建过总容量为风电 50 兆瓦或光伏 20 兆瓦，每一项工程得 10 分，最高 40 分
2. 管理能力（580 分）	2.1 财务管理（15 分）	全面预算管理	企业全面预算管理情况	5	1. 年度预算编制合理、准确，审批手续齐全有盈利，得 5 分 2. 编制年度预算，成本持平，得 3 分 3. 未编制年度预算，成本亏损，不得分
		成本控制	企业项目成本控制情况	5	1. 严格执行工程项目管理制度，成本控制措施完善，得 5 分 2. 执行工程项目管理制度，成本控制基本在要求范围内，得 3 分 3. 工程项目管理未达到要求，不得分
		银行信用等级	企业在银行获得信用等级	5	1. 获得银行 AAA 信用等级，得 5 分 2. 等级每下降一级扣 1 分 3. 无银行信用等级，不得分
	2.2 人力资源管理（55 分）	建造师数量	一级注册建造师专业及数量	15	1. ≥7 人，得 15 分 2. 5（含）～7 人，得 12 分 3. 3（含）～5 人，得 10 分 4. 1（含）～3 人，得 8 分 5. 无，不得分
		中级以上职称比例	中级以上职称人数/在册全员人数×100%	10	1. ≥20%，得 10 分 2. 10（含）～20%，得 8 分 3. 5（含）～10%，得 6 分 4. 5% 以下，得 3 分
		技师比例	企业技师（含高级技师）/在册工人人数×100%	10	1. ≥50%，得 10 分 2. 25（含）～50%，得 8 分 3. 10（含）～25%，得 6 分 4. <10%，得 4 分
		人员培训	企业人员培训情况	10	1. 建立了人才培养机制，培训制度健全，培训计划完善并实施，培训经费到位，得 10 分 2. 培训制度健全，培训计划基本完成，得 8 分 3. 培训制度不健全，得 6 分 4. 无培训活动，不得分
		绩效考核	企业绩效考核情况	10	1. 制定了合理的绩效考核办法和考核指标，并执行，得 10 分 2. 制定了绩效考核办法和考核指标，无考核结果，得 8 分 3. 无绩效考核，不得分

一级指标	二级指标	三级指标	指标定义	标准分	评 分 标 准
2. 管理能力（580分）	2.3 装备管理（20分）	设备管理体系	近二年设备管理情况	20	1. 设备管理制度健全，台账齐全，检测设备保持健康状态，得20分 2. 设备管理制度健全，台账齐全，设备未及时检测，得10分 3. 特种设备的管理制度不符合相关规定，扣10分 4. 设备管理制度不健全，设备管理混乱，不得分
	2.4 市场开发（40分）	国内市场合同额	企业上年度国内市场合同额	35	1. ≥10亿，得35分 2. 8（含）～10亿，得30分 3. 5（含）～8亿，得25分 4. 3（含）～5亿，得20分 5. 1（含）～3亿，得15分 6. <1亿，得10分
		国外市场合同额	企业上年度国外市场合同额	5	1. 企业在国外有合同额，得5分 2. 企业在国外无合同额，不得分
	2.5 创新能力（40分）	科技及管理创新	企业科技及管理创新情况	15	1. 有创新奖励办法，创新活动经费到位，每年创新及新技术推广课题完成率达80%以上，得15分 2. 年度创新及新技术推广课题完成率达每下降10%，减2分，每缺一项扣4分，扣完为止 3. 不定期开展科技创新活动，得5分 4. 无科技创新活动，不得分
		科技及管理创新成果	近二年企业技术及管理创新获奖情况备注：创新成果主要包括科技进步奖、QC成果奖、工法、专利等	25	1. 获得国家级科技进步奖，得25分；获得省部级（包括省、部、行业）科技进步奖励，每个加10分；获得地市级奖励，每个加5分 2. QC成果奖、工法获得国家级奖励，每个加10分；获得省部级（包括省、部、行业）奖励，每个加5分；获得地市级奖励，每个加3分 3. 获得发明专利，每个加10分；获得外观或实用新型专利，每个加5分；以上累计得分最高25分
	2.6 战略规划（30分）	战略规划制定	企业制定中长期发展战略规划情况	15	1. 制定了科学可行的企业中长期发展规划，或落实上级公司的规划，经营目标明确，经营策略和管理措施有效，得15分 2. 制定了中长期发展规划，或落实上级公司的规划，但经营策略和管理措施存在不足之处得10分 3. 未制定中长期发展规划，或未落实上级公司的规划，经营目标不明确，不得分
		战略规划实施	企业战略规划实施情况	15	1. 制定战略规划年度实施方案，全面实施，得15分 2. 战略规划部分实施，得10分 3. 未制定战略规划年度实施方案，不得分
	2.7 基础管理（40分）	组织治理结构	企业治理结构情况	5	1. 治理结构健全，运行规范，保证了企业的顺畅运营，得5分 2. 治理结构健全但运营不规范，或治理结构不健全，不得分
		制度体系建设	企业业务管理制度	10	1. 建立健全符合国家有关法律、法规和经营要求的各项标准制度，并做到了年度适应性评价，得10分 2. 各项标准制度基本健全，适应性评价不及时，得5分 3. 标准制度不健全，或未做适应性评价，不得分

一级指标	二级指标	三级指标	指标定义	标准分	评 分 标 准
	2.7 基础管理（40分）	风控管理	企业风险管控机制建立情况	10	1. 企业建立了风险管控机制，并有效落实，得 10 分 2. 机制中未落实风险管控部门，得 8 分 3. 无年度风险评估报告，得 5 分 4. 未建立风险管控机制，不得分
		信息化建设	企业信息化建设情况	15	1. 信息化管理平台涉及企业管理 3 个（含）以上专业，建立网站发布企业各种信息，得 15 分 2. 信息化管理平台涉及企业管理 2 个专业，建立网站发布企业各种信息，得 10 分 3. 信息化管理平台涉及企业管理 1 个专业，或建立网站发布企业各种信息，得 5 分 4. 无任何信息化建设和企业网站，不得分
2. 管理能力（580 分）	2.8 质量、安全、环境管理（230 分）	质量管理	企业上年度和本年质量管理情况	70	1. 未建立质量责任制，扣 10 分 2. 未建立健全质量保证体系，扣 10 分 3. 未建立、健全教育培训制度，扣 10 分 4. 未经教育培训或者考核不合格的人员上岗作业，扣 10 分 5. 未建立、健全施工质量的检验制度，扣 10 分 6. 工序管理不严格，隐蔽工程的质量检查和记录不完善，扣 10 分 7. 施工现场的质量管理，计量、检测等基础工作不到位，扣 10 分 8. 工程质量不符合国家现行有关法律、法规、技术标准、设计文件及合同规定的要求，扣 20 分 9. 采购的建筑材料、建筑构配件和设备的，不符合设计文件和合同要求，扣 20 分 10. 在施工中偷工减料的，使用不合格的建筑材料、建筑构配件和设备的，扣 20 分 11. 未对建筑材料、建筑构配件、设备和商品混凝土进行检验，或未对涉及结构安全的试块、试件以及有关材料取样检测的，扣 20 分 12. 项目未建立质量管理机构，扣 20 分 13. 项目质量管理人员未按规定配备，人员未持有效证件上岗，扣 20 分 14. 项目负责人未在施工现场履行职责或者分包单位不具备相应资质的，扣 20 分 15. 未按照规定对隐蔽工程、检验批、分项和分部工程进行自检，扣 20 分 16. 篡改或者伪造检测报告的，扣 30 分 17. 不履行保修义务或者拖延履行保修义务的，扣 30 分 18. 通过挂靠方式，以其他施工单位的名义承揽工程的，扣 20 分 19. 擅自超越资质等级及业务范围承包工程，扣 30 分 20. 被业主处罚的，每次扣 30 分 21. 被监管部门约谈、诫勉的，每次扣 20 分 22. 被监管部门停工整改的，每次扣 30 分 23. 发生一般质量事故，不得分 24. 发生较大质量事故，在不得分基础上降一级；如在行业内造成不良影响较大，在不得分基础上降二级 25. 发生重大及以上质量事故，信用等级为 C 级以上分数，扣完为止

续表

一级指标	二级指标	三级指标	指标定义	标准分	评 分 标 准
2. 管理能力（580 分）	2.8 质量、安全、环境管理（230 分）	安全管理	企业上年度和本年安全管理情况	110	1. 未制定年度安全生产目标，扣 10 分 2. 未对安全生产目标进行分解、未制定保证措施，扣 10 分 3. 未成立安全生产委员会，扣 10 分 4. 安全生产保证体系不健全，扣 10 分 5. 未设置安全监督管理机构，扣 10 分 6. 未按规定配备专职安全生产管理人员，扣 10 分 7. 安全生产管理体系不健全，扣 10 分 8. 未定期召开安全生产工作例会，扣 10 分 9. 未建立安全生产责任制，扣 20 分 10. 未对安全生产责任制落实情况进行检查考核，扣 10 分 11. 未识别、获取安全生产法律法规、标准规范，未建立清单，扣 10 分 12. 未制定和发布安全管理制度，扣 10 分 13. 安全管理制度不健全、不完善，扣 10 分 14. 未建立各类安全操作规程，扣 10 分 15. 安全生产法律法规、标准规范清单，安全管理制度和操作规程未按规定进行评估、修订，扣 10 分 16. 未按规定提取和使用安全生产专项费用，扣 20 分 17. 未明确安全教育培训主管部门或责任人，未按规定开展安全教育培训，扣 10 分 18. 企业主要负责人、项目负责人和专职安全生产管理人员未按规定进行培训，未取得有效证件，扣 10 分 19. 未组织开展危险有害因素辨识与评价，未制定控制措施，扣 10 分 20. 未建立风险辨识与隐患排查双重机制，扣 10 分 21. 未建立施工机械管理体系，未对施工机械实施动态管理，扣 10 分 22. 未建立特种作业人员、特种设备作业人员管理台账，（含分包商、租赁的特种设备操作人员）人员未持有效证件上岗，扣 10 分 23. 未明确企业、项目及各所属单位专项施工方案、施工方案、施工作业指导书等编审批权限，扣 10 分 24. 对危险性较大的分部分项工程缺乏管控，扣 20 分 25. 对工程分包管理存在违规现象，扣 20 分 26. 未按规定组织从业人员进行职业健康检查，扣 10 分 27. 未建立从业人员职业健康档案，扣 10 分 28. 未建立应急管理体系，扣 20 分 29. 未编制应急预案和现场处置方案或预案、方案不完善，扣 10 分 30. 未按规定组织开展应急培训和演练，扣 10 分 31. 未按规定组织开展隐患排查和安全检查，扣 20 分 32. 未编制企业安全文明施工策划，扣 10 分 33. 未对放射源实施重点管控，扣 10 分 34. 未对识别出的重大危险源制定控制措施，并按规定上报备案，扣 10 分 35. 施工现场危险部位、危险场所缺少安全警示标志，扣 10 分 36. 施工现场存在管理性违章、行为性违章和装置性违章现象，扣 10 分

续表

一级指标	二级指标	三级指标	指标定义	标准分	评 分 标 准
2. 管理能力（580分）	2.8 质量、安全、环境管理（230分）	安全管理	企业上年度和本年安全管理情况	110	37. 施工现场安全设施不完善，扣10分 38. 未组织开展安全生产标准化建设工作，扣10分 39. 未按规定开展年度安全生产标准自评审，扣10分 40. 被监管部门约谈、诫勉的，每次扣20分 41. 被监管部门停工整改的，每次扣30分 42. 发生一般安全事故：重伤1-4人或死亡1人，扣80分；重伤5-9人或死亡2人，不得分 43. 发生较大安全事故：死亡3-5人，在不得分基础上降一级；死亡6-9人，在不得分基础上降二级 44. 发生重大及以上安全事故，信用等级为C级以上分数，扣完为止
		环保管理	企业上年度和本年环保管理情况	50	1. 无环境保护目标，扣10分 2. 无环境保护管理体系，扣20分 3. 无环境保护管理制度，扣20分 5. 施工组织设计中缺少绿色施工方案和"四节一环保"内容，扣10分 6. 未建立施工环境保护措施，扣10分 7. 未对环境因素进行识别，扣20分 8. 未对辨识出的环境风险进行评价，扣20分 9. 项目未设专人负责环境保护工作，未建立与当地环境监测部门联络信息，扣10分 10. 未建立项目环境保护"三同时"管理措施，未编制工程施工环境保护方案，扣10分 11. 企业及项目存在污水、垃圾随意排放倾倒现象，扣20分 12. 施工现场存在危化品、油脂泄露违规超标排放现象，扣20分 13. 被行政警告和罚款，每次扣20分； 14. 被行政责令停产整顿、责令停产、停业、关闭，每次扣30分； 15. 被行政暂扣、吊销许可证或者其他具有许可性质的证件、没收违法所得、没收非法财物、行政拘留，每次扣40分 16. 发生一般环境事故：不得分 17. 发生较大环境事故：在不得分基础上降一级；如对社会造成不良影响较大，在不得分基础上降二级 18. 发生重大及以上环境事故，信用等级为C级以上分数，扣完为止
	2.9 项目管理（70分）	合同管理	企业合同管理情况	15	1. 合同管理制度齐全，能执行国家合同管理规定，得15分 2. 合同管理制度不齐全，得10分 3. 因自身原因造成合同纠纷，不得分
		技术管理	项目技术方案措施管理情况	15	1. 本专业法律、法规、规程、规范齐全有效，技术方案措施齐全、科学，重大施工方案经第三方专家评审，并严格执行，得15分 2. 执行上述内容有缺项，每缺一项扣5分，扣完为止
		供应商管理及评价	企业供应商管理及评价情况	10	1. 供应商管理制度齐全，供应商考核评价及时，资料完整，得10分 2. 上述内容每缺一项扣3分，扣完为止 3. 无年度供应商考核，不得分

续表

一级指标	二级指标	三级指标	指标定义	标准分	评 分 标 准
2. 管理能力（580分）	2.9 项目管理（70分）	分包商管理及评价	企业分包商管理及评价情况	20	1. 分包商管理制度齐全，对分包商已进行甄别评价，资料齐全，得20分 2. 上述内容每缺一项扣5分，扣完为止 3. 无年度分包商考核，不得分
		客户管理	客户管理制度、客户回访及满意度调查	10	1. 建立客户管理制度，客户回访率95（含）～100%，回访满意率95（含）～100%，得10分 2. 建立客户管理制度，客户回访率90（含）～95%，回访满意率90%～95%，得8分 3. 建立客户管理制度但未落实责任人，客户回访率85（含）～90%，得5分 4. 建立客户管理制度但未落实责任人，客户回访率80（含）～85%，得3分 5. 未建立客户管理制度，不得分
	2.10 企业文化（20分）	文化建设	企业文化建设情况	20	1. 制定了企业文化发展规划、纲要，编制了企业文化手册，有企业文化实施细则，得20分 2. 上述内容没缺一项3分，扣完为止 3. 未开展企业文化活动，不得分
	2.11 信用管理（20分）	信用管理部门	企业建立信用体系管理情况	10	1. 设立信用体系建设管理部门，明确归口管理部门，得10分 2. 未明确信用体系建设管理部门管理职责，得5分 3. 未设立信用体系建设管理部门，不得分
		信用管理人员	企业设立信用管理人员情况	10	1. 设立专职或兼职的信用体系管理人员，得10分 2. 未设立专职或兼职的信用体系管理人员，不得分
3. 财务能力（230分）	3.1 偿债能力（70分）	资产负债率	负债总额/年末资产总额×100%	20	1. ≤82%，得20分 2. 82～85%（含），得16分 3. 85～88%（含），得12分 4. 88～90%（含），得8分 5. 90～95%（含），得5分 6. >95%，得2分
		现金流动负债比率	经营活动现金流量净额/流动负债	20	1. ≥2，得20分 2. 1.5（含）～2，得15分 3. 1（含）～1.5，得10分 4. <1，得5分
		流动比率	流动资产/流动负债	15	1. ≥1.5，得15分 2. 1.3（含）～1.5，得12分 3. 1（含）～1.3，得10分 4. <1，得5分
		速动比率	（流动资产－存货）/流动负债	15	1. ≥1，得15分 2. 0.9（含）～1，得12分 3. 0.8（含）～0.9，得10分 4. 0.7（含）～0.8，得8分 5. 0.5（含）～0.7，得5分 6. <0.5，得2分
	3.2 盈利能力（70分）	营业利润率	营业利润/营业收入×100%	15	1. ≥6%，得15分 2. 5（含）～6%，得13分 3. 4（含）～5%，得10分 4. 3（含）～4%，得8分 5. 2（含）～3%，得5分 6. <2%，得3分

一级指标	二级指标	三级指标	指标定义	标准分	评 分 标 准
3. 财务能力（230分）	3.2 盈利能力（70 分）	经营现金流量净利率	经营活动现金流量净额/净利润×100%	25	1. ≥100%，得 25 分 2. 80（含）～100%，得 12 分 3. 50（含）～80%，得 10 分 4. 30（含）～50%，得 10 分 5. <30%，不得分
		净资产收益率	净利润/年初末平均净资产×100%	15	1. ≥8%，得 15 分 2. 6（含）～8%，得 12 分 3. 4（含）～6%，得 10 分 4. 2（含）～4%，得 8 分 5. 0～2%，得 5 分 6. ≤0%，不得分
		总资产报酬率	（利润总额+利息支出）/年初末平均资产总额×100%	15	1. ≥3%，得 15 分 2. 2.5（含）～3%，得 12 分 3. 2（含）～2.5%，得 10 分 4. 1.5（含）～2%，得 8 分 5. 0～1.5%，得 5 分 6. ≤0%，不得分
	3.3 资产运营能力（50 分）	总资产周转率	营业收入/年初末平均资产总额	10	1. ≥1.2，得 10 分 2. 1（含）～1.2，得 8 分 3. 0.5（含）～1，得 5 分 4. 0～0.5，得 3 分 5. ≤0，不得分
		流动资产周转率	营业收入/年初末平均流动资产总额	20	1. ≥1.5，得 20 分 2. 1.2（含）～1.5，得 15 分 3. 1（含）～1.2，得 10 分 4. 0～1，得 5 分 5. ≤0，不得分
		应收账款周转率	营业收入/年初末应收账款平均余额	20	1. ≥5，得 20 分 2. 4（含）～5，得 15 分 3. 3（含）～4，得 10 分 4. 2（含）～3，得 5 分 5. <2，得 3 分
	3.4 发展能力（40 分）	营业收入增长率	营业收入增长额/上年营业收入总额×100%	15	1. ≥8%，得 15 分 2. 5（含）～8%，得 12 分 3. 3（含）～5%，得 10 分 4. 0～3%，得 8 分 5. ≤0%，不得分
		总资产增长率	（年末资产总额－年初资产总额）/年初资产总额×100%	15	1. ≥5%，15 分 2. 4（含）～5%，得 12 分 3. 3（含）～4%，得 10 分 4. 0～3%，得 8 分 5. ≤0%，不得分
		资本积累率	本年所有者权益增长额/年初所有者权益×100%	10	1. ≥0.6%，得 10 分 2. 0.4（含）～0.6%，得 8 分 3. 0.2（含）～0.4%，得 6 分 4. 0～0.2%，得 4 分 5. ≤0%，不得分
4. 信用记录（100分）	4.1 征信情况（30 分）	企业信用报告	企业在中国人民银行征信中心的信用报告	30	1. 无不良记录，得 30 分 2. 有不良记录，每一项扣 10 分，扣完为止 3. 发生严重失信行为的，信用等级降一级

一级指标	二级指标	三级指标	指标定义	标准分	评 分 标 准
4. 信用记录（100分）	4.2 社会责任（30分）	员工权益	企业与员工签订劳务合同，对员工的工资支付和为员工实施劳动保护情况	10	1. 与员工签订正式劳动合同，工资支付正常，劳动福利与各项应有的保障齐备，得10分 2. 近二年每发生1人次未签订劳动合同或未投保的或员工主动申请仲裁的，每次扣5分，扣完为止 3. 发生违反《劳动合同》条款且受到过处罚的，不得分
		纳税	企业依法纳税情况	10	1. 近二年获得当地税务部门颁发的奖项，得10分 2. 依法纳税，没获得奖项，得5分 3. 曾受到税务部门的处罚，不得分
		社会公益事业	企业在救灾、扶贫、捐资助学、军民共建、社区共建等方面为社会提供的公益服务	10	近二年组织开展或参与公益活动数量 1. ≥3项，得10分 2. 2项，得8分 3. 1项，得5分
	4.3 优良记录（40分）	员工荣誉	企业员工获得国家级、省部级、地市级等奖项（不含科技及管理创新成果奖）	10	近二年获得数量： 获得国家级，每项得10分；获得省部级（包括省、部、行业、集团公司），每项得5分；获得地市级及其他，每项得3分；以上累计得分最高10分
		企业荣誉	企业获得国家级、省部级、地市级等奖项（不含科技及管理创新成果奖）	15	近二年获得数量： 获得国家级，每项得15分；获得省部级（包括省、部、行业、集团公司），每项得10分；获得地市级及其他，每项得5分；以上累计得分最高15分
		工程荣誉	工程获得国家级、省部级、地市级等奖项	15	近二年获得数量： 获得国家级，每项得15分；获得省部级（包括省、部、行业、集团公司），每项得10分；获得地市级及其他，每项得5分；以上累计得分最高15分
	4.4 不良记录（0分）	管理层不良记录	企业主要管理者的不良信用记录	0	近二年，企业中层及以上（含项目经理）管理人员在企业内外无不良信用记录，不扣分； 每有一条查证的不良记录，扣5分
		企业不良记录	企业受到能源、司法、工商、质检、安监、金融、海关、协会等部门处罚的不良行为（不包括质量、安全处罚）	0	近二年未发生不良记录的，不扣分 一般失信行为每发生一起扣5分； 发生严重失信行为的，信用等级降一级； 发生极严重失信行为的，信用等级降为C级

附 录 B
电力建设领域信用评价规范指标说明

电力建设领域信用评价指标是对参评企业在经营和管理过程中执行国家相关法律法规及政策，履行相关合同能力及意愿的综合评价。信用企业评价规范包括企业的履约意愿、能力、表现，其核心是评价参评企业是否具备履行相关合同所需的人力资源、技术和装备、财务和资金、经营和施工管理以及工程业绩等方面的能力；同时还要考察参评企业的优良信用记录和不良信用记录。

评价指标是在借鉴国际信用等级评价技术的基础上，结合我国目前信用环境和电力建设行业特点而制定的行业信用评价规范，该规范目的是规范企业的市场行为，加强行业自律和社会监督，提高企业信用管理水平，推动行业信用体系建设进程。

一、信用评价指标设置的基本特点

（一）定量与定性分析相结合

信用评价指标的设置，坚持定量、定性分析相结合的原则，既考虑定量指标，又结合行业和企业实际考虑定性指标，保证评价结果充分反映参评企业的信用状况。

由于影响电力建设领域企业信用状况的因素很多，其中难以量化的因素需借助信用专家的经验和专业知识来判断。

（二）评价规范的一致性和可比性

评价规范的一致性是指对同一类型的企业应采用相同的评价规范，评价规范的可比性是指对不同类型企业的评价结果可以互相比较。评价规范的一致性和可比性是保证企业信用评价结果客观、公正性的基本前提，因此信用评价规范的制定是建立在对不同类型企业调研和统计分析的基础之上。

（三）评价规范和计分模型的适用性和可操作性

信用企业评价规范及计分模型的设计不仅采取科学先进的评级技术，还充分考虑其适用性和可操作性。除考虑了企业提供信用等级评价基础资料的可获得性和可靠性之外，评价规范和计分模型的设计同时也保证信用专家和企业容易理解与操作。

二、评价指标解释

评价指标分为三级指标，一级信用指标包括基本情况、财务能力、管理能力和信用记录四个方面，每个一级指标又分解为二级和三级信用指标，每级指标由支持指标构成，同时确定计分标准，最终形成完整的评价指标体系。

（一）企业基本情况

基本情况主要针对企业的资质认证、企业规模、主要业绩指标进行评价。

企业基本情况包含的二级信用指标有：

1. 资质认证

企业的资质认证是企业符合相关行业规定的、证明自身能力的相关文件、证件。参评企业的资质水平反映了企业所具备的能力。

2. 企业规模

企业规模主要从企业的"在册员工人数"、"营业收入"、"资产总额"、"动力设备总量"等指标考核。

"在册员工人数"作为企业的划型指标，具有简单、明了的特点，也与世界主要国家的通行做法一致，具有国际可比性。

"营业收入"是客观反映企业的经营规模和市场竞争能力，也是我国现行统计指标中数据比较完整的指标，容易操作。

"资产总额"是从资源占用和生产指标的层面上反映企业规模。

"动力设备总量"是指企业自有施工设备总量。

3．主要业绩

业绩是企业一定期间的盈利能力、资产质量、债务风险和经营增长等方面的集中体现。

（二）财务能力

企业财务能力是企业经营和管理的价值体现，是企业偿债、盈利、资本运营和发展能力的综合反映。

财务能力包含的二级信用指标有：

1．偿债能力指标

企业偿债能力是指企业偿还短期债务和长期债务的能力，是企业经济实力和财务安全性的重要体现，也是衡量企业是否稳健经营、信用风险大小的重要尺度。考核企业偿债能力的指标包括资产负债率和速动比率等。

2．盈利能力指标

较强的盈利能力及其稳定性是企业获得足够现金以偿还到期债务的关键因素。充足而稳定的收益能够反映企业良好的管理素质和开拓市场的能力，也便于企业在资本市场上再融资，从而提高企业的财务灵活性。主要评价指标包括净资产收益率和主营业务利润率等。

3．资本运营能力指标

企业资本运营能力是指企业生产经营活动中对公司资产的使用能力。资产使用状况好的企业，企业的经营和财务状况良好，反之则往往不佳。主要指标包括流动资产周转率和应收账款周转率。

4．发展能力指标

企业发展能力是指从财务角度判断企业在中长期发展的能力。考评企业发展能力最直接的方法是考评企业业务增长状况和发展潜力，以及企业资本在一定时期内的变动水平。

（三）管理能力

企业管理是企业运营过程中最重要的活动，涉及到企业经营活动的各个领域和组织结构中的各个环节。企业管理水平直接关系到企业的生存和发展能力，也是考评企业信用状况的重要指标。

管理能力包含的二级信用指标有：

1．财务管理

财务管理是组织企业财务活动、处理财务关系的一项经济管理工作，重点从预算管理、成本控制等方面考核。

2．人力资源管理

人力资源管理是指运用现代化的科学方法，对与一定物力相结合的人力进行合理的培训、组织和调配，使人力、物力经常保持最佳比例，同时对人的思想、心理和行为进行恰当的诱导、控制和协调，充分发挥人的主观能动性，使人尽其才，事得其人，人事相宜，以实现组织目标。

本指标主要包括建造师数量、中级职称以上比例、技师比例、人员培训和绩效考核。

3．装备管理

装备管理指企业自有设备的管理情况，主要是企业设备管理制度建立情况。

4．市场开发

企业通过统筹、利用内外资源满足目标市场消费者的需求以实现自身生存和持续发展的一种能力，即企业市场开发是企业有效开展市场营销活动的能力。

5．创新能力

创新能力主要分析企业的技术创新、科技进步能力和拥有相应的技术装备、检测设备的实力。可以从管理创新、科技创新、工艺创新等方面考察企业的技术提升能力。

6．战略规划

战略规划是指企业在中长期发展战略上的规划程度。对于优秀的企业，其长期发展规划的规范性和合理性要远远高于其他企业。

7．基础管理

基础管理包括企业治理结构、企业规章制度、信息化管理等方面。

企业组织治理结构指标是通过分析企业在股东、董事会和管理层之间的权责分配、管理分工、工作流程和薪酬合理性等方面的规范程度，反映企业健全度和长期发展能力。

企业规章制度是公司经营管理规范性的具体体现。通过分析企业规章制度的健全程度，判断企业经营管理水平和可持续发展能力。

信息化管理是指企业在信息化建设方面的状况和重视程度，包括企业的财务电算化建设、办公系统自动化、客户管理平台建设、工程软件应用、信息综合管理平台建设和企业门户网站建设等。

风控管理是以专业管理制度为基础，以防范风险、有效监管为目的，通过全方位建立过程控制体系、描述关键控制点和以流程形式直观表达生产经营业务过程而形成的管理规范。

8．质量、安全、环境管理

质量管理是指确定质量方针、目标和职责，并通过质量体系中的质量策划、控制、保证和改进来使其实现的全部活动。

安全管理是为实现安全目标而进行的有关决策、计划、组织和控制等方面的活动；主要运用现代安全管理原理、方法和手段，分析和研究各种不安全因素，从技术上、组织上和管理上采取有力的措施，解决和消除各种不安全因素，防止事故的发生。

环境管理是运用计划、组织、协调、控制、监督等手段，为达到预期环境目标而进行的一项综合性活动。

9．项目管理能力

项目管理主要包括采购管理、合同管理、技术管理、供应商管理及评价、分包商管理及评价级客户管理。是企业把各种系统、方法和人员结合在一起，在规定的时间、预算和质量目标范围内完成项目的能力。即从项目的投资决策开始到项目结束的全过程进行计划、组织、指挥、协调、控制和评价，以实现项目的目标。

10．企业文化

企业文化是由企业的价值观、信念、仪式、符号、处事方式等组成的其特有的文化形象，简单而言，就是企业在日常运行中所表现出的各方各面。

11．信用管理

信用管理能力是反映企业在债权管理和债务管理的能力。设立信用管理部门和培训信用管理人员是企业必须具备的基础管理能力，是信用评价的重要指标之一。

（四）信用记录

信用记录是企业开展经营活动中遵守相关法律法规、恪守信用、履行约定的具体体现。

企业信用记录指标包括征信情况、社会责任、优良记录和不良记录等信用记录。具体信息涉及参评企业的企业信用报告、获奖状况、社会责任、公益事业、纳税记录、员工权益等。

国家发展改革委 国家能源局关于推进
电力安全生产领域改革发展的实施意见

发改能源规〔2017〕1986 号

各省、自治区、直辖市及新疆生产建设兵团发展改革委（能源局）、经信委（工信委），国家能源局各派出能源监管机构，全国电力安委会企业成员单位，各有关单位：

为贯彻落实《中共中央国务院关于推进安全生产领域改革发展的意见》（中发〔2016〕32 号），推进电力安全生产领域改革发展，落实电力企业主体责任，完善电力安全生产监督管理机制，保障电力系统安全稳定运行，防范和遏制重特大事故的发生，现提出以下实施意见。

一、落实电力安全生产责任

（一）压实企业安全生产主体责任。企业是安全生产的责任主体，对本单位安全生产工作负全面责任，要严格履行安全生产法定责任，实行全员安全生产责任制度，健全自我约束、持续改进的常态化机制。要健全法定代表人和实际控制人同为安全生产第一责任人的责任体系，建立并完善电力安全生产保证体系和监督体系，建立全过程安全生产管理制度，做到安全责任、管理、投入、培训和应急救援"五到位"。各电力企业和电力项目参建单位应当自觉接受派出能源监管机构及地方政府有关部门的安全监督管理。

（二）明确行业安全生产监管法定责任。国家能源局依据国家法律法规和部门职责，切实履行电力行业安全生产监督管理责任；不断完善电力安全生产政策法规体系和标准规范体系；指导地方电力管理等有关部门加强电力安全生产管理相关工作；统筹部署全国电力安全监管工作，组织开展电力安全生产督查，强化监管执法，严厉查处违法违规行为。派出能源监管机构依据国家规定职责和法律法规授权，开展相关工作，并接受地方政府的业务指导。

（三）落实地方安全生产管理法定责任。按照"管行业必须管安全、管业务必须管安全、管生产经营必须管安全"的原则，地方各级政府电力管理等有关部门按照国家法律法规及有关规定，履行地方电力安全管理责任，将安全生产工作作为行业管理的重要内容，督促指导电力企业落实安全生产主体责任，加强电力安全生产管理。

二、完善安全监管体制

（四）完善电力安全监管体系。牢固树立安全发展、科学发展理念，加强电力安全监管体系建设，逐步理顺电力行业跨区域监管体制，明确行业监管、区域监管与地方监管职责，鼓励有条件的地区先行先试。地方各级政府电力管理等有关部门积极协助配合国家能源局及其派出能源监管机构，构建上下联动、相互支撑、无缝对接的电力安全监管体系。

（五）完善电力安全监管职能。国家能源局依法依规履行电力行业安全监管职责，组织、指导和协调全国电力安全生产监管工作。各派出能源监管机构根据国家规定职责和法律法规授权，履行电力安全监管职责，加强监管执法，严厉查处违法违规行为。地方各级政府电力管理等有关部门依法依规履行地方电力安全管理责任，并积极配合派出能源监管机构，做好相关工作。

（六）强化电力安全协同监管。国家能源局及其派出能源监管机构加强与地方各级政府电力管理等有关部门的沟通联系，强化协同监管，形成工作合力，联合组织开展安全检查、安全执法等工作，积极配合、协助安监等相关专业部门做好安全监管工作。

（七）规范电力事故调查工作。特别重大电力事故，由国务院或者国务院授权的部门组成事故调查组进行调查；重大电力事故，由国家能源局组织或参与调查，有关派出能源监管机构和省级政府电力管理等有关部门参加；较大电力事故，由派出能源监管机构组织或参与调查，有关省级政府电力管理等有关部门参加；一般电力事故，由派出能源监管机构视情况组织或参与调查。

三、严格安全生产执法

（八）严肃安全生产事故查处。严格事故调查处理，严肃查处事故责任单位和责任人。对于发生事故的单位，负责组织事故调查的部门要在事故结案后一年内对其进行评估，存在履职不力、整改措施不落实或落实不到位的，依法依规严肃追究有关单位和人员责任，并及时向社会公开。企业要加大安全生产责任追究力度，严格事故责任处理，研究建立责任处理与职务晋升挂钩机制。对被追究刑事责任的生产经营者实施相应的职业禁入。

（九）强化安全监管行政执法。加强电力安全执法检查工作，完善执法程序规定，规范行政执法行为，发现危及安全情况的及时予以纠正，存在违法违规行为的坚决予以制止。完善通报、约谈制度，对事故多发频发、企业履职不到位及其他涉及安全的重大事项，及时予以通报或约谈企业负责人。积极推进电力安全生产诚信体系建设，完善安全生产不良记录和"黑名单"制度，建立失信惩戒和守信激励机制。畅通"12398"能源监管热线，加大社会参与监督电力安全生产违法违规问题的力度。

（十）健全安全生产考核激励机制。健全电力安全生产考核评价体系，坚持过程考核和结果考核相结合，科学设定可量化的考核指标。建立安全生产绩效与履职评定、职务晋升、奖励惩处挂钩制度，落实安全生产"一票否决"制。企业要研究建立以安全绩效为引导的动态薪酬管理制度，研究试行企业领导班子年度及离任专项安全履职评价考核制度，严格落实一岗双责考核机制。

（十一）加强安全信息管理。规范电力事故事件及相关信息的报送工作，畅通报送渠道，确保及时、准确、完整。对于瞒报、谎报、漏报、迟报事故的单位和个人，依法依规予以处理。完善安全生产执法信息公开制度，建立电力安全信息共享平台，及时发布安全信息。

（十二）严格安全生产监管责任追究。研究制定电力安全生产监管权力和责任清单，尽职免责，失职问责。建立电力安全生产全过程责任追溯制度，杜绝安全生产领域项目审批、行政许可、监管执法等方面的违法违规行为。

四、创新安全发展机制

（十三）健全企业安全资信管理。电力企业要强化安全资质准入管理和业务评价准入参考机制，建立承包单位安全履职能力基础信息数据库，健全承包单位安全履约评价动态管控机制，实行承包单位和管理人员安全资信"双报备"制、施工作业人员安全资质与安全记录"双审核"制。

（十四）严格落实安全评估制。电力企业要严格执行新、改、扩电力建设工程安全设施和职业病防护设施"三同时"制度，开展电力建设工程危险性较大的分部分项工程专项施工方案评估、安全投入与工期的动态评估、新技术新材料新工艺安全性评估，燃煤电厂液氨罐区和贮灰场大坝定期安全评估。

（十五）推进安全责任保险制度。发挥保险机构参与风险管控和事故预防功能的优势，引导保险机构服务电力安全生产，完善安全生产责任保险投保、服务与评价制度。构建政府、保险机构、企业等多方协调运作机制，实现安全生产责任保险公共信息共享。鼓励保险机构根据安全生产状况实行浮动费率，促进企业提高安全生产管理水平。

（十六）健全社会化服务体系。支持发展电力安全生产专业化行业组织，强化行业自律，推进电力行业安全生产咨询服务等第三方机构产业化和社会化。鼓励中小微电力企业订单式、协作式购买运用安全生产管理和技术服务。鼓励企业、高校、科研院所和第三方机构联合开展事故预防理论研究和关键技术装备研发，建设一批电力安全生产领域产、学、研中心，加快成果转化和推广应用。

（十七）建立科技支撑体系。充分应用现代信息化技术，适应大数据时代流程再造，实施"互联网＋安全监管"战略，实现监管手段创新，完善监督检查、数据分析、人员行为"三位一体"管理网络，实现流程和模式创新。建立电力行业安全生产信息大数据平台，深度挖掘大数据应用价值，以信息技术手段提升电力安全生产管理水平。推进能源互联网、电力及外部环境综合态势感知、高压柔性输电、新型储能技术等新技术在电力建设和设备改造中的安全应用。

（十八）推进市场化改革与安全协同发展。规范市场交易和调度运行业务流程，推动电力市场参与各方的技术标准统一，加强监督执行，保障电网运行安全。加强辅助服务的市场化交易机制的监管，加大对负荷侧参与电网运行调节、"源、网、荷友好互动"等新型电力市场形态的安全监管。强化对多种所有制形式、业务形态各异的大量新兴市场主体的安全监管，构建与电力市场化改革发展相适应的安全保障体系。

五、建立健全安全生产预控体系

（十九）加强安全风险管控。健全安全风险辨识评估机制，构建风险辨识、评估、预警、防范和管控的闭环管理体系，建立健全风险清册或台账，确定管控重点，实行风险分类分级管理，加强新材料、新工艺、新业态安全风险评估和管控，有效实施风险控制。各企业要研究制定重特大事故风险管控措施，根据作业场所、任务、环境、强度及人员能力等，认真辨识风险及危害程度，合理确定作业定员、时间等组织方案，实行分级管控，落实分级管控责任。

（二十）加强隐患排查治理。牢固树立隐患就是事故的观念，健全隐患排查治理制度、重大隐患治理情况向所在地负有安全监管职责的部门和企业职代会"双报告"制度，实行自查自报自改闭环管理。制定隐患排查治理导则或通则，建立隐患排查治理系统联网信息平台，建立重大隐患报告和公示制度，严格重大隐患挂牌督办制度，实行隐患治理"绿色通道"，优先安排人员和资金治理重大隐患。

（二十一）落实企业事故预防措施。加强安全危险因素分析，制定落实电力安全措施和反事故措施计划，形成安全隐患排查、整改、消除的闭环管理长效机制。严格执行"两票三制"，完善组织管理，落实安全措施，强化安全监护，保障作业安全。

（二十二）加强重大危险源监控。严格落实重大危险源安全管理规定和标准规范，认真开展危险源辨识与评估，完善重大危险源监控设施。加强液氨罐区、油区、氢站等安全管理，落实重大危险源防范措施。加强重大危险源源头管控，新建燃煤发电项目应采用没有重大危险源的技术路线，生产过程中存在重大危险源的燃煤发电企业应研究实施重大危险源替代改造方案。

（二十三）强化安全禁令清单。针对电力安全生产过程中存在的突出问题和薄弱环节，进一步规范电力安全生产监督管理，从人员资格、作业流程控制、安全生产条件、安全生产管理等方面，明确必须坚决禁止的行为，避免和减少事故的发生。

（二十四）建立职业病防治体系。建立职业病防治中长期规划，制定职业健康安全发展目标，实施职业健康促进计划。强化高危粉尘、高毒作业管理，加强对贮煤、输煤及锅炉巡检过程中煤尘、矽尘和设备噪声等职业病危害治理。强化企业主要负责人持续改进职业健康水平的责任，将职业病防治纳入安全生产工作考核体系，落实职业病危害告知、日常监测、定期检测评价和报告、防护保障和职业健康监护等制度措施。

六、加强电力运行安全管理

（二十五）加强电网运行安全管理。调度机构要科学合理安排运行方式，做好电力平衡工作。各电力企业要严格执行调度指令，做到令行禁止。加强电网设备运维检修管理。加强涉网机组安全管理，建立网源协调全过程管理机制。加强大容量重要输电通道安全运行，制定相应的防范策略和应对措施。提升机组深度调峰和调频能力，完善新能源及分布式电源接入技术标准体系，增强电网对新能源的安全消纳能力。加强电网安全运行风险管控工作，确保电网安全稳定运行和可靠供电。

（二十六）加强电力二次系统安全管理。加强电力二次系统安全管理工作，梳理分析电力系统继电保护和安全自动装置等二次系统的配置和策略；查找和消除二次设备、二次回路、保护定值和软件版本等方面的隐患；加强发电侧涉网继电保护等二次系统的正确配置和安全运行。

（二十七）提升电力设备安全水平。加强设备运行安全性分析和设备全寿命周期管理，制定设备治理滚动计划。加强设备状态监测、设备维护和巡视检查，完善设备安全监视与保护装置。加强设备设施缺陷管理，着力整治"家族性"缺陷。加强电力设施保护，防范电力设施遭受外力破坏。

（二十八）保障水电站大坝运行安全。切实做好水电站大坝防汛调度、安全定期检查、安全注册登记和信息化建设等工作，加强病险大坝的除险加固和隐患排查治理。强化水电站大坝安全监测和运行安全分析，开展高坝大库的安全性研究。

（二十九）加强电力可靠性管理。加强电力可靠性数据统计及监督管理，提高可靠性数据的真实性、准确性和完整性。强化可靠性统计数据的分析，充分发挥可靠性技术与数据在电力规划设计、项目建设、运营维护、优质服务中的辅助决策作用。加强可靠性分析应用工作，服务企业安全生产，为电力安全生产监督管理提供支撑。

（三十）加强电力技术监督管理。建立企业主要技术负责人负总责的技术监督管理体系，赋予主要技术负责人安全生产技术决策和指挥权。健全完善技术监督组织体系和标准体系，规范电力技术监督服务工作。建立全国电力技术监督网，加强技术监督专业交流沟通。

七、加强建设工程施工安全和工程质量管理

（三十一）加强工程源头管理。优化工程选线、选址方案，规范开工程序，完善建设施工安全方案和相应安全防护措施，认真做好电力建设工程设计审核和阶段性验收工作（含防雷设施）。严格落实国务院《企业投资项目核准和备案条例》，加强对核准（备案）电力项目监督管理，将安全生产条件作为电力项目核准（备案）项目事中事后检查的重要内容，加大电力项目建设和验收阶段检查力度，对未核先建、核建不符、超国家总量控制核准以及不符合安全技术标准的电力工程项目，立即停工整改。

（三十二）严格工程工期管理。建设单位要依照国家有关工程建设工期规定和项目可行性研究报告中施工组织设计的工期要求，对工程充分论证、评估，科学确定项目合理工期及每个阶段所需的合理时间，严格执行国家有关建设项目开工规定，禁止违规开工。工期确需调整的，必须按照相关规范经过原设计审查单位或安全评价机构等审查，论证和评估其对安全生产的影响，提出并落实施工组织措施和安全保障措施。

（三十三）规范招投标管理和发承包管理。建设单位要明确勘察、设计、施工、物资材料和设备采购等环节招投标文件及合同的安全和质量约定，严格审查招投标过程中有关国家强制性标准的实质性响应，招标投标确定的中标价格要体现合理造价要求，防止造价过低带来安全质量问题。加强工程发包管理，将承包单位纳入工程安全管理体系，严禁以包代管。加强参建单位资质和人员资格审查，严厉查处租借资质、违规挂靠、弄虚作假等各类违法违规行为。

（三十四）严格安全措施审查。建设单位和监理单位要建立健全专项施工方案编制及专家论证审查制度，严格审查和评估复杂地质条件、复杂结构以及技术难度大的工程项目安全技术措施。设计单位要对新技术、新设备、新材料、新工艺给施工安全带来的风险进行分析和评估，提出预防事故的措施和建议。监理单位要严格审查施工组织设计、作业指导书及专项施工方案，尤其是施工重要部位、关键环节、关键工序安全技术措施方案。

（三十五）加强现场安全管理。施工单位要进一步规范电力建设施工作业管理，完善施工工序和作业流程，严格落实施工现场安全措施，强化工程项目安全监督检查。监理单位要加强现场监理，创新监理手段，实现工程重点部位、关键工序施工的全过程跟踪，严控安全风险。各参建单位要加强施工现场安全生产标准化建设，完善安全生产标准化体系，建立安全生产标准化考评机制，从安全设备设施、技术装备、施工环境等方面提高施工现场本质安全水平，提升电力建设安全生产保障能力。健全现场安全检查制度，及时排查和治理隐患，制止和纠正施工作业不安全行为。

（三十六）加强工程质量监督管理。理顺电力建设工程质量监督管理体系，强化政府监管，优化监督机制，落实主体责任。建立健全电力建设工程质量控制机制，落实国家工程建设标准强制性条文，严格控制施工质量和工艺流程，加强关键环节和关键工序的过程控制和质量验收，保证工程质量。

八、加强网络与信息安全管理

（三十七）加强网络安全建设。坚持统筹谋划，做好顶层设计，推进网络安全技术布防建设。按照"安全分区、网络专用、横向隔离、纵向认证"要求，做好电力监控系统的安全

防护。开展关键网络安全技术创新研究与应用，支持电力监控系统安全防护关键设备研发，推动商用密码应用，组织实施网络安全重大专项工程，加快网络安全实时监测手段建设。

（三十八）建立安全审查制度。按照国家相关法律法规规定，制定电力行业网络安全审查制度，形成支撑网络安全审查的电力行业网络安全标准体系，探索建立电力行业网络安全审查专业机构，组建电力行业网络安全审查专家库，开展重要网络产品及服务选型审查，提高网络安全可控水平。

（三十九）做好安全防护风险评估与等级保护测评工作。建立健全电力监控系统安全防护管理制度，开展电力监控系统安全防护风险评估，推进电力工控设备信息安全漏洞检测。完善电力行业信息安全等级保护测评标准和规范，加强信息安全等级保护测评机构和测评力量建设。

九、完善电力应急管理

（四十）完善应急管理体制。按照统一领导、综合协调、属地为主、分工负责的原则，完善国家指导协调、地方政府属地指挥、企业具体负责、社会各界广泛参与的电力应急管理体制。加强各级应急指挥机构和应急管理机构建设，明确责任分工，落实资金与装备保障。

（四十一）健全应急管理机制。加强预警信息共享机制建设，建立应急会商制度，以现代科技手段提升监测预警能力。建立协同联动机制，开展跨省跨区电力应急合作，形成应急信息、资源区域共享。完善灾后评估机制，科学指导灾后恢复重建工作。推进电力应急领域金融机制创新。

（四十二）加强应急预案管理。健全应急预案体系，强化预案编制管理和评审备案，充分发挥预案在应急处置中的主导作用。注重预案情景构建，突出风险分析和应急资源能力评估，提高预案针对性和可操作性。推动应急演练常态化，创新演练模式，逐步实现桌面推演与实战演练、专项演练与综合演练、常态化演练与示范性演练相结合。

（四十三）强化大面积停电防范和应急处置。落实《国家大面积停电事件应急预案》，推进省、市、县各级政府制定出台大面积停电事件应急预案。健全各级人民政府主导、电力企业具体应对、社会各方力量共同参与的大面积停电事件应对机制。积极推进电力设施抗灾能力建设，加快防范大面积停电关键技术研究与应用，重点提升电网防御和应对重特大自然灾害的能力。强化大面积停电事件应急处置资金保障，探索大面积停电事件资源征用和停电损失保险业务。

（四十四）加强应急处置能力建设。加强企业专业化应急抢修救援队伍、应急物资装备、应急经费保障建设和应急通信保障体系建设，提升极端情况下应急处置能力。推动重要电力用户自身应急能力建设。组织开展电力企业应急能力建设评估，推进评估成果应用。

十、加强保障能力建设

（四十五）健全规章制度标准规范体系。加强电力安全生产规章制度标准规范顶层设计，增强规章制度标准规范的系统性、可操作性。建立健全电力安全生产规章制度标准规范立改废释工作协调机制，加快推进规章制度标准规范制修订工作。完善电力建设工程、危险化学品等高危作业的安全规程。建立以强制性标准为主体、推荐性标准为补充的电力安全标准体系。

（四十六）保障安全生产投入。电力企业要加大安全生产投入，保证安全生产条件。电力建设参建单位要按照高危行业有关标准，提取并规范使用安全生产费用。推动制定电力企业安全生产费用提取标准，实行安全生产费用专款专用。建立健全政府引导、企业为主、社会资本共同参与的多元化安全投入长效机制，引导企业研发、采用先进适用的安全技术和产品，吸引社会资本参与电力安全基础设施项目建设和重大安全科技攻关。鼓励企业通过发行债券、基金等多种投融资方式加大安全投入。

（四十七）持续推进安全生产标准化建设。建立健全电力安全生产标准化工作长效机制，推进电力企业安全生产标准化创建工作。强化企业班组建设，实现安全管理、操作行为、设备设施和作业环境的标准化，提升企业本质安全水平。

（四十八）加大安全教育培训力度。电力企业要全面落实安全培训的主体责任，抓好本单位从业人员安全培训工作，依法对从业人员进行与其所从事岗位相应的安全教育培训，确保从业人员具备必要安全生产知识。电力企业应当制定本单位年度安全培训计划，建立安全培训管理制度，保障安全培训投入，保证培训时间，建立安全培训档案，如实记录安全生产培训的时间、内容、参加人员以及考核结果等情况。要将外包单位作业人员、劳务派遣人员、实习人员等纳入本单位从业人员统一管理，对其进行岗位安全操作规程和安全操作技能教育培训。

（四十九）推进安全文化建设。营造安全和谐的氛围与环境，有序推进电力安全文化建设，不断提高人员安全意识和安全技能，培养良好的安全行为习惯，提升各类人员综合安全素养。创建安全文化示范企业，打造安全文化精品，鼓励和引导社会力量参与电力安全文化作品创作和推广。

（五十）加强安全监管监督能力建设。加强电力安全监管能力建设，充实安全监督管理力量，建立安全监管人员定期培训轮训机制，按规定配备安全监管执法装备及现场执法车辆，建立电力安全专家库，完善安全监管执法支撑体系。企业要依法设置安全监督管理机构，有条件的企业鼓励设置安全总监，充实安全监督管理力量，支持并维护安全监督人员行使安全监督权力。

国家发展和改革委员会
国家能源局
2017 年 11 月 17 日

国家能源局关于印发《电力安全生产行动计划（2018—2020年）》的通知

（国能发安全〔2018〕55号）

各省、自治区、直辖市、新疆生产建设兵团发展改革委（能源局）、经信委（工信委），全国电力安全生产委员会各成员单位：

为贯彻落实党中央、国务院关于加强安全生产工作的决策部署，不断提升全国电力安全生产水平，保障电力系统安全稳定运行的电力可靠供应，依据《中华人民共和国安全生产法》《中华人民共和国电力法》等法律法规，以及《中共中央　国务院关于推送安全生产领域改革发展的意见》《安全生产"十三五"规划》《地方党政领导干部安全生产责任制规定》等文件，我们制定了《电力安全生产行动计划（2018—2020年）》。现印发给你们，请认真贯彻执行。

国家能源局

2018年6月27日

电力安全生产行动计划（2018—2020年）

为贯彻落实党中央、国务院关于加强安全生产工作的决策部署，不断提升全国电力安全生产水平，保障电力系统安全稳定运行和电力可靠供应，依据《中华人民共和国安全生产法》《中华人民共和国电力法》等法律法规，以及《中共中央　国务院关于推进安全生产领域改革发展的意见》《安全生产"十三五"规划》《地方党政领导干部安全生产责任制规定》等文件，制定本行动计划。

一、面临形势

近年来，电力行业始终坚持"安全第一、预防为主、综合治理"的方针和"管行业必须管安全、管业务必须管安全、管生产经营必须管安全"的原则，严格落实各级安全生产责任，不断建立健全安全生产法律法规，强化安全生产风险分级管控和隐患排查治理，推动全国电力安全生产形势持续好转。电力行业安全管理水平得到进一步提升，安全生产组织体系更加健全完善，安全生产各项规章制度得到有效实施，保障电力系统安全的技术手段日趋成熟，应急体系得到巩固和发展，双重预防机制逐步建立，企业本质安全建设不断强化，事故起数和伤亡人数呈下降趋势。

随着电力规模的持续扩大、系统控制难度的日趋复杂、电力项目的不断增加，电力安全风险依旧并将长期存在。部分电力企业安全生产主体责任履行不到位，安全意识、安全技能、安全保障仍显薄弱，双重预防机制未充分发挥作用。电力行业技术监督有所削弱。承（分）包安全管理问题突出，部分电力建设项目轻质量、抢工期，存在较大安全风险。事故应急救援与保障能力依旧薄弱。电力安全监管体制机制有待进一步完善，齐抓共管局面尚未形成。安全诚信体系亟待建立，失信惩戒和守信激励机制尚不健全。安全文化引领作用未能充分发挥。尤其是进入新时代以来，随着能源结构调整、供给侧和电力体制改革的不断深入，电力安全生产面临新的挑战。大容量长距离电力输送，加大了电网大面积停电的安全风险；风光等新能源和分布式能源的快速发展，增加了安全风险管控难度；网络信息安全形势日益严峻，直接威胁电力系统安全稳定；电力工程建设规模日益增大，人才、设备、管理、技术等方面难以适应，传统的安全管理能力和手段急需改进。

党的十九大以来，党中央、国务院高度重视安全生产工作，习近平总书记更是对安全生产工作提出了明确要求作出了具体部署。社会对安全生产的关注度日益提高，以人为本、生命至上理念进一步增强，电力安全生产的社会环境进一步优化。科技创新快速发展，新技术、新材料、新工艺、新设备的不断投入，也为提高电力安全生产水平提供了技术保障，带来了新的机遇。

二、指导思想、基本原则和目标

（一）指导思想

以习近平新时代中国特色社会主义思想为指导，全面贯彻党的十九大会议精神，认真落实党中央、国务院关于安全生产工作的决策部署，始终坚持"安全第一、预防为主、综合治理"方针，树立安全发展理念，完善电力安全监管体制机制，全面落实企业安全生产责任，全面落实安全风险分级管控和隐患排查治理，不断推进本质安全建设，营造良好安全文化氛围，推动电力安全生产形势持续稳定向好，为决胜全面建成小康社会营造良好的电力安全环境。

（二）基本原则

安全发展。始终把安全置于工作首位，突出安全在发展中的基础性作用。强化红线意识和底线思维，切实维护人民群众生命和财产安全，推动电力行业持续健康发展。

源头防范。严格电力安全准入，把安全贯穿于规划、设计、建设、生产等各个环节，提高安全风险管控能力，完善隐患排查治理机制，夯实安全生产基础。

改革创新。坚持问题导向和目标导向有机统一，把握新形势，破解新问题，全面推进电力安全生产的管理创新、科技创新和文化创新，提升电力安全发展的能力。

协同共治。统筹全社会各方资源，发挥政府、企业、社会在电力安全治理中的领导、支持、监督作用，构建行业与属地协同管理、企业履行主体责任、社会监督、全员参与的电力安全治理体系。

依法监管。健全电力安全法律法规体系，完善电力安全监管体制机制。营造电力安全法治环境，不断强化执法的严肃性、权威性，持续加大监管执法和问责力度，增强电力安全监管执法效能。

（三）目标

到2020年，电力安全生产法律法规、规章制度、标准体系进一步优化完善，电力安全责任体系更加科学严密，电力安全监管体制机制进一步健全。电力安全技术水平和创新能力取得明显进步，电力安全保障能力进一步提高。安全文化建设进一步加强。坚决遏制重大以上电力人身伤亡责任事故、坚决遏制重大以上电力安全事故、坚决遏制重大以上电力设备事故、坚决遏制水电站大坝垮坝漫坝事故，防止对社会造成重大影响事故，实现电力安全生产事故起数和伤亡人数进一步下降，确保电力系统安全稳定运行和电力可靠供应。

三、主要任务

（一）防范人身安全事故

树立安全意识。加强安全文化引导、安全奖惩激励、从业约束等，提高从业者对安全的敬畏意识，实现"要我安全"到"我要安全"的转变，使"安全是自身需要"成为主旋律、"我要安全"成为从业者自身一致的追求。

提升安全防护技能。制定并发布电力行业安全基础培训导则，强化从业人员安全技能培训。加强安全培训基础建设，保证培训资源投入，依法培训、按需施教。定期开展岗位安全操作规程和安全操作技能教育培训，加大安全技能实操训练力度。积极融合现代信息技术，创新安全培训方式方法。

规范安全生产环境。建立健全电力安全风险管控体系，广泛开展安全风险分类分级管理。强化隐患排查治理，完善安全隐患分级和排查治理标准。加强安全生产标准化建设，提高安全设备设施、技术装备、施工环境安全水平。建立安全生产标准化动态考评机制，提升安全生产保障能力。推进安全生产诚信体系建设，建立安全失信惩戒和守信激励机制。完善企业安全生产不良记录制度。

严禁不安全行为。完善现场安全检查制度，规范现场作业管理。落实现场安全措施，确保安全防护达标，对高风险作业场所实现全覆盖实时监控，实现现场人员不安全行为自动识别。严禁管理性违章、指挥性违章、装置性违章和作业性违章等不安全行为。坚持建设工程合理工期，严禁随意压缩。实施安全风险措施分析未落实不开工制度，严禁盲目和随意性作业。

强化基建人身安全管控。建立工程项目安全风险分析制度，编制工程项目安全风险管控方案，对特殊或重大风险项目的施工方案，要进行严格安全论证。明确基建工程开工前必须具备的安全条件，强化建设、勘察、设计、施工和工程监理安全责任。开展过程风险评估，对关键施工节点，提前发布预警通知；对安全风险较大节点实施风险预警管控，实施安全监护，施工、监理、项目单位管理人员要到现场旁站督导。强化外包工程管理，将承包单位纳入企业安全管理体系，严禁以包代管、只包不管。充分运用在线监控和互联网技术，实现对工程全覆盖实时监控和信息化管理。

（二）防范电网安全事故

加强电力系统规划。按照"分层分区、合理布局、结构清晰"的原则，统筹电源、电网、用电的发展规划和建设时序，统一标准、强简有序、远近结合、协调发展。构建科学合理的电网结构，提高清洁能源消纳能力，完善电网安全综合防御体系。

推进电网建设。统筹推进主网架建设，实现各电压等级电网有机衔接、协调发展。加快完善 500 千伏及以上骨干网架，补强 220 千伏薄弱网架。推进智能电网发展，加大配电网建设力度，推进农网改造升级及微电网建设。

加强电网运行管理。深入研究交直流混联、多直流馈入、电磁环网、大规模新能源接入等对电网安全的影响，抓紧修订《电力系统安全稳定导则》，筑牢"三道防线"。强化调度计划的多时段多层级协调配合和安全校核，提升电网安全预防控制水平。开展电网反事故演习，提高大面积停电事件防范和应急处置能力。加强电网防灾抗灾等安全设备研制，为各级电网安全运行提供有力支撑。

推进网源协调。完善网源协调相关技术规范。加强电力系统调峰能力建设，规范运行机组调峰性能管理，提高系统应急能力，提高电力系统跨区域协调管控能力。研究开展电网大面积停电情况下的联动机制试点，支撑源-网-荷的全面互动和协调平衡，建立健全新能源-常规能源-电网可中断负荷的协调管控机制。

加强电力设施保护。完善电力设施保护制度，落实法律责任，强化政企协同。加强风险监督管控，加大技防设施建设，落实警企联动机制。加强电力设施反恐防范重点目标管理，制定落实防范和应对处置恐怖活动的预案和措施。加大宣传工作力度，营造电力设施保护良好舆论环境。

（三）防范设备事故

加强设备质量源头管理。全面强化设备设计、制造、选型、招标、监造（监理）、安装、调试、运行、维护各环节质量控制和监督，探索建立电力设备"家族性"缺陷排查整治机制。依法建立产品安全质量备案（黑名单）制度，从源头严把产品质量关。

加强设备招标管理。建立勘察、设计、施工、物资材料和设备采购等环节招投标文件及合同的安全和质量约定机制，严格审查招投标过程中有关国家强制性标准的实质性响应，利用大数据分析设备招投标过程中存在的问题，保障安全和质量。

加强设备运行与维护。加强和完善发电、电网、新能源等领域设备安全监控与保护装置，严禁破坏或随意解除设备的保护措施。加强设备状态监测、精密诊断和设备设施缺陷管理。严格执行操作规程，推广设备运行规范化和设备检修精益化管理模式。

加强可靠性管理。强化可靠性监管和数据统计分析，构建设备设施可靠性信息共享机制，充分发挥可靠性技术与数据在电力规划设计、项目建设、运营维护、优质服务中的辅助决策作用。建立统一的可靠性管理专家库，充分发挥专家作用。

加强电力技术监督管理。进一步完善设备技术监督体系，优化技术监督预警、告警和整改制度。建立全国电力技术监督协作机制，加强技术监督专业交流沟通，实现信息共享。

加快设备技术改造。推广新技术，加大老旧设备综合升级改造力度，着力改善设备技术与质量状况。推广利用大数据技术和设备智能诊断技术，开展集中检修和专项整治。

（四）防范大坝安全事故

严格落实大坝安全"三同时"要求。对于新建水电站，实现大坝安全监测系统、泄洪消能和防护设施、应急电源等安全设施与大坝主体工程同时设计、同时施工、同时投入运行。做好验收前安全鉴定工作，实现大坝蓄水验收和枢纽工程专项验收前分别通过蓄水安全鉴定和竣工安全鉴定。

加强大坝安全状况检查与缺陷隐患治理。推行大坝安全检查、监测机制，及时发现缺陷隐患。开展大坝安全日常巡查、汛前及汛后检查、年度详查、定期检查。在遭遇大洪水、发生有感地震等自然灾害以及其他严重事件后，对大坝进行详细检查，必要时启动特种检查。强化险坝、病坝限时处理。

提高大坝安全风险管控水平。强化大坝安全注册登记，提高大坝安全管理水平。加强大坝安全风险分级管控。加强大坝安全监测与信息化建设工作，强化大坝安全监测和运行安全分析，对高坝大库和病险坝推行大坝安全在线监测，提升大坝安全状态监控水平。

完善大坝应急管理。建立大坝安全应急管理体系，制定大坝安全应急预案，建立与地方政府、相关单位的应急联动机制，进一步完善电力调度部门和防汛抗旱指挥部门的协调机制。

（五）防范网络安全事故

加强全方位网络安全管理。落实企业网络安全主体责任，建立健全网络安全责任制，健全企业网络安全组织体系。履行网络安全等级保护义务，修订行业等级保护制度，深化网络安全等级保护全过程管理工作。规范网络安全风险评估，加快完善自评估为主、第三方检查评估为辅的网络安全风险评估工作机制。加强全业务、全过程网络安全管理，保障电力系统网络安全。加强全员网络安全管理，建立健全全员网络安全管理制度。

强化关键信息基础设施安全保护。落实关键信息基础设施重点保护要求，研究制定电力行业关键信息基础设施认定规则、保护规划及标准规范，开展关键信息基础设施认定工作。加强关键信息基础设施网络安全监测预警体系建设，提升关键信息基础设施应急响应和恢复能力。逐步完善电力行业网络产品和服务安全审查制度，推进行业网络安全审查。完善电力监控系统安全防护体系，修订电力监控系统安全防护相关配套方案，强化新能源和中小电力企业网络安全防护能力，推进配电、用电涉控部分的网络安全防护建设。

加强行业网络安全基础设施建设。加快密码基础设施建设，完善电力行业密码支撑体系、健全密码检测手段，深化商用密码在电力行业中的应用。建立覆盖发、输、变、配、用、调度全环节的网络安全仿真验证环境。建立行业漏洞库加强漏洞预警能力建设。强化网络安全检测与服务，完善行业网络安全服务体系。

提高网络安全态势感知、预警及应急保障能力。建立健全网络安全信息共享和通报机制，建立电力行业、企业网络安全态势感知预警平台。加强网络安全应急处置能力建设，建立电力行业网络安全应急指挥平台，完善网络安全应急预案，组织开展实战型网络安全应急演练。健全重大活动网络安全保障机制。

支持网络安全自主创新与安全可控。加强安全可控产品的研制与应用，推动电力专用安全防护设备升级换代，加快推进专用系统与装备、通用软硬件产品安全可控替代及应用。加速推进核心技术攻关与应用，推进电力系统网络安全核心技术突破。加强对"大云物移智"等新技术，以及微电网、充电基础设施、车联网、"互联网＋"等新业务的网络安全风险研究，做好新技术、新业务网络安全保障。

（六）提高应急救援处置能力

完善应急管理体制。按照统一领导、综合协调、属地为主、分工负责的原则，完善国家指导协调、地方政府属地指挥、企业具体负责、社会各界广泛参与的电力应急管理体制。加强各级应急指挥机构和应急管理机构建设，明确责任分工，落实资金与装备保障。

健全应急管理机制。加强预警信息共享机制建设，建立应急会商制度，以科技手段提升监测预警能力。建立协同联动机制，开展跨省跨区电力应急合作，形成应急信息、资源的区域共享。完善灾后评估机制，科学指导灾后恢复重建工作。

加强应急预案管理。健全应急预案体系，充分发挥预案在应急处置中的主导作用。注重预案情景构建，突出风险分析和应急资源能力评估，提高预案针对性和可操作性。推动应急演练常态化，创新演练模式，逐步实现桌面推演与实战演练、专项演练与综合演练、常态化演练与示范性演练相结合。

加强应急处置能力建设。加大应急保障能力建设，完善应急设施、健全应急队伍、保障应急经费，提升极端情况下应急处置能力。

（七）完善责任体系

压实企业安全生产主体责任。实行全员安全生产责任制度，法定代表人和实际控制人同为安全生产第一责任人，完善各层级安全生产保障体系和监督体系。进一步完善安全风险管控体系，健全安全隐患排查治理机制，完善企业应急救援体系，严格执行新建改建扩建工程项目安全设施、职业健康"三同时"制度。建立企业增加安全投入的激励约束机制，制定并落实安全生产费用提取和使用制度。

明确行业安全生产监管法定责任。依法依规制定电力安全监管权责清单，优化形成横向到边、纵向到底、齐抓共管、边界清晰的监管体制。国家能源局依法依规履行电力行业安全监管职责，组织、指导和协调全国电力安全监管工作。各派出能源监管机构根据国家规定职责和法律法规授权，履行电力安全监管职责。

落实地方安全生产管理法定责任。按照"管行业必须管安全、管业务必须管安全、管生产经营必须管安全"的原则，地方各级政府电力管理等有关部门依法依规履行地方电力安全管理责任，并配合派出能源监管机构，做好电力安全监管工作。

严格安全考核奖惩。进一步健全电力安全考核评价体系，建立电力安全绩效与履职评定、职务晋升、奖励惩处挂钩制度，落实电力安全"一票否决"制，健全以安全绩效为引导的动态薪酬管理制度，研究制定领导班子年度及离任专项安全履职评价考核制度，落实安全生产"一岗双责"制度。依法依规追责瞒报、谎报、漏报、迟报事故的单位和个人，完善企业安全生产不良记录制度，依法建立失信惩戒和守信激励机制。

（八）强化安全生产依法治理

完善安全法规标准体系。建立以强制性标准和推荐性标准为一体的电力安全标准体系，制定电力安全法规和标准制定、修订计划，建立健全电力安全法律法规"立改废释"并举的工作协调机制，支持企业制定严于国家、行业、地方标准的安全生产标准。开展《电力安全事故应急处置和调查处理条例》释义修订，修编各项专业技术监督的范围和考核指标。

加大安全监管执法力度。加强电力安全执法检查，建立协调联动机制。完善执法程序，规范行政执法行为，健全执法全过程记录和信息公开制度。完善通报、约谈制度。加大社会参与监督电力安全违法违规问题的力度，建立电力安全事故重大责任人员职业禁入制度。

四、重点工程

（一）安全文化引领工程

牢固树立安全是技术、安全是管理、安全是文化、安全是责任的理念，强化安全文化导向和约束功能，推动强制安全行为逐步向自觉安全行为转变和提升。制定电力安全文化建设规划，推进严、细、实、常作风持久传承。建立个人安全行为规范，养成防范安全风险习惯，达成企业与从业人员在安全理念和行为上的共识。不断探索安全文化建设的新途径，围绕职工关心的热点、重点和难点问题，举办热点追踪、安全大家谈等活动，不断丰富安全教育内容；利用科技信息手段，让安全知识寓娱乐性、知识性、教育性、趣味性于一体，构建多具特色、多种形式的安全文化建设发展格局。建立企业安全文化评估机制和标准，积极推进安全文化建设示范企业创建工作。

关键措施：建立个人安全行为规范；建立电力安全宣传日；制定电力安全文化建设规划；建立企业安全文化评估机制和标准。

（二）安全诚信建设工程

构建设备设施可靠性信息共享机制，建立产品安全质量不良记录制度和安全责任追溯制度。建立企业和个人安全信用档案，制定企业和个人禁入电力行业负面清单，完善电力安全诚信评价机制和标准，把安全诚信等级列为市场准入条件。

关键措施：建立完善电力安全诚信评价机制和标准；建立企业和个人安全信用档案。

（三）安全风险管控体系构建工程

建立电力行业危险源辨识、风险分析、风险评估、风险控制为一体的闭环和分层次管理的安全风险管控体系。建立安全风险分析制度，建立定期发布安全风险预警机制，建立安全风险辨识培训制度，使从业人员立足岗位，清楚风险源分布，掌握风险防控措施，做到不同管理层次控制不同程度和类型安全风险，确保安全风险可控。建立健全安全风险分层管控机制，发挥电力企业安全保障和监督体系的协同作用。

关键措施：建立基于闭环和分层次管理的安全风险管控体系；建立涵盖电力行业各级单位的安全风险管控信息平台；建立各级电力企业安全风险辨识培训制度；建立安全风险预警发布、防控措施落实、安全风险解除闭环管理制度。

（四）安全隐患排查治理提升工程

牢固树立安全隐患防范意识，完善安全隐患排查治理长效机制，巩固安全隐患排查治理优良传统，充分运用现代化手段，强化安全隐患排查治理协调机制。制定安全隐患排查治理导则，建立安全隐患排查治理联网信息平台，实施安全隐患排查治理定期发布机制，健全重大隐患治理情况"双报告"制度，健全落实重大隐患挂牌督办制度。利用大数据、可靠性分析、设备智能诊断等技术提高隐患排查治理能力。

关键措施：制定安全隐患排查治理导则；建立安全隐患排查治理联网信息平台；建立重大隐患挂牌督办制度。

（五）安全科技支撑工程

建立政府指导、科研院校和电力企业参与的科研机构或实验基地，开展安全生产规律性、关联性特征分析，开展电力安全理论及技术研究。推进电力安全信息大数据应用研究，发挥设备可靠性数据的作用，将设备可靠性数据用于指导设备全过程管理，实现各类安全风险的动态监控。推广应用特高压核心技术、环保型高速断路器、新型智能电网调度控制系统、高可靠就地式继电保护、安全稳定防护系统。研发并推广智能化运检管控平台，推进无人机巡检和变电站巡检机器人技术的深化应用。推进新技术在新能源机组的应用，研究并推进人工智能技术在电力安全控制中的应用，开展电力行业网络信息安全监控预警技术的深化研究与应用，积极探索云计算、大数据等下一代电力行业网络与信息安全智能防御关键技术。

关键措施：建立政府指导、科研院校和电力企业参与的科研机构或实验基地；研究高可靠就地式继电保护、安全稳定防护系统、新型智能电网调度控制系统；研发特高压核心技术、环保型高速断路器、环保型管道输电技术；研究新一代智能变电站技术；推进无人机巡检、输电线路巡检机器人、变电站巡检机器人技术的深化应用；开展电力网络信息安全监控预警技术的深化研究与应用。

（六）应急能力提升工程

建立健全京津冀、长江经济带等区域性应急协调联动机制，完善首都公共安全保障机制，推进环渤海、泛珠三角等跨省跨区应急协调联动机制建设，完善应急指挥机制和处置程序。建立完善地市级以上电网调度控制异地分布式灾备系统，加快防范和处置大面积停电关键技术研究与应用。优化应急管理标准体系研究，建立统一的应急管理标准体系框架，推进应急管理基础标准制定，提升应急管理标准化水平。建立健全国水电站大坝运行安全监督管理平台，实现与水利部、国家防汛抗旱总指挥部、自然资源部、国家地震局、国家气象局等信息互通。

关键措施：建立地级以上电网调度控制异地分布式灾备系统；开展防范大面积停电关键技术研究与应用；开展应急管理标准体系研究；建立全国水电站大坝运行安全监督管理平台。

（七）员工安全素质提升工程

建设具备宣传教育、实操实训和应急救援功能的体验式、参与式综合安全教育培训基地。建设安全生产远程宣传教育培训平台，完善培训方式方法。健全安全培训专业师资库，完善安全培训教材，推行安全生产网络教育培训。

关键措施：建设综合安全教育培训基地；建设电力安全远程宣传教育培训平台。

（八）工程建设安全管理提升工程

建立工程建设、施工安装承包商全业务流程精益管控提升机制，对外包工程实施全员、全过程、全方位、全天候精益管控，完善电力行业招标制度和标准，规范招投标行为。加强工程质量监督管理，理顺电力建设工程质量监督管理体系。开展工程施工现场安全标准化建设工程。建立分包单位安全管理工作评价、考核和退出机制。建立电力建设工程安全监管数据库和监管网络，依法推行安全质量"黑名单"制度。

关键措施：建立工程建设、施工安装承包商全业务流程精益管控提升机制；建立分包单位安全管理工作评价、考核和退出机制；建立电力建设工程安全监管数据库和监管网络；建立各级电力建设工程基本建设项目全过程安全管控网络平台。

五、实施保障

（一）加强组织领导

地方各级政府电力管理等有关部门、各派出能源监管机构和电力企业要加强领导，推进行动计划实施。各有关单位要制定实施方案，分解落实目标任务，明确责任主体，确定工作时序和重点，出台配套保障政策措施。

（二）加强队伍建设

加强各级安全生产管理机构建设，保证安全生产管理人员足额配备，鼓励设置安全总监，加大安全管理力度。建立健全电力安全监管执法人员依法履行法定职责制度。建立健全全覆盖、多层次、经常性的电力安全培训制度，编制完善培训教材和考核标准，加强电力安全监管人员培训。建立安全智力劳动价值薪酬分配机制，推行岗位安全技术等级认证，实行绩效与安全技能挂钩。

（三）完善投入机制

积极营造有利于各类投资主体公平有序竞争的安全投入环境，促进电力安全优势要素合理流动和有效配置。鼓励采用政府和社会资本合作、投资补助等多种方式，吸引社会资本参与有合理回报的安全基础设施项目建设和重大安全科技攻关。加强电力安全预防及应急等专项资金使用管理，确保电力建设工程安全费用足额提取、专款专用，电力企业要确保安全费用投入到位。

（四）强化技术支撑

鼓励安全生产科学技术创新，提升自主创新能力，发挥科技创新的引领和支撑作用。建立政府、企业、社会多方参与的安全技术研发体系，推动企业与科研院校形成产学研用战略联盟。组建安全基础理论研究协同创新团队，加强共性和基础关键技术研究，做好安全技术装备研发、示范应用、规模化推广，强化电力安全关键成果储备，推动科技资源共享。

（五）加强评估考核

地方各级政府电力管理等有关部门、各派出能源监管机构和电力企业，要建立行动计划实施的评估制度，每年度总结行动计划实施情况，发现问题滚动修改完善。要积极总结经验、吸取教训、完善措施，促进行动计划的实施。

中国气象局办公室关于印发建设工程
防雷管理联络员会议制度的通知

气办函〔2018〕55号

住房城乡建设部、工业和信息化部、环境保护部、交通运输部、水利部、国务院法制办、国家能源局、国家铁路局、中国民航局办公厅（室）：

根据《中国气象局等11部委关于贯彻落实〈国务院关于优化建设工程防雷许可的决定〉的通知》（气发〔2016〕79号）的有关要求，为进一步加强部门间的交流与合作，切实保障建设工程防雷安全，中国气象局会同各有关单位制定了建设工程防雷管理联络员会议制度（附件1），并确定了联络员名单（附件2），现予印发。各有关单位对联络员因工作变动进行调整后，请及时通报中国气象局政策法规司（联络员会议办公室）。

附件：1. 建设工程防雷管理联络员会议制度
      2. 建设工程防雷管理联络员名单

中国气象局办公室
2018年2月28日

附件1

建设工程防雷管理联络员会议制度

根据《中国气象局等11部委关于贯彻落实〈国务院关于优化建设工程防雷许可的决定〉的通知》（气发〔2016〕79号）的有关要求，建立建设工程防雷管理联络员会议制度。

一、主要任务

加强部门间的交流与合作，切实保障建设工程防雷安全，研究讨论防雷管理中需要协调解决的问题，做好召开建设工程防雷管理协调会议的前期准备工作。

二、联络员会议成员单位

联络员会议成员由中国气象局、住房和城乡建设部、工业和信息化部、环境保护部、交通运输部、水利部、国务院法制办、国家能源局、国家铁路局和中国民航局组成。

各成员单位负责建设工程防雷管理工作的1名处级领导同志担任联络员。联络员发生变更或调整，应及时通报中国气象局政策法规司。

三、联络员会议组织机构及职责

联络员会议办公室设在中国气象局法规司社会管理与执法监督处，其主要职责是，承担联络员会议的组织、协调等日常事务性工作，承担联络员会议的会务组织工作。

四、会议议事规则

1. 例会为联络员会议基本形式，原则上每年召开一次，由成员单位联络员参加。会议的主要内容是：交流建设工程防雷管理的主要做法，研究讨论防雷管理中需要协调解决的问题，做好召开建设工程防雷管理协调会议的前期准备工作。

遇有特殊情况，可根据联络员会议成员单位要求，召开由全体或部分联络员参加的临时会议。

2. 联络员因故不能参加例会和临时会议，应通知联络员会议办公室，并委派其他相关同志参加。

3. 例会和临时会议后形成会议纪要，印发各成员单位。

五、联络员工作职责

负责本部门与联络员会议办公室的日常联系和沟通。参加例会和临时会议，对建设工程防雷管理提出问题和建议。交流本部门在防雷管理方面的先进经验。

附件 2

建设工程防雷管理联络员名单

姓名	单位	职务
丁海芳	中国气象局	处长
高　升	住房城乡建设部	副调研员
许　谦	工业和信息化部	调研员
张　琳	环境保护部	副处长
王恒斌	交通运输部	公路局副处长
祝振宇	交通运输部	水运局副处长
熊　平	水利部	调研员
王　伟	国务院法制办	副处长
阎秀文	国家能源局	处长
陈建国	国家铁路局	副处长
李　童	中国民航局	副调研员

国家能源局综合司关于进一步强化隐患排查治理和风险管控保障电力系统安全稳定运行的紧急通知

国能综通安全〔2018〕62号

各省、自治区、直辖市、新疆生产建设兵团发展改革委（能源局）、经信委（工信委），各派出能源监管机构，全国电力安委会各企业成员单位：

2018年4月7日，国家电网公司±800千伏天山换流站极Ⅰ高端Y/D-B相换流变突发故障，引发设备着火，造成部分设备烧损。同日，大量海藻涌入海南昌江核电厂海水取水系统并堵住鼓型滤网，导致循环水泵跳闸，#1、#2核电机组相继停运。两起事故（事件）再次给电力安全生产工作敲响了警钟，为杜绝类似事故（事件）再次发生，保障电力系统安全稳定运行，现就有关事项紧急通知如下。

一、进一步落实电力企业安全生产主体责任。各电力企业要按照"党政同责、一岗双责、失职追责"的要求，进一步健全完善安全生产责任落实机制，特别要夯实基层电力企业安全基础，提高安全意识，强化责任意识，严格执行各项规程规范和管理制度，确保各项安全要求和措施落实到位。

二、全面开展隐患排查治理工作。各电力企业要加强在建工程施工安全和电力设备设施运行维护管理，开展隐患排查。要重点排查发、输、变电设备，加强巡视维护，及早发现设备异常缺陷并进行处理；开展火灾隐患排查，重点排查大型电力设施、重点部位、易燃易爆危险品设备设施防火措施落实情况以及消防设施配置运行情况；加强电力二次系统安全管理，避免因二次设备拒动、误动导致事故（事件）范围扩大。

三、全面提升安全风险管控能力。各电力企业要完善安全风险管控闭环机制，针对系统、设备和作业过程存在的风险，采取切实措施，努力降低或消除安全风险；从规划、建设、技改等方面全方位开展工作，不断完善电网结构、提升设备可靠性，坚决防止因安全风险管控不到位导致电网大面积停电。

四、加强电力应急管理。各电力企业要进一步加强事故（事件）预想，加强与地方政府有关部门的沟通衔接，建立健全有针对性的事故（事件）应急救援社会联动机制，完善各级各类事故（事件）应急处置预案特别是电气火灾隐患应急预案。及时组织开展应急演练特别是电气火灾专项应急演练，提高应急能力和水平，确保突发事件应急处置快速、有序，防止事故（事件）扩大。进一步规范信息报送，及时按程序报告事故（事件）信息。

五、探索建立大电网故障主动防御体系。有关电力企业要针对长距离、大容量直流输电通道故障对送、受端电网带来的严重影响，通过技术进步，进一步提高特高压交直流混联电网运行安全水平。增强系统动态无功支撑水平，提高电网有功调节能力；合理配置系统安全稳定控制装置，科学制定控制策略和处置预案，不断提高大电网故障主动防御能力。

六、强化电力安全监管。国家能源局各派出监管机构要会同地方政府电力管理等有关部门，督促电力企业落实安全生产主体责任，强化安全意识，深入开展隐患排查治理工作，及时落实安全风险管控措施，确保电力建设工程施工安全、电力系统安全稳定运行和电力可靠供应。

国家能源局综合司

2018 年 4 月 16 日

国家能源局综合司关于加强和规范
电力建设工程质量监督信息报送工作的通知

国能综通〔2018〕72号

为落实《国家能源局关于印发进一步加强电力建设工程质量监督管理工作意见的通知》（国能发安全〔2018〕21号）要求，规范电力建设工程质量监督信息报送工作，现将有关事项通知如下。

一、总体要求

国家能源局电力安全监管司归口全国电力建设工程质量监督管理工作。电力可靠性管理和工程质量监督中心（以下简称"可靠性和质监中心"）负责全国电力建设工程质量监督信息管理，组织开展相关信息统计、核查、分析、发布等工作。

各电力建设工程质量监督机构（以下简称"质监机构"）要按照本通知要求，及时向省级地方政府电力管理等有关部门、国家能源局派出监管机构、可靠性和质监中心及电力安全监管司报送电力建设工程质量监督相关信息；要加强机构建设和队伍建设，确保报送的信息及时、准确和完整。

二、报送内容

电力建设工程质量监督信息包括阶段性（月度、季度、年度）工作信息和工程质量监督报告等。

（一）阶段性工作信息

1. 月度工作信息应包括项目建设概况、质监节点（阶段）、发现问题数量（质量行为类和实体质量类）、整改闭环情况及下月监检计划等（报送格式见附件1、2、3）。

2. 季度、年度工作信息应包括季度工作总结和年度工作总结，及下一阶段工作计划（报送格式见附件4、附件5）。其中，工作总结主要内容应包括质监机构开展的重点工作、发现的主要质量问题以及整改处理情况、经验做法、机构及人才队伍建设、质监情况统计、存在的问题、工作建议等。工作计划应包括质监机构阶段性检查计划安排、下一步工作思路和工作重点等。

（二）工程质量监督报告

工程质量监督报告应包括工程建设概况、参建单位、质量监督检查结论、工程竣工验收是否符合规定、历次抽查发现的质量问题和整改处理情况等。

三、报送程序、时限、形式

（一）报送程序

1. 阶段性工作信息。质监机构应将阶段性工作信息分别报送至项目所在地省级政府电力管理等有关部门、国家能源局派出监管机构以及可靠性和质监中心。

2. 工程质量监督报告。对于国务院或国务院投资主管部门审批、核准的电力建设工程，质监机构应报送至项目所在地省级政府电力管理等有关部门、国家能源局派出监管机构以及可靠性和质监中心；对于地方政府投资主管部门审批、核准、备案的电力建设工程，质监机构应报送至项目所在地省级政府电力管理等有关部门和国家能源局派出监管机构。

（二）报送时限

1. 月度工作信息于次月 7 日前报送；季度工作信息于下一季度首月 10 日前报送；年度工作信息于次年 1 月 15 日前报送。

2. 工程质量监督报告于建设管理单位将工程投运移交生产签证书报质监机构备案后 30 日内报送。

（三）报送形式

阶段性工作信息使用书面材料和电子文档两种报送形式，其中电子文档发送至有关单位指定的电子邮箱或信息报送系统，书面材料加盖单位公章后报送；工程质量监督报告加盖公章后扫描并以光盘形式报送。

自 2018 年 5 月 1 日开始，向可靠性和质监中心报送的阶段性工作信息，可通过可靠性和质监中心门户网站电力建设工程质量监督信息报送系统报送，不再报送书面材料。地方政府电力管理等有关部门、国家能源局各派出监管机构应指定报送渠道、对接人员及联系方式，确保信息报送工作顺畅。

四、其他

（一）质监机构要按照报送程序、时限等要求，落实好信息报送和档案管理工作；要加强所属项目站、分站的信息报送工作，统一规范信息管理；要落实质监信息填报责任人，填报的信息经质监机构主要负责人审核批准后方可报送。

（二）月度工作信息报送实行零报告制度。质监机构应按本通知要求统计报送月度质量监督工作信息。

（三）质监机构在质量监督检查过程中，发现有严重违反质量管理程序的行为或涉及主体结构安全和主要使用功能的重大质量问题，应于 3 日内向项目所在地省级政府电力管理等有关部门、国家能源局派出监管机构、国家能源局可靠性和质监中心及电力安全监管司报告，特别紧急的应随时报告。

（四）国家能源局将信息报送情况列为质监机构的年度考核内容，并将适时对各质监机构信息报送情况进行督查。对未按要求及时报送质监信息的单位，国家能源局将予以通报。

联 系 人：晏昌平

联系电话：010－63416320

传　　真：010－66022318

电子邮箱：yancp@nea.gov.cn

附件：1. 月度工作信息报表（电源工程）（略）

　　　2. 月度工作信息报表（交流电网工程）（略）

　　　3. 月度工作信息报表（直流电网工程）（略）

4．季度工作信息（略）

5．年度工作信息（略）

国家能源局综合司

2018年4月28日

国家能源局综合司关于进一步加快推进电力行业
危险化学品安全综台治理工作的通知

国能综通安全〔2018〕109 号

各省（自治区、直辖市）、新疆生产建设兵团发展改革委（能源局）、经信委（工信垂），和派出能源监管机构，全国电力安委会企业成员单：

2016 年 11 月，国务院办公厅印发（危险化学品安全综合治理方案）。对各地区、各行业危险化学品安全综合治理工作进行了部署。2017 年 3 月，国家能源局印发《电力行业危险化学品安全综合治理实施方案）（以下简称《实施方案》），对落实国务院文件要求，开展电力行业危险化学品综合治理工作（以下简称综合治理工作）提出了要求。《实施方案）印发以来，各单位缜密部署安，统筹协调推进，综合治理工作取得了积极进展。但从国务院安委会办公室督察和国家能源局检查情况看，有的单位依然存在工作认识不足、推动力度不够、工作总结报送不及时、风险摸排不深入、隐患整改不彻底等问题。近日，国务院安委会办公室印发《关于进一步加快推进危险化学品安全综合治理工作的通知》，要求进一步加快推进综合治理工作．并去那面开展自检为落实国务院安委办工作部署，切实做好电力行业综合治理工作，现提出以下要求。

一、统一思想，提高认识，持续深入推进综合治理工作

开展危险化学频安全综合治理工作是贯彻落实习近平关于危险化学品应急管理和安全生产工作重要指示要求的关键性举措，是国务院全面加强危险化学品安全生产的一项目的重大决策部署，是强化洪线意识、标本兼治、夯实安全发展基础的系统性安排，意义重大突出。电力行业作为危险化学品使用单位，涉及的危险化学品数量和种类众多，特别是还存在氨区、氢站、炸药库等重大危险源，综合治理工作任务繁重。各单位要高度重视，严格落实"管行业必须管安女、管业务必须管安全、管生产经营必须管安全"要求．按照《实施意见》的分工部署，持续深入推进综合治理工作。要切实加强组织领导，注重源头治理，加强危险化学品使用安全管理，推进重大危险源替代改造等工作，切实提高危险化学品安全生产水平。要按照《实施方案》和《国家能源局综合司关于按季度报送危险化学品安全综合治理工作总结的通知》要求，及时报送每季度工作总结。

二、全面自查，加强考核，加快推进各项工作任务

《实施方案》部署了 3 个方面、9 项工作，其中有 2 项工作需要在 2018 年 3 月前完成。各单位要严格对照《实施方案》确定的工作任务、责任分工和工总要求，以全面摸排危险化学品安全风险、建立危险化学品安全风险分布档案和危险化学品重大危险源数据库、落实企业安全主体责任和安全监管责任等为重点，全面开展自查，形成自查报告。对未按时完成工作任务、未按期按要求建立危险化学品安全风险分布档案和危险化学品重大危险源数据库的，要《入分析原因，制定针对性措施，积极整改落实。要强化督导，加强监督考核，对综合治理工作开展不力、进展缓慢的地区和单位进行通报批评，确保高质量完成各项工作认为任务。

三、齐抓共管，履职尽责，确保按期完成各项工作任务

各级地方政府电力管理部门、各排除能源监管机构、各电力企业要按照《实施方案》分工安排，贯彻落实《中共中央国务院关于推进安全生产领域改革发展的意见》和《国家发展改革委国家能源局关于推进电力安全生产领域改革发展的实施意见》精神，坚持齐抓共营，加强沟通协，积极履职尽责，有效形成工作合力，认真推进综合治理工作，确保按期完成各项工作任务。国务院安委会将在今年下半年适时提请国务院办公厅组织开展综合治理工作专项督察，国家能源局也将结合行业监管工作，对综合治理工作进督察检查。

各单位请于 2018 年 8 月 1 日前将自查情况（含工作联系人和联系方式）和进一步推进综合治理工作措施报国家能源局电力安全监管司。

联系人及电话：崔何亮　010-66597341、66597462（传真）

国家能源局综合司

2018 年 7 月 19 日

附件 1

月度工作信息报表（电源工程）
（20XX 年 XX 月）

填报质监机构：XX （盖章）　　审批人：XXX　　填报人：XXX　　联系方式：座机/手机　　时间：XX 年 XX 月 XX 日

序号	工程类别	工程名称	机组台数（台）	单机容量（MW）	总容量（MW）	建设地点	建设单位	核准（备案）时间	注册时间（年月）	开工时间（年月）	计划竣工时间（年月）	目前监检节点（阶段）	本月监检次数	当月派专家（人·工作日）	当月发现问题数量		当月整改闭环数	次月是否监检	预计下次监检时间	监检节点（阶段）	质监机构
															质量行为类	实体质量类					

填报说明：1. 工程类别在"火电工程（50MW 及以上）、核电工程（核岛除外）、风电工程（项目总容量 48MW 及以上），光伏发电工程（项目总容量 30MWp 及以上），生物质发电工程（市政类工程），垃圾发电，余热余压等其他能源类工程"中选择；2. 多台机组容量不一致时，仅填写地点填写"省名加地级市名"，例如：河北石家庄、黑龙江齐齐哈尔；4. 核准（备案）时间指当任政府的核准（备案）时间，"注册时间"、"开工时间"、"计划竣工时间"请填写年-月，例 2018 年 03 月，可直接输入 2018-3；5. "整改闭环数"栏，如不是在监检当月整改闭环的，只填写整改闭环数量，"本月监检次数"、"已派专家"、"发现问题数"都为零；6. 中心站填写为"山东中心站"，项目站（或分站）填写为"济南站"，项目站、中心站为副站长以上领导；7. 审批人：为秘书长或副站长以上领导；填报人：质监机构指定专职的填报人员；8. 联系方式：区号-办公电话/手机；9. 此表需统计所有在本质监机构申请注册登记的在建工程。

附件 2

月度工作信息报表（交流电网工程）
（20XX 年 XX 月）

填报质监机构：XX（盖章）　　审批人：XXX　　填报人：XXX　　联系方式：座机/手机　　时间：XX 年 XX 月 XX 日

序号	电压等级	工程名称	主变台数（台）	单台容量（MVA）	总容量（MVA）	线路回数（回）	总长度（km）	建设地点	建设单位	核准（备案）时间	注册时间（年月）	开工时间（年月）	计划竣工时间（年月）	目前监检节点（阶段）	本月监检次数	当月派专家（人·工作日）	当月发现问题数量		当月整改闭环数	次月是否监检	预计下次监检时间	预计监检地点	监检节点（阶段）	质监机构
																	行为类	实体类						

填报说明：1. 此表统计电压等级为 66kV 及以上的电网工程，66kV 以下也需按要求开展好质监工作；2. 容量栏填写变电容量；地级市时填写两端地级市名称（备案）时间是指在政府的核准（备案）时间，月报表中填写"核准（备案）时间"、"开工时间"、"计划竣工时间"，如果跨年一月，例 2018 年 03 月，核准输入 2018-3；5. 预计监检地点写"省名加地级市名"，涉及多个地级市时，都要填写；6. "整改闭环数"栏，如不是在监检当月整改闭环的，只填写整改闭环数量，"本月监检次数"，"已派专家"，"发现问题数"都为零；7. 质监机构：例，中心站填写"山东中心站"，项目站（或分站）填写为"济南站"；8. 审批人：为秘书长或副站长以上领导；填报人：质监机构指定专职的填报人员；9. 联系方式：区号-办公电话手机；10. 此表需统计所有在本质监机构申请注册的在建工程。

附件 3

月度工作信息报表（直流电网工程）
（20XX 年 XX 月）

填报质监机构：XX（盖章）　　审批人：XXX　　填报人：XXX　　联系方式：座机/手机　　时间：XX 年 XX 月 XX 日

序号	电压等级（kV）	工程名称	线路标段	输送容量（MW）	总长度（km）	建设地点	建设单位	核准（备案）时间（年月）	注册时间（年月）	开工时间（年月）	计划竣工时间（年月）	目前监检节点（阶段）	本月监检次数	当月派专家（人·工作日）	当月发现问题数量		当月整改闭环数	次月是否监检	预计下次监检时间	预计监检地点	监检节点（阶段）	质监机构
															行为类	实体类						

填报说明：1. 建设地点填写"省名加地级市名"，如果跨地级市时写两端地级市名称；2. 核准（备案）时间是指在政府的核准（备案）时间，月报表中填为"核准（备案）时间"、"注册时间"、"开工时间"、"计划竣工时间"，请填写年-月，例 2018 年 03 月，可直接输入 2018-3；3. 预计监检地点写"省名加地级市名"，涉及多个地级市时，都要填写；4. "整改闭环数"栏，如不是在监检当月整改闭环的，只填整改闭环数量，"本月监检次数"、"发现问题数"、"已派专家"、"当月整改闭环数"都为零；5. 质监机构：例，中心站填写为"山东中心站"，项目站（或分站）填写为"济南站"；6. 审批人：为秘书长或副站长以上领导；7. 联系方式：区号-办公电话/手机；8. 此表需统计所有在本质监机构申请注册的在建工程。

附件 4

XXX 站
季度工作信息

（XXXX 年第 X 季度）

XX 站（盖章）　　　　　　审批人：XXX　　　　　　时间：201X 年 XX 月 XX 日

一、本季度工作总结

（一）重点工作

（主要开展的重要质监工作、组织形式等）

（二）发现的主要质量问题以及整改、处理情况

（主要质量问题应包括：①严重违反质量管理程序的行为；②涉及主体结构安全、主要使用功能的质量问题；③下达停工整改通知的其他重大质量问题等。应对上述问题及最终处理情况进行描述，并列明所涉及的参建单位、设备厂商等信息）

（三）质监工作经验做法

（四）质量监督机构及人才队伍建设情况

（如机构注册、机构或人员调整、管理制度、增（减）设项目站、人才培训等）

二、本季度监检情况统计

（一）电网工程

电压等级	检查项目数	容量（交流 MVA 直流 MW）	线路（km）	检查次数	已派专家（人·工作日）	发现问题数		已整改闭环数量
						质量行为类	实体质量类	
交流特高压								
750kV								
500kV								
220（330）kV								
110（66）kV								
直流特高压								
±660kV								
±500kV								
...								
合计								

（二）电源工程

工程类别	检查项目数	机组数（台）	容量（MW）	检查次数	已派专家（人·工作日）	发现问题数		已整改闭环数量
						质量行为类	实体质量类	
火电								
核电（核岛除外）								
水电（50MW 及以上）								
风电（项目总容量48MW 及以上）								
光伏（项目总容量30MWp 及以上）								
生物质发电（市政工程除外）								
垃圾发电（能源类工程）								
余热余压等能源类工程								
合计								

三、本年度累计监检情况统计

（一）电网工程

电压等级	检查项目数	容量（交流 MVA 直流 MW）	线路（km）	检查次数	已派专家（人·工作日）	发现问题数		已整改闭环数量
						质量行为类	实体质量类	
交流特高压								
750kV								
500kV								
220（330）kV								
110（66）kV								
直流特高压								
±660kV								
±500kV								
…								
合计								

（二）电源工程

工程类别	检查项目数	机组数（台）	容量（MW）	检查次数	已派专家（人·工作日）	发现问题数		已整改闭环数量
						质量行为类	实体质量类	
火电								

续表

工程类别	检查项目数	机组数（台）	容量（MW）	检查次数	已派专家（人·工作日）	发现问题数		已整改闭环数量
						质量行为类	实体质量类	
核电核电（核岛除外）								
水电（50MW 及以上）								
风电（项目总容量48MW 及以上）								
光伏（项目总容量30MWp 及以上）								
生物质发电（市政工程除外）								
垃圾发电（能源类工程）								
余热余压等能源类工程								
合 计								

四、下一季度监检计划

（一）电网工程

电压等级	检查项目数	容量（交流 MVA 直流 MW）	线路（km）	检查次数	计划派专家（人·工作日）
交流特高压					
750kV					
500kV					
220（330）kV					
110（66）kV					
直流特高压					
±660kV					
±500kV					
...					
合 计					

（二）电源工程

工程类别	检查项目数	机组数（台）	容量（MW）	检查次数	计划派专家（人·工作日）
火电					
核电（核岛除外）					

工程类别	检查 项目数	机组数（台）	容量 （MW）	检查 次数	计划派专家 （人·工作日）
水电 （50MW 及以上）					
风电 （项目总容量 48MW 及以上）					
光伏 （项目总容量 30MWp 及以上）					
生物质发电 （市政工程除外）					
垃圾发电 （能源类工程）					
余热余压等能源 类工程					
合计					

五、存在的问题及解决措施建议

六、工作建议

附件 5

XXX 站
年度工作信息

（XXXX 年）

XX 站（盖章） 　　　　　审批人：XXX 　　　　　时间：201X 年 XX 月 XX 日

一、年度质监工作开展

（一）重点工程质监情况

（国务院或国务院投资主管部门审批、核准的电力建设项目和重大试验示范项目和质监机构当年的重点工程等）

（二）发现的主要质量问题以及整改处理情况

（主要质量问题应包括：①严重违反质量管理程序的行为；②涉及主体结构安全、主要使用功能的质量问题；③需下达停工整改通知的重大质量问题等。应对上述问题及最终处理情况进行描述，并列明所涉及的参建单位、设备厂商等信息）

（三）质监工作经验做法

（四）质量监督机构及人才队伍建设情况

（如机构注册、机构或人员调整、管理制度、增（减）设项目站、人才培训等）

二、本年度监检情况统计

（一）电网工程

电压等级	检查项目数	容量（交流MVA直流MW）	线路（km）	检查次数	已派专家（人·工作日）	发现问题数		已整改闭环数量
						质量行为类	实体质量类	
交流特高压								
750kV								
500kV								
220（330）kV								
110（66）kV								
直流特高压								
±660kV								
±500kV								
…								
合　计								

（二）电源工程

工程类别	检查项目数	机组数（台）	容量（MW）	检查次数	已派专家（人·工作日）	发现问题数		已整改闭环数量
						质量行为类	实体质量类	
火电								
核电（核岛除外）								
水电（50MW及以上）								
风电（项目总容量48MW及以上）								
光伏（项目总容量30MWp及以上）								
生物质发电（市政工程除外）								
垃圾发电（能源类工程）								
余热余压等能源类工程								
合计								

三、下一年度工作思路和工作重点

（一）人才培训

（二）重点工作

（三）其他

四、下一年度监检计划

（一）电网工程

电压等级	检查项目数	容量 （交流 MVA 直流 MW）	线路 （km）	检查次数	计划派专家 （人·工作日）
交流特高压					
750kV					
500kV					
220（330）kV					
110（66）kV					
直流特高压					
±660kV					
±500kV					
…					
合计					

（二）电源工程

工程类别	检查项目数	机组数 （台）	容量 （MW）	检查次数	计划派专家 （人·工作日）
火电					
核电 （核岛除外）					
水电 （50MW 及以上）					
风电 （项目总容量 48MW 及以上）					
光伏 （项目总容量 30MWp 及以上）					
生物质发电 （市政工程除外）					
垃圾发电 （能源类工程）					
余热余压等能源类工程					
合计					

五、存在的问题及解决措施建议

六、工作建议

国家发展改革委、国家能源局关于加强和规范涉电力领域失信联合惩戒对象名单管理工作的实施意见

发改运行规〔2018〕233 号

省、自治区、直辖市和新疆生产建设兵团发展改革委、经信委（工信委、工信厅）、能源局、国家能源局各派出能源监管机构，中国电力企业联合会、中国核工业集团有限公司、国家电网有限公司、中国南方电网有限责任公司、中国华能集团有限公司、中国大唐集团有限公司、中国华电集团有限公司、国家电力投资集团有限公司、中国长江三峡集团有限公司、国家能源投资集团有限责任公司、国家开发投资集团有限公司、华润集团有限公司、中国广核集团有限公司：

为贯彻落实党的十九大精神，加强诚信体系建设，根据《中共中央　国务院关于进一步深化电力体制改革的若干意见》（中发〔2015〕9 号）、《国务院关于印发社会信用体系建设规划纲要（2014-2020 年）的通知》（国发〔2014〕21 号）、《国务院关于建立完善守信联合激励和失信联合惩戒制度加快推进社会诚信建设的指导意见》（国发〔2016〕33 号）、《国家发展改革委　人民银行关于加强和规范守信联合激励和失信联合惩戒对象名单管理工作的指导意见》（发改财金规〔2017〕1798 号）的相关要求及规定，加强对涉电力领域市场主体的信用监管，建立失信联合惩戒对象名单（以下简称"黑名单"）制度，完善违法失信惩戒的联动机制，促进行业健康发展，现提出如下实施意见。

一、总体要求

（一）政府主管部门及行业监管部门对存在严重违反电力法律、法规、规章等严重失信行为的涉电力领域市场主体，依法依规列入"黑名单"，并向社会公布，实施信用约束、联合惩戒。市场主体存在违法失信行为且情节较轻的，可先纳入诚信状况重点关注对象名单（以下简称"重点关注名单"）。

（二）国家发展改革委、国家能源局负责对全国涉电力领域"黑名单"管理工作进行指导和协调，县级以上行业主管部门、相关监管部门根据职能负责本地区"黑名单"管理工作。

（三）坚持"谁认定、谁负责"的原则，认定"黑名单"的部门和单位负责"黑名单"的公布、信用修复、异议处理、退出等工作。

（四）认定为涉电力领域"黑名单"市场主体的相关信息应纳入全国信用信息共享平台，按照《关于对电力行业严重违法失信市场主体及其有关人员实施联合惩戒的合作备忘录》等有关规定，实施联合惩戒。

二、认定标准

（五）涉电力领域市场主体包括发电企业、售电企业、参与电力市场交易的电力用户、电网企业、电力建设、施工、监理、勘察、设计企业、电能服务企业、电力设备供应企业。

（六）涉电力领域市场主体存在下列情形之一的，应按照规定程序列入"黑名单"：

1．未取得许可从事相关业务、涂改许可证、隐瞒有关情况或者以提供虚假申请材料等方式违法违规进入市场，未按要求及时变更注册信息和用户登记信息，且拒不整改；

2．违反信用承诺且拒不整改；

3．在其他领域因严重违法失信行为被列入相关"黑名单"；

4．存在其他违法违规行为，受到行政处罚等法律处罚，情节严重或拒不整改。

（七）发电企业存在下列情形之一，情节严重或拒不整改的，应按照规定程序列入"黑名单"：

1．未执行并网调度协议，未服从电力调度管理；

2．经审核符合准入条件的企业自备电厂，未足额缴纳政府性基金及政策性交叉补贴；

3．违反相关规定，建设电厂向用户直接供电的专用线路，以及与其参与投资的增量配电网络连接的专用线路。

（八）售电企业存在下列情形之一，情节严重或拒不整改的，应按照规定程序列入"黑名单"：

1．超出准入条件规定的售电量范围开展售电业务；

2．未承担保密义务，违规泄露用户信息。

（九）参与电力市场交易的电力用户存在下列情形之一，情节严重或拒不整改的，应按照规定程序列入"黑名单"：

1．存在违约用电、窃电或者破坏电力设施行为；

2．存在用电安全隐患等影响电力安全稳定运行或威胁人身安全的行为；

3．以各种形式逃缴、拒缴和拖欠政府性基金或政策性交叉补贴。

（十）电网企业存在下列情形之一，情节严重或拒不整改的，应按照规定程序列入"黑名单"：

1．未按国家有关规定和合同约定承担保底供电服务和普遍服务；

2．未严格落实电网安全责任，供电质量未达到承诺标准；

3．未做到对发电企业、电力用户及其他电网企业的无歧视公平接入；

4．存在干预发电企业、售电公司、电力用户之间相互自主选择的行为。

（十一）电力建设、施工、监理、勘察、设计企业存在下列情形之一，情节严重或拒不整改的，应按照规定程序列入"黑名单"：

1．转让、出租出借、借用挂靠、涂改、伪造许可资质（资格）证书或者以其他方式允许其他单位或者个人以本单位名义承揽工程；

2．超越许可范围承揽工程；

3．弄虚作假骗取中标、不正当手段承揽工程；

4．将工程转包或者违法分包；

5．存在重大安全、质量隐患，经督查不及时整改；

6．未按核准文件确定的招标方式开展招标；

7．发生因工程安全质量问题引发的较大安全责任事故；

8．严重违反合同约定。

（十二）电能服务企业存在下列情形之一，情节严重或拒不整改的，应按照规定程序列入"黑名单"：

　　1．提供的平台或产品问题给用户造成经济损失；

　　2．拒不处理客户投诉；

　　3．采用不正当手段竞争，扰乱市场秩序；

　　4．骗取国家政府补贴。

　　（十三）电力设备供应企业存在下列情形之一，情节严重或拒不整改的，应按照规定程序列入"黑名单"：

　　1．降低产品设计标准、偷工减料，或在生产制造过程中使用伪劣原材料、组部件以次充好；

　　2．在施工（建筑、安装等）、调试或运行过程中，出现质量问题，发生安全事故或质量事故；

　　3．不能安全稳定运行或技术、质量等性能指标与设计值出现重大偏差，且无法通过进一步调试和正常维护得到解决；

　　4．存在商业行贿受贿行为，经营者为销售或购买商品而采用财务或其他手段贿赂对方单位或个人。

　　（十四）涉电力领域市场主体在电力市场交易方面存在下列情形之一，情节严重或拒不整改的，应按照规定程序列入"黑名单"：

　　1．无故未履行市场交易合同或具有法律效力的交易意向；

　　2．未按时进行交易结算，拖欠电费；

　　3．恶意串通、操纵市场或变相操纵市场；

　　4．提供虚假信息，违规发布信息，或未按规定披露、提供信息；

　　5．违反电力市场交易规则开展交易。

　　（十五）涉电力领域市场主体在电力规划设计、政策标准执行及项目合作、建设管理方面有下列情形之一，情节严重或拒不整改的，应按照规定程序列入"黑名单"：

　　1．未按照规划总量进行产能布局、重复建设、开发利用效率低下、发展失衡，违反相关优选原则；

　　2．选择性执行或变相、消极、错误执行国家有关能源政策；

　　3．违反电力行业标准化工作有关强制性规定或执行国家强制性标准情况不达标；

　　4．新建电力项目违法违规转让开展前期工作资格或核准文件；

　　5．违法违规变更新建项目投资主体；

　　6．需核准的电力项目未经核准先行开工建设，或者未按核准文件规定建设；

　　7．电力项目存在超容量建设、停产整顿项目继续建设、为争取国家补贴指标而虚拟项目、以资源综合利用名义建设低效项目等情形。

　　（十六）涉电力领域市场主体在安全生产、应急管理和节能减排方面有下列情形之一，情节严重或拒不整改的，应按照规定程序列入"黑名单"：

　　1．发生《生产安全事故报告和调查处理条例》所规定的重大生产安全事故，或一年内累计发生责任事故死亡 10 人（含）以上；

　　2．发生《电力安全事故应急处置和调查处理条例》所规定的重大电力安全事故；

3．重大安全生产隐患不及时整改或整改不到位；

4．发生暴力抗法的行为，或未按时完成行政执法指令；

5．发生事故隐瞒不报、谎报或迟报，故意破坏事故现场、毁灭有关证据；

6．经监管执法部门认定严重威胁安全生产的其他行为；

7．在电力、核电厂等领域未按国家要求有效落实应急管理责任；未建立电力应急指挥体系，未制定电力安全应急预案，不按规定开展应急演练；

8．未按规定安装、运行环保设备，污染物排放不符合环保标准和规定，瞒报、伪造、篡改统计数据和相关备查资料；

9．阻碍、抗拒依法实施的节能监管，情节严重或隐匿、拒不提供相关资料。

（十七）在许可监管中发现涉电力领域市场主体有下列情形之一，情节严重或拒不整改的，应按照规定程序列入"黑名单"：

1．出租出借或借用挂靠许可资质；

2．超出许可范围或者超过许可期限从事相关业务且限期未完成整改；

3．不具备许可条件仍从事相关业务，未在规定期限内申请许可变更或注销且限期内未完成整改；

4．未经批准，擅自停业、歇业。

（十八）市场主体具有相关失信行为，但尚未达到"黑名单"认定标准的，应按照规定程序列入重点关注名单，通过约谈、提醒、下达整改函等方式督促整改。

（十九）市场主体列入重点关注名单未能在整改期限完成整改并退出，或无明确整改期限的未能在 3 个月内完成整改并退出，或一年内 3 次或 3 次以上被列入重点关注名单，应按照规定程序列入"黑名单"。

三、认定与发布

（二十）县级以上行业主管部门、相关监管部门可按照认定标准，根据职能认定涉电力领域"黑名单"、重点关注名单。国家发展改革委、国家能源局可根据需要授权全国性行业协会商会，按照认定标准认定涉电力领域"黑名单"、重点关注名单。

（二十一）鼓励电力交易机构、行业协会商会等各类单位和公民个人积极支持和配合认定工作，向认定部门（单位）提供市场主体的失信行为信息。认定部门（单位）应积极委托大数据企业开展大数据监管，将大数据分析结果作为认定"黑名单"的重要参考依据。

（二十二）认定部门（单位）应按照以下程序认定"黑名单"：

1．正式告知拟列入"黑名单"的市场主体列入事由和列入依据，允许其在 10 个工作日内提交有关申辩材料；

2．组成相关政府部门、社会组织及行业专家参加的小组，根据各方提供的材料进行审查，提出市场主体是否列入"黑名单"的认定意见书；

3．县级以上行业主管部门、相关监管部门认定的"黑名单"直接生效；授权的全国性行业协会商会认定的"黑名单"，需经相应信用建设牵头部门或能源监管部门审核后生效；

4．完成认定后，认定部门（单位）应向列入"黑名单"的市场主体下达认定决定函。

（二十三）建立全国涉电力领域"黑名单"信息管理系统，各认定部门（单位）认定的"黑名单"均统一纳入信息管理系统。市场主体被列入"黑名单"后，认定部门（单位）应于列入当日将有关信息录入"黑名单"信息管理系统。录入信息主要内容包括：一是基本信息，包括法人和其他组织名称（或自然人姓名）、统一社会信用代码、全球法人机构识别编码（LEI码）（或公民身份证号码、港澳台居民的公民社会信用代码、外国籍人身份号码）、法定代表人（或单位负责人）姓名及其身份证件类型和号码等；二是列入名单的事由，包括认定违法失信行为的事实、认定部门（单位）、认定依据、认定日期、有效期等；三是市场主体受到联合奖惩、信用修复、退出名单的相关情况。

（二十四）涉电力领域"黑名单"信息管理系统应主动将相关信息共享至全国信用信息共享平台，供各级国家机关、法律法规授权具有管理公共事务职能的组织共享使用。

（二十五）认定生效的"黑名单"，由认定部门（单位）通过其门户网站、地方政府信用网站、"信用中国"网站、电力交易机构网站等向社会公众发布。对于涉及企业商业秘密和个人隐私的信息，发布前应进行必要的技术处理。

（二十六）认定部门（单位）对列入重点关注名单的市场主体，应制定有关标准和程序，录入"黑名单"信息管理系统，共享至全国信用信息共享平台。

四、名单退出与权益保护

（二十七）已被列入"黑名单"的市场主体，符合以下条件的，经认定部门（单位）确认，可以退出"黑名单"：

1．市场主体自被列入"黑名单"之日起满3年，未再发生严重违法失信行为；

2．市场主体被列入"黑名单"的主要事实依据被撤销；

3．"黑名单"认定标准发生改变，不符合新认定标准；

4．按照有关规定和标准完成自主信用修复，经认定部门（单位）审核同意；

5．经异议处理，"黑名单"认定有误。

（二十八）市场主体退出"黑名单"后，认定部门（单位）应及时通过原发布渠道发布名单退出公告，并将其列入重点关注名单。对于认定有误的"黑名单"，不列入重点关注名单。

（二十九）认定部门（单位）应建立市场主体自主信用修复机制，在下达"黑名单"认定决定函时结合失信行为的严重程度，明确市场主体能否修复信用以及修复的方式和期限。可通过履行相关义务纠正失信行为的"黑名单"市场主体，可在履行相关义务后，向认定部门（单位）提交相关材料申请退出。

（三十）认定部门（单位）应建立"黑名单"异议处理机制，明确异议受理渠道、办理流程和时限。有关单位和个人对被列入"黑名单"有异议的，可向认定部门（单位）提交异议申请并提供证明材料。认定部门（单位）应严格按时限反馈是否受理的意见，受理后要按时限反馈处理结果。当事人对反馈结果仍有异议的，可依法申请复议。

（三十一）认定部门（单位）自主发现的，或接到相关部门、单位、个人反映、投诉的名单信息不准确情况，要及时进行核实。确因认定部门（单位）工作失误导致有关单位和个人被误列入"黑名单"的，认定部门（单位）应及时更正当事人的诚信记录，向当事人书面道歉并进行澄清，恢复其名誉。导致当事人权益受损的，依法给予赔偿。

五、保障措施

（三十二）国家发展改革委、国家能源局负责指导监督全国涉电力领域"黑名单"管理工作，各认定部门（单位）按照国家统一规定开展"黑名单"认定工作。

（三十三）国家发展改革委、国家能源局负责建设和管理全国涉电力领域"黑名单"信息管理系统，建立健全并严格执行保障信息安全的规章制度并做好落实。各认定部门（单位）要严格按照规定录入、查询、维护和使用信息，确保信息真实，严防信息泄露。

（三十四）对"黑名单"认定过程中出现的违法违规行为，各认定部门（单位）应当及时予以纠正。各认定部门（单位）及其相关工作人员在"黑名单"认定相关工作过程中存在滥用职权、玩忽职守、徇私舞弊、因故意或工作失误泄露不公开信息等行为的，由所在单位或上级主管部门视情节轻重对直接责任人和其他负有责任的主管人员依法依规予以处理；对市场主体造成损失的，依法承担相应责任；构成犯罪的，移送司法机关依法追究刑事责任。

（三十五）省级行业主管部门和相关监管部门在管辖区域内可根据本实施意见，制定涉电力领域失信联合惩戒对象名单管理实施细则。经授权的全国性行业协会商会可根据本实施意见，制定本协会商会内部的管理实施细则。

（三十六）行业协会商会、电力交易机构、大数据企业等在配合政府部门开展"黑名单"管理工作中要注重加强自身信用建设，坚持公平公正、实事求是。

本文件自发布之日起试行，有效期至 2020 年 12 月 31 日。

附件：《中国电力企业联合会关于涉电力领域会员单位失信联合惩戒对象及重点关注名单管理实施细则》

国家发展改革委
国家能源局
2018 年 2 月 3 日

附件：

中国电力企业联合会关于涉电力领域会员单位失信联合惩戒对象及重点关注名单管理实施细则

第一章　总　　则

第一条　为全面贯彻落实党的十九大精神，促进电力行业市场主体守法经营和诚信自律，根据中共中央、国务院《关于进一步深化电力行业体制改革的若干意见》（中发〔2015〕9 号文）、国务院《社会信用体系建设规划纲要（2014—2020 年）》（国发〔2014〕21 号）、《关于建立完善守信联合激励和失信联合惩戒制度加快推进社会诚信建设的指导意见》（国发〔2016〕33 号）及《关于加强和规范守信联合激励和失信联合惩戒对象名单管理工作的指导意见》（国发财金规〔2017〕1798 号）等有关规定，依照国家发展改革委《关于加强和规范涉电力领域失信联合惩戒对象名单管理工作的实施意见》（以下简称"实施意见"），结合电力行业特点，制定本实施细则。

第二条　本细则所称"黑名单"与"重点关注名单"，是指电力行业市场主体因违反法律法规、不履行法定义务、违背社会道德、协议和承诺等严重失信行为，被政府主管部门、行业监管部门、公共事务管理职能的组织、行业协会做出认定，列入相关名单，并在一定范围内公布，实施信用约束与联合惩戒。市场主体存在严重失信行为将被列入失信"黑名单"，存在一般失信行为将被列入失信重点关注对象名单（以下简称"重点关注名单"）。

第三条　中国电力企业联合会（以下简称"中电联"）在国家发展改革委、国家能源局的指导下，制定电力行业市场主体"重点关注名单"的认定标准；依照国家发展改革委"黑名单"认定标准，筛选、核实、审定、发布及跟踪管理"黑名单"；在行业协会职责范围内督促"重点关注名单"单位进行整改，协助政府对"黑名单"单位实施联合惩戒。

第四条　本细则适用于中国电力企业联合会理事长、副理事长、会员单位及有关单位。已签署《信用电力自律公约》的非会员单位也适用于本细则。

第二章　实　施　主　体

第五条　中电联电力行业信用体系建设领导小组（以下简称"领导小组"）组织领导涉电力领域会员单位失信联合惩戒对象及重点关注名单的管理工作。领导小组下设监督审核委员会（以下简称"监审委"）和电力行业信用体系建设办公室（以下简称"中电联信用办"）。

第六条　领导小组的主要职责是研究决定涉电力领域会员单位失信"黑名单"与"重点关注名单"管理的重大事项。

第七条　监审委负责"黑名单"与"重点关注名单"管理的监督工作，具体承担以下职责：

（一）组织召开监审委会议，对中电联信用办提交的"黑名单"与"重点关注名单"的初步建议名单进行审核；

（二）负责对"黑名单"异议申诉调查结果和移出名单意见的审核；

（三）负责对"黑名单"认定过程中发生的违纪违规行为进行监督、处理。

第八条　中电联信用办具体承担"黑名单"与"重点关注名单"的管理工作，具体承担以下职责：

（一）归集司法、工商、质检、金融、税务、能源、环保、安监、海关等国家部门对电力行业市场主体处罚的失信行为的信息；

（二）接受社会对电力行业市场主体失信行为的投诉举报，并组织安排核实；

（三）依照国家发展改革委"实施意见"中的认定标准，提出列入"黑名单"初步建议，报送领导小组审定，经领导小组审定后，报送国家有关部门认定和备案；

（四）负责将政府有关部门及领导小组的审议决定通知领导小组成员单位、会员单位、分支机构及有关单位；

（五）将认定的"黑名单"向"信用中国"、"信用能源"网站推送，并在"信用电力"网站发布；

（六）负责汇总"黑名单"异议申诉及相关证据材料；

（七）在协会职责范围内督促"重点关注名单"整改，协助有关政府部门对"黑名单"

实施联合惩戒。

第九条 领导小组成员单位履行以下职责：

（一）负责监测本单位及所属企业的信用情况，核实失信行为，收集相关证据材料；

（二）对所属企业发生的一般失信行为采取警戒措施，负责督促整改；

（三）配合政府部门执行对所属企业发生的严重失信行为的整改与惩戒；

（四）对列入"重点关注名单"的所属企业与年度综合业绩考核挂钩；

（五）汇总所属企业报送的侵犯本单位利益的涉电力企业的失信行为信息并上报中电联信用办。

第十条 中电联信用办分支机构履行以下职责：

（一）负责监测本区域内电力行业市场主体信用情况，核实失信行为，收集相关证据材料；

（二）及时向中电联信用办报送本区域电力行业市场主体的失信行为及相关证据材料；

（三）督促本区域内"重点关注名单"中的非领导小组成员单位进行整改。

第三章 认 定 标 准

第十一条 "黑名单"认定标准执行国家发展改革委发布的"实施意见"。中电联对电力行业市场主体发生的严重失信行为依据其认定标准进行"黑名单"的初步认定。

第十二条 "重点关注名单"中的市场主体发生严重失信行为的，按照"黑名单"认定标准，直接转入"黑名单"。

第十三条 "重点关注名单"中的市场主体经督促警示后仍不整改的，视其失信行为程度，转入"黑名单"。

第十四条 中电联重在建立电力行业信用风险预警机制，对电力行业可能发生的信用风险加强防范，重点监测电力行业市场主体近三年内发生的失信行为。失信行为经查证达到以下通用或专业认定标准中的任意一条，将列入"重点关注名单"。

第十五条 通用认定标准如下：

（一）企业无正当理由，未严格履行合同或服务承诺；

（二）未及时披露信息，或违规发布信息；

（三）企业信用等级 BB 级（含）以下，C 级以上；

（四）企业环境保护信用评价为黄牌；

（五）受到能源、环保、司法、金融、工商、税务、质检、安监、海关等部门处罚后未按照整改意见及时整改的；

（六）行政机关或有关组织依法实施监督检查时，拒绝提供有关材料或者提供的材料不真实、不完整以及转移、隐匿相关证据的；

（七）被行政部门认定拖欠或欠缴劳动者工资福利、社会保险的；

（八）司法机关或行政机关在强制执行过程中，被执行人因履行能力不足而无法履行法定义务或有履行能力但延迟履行或部分履行法定义务的；

（九）发生各级国家机关依法认定为一般失信行为的；

（十）未通过各级国家机关依法进行的专项检查、周期性检验的；

（十一）严重拖欠合同款不予以结算的；

（十二）借用资质，虚报业绩，以不正当竞争手段扰乱市场秩序的；

（十三）在招投标过程中，恶意压低投标价格，投标报价低于行业最低限价幅度的；

（十四）侵犯他人知识产权，经行政主管部门行政处理、法院判决或仲裁机构仲裁的一般侵权行为；

（十五）发生新闻媒体负面曝光的；

（十六）违反行业自律和约规行为的。

第十六条 专业认定标准如下：

（一）发电企业

1．未严格履行电煤合同、购售电合同、供热供汽合同、设备物资采购等合同，并被客户投诉的；

2．发生一般生产安全责任事故的；

3．企业无正当理由，不履行国家节能和碳减排责任的；

4．未按要求投运脱硫、脱硝等环保设备导致污染物排放超标的；

5．未严格执行调度命令，但未造成严重后果的。

（二）电网企业

1．未能保证供电质量或未事先通知用户中断供电，给用户造成经济损失的；

2．未严格履行购售电合同、设备物资采购等合同，并被客户投诉的；

3．发生一般生产安全责任事故的；

4．调度中心未严格按照"公开、公平、公正"调度原则进行调度的。

（三）售电公司

1．未严格履行购售电合同、服务协议，给用户造成一定影响和经济损失，并被客户投诉的；

2．未提供真实信息，有虚假注册、信用备案行为的；

3．存在从业人员资格证书挪用、借用行为的。

（四）电力建设企业

1．存在接受转包、违法分包和用他人名义承揽工程行为的；

2．拖欠合同款、农民工工资的；

3．未严格按照工程设计图纸、施工技术标准施工；施工中发生偷工减料、使用不合格材料、构配件和设备行为的；

4．发生一般工程质量责任事故或一般生产安全责任事故的。

（五）电力设计企业

1．出现设计缺陷，给客户造成经济损失的；

2．未按合同规定期限完成图纸设计，但未对整体工期造成影响的；

3．因自身利益考虑，设计图纸上技术参数倾向某家供应商产品的。

（六）电力监理、调试企业

1．提供的服务未达到合同约定的标准，并被投诉的；

2．因服务质量问题，给客户造成一定经济损失的。

（七）电力用户

1．未严格履行购售电合同，给电网或售电公司造成一定经济损失的；

2．发现有违约用电行为的；

3．一年内发生 2 次及以上经催交仍未按时交费的行为。

（八）电能服务企业

1．向电力用户提供的服务未达到合同约定的服务标准，并被用户投诉的；

2．不认真对待投诉或对投诉处理不力，造成一定影响的。

（九）电力设备供应企业：

1．供应的产品在质量抽检中主要技术参数不合格的；

2．拒绝业主单位监督检查，或者提供虚假情况逃避监督行为的；

3．供应商服务未达到合同约定的服务标准，并被客户投诉的。

第四章 "黑名单"惩戒措施

第十七条 对列入"黑名单"的电力行业市场主体，中电联依照国家发展改革委《关于对电力行业严重违法失信市场主体及其有关人员实施联合惩戒的合作备忘录》，对列入失信"黑名单"的电力行业市场主体及有责任的法定代表人、自然人、股东、其他相关人员，配合协助国家有关部门采取联合惩戒措施。

第十八条 除配合协助国家有关部门实施惩戒外，中电联会同领导小组各成员单位在电力行业内部实施以下联合惩戒措施：

（一）将"黑名单"企业信息推送至"信用中国"、"信用能源"等网站；通过"信用电力"网站与信息平台、"信用电力"微信公众号、中电联官方网站等媒体向社会公布"黑名单"；

（二）在电力市场交易中，对其已签订的重大交易合同进行重点跟踪、监督、审查；

（三）在领导小组成员单位的合格供应商名录中移除；

（四）领导小组成员单位对被列入"黑名单"的所属企业在绩效考核时予以经济惩罚；

（五）对列入"黑名单"的企业，按照原授予程序撤销当年获得的与信用有关的奖项；

（六）取消"黑名单"企业法定代表人评优评先资格，已获得荣誉称号的，视情况予以撤销。

第五章 风险预警及警戒措施

第十九条 "重点关注名单"是电力行业采取信用风险预警的一种重要手段，风险预警及警戒措施实施单位包括中电联信用办、领导小组成员单位及信用办分支机构。

第二十条 列入"重点关注名单"的企业作为重点监视对象，由风险预警及警戒措施实施单位通过约谈、提醒、下达整改函等方式进行督促整改。

第二十一条 对接到投诉、举报或反映有轻微失信行为但未达到"重点关注名单"认定标准的市场主体，由风险预警及警戒措施实施单位对其实施以下风险预警措施：

（一）谈话提醒：当面或通过电话方式提醒失信单位涉嫌失信行为事实，让其作出说明，督促其及时防范风险或者纠正失信行为；

（二）书面警示：以书面形式，向失信单位告知失信行为事实及风险状况，以提示、关注等方式督促其及时防范风险或者纠正失信行为；

（三）督促整改：风险预警及警戒措施实施单位要求失信单位在规定期限内按照规定要求进行整改。

第二十二条 风险预警对象属于领导小组成员单位的，由各成员单位实施风险预警措施；不属于领导小组成员单位的，由中电联信用办及分支机构实施风险预警措施。

第二十三条 风险预警及警戒措施实施单位对信用提醒、警示、督促整改等情况进行登记，详细记载提醒和约谈的对象、时间、方式和内容。

第二十四条 市场主体在被风险预警后，无故不纠正相关失信行为或者无故不参加约谈、约谈事项不落实，经督促后仍不履行的，视其失信行为上升为"重点关注名单"。

第二十五条 被列入"重点关注名单"的，由风险预警及警戒措施实施单位对其实施以下警戒措施：

（一）"重点关注名单"在领导小组成员单位内部分层、分类定期进行通告，不向社会公众公示；

（二）纳入"信用电力"网站与信息平台进行重点监测管理，列为重点监控和监管对象，提高监督检查频次；

（三）领导小组成员单位及其所属企业在招投标等活动中对列入"重点关注名单"的企业予以重点审查；

（四）在参加文明单位、优秀企业、慈善类等奖项评选时进行重点考察；

（五）在参加中国电力创新奖、电力企业优秀文化成果评审奖、标准化良好行为企业确认、两化融合管理体系试点企业评定、三标管理体系认证、全国发电机组能效对标及竞赛等行业类评选或活动中予以重点审查；

（六）列入"重点关注名单"的企业需接受信用等级评价。

第六章 认 定 程 序

第二十六条 电力行业市场主体失信"重点关注名单"与"黑名单"认定程序：

（一）中电联通过信用信息采集、信用评价、大数据分析等渠道归集电力行业市场主体失信行为；

（二）任何单位和个人均可向中电联信用办检举任一企业的失信行为，并提供相应证据材料；

（三）中电联信用办对接到举报与归集到的失信行为按照以下方式进行核实：

自办——对接到投诉举报的问题线索，中电联信用办直接进行调查核实；

转办——投诉对象为领导小组成员单位所属企业的，转交领导小组成员单位进行调查核实；

交办——投诉对象为非领导小组会员单位的，交由被投诉企业所在地的中电联信用办分支机构调查核实；

（四）根据核实情况，按照认定标准，由中电联信用办汇总提出"重点关注名单"和"黑名单"的初步建议名单；

（五）对列入"重点关注名单"的市场主体不对社会公示，由风险预警及警戒措施实施单位向其通报，对其进行警戒，并督促整改；

（六）对拟列入"黑名单"的市场主体告知其列入事由和列入依据，允许其在 10 个工作日内提供有关申辩材料；

（七）监审委根据中电联信用办提供的材料进行审核，提出市场主体是否列入"黑名单"的意见；

（八）通过领导小组审定，形成拟发布的"黑名单"；

（九）对拟发布的"黑名单"报行业主管部门（国家发改委、国家能源局）认定和备案；

（十）被国家有关行政部门列入失信"黑名单"的将不再经过认定程序，直接列入失信"黑名单"。

第七章 信用信息归集和报送

第二十七条 信用信息的归集途径：

（一）领导小组成员单位报送的侵犯本单位及所属企业利益的涉电力企业的失信行为信息；

（二）单位和个人投诉或检举的电力行业市场主体失信行为信息；

（三）从政府有关部门获取的企业因失信被处罚的信息；

（四）通过网络途径获取的失信行为信息；

（五）其他法律法规许可的途径。

第二十八条 采集方式：

（一）通过各方渠道采集已被合法公开的信息，包括司法、工商、质检、金融、税务、能源、环保、安监、海关等信用信息；

（二）通过信用等级评价采集有关信用信息；

（三）通过与有关机构或个人约定的方式采集有关的信用信息；

（四）通过其他合法方式采集有关信用信息。

第二十九条 信息报送：中电联信用办将拟认定的名单和相关信息报送国家发展改革委、国家能源局，同时在认定之日起 10 个工作日内推送至"信用中国"、"信用能源"等信用信息共享平台，实施动态管理。

第八章 名 单 录 入 与 公 示

第三十条 "黑名单"统一纳入"信用电力"等网站与信息平台。主要内容包括：

（一）基本信息：包括法人和其他组织名称（或自然人姓名）、统一社会信用代码、全球法人机构识别编码（LEI 码）（或公民身份证号码、港澳台居民的公民社会信用代码、外国籍人身份号码）、法定代表人（或单位负责人）姓名及其身份证件类型和号码等；

（二）列入事由：包括认定违法失信行为的事实、认定部门（单位）、认定依据、认定日期、有效期等；

（三）市场主体受到联合奖惩、信用修复、退出名单的相关情况。

第三十一条 中电联定期汇总"黑名单"信息，报送至国家有关部门审定、备案，推送至"信用中国"、"信用能源"等网站，并在"信用电力"网站进行公示。

第三十二条 "黑名单"公示信息包括以下内容：

（一）市场主体名称、统一社会信用代码；

（二）认定事由，认定机构，认定时间；

（三）有效期限；

（四）其他法律法规许可范围内的事项。

第三十三条 客观、准确、公正的公示名单信息，对于涉及企业商业秘密和个人隐私的信息做必要的技术处理。

第九章 信 用 修 复

第三十四条 列入"黑名单"的市场主体在一定期限内主动纠正失信行为，可以按照一定条件和程序实施信用修复，重塑企业信用。

第三十五条 信用修复的条件和程序：

（一）若市场主体进入"黑名单"的原因是给相关方造成损失的，市场主体主动给相关方作出补偿，并得到相关方的书面认可的，可申请信用修复；

（二）进入"黑名单"的市场主体在相关部门监督下完成了失信行为的全面整改，并在有关媒体对整改情况进行公示，公示期间无异议的，可申请信用修复；

（三）市场主体在整改公示结束之日起 30 天内，可向依法处理其失信行为的有关部门和组织提出信用修复申请，并附上信用修复证明文件。有关部门和组织对其核查后，认为已经完成整改，符合管理要求的，可以决定其信用修复有效，并将信用修复信息纳入信用信息系统。

第十章 申 诉 与 移 除

第三十六条 电力行业市场主体对被列入"黑名单"有异议的，自公示之日起 30 天内，可向中电联信用办提出书面申诉申请并提交相关证明材料。

第三十七条 中电联信用办在接到申诉申请 10 个工作日内决定是否受理。予以受理的，在 30 个工作日内核实，并将核实结果书面告知申请人；不予受理的，将不予受理的理由书面告知申请人。异议处理期间，不影响失信行为记录的公示与处理。

第三十八条 通过核实发现将市场主体列入"黑名单"的事实依据有误的，应当自查实之日起 5 个工作日内及时更正当事人的诚信记录，向当事人书面道歉并进行澄清，向社会公示，恢复其名誉。

第三十九条 已被列入"黑名单"与"重点关注名单"的市场主体可根据以下规定移出：

（一）异议移出：市场主体提出异议申请，认定信息有误的；

（二）提前移出

1. 市场主体自被列入"黑名单"之日起满 1 年，未再发生失信行为的，经企业提出申请，调查审定同意后，可提前移出"黑名单"，进入"重点关注名单"管理；

2. 市场主体自被列入"重点关注名单"一年后，重新通过信用等级评价且等级达到 A 级及以上的，可移出"重点关注名单"。

（三）期满移出

1．市场主体自被列入"黑名单"之日起满 3 年，未再发生严重违法失信行为的；

2．市场主体自被列入"重点关注名单"之日起满 2 年，未再发生违法失信行为的。

（四）"黑名单"与"重点关注名单"认定标准发生改变，不符合新认定标准；

（五）市场主体列入"黑名单"与"重点关注名单"的主要事实依据被撤销，根据市场主体的申请，经调查评审同意移除后，方可移除；

（六）列入"黑名单"与"重点关注名单"的市场主体因注销、破产、兼并重组等原因退出市场的。

第四十条 市场主体退出"黑名单"后，有关联合惩戒的单位应停止对其实施联合惩戒，名单信息将在中电联"信用电力"网站与信息平台系统继续保存。

第十一章 附 则

第四十一条 本实施细则的"黑名单"有效期限为 3 年，"重点关注名单"有效期限为 2 年。

第四十二条 本实施细则由中电联负责解释。

第四十三条 本实施细则自公布之日起实施。